# O MANUSCRITO ORIGINAL

# 365 dias

As leis do triunfo e do sucesso de

## Napoleon Hill

CITADEL
Grupo Editorial
2024

**Título original:** *Law of Success - The Original Unedited Edition*



**O manuscrito original 365 dias – As leis do triunfo e do sucesso de Napoleon Hill**

1ª edição: Maio 2024



**Autor:**
Napoleon Hill

**Tradução:**
Lúcia Brito
Débora Santos

**Preparação de texto:**
Lúcia Brito

**Capa:**
Jéssica Wendy

**Diagramação:**
Dharana Rivas e Jéssica Wendy

**DADOS INTERNACIONAIS DE CATALOGAÇÃO NA PUBLICAÇÃO (CIP)**

H647m Hill, Napoleon
O manuscrito original 365 : as leis do triunfo e do sucesso de Napoleon Hill / Napoleon Hill, Fundação Napoleon Hill ; tradução Lúcia Brito, Débora Santos. — Porto Alegre : Citadel, 2024.
784 p.

ISBN: 978-65-5047-455-3
Título original: Law of Success - The Original Unedited Edition

1. Autoajuda 2. Desenvolvimento pessoal 3. Sucesso I. Título II. Fundação Napoleon Hill III. Brito, Lúcia IV. Santos, Débora

24-1896 CDD 158.1

Angélica Ilacqua - Bibliotecária - CRB-8/7057

**Produção editorial e distribuição:**

CITADEL Grupo Editorial
contato@citadel.com.br
www.citadel.com.br

# INTRODUÇÃO DO EDITOR

O MANUSCRITO ORIGINAL — AS LEIS DO TRIUNFO E DO SUCESSO DE NAPOLEON HILL é a tradução de *Law of Success — The Original Unedited Edition*, publicação oficial da Napoleon Hill Foundation lançada em 2013, em quatro volumes. Esta recente edição norte-americana do clássico de Napoleon Hill utilizou na íntegra a edição original de 1928, publicada pela Ralston University Press, sem alterações no texto. (A obra já foi publicada no Brasil com o título de *A Lei do Triunfo*.)

Como tradução, *O manuscrito original* apresenta inevitáveis alterações exigidas pelas diferenças de idioma, mas preserva o conteúdo e o estilo. Conforme assinalado pelos editores norte-americanos, a linguagem pode às vezes soar antiquada, mas os princípios permanecem totalmente válidos e atuais — e esse é o motivo do quase um século de tremendo sucesso da obra. Alguns comentários sobre ciência, sociedade e comportamento estão ultrapassados, mas o leitor deve ter claro que Napoleon Hill era um homem moderno em seu tempo, defensor da igualdade de direitos e oportunidades para homens e mulheres de todas as raças e religiões.

Boa leitura. E sucesso!

## TRIBUTOS DE GRANDES LÍDERES AMERICANOS AO *MANUSCRITO ORIGINAL*

Os editores acreditam que você perceberá mais vividamente o enorme valor dessas lições se primeiro ler alguns tributos de grandes líderes do campo das finanças, da ciência, invenção e política.

### SUPREMA CORTE DOS ESTADOS UNIDOS
### WASHINGTON, D.C.

Meu caro Sr. Hill: tive oportunidade de concluir agora a leitura de seus manuais da Lei do Sucesso e desejo manifestar meu apreço pelo esplêndido trabalho que você realizou nesta filosofia. Seria proveitoso se todo político desse país assimilasse e aplicasse os 16 princípios que embasam a Lei do Sucesso. Ela contém um material excelente que todos os líderes em todos os campos de atividade devem entender.

William H. Taft
(ex-presidente dos Estados Unidos e presidente da Suprema Corte)

### LABORATÓRIO DE THOMAS A. EDISON

Meu caro Sr. Hill: permita-me manifestar o apreço pelo cumprimento prestado a mim ao enviar os manuscritos originais da Lei do Sucesso. Posso ver que você dedicou muito tempo e pensamento à preparação. Sua filosofia é sólida, e você merece ser parabenizado por manter-se firme no trabalho durante um período de tantos anos. Seus alunos (...) serão amplamente recompensados pelos esforços deles.

Thomas A. Edison

### JORNAL *PUBLIC LEDGER*
### FILADÉLFIA

Caro Sr. Hill: obrigado pela Lei do Sucesso. É um material maravilhoso. Vou terminar de ler. Eu gostaria de publicar a história "O que eu faria se tivesse um milhão de dólares" na seção de negócios do *Public Ledger*.

Cyrus H. Curtis
(editor do *Saturday Evening Post*, *Ladies Home Journal*)

## O REI DAS LOJAS DE 5 E 10 CENTAVOS

Pela aplicação de muitos dos fundamentos da filosofia da Lei do Sucesso construímos uma grande rede de lojas de sucesso. Presumo que não seria exagero dizer que o Woolworth Building poderia ser apropriadamente chamado de monumento à solidez desses princípios.

F. W. Woolworth

## UM LÍDER TRABALHISTA HISTÓRICO

O domínio da filosofia da Lei do Sucesso equivale a uma apólice de seguro contra o fracasso.

Samuel Gompers

## UM EX-PRESIDENTE

Deixe-me congratulá-lo por sua persistência. Qualquer homem que devote tanto tempo (...) deve necessariamente fazer descobertas de grande valor para os outros. Estou profundamente impressionado pela interpretação dos princípios do MasterMind que você descreveu com tanta clareza.

## O FUNDADOR DE UMA LOJA DE DEPARTAMENTOS

Sei que seus 16 fundamentos do sucesso são sólidos porque os tenho aplicado em meus negócios há mais de trinta anos.

John Wanamaker

## O FUNDADOR DA KODAK

Sei que você está fazendo um enorme bem com sua Lei do Sucesso. Não me incomodaria em estabelecer um valor monetário para este treinamento porque ele traz ao aluno qualidades que não podem ser mensuradas apenas em dinheiro.

George Eastman

## UM LÍDER EM ALIMENTOS E DOCES

Qualquer sucesso que obtive devo inteiramente à aplicação dos seus 16 princípios fundamentais da Lei do Sucesso. Acredito que tenho a honra de ser seu primeiro aluno.

William wrigley jr.

---

Depoimentos da introdução da edição original de 1928.

# DEDICADO A

ANDREW CARNEGIE,
que sugeriu a redação deste curso,

HENRY FORD,
cujas assombrosas realizações formam a base de praticamente todas as dezesseis lições do curso,

EDWIN C. BARNES,
sócio de Thomas A. Edison e cuja estreita amizade pessoal por um período de mais de quinze anos ajudou o autor a seguir em frente diante de um grande número de adversidades e de muitas derrotas temporárias durante a organização do curso.

# PREFÁCIO

SOU O SÉTIMO FILHO de uma família de onze irmãos. Meus pais eram colonos em uma fazenda próxima de Monte Carlo, vilarejo do oeste catarinense. Vivíamos todos com um salário-mínimo.

Na década de 1960, a cidadezinha tinha pouco mais de oitenta famílias, que trabalhavam na extração do pinheiro araucária. Como se não bastasse a vida difícil, árdua, que por natureza já nos exigia enormes esforços, havia para mim um desafio ainda maior: uma espécie de fantasma assustador rondava sempre à minha volta. Esse monstro aterrorizante era a minha timidez. Um misto do legado da orientação familiar e da rigorosa cultura religiosa a que fui submetido. Cresci como um tipo acanhado, fechado em mim, uma ostra. Falar com as pessoas era uma verdadeira tortura. O contato social me parecia impossível, havia uma barreira intransponível. Assim, a timidez, inimiga contumaz, foi o grande obstáculo a ser vencido na infância e adolescência.

Minha mãe ensinou-me a ler na Bíblia, e foi esse o meu primeiro contato com a cultura. Quando entrei na escola já sabia ler, o que naquela época e naquela região agrícola era algo raro. Isso, de certa forma, moldou meu caráter e me ajudou a desenvolver o gosto pela leitura. Tinha e tenho na Bíblia uma inesgotável fonte de conhecimento.

Cheguei em Balneário Camboriú com nove para dez anos de idade. Vendia picolé na praia, engraxava sapatos na rodoviária, vendia lenha de casa em casa e carregava pacotes do caixa do supermercado até os carros para ganhar gorjeta. Dessa forma eu conseguia ajudar no sustento da casa. Segundo a orientação da igreja que nossa família frequentava, as crianças não podiam jogar bola nem ver televisão. Praia somente para trabalhar — para se divertir, era pecado. Como alternativa de lazer, restou-me apenas a leitura. No bairro de periferia onde morávamos havia uma biblioteca pública a duas ruas da minha casa. Foi o meu *playground*.

Aos 14 anos, uma leitura teve efeito significativo em minha vida e marcou um novo momento. No outono de 1978, tive contato pela primeira vez com *A Lei do Triunfo*, de Napoleon Hill. Esse livro ajudou a curar uma das minhas feridas mortais, que era o medo da pobreza. Foi uma leitura de enorme ajuda. Fez-me decidir de uma vez por todas como eu realizaria meus objetivos. Unificou meu pensamento e proporcionou um caminho direto e claro para alcançar o que eu desejava. Aprendi no livro que mais de 90 % das pessoas ricas não nasceram ricas. E que o fato de terem nascido pobres tornou-se uma vantagem competitiva ao longo da vida, pois descobriram que problemas não matam. O livro me fez entender que eu não era pobre. Eu apenas não tinha dinheiro no momento. E isso foi libertador! Enchi-me de esperança, e, ao sair à rua no dia seguinte, meu ânimo era outro, meu olhar para o mundo era outro. Passei a cumprimentar as pessoas e fiz um planejamento que transformou minha vida de forma surpreendente.

Quem me conhece hoje não reconhece o menino que saiu de Monte Carlo para conhecer Napoleon Hill numa biblioteca pública de Balneário Camboriú. Tornei-me professor universitário, palestrante internacional, ouvidor convidado da ONU. Meus livros já foram publicados em três continentes. Quando falo da minha vida, não o faço por vaidade. Acredite! É porque sei que minha história tem sim um valor pedagógico. Como a vida de qualquer pessoa, aliás. Conto minha história para dizer que tenho plena convicção de que eu não teria realizado nenhum de meus sonhos se não tivesse me dedicado ao desenvolvimento contínuo. Ainda hoje, pergunto-me frequentemente o que tenho de fazer a mais para atingir as metas que tenho fixadas, a visão que construí, e materializar os sonhos que me energizam. Por isso, desde aquele outono de 1978, continuo estudando e pesquisando esta obra maravilhosa.

Aplicamos um processo de desenvolvimento de competências composto por 17 comportamentos essenciais, fruto da vigorosa pesquisa de vinte anos realizada por Napoleon Hill. O grande diferencial do processo MasterMind é que traduz a literatura em prática, permitindo a aplicação imediata dos conceitos tratados em sala de aula tanto na vida pessoal, quanto na vida profissional dos participantes.

Quando o grupo editorial Citadel me comunicou que havia adquirido os direitos autorais do primeiro livro de Napoleon Hill (*Law of Success*) e que lançaria a versão original da Lei do Triunfo inédita no Brasil, com o título *O manuscrito original*, me emocionei. Finalmente temos acesso às gemas que Napoleon Hill lapidou com a minúcia e destreza de um artesão e a inspiração de um artista para nos oferecer diamantes em forma de leis do êxito.

Vamos saber como ele coletou suas preciosidades, como varou madrugadas cruzando informações para ver onde elas se conectavam e para poder formular a filosofia que mais influenciou líderes, estadistas e empreendedores no mundo inteiro. A Lei do Triunfo tem tido mais influência na vida, nas realizações e fortunas das pessoas do que qualquer outro livro dessa natureza.

E qual é o segredo deste livro surpreendente? Por que é que, entre os tantos livros sobre a ciência do comportamento, permanece tão atual depois de quase um século? A grande razão é a forma objetiva e pragmática com que aborda o assunto e os resultados práticos na vida das pessoas. Napoleon Hill foi atrás de respostas como um cientista que procura trazer à luz um segredo da natureza. Foi em busca da fórmula para a realização e o sucesso da mesma maneira que Thomas Edison descobriu como usar a luz elétrica — inflexível, infatigável, implacavelmente, até que a verdade que estivera ali todo o tempo lhe fosse revelada.

Napoleon Hill certamente não foi o primeiro homem a se horrorizar com a pobreza e com as desigualdades. Nem o primeiro a escrever sobre como atingir o sucesso. Mas certamente tornou-se o maior nome da motivação mundial porque reuniu tudo o que estava sendo dito sobre o assunto de forma organizada e científica, formatando um método de autodesenvolvimento que permite a qualquer pessoa construir uma vida acima da mediocridade. Napoleon Hill foi o primeiro a descrever a incrível e poderosa ferramenta que é o MasterMind.

Quando a última página deste manuscrito original foi escrita, Napoleon Hill estava legando ao mundo um novo evangelho, o evangelho da realização pessoal. E o homem que se levantou da frente da máquina de escrever e saiu para o mundo era um homem diferente. Diante do que lhe foi revelado, tudo havia mudado. As sufocantes e emaranhadas redes de frustrações e enganos autoimpostas tinham caído por terra, e o caminho estava claro. O destino e as circunstâncias exteriores já não estavam mais no comando. O homem era agora possuidor do talento único, invisível, de transformar sonhos em realidade, pensamentos em realizações. Ele, que por muito tempo havia sido apenas um passageiro, era agora o capitão. Levantou-se para se tornar o autor, protagonista e espectador de sua história. História que passou a escrever com as próprias mãos!

É esse legado que nos propomos a difundir, ensinar, transmitir para homens e mulheres que desejam viver acima da média. É com enorme satisfação que escrevo este prefácio a todos os pesquisadores e leitores de Napoleon Hill, pois tenho certeza de que a leitura que se segue nos aproximará ainda mais da verdadeira essência de sua obra.

JAMIL ALBUQUERQUE

Presidente do MasterMind e representante da Fundação Napoleon Hill para a língua portuguesa

# APRESENTAÇÃO



Há uns trinta anos, um jovem pastor chamado Frank Wakeley Gunsaulus anunciou nos jornais de Chicago que daria um sermão dominical intitulado "O que eu faria se tivesse um milhão de dólares". O anúncio chamou a atenção de Philip D. Armour, o abastado rei da indústria da carne, que decidiu ouvir a pregação.

No sermão, Gunsaulus descreveu uma grande escola de tecnologia onde os jovens pudessem aprender a ser bem-sucedidos na vida desenvolvendo a capacidade de pensar em termos práticos em vez de teóricos, onde fossem ensinados a "aprender fazendo". "Se tivesse um milhão de dólares", disse o jovem pregador, "eu abriria essa escola".

Terminado o sermão, Armour foi até o púlpito, apresentou-se e disse: "Rapaz, acredito que você possa fazer tudo o que falou e, se for ao meu escritório amanhã de manhã, darei o milhão de dólares de que precisa".

Sempre existe abundância de capital para quem sabe criar planos práticos para usá-lo.

Esse foi o início do Instituto de Tecnologia Armour, uma das escolas de caráter mais profissionalizante dos Estados Unidos. A escola nasceu na "imaginação" de um jovem que nunca teria sido ouvido fora da comunidade em que pregava não fosse a "imaginação" mais o capital de Philip D. Armour.

Toda grande ferrovia, toda instituição financeira de destaque, toda empresa gigante e toda grande invenção começaram na imaginação de alguém.

Frank Winfield Woolworth criou as lojas de cinco e dez centavos na "imaginação" antes de torná-las realidade e ficar multimilionário.

Thomas A. Edison criou o fonógrafo, o cinetoscópio, a lâmpada incandescente elétrica e dúzias de outras invenções úteis em sua "imaginação" antes que se tornassem realidade.

Durante o incêndio de Chicago, comerciantes cujas lojas viraram fumaça permaneceram perto dos escombros de seus antigos negócios, lamentando as perdas. Muitos decidiram ir para outras cidades e começar de novo. Nesse grupo estava Marshall Field, que viu diante de si, em sua "imaginação", a maior loja de varejo do mundo no exato local onde ficava sua antiga loja, que naquele momento não passava de um monte de madeira arruinada e fumegante. Essa loja se tornou realidade.

Afortunado é o rapaz ou moça que cedo na vida aprende a usar a imaginação — e é duplamente afortunado nessa era de grandes oportunidades.

A imaginação é uma faculdade mental que pode ser cultivada, desenvolvida, estendida e ampliada com o uso. Não fosse isso verdade, este curso das Leis do Sucesso não teria sido criado, pois foi concebido na "imaginação" do autor a partir de uma ideia semeada por um mero comentário casual de Andrew Carnegie.

Onde quer que você esteja, seja quem for e no que quer que esteja trabalhando, há espaço para que se torne mais útil e, dessa maneira, mais produtivo, desenvolvendo e usando sua "imaginação".

Sucesso neste mundo é sempre uma questão de esforço individual; todavia, você estará enganando a si mesmo se acreditar que pode chegar ao sucesso sem a cooperação de outras pessoas. Sucesso é uma questão de esforço individual apenas sob o aspecto de que cada pessoa deve decidir por si o que é preciso para chegar lá. Isso envolve o uso da "imaginação". Daí em diante, ter sucesso é uma questão de habilidade e tato para induzir os outros a cooperar.

Antes de que possa garantir a cooperação dos outros, ou melhor, antes de que tenha o direito de pedir ou esperar a cooperação de outras pessoas, você deve demonstrar boa vontade em cooperar com elas. Por essa razão, a Lição 9 deste curso, "O hábito de fazer mais do que é pago para fazer", é uma na qual você deve prestar atenção especial. A lei em que esta lição se baseia asseguraria praticamente sozinha o sucesso a todos que a praticassem em tudo que fizessem.

Nas últimas páginas da Lição 1 encontra-se uma Tabela de Análise Pessoal na qual dez homens famosos foram examinados para que você pudesse estudar e fazer comparações. Observe a tabela cuidadosamente e repare nos "pontos de perigo", que significam fracasso para quem não os observa. Dos dez homens analisados, oito são conhecidos por serem bem-sucedidos, enquanto dois podem ser considerados fracassados. Estude com cuidado o motivo pelo qual estes dois fracassaram.

A seguir, analise a si mesmo. Nas duas colunas em branco, dê a si mesmo uma nota em cada uma das Leis do Sucesso no início do curso. No final do curso, dê notas novamente e observe os progressos.

O objetivo do curso A Lei do Sucesso é possibilitar que você descubra o quanto pode se tornar mais capaz em seu campo de trabalho. Para este fim, você será analisado e todas as suas qualidades serão classificadas, de modo que você possa organizá-las e utilizá-las da melhor maneira possível.

Você pode não gostar do trabalho no qual está envolvido.

Existem duas maneiras de sair desse trabalho. Uma delas é ter um interesse mínimo pelo que está fazendo, visando a simplesmente fazer o suficiente para "se virar". Muito em breve você vai encontrar uma saída, pois a demanda pelos seus serviços cessará.

A outra e melhor maneira é tornar-se tão útil e eficiente no que está fazendo que atraia a atenção favorável daqueles que têm o poder de promovê-lo para um trabalho de mais responsabilidade e mais de seu agrado.

Cabe a você o privilégio de escolher de que maneira irá proceder.

Daí a importância da Lição 10, a partir da qual você poderá aproveitar a "melhor maneira" de se autopromover.

Milhares de pessoas caminharam em cima da grande mina de cobre Calumet sem descobri-la. Apenas um homem, sozinho, usou sua "imaginação", escavou uns poucos metros solo adentro, investigou e descobriu o mais rico depósito de cobre do mundo.

Você e todas as outras pessoas caminham, uma vez ou outra, em cima de sua "Mina Calumet". Descobri-la é uma questão de investigação e uso da "imaginação". O curso das 16 Leis do Sucesso pode indicar o caminho para a sua "Calumet", e você pode ficar surpreso quando descobrir que estava parado em cima dessa mina preciosa no trabalho em que está agora. Na palestra "Acres de Diamantes", Russell Conwell diz que não precisamos buscar a oportunidade longe de nós; podemos encontrá-la bem aqui onde estamos. Essa é uma verdade que vale a pena ser lembrada!

— *Napoleon Hill*

# AGRADECIMENTOS

ESTE CURSO É resultado de análise cuidadosa da vida profissional de mais de cem homens e mulheres que alcançaram sucesso incomum em seus respectivos campos. O autor ficou mais de vinte anos coletando, classificando, testando e organizando as dezesseis leis em que o curso se baseia.

Nesse trabalho, recebeu valiosa ajuda — pessoal ou pelo estudo da vida profissional — dos seguintes homens: Henry Ford, Cyrus Hermann Kotzschmar Curtis, Thomas Alva Edison, George Walbridge Perkins, Harvey Samuel Firestone, Henry Latham Doherty, John Davison Rockefeller, George Safford Parker, Charles Michael Schwab, Dr. C. O. Henry, Woodrow Wilson, general Rufus Adolphus Ayers, Darwin P. Kingsley, juiz Elbert Henry Gary, William Wrigley Jr., William Howard Taft, Albert Davis Lasker, Dr. Elmer Gates, Edward Albert Filene, John William Davis, James Jerome Hill, Samuel Insul, capitão George M. Alex (de quem o autor foi assistente), Frank Winfield Woolworth, juiz Daniel Thew Wright (um dos instrutores do autor em direito), Hugh Chalmers, Dr. Emory Wallace Strickler, Elbert Hubbard, Edwin C. Barnes, Luther Burbank, Robert Love Taylor (Fiddling Bob), O. H. Harriman, George Eastman, John Burroughs, Edward Bok, Edward Henry Harriman, Ellsworth Milton Statler, Charles Proteus Steinmetz, Andrew Carnegie, Frank Vanderlip, John Wanamaker, Theodore Roosevelt,

Marshall Field, William Henry French, Dr. Alexander Graham Bell (a quem o autor credita a maior parte da Lição 1).

Dos citados, talvez Henry Ford e Andrew Carnegie devam ser apontados como os que mais contribuíram para a elaboração deste curso, uma vez que foi Andrew Carnegie o primeiro a sugerir que fosse escrito, e a vida profissional de Henry Ford forneceu grande parte do material a partir do qual o curso foi desenvolvido.

Alguns desses homens já faleceram, mas, àqueles que ainda estão vivos, o autor deseja fazer aqui um grato reconhecimento pelos serviços prestados, sem os quais este curso jamais poderia ter sido escrito.

O autor estudou a maioria desses homens de perto, em pessoa. Com muitos deles, desfruta ou desfrutou, antes de morrerem, do privilégio da amizade pessoal, o que lhe permitiu coletar fatos de suas filosofias que não estariam disponíveis em outras condições.

O autor é grato por desfrutar do privilégio de listar os serviços dos homens mais poderosos do mundo na elaboração do curso A Lei do Sucesso. Este privilégio seria remuneração suficiente pelo trabalho feito, caso não recebesse nada mais por ele.

Esses homens foram a espinha dorsal, o alicerce e o esqueleto dos negócios, finanças, indústria e política norte-americanos.

O curso A Lei do Sucesso sintetiza a filosofia e as regras de procedimento que tornaram todos esses homens poderosos em seus campos de atividade. A intenção do autor foi apresentar o curso nos termos mais simples e claros, para que possa ser dominado por alunos do ensino médio.

Com exceção da lei psicológica citada na Lição 1 como "MasterMind", o autor não reivindica a criação de nada totalmente novo neste curso. O que ele fez foi organizar, de forma prática e utilizável, antigas verdades e leis conhecidas, para que possam ser corretamente interpretadas e aplicadas pelo trabalhador comum cujas necessidades exigem uma filosofia simples.

Ao discorrer sobre os méritos da Lei do Sucesso, o juiz Elbert H. Gary disse: "Duas características marcantes dessa filosofia são o que mais me impressiona. Uma é a simplicidade com que foi apresentada, e a outra é o fato de que sua solidez é tão óbvia para todos que será imediatamente aceita".

O aluno deste curso é advertido a não fazer julgamentos antes de ter lido todas as dezesseis lições. Isto se aplica especialmente à Lição 1, na qual foi necessário incluir uma breve referência a assuntos de natureza mais ou menos técnica e científica. O motivo será óbvio depois que o aluno tiver lido as dezesseis lições.

O aluno que iniciar o curso com uma mente aberta e cuidar para que sua mente continue aberta até a última lição será ricamente recompensado com uma visão mais ampla e mais precisa da vida como um todo.

Quem disse que não poderia ser feito? E que grandes vitórias essa pessoa tem a seu crédito que a qualificam para julgar os outros com precisão?

— Napoleon Hill

# SUMÁRIO

DIA 5

# CONTEÚDOS DA LIÇÃO INTRODUTÓRIA:

## O MASTERMIND

1. Poder — o que é, como criar e utilizar.
2. Cooperação — a psicologia do esforço cooperativo e como utilizá-lo construtivamente.
3. MasterMind — como é criado mediante a harmonia de objetivo e esforço entre duas ou mais pessoas.
4. Henry Ford, Thomas A. Edison e Harvey S. Firestone — o segredo de seu poder e riqueza.
5. "Os grandes seis" — como fizeram o "MasterMind" gerar um lucro anual de mais de US$ 25 milhões.
6. Imaginação — como estimulá-la para criar planos práticos e novas ideias.
7. Telepatia — como um pensamento passa de uma mente para outra pelo éter. Cada cérebro possui uma estação de radiodifusão e recepção de pensamentos.
8. Como vendedores e oradores públicos "sentem" ou "sintonizam" os pensamentos da plateia.

9. Vibração — descrita por Alexander Graham Bell, inventor do telefone.
10. Ar e éter — como carregam a vibração.
11. Como e por que as ideias "lampejam" em nossa mente vindas de fontes desconhecidas.
12. A história da Lei do Sucesso, cobrindo um período de mais de 25 anos de pesquisa e experimentos científicos.
13. Juiz Elbert H. Gary — aprovação e adoção do curso A Lei do Sucesso.
14. Andrew Carnegie — o responsável pelo início do curso A Lei do Sucesso.
15. Treinamento na Lei do Sucesso ajuda grupos de vendedores a ganhar US$ 1 milhão.
16. O chamado "espiritismo" explicado.
17. Esforço organizado — a fonte de todo o poder.
18. Como se autoanalisar.
19. Como foi feita uma pequena fortuna a partir de uma fazenda velha, exaurida e inútil.
20. Existe uma mina de ouro na sua ocupação atual se você seguir as indicações e cavar.
21. Existe muito capital disponível para o desenvolvimento de qualquer ideia prática ou plano que você possa criar.
22. Algumas razões pelas quais as pessoas fracassam.
23. Por que Henry Ford é o homem mais poderoso da Terra e como outros podem utilizar os princípios que lhe deram poder.
24. Por que algumas pessoas contrariam outras sem saber.
25. O efeito do contato sexual como estimulante mental e construtor da saúde.
26. O que acontece na orgia religiosa conhecida como "revivalismo".
27. O que aprendemos da "bíblia da natureza".

28. Química mental — como pode construir ou destruir você.
29. O que significa o "momento psicológico" na arte de vender.
30. Mente desvitalizada — como recarregá-la.
31. Valor e significado da harmonia em todo esforço cooperativo.
32. De que consistem os ativos de Henry Ford? A resposta.
33. A era das fusões e do esforço cooperativo altamente organizado.
34. Woodrow Wilson tinha em mente a lei do "MasterMind" no seu plano para a Liga das Nações.
35. Sucesso é uma questão de negociação diplomática com outras pessoas.
36. Todo ser humano possui pelo menos duas personalidades distintas: uma destrutiva e outra construtiva.
37. Educação geralmente é mal interpretada como instrução ou memorização de regras. Na realidade, significa desenvolvimento interior da mente humana por sua expansão e uso.
38. Dois métodos de reunir conhecimento: experiência pessoal e assimilação do conhecimento obtido pelas experiências dos outros.
39. Análise pessoal de Henry Ford, Benjamin Franklin, George Washington, Abraham Lincoln, Theodore Roosevelt, William Howard Taft, Woodrow Wilson, Napoleão Bonaparte, Calvin Coolidge e Jesse James.
40. Visita do autor depois da lição.

O tempo é um mestre que cura as feridas da derrota temporária e iguala as desigualdades, acertos e erros do mundo. Nada é "impossível" com tempo!

DIA 9

# LIÇÃO I

# O MASTERMIND

*"Você pode fazer se acreditar que pode"*

Este é um curso sobre os fundamentos do sucesso.

Sucesso é, em grande parte, uma questão de se ajustar aos sempre variáveis ambientes da vida em um espírito de harmonia e equilíbrio. A harmonia baseia-se no entendimento das forças que constituem o ambiente; portanto, este curso é, na realidade, um plano que pode ser seguido diretamente até o sucesso, pois ajuda o aluno a interpretar, entender e tirar o máximo proveito das forças vitais do ambiente.

Antes de começar a ler as lições da Lei do Sucesso, você precisa conhecer um pouco da história do curso. Você tem que saber exatamente o que o curso promete àqueles que o seguem e assimilam as leis e princípios sobre os quais se baseia. Você deve saber quais as limitações e quais as possibilidades deste curso como um auxílio em sua luta por um lugar no mundo.

Do ponto de vista de entretenimento, o curso A Lei do Sucesso ficaria muito aquém da maioria das publicações de variedades que se encontra nas bancas de revista.

O curso foi criado para pessoas sérias, que dedicam pelo menos uma parte do seu tempo ao objetivo de ser bem-sucedidas na vida. O autor do curso A Lei do Sucesso não pretende competir com material escrito com o puro objetivo de entreter.

O objetivo do autor ao preparar este curso foi de natureza dupla, ou seja, primeiro ajudar o estudante sério a descobrir quais são suas fraquezas e, em segundo lugar, ajudar a criar um plano definido para transpor tais fraquezas.

Os homens e mulheres mais bem-sucedidos do mundo tiveram que corrigir certos pontos fracos de suas personalidades antes de começar a ter sucesso. As fraquezas que mais se destacam como empecilhos ao sucesso são: intolerância, cobiça, ganância, ciúmes, desconfiança, vingança, egotismo, vaidade, tendência de colher onde não se semeou e o hábito de gastar mais do que se ganha.

Esses inimigos da humanidade e muitos outros não mencionados aqui são abrangidos no curso A Lei do Sucesso, de tal maneira que qualquer pessoa de inteligência razoável possa dominá-los com pouco esforço ou contratempo.

Você deve saber, logo de início, que o curso A Lei do Sucesso já passou há muito do estágio experimental, tendo a seu favor um histórico de realizações digno de reflexão e análise sérias. Você deve saber também que o curso A Lei do Sucesso foi examinado e aprovado por algumas das mentes mais práticas de sua geração.

O curso A Lei do Sucesso foi primeiramente utilizado como palestra apresentada pelo autor em praticamente todas as cidades e muitas pequenas localidades dos Estados Unidos por um período maior que sete anos. Talvez você tenha sido uma das centenas de milhares de pessoas que ouviu a palestra.

Durante as palestras, o autor colocou assistentes junto ao público com o objetivo de interpretar as reações dos ouvintes e com isso descobriu exatamente qual o efeito causado nas pessoas. Como resultado desse estudo e análise, foram feitas muitas mudanças.

A primeira grande vitória da filosofia da Lei do Sucesso ocorreu ao ser utilizada pelo autor como base de um curso de treinamento de um exército de vendas de três mil homens e mulheres. A maioria não tinha qualquer experiência anterior em vendas. O treinamento lhes permitiu ganhar mais de US$ 1 milhão e pagar ao autor US$ 30 mil por seus serviços, cobrindo um período de aproximadamente seis meses.

Inúmeros indivíduos e pequenos grupos de vendedores tiveram sucesso com a ajuda deste curso, e os benefícios dele provenientes foram decisivos.

A filosofia da Lei do Sucesso foi levada ao conhecimento de Don Ring Mellett, então editor do *Daily News* de Canton (Ohio), que formou uma parceria com o autor do curso e estava se preparando para pedir demissão do jornal e assumir a administração dos negócios do autor quando foi assassinado em 16 de julho de 1926.



Antes disso, Mellett fizera tratativas com o juiz Elbert H. Gary, presidente do conselho da United States Steel Corporation, para a apresentação do curso A Lei do Sucesso a todos os empregados da empresa, com o custo total de aproximadamente US$ 150 mil. O projeto foi interrompido pela morte de Gary, mas prova que o autor da Lei do Sucesso produziu um plano educacional de natureza duradoura. Gary estava plenamente apto a julgar o valor do curso, e o fato de ter analisado a filosofia da Lei do Sucesso e estar disposto a investir a vultosa quantia de US$ 150 mil é prova da solidez de tudo o que é dito sobre o curso.

Você notará nesta lição introdutória alguns termos técnicos que podem não lhe parecer claros. Não se aborreça. Não tente entender tais termos na primeira leitura. Eles ficarão claros após a leitura do restante do curso. A Lição 1 pretende apenas oferecer um plano de fundo para as outras quinze lições do curso, e você deve lê-la como tal. Você não será examinado na Lição 1, mas deve lê-la muitas vezes, pois, a cada leitura, terá um pensamento ou ideia que não teve nas leituras anteriores.

Na Lição 1 você encontrará a descrição de uma lei da psicologia descoberta recentemente que é a pedra fundamental de toda realização pessoal importante. Esta lei é referida pelo autor como "MasterMind", significando uma mente desenvolvida graças à cooperação harmoniosa de duas ou mais pessoas que se aliam com o objetivo de completar uma determinada tarefa, qualquer que seja.

Se atua em vendas, você pode experimentar o "MasterMind" no trabalho diário de forma proveitosa. Verificou-se que um grupo de seis ou sete vendedores podem utilizar a lei com tamanha eficiência que suas vendas podem aumentar em proporções inacreditáveis.

Seguro de vida é considerado a coisa mais difícil de se vender nesse mundo. Não deveria ser assim no caso de uma necessidade indiscutível como seguro de vida, mas é. Não obstante, alguns funcionários da seguradora Prudential Life, cujas vendas são na maioria apólices pequenas, formaram um grupinho com o objetivo de experimentar o "MasterMind". O resultado foi que todos eles fecharam mais contratos nos primeiros três meses do experimento do que haviam firmado em todo o ano anterior.

Aquilo que pode ser realizado por qualquer pequeno grupo de vendedores inteligentes de seguro de vida que aprende a aplicar o "MasterMind" é de atordoar a imaginação mais otimista e criativa.

O mesmo pode ser dito de grupos de venda de mercadorias e outras formas de serviço mais tangíveis que seguro de vida. Tenha isso em mente enquanto lê a Lição 1 do curso A Lei do Sucesso e não será exagero esperar que esta lição sozinha possa proporcionar entendimento suficiente da lei para mudar todo o rumo de sua vida.

São as personalidades por trás de um negócio que determinam a medida do sucesso a ser desfrutado por tal empreendimento. Modifique as personalidades para que sejam mais agradáveis e mais atraentes aos clientes e o negócio irá prosperar. Em qualquer grande cidade dos Estados Unidos pode-se comprar mercadorias de natureza e preço similares em dezenas de lojas; mesmo assim, você sempre encontrará uma loja que se destaca e faz mais negócios que qualquer outra. O motivo é que, por trás dessa loja, há um ou mais homens que observaram as personalidades daqueles que têm contato com o público. As pessoas compram personalidades tanto quanto mercadorias, e é de se questionar se não são mais influenciadas pelas personalidades com que entram em contato do que pela mercadoria.

O seguro de vida foi esmiuçado em uma base tão científica que o custo não varia muito, independentemente da empresa em que se compre. Todavia, entre centenas de empresas de seguro de vida, menos de uma dúzia delas respondem pela maior parte dos negócios nos Estados Unidos.

Por quê? Personalidades! De cada cem pessoas que compram seguro de vida, 99 não sabem o que consta em suas apólices e, o que é mais surpreendente, é que não parecem se importar. O que elas realmente compram é a personalidade agradável de algum homem ou mulher que sabe o valor de cultivar tal personalidade.

> *Nenhum homem tem chance de desfrutar de sucesso permanente até começar a olhar no espelho em busca da verdadeira causa de todos os seus erros.*
>
> — Napoleon Hill

Sua atividade na vida, ou pelo menos a parte mais importante, é alcançar o sucesso. Sucesso, na acepção do termo conforme o curso das Leis do Sucesso, é "a realização do objetivo principal definido sem violar os direitos de outras pessoas". Independe de qual seja seu objetivo principal na vida, você vai alcançá-lo com muito menos dificuldade após aprender a cultivar uma personalidade agradável e a delicada arte de aliar-se aos outros em uma determinada iniciativa sem atrito ou inveja.

Um dos grandes problemas da vida, se não o maior, é aprender a arte da negociação harmoniosa com os outros. Este curso foi criado com o objetivo de ensinar as pessoas a negociar vida afora com harmonia e equilíbrio, livres dos efeitos destrutivos da discórdia e do atrito que levam milhões à miséria, necessidade e fracasso a cada ano.

Apresentado o objetivo do curso, você deve ter condições de abordar as lições com a sensação de que uma transformação completa em sua personalidade está prestes a acontecer.

Você não consegue desfrutar de sucesso notável na vida sem poder e você jamais consegue desfrutar de poder sem personalidade suficiente para influenciar outras pessoas a cooperarem com você em espírito de harmonia. Este curso mostra como desenvolver tal personalidade passo a passo.

Segue abaixo um resumo, lição por lição, do que você pode esperar receber das quinze Leis do Sucesso subsequentes:

2. OBJETIVO PRINCIPAL DEFINIDO ensinará a economizar o esforço desperdiçado pela maioria das pessoas na tentativa de encontrar sua profissão. Essa lição mostrará como acabar de vez com a falta de objetivo e se fixar de corpo e alma em um objetivo definido e bem concebido para a vida profissional.

3. AUTOCONFIANÇA ajudará a dominar os seis medos básicos com os quais toda pessoa é amaldiçoada: medo da pobreza, medo de problemas de saúde, medo da velhice, medo da crítica, medo da perda do amor de alguém e medo da morte. Você aprenderá a diferença entre egotismo e autoconfiança verdadeira, baseada em conhecimento definido e utilizável.

4. O HÁBITO DE ECONOMIZAR ensinará a distribuir sua renda sistematicamente, para que um percentual definido seja acumulado de modo constante, cultivando assim uma das mais conhecidas formas de poder pessoal. Ninguém tem sucesso na vida sem economizar dinheiro. Não existe exceção a essa regra, e dela ninguém consegue escapar.

5. INICIATIVA E LIDERANÇA mostrarão como se tornar um líder em vez de um seguidor no seu campo de trabalho. Desenvolverão em você um instinto de liderança que lhe fará gravitar gradualmente para o topo em todas as iniciativas de que participar.

6. IMAGINAÇÃO estimulará sua mente a conceber novas ideias e desenvolver novos planos que ajudarão a atingir o objetivo principal definido. Essa lição ensinará a "construir casas novas com pedras velhas", por assim

dizer. Mostrará como criar novas ideias a partir de velhos conceitos bem conhecidos e como colocar velhas ideias em novos usos. Essa lição, por si só, equivale a um curso prático de vendas e com certeza se revelará uma verdadeira mina de ouro do conhecimento para a pessoa séria.

7. ENTUSIASMO permitirá "saturar" todos aqueles com quem você entrar em contato de interesse por você e suas ideias. Entusiasmo é a base de uma personalidade agradável, e você deve ter tal personalidade a fim de influenciar os outros a cooperarem com você.

8. AUTOCONTROLE é a "roda de balanço" com que você controla seu entusiasmo e o direciona para onde deseja. Essa lição lhe ensinará de maneira muito prática como se tornar o "mestre de seu destino, o capitão de sua alma".

9. O HÁBITO DE FAZER MAIS DO QUE É PAGO PARA FAZER é uma das lições mais importantes do curso A Lei do Sucesso. Ensinará a tirar vantagem da lei de retornos crescentes, que acabará por assegurar um retorno de dinheiro proporcionalmente muito maior do que o serviço prestado. Ninguém se torna um líder de verdade em qualquer setor sem praticar o hábito de fazer mais e melhor do que é pago para fazer.

10. PERSONALIDADE AGRADÁVEL é o "fulcro" onde você deve colocar o "pé de cabra" de seus esforços com inteligência, o que permitirá a remoção de montanhas de obstáculos. Essa lição sozinha formou dezenas de mestres em vendas e desenvolveu líderes da noite para o dia. Também ensinará a transformar sua personalidade para que você se adapte a qualquer ambiente ou a qualquer outra personalidade de tal maneira que possa facilmente exercer o domínio.

11. PENSAMENTO PRECISO é uma das importantes pedras fundamentais de todo sucesso duradouro. Essa lição ensina a separar "fatos" de mera "informação". Ensina a organizar fatos conhecidos em duas classes: "importante" e "não importante". Ensina a determinar o que é um fato

"importante". Ensina a criar planos de trabalho definidos em qualquer profissão a partir de fatos.

12. CONCENTRAÇÃO ensina a focar a atenção em um assunto de cada vez até você ter elaborado planos práticos para dominar o assunto. Ensinará a aliar-se aos outros de tal maneira que você possa fazer uso de todo o conhecimento deles para apoiá-lo em todos os seus planos e objetivos. Proporcionará conhecimento prático das forças ao seu redor e mostrará como aproveitar e usar tais forças para promover seus próprios interesses.

13. COOPERAÇÃO ensinará o valor do trabalho em equipe em tudo que você faz. Nessa lição você aprenderá a aplicar o "MasterMind" descrito nas lições 1 e 2. Essa lição também mostrará como coordenar seus esforços com os dos outros de tal maneira que atrito, ciúmes, conflito, inveja e cobiça sejam eliminados. Você aprenderá a fazer uso de tudo que as outras pessoas tiverem aprendido sobre o trabalho em que estiver envolvido.

14. LUCRANDO COM FRACASSOS ensinará a fazer degraus com os erros e fracassos do passado e do futuro. Ensinará a diferença entre "fracasso" e "derrota temporária", diferença esta grande e muito importante. Também ensinará a lucrar com seus próprios fracassos e os fracassos dos outros.

15. TOLERÂNCIA ensinará a evitar os efeitos desastrosos de preconceitos raciais e religiosos que acarretam derrota para milhões de pessoas que se permitem emaranhar em discussões tolas sobre tais assuntos, envenenando assim a própria mente e fechando as portas para a razão e a investigação. Essa lição é gêmea daquela sobre pensamento preciso pelo fato de que ninguém pode se tornar um pensador preciso sem praticar a tolerância. A intolerância fecha o livro do conhecimento e escreve na capa: "Fim! Aprendi tudo!". A intolerância torna inimigos aqueles que deveriam ser amigos, destrói oportunidades e enche a mente de dúvida, desconfiança e preconceito.

16. PRATICAR A REGRA DE OURO ensinará a fazer uso dessa grande lei universal da conduta humana de tal forma que você poderá facilmente conseguir a cooperação harmoniosa de qualquer indivíduo ou grupo de indivíduos. A falta de entendimento da lei em que se baseia a filosofia da Regra de Ouro é uma das principais causas de fracasso de milhões de pessoas que permanecem a vida inteira na miséria, pobreza e escassez. Essa lição não tem nada a ver com nenhuma religião, nem com sectarismo, assim como nenhuma das outras lições do curso A Lei do Sucesso.

DIA 6

Quando dominar as Leis do Sucesso e se apropriar delas, o que deve acontecer em um período de quinze a trinta semanas, você estará pronto para desenvolver poder pessoal suficiente para garantir a realização de seu objetivo principal definido.

*Se quiser caluniar alguém, não fale — escreva. Escreva na areia, perto da beira d'água.*

— NAPOLEON HILL

O objetivo das Leis do Sucesso é desenvolver ou ajudar a organizar todo o conhecimento que você tem e que virá a adquirir no futuro para que possa transformar tal conhecimento em poder.

Você deve ler o curso A Lei do Sucesso com um caderno de anotações a seu lado, pois observará que, com a leitura, começarão a "lampejar" em sua mente ideias de como usar as leis para promover seus interesses pessoais.

Você também deve começar a ensinar as leis para aqueles que mais lhe interessam, pois é bem sabido que quanto mais alguém tenta ensinar determinado assunto, mais aprende sobre o mesmo. Um pai de família pode fixar as Leis do Sucesso de modo tão indelével na mente de filhos jovens que o ensinamento mudará todo o curso de suas vidas. Também deve estimular o cônjuge a estudar o curso com ele, por motivos que ficarão claros antes de você completar a leitura desta lição.

Poder é um dos três objetivos básicos do esforço humano.

O poder pode ser de dois tipos: aquele desenvolvido pela coordenação das leis físicas naturais e aquele desenvolvido pela organização e classificação do conhecimento.

O poder que brota do conhecimento organizado é o mais importante, pois concede ao homem uma ferramenta com a qual pode transformar, redirecionar e em certa medida aproveitar e utilizar a outra forma de poder.

O objetivo deste curso é sinalizar a rota pela qual o aluno pode viajar em segurança para coletar fatos que deseje agregar ao tecido do seu conhecimento.

Existem dois métodos principais de coleta de conhecimento: estudo, classificação e assimilação de fatos organizados por outras pessoas e o processo pessoal de coleta, organização e classificação de fatos, geralmente chamado de "experiência pessoal".

Esta lição trata principalmente dos meios de estudar fatos e dados coletados e classificados por outros.

O estágio de desenvolvimento conhecido como "civilização" nada mais é do que o conhecimento acumulado pelos povos. Esse conhecimento é de dois tipos: mental e físico.

Entre o conhecimento útil organizado pelo homem está a descoberta e catalogação dos elementos químicos que constituem todas as formas materiais do universo.

Por meio de estudo, análise e medições precisas, o homem descobriu a "grandeza" do lado material do universo, representada pelos planetas, sóis e estrelas, alguns deles dez milhões de vezes maiores que a pequena Terra onde vivemos.

Por outro lado, o homem descobriu a "pequenez" das formas físicas que constituem o universo pela redução dos elementos químicos em moléculas, átomos e, finalmente, a menor partícula, o elétron. Um elétron não pode ser visto, é simplesmente um centro de força positivo ou negativo. O elétron é o início de tudo de natureza física.

MOLÉCULAS, ÁTOMOS E ELÉTRONS: para entender tanto o detalhe quanto as perspectivas pelos quais o conhecimento é coletado, organizado e classificado, parece essencial que o aluno comece pelas menores e mais simples partículas da matéria física, pois são o alfabeto com que a natureza construiu toda a estrutura física do universo.

As moléculas consistem de átomos, pequenas partículas invisíveis de matéria deslocando-se continuamente à velocidade da luz, segundo o mesmo princípio pelo qual a Terra gira em torno do Sol.

As pequenas partículas de matéria conhecidas como átomos, que se deslocam em um circuito contínuo na molécula, são constituídas por elétrons, as menores partículas da matéria física. Como já foi dito, os elétrons nada mais são do que duas formas de força. O elétron é uniforme, de uma só classe, tamanho e natureza; assim, em um grão de areia ou uma gota de água, duplica-se todo o princípio segundo o qual todo o universo opera.

Que maravilha! Que estupendo! Você pode ter uma pequena ideia da magnitude de tudo isso na próxima vez que fizer uma refeição, lembrando que cada alimento que consome, o prato em que come, os talheres e a própria mesa nada mais são, em última análise, que um conjunto de elétrons.

*Não tenha medo de uma pequena oposição. Lembre-se de que a pipa do sucesso geralmente eleva-se contra o vento da adversidade, e não com ele!*

No mundo da matéria física, quer se olhe a maior estrela a flutuar no céu ou o menor grão de areia encontrado no solo, o objeto em observação nada mais é que um conjunto de moléculas, átomos e elétrons organizados, revolvendo um sobre o outro a uma velocidade inconcebível.

Cada partícula de matéria física está em um estado de movimento contínuo altamente agitado. Nada nunca está parado, embora quase toda matéria física possa parecer imóvel aos olhos físicos. Não existe matéria física "sólida". O pedaço mais rijo de aço é uma massa organizada de moléculas, átomos e elétrons em movimento. Além disso, os elétrons em um pedaço de aço são da mesma natureza e se movem na mesma velocidade que os elétrons do ouro, da prata, do latão ou do estanho.

Os elementos químicos da matéria física parecem diferentes uns dos outros — e são diferentes — porque são constituídos de diferentes combinações de átomos (embora os elétrons nesses átomos sejam sempre os mesmos, exceto alguns que são positivos ou negativos, significando que alguns carregam uma carga positiva de eletrificação e outros, uma carga negativa).

Por meio de reações químicas, a matéria pode ser quebrada em átomos que são, em si, imutáveis. Os elementos químicos são criados pela combinação e mudança de posição dos átomos. Para ilustrar o *modus operandi* da mudança da posição dos átomos nos termos da ciência moderna:

> Adicione quatro elétrons (dois positivos e dois negativos) ao átomo de hidrogênio e você terá o elemento lítio, retire do átomo de lítio (composto de três elétrons positivos e três elétrons negativos) um elétron positivo e um negativo e você terá um átomo de hélio (composto de dois elétrons positivos e dois negativos).

Assim, pode-se ver que os elementos químicos do universo diferem uns dos outros somente pelo número de elétrons que compõem seus átomos e pelo número e disposição desses átomos nas moléculas de cada elemento.

Por exemplo, um átomo de mercúrio contém oitenta cargas positivas (elétrons) em seu núcleo e oitenta cargas periféricas negativas (elétrons). Se fossem retirados dois elétrons positivos e dois negativos, o átomo se tornaria instantaneamente o metal conhecido como platina. Se fossem retirados um elétron negativo e um positivo, o átomo então manteria 79 cargas positivas no núcleo e 79 elétrons negativos periféricos, tornando-se ouro!

A fórmula pela qual essas mudanças podem ser produzidas tem sido objeto de pesquisa diligente dos alquimistas de todas as eras e dos químicos modernos de hoje.

É fato conhecido de todo químico que literalmente dezenas de milhares de substâncias sintéticas podem ser compostas com apenas quatro tipos de átomos: hidrogênio, oxigênio, nitrogênio e carbono.

> Diferenças no número de elétrons dos átomos conferem a eles diferenças (químicas) qualitativas, embora todos os átomos de qualquer elemento sejam quimicamente iguais. Diferenças no número e no arranjo espacial desses átomos (em grupos de moléculas) constituem diferenças tanto físicas quanto químicas nas substâncias, ou seja, compostos. Substâncias bem diferentes são produzidas pela combinação dos mesmos tipos de átomos em diferentes proporções.
>
> Retire de uma molécula de certa substância um único átomo e, de um composto necessário para a vida, ela pode ser transformada em veneno mortal. Fósforo é um elemento químico, e, assim, contém um certo tipo de átomo, mas alguns fósforos são amarelos e alguns são vermelhos, variando conforme a distribuição espacial dos átomos nas moléculas que os compõem.

Pode-se afirmar como verdade literal que o átomo é a partícula universal com a qual a natureza cria todas as formas materiais, de um grão de areia à maior estrela flutuando no espaço. O átomo é o "tijolo" da natureza, a partir do qual ela cria um carvalho ou um pinheiro, uma rocha de arenito ou granito, um rato ou um elefante.

Alguns dos mais hábeis pensadores argumentaram que a Terra e toda partícula material sobre ela teve início com dois átomos que se uniram um ao outro e, ao longo de centenas de milhões de anos voando pelo espaço, contataram e acumularam outros átomos, passo a passo, até a Terra ser formada. Segundo eles, essa seria a causa dos vários e diferentes estratos e substâncias do planeta, tais como veios de carvão, depósitos de minério de ferro, de ouro e prata, de cobre etc.

O argumento desses pensadores é que, enquanto a Terra girava pelo espaço, contatou vários tipos de nebulosas, ou átomos, dos quais prontamente se apropriou por causa da atração magnética. Existem muitos elementos na composição da superfície da Terra que apoia essa teoria, embora possa não haver nenhuma evidência positiva de sua solidez.

DIA 11

Esses fatos relacionados às menores partículas de matéria analisáveis foram brevemente referidos para servir de ponto de partida para determinarmos como desenvolver e aplicar o poder.

Observamos que toda matéria é um estado de vibração ou movimento constante, que a molécula é composta de partículas chamadas átomos, que, por sua vez, são compostos por partículas de movimento rápido chamadas elétrons.

O FLUIDO VIBRANTE DA MATÉRIA: em cada partícula de matéria existe um "fluido" invisível ou força que faz com que os átomos circulem uns ao redor dos outros em uma velocidade inconcebível.

Este "fluido" é uma forma de energia que nunca foi analisada. Até agora tem intrigado toda a comunidade científica. Muitos cientistas acreditam tratar-se da mesma energia que chamamos de eletricidade. Outros preferem chamá-la de vibração. Alguns investigadores acreditam que a taxa de velocidade com que essa força (chame-a como preferir) se move determina, em grande medida, a natureza exterior visível dos objetos físicos do universo.

Uma taxa de vibração dessa "energia fluida" causa o que é conhecido como som. O ouvido humano pode detectar somente o som produzido de 20 a cerca de 20 mil ciclos por segundo.

À medida que os ciclos por segundo aumentam acima do que chamamos de som, a vibração começa a se manifestar em forma de calor. Hoje esse fenômeno é usado em fornos de micro-ondas.

Ainda mais acima na escala, as vibrações ou ciclos começam a ser registrados em forma de luz. Os raios ultravioleta normalmente são invisíveis, e a energia com comprimento de onda ainda maior que o ultravioleta também é invisível, mas pode ter um efeito tremendo sobre objetos físicos. A ciência ainda está investigando esses limites superiores, e talvez as descobertas futuras expliquem o que hoje ainda permanece um mistério.

E, ainda mais acima na escala — em uma altura que até o momento ninguém é capaz de saber qual seja — as vibrações ou ciclos criam o poder, creio eu, com que o homem pensa.

O autor acredita que a porção "fluida" de toda vibração, de onde brotam todas as formas conhecidas de energia, é universal na natureza, que a porção "fluida" do som é igual à porção "fluida" da luz, sendo a diferença de efeito entre som e luz somente a diferença na taxa de vibração. A porção "fluida" do pensamento também é exatamente a mesma que a do som, calor e luz, exceto pelo número de vibrações por segundo.

Assim como existe uma única forma de matéria física que compõe a Terra e todos os outros planetas, sóis e estrelas — os elétrons –, existe uma única forma da energia "fluida" que faz com que toda matéria permaneça em estado constante de movimento rápido.

AR E ÉTER: o vasto espaço entre os sóis, luas, estrelas e outros planetas do universo é preenchido por uma forma de energia conhecida como éter. O autor acredita que a energia "fluida" que mantém todas as partículas de matéria em movimento seja igual à do "fluido" universal conhecido como éter, que preenche todo espaço no universo. Dentro de uma certa distância da superfície da Terra, estimada por alguns em cerca de oitenta quilômetros, existe o que chamamos de ar, substância gasosa composta por oxigênio e nitrogênio. O ar é um condutor de vibrações do som, mas não é condutor da luz e das vibrações mais altas, que são carregadas pelo éter. O éter é um condutor de todas as vibrações, do som ao pensamento.

*Produza mais serviço*
*do que é pago para fazer*
*e você logo receberá*
*por mais do que produz.*
*A lei dos retornos*
*crescentes cuida disso.*

O ar é uma substância localizada que desempenha basicamente a função de suprir todos os animais e plantas com oxigênio e nitrogênio, sem os quais ambos não poderiam existir. O nitrogênio é uma das principais necessidades da vida vegetal, e o oxigênio é um dos pilares da vida animal. Perto do cume de montanhas muito altas, o ar se torna muito rarefeito porque contém pouco nitrogênio, e por esse motivo não existe vida vegetal nesses locais. Por outro lado, o ar "leve" encontrado em grandes altitudes consiste amplamente de oxigênio, razão pela qual pacientes tuberculosos são enviados para locais altos.

Mesmo esta breve explicação sobre moléculas, átomos, elétrons, ar, éter e similares pode ser uma leitura pesada para o aluno, mas, como se verá em breve, essa introdução desempenha papel essencial na base desta lição.

Não desanime se essa descrição não parece ter nenhum dos efeitos emocionantes de um conto de ficção moderno. Você está seriamente empenhado em descobrir quais são suas competências e como organizá-las e aplicá-las. Para completar essa descoberta com sucesso, você deve combinar determinação, persistência e um desejo bem definido de coletar e organizar conhecimento.

✥

DIA 12

Alexander Graham Bell, inventor do telefone e autoridade no tema das vibrações, é aqui citado em apoio às teorias do autor referentes ao assunto:

> Suponha que você tenha o poder de fazer uma barra de ferro vibrar em qualquer frequência desejada em uma sala escura. De início, ao vibrar lentamente, o movimento será indicado apenas por um sentido, o tato. Tão logo as vibrações aumentem, um som baixo emanará da barra e apelará a dois sentidos.
>
> A cerca de 32 mil vibrações por segundo, o som será alto e claro, mas, a 40 mil vibrações, não será perceptível, e os movimentos da barra não serão percebidos pelo toque. Os movimentos não serão percebidos por nenhum dos sentidos humanos.
>
> Desse ponto até aproximadamente 1,5 milhão de vibrações por segundo, não temos nenhum sentido que consiga apreciar qualquer efeito das vibrações. Após esse estágio, o movimento será indicado primeiro pela sensação da temperatura, e, então, quando a barra ficar quente e vermelha, pelo sentido da visão. Ao atingir três milhões, a barra emitirá luz violeta. Acima disso, emanará raios ultravioleta e outras radiações invisíveis, algumas das quais podem ser percebidas por instrumentos e empregadas por nós.

Ocorre-me que deve haver muito a ser aprendido sobre o efeito dessas vibrações na lacuna onde os sentidos humanos não são capazes de ouvir, ver ou sentir o movimento. O poder de enviar mensagens sem fio pelas vibrações do éter reside nessa lacuna, mas a lacuna é tão grande que parece haver muito mais. É preciso fazer máquinas que praticamente forneçam novos sentidos, como fazem os instrumentos sem fio.

Ao pensar na grande lacuna, não será possível dizer que existam muitas formas de vibração que possam nos dar um resultado tão maravilhoso, ou mais maravilhoso até, do que as ondas sem fio? Parece-me que nessa lacuna residem as vibrações que presumimos serem emitidas pelo cérebro e células nervosas quando pensamos. Mas elas também podem estar mais acima, na escala além das vibrações que produzem os raios ultravioleta. (NOTA DO AUTOR: a última frase sugere a teoria sustentada por este autor.)

Precisamos de um fio para transmitir essas vibrações? Não passarão elas pelo éter sem um fio, como as ondas sem fio? Como serão percebidas pelo receptor? Ele ouvirá uma série de sinais ou concluirá que o pensamento de outro homem entrou em seu cérebro?

Podemos nos entregar a algumas especulações com base no que sabemos sobre as ondas sem fio, que, como eu já disse, são tudo que conseguimos reconhecer de uma vasta série de vibrações que teoricamente devem existir. Se as ondas cerebrais são similares às ondas sem fio, devem passar do cérebro e fluir infinitamente pelo mundo e universo. O corpo, o crânio e outros obstáculos sólidos não seriam obstáculo a sua passagem, pois passariam pelo éter que circunda as moléculas de toda a substância, não importando o quão sólida e densa.

Seria de se perguntar se não haveria interferência e confusão constantes se os pensamentos de outras pessoas estivessem flutuando por nosso cérebro e criando nele pensamentos que não se originaram em nós?

Como saber se os pensamentos de outras pessoas não estão interferindo nos seus nesse momento? Notei um bom número de fenômenos de distúrbios mentais que não consegui explicar. Por exemplo, a inspiração ou desânimo que um orador sente quando se dirige à plateia. Experimentei isso muitas vezes na minha vida e nunca fui capaz de definir a causa física exata.

Muitas descobertas científicas recentes, em minha opinião, apontam para um dia não muito distante em que os homens lerão os pensamentos uns dos outros, em que os pensamentos serão transmitidos diretamente de cérebro para cérebro sem intervenção da fala, escrita ou qualquer outro método de comunicação conhecido hoje.

Não é insensato esperar pelo tempo em que veremos sem olhos, ouviremos sem ouvidos e falaremos sem língua.



Em resumo, a hipótese de que a mente pode se comunicar diretamente com outra reside na teoria de que o pensamento, ou força vital, é uma forma de distúrbio elétrico que pode ser captado por indução e transmitido à distância por um fio ou simplesmente pelo éter que a tudo permeia, como as ondas do telégrafo sem fio.

Existem muitas analogias que sugerem que pensamentos são da natureza de um distúrbio elétrico. Um nervo, que é da mesma substância que o cérebro, é um excelente condutor de corrente elétrica. Quando passamos uma corrente elétrica através dos nervos de um homem morto, ficamos chocados e maravilhados ao ver o corpo sentar e se mover. Os nervos eletrificados produzem contração muscular como em vida.

Os nervos parecem agir sobre os músculos de modo muito semelhante à corrente elétrica sobre um eletroímã. A corrente magnetiza a barra de ferro colocada em um ângulo reto em relação ao ímã, e os nervos produzem, em função da corrente intangível de força vital que flutua através deles, a contração das fibras musculares arranjadas em ângulo reto com eles.

Seria possível citar muitos motivos pelos quais o pensamento e a força vital podem ser considerados da mesma natureza que a eletricidade. A corrente elétrica é considerada um movimento de onda do éter, a substância hipotética que preenche todo o espaço e permeia todas as substâncias. Acreditamos que deva haver éter, pois sem ele a corrente elétrica não poderia passar por um vácuo, nem a luz solar pelo espaço. É razoável acreditar que somente um movimento de onda de característica semelhante possa produzir os fenômenos do pensamento e da força vital. Podemos presumir que as células do cérebro agem como baterias e que a corrente produzida flui pelos nervos.

Mas isso acaba aí? Não passaria para fora do corpo em ondas que fluem pelo mundo, imperceptíveis aos nossos sentidos, assim como as ondas sem fio passavam despercebidas antes de Hertz e outros descobrirem sua existência?

CADA MENTE É UMA ESTAÇÃO TRANSMISSORA E RECEPTORA: o autor provou muitas vezes, pelo menos para si mesmo, que o cérebro humano é tanto uma estação transmissora quanto receptora de vibrações na frequência de pensamentos.

*Todo fracasso é uma bênção disfarçada, proporcionando uma lição necessária que não se aprenderia sem ele. A maioria dos chamados fracassos são apenas derrotas temporárias.*

Se esta teoria for constatada como fato e métodos de controle razoáveis forem estabelecidos, imagine o papel que terá na coleta, classificação e organização do conhecimento. A possibilidade de tal realidade atordoa a mente humana!

Thomas Paine foi uma das grandes mentes do período revolucionário norte-americano. A ele, talvez mais do que a qualquer outra pessoa, devemos tanto o início quanto o final feliz da revolução, pois foi sua mente sagaz que ajudou a redigir a Declaração da Independência bem como a persuadir os signatários a traduzir o documento em termos de realidade.

Ao falar da fonte de seu grande conhecimento, Paine descreveu da seguinte forma:

> Qualquer pessoa que tenha feito observações sobre o progresso da mente humana observando a sua própria não pode deixar de ter observado que existem duas classes distintas do que chamamos de pensamentos: aqueles que produzimos em nós mesmos pela reflexão e ato de pensar;

> e aqueles que penetram em nossa mente por conta própria. Tenho por regra tratar esses visitantes voluntários com civilidade, tomando o cuidado de examinar, tanto quanto possa, se vale a pena entretê-los; e é deles que adquiri quase todo o conhecimento que possuo. Quanto à instrução que qualquer pessoa obtém com a educação escolar, esta serve somente como um pequeno capital para colocar o indivíduo no caminho de começar a aprender por si mais adiante. Toda pessoa instruída torna-se por fim sua própria professora, porque os princípios não podem ser gravados na memória: seu local de residência mental é o entendimento, e nunca são tão duradouros como quando começam por concepção.

Nas palavras acima, Paine, o grande patriota e filósofo norte-americano, descreveu uma experiência que vez ou outra é a experiência de todos. Quem seria tão desafortunado a ponto de não ter obtido evidência positiva de que pensamentos e até mesmo ideias completas brotam na mente oriundas de fontes externas?

Que meio de transmissão existe para esses visitantes com exceção do éter? O éter preenche o espaço ilimitado do universo. É o meio de transmissão de todas as formas de vibração, como som, luz e calor. Por que não há de ser também o meio de transmissão da vibração do pensamento?

DIA 14

Toda mente ou cérebro está diretamente conectado a outro cérebro pelo éter. Todo pensamento liberado por qualquer cérebro pode ser instantaneamente captado e interpretado por outros cérebros que estejam "em sintonia" com o cérebro transmissor. O autor tem tanta certeza deste fato tanto quanto de que a fórmula química $H_2O$ produzirá água. Imagine, se puder, que papel esse princípio desempenha em cada aspecto da vida.

A probabilidade de o éter ser um transmissor de pensamento de uma mente para outra sequer é a sua função mais assombrosa. O autor acredita que toda vibração de pensamento liberada por qualquer cérebro é captada pelo éter e mantida em movimento, em ondas sinuosas de comprimento correspondente à intensidade da energia usada na liberação, que tais vibrações permanecem em movimento para sempre e que são uma das duas fontes das quais emanam os pensamentos que "pipocam" numa mente, sendo a outra o contato direto e imediato via éter com o cérebro que libera a vibração do pensamento.

Assim, caso essa teoria seja um fato, o espaço ilimitado de todo o universo é e continuará sendo literalmente uma biblioteca mental onde todos os pensamentos liberados pela humanidade podem ser encontrados.

O autor está lançando aqui a base para uma das mais importantes hipóteses citadas na lição sobre autoconfiança, um fato que o aluno deve ter em mente ao abordar tal lição.

Trata-se de uma lição sobre conhecimento organizado. A maior parte do conhecimento útil herdado pela raça humana foi preservada e devidamente registrada na bíblia da natureza. Voltando as páginas desta bíblia inalterável, o homem leu a história da formidável luta a partir da qual a civilização atual desenvolveu-se. As páginas desta bíblia são feitas dos elementos químicos que compõem a Terra e os outros planetas e do éter que preenche todo o espaço.

Voltando as páginas escritas em pedra e soterradas próximo à superfície da Terra, o homem descobriu ossos, esqueletos, pegadas e outras evidências inequívocas da história da vida animal no planeta, plantadas pelas mãos da mãe natureza ao longo de incríveis períodos de tempo para servir de esclarecimento e orientação. A evidência é clara e inequívoca. As grandes páginas de pedra da bíblia da natureza descobertas na Terra e as páginas infinitas da bíblia representada pelo éter onde todos os pensamentos humanos passados foram registrados constituem uma autêntica fonte de comunicação entre o Criador e o homem. Esta bíblia foi iniciada antes do homem chegar à fase do pensamento, de fato, antes do homem chegar ao estágio de ameba (animal unicelular) de desenvolvimento.

Alterar esta bíblia está acima e além do poder do homem. Além disso, ela conta a história não em línguas mortas ou hieróglifos de raças semisselvagens, mas na língua universal que todos que têm olhos podem ler. A bíblia da natureza, de onde extraímos todo o conhecimento que vale a pena saber, não pode ser alterada ou corrompida pelo homem.

A mais maravilhosa descoberta já feita pelo homem é o princípio recentemente descoberto do rádio, que opera com o auxílio do éter, uma parte importante da bíblia da natureza. Imagine o éter captando a vibração comum do som e transformando-a de audiofrequência em radiofrequência, transportando-a para uma estação de recepção devidamente sintonizada e a transformando novamente na forma original de audiofrequência, tudo num segundo. Não deve causar surpresa a ninguém que tal força possa coletar a vibração do pensamento e manter tal vibração em movimento para sempre.

O conhecido e estabelecido fato da transmissão instantânea do som pelo éter, usando-se equipamentos modernos de rádio, desloca do possível para o provável a teoria da transmissão da vibração do pensamento de mente para mente.

MASTERMIND: chegamos, agora, ao passo seguinte na descrição das formas pelas quais se pode coletar, classificar e organizar o conhecimento útil por meio da aliança harmoniosa de duas ou mais mentes, de onde nasce um MasterMind.

O termo "MasterMind" é abstrato e não tem contrapartida no campo de fatos conhecidos, exceto para um pequeno grupo de pessoas que fizeram um cuidadoso estudo dos efeitos de uma mente sobre outras.

O autor procurou em vão em todos os livros didáticos e ensaios disponíveis sobre o tema da mente humana, mas não encontrou em parte alguma nem uma mínima referência ao princípio aqui descrito como "MasterMind". O termo chamou a atenção do autor pela primeira vez em uma entrevista com Andrew Carnegie, conforme descrito na Lição 2.

DIA 15

QUÍMICA DA MENTE: o autor acredita que a mente seja composta da mesma energia universal "fluida" que constitui o éter que preenche o universo. É fato bem conhecido tanto pelo leigo quanto pelo investigador científico que algumas mentes colidem no momento em que entram em contato umas com as outras, ao passo que outras demonstram afinidade natural uma pela outra. Entre os dois extremos do antagonismo natural e da afinidade natural que surgem do encontro ou contato de mentes existe um amplo leque de possibilidades de reação de uma mente sobre outra.

Algumas mentes adaptam-se tão naturalmente uma à outra que o resultado inevitável do contato é "amor à primeira vista". Quem não conhece tal experiência? Em outros casos, as mentes são tão antagônicas que surge uma violenta antipatia mútua ao primeiro encontro. Esses resultados ocorrem sem que uma palavra seja dita e sem os mais ínfimos sinais de que quaisquer causas usuais de amor e ódio estejam atuando como estímulo.

*Acreditar no heroísmo,*
*cria heróis.*

— Disraeli

É bem provável que a "mente" seja composta de um fluido, ou substância, ou energia, chame como preferir, semelhante ao éter (senão de fato da mesma substância). Quando duas mentes se aproximam o suficiente para fazer contato, a combinação do "material mental" (vamos chamar de elétrons do éter) estabelece uma reação química e dá início às vibrações que afetam os dois indivíduos de forma agradável ou desagradável.

O efeito do encontro de duas mentes é óbvio até mesmo para o observador mais casual. Todo efeito deve ter uma causa! O que poderia ser mais razoável do que suspeitar que a causa da mudança na atitude mental de duas mentes que acabaram de ter contato não passe de uma alteração dos elétrons ou unidades de cada mente no processo de se rearranjar no novo campo criado pelo contato?

Avançamos bastante no sentido de alicerçar esta lição sobre uma base sólida ao admitir que o encontro ou aproximação de duas mentes configura, em cada uma delas, certo "efeito" ou estado mental perceptível um pouco diferente do imediatamente anterior ao contato. Embora desejável, não é essencial saber a "causa" dessa reação de uma mente sobre outra. Que a reação tem lugar em todos os casos é o fato conhecido que nos fornece um ponto de partida para apresentar o significado do termo "MasterMind".

Um MasterMind pode ser criado pelo agrupamento ou combinação de duas ou mais mentes em um espírito de perfeita harmonia. A partir dessa combinação harmoniosa a química mental cria uma terceira mente, que pode ser apropriada e utilizada por uma ou todas as mentes individuais. O MasterMind permanecerá disponível enquanto existir a aliança amigável e harmoniosa entre as mentes individuais. Ela se desintegrará e toda a evidência de sua existência desaparecerá no momento em que a aliança amigável for quebrada.

O princípio da química mental é a base e causa de praticamente todos os casos de "alma gêmea" e "triângulo amoroso", muitos dos quais infelizmente acabam em processo de divórcio e enfrentam o ridículo popular entre gente ignorante e inculta que fabrica vulgaridade e escândalo a partir de uma das grandes leis da natureza.

Todo o mundo civilizado sabe que os primeiros dois ou três anos de casamento são frequentemente marcados por muitos desentendimentos de natureza mais ou menos mesquinha. São os anos de "ajuste". Se o casamento sobreviver a eles, estará mais do que apto a se tornar uma aliança permanente. São fatos inegáveis para qualquer pessoa com experiência em casamento. Novamente, vemos o "efeito" sem entender a "causa".

Embora existam outras causas contribuintes, a falta de harmonia nos primeiros anos de casamento deve-se essencialmente à lentidão do processo de combinação harmoniosa das químicas mentais. Em outras palavras, os elétrons ou unidades de energia chamados de mente em geral não são extremamente amigáveis ou antagonistas no primeiro contato; porém, pela associação constante, adaptam-se gradualmente em harmonia, exceto nos raros casos em que a associação tem o efeito oposto, levando por fim à franca hostilidade.

DIA 16

É fato bem conhecido que, após um homem e uma mulher viverem juntos por dez ou quinze anos, tornam-se praticamente indispensáveis um ao outro, ainda que possa não existir a mais mínima evidência do estado mental chamado de amor. Além disso, essa associação e o relacionamento sexual não só desenvolvem uma afinidade natural entre as duas mentes, como na verdade fazem com que as duas pessoas assumam expressão facial semelhante e se pareçam uma com a outra em muitos aspectos marcantes. Qualquer analista competente da natureza humana pode facilmente encontrar a esposa de um homem em meio a uma multidão de estranhos após ter sido apresentado ao marido. A expressão dos olhos, o contorno da face e o tom de voz de pessoas casadas há muito tempo tornam-se semelhantes.

O efeito da química mental humana é tão marcante que qualquer orador tarimbado pode analisar rapidamente como suas declarações são aceitas pela plateia. O antagonismo mental de uma só pessoa numa plateia de mil ouvintes pode ser prontamente detectado pelo orador que aprendeu a "sentir" e registrar os efeitos do antagonismo. Além disso, o orador consegue fazer tal interpretação sem observar ou ser influenciado de qualquer forma pelas expressões faciais da plateia. Por causa desse efeito, uma plateia pode fazer um orador chegar ao auge da eloquência ou levá-lo ao fracasso sem emitir um ruído ou manifestar uma única expressão de satisfação ou insatisfação no semblante.

Todos os "mestres em venda" sabem quando chega o "momento psicológico para o fechamento" — não pelo que o potencial comprador diz, mas pelo efeito de sua química mental, interpretada ou "sentida" pelo vendedor. As palavras muitas vezes desmentem as intenções de quem fala, mas a interpretação correta da química mental não deixa brecha para tal possibilidade. Todo vendedor habilidoso sabe que a maioria dos compradores têm o hábito de mostrar uma atitude negativa quase que até o clímax da venda.

Todo advogado habilidoso desenvolve um sexto sentido com o qual é capaz de "sentir" o caminho em meio às palavras mais artisticamente selecionadas por uma testemunha inteligente que esteja mentindo e interpretar corretamente o que está na mente da testemunha por meio da química mental. Muitos advogados desenvolvem essa habilidade sem conhecer sua verdadeira fonte, possuem a técnica sem o entendimento científico que a embasa. Muitos vendedores fazem a mesma coisa.

Aquele que é dotado da arte de interpretar corretamente a química mental de outros pode, figurativamente falando, entrar pela porta principal da mansão de uma determinada mente e explorar o prédio inteiro calmamente, reparar em todos os detalhes e sair com uma imagem completa do interior sem que o dono saiba que recebeu um visitante. Na lição sobre pensamento preciso, será observado que esse princípio pode ter uso muito prático (relacionado ao princípio da química mental). Ele é citado aqui apenas como uma abordagem para os princípios importantes desta lição.

Muito já foi dito para apresentar o princípio da química mental e provar, com a ajuda das experiências diárias e observações casuais do aluno, que, no momento em que duas mentes se aproximam, ocorre uma mudança mental perceptível em ambas, às vezes de natureza antagônica e às vezes de natureza cordial. Toda mente tem o que pode ser chamado de campo elétrico. A natureza desse campo varia, dependendo do "humor" da mente e da química mental que cria o "campo".

O autor acredita que a condição normal ou natural da química de qualquer mente é o resultado de sua herança física mais a natureza dos pensamentos que dominam tal mente e que toda mente está mudando continuamente, na medida em que a filosofia e os hábitos gerais de pensamento do indivíduo mudam a química mental. O autor acredita que esses princípios são reais. É fato conhecido que qualquer indivíduo pode voluntariamente mudar sua química mental de modo a atrair ou repelir todos com quem entre em contato! Dizendo de outra maneira, qualquer pessoa pode assumir uma atitude mental que atrairá e agradará ou repelirá e antagonizará os outros — e isso sem a ajuda de palavras, expressões faciais ou outra forma de movimento ou atitude corporal.

Volte agora à definição de "MasterMind" — uma mente que surge da combinação e coordenação de duas ou mais mentes no espírito de perfeita harmonia — e você vai pegar o pleno significado da palavra "harmonia" como utilizada aqui. Duas mentes não podem se combinar ou serem coordenadas a menos que o elemento de perfeita harmonia esteja presente, residindo aí o segredo do sucesso ou fracasso de praticamente todos os negócios e parcerias sociais.

Todo gerente de vendas, todo comandante militar e todo líder em qualquer setor entendem a necessidade de um *esprit de corps* — um espírito de entendimento comum e cooperação — para alcançar o sucesso. Esse espírito de harmonia e objetivo de grupo é obtido pela disciplina, voluntária ou forçada, de tal natureza que a mente do indivíduo se funde em um "MasterMind", o que significa que a química das mentes individuais é modificada de tal maneira que essas mentes se fundem e funcionam como uma.

*Se você não acredita em cooperação, veja o que acontece com um caminhão que perde uma roda.*

Os métodos pelos quais esse processo de combinação ocorre são tão numerosos quanto os indivíduos engajados nas várias formas de liderança. Todo líder tem seu próprio método de coordenação da mente dos seguidores. Um usará a força. Outro usará a persuasão. Um jogará com o medo de punições, enquanto outro jogará com recompensas a fim de abrandar as mentes individuais de um determinado grupo de pessoas para que possam ser combinadas em uma mente de grupo. O aluno não terá que pesquisar muito profundamente a história das vendas, da política, dos negócios ou das finanças para descobrir a técnica empregada pelos líderes desses campos no processo de combinar as mentes dos indivíduos em uma mente de grupo.

Os grandes líderes mundiais, entretanto, foram providos pela natureza com uma composição química mental favorável, que age como um núcleo de atração para outras mentes. Napoleão é um exemplo notável de homem que possuía o tipo de mente magnética com acentuada tendência para atrair as mentes que contatava. Os soldados seguiam Napoleão para a morte certa sem vacilar, devido à natureza impulsora ou atraente de sua personalidade, que nada mais era do que sua química mental.

Nenhum grupo de mentes pode ser combinado em um MasterMind se um dos indivíduos do grupo possuir uma mente extremamente negativa, repelente. Mentes negativas e positivas não irão se mesclar no sentido aqui descrito como MasterMind. A falta de conhecimento desse fato levou muitos líderes habilidosos à derrota.

Qualquer líder habilidoso que entenda o princípio da química mental pode combinar praticamente qualquer grupo de pessoas temporariamente e desse modo representar uma mente de massa, mas a composição se desintegrará quase que no exato momento em que a presença do líder for removida do grupo. As mais bem-sucedidas empresas de seguros de vida, bem como outras firmas de vendas, fazem reuniões uma vez por semana ou mais com o objetivo de — o quê?

Com o objetivo de combinar as mentes individuais em um MasterMind que, por um número limitado de dias, servirá de estímulo para as mentes individuais!

Pode ser verdade, e geralmente é, que os líderes destes grupos não entendam o que de fato acontece nos encontros, chamados de "reuniões para levantar o ânimo". Nessas reuniões, a palavra geralmente é dada ao líder e outros membros do grupo; às vezes, a alguém de fora. Enquanto isso, as mentes dos indivíduos conectam-se e recarregam umas às outras.

O cérebro do ser humano pode ser comparado a uma bateria: se ficar esgotado ou fraco, a pessoa se sentirá desanimada, desencorajada e carente de "ânimo". Quem é tão afortunado que nunca teve essa sensação? O cérebro humano, quando esgotado, deve ser recarregado, e isso é feito pelo contato com uma ou mais mentes mais energizadas. Os grandes líderes entendem a necessidade do processo de "recarga" e, além disso, sabem como fazê-lo. Esse conhecimento é a principal característica a distinguir um líder de um seguidor!

Afortunada é a pessoa que entende o bastante desse princípio para manter o cérebro vitalizado ou "recarregado" pelo contato periódico com uma mente mais energizada. O contato sexual é um dos estímulos mais eficazes para recarregar a mente, contanto que seja realizado de forma inteligente, entre um casal que tenha afeto genuíno. Qualquer outro tipo de relacionamento sexual é um "desvitalizador" mental. Qualquer psicoterapeuta profissional competente pode "recarregar" um cérebro em poucos minutos.



Antes de encerrar a breve referência ao contato sexual como meio de revitalizar a mente esgotada, parece apropriado chamar atenção para o fato de que todos os grandes líderes, de onde quer que surjam, são pessoas de natureza altamente sexual. (A palavra "sexo" não é indecente. Você a encontrará em todos os dicionários.)

Existe uma tendência crescente entre médicos e outros profissionais da saúde bem-informados de aceitar a teoria de que todas as doenças começam quando o cérebro do indivíduo está enfraquecido ou desvitalizado. Em outras palavras, é fato conhecido que a pessoa com um cérebro perfeitamente vitalizado está praticamente, se não totalmente, imune a todos os tipos de doença.

Todo profissional inteligente da área da saúde sabe que a "natureza" ou a mente curam doenças em todos os casos em que a recuperação acontece. Remédios, fé, imposição das mãos, quiropraxia e todas as outras formas externas de estímulo nada mais são que auxílios artificiais para a natureza, ou, para dizer de modo correto, meros métodos de colocar a química mental em funcionamento com a finalidade de reajustar as células e tecidos do corpo, revitalizar o cérebro e fazer com que a máquina humana funcione normalmente.

O mais ortodoxo profissional da saúde admitirá a veracidade desta afirmação.

Quais podem ser então as possibilidades de futuros avanços no campo da química mental?

Pelo princípio da combinação harmoniosa de mentes, pode-se desfrutar de saúde perfeita. Com o auxílio deste mesmo princípio, pode-se desenvolver poder suficiente para resolver problemas econômicos que afligem constantemente todos os indivíduos.

Podemos julgar as futuras possibilidades da química mental fazendo um inventário das conquistas do passado, tendo em mente que essas conquistas foram o resultado de descobertas acidentais e de agrupamentos casuais de mentes. Estamos nos aproximando do tempo em que os docentes de universidades ensinarão química mental do mesmo modo que outros assuntos são explicados hoje. Enquanto isso, estudos e experimentos relacionados ao tema abrem uma vasta possibilidade para o aluno.

✦

QUÍMICA MENTAL E PODER ECONÔMICO: é fato demonstrável que a química mental pode ser aplicada de modo adequado às questões cotidianas do mundo econômico e comercial.

Pela combinação de duas ou mais mentes em um espírito de perfeita harmonia, o princípio da química mental pode desenvolver poder suficiente para permitir que indivíduos cujas mentes foram combinadas realizem proezas aparentemente sobre-humanas. Poder é a força com a qual o homem atinge o sucesso em qualquer atividade. Poder em quantidades ilimitadas pode ser aproveitado por qualquer grupo de pessoas dotadas de sabedoria para submergir suas próprias personalidades e interesses individuais na combinação de suas mentes em um espírito de perfeita harmonia.

Observe, para seu proveito, a frequência com que a palavra "harmonia" aparece por toda parte nesta lição! Não existe desenvolvimento de um "MasterMind" em que não exista o elemento da perfeita harmonia. As unidades mentais individuais não irão se combinar até que as duas mentes tenham sido estimuladas e aquecidas, por assim dizer, com um espírito de perfeita harmonia de objetivo. No momento em que duas mentes começam a seguir rotas de interesse divergentes, as unidades individuais separam-se, e o terceiro elemento, conhecido como "MasterMind", que surgiu da aliança amigável e harmoniosa, se desintegra.

Chegamos agora ao estudo de alguns homens bem conhecidos que acumularam grande poder (e também grandes fortunas) pela aplicação da química mental.

Vamos começar nosso estudo com três homens conhecidos por suas grandes conquistas nos respectivos campos de atividade econômica, empresarial e profissional.

Seus nomes são Henry Ford, Thomas Edison e Harvey Firestone.

Dos três, Henry Ford é, de longe, o mais poderoso no que se refere a poder econômico e financeiro. Ford é hoje o homem mais poderoso da Terra. Muitos dos que estudaram Henry Ford acreditam que seja o homem mais poderoso que já existiu. Ao que se sabe, foi o único com poder suficiente para ludibriar o truste do dinheiro dos Estados Unidos. Ford acumula milhões de dólares com a facilidade com que uma criança enche seu baldinho de areia ao brincar na praia. Pessoas bem informadas disseram que, se precisasse, Ford poderia lançar um pedido de dinheiro e angariar um bilhão de dólares — tendo essa quantia disponível para uso dentro de uma semana. Ninguém que conheça as conquistas de Ford duvida disso. Aqueles que o conhecem sabem que ele pode fazer isso sem mais esforço que o despendido pela maioria dos homens para juntar o dinheiro para pagar um mês de aluguel. Ele poderia angariar dinheiro, se necessitasse, mediante a aplicação inteligente dos princípios que embasam este curso.

> *Coragem é o exército permanente da alma que impede a conquista, a pilhagem e a escravidão.*
>
> HENRY VAN DYKE

Enquanto o novo automóvel de Ford estava em processo de aprimoramento, em 1927, dizem que ele recebeu encomendas, com pagamento à vista, de mais de 375 mil carros. Com um preço estimado de US$ 600 por carro, o montante recebido antes de um único veículo ter sido entregue equivaleria a US$ 225 milhões. Esse é o poder da confiança na capacidade de Ford.

Thomas Edison, como todos sabem, é um filósofo, cientista e inventor. Talvez seja o mais perspicaz estudante da bíblia neste mundo, mas da bíblia da natureza e não da miríade de bíblias produzidas pelo homem. Thomas Edison tem uma percepção tão aguçada da bíblia da mãe natureza que aproveitou e combinou suas leis, para o bem da humanidade, mais do que qualquer outra pessoa até hoje. Foi ele que juntou a ponta de uma agulha e um pedaço giratório de cera de um jeito que a vibração da voz humana pudesse ser gravada e reproduzida pelo fonógrafo.

(E, assim como permitiu ao homem gravar e reproduzir a fala, quem sabe Edison consiga um dia permitir ao homem coletar e interpretar corretamente as vibrações do pensamento gravadas no universo ilimitado do éter).

Foi Edison quem primeiro aproveitou o relâmpago e o fez servir como luz para o uso do homem por intermédio da lâmpada incandescente elétrica.

Foi Edison quem deu ao mundo o cinetoscópio.

Essas são algumas das suas mais notáveis realizações. Os "milagres" modernos que ele realizou (não por falcatrua, sob o pretexto impostor de poder sobre-humano, mas à luz brilhante da ciência) transcendem todos os chamados "milagres" descritos nos livros de ficção criados pelo homem.

Harvey Firestone é o espírito motor da grande indústria de pneus Firestone em Akron, Ohio. Suas conquistas industriais são tão conhecidas em todos os lugares onde se utilizam automóveis que não parece necessário nenhum comentário especial a respeito.

Esses três homens começaram suas carreiras, negócios e vida profissional sem capital e com pouca instrução escolar do tipo que se costuma chamar de "educação".

Os três agora são muito instruídos. Os três são ricos. Os três são poderosos. Agora vamos investigar a fonte do sucesso e poder. Até aqui lidamos apenas com o efeito; o verdadeiro filósofo deseja entender a causa de um determinado efeito.

É de conhecimento geral que Ford, Edison e Firestone são amigos pessoais chegados há muitos anos, que antigamente tinham o hábito de ir para a floresta uma vez ao ano para um período de descanso, meditação e recuperação.

Mas não é de conhecimento geral — e é uma grande dúvida se eles mesmos têm conhecimento disso — que existe entre os três um laço de harmonia que fez suas mentes se combinarem em um "MasterMind" que é a verdadeira fonte do poder de cada um. Essa mente de grupo, surgida da coordenação das mentes individuais de Ford, Edison e Firestone, permitiu a eles "sintonizarem" em forças (e fontes de conhecimento) com as quais a maioria dos homens não está familiarizada.

Se o aluno duvida dos princípios ou efeitos aqui descritos, convém lembrar que mais da metade da teoria aqui exposta é um fato conhecido. Por exemplo, é sabido que os três homens têm grande poder. É sabido que são ricos. É sabido que começaram sem capital e com pouca escolaridade. É sabido que mantêm contato mental periódico. É sabido que são harmoniosos e cordiais. É sabido que seus feitos são tão marcantes que fica impossível comparar com os de outros homens em seus respectivos campos de atividade.



Todos esses "efeitos" são conhecidos por praticamente qualquer criança de escola do mundo civilizado, portanto, não pode haver controvérsia quanto a isso.

Quanto às causas das realizações de Edison, Ford e Firestone, podemos ter certeza de uma coisa: não se basearam em trapaça, fraude, no "sobrenatural", nas chamadas "revelações" ou qualquer outra forma de lei antinatural. Esses homens não possuem um arsenal de truques. Trabalham com leis naturais; leis que, na maior parte, são bem conhecidas por todos os economistas e líderes no campo da ciência, com a possível exceção da lei que embasa a química mental. Até o momento, a química mental ainda não está suficientemente desenvolvida para ser classificada pelos cientistas no catálogo de leis conhecidas.

Um "MasterMind" pode ser criado por qualquer grupo de pessoas que coordenem suas mentes em um espírito de perfeita harmonia. O grupo pode consistir de qualquer número de integrantes a partir de dois. Melhores resultados tornam-se visíveis a partir da combinação de seis ou sete mentes.

Foi sugerido que Jesus Cristo descobriu como fazer uso do princípio da química mental e que suas ações aparentemente milagrosas provinham do poder que ele desenvolveu por intermédio da combinação das mentes de seus doze discípulos. Foi ressaltado que, quando um dos discípulos (Judas

Iscariotes) cometeu traição, o "MasterMind" desintegrou-se na mesma hora, e Jesus deparou com a catástrofe suprema de sua vida.

Quando duas ou mais pessoas harmonizam suas mentes e produzem o efeito conhecido como "MasterMind", cada pessoa no grupo é investida do poder de contatar e coletar conhecimento do "subconsciente" de todos os outros membros do grupo. Esse poder torna-se imediatamente perceptível, tendo o efeito de estimular a mente a uma taxa de vibração mais elevada e evidenciando-se na forma de uma imaginação mais viva e da consciência do que parece um sexto sentido. É graças a esse sexto sentido que novas ideias "lampejam" na mente. Essas ideias assumem a natureza e forma do objeto dominante na mente do indivíduo. Se o grupo reuniu-se com o objetivo de discutir um dado assunto, ideias relacionadas a tal assunto surgirão na mente de todos os participantes, como se uma influência externa estivesse ditando-as. As mentes dos integrantes do "MasterMind" se tornam ímãs, atraindo ideias e estímulo de pensamentos de natureza mais organizada e prática — que ninguém sabe de onde vêm!

O processo de combinação mental aqui descrito como "MasterMind" pode ser comparado ao ato de conectar muitas baterias a um só fio transmissor, "incrementando" assim o poder que flui pelo cabo. Cada bateria adicionada aumenta o poder que passa pelo fio devido à quantidade de energia que produz. Acontece o mesmo no caso da combinação de mentes individuais em um "MasterMind". Cada mente, graças à química mental, estimula todas as outras mentes do grupo até a energia mental tornar-se tão grande que penetra e se conecta com a energia universal conhecida como éter, que por sua vez toca cada átomo do universo.

O aparelho de rádio baseia-se em larga medida na teoria aqui exposta. É preciso construir poderosas estações transmissoras para "incrementar" a vibração do som antes que possa ser captada pela energia de vibração muito mais elevada do éter e carregada em todas as direções. Um "MasterMind" composto de várias mentes individuais, tão combinadas que produzam uma energia de vibração muito forte, constitui quase que uma contraparte exata de uma emissora de rádio.



Todo orador público já sentiu a influência da química mental, pois é bem sabido que, assim que a mente de um indivíduo da plateia estabelece "afinidade" com o orador (sintonia com a vibração da mente), ocorre um aumento notável do entusiasmo na mente do orador, e ele muitas vezes chega ao auge da eloquência, surpreendendo a todos, inclusive a si mesmo.

> *Os homens deixam de nos interessar quando descobrimos suas limitações. O único pecado é a limitação. Logo que se descobrem as limitações de um homem, ele está liquidado.*
>
> — Emerson

Em geral os primeiros cinco a dez minutos dos discursos são dedicados ao que é conhecido como "aquecimento". É o processo pelo qual as mentes do orador e da plateia combinam-se em um espírito de perfeita harmonia.

Todo orador sabe o que acontece quando esse estado de "perfeita harmonia" falha em se materializar em parte do público.

Os fenômenos aparentemente sobrenaturais que ocorrem em encontros espíritas são resultado da reação das mentes do grupo umas sobre as outras. O fenômeno raramente se manifesta antes de dez a vinte minutos após a formação do grupo, pois este é o tempo aproximado necessário para as mentes se harmonizarem e fundirem.

As "mensagens" recebidas pelos membros de um grupo espírita provavelmente vêm de uma das seguintes fontes, ou de ambas:

- do vasto depósito do subconsciente de algum membro do grupo;
- do depósito universal do éter, no qual é mais do que provável que toda a vibração do pensamento seja preservada.

Nenhuma lei natural conhecida, tampouco a razão humana, sustenta a teoria da comunicação com pessoas que já morreram.

É fato conhecido que qualquer indivíduo pode explorar o estoque de conhecimento na mente de outro por meio da química mental e parece razoável supor que este poder pode ser estendido para incluir contato com quaisquer vibrações disponíveis no éter, se houver alguma.

A teoria de que todas as vibrações mais altas e mais refinadas, como as surgidas dos pensamentos, são preservadas no éter deriva do fato conhecido de que nem a matéria, nem a energia (os dois elementos conhecidos do universo) podem ser criadas ou destruídas. É razoável supor que todas as vibrações que foram "incrementadas" o suficiente para serem coletadas e absorvidas pelo éter continuarão a existir para sempre. As vibrações mais baixas que não se misturam ou contatam com o éter provavelmente vivem uma vida natural e se extinguem.

Todos os chamados gênios provavelmente obtiveram sua reputação porque, por mero acaso ou não, formaram alianças com outras mentes que lhes permitiram "incrementar" suas próprias vibrações mentais a ponto de conseguirem entrar em contato com o templo do conhecimento registrado e arquivado no éter do universo. Todos os grandes gênios, tanto quanto os fatos reunidos pelo autor permitem saber, eram pessoas altamente sexuais. O fato de que o contato sexual é o maior estimulante mental dá cor à teoria aqui descrita.

Indo mais fundo na investigação para descobrir a fonte do poder econômico manifestado pelas conquistas de homens de negócios, vamos estudar o caso do grupo de Chicago conhecido como "os grandes seis", composto por William Wrigley Jr., dono da empresa de goma de mascar que leva seu nome e cuja a renda individual dizem situar-se acima de 15 milhões de dólares por ano; John R. Thompson, da rede de restaurantes que leva seu nome; Albert Lasker, dono da agência de propaganda Lord & Thomas; Jack McCullough, dono da Parmalee Express, maior empresa de transportes de conexão nos Estados Unidos; e William Ritchie e John Hertz, donos da empresa Yellow Taxicab.

Uma empresa confiável de informações financeiras estimou a renda anual desses seis homens em mais de 25 milhões de dólares, ou uma média de mais de quatro milhões de dólares por homem.

A análise dos seis homens revela que nenhum dispunha de vantagem escolar especial, todos começaram sem capital ou crédito farto, suas conquistas financeiras deveram-se a planos individuais e não a algum acaso da roda da fortuna.

Muitos anos atrás, os seis homens formaram uma aliança amistosa, reunindo-se de tempos em tempos com o objetivo de ajudar um ao outro com ideias e sugestões em suas linhas de atividade empresarial.

Com exceção de Hertz e Ritchie, os outros não estavam de maneira alguma associados em uma parceria legal. Os encontros eram estritamente com o objetivo de cooperar e ajudar com ideias e sugestões e ocasionalmente endossar notas e outros títulos para auxiliar algum membro do grupo que se encontrasse em uma emergência.

Diziam que "os grandes seis" eram multimilionários. Via de regra não há nada digno de maiores comentários a respeito de um homem que nada mais fez que acumular alguns milhões de dólares. Entretanto, existe algo ligado ao sucesso financeiro desse grupo específico que vale muito a pena comentar, estudar, analisar e até mesmo imitar, e esse "algo" é o fato de terem aprendido como coordenar suas mentes individuais, combinando-as em um espírito de perfeita harmonia, criando com isso o "MasterMind" que destrava, em cada indivíduo do grupo, portas que estão fechadas para a maior parte da raça humana.

A United States Steel Corporation é uma das organizações industriais mais fortes e poderosas do mundo. A ideia dessa indústria gigante surgiu na mente de Elbert H. Gary, um advogado relativamente comum de cidade pequena, nascido e criado em uma cidadezinha de Illinois perto de Chicago.

Gary cercou-se de um grupo de homens cujas mentes ele combinou com sucesso em um espírito de perfeita harmonia, criando assim o "MasterMind", que foi o espírito motor da grande United States Steel Corporation.

Onde quer que se procure, sempre que se encontra um enorme sucesso nos negócios, finanças, indústria ou qualquer profissão, pode-se ter certeza de que por trás existe algum indivíduo que aplicou o princípio da química mental a partir do qual um "MasterMind" foi criado. Esses sucessos surpreendentes com frequência parecem obra de uma só pessoa, mas olhe de perto e vão aparecer outros indivíduos cujas mentes estiveram coordenadas com a da pessoa. Lembre-se de que duas ou mais pessoas podem operar o princípio da química mental para criar o "MasterMind".

Poder (o poder do homem) é conhecimento organizado e manifestado por esforços inteligentes!

Nenhum esforço pode ser organizado a não ser que os indivíduos nele engajados coordenem seus conhecimentos e energia em um espírito de perfeita harmonia. A falta de coordenação harmoniosa do esforço é a principal causa de praticamente todo fracasso nos negócios.

Um experimento interessante foi conduzido pelo autor em colaboração com os alunos de uma faculdade bem conhecida. Cada aluno foi solicitado a escrever um ensaio sobre "Como e por que Henry Ford ficou rico".

Pediu-se que cada aluno descrevesse no ensaio o que acreditava ser a natureza real dos ativos de Ford e de que esses ativos consistiam em detalhes.

A maioria dos alunos reuniu demonstrativos financeiros e inventários dos ativos de Ford e usou como base para as estimativas da riqueza do empresário.

Nessas "fontes da riqueza de Ford", incluíram dinheiro em banco, matéria-prima e produtos acabados em estoque, imóveis, edifícios e o valor da marca, estimado em 10% a 25% do valor dos ativos materiais.

Um aluno, de um grupo de centenas, respondeu o seguinte:

> Os ativos de Henry Ford consistem principalmente de dois itens, a saber: (1) capital de giro e matérias-primas e produtos acabados, (2) conhecimento, obtido pela experiência do próprio Henry Ford e pela cooperação de uma organização bem treinada que entende como aplicar esse conhecimento para o maior benefício do ponto de vista de Ford. É

impossível fazer qualquer estimativa aproximada correta do valor real em dólares de qualquer um desses dois grupos de ativos, mas na minha opinião seus valores relativos são:

Conhecimento organizado da Organização Ford: 75%.

Valor em dinheiro e ativos financeiros de qualquer natureza, incluindo matéria-prima e produtos acabados: 25%.

O autor é da opinião de que essa declaração não foi redigida pelo rapaz que a assinou sem a assistência de alguma mente ou mentes analíticas e experientes.

Inquestionavelmente, o maior ativo de Henry Ford era o próprio cérebro. A seguir os cérebros de seu círculo de associados mais próximos, pois foi pela coordenação destes que os ativos físicos sob seu controle foram acumulados.

*Você não pode se tornar uma potência em sua comunidade, nem alcançar sucesso duradouro em qualquer empreendimento que valha a pena até que se torne grande o suficiente para se culpar pelos próprios erros e recuos.*

Caso cada fábrica da Ford Motors, cada peça de maquinaria, cada átomo de matéria-prima ou produto acabado, cada automóvel montado e cada dólar depositado em banco fossem destruídos, Ford ainda seria o homem mais poderoso da Terra em termos econômicos. Os cérebros que construíram os negócios Ford poderiam duplicar tudo novamente em curto espaço de tempo. O capital está sempre disponível, em quantidades ilimitadas, para cérebros como o de Ford.

Ford é o homem mais poderoso da Terra (em termos econômicos) porque, tanto quanto o autor saiba, tem uma concepção mais penetrante e prática do princípio do conhecimento organizado do que qualquer outro homem.

Apesar do grande poder e sucesso financeiro de Ford, pode ser que ele tenha errado muitas vezes ao aplicar os princípios pelos quais acumulou poder. Sem dúvida os métodos de Ford para a coordenação mental foram muitas vezes brutos; isso deve ter ocorrido nos primeiros tempos, antes que ele obtivesse a sabedoria que naturalmente cresce com a maturidade.

Também não há dúvida de que a aplicação do princípio da química mental por Ford foi, pelo menos no início, resultado da aliança casual com outras mentes, particularmente a de Edison. É mais do que provável que a notável perspicácia de Ford sobre as leis da natureza tenha surgido como resultado da aliança amistosa com sua esposa, muito antes de ele conhecer Edison ou Firestone. Muitos homens jamais tomam conhecimento de que a fonte real de seu sucesso é a esposa, devido à aplicação do princípio do "MasterMind". A esposa de Ford é uma mulher notavelmente inteligente, e o autor tem razões para crer que foi a mente dela, combinada com a do marido, que proporcionou a ele o primeiro passo real na direção do poder.

Pode ser mencionado, sem diminuir de forma alguma a honra ou a glória de Ford, que nos primeiros tempos ele teve que combater os poderosos inimigos da falta de instrução e da ignorância em maior grau que Edison ou Firestone, ambos dotados naturalmente da afortunada aptidão para adquirir e aplicar conhecimento. Ford teve que lapidar esse talento a partir de sua tosca situação original.

Dentro de um período de tempo incrivelmente curto, Ford dominou três dos inimigos mais contumazes da humanidade e os transformou em ativos da base de seu sucesso.

Esses três inimigos são a ignorância, a falta de instrução e a pobreza!

Qualquer pessoa que consiga deter essas três forças e, mais ainda, domá-las e usá-las com proveito, merece um estudo detalhado da parte de pessoas menos afortunadas.

✦

**DIA 23**

Vivemos em uma era de poder industrial!

A fonte de todo esse poder é o esforço organizado. A gestão de empreendimentos industriais não só organizou trabalhadores individuais de modo eficiente, como, em muitos casos, fusões de indústrias foram efetuadas de tal forma que as empresas resultantes (como a United States Steel Corporation, por exemplo) acumularam um poder praticamente ilimitado.

Ao dar uma olhada nas notícias diárias, é difícil não se ver alguma reportagem sobre fusão empresarial, industrial ou financeira, reunindo enormes recursos sob uma só gestão e criando assim um grande poder.

Em um dia é um grupo de bancos, noutro é uma cadeia de ferrovias, depois um conjunto de siderúrgicas, todos se unindo com o objetivo de desenvolver poder a partir de esforço altamente organizado e coordenado.

Conhecimento de natureza geral e desorganizado não é poder, é apenas poder potencial, material a partir do qual o poder verdadeiro pode ser desenvolvido. Qualquer biblioteca moderna possui um registro desorganizado de todo o conhecimento de valor herdado pela civilização atual, mas esse conhecimento não é poder porque não está organizado.

Cada forma de energia e cada espécie de vida animal ou vegetal deve ser organizada para sobreviver. Os animais de grande porte cujos ossos encheram o quintal da natureza ao ser extintos deixaram evidências silentes mas categóricas de que falta de organização significa aniquilação.

Do elétron — a menor partícula de matéria — à maior estrela do universo, todas as coisas materiais oferecem prova positiva de que uma das primeiras leis da natureza é a organização. Afortunado o indivíduo que reconhece a importância dessa lei e trata de se familiarizar com as várias formas como ela pode ser aplicada com vantagem.

O homem de negócios astuto não somente reconhece a importância do esforço organizado, como faz dele a base desse poder.

Sem qualquer conhecimento do princípio da química mental ou da existência de tal princípio, muitos homens acumularam grande poder por simplesmente organizar o conhecimento que possuíam. A maioria dos que descobriram o princípio da química mental e o desenvolveram no "MasterMind" toparam com ele por acaso; com frequência falharam em reconhecer a real natureza da descoberta ou entender a fonte de seu poder.

Na opinião do autor, o total de pessoas nos dias de hoje que usa de modo consciente o princípio da química mental para desenvolver poder pela combinação de mentes pode ser contado nos dedos das mãos — e talvez sobrem vários dedos.

Se essa estimativa estiver mais ou menos correta, o aluno verá prontamente que não existe o mínimo perigo da prática da química mental tornar-se um campo saturado.

É fato conhecido que uma das tarefas mais difíceis que qualquer homem de negócios deve realizar é induzir seus associados a coordenarem esforços em um espírito de harmonia. Induzir a cooperação contínua em um grupo de trabalhadores, em qualquer tarefa, é quase impossível. Apenas os líderes mais eficientes conseguem atingir esse objetivo altamente desejável; muito de vez em quando, um grande líder desse tipo se sobressai no campo industrial, empresarial ou financeiro, e então o mundo ouve falar de Henry Ford, Thomas A. Edison, John D. Rockefeller, E. H. Harriman ou James J. Hill.

*Nunca na história do mundo houve tanta oportunidade como agora para a pessoa que está disposta a servir antes de tentar cobrar.*

Poder e sucesso são praticamente sinônimos!

Um surge do outro; portanto, qualquer pessoa que tenha o conhecimento e a capacidade para desenvolver poder mediante a coordenação harmoniosa do esforço entre mentes, ou de qualquer outra maneira, pode ter sucesso em qualquer empreendimento razoável onde exista a possibilidade de ser bem-sucedido.

Não se pode presumir que um “MasterMind” irá brotar do nada em cada grupo de mentes que finja coordenação em um espírito de harmonia!

Harmonia, no sentido real do termo, é tão rara entre grupos de pessoas quanto cristianismo verdadeiro entre aqueles que se proclamam cristãos.

Harmonia é o núcleo em torno do qual o estado mental conhecido como "MasterMind" deve ser desenvolvido. Sem o elemento de harmonia, não existe "MasterMind", uma verdade que nunca é demais repetir.

Woodrow Wilson tinha em mente o desenvolvimento de um "MasterMind", a ser composto por grupos de mentes representando as nações civilizadas do mundo, na proposta de criação da Liga das Nações. A concepção de Wilson foi a ideia humanitária de maior alcance já criada na mente do homem, pois lidava com um princípio que contém poder suficiente para estabelecer uma verdadeira fraternidade entre os homens na terra. A Liga das Nações, ou alguma combinação semelhante de mentes internacionais em um espírito de harmonia, certamente se tornará realidade.

O momento em que tal união de mentes ocorrerá está estreitamente ligado ao tempo que as grandes universidades e instituições de ensino não sectárias levarão para substituir ignorância e superstição por entendimento e sabedoria. Este tempo está se aproximando rapidamente.

✦

DIA 24

A PSICOLOGIA DO ENCONTRO REVIVALISTA: a antiga orgia religiosa conhecida como "revivalismo" oferece uma oportunidade favorável para o estudo do princípio da química mental conhecido como "MasterMind".

Observa-se que a música tem papel importante em trazer a harmonia essencial para a combinação de um grupo de mentes no revivalismo. Sem música, o encontro revivalista seria uma coisa morna.

Durante os serviços revivalistas, o líder do encontro não tem dificuldade em criar harmonia entre as mentes dos devotos, mas é fato conhecido que esse estado não perdura sem sua presença e que o "MasterMind" que ele criou temporariamente se desintegrará.

Ao estimular a natureza emocional dos seguidores, com o apoio de um cenário adequado e o reforço do tipo certo de música, o revivalista não tem dificuldade em criar o "MasterMind" perceptível a todos que o contatam.

Até mesmo o ar fica carregado de energia positiva e agradável, que muda a química mental de todos os presentes.

O grupo do revivalismo chama essa energia de "espírito do Senhor".

Em experiências conduzidas com um grupo de pesquisadores científicos e leigos (que desconheciam a natureza do experimento), o autor criou o mesmo estado mental e a mesma atmosfera positiva sem chamá-lo de espírito do Senhor.

Em muitas ocasiões, o autor testemunhou a criação da mesma atmosfera positiva em grupos de homens e mulheres do ramo de vendas sem chamá-la de espírito do Senhor.

Usando o mesmo princípio da química mental que os revivalistas chamam de espírito do Senhor, o autor ajudou a coordenar uma escola de vendedores de Harrison Parker, fundador da Sociedade Cooperativa de Chicago, e a transformar a natureza de um grupo de três mil homens e mulheres (sem experiência anterior em vendas) para que vendessem mais de US$ 10 milhões em títulos em menos de nove meses e ganhassem mais de US$ 1 milhão.

Verificou-se que as pessoas que entraram na escola alcançavam o auge de seu poder de vendas dentro de uma semana em média; depois, era necessário revitalizar o cérebro dos indivíduos com um encontro do grupo de vendedores. Os encontros eram conduzidos mais ou menos da mesma forma que o revivalismo religioso moderno, com mais ou menos o mesmo equipamento de palco, incluindo música e oradores "de alta potência" que exortavam os vendedores de modo muito parecido ao do religioso revivalista moderno.

Chame de religião, psicologia, química mental ou como quiser (tudo se baseia no mesmo princípio), mas não há nada mais certo do que o fato que de que, sempre que um grupo de mentes faz contato em espírito de perfeita harmonia, cada mente do grupo é suplementada e reforçada pela energia perceptível chamada de "MasterMind".

Segundo o conhecimento do autor, essa energia desconhecida pode ser o espírito do Senhor, mas opera de modo igualmente favorável quando chamada por qualquer outro nome.

O cérebro e o sistema nervoso humanos constituem um mecanismo complexo que pouca gente (se é que alguém) entende. Quando controlado e direcionado de forma adequada, esse mecanismo realiza maravilhas; sem controle, produz assombros de natureza espectral e fantástica, como pode ser observado ao se examinar qualquer interno em um manicômio.

O cérebro humano tem conexão direta com um fluxo de energia contínuo de onde todo homem deriva o poder de pensar. O cérebro recebe essa energia, mistura com a energia gerada pelo alimento ingerido pelo corpo e a distribui a cada parte do corpo com o auxílio do sangue e do sistema nervoso. Isso torna-se então o que chamamos de vida.

Ninguém parece saber de que fonte provém a energia externa; tudo que sabemos é que devemos tê-la ou morreremos. Parece razoável supor que essa energia não é outra senão aquela que chamamos de éter e que flui para dentro do corpo junto com oxigênio do ar ao respirarmos.

Todo corpo humano normal possui um laboratório de química de primeira classe e um estoque de produtos químicos suficiente para a atividade de quebrar, assimilar, misturar e compor adequadamente o alimento que ingerimos, preparando-o para ser distribuído onde for necessário para constituir o organismo.

Foram feitos muitos testes com homens e animais para provar que a energia conhecida como mente tem papel importante na operação química de compor e transformar o alimento em substâncias necessárias para constituir e manter o corpo conservado.

É sabido que preocupação, excitação ou medo interferem na digestão e, em casos extremos, interrompem o processo por completo, resultando em doença ou morte. É óbvio então que a mente atua na química da digestão e distribuição do alimento.

Muitas autoridades eminentes acreditam, embora jamais tenha sido cientificamente provado, que a energia conhecida como mente ou pensamento pode ser contaminada por unidades negativas ou "intratáveis" em tal medida que o sistema nervoso como um todo deixa de funcionar em ordem, a digestão é afetada e várias formas de doença se manifestam. Dificuldades financeiras e amor não correspondido encabeçam a lista de causas para esses distúrbios da mente.

DIA 25

Um ambiente negativo, tal como aquele em que algum membro da família "pega no pé" constantemente, vai interferir na química mental de tal maneira que o indivíduo perderá a ambição e gradualmente afundará na letargia. Por esse motivo o velho ditado de que a mulher pode fazer ou liquidar o homem é literalmente verdadeiro. Em uma lição subsequente, um trecho sobre esse assunto é dirigido às esposas.

*Um homem está semiderrotado no minuto em que começa a sentir pena de si mesmo ou a inventar um álibi para explicar seus defeitos.*

Qualquer aluno de ensino médio sabe que certas combinações de alimentos resultarão, caso ingeridas, em indigestão, dor violenta e até mesmo morte. A boa saúde depende, pelo menos em parte, de uma combinação alimentar "harmonizada". Mas harmonia na combinação de alimentos não basta para garantir a boa saúde; deve haver harmonia também entre as unidades de energia conhecidas como mente.

"Harmonia" parece ser uma das leis da natureza sem a qual não pode existir energia organizada ou qualquer forma de vida que seja.

A saúde do corpo e da mente é literalmente construída em torno, a partir e em cima da harmonia! A energia conhecida como vida começa a se desintegrar e a morte se aproxima quando os órgãos do corpo param de funcionar em harmonia.

No momento em que cessa a harmonia na fonte de qualquer forma de energia organizada (poder), as unidades dessa energia são lançadas em um estado caótico de desordem e esse poder fica neutro ou passivo.

Harmonia é, também, o núcleo em torno do qual o princípio da química mental conhecido como "MasterMind" desenvolve poder. Destrua a harmonia e você destrói o poder que brota do esforço coordenado de um grupo de mentes.

Essa verdade tem sido afirmada, reafirmada e apresentada de todas as maneiras que o autor consegue conceber, em uma repetição interminável, porque, a menos que o aluno compreenda esse princípio e aprenda a aplicá-lo, esta lição é inútil.

Sucesso na vida, não importa o que se considere sucesso, é em grande parte uma questão de adaptação ao ambiente de tal maneira que exista harmonia entre o indivíduo e seu meio. O palácio de um rei parece um casebre se a harmonia não abundar dentro de suas paredes. Por outro lado, a cabana de um camponês pode conter mais alegria que a mansão de um rico se a harmonia estiver presente naquela e não nesta.

Sem perfeita harmonia, a astronomia seria tão inútil quanto os "ossos de um santo", pois estrelas e planetas colidiriam uns com os outros, e tudo estaria em um estado de caos e desordem.

Sem harmonia, de uma semente poderia nascer uma árvore heterogênea de carvalho, álamo, bordo e sabe-se lá o que mais.

Sem harmonia, o sangue poderia depositar o nutriente que faz crescer as unhas no couro cabeludo e fazer crescer ali um chifre, que poderia facilmente ser mal interpretado pelos supersticiosos como um relacionamento do homem com certo cavalheiro chifrudo imaginário, muitas vezes citado pelos tipos mais primitivos.

Sem harmonia não pode haver organização do conhecimento; por isso, pode-se perguntar o que é conhecimento organizado se não a harmonia de fatos, verdades e leis naturais?

No momento em que a discórdia começa a se esgueirar pela porta da frente, a harmonia escapa pela porta dos fundos, por assim dizer, seja no caso de uma sociedade de negócios ou do movimento ordenado dos planetas no céu.

Se o aluno tem a impressão de que o autor está dando ênfase indevida à importância da harmonia, deve lembrar que falta de harmonia é a primeira, e muitas vezes a única e definitiva, causa do fracasso!

Não pode haver poesia, música ou oratória dignas de nota sem a presença de harmonia.

Uma boa arquitetura é em larga medida uma questão de harmonia. Sem harmonia, uma casa nada mais é que um amontoado de materiais de construção, mais ou menos uma monstruosidade.

Uma sólida gestão empresarial crava os pilares de sua existência na harmonia.

Toda pessoa bem vestida é uma prova viva e um exemplo ambulante de harmonia.

Com todas essas ilustrações do importante papel da harmonia nas relações cotidianas do mundo — ou melhor, no funcionamento do universo inteiro —, como poderia uma pessoa inteligente deixar a harmonia de fora do "objetivo definido" de vida? Não há como ter "objetivo definido" quando se omite a harmonia como alicerce.

✦

DIA 26

O corpo humano é uma organização complexa de órgãos, glândulas, vasos sanguíneos, nervos, células cerebrais, músculos etc. A energia mental que estimula a ação e coordena os esforços das partes do corpo é também uma pluralidade de energias sempre cambiantes. Do nascimento à morte existe uma luta contínua, que muitas vezes assume a natureza de combate aberto, entre as forças mentais. Por exemplo, a luta ao longo da vida entre as forças motivadoras e os desejos da mente humana, entre impulsos de certo e errado, é bem conhecida de todos.

Todo ser humano possui pelo menos dois poderes mentais ou personalidades distintas, e já foram descobertas até seis personalidades diferentes em um único ser humano. Uma das tarefas mais delicadas do homem é harmonizar essas forças mentais para que possam ser organizadas e direcionadas para a realização ordenada de um determinado objetivo. Sem o elemento de harmonia, nenhum indivíduo pode se tornar um pensador preciso.

Não é à toa que líderes de empresas e indústrias, bem como da política ou outros campos de atuação, acham tão difícil organizar grupos de pessoas para que trabalhem na obtenção de um determinado objetivo sem atrito. Cada ser humano possui dentro de si forças difíceis de harmonizar, mesmo em um ambiente muito favorável à harmonia. Se a química mental do indivíduo é tal que as unidades de sua mente não podem ser facilmente harmonizadas, imagine como deve ser mais difícil harmonizar um grupo de mentes para que funcionem como uma, de maneira ordenada, no que chamamos de "MasterMind".

O líder que tem êxito em desenvolver e direcionar a energia do "MasterMind" possui tato, paciência, persistência, autoconfiança, conhecimento íntimo da química mental e habilidade de se adaptar (em estado de perfeito equilíbrio e harmonia) a circunstâncias que mudam rapidamente sem mostrar o menor sinal de incômodo.

Quantos conseguem estar à altura dessas exigências?

O líder de sucesso deve possuir a capacidade de mudar a cor de sua mente como um camaleão, para se adequar a cada circunstância relacionada ao objetivo da liderança. Além disso, deve possuir a capacidade de mudar de um estado de ânimo para outro sem mostrar o menor sinal de raiva ou falta de autocontrole. O líder de sucesso deve entender as Leis do Sucesso e ser capaz de colocar em prática qualquer combinação dessas leis sempre que a ocasião exija.

Sem essa capacidade, nenhum líder pode ser poderoso, e sem poder nenhum líder consegue durar muito tempo.

O SIGNIFICADO DE EDUCAÇÃO: há muito tempo existe um significado equivocado para a palavra "educar". Os dicionários não ajudam na eliminação do erro, pois definem "educar" como um ato de transmitir conhecimento.

A palavra educar tem suas raízes na palavra do latim *educo*, que significa desenvolver a partir do interior, inferir, evocar, crescer com o uso.

DIA 27

A natureza odeia todas as formas de ociosidade. Ela dá vida contínua apenas àqueles elementos que estão em uso. Amarre um braço ou qualquer outra parte do corpo, deixe de usá-la, e a parte inativa em breve irá atrofiar e ficará sem vida. Inverta a ordem, dê a um braço um uso maior que o normal, tal como um ferreiro que empunha um martelo pesado o dia todo, e o braço (desenvolvido de dentro para fora) ficará mais forte.

*Procure conselhos de homens que irão dizer a verdade sobre você, mesmo que lhe doa ouvir. Um simples elogio não trará a melhora de que você precisa.*

O poder cresce do conhecimento organizado, mas, lembre-se, ele "cresce do", mediante aplicação e uso!

Uma pessoa pode se tornar uma enciclopédia ambulante de conhecimento sem possuir qualquer poder de valor. Esse conhecimento torna-se poder apenas na medida em que é organizado, classificado e colocado em ação. Alguns dos homens mais instruídos que o mundo conheceu possuíam muito menos conhecimento geral do que alguns considerados tolos — a diferença é que os primeiros colocaram o conhecimento que possuíam em uso, enquanto estes últimos não o aplicaram.

Uma pessoa "educada" é alguém que sabe como adquirir tudo de que precisa para alcançar seu principal objetivo de vida sem violar os direitos dos outros. Pode ser uma surpresa para muitos dos chamados homens de "conhecimento" saber que não chegam nem perto das qualificações dos homens "educados". Pode ser também uma grande surpresa para muitos que acreditam sofrer de falta de "conhecimento" saber que são bem "educados".

O advogado de sucesso não é necessariamente aquele que memoriza o maior número de princípios da lei. Pelo contrário, o advogado de sucesso é aquele que sabe onde encontrar um princípio de lei mais uma variedade de opiniões apoiando aquele princípio que se ajustam à necessidade imediata de um determinado caso.

Em outras palavras, o advogado de sucesso é aquele que sabe onde encontrar a lei que quer quando precisa.

Esse princípio se aplica, com igual força, na indústria e nos negócios.

Henry Ford tinha pouco mais que o ensino fundamental, mesmo assim, foi um dos homens mais "educados" do mundo, pois adquiriu tamanha capacidade de combinar leis naturais e econômicas, sem falar da mente dos homens, que tem o poder de conseguir qualquer coisa de natureza material que queira.

Durante a Primeira Guerra Mundial, Ford entrou com uma ação contra o *Chicago Tribune*, acusando o jornal de publicar declarações caluniosas a seu respeito, uma delas de que Ford era "ignorante", um pacifista ignorante.

Quando o caso foi a julgamento, os advogados do *Tribune* encarregaram-se de provar, usando o próprio Ford, que a afirmação era verdadeira, que ele era ignorante, e com esse objetivo em vista interrogaram-no sobre todos os tipos de assunto.

Uma das perguntas foi:

"Quantos soldados os britânicos enviaram para subjugar a rebelião nas colônias em 1776?".

Com um sorriso seco no rosto, Ford respondeu em tom indiferente:

"Não sei exatamente quantos, mas ouvi dizer que muitos mais do que os que voltaram".

Uma alta risada tomou conta do tribunal, do júri, dos espectadores e até mesmo do advogado frustrado que fez a pergunta.

Essa linha de interrogatório continuou por uma hora ou mais, e Ford permaneceu perfeitamente calmo. Permitiu que os advogados "sabichões" brincassem com ele até se cansar e, em resposta a uma pergunta particularmente desagradável e insultante, Ford empertigou-se, apontou o dedo para o advogado inquiridor e replicou:

"Se eu realmente desejasse responder à pergunta tola que você acaba de fazer ou qualquer uma das que andou fazendo, deixe-me lembrá-lo de que tenho uma fileira de botões na minha mesa e, apertando o botão correto, poderia chamar homens que saberiam me dar a resposta correta para todas as perguntas que você fez e para muitas que você não tem inteligência sequer para fazer ou responder. Agora, poderia fazer a gentileza de me dizer por que eu deveria me dar ao trabalho de encher a cabeça com um monte de detalhes inúteis a fim de responder toda pergunta tola que qualquer um possa fazer, quando tenho homens aptos ao meu redor que podem me fornecer todos os fatos que quero quando os chamo?".

Esta citação é de memória, mas relata a essência da resposta de Ford.



Fez-se silêncio no tribunal. O advogado que fez a pergunta ficou boquiaberto e de olhos esbugalhados, o juiz inclinou-se à frente e olhou para Ford, muitos jurados acordaram e olharam em redor como se tivessem ouvido uma explosão (que realmente tinham ouvido).

Um pastor proeminente que estava na corte disse mais tarde que a cena o fez pensar no que deve ter acontecido quando Jesus Cristo estava em julgamento diante de Pôncio Pilatos, logo após ter dado a famosa resposta à pergunta de Pilatos: "O que é verdade?".

Como se diz, a resposta de Ford derrubou o questionador.

Até aquele momento, o advogado vinha se divertindo bastante às custas de Ford por habilidosamente exibir uma amostra de conhecimentos gerais e compará-la com o que deduzia ser a ignorância de Ford a respeito de muitos eventos e assuntos.

Mas a resposta estragou a diversão do advogado!

Também provou mais uma vez (para todos que tenham inteligência para aceitar a prova) que a verdadeira educação significa desenvolvimento mental e não apenas coleta e classificação de conhecimento.

Ford não poderia, com toda a probabilidade, citar os nomes de todas as capitais estaduais dos Estados Unidos, mas podia e de fato reuniu o "capital" com que fez "girar muitas rodas" em cada estado da União.

Educação — não esqueçamos disso — consiste no poder de conseguir tudo o que se precisa quando se precisa, sem violar os direitos dos outros indivíduos. Ford encaixa-se bem nessa definição, como o autor tentou deixar claro ao relatar o incidente ligado à filosofia simples do empresário.

Existem muitos homens de "conhecimento" que poderiam facilmente enredar Ford teoricamente em um labirinto de perguntas que ele pessoalmente não saberia responder. Mas Ford poderia virar o jogo e travar uma batalha na indústria ou nas finanças que exterminaria esses mesmos homens, com todo seu conhecimento e toda a sua sabedoria.

Ford não poderia entrar em seu laboratório químico e separar a água em seus átomos de hidrogênio e oxigênio e depois recombinar os átomos, mas sabe como se cercar de químicos que poderiam fazer isso para ele, caso desejasse. O homem que consegue usar com inteligência o conhecimento que outro possui é tanto ou mais educado que a pessoa que apenas tem o conhecimento, mas não sabe o que fazer com ele.

O presidente de uma faculdade muito conhecida herdou um grande pedaço de uma terra muito pobre. A terra não tinha madeira de valor comercial, minerais ou outros itens valiosos; não passava, portanto, de uma fonte de despesas, pois ele tinha que pagar impostos. O estado construiu uma estrada naquela terra. Um homem "inculto" que passou de carro pela rodovia, observou que aquela terra pobre ficava no topo de uma montanha com uma vista maravilhosa de muitos quilômetros em todas as direções. O homem inculto também observou que a terra estava coberta por pinheirinhos e outras árvores novas. Comprou cinquenta acres de terra por US$ 10 o acre. Perto da rodovia pública, construiu uma cabana de madeira e acrescentou a ela um grande salão de refeições. Perto da casa, instalou um posto de gasolina. Construiu uma dúzia de cabanas de madeira com um quarto ao longo da estrada, alugando para turistas por US$ 3 o pernoite. O restaurante, o posto de gasolina e as cabanas proporcionaram lucro líquido de US$ 15 mil no primeiro ano. No ano seguinte ele ampliou o projeto, acrescentando cinquenta cabanas com três quartos cada, que passou a alugar como casa de veraneio para pessoas de uma cidade próxima, a US$ 150 cada por temporada.

O material de construção não custou nada, pois crescia em abundância no terreno (a mesma terra que o presidente da faculdade julgou inútil).

*Quando perder seu senso de humor, arrume um emprego de ascensorista, pois de qualquer forma sua vida será uma série de altos e baixos.*

Além disso, a aparência singular e incomum dos bangalôs de madeira serviu como propaganda do local, ainda que muitos teriam considerado uma verdadeira calamidade se fossem forçados a construir algo com material tão rústico.

A menos de oito quilômetros das cabanas de madeira, o mesmo homem comprou uma velha fazenda exaurida de 150 acres por US$ 25 o acre, preço que o vendedor considerou extremamente alto.

Construindo uma barragem de trinta metros de comprimento, o comprador da velha fazenda transformou um curso d'água em um lago cobrindo quinze acres, colocou peixes e então vendeu lotes da fazenda para pessoas que desejassem construir residências de veraneio próximo ao lago. O lucro total dessa simples transação foi superior a US$ 25 mil, e o tempo necessário para sua conclusão foi um verão.

Ainda assim, esse homem de visão e imaginação não era "educado" no sentido ortodoxo do termo.

DIA 29

Tenhamos em mente que é por intermédio desses exemplos simples de uso do conhecimento organizado que alguém pode se tornar educado e poderoso.

Ao falar sobre a transação aqui relatada, o presidente da faculdade que vendeu os cinquenta acres da terra inútil (?) por US$ 500 disse:

"Pense bem! Aquele homem, que muitos de nós poderíamos chamar de ignorante, combinou sua ignorância com cinquenta acres de terra inútil e fez a combinação ter um rendimento anual maior do que eu ganho em cinco anos empregando a chamada educação".

✦

Em cada estado norte-americano existe uma oportunidade, se não dezenas delas, de se fazer uso da ideia aqui descrita. De agora em diante, trate de estudar todo terreno que seja semelhante ao descrito nesta lição e pode ser que você encontre um local adequado para desenvolver um empreendimento parecido. A ideia é particularmente adequada para locais onde haja poucas praias, já que as pessoas naturalmente gostam de tais instalações.

O automóvel gerou a construção de um grande sistema de rodovias públicas por tudo nos Estados Unidos. Em praticamente todas essas rodovias existe um lugar adequado para um pequeno hotel para turistas, que pode ser transformado em uma fonte regular de dinheiro pelo homem com imaginação e autoconfiança para fazê-lo.

Existem oportunidades de ganhar dinheiro por toda parte ao seu redor. Este curso foi planejado para ajudá-lo a "ver" tais oportunidades e instruí-lo sobre como tirar o máximo proveito depois que as descobrir.

✦

## QUEM PODE BENEFICIAR-SE DA FILOSOFIA DA LEI DO SUCESSO?

DIRETORES DE FERROVIA que querem um maior espírito de cooperação entre seus funcionários e o público que atendem.

ASSALARIADOS que desejam aumentar seu rendimento e levar vantagem ao oferecer seus serviços.

VENDEDORES que desejam tornar-se mestres em seu campo de atuação. A filosofia da Lei do Sucesso cobre todas as leis de vendas conhecidas e acrescenta muitas características não incluídas em nenhum outro curso.

GERENTES DE FÁBRICAS que entendem o valor de maior harmonia entre seus funcionários.

FERROVIÁRIOS que desejam estabelecer um histórico de eficiência que leve a cargos de maior responsabilidade, com maior pagamento.

COMERCIANTES que desejam ampliar seus negócios somando novos clientes. A filosofia da Lei do Sucesso ajudará qualquer comerciante a aumentar seu negócio, ensinando a tornar cada cliente que entra na loja uma propaganda ambulante.

DONOS DE CONCESSIONÁRIAS que desejam aumentar o poder de venda de seus vendedores. Grande parte do curso A Lei do Sucesso foi desenvolvida a partir da vida profissional e da experiência dos maiores vendedores de automóveis, sendo, portanto, de especial auxílio para o gerente de vendas que direciona os esforços de vendedores de carros.

CORRETORES DE SEGUROS DE VIDA que desejam conquistar novos titulares de apólices e aumentar o seguro dos clientes atuais. Um vendedor de seguros de vida de Ohio vendeu uma apólice de US$ 50 mil para um dos diretores da Companhia Central de Aço como resultado de uma única leitura da lição sobre lucrar com o fracasso. Este mesmo vendedor tornou-se uma das estrelas da Companhia de Seguros de Vida de Nova York como resultado do treinamento nas Leis do Sucesso.

PROFESSORES ESCOLARES que desejam chegar ao ponto máximo da carreira ou que procuram uma oportunidade para entrar em um campo de trabalho mais lucrativo.

ALUNOS DE FACULDADE ou ensino médio indecisos sobre o campo de trabalho em que desejam entrar. O curso A Lei do Sucesso inclui um serviço completo de análise pessoal que ajuda a determinar em que trabalho o estudante se encaixa melhor.

BANQUEIROS que desejam ampliar seus negócios aplicando métodos mais corteses de atender os clientes.

BANCÁRIOS com a ambição de se preparar para posições executivas no setor ou em algum campo comercial ou industrial.

MÉDICOS E DENTISTAS que desejam ampliar sua prática sem violar a ética profissional por fazer *marketing* direto. Um médico proeminente disse que o curso A Lei do Sucesso vale US$ 1 mil para qualquer profissional cuja ética de trabalho impede o marketing direto.

EMPREENDEDORES que desejam desenvolver combinações novas e até agora não exploradas nos negócios ou indústria. O princípio descrito nesta lição proporcionou uma pequena fortuna para um homem que o utilizou como base para a promoção de uma propriedade no campo.
CORRETORES DE IMÓVEIS que desejam novos métodos para promover as vendas. Esta lição contém a descrição de um plano de promoção imobiliária inteiramente novo que com certeza renderá fortunas para muitos que o colocarem em prática. Esse plano pode ser colocado em operação em praticamente qualquer estado. Além disso, pode ser empregado por homens que nunca promoveram um empreendimento.
FAZENDEIROS que desejam descobrir novos métodos de fazer *marketing* de seus produtos para obter maior retorno e aqueles que possuem terras adequadas para a promoçao de loteamentos sob o mesmo plano referido ao final desta lição. Milhares de agricultores têm "minas de ouro" nas terras que possuem e que não são adequadas para cultivo, mas que poderiam ser usadas para recreação e *resorts* em uma base altamente rentável.
TAQUÍGRAFOS E ESCRITURÁRIOS à procura de um plano prático para se promoverem a cargos melhores e mais bem pagos. O curso A Lei do Sucesso é considerado o melhor curso já escrito sobre o tema de *marketing* de serviço pessoal.
GRÁFICOS que querem maior volume de negócios e produção mais eficiente como resultado de uma melhor cooperação entre seus funcionários.
OPERÁRIOS com a ambição de avançar para cargos mais altos em um trabalho de maior responsabilidade e, consequentemente, maior pagamento.
ADVOGADOS que desejam ampliar a clientela utilizando métodos dignos e éticos que atraiam a atenção favorável de um maior número de pessoas que necessitem de serviços legais.
EXECUTIVOS que desejam expandir seus negócios ou lidar com os volumes atuais com menos despesas como resultado da maior cooperação entre os funcionários.

DONOS DE LAVANDERIA que desejam expandir seus negócios ensinando os empregados a atender com mais cortesia e eficiência.

CORRETORES DE SEGUROS DE VIDA que desejam organizações de vendas maiores e mais eficientes.

GERENTES DE REDES DE LOJAS que querem maior volume de negócios como resultado de um esforço de vendas individual mais eficiente.

PESSOAS CASADAS infelizes no matrimônio e malsucedidas pela falta de harmonia e cooperação em casa.

Para todos os descritos na classificação acima a Lei do Sucesso oferece ajuda definitiva e rápida.

DIA 31

## RESUMO DA LIÇÃO INTRODUTÓRIA

O objetivo deste resumo é ajudar o aluno a dominar a ideia central em torno da qual a lição foi desenvolvida. Esta ideia é representada pelo termo "MasterMind", descrito em grande detalhe ao longo da lição.

Todas as novas ideias, especialmente as de natureza abstrata, encontram abrigo na mente humana somente após muita repetição, uma verdade bem conhecida que explica a reafirmação, neste resumo, do princípio conhecido como "MasterMind".

O "MasterMind" pode ser desenvolvido por uma aliança amigável, em espírito de harmonia de objetivo, entre duas ou mais mentes.

Este é um lugar apropriado para explicar que toda aliança mental, seja ela em espírito de harmonia ou não, desenvolve uma outra mente que afeta todos os participantes. Duas ou mais mentes jamais se encontram sem criar outra mente a partir do contato, mas nem sempre essa criação invisível é um "MasterMind".

Pode haver, e muitas vezes há, no encontro de duas ou mais mentes, o desenvolvimento de um poder negativo exatamente oposto a um "MasterMind".

Existem certas mentes que, conforme já afirmado no decorrer da lição, não podem ser combinadas em espírito de harmonia. Esse fato encontra analogia na química, e a referência pode permitir ao aluno compreender mais claramente o princípio aqui citado.

Por exemplo, a fórmula química $H_2O$ (a combinação de dois átomos de hidrogênio com um átomo de oxigênio) transforma os dois elementos em água. Um átomo de hidrogênio e um átomo de oxigênio não produzirão água; além disso, não há como fazê-los se associar em harmonia!

Existem muitos elementos conhecidos que, quando combinados, transformam-se imediatamente de substâncias inofensivas em substâncias altamente venenosas e letais. Dito de outra forma, muitas substâncias venenosas bem conhecidas são neutralizadas e se tornam inofensivas quando combinadas com outros determinados elementos.

Assim como a combinação de certos elementos muda sua natureza por completo, as combinações de certas mentes mudam a natureza de tais mentes, produzindo um certo grau do que é chamado de "MasterMind" ou o oposto, que é altamente destrutivo.

Qualquer homem que considera a sogra incompatível experimentou a aplicação negativa do princípio conhecido como "MasterMind". Por algum motivo ainda desconhecido dos investigadores no campo do comportamento mental, a maioria das sogras parece afetar os genros de forma muito negativa, com o encontro das mentes de sogra e genro criando uma influência altamente antagonista em vez de um "MasterMind".

Esse fato é por demais conhecido como verdade para se fazer necessário um comentário estendido.

Algumas mentes não irão se harmonizar e não podem ser combinadas em um "MasterMind", fato que todos os líderes fazem bem em lembrar. É responsabilidade do líder agrupar seus homens de modo que aqueles colocados nos pontos mais estratégicos da organização sejam indivíduos cujas mentes podem e vão ser combinadas em espírito de amizade e harmonia.

A capacidade de agrupar as pessoas dessa forma é a principal qualidade marcante da liderança. Na Lição 2 deste curso, o aluno descobrirá que essa capacidade foi a fonte principal do poder e fortuna acumulados por Andrew Carnegie.

Sem qualquer conhecimento técnico de siderurgia, Andrew Carnegie combinou e agrupou homens de tal forma que compôs um "MasterMind" com o qual construiu a indústria de aço de maior sucesso no mundo durante sua vida.

DIA 32

A raiz do gigantesco sucesso de Henry Ford pode ser encontrada na aplicação bem-sucedida desse mesmo princípio. Apesar de ter toda a autoconfiança que um homem poderia ter, Ford não dependeu apenas de si em termos do conhecimento necessário para o desenvolvimento bem-sucedido de suas indústrias.

Como Andrew Carnegie, ele cercou-se de homens que forneciam o conhecimento que ele não possuía e não poderia possuir.

Além disso, Ford escolheu homens que conseguiam se harmonizar no esforço de grupo.

As alianças mais eficientes do "MasterMind" são as desenvolvidas pela combinação de mentes de homens e mulheres. A razão é que as mentes de homens e mulheres se unem mais facilmente em harmonia do que as mentes de homens. Além disso, o estímulo do contato sexual com frequência entra no desenvolvimento do "MasterMind" entre um homem e uma mulher.

É bem sabido que o macho da espécie fica mais interessado e mais alerta na "caça", seja qual for o objetivo ou objeto da caça, quando inspirado ou instigado por uma fêmea.

Esse traço humano começa a se manifestar na puberdade masculina e continua ao longo da vida. A primeira evidência pode ser observada no atletismo, quando os meninos disputam diante de uma plateia de meninas.

Remova as mulheres da plateia, e o futebol logo se transforma em algo muito morno. Um menino se lançará em uma partida de futebol com empenho quase sobre-humano se souber que a garota que lhe interessa está assistindo na arquibancada.

E o mesmo menino se empenhará no jogo de acumular dinheiro com o mesmo entusiasmo quando inspirado e instigado pela mulher de seu interesse, especialmente se essa mulher souber estimular a mente dele com a sua por meio do "MasterMind".

Por outro lado, a mesma mulher pode, pela aplicação negativa do "MasterMind" (reclamações, ciúmes, egoísmo, ganância, vaidade), levar o homem a uma derrota certa!

Elbert Hubbard entendeu o princípio descrito aqui tão bem que, quando descobriu que a incompatibilidade entre ele e sua primeira esposa estava arrastando-o para a derrota, enfrentou a opinião pública divorciando-se e casando com a mulher que foi considerada sua principal fonte de inspiração.

Nem todo homem teria a coragem a desafiar a opinião pública como fez Hubbard, mas quem pode dizer que a ação não foi a melhor para o interesse de todos os envolvidos?

A principal atividade na vida de um homem é ser bem-sucedido.

A rota para o sucesso pode ser, e geralmente é, obstruída por muitas influências que devem ser removidas antes que se consiga alcançar a meta. Um dos obstáculos mais prejudiciais é o da aliança infeliz de mentes que não se harmonizam. Em tais casos, a aliança deve ser quebrada ou o final será com certeza o fracasso e a derrota.

O homem que dominou os seis medos básicos, um dos quais é o medo da crítica, não hesitará em tomar uma atitude que possa parecer drástica para a mentalidade mais convencional quando se encontrar confinado e acorrentado por alianças antagonistas, não importando de que natureza ou com quem.

É um milhão de vezes melhor encarar a crítica do que ser arrastado para o fracasso e a alienação por causa de alianças que não são harmoniosas, seja a aliança de natureza empresarial ou social.

Para ser perfeitamente franco, o autor aqui está justificando o divórcio quando a situação do casamento é tal que a harmonia não consegue prevalecer. Não se pretende transmitir a crença de que a falta de harmonia não possa ser removida por outros métodos além do divórcio, pois há casos em que a causa do antagonismo pode ser removida e a harmonia estabelecida sem a atitude extrema do divórcio.

Embora seja verdade que algumas mentes não irão combinar em espírito de harmonia e não podem ser forçadas ou induzidas a tal devido à natureza química do cérebro, não se apresse demais em atribuir ao outro toda a responsabilidade pela falta de harmonia da aliança — lembre-se: o problema pode estar no seu cérebro!

*Se você não pode fazer grandes coisas, lembre-se de que pode fazer pequenas coisas de forma grandiosa.*

Lembre-se também de que uma mente que não pode e não vai se harmonizar com uma ou mais pessoas pode se harmonizar perfeitamente com outros tipos de mente. A descoberta dessa verdade resultou em mudanças radicais nos métodos de contratação de empregados. Não é mais o costume dispensar um homem porque não se adapta no cargo para o qual foi originalmente contratado. O líder judicioso trata de colocar tal homem em alguma outra função e assim, como já foi provado mais de uma vez, desajustados podem se tornar valiosos.

DIA 33

O aluno deste curso deve ter certeza de que o princípio descrito como "MasterMind" esteja completamente entendido antes de prosseguir nas lições restantes. Isto porque praticamente o curso inteiro está intimamente relacionado a essa lei do funcionamento mental.

Se você não tem certeza de que entendeu a lei, analise o histórico de qualquer homem que tenha acumulado uma grande fortuna e vai descobrir que ele empregou o princípio do "MasterMind" de modo consciente ou não.

O tempo que você passar pensando no "MasterMind" e refletindo sobre o tema jamais será um desperdício porque, quando dominar essa lei e tiver aprendido a aplicá-la, um novo mundo de oportunidades se abrirá para você.

Esta lição introdutória, embora realmente não pretenda ser uma lição separada do curso A Lei do Sucesso, contém material suficiente para permitir ao aluno capacitado tornar-se um mestre em vendas.

Qualquer organização de vendas pode fazer uso eficaz do "MasterMind", agrupando dois ou mais vendedores que irão se aliar em um espírito de cooperação amigável e aplicar a lei conforme sugerido nesta lição.

O revendedor de uma marca de automóveis conhecida agrupou seus doze vendedores em seis duplas com o objetivo de aplicar o "MasterMind". Como resultado, todos os vendedores estabeleceram novos recordes de vendas.

A mesma firma criou o que chama de "Clube Um por Semana", referindo-se ao fato de que cada integrante vende em média um carro por semana.

O resultado desse esforço foi uma surpresa para todos!

Cada membro do clube recebeu uma lista de cem potenciais compradores de automóveis. Cada vendedor enviava um cartão por semana para cada um dos cem possíveis compradores de sua lista e telefonava para pelo menos dez deles a cada dia.

Os cartões descreviam uma única das vantagens do automóvel que o vendedor estava oferecendo e solicitava uma entrevista.

As entrevistas aumentaram rapidamente, assim como as vendas!

O revendedor ofereceu aos vendedores um bônus extra em dinheiro para quem conquistasse o direito de entrar para o "Clube Um por Semana", vendendo em média um carro por semana.

O plano injetou nova vitalidade na concessionária. Além disso, os resultados mostraram um aumento recorde nas vendas semanais de cada vendedor.

Um plano semelhante pode ser adotado de maneira muito eficaz por empresas de seguros de vida. Qualquer agente pode facilmente dobrar ou até triplicar o volume de negócios com o mesmo número de vendedores mediante a utilização desse plano.

Praticamente não seriam necessárias quaisquer mudanças no método. O clube poderia ser chamado de "Clube Uma Apólice por Semana", ou seja,

DIA 34

**NOTA**

Estude esta tabela com cuidado e compare as notas dos dez homens antes de dar nota para si mesmo nas duas colunas da direita. Dê notas a si mesmo antes e depois de completar o curso A Lei do Sucesso.

| AS 15 LEIS DO SUCESSO | Henry Ford | Benjamin Franklin | George Washington |
|---|---|---|---|
| 1. Objetivo principal definido | 100 | 100 | 100 |
| 2. Autoconfiança | 100 | 80 | 90 |
| 3. O hábito de economizar | 100 | 100 | 75 |
| 4. Iniciativa e liderança | 100 | 60 | 100 |
| 5.Imaginação | 90 | 90 | 80 |
| 6. Entusiasmo | 75 | 80 | 90 |
| 7. Autocontrole | 100 | 90 | 50 |
| 8. O hábito de fazer mais do que se é pago para fazer | 100 | 100 | 100 |
| 9. Personalidade agradável | 50 | 90 | 80 |
| 10. Pensamento preciso | 90 | 80 | 75 |
| 11. Concentração | 100 | 100 | 100 |
| 12. Cooperação | 75 | 100 | 100 |
| 13. Lucrando com o fracasso | 100 | 90 | 75 |
| 14. Tolerância | 90 | 100 | 80 |
| 15. Praticando a Regra de Ouro | 100 | 100 | 100 |
| Média geral | 91 | 90 | 86 |

Os 10 homens analisados na tabela acima são bem conhecidos no mundo todo. Oito deles são conhecidos por serem bem-sucedidos, enquanto dois são considerados fracassados. Os fracassados são Jesse James e Napoleão Bonaparte. Eles foram analisados para comparação. Observe com cuidado onde esses homens ganharam nota zero e você verá onde eles falharam. Uma nota zero em qualquer uma das 15 Leis do Sucesso é suficiente para causar fracasso, mesmo que as outras notas sejam altas.

| THEODORE ROOSEVELT | ABRAHAM LINCOLN | WOODROW WILSON | WILLIAM H. TAFT | NAPOLEÃO BONAPARTE | CALVIN COOLIDGE | JESSE JAMES | Atribua notas a si mesmo nestas duas colunas, antes e depois de completar o curso A Lei do Sucesso. ANTES | DEPOIS |
|---|---|---|---|---|---|---|---|---|
| 100 | 100 | 100 | 100 | 100 | 100 | 0 | | |
| 100 | 75 | 80 | 50 | 100 | 60 | 75 | | |
| 50 | 20 | 40 | 30 | 40 | 100 | 0 | | |
| 100 | 60 | 90 | 20 | 100 | 25 | 90 | | |
| 80 | 70 | 80 | 65 | 90 | 50 | 60 | | |
| 100 | 60 | 90 | 50 | 80 | 50 | 80 | | |
| 75 | 95 | 75 | 80 | 40 | 100 | 50 | | |
| 100 | 100 | 100 | 100 | 100 | 100 | 0 | | |
| 80 | 80 | 75 | 90 | 100 | 40 | 50 | | |
| 60 | 90 | 80 | 80 | 90 | 70 | 20 | | |
| 100 | 100 | 100 | 100 | 100 | 100 | 75 | | |
| 50 | 90 | 40 | 100 | 50 | 60 | 50 | | |
| 60 | 60 | 60 | 60 | 40 | 40 | 0 | | |
| 75 | 100 | 70 | 100 | 10 | 75 | 0 | | |
| 100 | 100 | 100 | 100 | 0 | 100 | 0 | | |
| 82 | 81 | 79 | 75 | 70 | 71 | 37 | | |

Observe que todos os homens bem-sucedidos tiveram nota 100 no objetivo principal definido. Esse é um pré-requisito para o sucesso em todos os casos sem exceção. Se você deseja conduzir um experimento interessante, substitua esses dez nomes por dez nomes que você conheça, cinco que sejam bem-sucedidos e cinco que tenham fracassado, e dê notas para cada um deles. Quando terminar, dê nota a si mesmo. Tome cuidado para realmente ver quais são suas fraquezas.

DIA 35

# SEUS SEIS INIMIGOS MAIS PERIGOSOS

## UMA VISITA AO AUTOR DEPOIS DA LIÇÃO

*Os seis espectros são: medo da pobreza, medo da morte, medo de problemas de saúde, medo da perda do amor, medo da velhice e medo da crítica.*

Toda pessoa neste mundo tem medo de alguma coisa. A maioria dos medos é herdada. Neste ensaio, você pode estudar os seis medos básicos que causam maiores danos. Seus medos devem ser dominados antes de que você possa vencer em qualquer empreendimento na vida. Descubra quantos desses seis medos estão lhe incomodando, mas, mais importante que isso, determine também como dominar esses medos.

Na imagem acima você tem a oportunidade de estudar seus seis maiores inimigos.

Esses inimigos não são bonitos. O artista que desenhou a figura não retratou os seis personagens tão feios quanto realmente são. Se tivesse, ninguém acreditaria.

Enquanto lê sobre esses personagens, analise-se e descubra qual deles causa o maior dano em você!

✤

O objetivo deste ensaio é ajudar os leitores do curso a jogar fora esses inimigos mortais. Observe que os seis personagens estão às suas costas, onde você, convenientemente, não consegue vê-los.

Todo ser humano nesse mundo está acorrentado até certo ponto a um ou mais desses medos invisíveis. O primeiro passo para liquidar esses inimigos é descobrir onde e como foram adquiridos.

Eles têm controle sobre você por meio de duas formas de hereditariedade. Uma é conhecida como hereditariedade física, à qual Darwin dedicou muito estudo. A outra é conhecida como hereditariedade social, pela qual os medos, superstições e crenças dos homens que viveram nas eras de ignorância passaram de geração para geração.

Vamos estudar primeiro o papel que a hereditariedade física desempenha na criação dos seis medos básicos. Começando do início, descobrimos que a natureza foi uma construtora cruel. Da menor à maior forma de vida, a natureza permitiu que os animais mais fortes fossem predadores dos mais fracos.

Os peixes caçam vermes e insetos, comendo-os. As aves caçam os peixes. Formas maiores de vida animal caçam aves, e o maior come o menor cadeia acima até o homem. E o homem caça todas as formas de vida animal inferiores e até outros homens!

Toda a história da evolução é uma cadeia ininterrupta de evidências de crueldade e destruição do mais forte sobre o mais fraco. Não é de se admirar que as formas de vida animal mais fracas tenham aprendido a temer as mais fortes. A consciência do medo é inata em todo animal.

✤

Isso é o bastante quanto ao instinto do medo que chega a nós pela hereditariedade física. Agora vamos examinar a hereditariedade social e descobrir que papel desempenhou em nossa constituição. O termo "hereditariedade social" refere-se a tudo que nos foi ensinado, tudo que aprendemos ou coletamos pela observação e experiência com outros seres vivos.

DIA 36

Deixe de lado, pelo menos temporariamente, qualquer preconceito e opiniões formadas e você poderá conhecer a verdade sobre seus seis piores inimigos, começando com:

MEDO DA POBREZA: é preciso coragem para contar a verdade sobre a história deste inimigo da humanidade e coragem ainda maior para ouvir a verdade. O medo da pobreza nasce do hábito do homem de se prevalecer dos outros economicamente. Os animais, que têm instinto, mas não têm o poder de pensar, caçam fisicamente. O homem, com seu senso superior de intuição e sua arma mais poderosa, o pensamento, não come seu semelhante fisicamente; mas tem mais prazer em comê-lo financeiramente.

O homem é tão criminoso nisso que quase todos os estados e nações foram obrigados a aprovar leis, dezenas de leis, para proteger o mais fraco do mais forte. Toda lei antifraude é prova incontestável da natureza do homem de se prevalecer de seu irmão economicamente mais fraco.

O segundo dos seis medos básicos aos quais o homem está acorrentado é:

MEDO DA VELHICE: este medo nasce de duas causas principais. Primeiro, do pensamento de que a velhice pode trazer consigo a pobreza. Segundo, de ensinamentos sectários falsos e cruéis tão bem misturados com fogo e enxofre que todo ser humano aprende a ter medo da velhice porque significa a aproximação do outro mundo — um mundo mais horrível que este talvez.

O terceiro dos seis medos básicos é:

MEDO DE PROBLEMAS DE SAÚDE: este medo nasce da hereditariedade física e social. Do nascimento à morte existe uma guerra eterna dentro de cada corpo físico; a guerra entre grupos de células, um grupo de construtores amigáveis e o outro de destruidores, ou "germes de doença". A semente do medo é inata no corpo físico, para começar como resultado do plano cruel da natureza de permitir que formas mais fortes de vida celular cacem as mais fracas. A hereditariedade social desempenhou seu papel por meio da falta de higiene e falta de conhecimento sobre saneamento. Além disso, pela sugestão habilmente manipulada por aqueles que lucram com problemas de saúde.

O quarto dos seis medos básicos é:

MEDO DA PERDA DO AMOR: este medo enche os asilos de ciumentos doentios, porque ciúme nada mais é que uma forma de insanidade. Também enche os tribunais com casos de divórcio, provoca assassinatos e outras formas cruéis de punição. É um resquício da Idade da Pedra, transmitido pela hereditariedade social, quando os homens atormentavam seus companheiros roubando parceiras pela força física. O método, mas não a prática, atualmente mudou um pouco. Em vez de força física, o homem agora rouba a parceira de outro com lindas fitas coloridas, carros velozes, garrafas de uísque, pedras cintilantes e mansões majestosas.

O homem está melhorando. Ele agora "seduz" onde antes "pegava".

O quinto dos seis medos básicos é:

MEDO DA CRÍTICA: é difícil de determinar quando e como exatamente o homem adquiriu esse medo, mas é certo que tem. Não fosse esse medo, o homem não ficaria careca. A calvície decorre do uso de chapéus apertados, que cortam a circulação da raiz do cabelo. As mulheres raramente ficam carecas porque usam chapéus folgados. Não fosse o medo da crítica, os homens deixariam de lado o chapéu e conservariam o cabelo.

Os fabricantes de roupas não demoraram para capitalizar esse medo básico da humanidade. A cada estação os estilos mudam, pois os fabricantes de roupas sabem que pouca gente tem coragem de usar um traje da estação passada, fora de sintonia com o que "todo mundo está usando". Se duvida disto (você, homem), comece a andar pelas ruas com um chapéu de palha de abas estreitas do ano passado, quando o estilo deste ano pede chapéu de aba larga. Ou (você, mulher) dê uma caminhada pela rua na manhã de Páscoa com o chapéu do ano passado. Observe o quanto se sente desconfortável graças ao inimigo invisível, o medo da crítica.

O sexto e último dos seis medos básicos é o mais temido de todos. É chamado:

MEDO DA MORTE: há dezenas de milhares de anos o homem vem fazendo as perguntas ainda sem resposta — "de onde?" e "para onde?". Os mais astutos da raça não demoraram a oferecer uma resposta para a eterna pergunta: "De onde vim e para onde vou depois da morte?". "Venha à minha tenda", diz um líder, "e você pode ir para o céu depois da morte". O céu foi então descrito como uma cidade maravilhosa, com ruas revestidas de ouro e cravejadas de pedras preciosas. "Permaneça fora da minha tenda e você pode ir direto para o inferno." O inferno foi descrito como uma fornalha ardente onde a pobre vítima pode sofrer a desgraça de arder para sempre no enxofre.

Não é à toa que a humanidade tem medo da morte!

✦

DIA 37

Dê outra olhada na figura no início deste ensaio e determine, se puder, qual dos seis medos básicos está causando maior dano a você. Um inimigo descoberto é um inimigo semiderrotado.

Graças às escolas e faculdades, o homem está lentamente descobrindo esses seis inimigos. A ferramenta mais eficaz para combatê-los é o conhecimento organizado. Ignorância e medo são irmãos gêmeos. Geralmente são encontrados juntos.

Se não fossem a ignorância e a superstição, os seis medos básicos desapareceriam da natureza do homem em uma geração. Em toda biblioteca pública pode ser encontrado o remédio para esses seis inimigos da humanidade, contanto que você saiba que livros ler!

Comece lendo *The Science of Power* (A ciência do poder), de Benjamin Kidd, e você rebentará o garrote da maioria dos seis medos básicos. Siga lendo o ensaio de Emerson sobre a compensação. Em seguida selecione alguns bons livros de autossugestão e se instrua sobre o princípio pelo qual suas crenças de hoje se tornam as realidades de amanhã. *Mind in the Making* (Mente em construção), de James Harvey Robinson, vai lhe dar um bom começo para a compreensão de sua mente.

✥

A ignorância e a superstição da idade das trevas foram transmitidas a você por hereditariedade social. Mas você está vivendo em uma era moderna. Por toda parte você pode ver evidências de que todo efeito tem uma causa natural. Comece agora a estudar os efeitos por suas causas e logo você emancipará sua mente do fardo dos seis medos básicos.

Comece estudando homens que tenham acumulado grande riqueza e descubra a causa de suas realizações. Henry Ford é um bom tema para começar. No curto período de 25 anos, ele derrotou a pobreza e se tornou o homem mais poderoso do mundo. Sua façanha não teve respaldo da sorte, do acaso ou do acidente. Ocorreu pela observação cuidadosa de certos princípios que estão tão disponíveis para você quanto estiveram para ele.

Henry Ford não está acorrentado aos seis medos básicos; não tenha dúvida disso.

Se achar que está longe demais de Ford para estudá-lo cuidadosamente, comece selecionando duas pessoas que você conheça bem; uma que represente sua ideia de fracasso e outra que corresponda à ideia de sucesso. Descubra o que fez de uma um fracasso e da outra um sucesso. Obtenha os fatos reais. No processo de coletar os fatos você vai aprender por si uma grande lição de causa e efeito.

Nada nunca apenas "acontece". Tudo, do animal mais inferior que rasteja sobre a terra ou nada nos mares, até o homem, é efeito do processo evolutivo da natureza. Evolução é "mudança ordenada". "Milagres" não têm ligação com mudança ordenada.

Não só as formas físicas e as cores dos animais passam por mudança lenta e ordenada de uma geração a outra; a mente do homem também passa por mudanças constantes. Nisso reside sua esperança de aperfeiçoamento. Você tem o poder de forçar sua mente em um processo de mudança bastante rápido. Em um único mês de autossugestão adequadamente direcionada, você pode colocar o pé no pescoço de cada um dos seis medos básicos. Em doze meses de esforço, pode encurralar todo o rebanho em um lugar onde nunca mais poderá causar qualquer dano grave.

Você vai se parecer amanhã com os pensamentos dominantes que mantém vivos em sua mente hoje! Plante em sua mente a semente da determinação para derrotar os seis medos básicos e a batalha estará 50% ganha no mesmo instante. Mantenha essa intenção na mente e aos poucos empurrará os seis piores inimigos para longe de sua vista, pois eles não existem em lugar algum exceto sua mente.

O homem poderoso nada teme, nem mesmo a Deus. O homem poderoso ama Deus, mas não o teme nunca! O poder duradouro nunca nasce do medo. Qualquer poder construído sobre o medo está fadado a ruir e se desintegrar. Entenda essa grande verdade e você nunca terá a infelicidade de tentar se alçar ao poder pelos medos de outras pessoas que possam lhe oferecer lealdade temporária.

DIA 38

O homem é de alma e corpo constituído para atos
De elevada determinação; nas asas da mais ousada fantasia
Alçar-se, incansável, destemido, para transformar
As dores mais lancinantes em tranquilidade, e provar
As alegrias que senso e espírito combinados produzem;

Ou é constituído para a abjeção e a aflição,
Para rastejar sobre o monturo de seus medos,
Para encolher-se a cada ruído, para extinguir a chama
Do amor natural no sensualismo, para perceber
Como abençoada a hora em que, em seus dias indignos,
A mão gélida da morte colocar seu selo,
Ainda temendo a cura, embora odeie a doença.

Um é o homem que há de ser futuramente,
O outro, o homem como o vício o fez agora.

— *Shelley*

A melhor roseira, no fim das contas, não é a que que tem menos espinhos, mas a que produz as rosas mais belas.

— *Henry Van Dyke*

# LIÇÃO 2

# OBJETIVO PRINCIPAL DEFINIDO

*"Você pode fazer se acreditar que pode!"*

VOCÊ ESTÁ NO início de um curso de filosofia que, pela primeira vez na história do mundo, foi organizado a partir de fatores conhecidos que já foram usados e sempre deverão ser usados por pessoas bem-sucedidas.

O estilo literário foi completamente subordinado aos princípios e leis incluídos no curso, para que estes possam ser rápida e facilmente assimilados por pessoas de todas as esferas de vida.

Alguns princípios serão familiares para todos. Outros serão apresentados pela primeira vez. Deve se ter em mente, da primeira lição à última, que o valor da filosofia reside inteiramente nos estímulos de pensamento que produzirá na mente do aluno e não apenas nas lições em si.

Em outras palavras, este curso pretende ser um estimulante mental que fará o aluno organizar e direcionar as forças de sua mente para um objetivo definido, aproveitando assim o poder estupendo que a maioria das pessoas desperdiça em pensamentos espasmódicos e sem objetivo.

Unicidade de objetivo é essencial para o sucesso, não importa qual seja a ideia de sucesso que se tenha. No entanto, unicidade de objetivo é uma qualidade que em geral requer pensamento sobre muitos assuntos afins.

O autor fez uma longa viagem para observar Jack Dempsey treinar para uma luta. Observou que ele não dependia inteiramente de uma só forma de exercício, mas recorria a muitas formas. O saco de pancadas ajudava a desenvolver um conjunto de músculos e também treinava a rapidez dos olhos. Os halteres treinavam outro conjunto de músculos. A corrida desenvolvia os músculos das pernas e quadris. A dieta balanceada fornecia os elementos necessários para produzir músculos sem gordura. Sono adequado, relaxamento e descanso proporcionavam outras qualidades de que ele precisava para vencer.

O aluno deste curso está, ou deve estar, empenhado em treinar para o sucesso na batalha da vida. Para vencer, existem muitos fatores aos quais se deve prestar atenção. Uma mente bem organizada, alerta e energética é produzida por vários estímulos, todos claramente descritos nessas lições.

Deve se lembrar, entretanto, que a mente, assim como o corpo, necessita de uma variedade de exercícios para se desenvolver corretamente.

Para adestrar os cavalos em certas marchas, os treinadores fazem com que saltem obstáculos, o que leva ao desenvolvimento dos passos desejados graças ao hábito e à repetição. A mente humana deve ser treinada de forma semelhante, estimulada por uma variedade de pensamentos inspiradores.

Antes de ir muito adiante nessa filosofia, você observará que a leitura das lições vai acarretar um fluxo de pensamentos sobre uma ampla gama de assuntos. Por esse motivo, o aluno deve ler o curso com um bloco e um lápis à mão e seguir a prática de anotar esses pensamentos ou "ideias" tão logo venham à mente.

Seguindo essa sugestão, o aluno terá um conjunto de ideias suficiente para transformar todo seu plano de vida quando tiver lido este curso duas ou três vezes.

Seguindo essa prática, você em breve perceberá que a mente se torna como um ímã que atrai ideias úteis diretamente do "ar rarefeito", para usar as palavras de um cientista notável que experimentou este princípio por muitos anos.

Você cometerá uma grande injustiça consigo mesmo caso se ocupe do curso com a sensação, por mais leve que seja, de que não precisa de mais conhecimento do que já possui. Na verdade, nenhum homem sabe o suficiente sobre qualquer assunto que valha a pena para achar que tem a última palavra sobre o tema.

Na longa e difícil tarefa de tentar acabar com um pouco de minha própria ignorância e abrir espaço para algumas verdades úteis da vida, com frequência vi em imaginação o grande marcador no portal de acesso à vida escrever "pobre tolo" na testa daqueles que acreditam ser inteligentes e "pobre pecador" na testa dos que acreditam ser santos.

O que, traduzindo para a linguagem do dia a dia, significa que nenhum de nós sabe muita coisa e, pela natureza do nosso ser, nunca conseguimos saber tanto quanto necessitamos a fim de viver de modo saudável e aproveitar enquanto estamos vivos.

A humildade é precursora do sucesso!

Até nos tornarmos humildes em nosso coração, não estamos aptos a lucrar o bastante com as experiências e pensamentos de outros.

Soa como uma pregação sobre moralidade? Bem, e daí se soa?

Até "pregações", áridas e desprovidas de interesse como geralmente são, podem ser benéficas se servirem para refletir a sombra de nosso verdadeiro eu, de modo que possamos ter uma ideia aproximada de nossa superficialidade e pequenez.

O sucesso na vida recai em grande parte sobre nossos homens sábios!

O melhor lugar para estudar o bicho-homem é em sua própria mente, fazendo um inventário tão preciso quanto possível de si mesmo. Quando você se conhecer minuciosamente (se algum dia se conhecer), também saberá muito sobre os outros homens.

Para conhecer os outros não como parecem ser, mas como são de verdade, estude as seguintes características:

1. A postura do corpo e o jeito de andar.
2. A entonação da voz, a qualidade, tom, volume.
3. Os olhos, se dissimulados ou diretos.
4. O uso das palavras, a tendência, natureza e qualidade.

Por essas janelas abertas, você pode literalmente "entrar na alma de um homem" e dar uma olhada no homem real!

Indo um passo além, se quiser conhecer os homens estude-os:

- Quando irados
- Quando apaixonados
- Quando houver dinheiro envolvido
- Quando comem (sozinhos e achando que ninguém está observando)
- Quando escrevem
- Quando em dificuldades
- Quando alegres e triunfantes
- Quando abatidos e derrotados
- Quando enfrentam uma catástrofe de natureza perigosa
- Quando tentam causar "boa impressão" nos outros
- Quando informados sobre a desgraça alheia
- Quando informados sobre a boa sorte alheia
- Quando perdem em qualquer tipo de esporte
- Quando ganham no esporte
- Quando sozinhos, em espírito meditativo

Antes que possa conhecer qualquer homem como ele realmente é, você deve observá-lo em todas as condições precedentes e talvez mais, o que praticamente equivale a dizer que você não tem direito de julgar os outros à primeira vista.

As aparências sem dúvida importam, mas as aparências muitas vezes enganam.

Este curso foi projetado para que o aluno que o dominar faça um inventário de si e dos outros por métodos que não o "julgamento relâmpago". O aluno que dominar essa filosofia estará habilitado a olhar através da camada externa de ornamentos pessoais, roupas, da chamada cultura e assemelhados e chegar ao cerne de si.

Essa é uma promessa muito ampla!

Tal promessa não seria feita se o autor desta filosofia não soubesse, por anos de experimentos e análise, que ela pode ser cumprida.



Algumas pessoas que examinaram o manuscrito perguntaram por que o curso não foi chamado de Domínio em Vendas. A resposta é que a palavra "vendas" está comumente associada à comercialização de bens ou serviços, o que, portanto, diminuiria e limitaria a real natureza do curso. É verdade que se trata de um curso de domínio em vendas, oferecendo uma visão mais profunda que a média do significado do termo "vendas".

Essa filosofia pretende capacitar aqueles que a dominarem a negociar com sucesso na vida, com a mínima quantidade de resistência e atrito. Tal curso, portanto, deve ajudar o aluno a organizar e fazer uso de muitas verdades negligenciadas pela maioria das pessoas que passam pela vida como medíocres.

*Nenhuma pessoa é "educada" se não tem pelo menos um "conhecimento de ouvir falar" sobre a lei da compensação conforme descrita por Emerson.*

Nem todas as pessoas têm o desejo de saber a verdade sobre todos os assuntos cruciais que afetam a vida. Uma das grandes surpresas do autor durante suas pesquisas foi que pouca gente está disposta a ouvir a verdade quando esta expõe suas fraquezas.

Preferimos a ilusão à realidade!

Novas verdades, se aceitas em alguma medida, são adotadas com o proverbial sal do ceticismo. Alguns usam mais do que uma pitadinha do sal, salgando tanto as novas ideias que elas se tornam inúteis.

Por isso as lições 1 e 2 cobrem assuntos que pretendem preparar o caminho para novas ideias, de modo que essas ideias não sejam um choque severo demais para a mente do aluno.

O pensamento que o autor deseja "transpor" foi muito bem colocado pelo editor da *American Magazine* no seguinte artigo:

> Em uma recente noite chuvosa, Carl Lomen, o rei das renas do Alasca, me contou uma história verídica. Ela ficou na minha cabeça desde então, e agora irei transmiti-la.
>
> Um certo esquimó da Groenlândia, disse Lomen, participou de uma das expedições norte-americanas ao Polo Norte alguns anos atrás. Posteriormente, como prêmio por seus fiéis serviços, foi levado a Nova York para uma curta visita. Ele ficou tomado pelo maior assombro diante de todos aqueles milagres de som e visão. Quando voltou para sua aldeia nativa, contou histórias de prédios que se erguiam até o céu; de bondes que descreveu como casas que se moviam por trilhos, com gente morando nelas enquanto se moviam; de pontes gigantescas, luzes artificiais e todos os outros elementos deslumbrantes da metrópole.
>
> O povo olhou para ele friamente e se afastou. E imediatamente ele foi apelidado por toda a aldeia de "Sagdluk", ou seja, "o mentiroso", nome que carregou com vergonha para o túmulo. Após a sua morte, seu nome original foi totalmente esquecido.
>
> Quando Knud Rasmussen fez sua viagem da Groenlândia para o Alasca, foi acompanhado por um esquimó chamado Mitek (Pato Selvagem). Mitek visitou Copenhagen e Nova York, onde viu muitas coisas pela primeira vez e ficou altamente impressionado. Posteriormente, ao regressar à Groenlândia, lembrou da tragédia de Sagdluk e concluiu que não seria adequado contar a verdade. Em vez disso, narraria histórias que as pessoas pudessem compreender e assim salvaria sua reputação.
>
> Então contou que ele e Rasmussen mantinham um caiaque às margens de um grande rio, o Hudson, e toda manhã remavam para ir à caça. Havia patos, gansos e focas em abundância, e eles aproveitaram a visita imensamente.

Mitek, aos olhos dos conterrâneos, era um homem muito honesto. Seus vizinhos o tratavam com raro respeito.

O caminho daquele que fala a verdade sempre foi árduo. Sócrates bebeu cicuta, Cristo foi crucificado, Estevão foi apedrejado, Bruno foi queimado na fogueira, Galileu aterrorizado retratou suas verdades brilhantes — daria para se seguir essa trilha sangrenta para sempre nas páginas da história.

Alguma coisa na natureza humana faz com que o impacto de novas ideias nos deixe ressentidos.

Odiamos ser perturbados nas crenças e preconceitos herdados com a mobília da família. Na maturidade, muitos de nós entram em hibernação e vivem no conforto de fetiches antigos. Se uma ideia nova invade nossa toca, levantamos rosnando de nosso sono invernal.

Os esquimós pelo menos tinham uma desculpa. Não conseguiam visualizar as imagens espantosas retratadas por Sagdluk. Suas vidas simples eram restringidas há muito tempo pela noite do Ártico.

Mas não existe nenhuma razão adequada para o homem comum fechar sua mente para novas perspectivas na vida. Mesmo assim, ele faz isso. Nada é mais trágico — ou mais comum — do que a inércia mental. Para cada dez homens fisicamente preguiçosos, existem dez mil com mentes estagnadas. E mentes estagnadas são criadouros do medo.

Um velho fazendeiro de Vermont costumava encerrar suas orações com o seguinte apelo: "Ó Deus, me dê uma mente aberta!". Se mais pessoas seguissem o exemplo, poderiam escapar da paralisia por preconceitos. E que lugar agradável de se viver seria o mundo.

✦

DIA 41

Cada pessoa deveria ocupar-se com a coleta de novas ideias em fontes externas ao ambiente no qual vive e trabalha diariamente.

A mente fica murcha, estagnada, estreita e fechada a não ser que procure novas ideias. O fazendeiro deveria ir à cidade com frequência e caminhar entre os rostos estranhos e os prédios altos. Ele retornaria para sua fazenda com a mente renovada, com mais coragem e maior entusiasmo.

O homem da cidade deveria viajar para o interior com frequência e refrescar a mente com visões novas e diferentes daquelas associadas ao dia de trabalho.

Todos necessitam de uma mudança de ambiente mental a intervalos regulares, da mesma maneira que é essencial mudar e variar os alimentos. A mente fica mais alerta, mais elástica e mais preparada para trabalhar com velocidade e exatidão depois de impregnar-se com ideias novas, fora do campo diário de trabalho.

Como aluno deste curso, você vai deixar de lado temporariamente o conjunto de ideias com que desempenha as atividades diárias e entrar em um campo de ideias novas (e, em alguns casos, até agora desconhecidas).

Esplêndido! Você terminará este curso com um novo estoque de ideias que o deixarão mais eficiente, mais entusiasmado e mais corajoso, não importa qual seja o seu tipo de trabalho.

Não tenha medo de novas ideias! Elas podem significar a diferença entre sucesso e fracasso para você.

Algumas das ideias apresentadas neste curso não exigirão nenhuma explicação ou prova adicionais de solidez, pois são familiares para praticamente todos. Outras ideias apresentadas aqui são novas; por isso, muitos estudantes desta filosofia podem hesitar em aceitá-las como sólidas.

Cada princípio descrito neste curso foi exaustivamente testado pelo autor, e a maior parte foi testada por dezenas de cientistas e outras pessoas capazes de distinguir entre mera teoria e prática.

Assim, todos os princípios aqui abordados são reconhecidos como aplicáveis da maneira descrita. Entretanto, não se pede que nenhum aluno deste curso aceite qualquer declaração feita nessas lições sem antes dar-se por satisfeito com testes, experimentos ou análises que comprovem a solidez das declarações.

O que se pede é que o aluno evite o grande mal de formar opinião sem fatos definitivos como base, o que traz à mente a famosa advertência de Herbert Spencer: "Existe um princípio que é uma barreira contra toda informação, que é uma prova contra todo argumento e que é infalível em manter o homem na eterna ignorância. Este princípio é o desprezo antes do exame".

Pode ser bom ter esse princípio em mente quando você for estudar a Lei do MasterMind descrita nestas lições. Essa lei incorpora um princípio inteiramente novo sobre o funcionamento da mente, e por este motivo será difícil para muitos alunos aceitarem-na como sólida até experimentarem-na.

Entretanto, ao se considerar o fato de que o MasterMind é a base real da maioria das realizações daqueles que são considerados gênios, a lei assume um aspecto que exige mais do que um "julgamento relâmpago".

*Em geral não existe essa coisa de "a troco de nada". A longo prazo, você recebe exatamente aquilo pelo que paga, não importa se esteja comprando um automóvel ou um pão.*

Muitos cientistas que deram suas opiniões sobre o assunto ao autor acreditavam que o MasterMind fosse a base de praticamente todas as realizações mais importantes que resultam de um esforço em grupo ou cooperativo.

Alexander Graham Bell disse acreditar que a Lei do MasterMind conforme descrita nesta filosofia não apenas era sólida, como todas as mais altas instituições de ensino estariam em breve ensinando-a em seus cursos de psicologia.

Charles P. Steinmetz disse ter experimentado a lei e chegado à mesma conclusão afirmada nestas lições muito antes de ter falado sobre o assunto com o autor da filosofia da Lei do Sucesso.

Luther Burbank e John Burroughs fizeram declarações semelhantes!

Edison nunca foi questionado sobre o assunto, mas algumas de suas declarações indicam que aprovaria a lei como uma possibilidade, senão como realidade.

Elmer Gates aprovou a lei em uma conversa com o autor há mais de quinze anos. Gates era um cientista da mais alta categoria, à altura de Steinmetz, Edison e Bell.

O autor desta filosofia conversou com dezenas de empresários inteligentes que, embora não fossem cientistas, admitiram acreditar na sensatez da Lei do MasterMind. É dificilmente desculpável, portanto, que homens de menor aptidão para julgar o assunto formem opiniões sobre esta lei sem investigação séria e sistemática.

✦

DIA 42

Deixe-me expor um breve resumo do que é esta lição e do que se pretende que faça por você!

Tendo me preparado para a prática do direito, oferecerei esta introdução como uma "apresentação do meu caso". A evidência em que apoio meu caso será apresentada nas dezesseis lições que compõem este curso.

Os fatos usados na elaboração deste curso foram adquiridos em mais de 25 anos de experiência empresarial e profissional, e a única explicação para o uso bastante livre da primeira pessoa ao longo do curso é porque escrevi a partir da experiência própria.

Antes do curso A Lei do Sucesso ser publicado, os manuscritos foram submetidos a duas universidades proeminentes, pedindo-se que fossem lidos por professores competentes com o objetivo de eliminar ou corrigir quaisquer afirmações que parecessem pouco sólidas do ponto de vista econômico.

O pedido foi atendido, e os manuscritos foram cuidadosamente examinados. Nenhuma única mudança foi feita, exceto uma ou duas pequenas alterações de palavras.

Um dos professores que examinou os manuscritos expressou, em parte, o que segue: "É uma tragédia que todo garoto e garota que entra no ensino médio não tenha sido treinado com eficiência nas quinze partes principais do curso A Lei do Sucesso. É lamentável que a grande universidade onde trabalho e qualquer outra universidade não incluam seu curso no currículo".

Já que este curso pretende ser um mapa ou planta para guiá-lo na realização do cobiçado objetivo chamado "sucesso", não seria uma boa ideia definir sucesso?

Sucesso é o desenvolvimento de poder para obter o que se quer da vida, sem interferir nos direitos dos outros.

Eu colocaria ênfase especial na palavra "poder", por ser inseparavelmente relacionada ao sucesso. Vivemos em um mundo e era de competição intensa, e a lei da sobrevivência do mais apto é evidente por toda parte. Assim, todos que queiram desfrutar de sucesso duradouro devem tratar de atingi-lo utilizando o poder.

E o que é poder?

Poder é energia ou esforço organizado. Este curso tem o adequado nome de A Lei do Sucesso porque ensina como organizar fatos, conhecimento e as faculdades mentais em uma unidade de poder.

Este curso traz uma promessa definida, ou seja:

Mediante seu domínio e aplicação, você pode ter tudo o que quiser, com a seguinte ressalva: "dentro do razoável".

Essa ressalva leva em conta sua educação, sua sabedoria ou falta dela, sua resistência física, seu temperamento e todas as outras qualidades mencionadas nas dezesseis lições deste curso como os fatores mais essenciais na conquista do sucesso.

Sem uma única exceção, aqueles que atingiram sucesso incomum fizeram isso, consciente ou inconscientemente, com a ajuda de todos ou de uma parte dos quinze fatores principais compilados neste curso. Se duvida desta afirmação, domine as dezesseis lições para poder analisar com razoável precisão homens como Carnegie, Rockefeller, Hill, Harriman, Ford e outros do tipo, que acumularam grandes fortunas materiais, e verá que eles entenderam e aplicaram o princípio de esforço organizado que transpassa todo este curso como um cordão de ouro de evidência incontestável.

Entrevistei Andrew Carnegie há quase vinte anos com o objetivo de escrever uma história sobre ele. Durante a entrevista, perguntei a que atribuía seu sucesso. Com um pequeno brilho jovial nos olhos ele disse:

"Rapaz, antes que eu responda sua pergunta, pode, por favor, definir o termo 'sucesso'?".

Depois de esperar até perceber que fiquei um pouco embaraçado com a pergunta, ele continuou: "Por sucesso você se refere a meu dinheiro, não é?". Respondi que dinheiro era o termo pelo qual a maioria das pessoas media o sucesso, e então ele disse: "Ah, bem, se você deseja saber como consegui meu dinheiro — se é isto que você chama de sucesso —, responderei dizendo que temos um MasterMind aqui em nosso negócio, e essa mente é composta por mais de uma dezena de homens que constituem minha equipe pessoal de superintendentes, gerentes, contadores, químicos e outros profissionais necessários. Nenhuma pessoa nesse grupo é o MasterMind de que falo, mas a soma total das mentes do grupo, coordenadas, organizadas e direcionadas a um fim definido em um espírito de cooperação harmoniosa é o poder que trouxe meu dinheiro. Não existem duas mentes exatamente iguais no grupo, mas cada homem no grupo faz o que é esperado que faça e faz melhor que qualquer outra pessoa no mundo poderia fazer".

*Se você sabe perder uma corrida sem culpar os outros pela derrota, tem perspectivas brilhantes de sucesso mais adiante na estrada da vida.*

Naquele instante, a semente deste curso foi semeada em minha mente, mas só criou raiz e germinou depois de um tempo. A entrevista marcou o início dos anos de pesquisa que enfim levaram à descoberta do princípio de psicologia descrito na Lição 1 como "MasterMind".

Ouvi tudo que Andrew Carnegie falou, mas foi preciso o conhecimento adquirido em muitos anos de contato com o mundo dos negócios para assimilar o que ele disse e compreender claramente o princípio subjacente, que nada mais é que o princípio do esforço organizado que embasa o curso A Lei do Sucesso.

O grupo de homens de Andrew Carnegie constituía um "MasterMind", e essa mente era tão bem organizada, tão bem coordenada, tão poderosa que poderia acumular milhões de dólares em praticamente qualquer atividade de natureza comercial ou industrial. O ramo siderúrgico em que estava engajada não passava de acaso quanto à acumulação da riqueza de Andrew Carnegie. A mesma riqueza poderia ter sido acumulada se o "MasterMind" fosse direcionado para o setor de carvão, bancário ou supermercadista porque, por trás da mente, havia poder — aquele tipo de poder que você poderá ter quando houver organizado as faculdades de sua mente e se aliado com outras mentes bem organizadas para a realização de um objetivo principal definido de vida.

Uma cuidadosa verificação junto a vários ex-sócios de Andrew Carnegie, realizada após o início deste curso, provou conclusivamente não só a existência da lei chamada "MasterMind", como que essa lei foi a fonte principal do sucesso de Carnegie.

Talvez nenhum associado de Andrew Carnegie o conhecesse melhor que Charles Michael Schwab. Nas palavras a seguir, Schwab descreveu fielmente o "algo sutil" da personalidade de Carnegie que lhe permitiu alçar-se a alturas estupendas.

> Nunca conheci um homem com tamanha imaginação, inteligência vivaz e compreensão instintiva. Dava para sentir que ele sondava seus pensamentos e fazia um balanço de tudo que você já tinha feito ou poderia fazer. Parecia captar a sua próxima palavra antes que você falasse. O jogo mental dele era ofuscante, e o hábito de observação cuidadosa proporcionou um estoque de conhecimento sobre muitos assuntos.
>
> Mas a qualidade marcante de tão rico patrimônio era o poder de inspirar outros homens. Ele irradiava confiança. Você poderia ter dúvidas sobre alguma coisa e discutir o assunto com Carnegie. Em um segundo, ele faria você ver que estava certo e acreditar absolutamente naquilo, ou poderia resolver suas dúvidas apontando as fraquezas. Essa qualidade de atrair e estimular os outros provinha da sua própria força.

> Os resultados de sua liderança foram notáveis. Nunca antes na história da indústria, imagino eu, existiu um homem que, sem entender os detalhes operacionais de seu negócio, sem nenhuma pretensão de conhecimento técnico em siderurgia ou engenharia, foi capaz de construir tamanho empreendimento.
>
> A capacidade de Carnegie de inspirar os homens repousava em algo mais profundo do que qualquer faculdade de julgamento.

Na última frase, Schwab transmitiu um pensamento que corrobora a teoria do "MasterMind" a que o autor deste curso atribuiu a fonte principal do poder de Carnegie.

Schwab também confirmou a declaração de que Carnegie poderia ter o mesmo sucesso que teve no setor siderúrgico em qualquer outro negócio. É óbvio que seu sucesso deveu-se ao entendimento de sua mente e das mentes de outros homens e não ao mero conhecimento de siderurgia.

Esse pensamento é um grande consolo para aqueles que ainda não alcançaram sucesso marcante, pois mostra que sucesso é apenas uma questão de aplicar leis e princípios à disposição de todos, e não esqueçamos que essas leis estão plenamente descritas nas dezesseis lições deste curso.

Carnegie aprendeu como aplicar a lei do "MasterMind". Isso permitiu organizar as faculdades de sua mente e das mentes de outros homens e coordenar o conjunto por trás de um objetivo principal definido.

Todo estrategista, seja nos negócios, na guerra, na indústria ou outros setores, entende o valor do esforço organizado e coordenado. Todo estrategista militar entende o valor de semear divergência nas fileiras das forças adversárias, pois isso rompe o poder de coordenação. Durante a Primeira Guerra Mundial (e a Segunda), muito se ouvir falar do efeito da propaganda e não parece exagero dizer que as forças desorganizadoras da propaganda foram muito mais destrutivas do que todas as armas e explosivos.

Um dos momentos mais decisivos da Primeira Guerra Mundial ocorreu quando os exércitos aliados foram colocados sob o comando do marechal francês Ferdinand Foch. Muitos militares bem informados afirmaram que esse movimento significou a desgraça para os exércitos adversários.

Qualquer ponte de ferrovia moderna é um exemplo excelente do valor do esforço organizado, pois demonstra de forma bastante simples e clara como milhares de toneladas de peso podem ser suportadas por uma pequena quantidade de barras e vigas de aço arranjadas de tal modo que o peso se espalha por todo o conjunto.



Houve uma vez um homem que tinha sete filhos que viviam brigando entre si. Um dia, o pai reuniu todos os filhos e comunicou que desejava demonstrar o que a falta de esforço cooperativo deles significava. O homem havia preparado um feixe de sete varas cuidadosamente amarrado. Ele pediu a cada um dos filhos que pegasse o feixe e o quebrasse. Todos tentaram, mas em vão. A seguir ele cortou os cordões, entregou uma vara a cada filho e pediu que a quebrassem no joelho. Depois que todas as varetas foram quebradas com facilidade, ele disse:

"Quando trabalham juntos em espírito de harmonia, vocês se assemelham ao feixe de varas, e ninguém pode derrotá-los; mas, quando brigam entre si, qualquer pessoa pode derrotá-los, um por um".

Existe uma lição válida na história do homem e seus sete filhos brigões que pode ser aplicada às pessoas de uma comunidade, aos empregadores e empregados de um determinado local de trabalho, ou ao estado e nação em que vivemos.

Esforço organizado pode tornar-se um poder, mas pode tornar-se também um poder perigoso a menos que guiado com inteligência, sendo este o principal motivo para a 16ª lição deste curso dedicar-se amplamente à descrição de como direcionar o poder do esforço organizado para que leve ao sucesso — aquele tipo de sucesso baseado na verdade, justiça e equidade que leva à felicidade final.

Uma das mais marcantes tragédias desta era de luta e loucura por dinheiro é o fato de tão pouca gente estar envolvida na atividade de sua preferência. Um dos objetivos deste curso é ajudar cada aluno a encontrar seu nicho particular no mercado de trabalho, onde prosperidade material e felicidade em abundância possam ser encontradas. Com esta finalidade, as várias lições do curso foram habilmente planejadas para ajudar o aluno a fazer um autoinventário e verificar que aptidão latente e que forças ocultas estão adormecidas dentro de si.

O curso inteiro pretende ser um estímulo para que você veja a si mesmo e suas forças ocultas como são e para despertar a ambição, a visão e determinação que lhe façam ir em frente e reivindicar o que é seu por direito.

Há menos de trinta anos, Henry Ford trabalhava num local onde havia outro homem que fazia praticamente o mesmo tipo de trabalho que ele. Diziam que aquele homem era mais competente naquele trabalho específico que Ford. Hoje, aquele homem continua no mesmo tipo de trabalho, com salário bem abaixo de cem dólares por semana, enquanto Ford é o homem mais rico do mundo.

Que diferença marcante entre esses dois homens separou-os tanto em termos de riqueza material? Apenas o seguinte: Ford entendeu e aplicou o princípio do esforço organizado, e o outro homem não.

Enquanto este livro estava sendo escrito, o princípio do esforço organizado foi aplicado na pequena cidade de Shelby, em Ohio, para promover, pela primeira vez na história do mundo, uma aliança mais estreita entre as igrejas e os estabelecimentos comerciais de uma comunidade.

Os clérigos e comerciantes formaram uma aliança, e o resultado foi que praticamente toda igreja da cidade e todo comerciante passaram a apoiar um ao outro. O efeito foi o fortalecimento das igrejas e estabelecimentos comerciais a tal ponto que disseram que seria praticamente impossível qualquer indivíduo das duas classes fracassar em sua profissão. Os outros integrantes da aliança não permitiriam tal fracasso.

Este é um exemplo do que pode acontecer quando grupos de homens formam uma aliança com o objetivo de colocar o poder combinado do grupo por trás de cada indivíduo. A aliança gerou para Shelby vantagens materiais e morais desfrutadas por poucas cidades norte-americanas daquele tamanho.

O plano funcionou de modo tão eficaz e satisfatório que desencadeou um movimento para estendê-lo a outras cidades do país.

Para ter uma visão ainda mais concreta de como o esforço organizado pode se tornar poderoso, pare por um momento e imagine qual seria o provável resultado se cada igreja, cada jornal, cada Rotary Club, cada Kiwanis Club, cada clube de publicidade, cada clube de mulheres e cada organização cívica de natureza semelhante da sua cidade ou qualquer outra cidade do país formasse uma aliança com o objetivo de reunir seu poder e usá-lo em benefício de todos os membros de tais organizações.

*Uma boa enciclopédia contém a maior parte dos fatos conhecidos deste mundo, mas estes são tão inúteis quanto dunas de areia até serem organizados e colocados em ação.*



Os resultados que poderiam ser facilmente obtidos por tal aliança confundem a imaginação!

Existem três poderes notáveis no mundo do esforço organizado. São eles: igrejas, escolas e jornais. Pense no que poderia facilmente acontecer se esses três grandes poderes e formadores da opinião pública se aliassem com o objetivo de gerar qualquer mudança necessária na conduta humana. Poderiam, em apenas uma geração, modificar de tal forma o atual padrão de ética nos negócios, por exemplo, que seria praticamente suicídio empresarial se qualquer pessoa tentasse realizar negócios sob qualquer padrão exceto o da Regra de Ouro. Tal aliança poderia ser formada para produzir influência suficiente para mudar, em uma única geração, as tendências de negócios, sociais e morais de todo o mundo civilizado. Tal aliança teria poder suficiente para incutir quaisquer ideais desejados nas mentes das próximas gerações.

Poder é esforço organizado, como já foi declarado!

Sucesso é baseado em poder!

Utilizei os exemplos acima para que você tenha uma ideia clara do que significa "esforço organizado" e, como ênfase adicional, vou repetir a afirmação de que a acumulação de grande riqueza e a conquista de qualquer situação de vida privilegiada, que constitui o que chamamos de sucesso, baseiam-se na visão para compreender e na capacidade de assimilar e aplicar os princípios das dezesseis lições deste curso.

O curso está em completa harmonia com os princípios da economia e da psicologia aplicada. Você vai observar que as lições que dependem de conhecimento de psicologia para a aplicação prática foram suplementadas com explicações dos princípios envolvidos para facilitar a compreensão.

Antes que os manuscritos deste curso fossem para a editora, foram submetidos a alguns dos mais importantes banqueiros e empresários norte-americanos. Foram examinados, analisados e criticados por mentes do tipo mais prático. Um dos banqueiros mais conhecidos de Nova York retornou os manuscritos com o seguinte comentário:

> Tenho um diploma de Yale, mas de bom grado trocaria tudo que esse diploma me trouxe pelo que seu curso A Lei do Sucesso poderia ter me trazido, houvesse eu tido o privilégio de tê-lo como parte de minha instrução enquanto estudava em Yale.
>
> Minha esposa e filha também leram os manuscritos, e minha esposa chamou seu curso "teclado mestre da vida", pois acredita que todos que entenderem como aplicá-lo podem tocar uma perfeita sinfonia em suas profissões, assim como um pianista pode tocar qualquer melodia quando domina o teclado do piano e os fundamentos da música.

Não existem no mundo duas pessoas exatamente iguais, e por isso não se pode esperar que duas pessoas obtenham deste curso o mesmo ponto de vista. Cada aluno deve ler o curso, entendê-lo e então apropriar-se dos conteúdos de que necessita para desenvolver uma personalidade bem equilibrada.

Avalie-se, faça uma autoanálise. Veja o texto de autoanálise no capítulo 15 de meu livro *Think and Grow Rich* (no Brasil, *Quem pensa enriquece*). Se você responder todas aquelas perguntas com sinceridade, saberá mais sobre si do que a maioria das pessoas. Estude as perguntas com cuidado, volte a elas uma vez por semana durante vários meses e ficará espantado com a quantidade de conhecimento adicional de grande valor que terá adquirido por responder as perguntas com sinceridade. Se não tem certeza a respeito das respostas para algumas perguntas, busque o conselho daqueles que lhe conhecem bem, em especial daqueles que não têm motivo para bajulá-lo, e veja-se pelos olhos deles.

Este curso foi compilado com o objetivo de ajudar o aluno a descobrir seus talentos naturais e a organizar, coordenar e colocar em uso o conhecimento adquirido com a experiência. Por mais de vinte anos adquiri, classifiquei e organizei o material do curso. Durante os últimos quatorze anos, analisei mais de dezesseis mil homens e mulheres, e todos os fatos essenciais acumulados nessas análises foram cuidadosamente organizados e incorporados neste curso. As análises revelaram muitos fatos interessantes que ajudaram a tornar este curso prático e útil. Por exemplo, foi descoberto que 95% de todos os analisados eram fracassados e 5% eram bem-sucedidos. (Por "fracassado" entende-se que fracassaram em encontrar a felicidade e satisfazer as necessidades simples da vida sem uma luta quase insuportável.) Talvez seja a proporção aproximada de sucessos e fracassos que se encontraria caso todas as pessoas do mundo fossem minuciosamente analisadas. A luta pela mera sobrevivência é formidável entre pessoas que não aprenderam a organizar e direcionar seus talentos naturais, ao passo que a satisfação dessas necessidades, bem como a aquisição de itens de luxo, é comparativamente simples entre aqueles que dominaram o princípio do esforço organizado.

Um dos fatos mais surpreendentes revelados pelas dezesseis mil análises foi a descoberta de que os 95% classificados como fracassados estavam naquela categoria porque não tinham um objetivo principal definido de vida, enquanto os 5% bem-sucedidos não apenas tinham objetivos definidos, como também tinham planos definidos para a realização de seus objetivos.

Outro fato importante revelado pelas análises foi que os 95% fracassados estavam em trabalhos de que não gostavam, enquanto os 5% bem-sucedidos estavam fazendo aquilo de que mais gostavam. É de duvidar que uma pessoa possa ser um fracasso quando envolvida em seu trabalho favorito. Outro fato vital derivado das análises foi que os 5% bem-sucedidos cultivavam o hábito de economizar dinheiro sistematicamente, enquanto os 95% fracassados não economizavam nada. Isto é digno de uma reflexão séria.

*Nenhuma posição na vida pode ser segura e nenhuma realização pode ser permanente a menos que construídas sobre a verdade e a justiça.*

Um dos objetivos principais deste curso é ajudar o aluno no desempenho do trabalho de sua escolha, de tal maneira que proporcione o maior retorno em dinheiro e felicidade.

DIA 46

## OBJETIVO PRINCIPAL DEFINIDO

O ponto principal desta lição pode ser encontrado na palavra "definido".

É estarrecedor saber que 95% das pessoas deste mundo estão à deriva na vida, sem a menor ideia de qual trabalho é mais adequado para elas e sem qualquer noção da necessidade do que se chama de objetivo definido pelo qual se esforçar.

Existe uma razão psicológica e também econômica para a seleção de um objetivo principal definido de vida. Vamos dedicar nossa atenção primeiro ao aspecto psicológico da questão. É um princípio bem estabelecido da psicologia que as ações das pessoas estão sempre em harmonia com os pensamentos dominantes de sua mente.

Qualquer objetivo principal definido, deliberadamente fixado na mente e lá mantido com a determinação de realizá-lo, acaba saturando todo o subconsciente até influenciar automaticamente a ação física do corpo para a realização daquele objetivo.

Seu objetivo principal definido de vida deve ser selecionado com cuidado deliberado e, após selecionado, deve ser escrito e mantido onde você o veja pelo menos uma vez por dia. O efeito psicológico disto é gravar o objetivo no subconsciente com tanta força que ele aceite o objetivo como um padrão ou planta que por fim dominará suas atividades na vida e levará, passo a passo, rumo à realização do objetivo.

O princípio da psicologia pelo qual se consegue gravar o objetivo principal definido no subconsciente é chamado autossugestão, ou sugestão que se faz repetidamente para si mesmo. É um grau de auto-hipnose, mas não tenha medo, pois foi o mesmo princípio que ajudou Napoleão a se erguer da situação humilde na Córsega assolada pela pobreza à condição de ditador da França. Foi com a ajuda do mesmo princípio que Thomas A. Edison ascendeu do começo humilde como jornaleiro ao reconhecimento como o principal inventor do mundo. Foi com a ajuda do mesmo princípio que Lincoln transpôs o abismo do nascimento humilde em uma cabana de madeira nas montanhas do Kentucky até a presidência da maior nação da Terra. Foi com a ajuda do mesmo princípio que Theodore Roosevelt tornou-se um dos líderes mais agressivos a alcançar a presidência dos Estados Unidos.

Você não precisa ter medo da autossugestão desde que tenha certeza de que o objetivo pelo qual está se esforçando trará felicidade de natureza duradoura. Tenha certeza de que seu objetivo definido é construtivo, que sua realização não trará dificuldade nem miséria a ninguém, que lhe trará paz e prosperidade; então aplique a autossugestão até o limite de sua compreensão para a rápida realização do objetivo.

Na esquina da rua defronte à sala onde escrevo, vejo um homem que fica lá o dia todo vendendo amendoins. Ele fica ocupado o tempo todo. Quando não está fazendo uma venda, está torrando e empacotando os amendoins em saquinhos. Ele é um dos que constitui o grande exército dos 95% que não têm objetivo definido de vida. Ele vende amendoins não porque gosta desse trabalho mais do que qualquer outra coisa, mas porque nunca sentou e pensou em um objetivo definido que lhe trouxesse maior retorno por seu trabalho. Ele está vendendo amendoins porque está à deriva no oceano da vida, e uma das tragédias de seu trabalho é o fato de que a mesma quantidade de esforço que coloca nele, se direcionado a outros rumos, traria grandes retornos.

Outra tragédia do trabalho daquele homem é o fato de que ele inconscientemente está fazendo uso da autossugestão, mas em sua própria desvantagem. Sem dúvida, se seus pensamentos pudessem ser retratados, não haveria nada na imagem exceto um torrador de amendoins, alguns saquinhos de papel e uma multidão comprando amendoins. Esse homem poderia sair do negócio de amendoins se tivesse visão e ambição para imaginar-se em um negócio mais lucrativo e perseverança para manter essa imagem na mente até ela influenciá-lo a dar os passos necessários para entrar em um negócio mais lucrativo. Ele coloca esforço suficiente no trabalho para obter retorno considerável caso esse esforço fosse direcionado à realização de um objetivo definido que oferecesse maior retorno.

DIA 47

Um de meus amigos mais próximos é um dos escritores e oradores mais conhecidos do país. Há mais ou menos dez anos, ele vislumbrou as possibilidades da autossugestão e começou imediatamente a aproveitá-las e colocá-las em prática. Ele elaborou um plano para sua aplicação que se provou muito eficaz. Naquela época ele não era nem escritor, nem orador.

Toda noite antes de dormir ele fechava os olhos e via, em sua imaginação, uma longa mesa de reuniões na qual colocava certos homens bem conhecidos cujas características desejava absorver para sua personalidade. Na extremidade da mesa ele colocava Lincoln e nas laterais Napoleão, Washington, Emerson e Elbert Hubbard. Então começava a conversar com essas figuras mais ou menos da seguinte maneira:

> Lincoln: desejo desenvolver em meu caráter as qualidades de paciência e justiça para com toda a humanidade e o senso de humor sagaz que eram suas características marcantes. Preciso dessas qualidades e não ficarei contente enquanto não as desenvolver.

Washington: desejo desenvolver em meu caráter as qualidades de patriotismo, autossacrifício e liderança que eram suas características marcantes.

Emerson: desejo desenvolver em meu caráter as qualidades de visão e capacidade de interpretar as leis da natureza escritas nas rochas das paredes da prisão, nas árvores a crescer, nos riachos a correr, nas flores a desabrochar e nos rostos das criancinhas que eram suas características marcantes.

Napoleão: desejo desenvolver em meu caráter as qualidades de autoconfiança e capacidade estratégica para dominar obstáculos, tirar proveito dos erros e desenvolver forças da derrota que eram suas características marcantes.

Hubbard: desejo desenvolver aptidão para igualar e até mesmo superar sua capacidade de se expressar em linguagem clara, concisa e contundente.

Noite após noite, por muitos meses, meu amigo viu aqueles homens sentados ao redor da mesa de reunião imaginária até finalmente ter gravado as características marcantes em seu subconsciente com tanta clareza que começou a desenvolver uma personalidade que era uma combinação daquelas personalidades.

A mente subconsciente pode ser comparada a um ímã e, quando está vitalizada e completamente saturada com qualquer objetivo definido, tem uma tendência decidida de atrair tudo que seja necessário para o cumprimento desse objetivo. Semelhante atrai semelhante, e você pode ver a evidência dessa lei em toda folha de grama e toda árvore que cresce. A bolota do carvalho atrai do solo e ar os elementos necessários para crescer como uma árvore. Nunca nasce uma árvore que seja parte carvalho e parte álamo. Todo grão de trigo plantado no solo atrai os elementos para crescer como uma haste de trigo. Jamais ocorre o erro de crescer aveia e trigo no mesmo talo.

Os homens também estão sujeitos à lei da atração. Vá para a zona de pensões baratas de qualquer cidade e lá encontrará pessoas de mesma inclinação mental. Por outro lado, vá a uma comunidade próspera e lá encontrará pessoas de mesma inclinação mental. Homens bem-sucedidos sempre procuram a companhia de outros bem-sucedidos, enquanto os que estão em dificuldade sempre procuram a companhia daqueles em circunstância semelhante. "A miséria adora companhia."

Tão certo quanto a água busca o nivelamento, o homem busca a companhia daqueles que possuem *status* financeiro e mental igual ao seu. Um professor da Universidade de Yale e um vagabundo analfabeto nada têm em comum. Ficariam infelizes se obrigados a permanecer juntos por qualquer período de tempo. Óleo e água se misturam tão facilmente quanto homens que não têm nada em comum.

*Nunca "diga" ao mundo que você pode fazer — "mostre"!*

Tudo isso nos leva a uma afirmação:

Você atrairá pessoas que se harmonizem com sua filosofia de vida, querendo ou não. Sendo isso verdade, você consegue ver a importância de vitalizar sua mente com um objetivo principal definido que atraia pessoas que irão ajudar e não atrapalhar? Suponha que seu objetivo principal definido esteja muito longe de sua atual condição de vida. E daí? É seu privilégio — ou melhor, seu dever — ter metas elevadas na vida. Você deve a si e à comunidade onde vive definir um alto padrão para si mesmo.

DIA 48

Existe muita evidência para justificar a crença de que nada dentro do razoável está além da possibilidade de realização pelo homem cujo objetivo principal definido foi bem desenvolvido. Alguns anos atrás, Louis Victor Eytinge foi sentenciado à prisão perpétua na penitenciária do Arizona. Na época ele era um "homem mau", segundo admitiu. Além disso, acreditava-se que morreria de tuberculose dentro de um ano.

Se alguém já teve motivos para se sentir desencorajado, esse alguém era Eytinge. O sentimento público contra ele era intenso, e Eytinge não tinha um único amigo no mundo para vir oferecer encorajamento ou ajuda. Então aconteceu uma coisa em sua mente que trouxe de volta a saúde, derrotou a temida "peste branca" e por fim abriu os portões da prisão e lhe devolveu a liberdade.

O que foi essa "coisa"?

O seguinte: ele decidiu acabar com a peste branca e recuperar a saúde. Isto foi um objetivo principal definido. Menos de um ano após a tomada da decisão, ele já tinha vencido. Então ampliou o objetivo principal definido, decidindo ganhar a liberdade. Em pouco tempo as paredes da prisão derreteram-se.

Nenhum ambiente indesejável é forte o bastante para deter a pessoa que entende como aplicar a autossugestão na criação de um objetivo principal definido. Tal pessoa pode lançar fora os grilhões da pobreza, destruir os germes da doença mais mortal, erguer-se de uma condição de vida humilde até o poder e a abundância.

Todos os grandes líderes baseiam a liderança em um objetivo principal definido. Seguidores são seguidores dispostos quando sabem que o líder é uma pessoa com um objetivo principal definido e coragem para respaldar o objetivo com ação. Até mesmo um cavalo teimoso sabe quando um cavaleiro com um objetivo principal definido toma as rédeas e quando ceder a esse cavaleiro. Quando um homem com um objetivo principal definido passa por uma multidão, todos saem para o lado e abrem espaço para ele, mas deixe um homem hesitar e mostrar por suas ações que não tem certeza de qual caminho quer seguir, e a multidão pisará nos seus pés e se recusará a sair um centímetro do caminho.

Em lugar algum a falta de um objetivo principal definido é mais perceptível ou mais prejudicial que no relacionamento entre pais e filhos. As crianças percebem muito rapidamente uma atitude vacilante dos pais e tiram vantagem disso com grande desenvoltura. É a mesma coisa por toda a vida — pessoas com um objetivo principal definido garantem respeito e atenção o tempo todo.

Isso basta sobre a visão psicológica de um objetivo definido. Vamos agora para o lado econômico da questão.

Se um navio a vapor perdesse o leme no meio do oceano e começasse a andar em círculos, em breve esgotaria o suprimento de combustível sem atingir a costa, apesar de usar energia suficiente para ir e voltar várias vezes.

O homem que trabalha sem um objetivo definido respaldado por um plano definido para sua realização parece o navio que perdeu o leme. Trabalho duro e boas intenções não bastam para levar um homem ao sucesso, pois como pode um homem ter certeza de que atingiu o sucesso a menos que tenha estabelecido na mente algum objetivo definido que deseje?

Toda casa bem construída começou na forma de um objetivo definido e de um plano definido, colocado num conjunto de plantas. Imagine o que aconteceria se alguém tentasse construir uma casa pelo método aleatório, sem planos. Operários atrapalhando uns aos outros, materiais de construção empilhados por todo terreno antes que o alicerce estivesse concluído, e todos no trabalho teriam uma noção diferente de como a casa deveria ser construída. Resultado: caos, mal-entendidos e custo proibitivo.

Você já parou para pensar que a maioria das pessoas termina a escola, consegue um emprego, entra num ramo ou profissão sem a mínima ideia de qualquer coisa remotamente parecida com um objetivo definido ou um plano definido? Tendo em vista que a ciência oferece maneiras razoavelmente precisas de analisar o caráter e determinar a profissão em que as pessoas se encaixam melhor, não parece uma tragédia moderna que 95% da população adulta do mundo seja composta de fracassados porque não encontraram seus nichos apropriados no mercado de trabalho?

Se sucesso depende de poder, se poder é esforço organizado, e se o primeiro passo na direção da organização é um objetivo definido, então dá para ver facilmente por que um objetivo é essencial.

Até selecionar um objetivo definido de vida, um homem dissipa suas energias e espalha seus pensamentos em tantos assuntos e tantas direções diferentes que isso leva não ao poder, mas à indecisão e fraqueza.

Com a ajuda de uma pequena lupa, você pode aprender uma grande lição sobre o valor do esforço organizado. Usando a lente, você pode focar os raios de sol em um ponto definido com tamanha firmeza que eles farão um buraco em uma tábua grossa. Remova a lupa (que representa o objetivo definido), e os mesmos raios de sol brilharão sobre a tábua por um milhão de anos sem queimá-la.

Mil baterias corretamente organizadas e conectadas por fios produzirão energia suficiente para manter um maquinário de bom tamanho em funcionamento por muitas horas, mas pegue as mesmas baterias isoladamente e desconectadas, e nenhuma terá energia suficiente para ligar a máquina. As faculdades mentais podem ser comparadas a baterias. Quando organiza suas faculdades de acordo com o plano apresentado nas dezesseis lições do curso A Lei do Sucesso e as direciona na realização de um objetivo definido de vida, você tira vantagem do princípio cooperativo ou acumulativo pelo qual o poder é desenvolvido, chamado de esforço organizado.

O conselho de Andrew Carnegie era: "Coloque seus ovos em uma cesta e cuide para que ninguém dê um chute nela". Ele queria dizer, claro, que não se deve dissipar energias engajando-se em atividades secundárias. Carnegie era um economista capaz e sabia que a maioria das pessoas se sairia bem se aproveitasse e direcionasse as energias para fazer uma só coisa direito.



Quando o plano deste curso nasceu, lembro de levar o primeiro manuscrito para um professor da Universidade do Texas e, entusiasmado, sugerir que eu havia descoberto um princípio que me ajudaria em todo discurso que fizesse dali em diante, pois estaria mais bem preparado para organizar e ordenar meus pensamentos.

Ele olhou para o esboço das lições por alguns minutos, então virou-se para mim e disse:

"Sim, sua descoberta vai ajudá-lo a fazer melhores discursos, mas não só isso. Vai ajudá-lo a se tornar um escritor mais eficiente, pois percebi em textos anteriores que você tem a tendência de dispersar os pensamentos. Por exemplo, se começasse a descrever uma linda montanha distante, você poderia desviar-se da descrição, chamando a atenção para um lindo conjunto de flores silvestres, ou um riacho, ou um pássaro cantando, contornando aqui e ali, ziguezagueando, antes de finalmente chegar ao ponto de onde avistar a montanha. No futuro, será muito menos difícil para você descrever um objeto, não importa se falando ou escrevendo, porque seus quinze pontos representam os fundamentos da organização".

*A melhor compensação por fazer as coisas é a capacidade de fazer mais.*

Certa vez um homem que não tinha pernas conheceu um cego. Numa prova conclusiva de que o aleijado era um homem de visão, este propôs ao cego que formassem uma aliança de grande benefício para ambos. "Deixe-me subir nas suas costas", disse para o cego. "Então usarei suas pernas, e você poderá usar meus olhos. Juntos, vamos andar mais rápido."

Do esforço aliado vem um grande poder. Esse é um ponto digno de muita repetição, porque compõe uma das partes mais importantes da base deste curso. As grandes fortunas do mundo foram acumuladas pelo uso do princípio do esforço aliado. Aquilo que um homem pode realizar sozinho durante a vida toda é quanto muito ínfimo, por mais organizado que tal homem seja, mas aquilo que um homem pode realizar em aliança com outro homem é praticamente ilimitado.

O "MasterMind" mencionado por Andrew Carnegie durante minha entrevista era composto por mais de vinte mentes. No grupo havia homens de praticamente todos os temperamentos e inclinações. Cada homem estava ali para desempenhar um determinado papel e nada mais. Havia entendimento perfeito e trabalho de equipe entre aqueles homens. O trabalho de Carnegie era manter a harmonia.

E ele fez isso maravilhosamente bem.

Se está familiarizado com o futebol, você sabe, claro, que o time ganhador é aquele que melhor coordena os esforços de seus jogadores. Trabalho em equipe é o que faz ganhar. É a mesma coisa no grande jogo da vida.

Em sua luta pelo sucesso, você deve manter em mente o tempo todo a necessidade de saber o que quer — saber precisamente qual é o seu objetivo definido — e o valor do esforço organizado na realização daquilo que constitui o objetivo definido.

De forma vaga, quase todo mundo tem um objetivo definido — isto é, o desejo de dinheiro! Mas isto não é um objetivo definido conforme o significado do termo nesta lição. Antes que seu objetivo de acumulação de dinheiro possa ser considerado definido, você deverá chegar a uma decisão sobre o método preciso pelo qual vai acumular o dinheiro. Não bastaria dizer que você vai ganhar dinheiro entrando em algum tipo de negócio. Você teria que decidir que tipo de negócio. Também teria que decidir onde iria se instalar. Teria que decidir ainda as políticas empresariais sob as quais conduziria seu negócio.

Ao responder à pergunta "Qual seu objetivo definido de vida?" no questionário que usei para analisar mais de dezesseis mil pessoas, muitas responderam o seguinte:

"Meu objetivo definido de vida é ser tão útil ao mundo quanto possível e ganhar bem".

Essa resposta é tão definida quanto a ideia de um sapo sobre o tamanho do mundo!

O objetivo desta lição não é informar qual deva ser sua profissão, pois isso só poderia ser feito com precisão após você ser analisado completamente, mas pretende gravar em sua mente uma noção clara do valor de um objetivo definido de alguma natureza e o valor de entender o princípio do esforço organizado como meio de alcançar o poder necessário para materializar o objetivo definido.



A observação cuidadosa da filosofia de negócios de mais de cem pessoas que alcançaram sucesso notável em seus campos revelou que todas eram pessoas de decisão rápida e definitiva.

O hábito de trabalhar com um objetivo principal definido produzirá em você o hábito da decisão rápida, e esse hábito será útil em tudo que você fizer.

Além disso, esse hábito também o ajudará a concentrar toda sua atenção em qualquer tarefa até que você a domine.

Concentração do esforço e o hábito de trabalhar com um objetivo principal definido são dois fatores essenciais no sucesso que sempre são encontrados juntos. Um leva ao outro.

Todos os empresários bem-sucedidos e famosos foram homens de decisão rápida que sempre trabalharam com um objetivo principal marcante.

Alguns exemplos notáveis são os seguintes:

Woolworth escolheu como objetivo principal definido estabelecer uma rede de lojas de cinco e de centavos nos Estados Unidos e concentrou a mente nesta única tarefa até "fazer e se fazer".

Wrigley concentrou sua mente na produção e venda de chicletes de cinco centavos e transformou esta ideia em milhões de dólares.

Edison concentrou-se no trabalho de harmonizar as leis naturais e produziu mais invenções úteis do que qualquer outro homem até então.

Henry L. Doherty concentrou-se na construção e operação de plantas de serviços públicos e ficou multimilionário.

Ingersoll concentrou-se em um relógio de um dólar que espalhou pelo planeta e fez esta única ideia render uma fortuna.

Statler concentrou-se no "serviço de hotel de estilo caseiro", coisa que o deixou rico e é útil para milhões de pessoas.

Edwin C. Barnes concentrou-se na venda dos ditafones de Edison e se aposentou ainda jovem com muito mais dinheiro do que necessitava.

Woodrow Wilson concentrou sua mente na Casa Branca por 25 anos e se tornou seu inquilino graças ao conhecimento do valor de se fixar em um objetivo principal definido.

Lincoln concentrou sua mente em libertar os escravos e se tornou o maior presidente americano enquanto fazia isto.

Martin W. Littleton ouviu um discurso que o encheu de desejo de se tornar um grande advogado, concentrou sua mente neste único objetivo e ficou conhecido como um dos mais bem-sucedidos advogados norte-americanos, cujos honorários para um único caso raramente ficam abaixo de US$ 50 mil.

Rockefeller concentrou-se em petróleo e se tornou o homem mais rico de sua geração.

Ford concentrou-se em "carros baratos" e se tornou o homem mais rico e mais poderoso de seu tempo.

> *Qualquer um pode "começar", mas apenas os briosos irão "terminar"!*

Andrew Carnegie concentrou-se no aço e fez seus esforços construírem grande fortuna e colocarem seu nome em bibliotecas públicas de todos os Estados Unidos.

Gillette concentrou-se em uma lâmina segura, deu ao mundo todo "um barbeado rente" e ficou multimilionário.

George Eastman concentrou-se na Kodak e fez a ideia render-lhe uma fortuna enquanto proporcionava grande prazer a milhões de pessoas.

Russell Conwell concentrou-se em uma simples palestra, "Acres de diamantes", e fez a ideia render-lhe mais de US$ 6 milhões.

Hearst concentrou-se em jornais sensacionalistas e fez a ideia valer milhões de dólares.

Helen Keller concentrou-se em aprender a falar e, apesar de surda, muda e cega, realizou seu objetivo principal definido.

John H. Patterson concentrou-se em caixas registradoras, ficou rico e tornou os outros "cuidadosos".

O *kaiser* Guilherme II, da Alemanha, concentrou-se na guerra e teve uma boa dose disso, fato que não devemos esquecer!

Fleischmann concentrou-se no humilde bolinho de fermento e fez as coisas crescerem por todo o mundo.

Marshall Field concentrou-se na maior loja de varejo do mundo e eis que esta surgiu diante dele como realidade.

Philip Armour concentrou-se no negócio de frigoríficos e estabeleceu uma grande indústria, bem como uma grande fortuna.

Milhões de pessoas estão se concentrando diariamente na pobreza e fracasso e obtendo os dois em abundância.

Os irmãos Wright concentraram-se no avião e dominaram o ar.

Pullman concentrou-se no vagão-dormitório, e a ideia deixou-o rico e milhões de pessoas confortáveis ao viajar.

A Liga Antibares concentrou-se na Emenda da Proibição (não importa se para o bem ou para o mal) e fez disso uma realidade.

Assim, vê-se que todos que são bem-sucedidos trabalham com algum objetivo definido e marcante.

DIA 51

Existe alguma coisa que você pode fazer melhor que qualquer um no mundo. Procure até descobrir qual é este campo específico, insira-o no objetivo principal definido e então organize todas as suas forças e ataque com a crença de que irá vencer. Na procura do trabalho em que se encaixa melhor, será bom ter em mente que você provavelmente alcançará maior sucesso encontrando o trabalho de que mais gosta, pois é bem sabido que um homem em geral tem mais sucesso no campo de atividade em que pode se jogar de alma e coração.

Em nome da clareza e da ênfase, vamos voltar aos princípios psicológicos sobre os quais esta lição se baseia, pois não entender a verdadeira razão de estabelecer um objetivo principal definido na mente seria uma perda a que você não pode se dar ao luxo. Esses princípios são os seguintes:

PRIMEIRO: todo movimento voluntário do corpo humano é causado, controlado e direcionado pelo pensamento, pela função mental.

SEGUNDO: a presença de qualquer pensamento ou ideia na consciência tende a produzir um sentimento associado e impulsionar a transformação do sentimento em ação muscular apropriada, em perfeita harmonia com a natureza do pensamento.

Por exemplo, se você pensa em piscar e não há influência ou pensamento contrário em sua mente no momento da ação, o nervo motor transmite o pensamento a partir do cérebro, e a ação muscular correspondente ocorre imediatamente.

Expondo esse princípio de outro ângulo: você escolhe, por exemplo, um objetivo definido como profissão e decide executar tal objetivo. A partir do momento que faz a escolha, o objetivo se torna o pensamento dominante na consciência, e você está constantemente alerta a fatos, informações e conhecimento para atingir o objetivo. A partir do instante em que planta um objetivo definido na mente, esta começa, consciente e inconscientemente, a adquirir e estocar o material com que você vai atingir o objetivo.

Desejo é o fator que determina qual deve ser o seu objetivo definido de vida. Ninguém pode selecionar o desejo dominante por você, mas, uma vez que você o faça, este se torna seu objetivo principal definido e fica sob os holofotes de sua mente até transformar-se em realidade, a não ser que você permita que seja deixado de lado por desejos conflitantes.

Para enfatizar o princípio que estou tentando deixar claro, acredito não ser despropositado sugerir que, para ter certeza de chegar ao sucesso, o objetivo principal definido deva ser acompanhado de um desejo ardente de sua realização. Percebi que os jovens que pagam a faculdade com seu trabalho parecem aproveitar mais as aulas do que aqueles que têm as despesas pagas. O segredo pode estar no fato de que aqueles que estão trabalhando para custear seu avanço são abençoados com um desejo ardente por educação, e tal desejo, se o objeto de desejo é razoável, é praticamente certo de realização.

A ciência estabeleceu sem margem de dúvida que, por autossugestão, qualquer desejo profundamente enraizado satura o corpo e a mente com a natureza do desejo e literalmente transforma a mente em um ímã poderoso que atrairá o objeto do desejo, se razoável. Para o esclarecimento daqueles que possam não interpretar corretamente o significado da afirmação, irei me esforçar para declarar esse princípio de outra forma. Por exemplo, apenas desejar um automóvel não fará com que o automóvel apareça, mas, se houver um desejo ardente por um automóvel, este desejo levará à ação apropriada para que possa se pagar por um automóvel.

O mero desejo de liberdade nunca libertaria um homem da prisão se não fosse forte o bastante para levá-lo a fazer algo que lhe conferisse a liberdade.

Esses são os passos que levam do desejo à realização: primeiro o desejo ardente, depois a cristalização do desejo em um objetivo definido, a seguir ação apropriada suficiente para alcançar tal objetivo. Lembre-se de que esses três passos são sempre necessários para garantir o sucesso.

Certa vez conheci uma garota muito pobre que tinha o desejo ardente de achar um marido rico, e ela finalmente conseguiu, mas não sem transformar aquele desejo no desenvolvimento de uma personalidade muito atraente, que por sua vez atraiu o marido desejado.

Certa vez tive um desejo ardente de ser capaz de analisar uma personalidade com precisão, e este desejo era tão persistente e tão profundamente enraizado que praticamente me levou a dez anos de pesquisa e estudo de pessoas.

George S. Parker faz uma das melhores canetas-tinteiro do mundo e, não obstante seu negócio ser conduzido da cidadezinha de Janesville, em Wisconsin, ele espalhou seu produto por todo o mundo e colocou sua caneta à venda em todos os países civilizados. Mais de vinte anos atrás, o objetivo definido de Parker foi estabelecido em sua mente, e esse objetivo era produzir a melhor caneta-tinteiro que o dinheiro pudesse comprar. Ele apoiou este objetivo em um desejo ardente para sua realização e, se você possui uma caneta-tinteiro, é possível que tenha em mãos uma evidência do que proporcionou grande sucesso a Parker.

Você é um empreiteiro e construtor, e, como aqueles que constroem casas de madeira, tijolo e aço, deve traçar um conjunto de plantas para depois erguer seu edifício do sucesso. Você está vivendo numa era maravilhosa, em que os materiais de construção do sucesso são muitos e baratos. Você tem à sua disposição, nos arquivos de bibliotecas públicas, os resultados cuidadosamente compilados de dois mil anos de pesquisa cobrindo praticamente cada ramo possível de atividade em que alguém poderia atuar. Caso se tornasse pregador, teria à disposição a história completa do que foi aprendido pelos homens que o precederam nesse campo. Caso se tornasse mecânico, teria à disposição a história completa das invenções de máquinas e da descoberta e utilização dos metais e elementos metálicos. Caso se tornasse advogado, teria à disposição a história completa do processo do direito. No Departamento de Agricultura em Washington, você tem ao dispor tudo que foi aprendido sobre lavoura e agricultura, que pode utilizar caso deseje encontrar sua profissão nesse setor.

O mundo nunca foi tão resplandecente de oportunidades como hoje. Por toda parte existe uma demanda sempre crescente pelo serviço de quem faz a melhor ratoeira, ou a melhor redação estenográfica, ou prega o melhor sermão, ou cava o melhor fosso, ou gerencia um banco mais flexível.

Esta lição não estará completa até você ter escolhido seu objetivo principal definido de vida e registrado a descrição por escrito, colocando-a onde possa ver toda manhã ao levantar e toda noite ao deitar.

*Cada linha que um homem escreve, cada ação a que se entrega e cada palavra que profere servem de evidência inequívoca da natureza do que está profundamente enraizado em seu coração, uma confissão que ele não pode negar.*

DIA 52

Procrastinação é... mas por que pregar sobre isso? Você sabe que você é o lenhador da sua madeira, o carregador da sua água e o autor do seu objetivo principal definido de vida. Então por que insistir naquilo que você já sabe?

Um objetivo definido é algo que você deve criar sozinho. Ninguém vai criar para você, e ele não vai se criar sozinho. O que você fará a respeito? E quando? E como?

Comece agora a analisar seus anseios e descubra o que deseja, então decida-se a alcançá-los. A Lição 3 vai indicar o próximo passo e mostrar como proceder. Nada é deixado ao acaso neste curso. Cada passo é sinalizado claramente. Sua tarefa é seguir as direções até chegar ao destino, representado pelo objetivo principal definido. Deixe o objetivo claro e apoie-o com a persistência que não reconhece a palavra "impossível".

Quando for selecionar o objetivo principal definido, apenas tenha em mente que não pode almejar alto demais.

Também tenha em mente a verdade invariável de que não chegará a lugar algum se não começar de algum lugar. Se seu objetivo de vida é vago, suas conquistas também serão vagas e, poderia muito bem se acrescentar, muito pobres. Saiba o que quer, quando quer, por que quer e como pretende conseguir. Isso é conhecido por professores e alunos de psicologia como a fórmula WWWH — "o que, quando, por que e como" (em inglês, "what", "when", "why" e "how").

Leia esta lição quatro vezes, com intervalo de uma semana entre cada leitura.

Na quarta vez, você verá muitas coisas que não viu na primeira.

Seu sucesso em dominar este curso e fazer com que lhe traga sucesso vai depender em grande parte, se não totalmente, de como você segue todas as instruções aqui contidas.

Não fixe suas próprias regras de estudo. Siga as estabelecidas no curso, pois são o resultado de anos de pensamento e experimentos. Se quiser experimentar, espere até ter dominado o curso da maneira sugerida pelo autor. Você então terá condições de experimentar com mais segurança. De momento, contente-se em ser o aluno. Vamos torcer para que se torne professor após ter seguido e dominado o curso.

Se seguir as instruções estabelecidas no curso para orientar os alunos, você não falhará, assim como a água não corre ladeira acima.

## INSTRUÇÕES PARA A APLICAÇÃO DOS PRINCÍPIOS DESTA LIÇÃO

Na lição introdutória, você se familiarizou com o princípio da psicologia conhecido como "MasterMind".

Agora você está pronto para começar a usar o princípio como meio de transformar seu objetivo principal definido em realidade. Deve ter lhe ocorrido que não se pode ter um objetivo principal definido a não ser que se tenha também um plano muito prático e definido para fazer esse objetivo virar realidade.

O primeiro passo é decidir qual será seu principal objetivo na vida. O passo seguinte é escrever uma afirmação clara e concisa do objetivo. Isso deve ser seguido de uma declaração por escrito do plano ou planos pelos quais você pretende alcançar o objetivo.

O próximo e último passo será a formação de uma aliança com uma ou algumas pessoas que irão cooperar na execução dos planos e na transformação do objetivo principal definido em realidade.

O objetivo dessa aliança amigável é empregar o "MasterMind" em apoio a seus planos. A aliança deve ser feita entre você e aqueles que têm interesse sincero por você. Se é casado, sua esposa deveria ser um dos membros da aliança, desde que haja um estado normal de confiança e simpatia entre vocês. Outros membros podem ser sua mãe, pai, irmãos ou irmãs, ou alguns amigos próximos.

Se você é uma pessoa solteira, seu parceiro, caso tenha, deveria se tornar membro da aliança. Isso não é brincadeira — você agora está estudando uma das leis mais poderosas da mente humana, e é melhor seguir as leis dessa lição com seriedade e diligência, mesmo não tendo certeza de onde levarão.

Aqueles que participarem da aliança amigável com o objetivo de ajudá-lo a criar um "MasterMind" devem assinar com você a declaração do seu objetivo principal definido. Cada integrante deve estar completamente familiarizado com a natureza do objetivo na formação da aliança. Além disso, deve estar sinceramente de acordo com o objetivo e ser completamente simpático em relação a você. Cada membro da aliança deve receber uma cópia escrita da declaração do objetivo principal definido. Tirando isso, entretanto, você é explicitamente instruído a manter seu objetivo principal para você. O mundo está cheio de "São Tomés", e não será bom para sua causa ter cabeças ocas zombando de você e das suas ambições. Lembre-se: você precisa é de encorajamento amigável e ajuda, não de escárnio e dúvidas.

Se acredita em oração, você é instruído a fazer do objetivo principal definido o tema de sua oração pelo menos uma vez a cada 24 horas e com maior frequência se conveniente. Se você acredita existir um Deus que pode e vai ajudar aqueles que estão se esforçando seriamente para fazer um serviço construtivo no mundo, certamente sente que tem o direito de fazer um apelo que lhe ajude na conquista do que deve ser a coisa mais importante da sua vida.

Se os convidados para participar de sua aliança amigável acreditam em oração, peça para que incluam o objetivo da aliança nas orações diárias.

Agora vem uma das regras mais essenciais que você deve seguir. Combine com um ou todos os membros da aliança amigável para que lhe afirmem, nos termos mais positivos e definidos de que disponham, que eles sabem que você pode e vai realizar seu objetivo principal definido. Essa afirmação ou declaração deve ser feita a você pelo menos uma vez por dia, ou mais frequentemente se possível.

Esses passos devem ser seguidos persistentemente, com plena fé de que levarão aonde você deseja chegar! Não basta executar os planos por alguns dias ou semanas e então descontinuá-los. Você deve seguir o procedimento descrito até atingir o objetivo principal definido, independentemente do tempo requerido.

De tempos em tempos, pode ser necessário mudar os planos adotados para a realização do objetivo principal definido. Faça essas mudanças sem hesitar. Nenhum ser humano tem antevisão suficiente para elaborar planos que não necessitem de alteração ou mudança.

Se algum membro da aliança amigável perder a fé no "MasterMind", remova-o imediatamente e substitua por alguma outra pessoa.

Andrew Carnegie declarou ao autor deste curso que descobriu ser necessário substituir alguns membros de seu "MasterMind". De fato, afirmou que praticamente todos os membros originais da aliança com o tempo foram removidos e substituídos por outras pessoas que podiam se adaptar com mais lealdade e entusiasmo ao espírito e objetivo da aliança.

Você não pode ser bem-sucedido quando cercado de associados desleais e hostis, não importa qual seja o objetivo principal definido. O sucesso é construído sobre lealdade, fé, sinceridade, cooperação e outras forças positivas com que se deve abastecer o ambiente.

*"Sim, ele foi bem-sucedido, mas quase fracassou!" Foi assim com Robert Fulton, Abraham Lincoln e praticamente todos os outros que consideramos bem-sucedidos. Nenhum homem jamais alcançou sucesso que valha a pena sem ter, vez ou outra, deparado com pelo menos um pé pendurado à beira do fracasso.*

Muitos alunos deste curso vão querer formar alianças amigáveis com seus associados no ambiente profissional, com o objetivo de atingir o sucesso nessa esfera. Em tais casos, devem ser seguidas as mesmas regras de procedimento. O objetivo principal definido pode ser de seu benefício individual ou de benefício do negócio ou profissão a que você está conectado. O "MasterMind" vai funcionar igual em ambos os casos. Se você fracassar, permanente ou temporariamente na aplicação da lei, será porque algum membro não entrou no espírito da aliança com fé, lealdade e sinceridade de propósito.

A última frase é digna de uma segunda leitura!

Seu objetivo principal definido deveria se tornar seu "hobby". Você deve ocupar-se desse "hobby" constantemente: deve dormir, comer, divertir-se, trabalhar, morar e pensar com ele.

Você pode conseguir o que quiser, se quiser com intensidade suficiente e continuar querendo, desde que o objeto que você deseje seja razoável e que você realmente acredite que conseguirá! Entretanto, existe uma diferença entre apenas "desejar" alguma coisa e realmente acreditar que vai conseguir. Falta de entendimento dessa diferença significou fracasso para milhões de pessoas. Tem "gente que faz" e "gente que acredita" em todas as esferas da vida. Os que acreditam que podem alcançar seu objetivo principal definido não reconhecem a palavra impossível. Tampouco admitem uma derrota temporária. Eles sabem que terão sucesso e, se um plano fracassa, rapidamente substituem por outro.

Toda conquista notável topou com algum contratempo antes do sucesso chegar. Edison fez mais de dez mil experimentos antes de ser bem-sucedido em fazer o primeiro fonógrafo gravar as palavras "Mary tinha um cordeirinho".

Se existe uma palavra relativa a esta lição que deve se destacar na mente, a palavra é persistência!

Você agora está de posse da chave-mestra para a realização. Você tem que destrancar a porta do templo do conhecimento e entrar. Mas tem que ir ao templo, ele não virá até você. Se essas leis são novidade para você, de início a "ida" não será fácil. Você vai tropeçar muitas vezes, mas siga andando! Muito em breve chegará ao cume da montanha que escalou e observará nos vales abaixo a rica propriedade de conhecimento que será o prêmio de sua fé e esforço.

Tudo tem um preço. Não existe a possibilidade de algo "a troco de nada". Nos experimentos com a Lei do MasterMind, você está lidando com a natureza em sua forma mais nobre e elevada. A natureza não pode ser enrolada ou enganada. Ela dará o objeto de seu esforço somente depois que você pagar o preço, que é esforço contínuo, inflexível e persistente.

O que mais se poderia dizer a respeito?

Foi mostrado o que fazer, quando fazer, como fazer e por que fazer. Se você dominar a próxima lição, sobre autoconfiança, terá fé em si mesmo para executar as instruções estabelecidas nesta lição.

Senhor dos destinos humanos eu sou!
Fama, amor e fortuna em minhas pegadas aguardam.
Ando por cidades e campos; penetro
Desertos e oceanos remotos e, ao passar por
Casebres, mercados e palácios — cedo ou tarde
Bato espontaneamente uma vez em cada porta!
Se dormindo, acordem; se festejando, levantem-se antes
De eu ir embora. É a hora do destino,
E os que me seguem alcançam todas as condições
Que os mortais desejam e derrotam todo inimigo,
Exceto a morte; mas os que duvidam ou hesitam
Estão condenados ao fracasso, penúria e aflição,
Buscam-me em vão e inutilmente imploram.
Eu respondo não e não volto mais!

— *Ingalls*

Em meio a todos os mistérios que nos cercam, nada é mais certo do que o fato de estarmos na presença de uma energia infinita e eterna de onde emanam todas as coisas.

— Herbert Spencer

## LIÇÃO 3

# AUTOCONFIANÇA

*"Você pode fazer se acreditar que pode!"*

ANTES DE ABORDARMOS os princípios fundamentais em que esta lição se baseia, será benéfico você ter em mente o fato de que ela é prática — traz descobertas de mais de 25 anos de pesquisa e tem a aprovação dos mais importantes cientistas do mundo, que testaram todos os princípios envolvidos.

Ceticismo é o inimigo mortal do progresso e do autodesenvolvimento. Você pode deixar este livro de lado e parar de ler agora mesmo, no começo desta lição, se pensa que ele foi escrito por algum teórico cabeludo que nunca testou os princípios que embasam esta lição.

Certamente, esta não é uma época para os céticos, pois vimos mais leis da natureza descobertas e exploradas do que em toda a história pregressa da raça humana. Num período de três décadas testemunhamos o domínio do ar, exploramos o oceano, aniquilamos as distâncias na Terra, aproveitamos a eletricidade para fazer girar as rodas da indústria, fizemos crescer sete brotos de vegetais onde antes crescia apenas um, temos comunicação instantânea entre as nações do mundo. Esta é verdadeiramente uma época de esclarecimento e desenvolvimento, mas até agora mal e mal arranhamos a superfície do conhecimento. Entretanto, quando destrancarmos o portal que leva ao poder secreto armazenado dentro de nós, isso trará conhecimento que fará empalidecer todas as descobertas do passado.

O pensamento é a forma mais organizada de energia conhecida pelo homem, e essa é uma época de experimentação e pesquisa que com certeza nos trará maior entendimento dessa força misteriosa que repousa dentro de nós. Já descobrimos o suficiente sobre a mente humana para saber que um homem se livra dos efeitos acumulados de milhares de gerações de medo com a ajuda da autossugestão. Já descobrimos que o medo é o principal motivo de pobreza, fracasso e miséria sob diferentes formas. Já descobrimos que o homem que domina o medo pode marchar para a realização bem-sucedida em praticamente qualquer atividade, não obstante todos os esforços para derrotá-lo.

O desenvolvimento da autoconfiança começa com a eliminação do demônio chamado medo, que se senta no ombro do homem e sussurra em seu ouvido: "Você não consegue fazer — você está com medo de tentar — você está com medo da opinião pública — você tem medo de falhar — você tem medo de não ter capacidade".

O demônio do medo está ficando encurralado. A ciência encontrou uma arma mortal para botar o medo a correr, e esta lição sobre autoconfiança trouxe esta arma para você usar nas batalhas contra esse velho inimigo do progresso.

OS SEIS MEDOS BÁSICOS DA HUMANIDADE: toda pessoa é herdeira da influência dos seis medos básicos. Abaixo destes podem ser listados medos menores. Os medos básicos ou maiores estão enumerados a seguir, e as fontes de onde acredita-se que surgem são descritas na sequência.

Os seis medos básicos são:

1. Medo da pobreza
2. Medo da velhice
3. Medo da crítica

4. Medo da perda do amor
5. Medo de problemas de saúde
6. Medo da morte

Estude a lista, faça um inventário dos seus próprios medos e verifique em quais das seis categorias você pode classificá-los.

Todo ser humano que chega à idade de entendimento fica acorrentado em certa medida por um ou mais dos seis medos básicos. Como primeiro passo na eliminação desses seis males, vamos examinar as fontes de onde os herdamos.

## HEREDITARIEDADE FÍSICA E SOCIAL



Tudo que compõe um homem, física e mentalmente, decorre de duas formas de hereditariedade. Uma é conhecida como hereditariedade física e a outra como hereditariedade social.

Pela hereditariedade física, o homem evoluiu lentamente da ameba (uma forma animal unicelular) para estágios de desenvolvimento correspondentes a todas as formas de vida animal conhecidas hoje na Terra, incluindo as extintas.

Cada geração acrescentou à natureza do homem algo dos traços, hábitos e aparência física daquela geração. A herança física do homem, portanto, é uma coleção heterogênea de muitos hábitos e formas físicas.

Parece haver pouca dúvida, se é que alguma, de que, embora os seis medos básicos não possam ter sido herdados pela hereditariedade física (sendo estados mentais e, portanto, não transmissíveis dessa forma), a hereditariedade física proporcionou-lhes um alojamento muito favorável.

Por exemplo, é bem sabido que todo processo da evolução física é baseado em morte, destruição, dor e crueldade, que os elementos encontram transporte, na escalada evolutiva, na morte de uma forma de vida a fim de que outra forma superior possa sobreviver. Todo vegetal vive por "comer" os elementos do solo e do ar. Todas as formas de vida animal vivem por "comer" alguma forma mais fraca ou alguma forma vegetal.

As células de todos os vegetais têm uma inteligência de ordem muito elevada. As células de todos os animais idem.

Sem dúvida, células de peixe aprenderam pela amarga experiência que o grupo de células conhecido como peixe-falcão são muito temíveis.

Pelo fato de que muitas formas animais (incluindo a maioria dos homens) vivem às custas de comer animais menores e mais fracos, a "inteligência celular" desses animais que entram no homem e se tornam parte dele trazem o medo surgido da experiência de terem sido comidos vivos.

Esta teoria pode parecer forçada e de fato pode não ser verdade, mas pelo menos é lógica. O autor não a enfatiza nem insiste em que ela contribua para algum dos seis medos básicos. Existe outra explicação muito melhor para a fonte desses medos que vamos passar a examinar, começando com a descrição de hereditariedade social.

De longe, a parte mais importante daquilo que compõe o homem provém da hereditariedade social, que se refere aos métodos pelos quais uma geração impõe à subsequente as superstições, crenças, lendas e ideias que por sua vez herdou da geração anterior.

O termo "hereditariedade social" deveria ser entendido como toda e qualquer fonte pela qual se adquire conhecimento, tais como ensino religioso e de todas as outras naturezas, leitura, conversa, narrativas e todo tipo de inspiração do pensamento oriundo do que geralmente é aceito como "experiências pessoais".

Pela hereditariedade social, qualquer pessoa no controle da mente de uma criança pode, com ensinamento intenso, plantar qualquer ideia, verdadeira ou falsa, de tal maneira que a criança aceite como verdade e aquilo se torne parte de sua personalidade como qualquer célula ou órgão do corpo físico (e igualmente difícil de mudar).

É pela hereditariedade social que religiosos plantam inúmeros dogmas, crenças e cerimônias na mente das crianças, inculcando as ideias até que a mente aceite e sele para sempre como parte de sua crença irrevogável.

A mente de uma criança que ainda não chegou à idade de entendimento geral, no período médio de, digamos, os dois primeiros anos de vida, é plástica, aberta, limpa e livre. Qualquer ideia plantada em tal mente por alguém em quem a criança confie cria raiz e cresce, por assim dizer, de tal maneira que não pode mais ser erradicada ou retirada, não importando quão oposta à lógica ou razão tal ideia seja.

Muitos religiosos afirmam que conseguem implantar os dogmas de sua religião tão profundamente na mente de uma criança que jamais haverá espaço para outra religião, no todo ou em parte. Tais afirmações não são muito exageradas.

*Lembre-se de que, quando marca um encontro com outra pessoa, você assume a responsabilidade de ser pontual e não tem o direito de se atrasar sequer um minuto.*

Com essa explicação sobre o funcionamento da hereditariedade social, o aluno estará pronto para examinar as fontes de onde o homem herda os seis medos básicos. Além disso, qualquer aluno (exceto os que ainda não cresceram o bastante para examinar a verdade que pisa nos "calos de estimação" de sua superstição) pode checar a solidez do princípio da hereditariedade social conforme aplicado aqui aos seis medos básicos sem sair do âmbito de sua experiência pessoal.

Felizmente, o conjunto de evidências apresentadas nesta lição é de tal natureza que todos que realmente procuram a verdade podem verificar por si se são sólidas ou não.

Pelo menos de momento deixe seus preconceitos e ideias preconcebidas de lado (você sabe que sempre pode pegá-los de volta) enquanto estuda a origem e natureza dos seis piores inimigos do homem, os seis medos básicos, começando com:

MEDO DA POBREZA: é preciso coragem para dizer a verdade sobre a origem desse medo e talvez ainda mais coragem para aceitar a verdade. O medo da pobreza vem da tendência hereditária do homem de subjugar outros homens economicamente. Praticamente todas as formas de animais inferiores têm instintos, mas parecem não ter o poder de raciocinar e pensar; portanto, subjugam umas às outras fisicamente. O homem, com seu senso superior de intuição, pensamento e raciocínio, não come seus semelhantes fisicamente, tem mais satisfação comendo-os financeiramente.

De todas as épocas do mundo sobre as quais temos algum conhecimento, a que vivemos parece ser a da adoração do dinheiro. Um homem é considerado menos do que a poeira da terra a não ser que possa exibir uma gorda conta bancária. Nada traz tanto sofrimento e humilhação quanto a pobreza. Não é de admirar que o homem tema a pobreza. Através de uma longa linha de experiências herdadas do bicho-homem, o homem com certeza aprendeu que esse animal nem sempre é confiável no que diz respeito a dinheiro e outras evidências de bens materiais.

Muitos casamentos começam (e muitas vezes terminam) apenas com base na riqueza de uma ou de ambas as partes. Não é de admirar que os tribunais de divórcio estejam lotados!

"Sociedade" poderia muito bem ser escrita "$ociedade", pois está inseparavelmente associada ao cifrão. Tão ávido é o homem por possuir riqueza que irá adquiri-la de qualquer maneira que possa, por métodos legais se possível e por outros métodos se necessário.

Medo da pobreza é algo terrível!

Um homem pode cometer assassinato, roubo, estupro e todas as demais formas de violação dos direitos alheios e ainda assim reconquistar *status* elevado perante os outros homens contanto que nunca perca sua riqueza. Pobreza, portanto, é crime — um pecado imperdoável, por assim dizer.

Não admira o homem ter medo dela!

Todos os livros de leis desse mundo ostentam evidência de que o medo da pobreza é um dos seis medos básicos da humanidade, pois neles podem ser encontradas várias leis para proteger os fracos dos fortes. Gastar tempo tentando provar que o medo da pobreza é um dos medos herdados pelo homem ou que tem origem na natureza do homem de enganar seu semelhante seria similar a tentar provar que três vezes dois são seis. Obviamente nenhum homem jamais temeria a pobreza se tivesse motivos para confiar nos outros homens, pois existe comida, abrigo, vestuário e luxo de toda espécie em quantidade suficiente para as necessidades de todas as pessoas da Terra, e todas essas bênçãos poderiam ser desfrutadas por todos não fosse o hábito sórdido do homem de tentar empurrar todos os outros "porcos" para fora do cocho, mesmo que tenha tudo e mais do que precisa.

O segundo dos seis medos básicos a que o homem está sujeito é:



MEDO DA VELHICE: esse medo brota de duas fontes. Primeiro, do pensamento de que a velhice pode trazer a pobreza. Segundo, e de longe a fonte mais comum, dos ensinamentos sectários, falsos e cruéis que tão bem misturaram "fogo e enxofre" com "purgatórios" e outros truques que os seres humanos aprenderam a temer a velhice por significar a aproximação de outro mundo, possivelmente muito mais horrível que este, já considerado ruim o suficiente.

O homem tem duas sólidas razões para ter medo da velhice: uma proveniente da desconfiança de que outros homens possam apoderar-se de quaisquer bens materiais que ele possua, e outra decorrente das imagens terríveis do além-mundo, profundamente plantadas em sua mente pela hereditariedade social.

É de admirar que o homem tema a velhice?

O terceiro dos seis medos básicos é:

MEDO DA CRÍTICA: seria difícil, se não impossível, determinar como o homem adquiriu esse medo básico, mas uma coisa é certa: ele o tem muito bem desenvolvido.

Alguns acreditam que esse medo apareceu na mente do homem mais ou menos na época em que surgiu a política. Outros acreditam que sua fonte não recua além do primeiro encontro de uma organização feminina conhecida como "clube de mulheres". Uma outra escola de humoristas atribui a origem ao conteúdo da Bíblia, cujas páginas estão repletas de algumas formas mordazes e violentas de crítica. Se esta última afirmação é correta, e aqueles que acreditam literalmente em tudo que encontram na Bíblia não estão errados, então Deus é o responsável pelo medo inerente da crítica, pois Ele fez com que a Bíblia fosse escrita.

Este autor, não sendo nem humorista, nem "profeta", mas apenas uma pessoa comum que trabalha todos os dias, inclina-se a atribuir o medo básico da crítica à natureza herdada pelo homem que o leva não só a tirar os bens e mercadorias de outros homens, mas a justificar sua ação pela crítica do caráter destes.

O medo da crítica assume muitas formas diferentes, a maioria de natureza insignificante e trivial, a ponto de ser infantil ao extremo.

Homens carecas, por exemplo, são calvos unicamente pelo medo da crítica. Ficam carecas porque os chapéus apertados cortam a circulação na raiz do cabelo. Homens usam chapéus não porque realmente necessitem deles para o conforto, mas basicamente porque "todo mundo usa"; todo mundo entra na linha e faz igual para não ser criticado.

Mulheres raramente ficam carecas ou com pouco cabelo porque usam chapéus folgados, cujo único objetivo é adornar.

Mas não se deve imaginar que as mulheres estejam livres do medo da crítica associada aos chapéus. Se alguma mulher afirmar ser superior aos homens a respeito deste medo, peça para que ande na rua usando um chapéu de uma ou duas temporadas atrás.

Os fabricantes de vestuário não tardaram a capitalizar este medo básico da crítica que amaldiçoa toda a humanidade. Observa-se que a cada estação os "estilos" de muitas peças do vestuário mudam. Quem estabelece os "estilos"? Certamente não os que compram as roupas, mas os fabricantes. Por que mudam os estilos com tanta frequência? Obviamente para que possam vender mais roupas.

Pela mesma razão, os fabricantes de automóveis (com raras e muito sensatas exceções) mudam os modelos a cada estação.

O fabricante de vestuário sabe que o bicho-homem teme vestir uma roupa fora de sintonia com o que "todo mundo está usando agora".

Não é verdade? A sua própria experiência não comprova isso?

Descrevemos a maneira como as pessoas se comportam sob a influência do medo da crítica aplicada a coisas pequenas e triviais. Vamos examinar agora o comportamento humano quando esse medo afeta assuntos mais importantes. Pegue, por exemplo, praticamente qualquer pessoa que alcançou a "maturidade mental" (de 35 a 45 anos de idade, como média geral); se pudesse ler aquela mente, você descobriria uma descrença muito acentuada e uma rebeldia contra a maioria das fábulas ensinadas pela maioria dos religiosos.

*Em toda alma foi depositada a semente de um grande futuro, mas a semente jamais germinará, muito menos crescerá, a não ser pela prestação de serviço útil.*

O medo da crítica é poderoso e potente!

Houve um tempo, e não faz muito, em que a palavra "infiel" significava ruína a quem quer que fosse aplicada. Vê-se, portanto, que o medo da crítica do homem não é infundado.

O quarto medo básico é:



MEDO DA PERDA DO AMOR: a fonte desse medo necessita de pouca descrição, pois é obvio que provém da natureza humana de roubar a parceira de outro homem ou pelo menos tomar liberdades com ela, às escondidas do "amo e senhor" legítimo. Todos os homens são polígamos por natureza, uma verdade que, claro, vai suscitar negação daqueles que são muito velhos para uma função sexual normal ou que por alguma outra causa perderam a secreção das glândulas responsáveis pela tendência masculina em relação à pluralidade do sexo oposto.

Há pouca dúvida de que o ciúme e outras formas similares de demência precoce mais ou menos leve (insanidade) provêm da herança do medo que o homem tem de perder o amor de alguém.

De todos os "loucos em sã consciência" estudados pelo autor, o homem ciumento de uma mulher ou a mulher ciumenta de um homem é o mais bizarro e estranho. O autor felizmente teve apenas uma experiência pessoal com esta forma de insanidade, mas aprendeu o suficiente para justificar sua afirmação de que o medo da perda do amor é um dos mais dolorosos, senão de fato o mais doloroso, dos seis medos. E parece razoável acrescentar que este medo causa mais estragos na mente humana do que qualquer outro dos seis medos básicos, levando com frequência às mais violentas formas de insanidade permanente.

O quinto medo básico é:

MEDO DE PROBLEMAS DE SAÚDE: em larga medida, esse medo também tem sua origem na mesma fonte que os medos da pobreza e da velhice.

O medo de problemas de saúde associa-se intimamente ao medo da pobreza e da velhice porque também conduz à fronteira dos "mundos terríveis" que o homem não conhece, mas dos quais ouviu algumas histórias perturbadoras.

O autor tem uma forte suspeita de que os envolvidos na venda de métodos para uma boa saúde desempenham papel considerável em manter vivo o medo dos problemas de saúde na mente humana.

Desde tempos anteriores a registros confiáveis, o mundo conhece as mais variadas formas de tratamentos de saúde. Se um homem ganha a vida mantendo as pessoas saudáveis, parece natural que use todos os meios a seu alcance para persuadi-las de que precisam de seus serviços. Assim, com o tempo as pessoas teriam herdado o medo de problemas de saúde.

O sexto medo básico é:

MEDO DA MORTE: para muitos este é o pior dos seis medos básicos, e o motivo é óbvio até para um aluno amador de psicologia.

O suplício terrível do medo associado à morte pode ser atribuído diretamente ao fanatismo religioso, fonte mais responsável por isso do que quaisquer outras fontes combinadas.

Os chamados "pagãos" não têm tanto medo da morte quanto os "civilizados", especialmente a parte da população civilizada sob a influência da teologia.

Há centenas de milhares de anos o homem faz as perguntas ainda não respondidas (e que talvez não tenham resposta): "de onde?", "para onde?", "de onde vim e para onde vou após a morte?".

Os mais astutos e espertos, bem como os honestos, mas crédulos, não tardaram em oferecer respostas para essas perguntas. Na verdade, responder essas perguntas tornou-se uma das chamadas profissões "eruditas", apesar de ser necessária pouca instrução.

Observe agora a principal fonte do medo da morte:

"Entre na minha tenda, abrace minha fé, aceite meus dogmas (e pague meu salário) e lhe darei uma passagem para ter acesso direto ao céu quando você morrer", diz o líder de uma das formas de sectarismo. "Permaneça fora da minha tenda", diz o mesmo líder, "e você irá diretamente para o inferno, onde arderá por toda a eternidade".

Embora o autonomeado líder não possa de fato fornecer um salvo-conduto para o céu, nem, na falta deste, despachar o infeliz buscador da verdade para o inferno, esta possibilidade parece tão terrível que mantém controle sobre a mente e cria o medo dos medos — o medo da morte!

A verdade é que nenhum homem sabe e jamais soube como é o inferno ou o céu, ou se tais lugares existem, e essa falta de conhecimento definitivo abre a porta da mente humana para charlatões entrarem e assumirem o controle com seu variado arsenal de truques e trapaças, enganação e fraude.

A verdade é, nada mais, nada menos, a seguinte: nenhum homem sabe nem jamais soube de onde viemos ao nascer ou para onde vamos ao morrer. Qualquer um que afirme o contrário está enganando a si mesmo ou é um impostor consciente que faz disso um meio de vida sem um trabalho de valor, jogando com a credulidade da humanidade.

Contudo, seja dito em seu favor que a maioria dos envolvidos na "venda de ingressos para o céu" de fato acredita não só saber onde o céu existe, como também que seus credos e fórmulas darão passagem segura para todos que os abraçarem.

Essa crença pode ser resumida em uma palavra: credulidade.

Líderes religiosos geralmente fazem a afirmaçao ampla e irrestrita de que a atual civilização deve sua existência ao trabalho das igrejas. De sua parte, o autor está disposto a admitir que as alegações estejam corretas, desde que lhe seja permitido acrescentar que, mesmo que a afirmação seja verdade, os teólogos não têm muito do que se gabar.

*Você é afortunado se aprendeu a diferença entre derrota temporária e fracasso; mais afortunado ainda se aprendeu a verdade de que a semente do sucesso está dormente em cada derrota que você experimenta.*

Mas não é verdade — nem tem como ser — que a civilização cresceu a partir dos esforços das igrejas e credos organizados, se o termo "civilização" referir-se às descobertas das leis naturais e às muitas invenções de que o mundo atual é herdeiro.

Se os teólogos desejam reivindicar a parte da civilização relacionada à conduta do homem para com seus semelhantes, essa afirmação é bem-vinda no que diz respeito ao autor; por outro lado, se pretendem abocanhar o crédito por todas as descobertas científicas da humanidade, o autor pede licença para fazer um vigoroso protesto.

✦

DIA 09

Não basta afirmar que a hereditariedade social é o método pelo qual o homem coleta todo conhecimento que chega a ele pelos cinco sentidos. É melhor ressaltar como a hereditariedade social funciona em vários aspectos para fornecer ao aluno um entendimento abrangente da lei.

Vamos começar com algumas das formas inferiores da vida animal e examinar como são afetadas pela hereditariedade social.

Há uns trinta anos, pouco depois de começar a examinar as principais fontes de onde os homens adquirem o conhecimento que os faz ser o que são, o autor descobriu um ninho de perdiz. O ninho localizava-se de maneira que a fêmea pudesse ser vista a uma distância considerável quando estava no ninho. Com a ajuda de um par de binóculos, a ave foi observada de perto enquanto chocava, até os filhotes romperem as cascas. Desejando saber o que aconteceria, o autor aproximou-se do ninho. A fêmea permaneceu perto até o intruso estar a uns dez passos, então arrepiou as penas, esticou uma asa sobre a perna e afastou-se mancando, fingindo estar aleijada. Tendo certa familiaridade com os truques das aves, o autor não a seguiu e em vez disso foi até o ninho dar uma olhada nos filhotes. Sem o menor sinal de medo, as aves voltaram os olhos para mim, movendo as cabeças de um lado para o outro. Peguei uma delas. Sem sinal de medo, o filhote ficou parado na palma de minha mão. Coloquei a ave de volta no ninho e me afastei a uma distância segura para dar à fêmea a chance de retornar.

A espera foi curta. Logo ela começou a voltar cautelosamente para o ninho até estar a poucos passos de distância dele, então abriu as asas e correu o mais rápido possível, emitindo uma série de sons semelhantes ao de uma galinha quando encontra alimento e deseja chamar a ninhada.

Ela juntou as avezinhas ao seu redor e continuou a tremer, muito agitada, sacudindo as asas e arrepiando as penas. Quase se podia ouvir suas palavras enquanto dava a primeira lição de autodefesa para as avezinhas baseada na lei da hereditariedade social:

"Criaturinhas tolas! Não sabem que os homens são inimigos? Deviam se envergonhar por deixar aquele homem pegá-las nas mãos. É de admirar que ele não tenha levado vocês e não as tenha comido vivas! Da próxima vez que virem um homem se aproximando, fujam ligeiro. Abaixem-se no chão, corram para baixo das folhagens, saiam da visão dele e permaneçam fora de vista até o inimigo estar longe".

As pequenas aves permaneceram ao redor e escutaram a palestra com intenso interesse. Após a mãe aquietar-se, o autor novamente aproximou-se do ninho. Quando estava a uns vinte passos, a fêmea de novo tentou conduzi-lo em outra direção, dobrou a sua asa para cima e saiu mancando como se estivesse aleijada. O autor olhou para o ninho, mas em vão. As avezinhas não estavam lá. Tinham aprendido rapidamente a evitar o inimigo natural graças ao instinto.

Novamente o autor recuou, esperou até a mãe reorganizar sua casa, então foi visitá-los, mas com resultado semelhante. Quando se aproximou do ponto onde avistara a fêmea pela última vez, não havia nem sinal dos filhotes.

✦

Quando garoto, o autor capturou um jovem corvo e o transformou em animal de estimação. A ave ficou bastante satisfeita com a vida doméstica e aprendeu muitos truques que exigiam inteligência considerável. Após estar crescida o suficiente para voar, teve liberdade para ir aonde quisesse. Algumas vezes ausentava-se por muitas horas, mas sempre retornava antes de escurecer.

Certo dia, alguns corvos selvagens envolveram-se em uma briga com uma coruja no campo perto da casa onde vivia o corvo de estimação. Tão logo ouviu o "crau, crau, crau" dos parentes selvagens, o corvo voou para o telhado da casa e, com sinais de grande agitação, andou de um lado para o outro. Finalmente, voou na direção da "batalha". O autor o seguiu para ver o que aconteceria. Em minutos deparou com a ave. Ela estava pousada nos galhos mais baixos de uma árvore, e dois corvos selvagens estavam em um galho logo acima, tagarelando e andando de um lado a outro, agindo como pais zangados se comportam com os filhos quando os punem.

Quando o autor se aproximou, os dois corvos selvagens voaram, um deles circundou a árvore algumas vezes, despejando uma terrível torrente de linguagem abusiva, sem dúvida direcionada ao parente tolo que não tinha juízo suficiente para voar enquanto podia.

O corvo de estimação foi chamado, mas não deu atenção. Naquela noite ele retornou, mas não chegou perto de casa. Sentou-se em um galho no alto de uma macieira e falou na linguagem dos corvos por mais ou menos dez minutos, dizendo sem dúvida que tinha decidido voltar para a vida selvagem com seus companheiros. Então voou e só retornou dois dias depois, quando falou mais um pouco em linguagem de corvo, mantendo uma distância segura. Então bateu asas e nunca mais voltou.

A hereditariedade social tirou do autor um ótimo bicho de estimação!

O único consolo pela perda foi o pensamento de que o corvo mostrou lealdade ao voltar e falar da intenção de partir. Muitos trabalhadores deixavam a fazenda sem se incomodar com essa formalidade.

DIA 61

✦

É bem sabido que a raposa caça todo tipo de galináceo e pequenos animais com exceção do gambá. Não é preciso dizer por que o gambá tem imunidade. Uma raposa pode se engalfinhar com um gambá uma vez, mas nunca duas! Por isso uma pele de gambá pregada no galinheiro manterá todas as raposas a uma distância segura, exceto as mais jovens e inexperientes.

*Não é estranho temermos tanto aquilo que nunca acontece? Destruímos nossa iniciativa pelo medo da derrota, quando na verdade a derrota é o tônico mais proveitoso e deveria ser aceita como tal.*

O cheiro de um gambá, uma vez experimentado, jamais é esquecido. Não há cheiro no mundo nem remotamente parecido. Não existem registros de que alguma mãe raposa tenha ensinado os filhotes a detectar e manter distância do cheiro familiar de um gambá, mas qualquer um por dentro do assunto sabe que raposas e gambás nunca procuram abrigo na mesma caverna.

Uma única lição basta para ensinar à raposa tudo que precisa saber sobre gambás. Pela hereditariedade social atuando via olfato, uma lição serve para a vida toda.

✦

Um sapo-boi pode ser pego se colocarmos um retalho de tecido vermelho ou qualquer pequeno objeto vermelho num anzol e balançá-lo em frente à sua narina. Quer dizer, pode ser pego desde que fique preso na primeira vez que morder a isca. Porém, se for mal fisgado e escapar ou sentir a ponta do anzol quando morder a isca, mas não ficar preso, nunca mais cometerá o mesmo erro. Antes de aprender que uma única lição de hereditariedade social é suficiente para ensinar até mesmo um humilde sapo a não ir atrás de um retalhinho vermelho, o autor passou muitas horas escondido tentando pegar um exemplar particularmente desejado que mordeu a isca e fugiu.

O autor certa vez teve um airedale terrier que causava aborrecimentos sem fim pelo hábito de chegar em casa com um frango na boca. Todas as vezes o frango era tirado do cão, e ele era severamente castigado, mas não adiantava — continuava a gostar de aves.

Com o objetivo de salvar o cão se possível, e como um experimento de hereditariedade social, ele foi levado para a fazenda de um vizinho que tinha uma galinha e alguns pintinhos recém-nascidos. A galinha foi colocada em um celeiro, e o cão junto. Assim que todos saíram de vista, o cão lentamente foi na direção da galinha, farejou o ar uma ou duas vezes (para ter certeza de que era o tipo de carne que estava procurando) e mergulhou na direção dela. Enquanto isso, a galinha fez alguns "levantamentos", de modo que recebeu o cão no meio do caminho; além disso, com uma surpresa de asas e garras que ele nunca havia experimentado. O primeiro *round* foi claramente da galinha. Mas uma bela ave gorda, avaliou o cão, não iria escapar de suas patas tão facilmente; portanto, ele recuou a uma curta distância e atacou de novo. Desta vez a galinha subiu em suas costas, meteu as garras em sua pele e fez um uso efetivo do bico afiado! O cão recuou para seu canto, parecendo ouvir um sino bater, pausando a luta até ele se orientar. Mas a galinha não quis saber dessas deliberações; ela tinha posto o adversário para correr e mostrou que sabia o valor da ofensiva, mantendo-o a correr.

Quase dava para se entender suas palavras enquanto ela açoitava o pobre airedale de um canto para outro, emitindo uma série ruídos rápidos que faziam lembrar uma mãe furiosa chamada para defender o filho do ataque de meninos mais velhos.

O airedale era um mau soldado! Após correr pelo celeiro de um canto a outro por mais ou menos dois minutos, esparramou-se no chão tão baixo quanto podia e fez o máximo para proteger os olhos com as patas. A galinha parecia tentar bicar especialmente seus olhos.

O dono da galinha entrou em cena e a recuperou — ou, melhor dizendo, recuperou o cão, que não pareceu desaprovar a ação.

No dia seguinte, foi colocada uma galinha no porão onde o cão dormia. Tão logo viu a ave, ele colocou o rabo entre as pernas e correu para um canto! Nunca mais tentou pegar uma galinha. Uma lição de hereditariedade social, via sentido do "tato", foi suficiente para ensiná-lo que, embora perseguir galinhas possa trazer algum prazer, também é repleto de muito perigo.

Todos esses exemplos, com exceção do primeiro, descrevem o processo de adquirir conhecimento pela experiência direta. Observe a diferença marcante entre conhecimento adquirido por experiência direta e pelo treinamento dos mais jovens pelos mais velhos, como no caso da perdiz e suas crias.

As lições mais impactantes são as aprendidas pelos mais jovens com os mais velhos por métodos de ensino altamente vivazes ou emotivos. Quando a perdiz abriu as asas, eriçou as penas, sacudiu-se como uma paralítica e gritou para os filhotes de forma muito agitada, plantou em seus corações o medo do homem de uma maneira que eles nunca esqueceriam.

O termo "hereditariedade social", conforme utilizado nesta lição, refere-se em particular a todos os métodos pelos quais uma criança aprende qualquer ideia, dogma, crença, religião ou sistema de conduta ética, com seus pais ou autoridades no assunto, antes de chegar à idade em que possa raciocinar e refletir sobre tal ensinamento por si, estimada entre sete e doze anos.

✦

DIA 62

Existe uma infinidade de formas de medo, mas nenhum é tão terrível quanto o medo da pobreza e da velhice. Tratamos nosso corpo como se fosse um escravo porque temos tanto medo da pobreza que queremos acumular dinheiro para — é claro — a velhice! Essa forma comum de medo nos move com tamanha força que sobrecarregamos nosso corpo e provocamos justamente aquilo que tentamos evitar.

Que tragédia assistir a um homem forçando-se excessivamente quando se aproxima dos quarenta anos — idade em que está começando a ter maturidade mental. Aos quarenta, um homem está entrando na idade em que é capaz de ver, entender e assimilar a caligrafia da natureza nas florestas, nos riachos a fluir e no rosto dos homens e das crianças. Todavia, esse medo brutal impele-o com tanta força que ele fica cego e perdido no emaranhado de um labirinto de desejos conflitantes. Perde de vista o princípio do esforço organizado e, em vez de lançar mão das forças da natureza evidentes por toda parte e permitir que essas forças elevem-no a grandes conquistas, ele as desafia, e então elas se tornam forças de destruição.

Talvez nenhuma das grandes forças da natureza esteja mais disponível ao desenvolvimento do homem que a autossugestão, mas a ignorância a respeito dessa força está levando a maior parte da raça humana a aplicá-la como um obstáculo e não como uma ajuda.

Vamos enumerar os fatos que mostram como ocorre a má aplicação de uma grande força da natureza:

Vejamos um homem que enfrentou alguma decepção: um amigo que se revelou falso, ou um vizinho que parece indiferente. Imediatamente ele decide (pela autossugestão) que nenhum homem é confiável e que todos os vizinhos são mal-agradecidos. Esses pensamentos inculcam-se tão profundamente em seu subconsciente que matizam toda sua atitude em relação aos outros. Volte agora ao que foi dito na Lição 2 sobre os pensamentos dominantes na mente do homem atraírem pessoas com pensamentos similares.

Aplique a lei da atração e você logo verá e entenderá por que o descrente atrai outros descrentes.

Inverta o princípio:

Vejamos um homem que enxerga apenas o melhor em todos que encontra. Se os vizinhos parecem indiferentes, ele não toma conhecimento do fato, pois ocupa-se de encher a mente com pensamentos dominantes de otimismo, entusiasmo e fé nos outros. Se as pessoas falam em tom ríspido, ele responde com suavidade. Pela operação da mesma lei eterna da atração, ele atrai a atenção de pessoas cujas atitudes em relação à vida e pensamentos dominantes combinam com os dele.

Vamos delinear o princípio um passo adiante:

Vejamos um homem com boa instrução e apto a prestar ao mundo algum serviço necessário. Em algum lugar, alguma vez, ele ouviu dizer que modéstia é uma grande virtude e que projetar-se para a dianteira do palco no jogo da vida é egoísmo. Ele entra de mansinho pela porta dos fundos e senta-se na parte de trás, enquanto outros participantes do jogo da vida vão à frente ousadamente. Ele permanece nos fundos porque teme "o que vão dizer".

A opinião pública, ou o que ele acredita ser a opinião pública, empurrou-o para os fundos, e o mundo ouve pouco dele. Sua instrução não serve para nada porque ele tem medo de deixar o mundo saber que ele a possui. Ele sugere constantemente a si mesmo (usando a grande força da autossugestão em seu detrimento) que deve permanecer em segundo plano para não ser criticado, como se a crítica pudesse lhe fazer algum mal ou derrotar seu objetivo.

> *Seu trabalho e o meu são peculiarmente semelhantes; estou ajudando as leis da natureza a criar espécimes aperfeiçoados de vegetação, enquanto você está usando as mesmas leis, na filosofia da Lei do Sucesso, para criar espécimes aperfeiçoados de pensadores.*
>
> — LUTHER BURBANK

DIA 63

Vejamos um outro homem que nasceu de pais pobres. Ele evidenciou a pobreza desde o primeiro dia de que consegue lembrar-se. Ouviu falar de pobreza. Sentiu a mão gelada da pobreza em seu ombro, o que o impressionou tanto que ele fixou-a na mente como uma maldição a que deve se submeter. Quase que inconscientemente, ele se permite cair vítima da crença de que "uma vez pobre, sempre pobre" até essa crença tornar-se o pensamento dominante de sua mente. Ele se assemelha a um cavalo que foi arreado e subjugado até esquecer que possui o poder potencial para se livrar dos arreios. A autossugestão rapidamente o relega para o fundo do palco da vida. Por fim ele se torna um desistente. A ambição desaparece. A oportunidade não mais se apresenta a ele, ou ele não tem visão para enxergá-la. Ele aceita seu destino! É fato bem estabelecido que as faculdades mentais, como os membros do corpo, atrofiam-se e murcham se não utilizadas. A autoconfiança não é exceção. Ela se desenvolve quando utilizada, mas desaparece se não usada.

Uma das principais desvantagens da riqueza herdada é que, muitas vezes, leva à inação e perda da autoconfiança. Em 1909, Evalyn Walsh McLean, esposa de Edward Beale McLean, deu à luz um menino na cidade de Washington. A herança da criancinha foi calculada em cerca de cem milhões de dólares. Quando o bebê era levado para respirar ar fresco em seu carrinho, ficava cercado de enfermeiras, assistentes de enfermagem, seguranças e outros serviçais cuja tarefa era evitar que qualquer mal lhe acontecesse. Essa vigilância foi mantida com o passar dos anos. O menino não precisava se vestir; tinha empregados que faziam isso. Os serviçais o observavam enquanto dormia e enquanto brincava. Não era permitido que ele fizesse nada que um empregado pudesse fazer por ele. O menino chegou aos dez anos de idade. Um dia estava brincando no pátio e notou que o portão dos fundos fora deixado aberto. Em toda a vida ele nunca saíra sozinho pelo portão e naturalmente era exatamente isso que desejava fazer. Num instante em que os empregados não estavam olhando, ele voou portão afora e foi atropelado e morto por um automóvel antes de alcançar o meio da rua.

O menino usou os olhos dos empregados até os seus não lhe servirem mais, como poderiam caso tivesse aprendido a confiar neles.

Há vinte anos, o homem para quem trabalhei como secretário mandou seus dois filhos para a faculdade. Um foi para a Universidade da Virgínia e o outro para uma instituição em Nova York. Todo mês, uma de minhas tarefas era enviar um cheque de cem dólares para cada rapaz. Era o "dinheiro miúdo", para ser gasto como desejassem. Lembro bem do quanto eu invejava aqueles garotos enquanto preenchia os cheques todos os meses. Frequentemente indagava por que a mão do destino havia me trazido ao mundo na pobreza. Eu podia antever como os rapazes chegariam a altas posições na vida, enquanto eu permaneceria um humilde escriturário.

No devido tempo, os rapazes retornaram para casa com seus "canudos". O pai era um homem rico, dono de bancos, ferrovias, minas de carvão e outras propriedades de grande valor. Ótimas posições estavam à espera dos garotos nas empresas do pai.

Mas vinte anos podem pregar peças cruéis naqueles que nunca tiveram que lutar. Talvez uma melhor maneira de declarar essa verdade seja dizer que o tempo dá àqueles que nunca tiveram de lutar a chance de pregar peças cruéis em si mesmos! De qualquer maneira, os rapazes trouxeram outras coisas além dos canudos. Voltaram com uma aptidão bem desenvolvida para beber pesadamente — aptidão que desenvolveram porque os cem dólares que cada um recebia todo mês tornou desnecessário que lutassem.



A história deles é longa e triste, os detalhes não interessam, mas você ficará interessado no final. Quando esta lição foi escrita, tinha em minha mesa um exemplar do jornal publicado na cidade onde os rapazes moravam. O pai deles faliu, e a mansão cara onde os meninos nasceram estava à venda. Um dos rapazes havia morrido de *delirium tremens*, e o outro estava em um sanatório.

Nem todos os filhos de homens ricos acabam de forma tão desafortunada, mas a verdade, no entanto, é que a inação leva à atrofia, e esta, por sua vez, leva à perda de ambição e autoconfiança, e, sem estas qualidades essenciais, um homem será carregado pela vida nas asas da incerteza, como uma folha seca pode ser carregada para lá e para cá ao sabor dos ventos.

Longe de ser uma desvantagem, lutar é uma vantagem decisiva, pois desenvolve qualidades que do contrário ficariam adormecidas para sempre. Muitos homens encontraram seu lugar no mundo por terem sido forçados a lutar pela existência cedo na vida. A falta de conhecimento sobre as vantagens decorrentes da luta levou muitos pais a dizer: "Tive que trabalhar duro quando era jovem, mas vou fazer com que meus filhos tenham uma vida fácil!". Pobres e tolas criaturas. Uma vida "fácil" geralmente acaba por se tornar uma desvantagem grande demais para o jovem mediano superar. Ociosidade forçada é muito pior do que trabalho forçado. Ser forçado a trabalhar e forçado a fazer o seu melhor vai fomentar temperança, autocontrole, força de vontade, conteúdo e centenas de outras virtudes que os desocupados nunca conhecerão.

A falta de necessidade de luta não só leva à fraqueza de ambição e de força de vontade, mas, mais perigoso ainda, cria na mente da pessoa um estado de letargia que leva à perda de autoconfiança. A pessoa que desiste de lutar porque o esforço não é mais necessário literalmente aplica a autossugestão para sabotar seu poder de autoconfiança. Tal pessoa no fim acabará num estado mental em que na verdade olha com um quê de desprezo para quem é obrigado a continuar lutando.

A mente humana, se me permite a repetição, pode ser comparada a uma pilha. Pode ser positiva ou negativa. Autoconfiança é a qualidade com que a mente é recarregada para ficar positiva.

Vamos aplicar essa linha de raciocínio ao mundo das vendas e ver qual papel a autoconfiança tem neste grande campo de atividade. Um dos maiores vendedores que este país já viu foi certa vez funcionário em um jornal.

Vale a pena analisar o método pelo qual ele adquiriu o título de "maior vendedor do mundo".

Ele era um jovem tímido e de natureza mais ou menos retraída. Era daqueles que acreditava ser melhor entrar de mansinho pela porta dos fundos e pegar um assento na parte de trás do palco da vida. Uma tarde, ouviu uma palestra sobre o assunto desta lição — autoconfiança — e ficou tão impressionado que deixou o local com a firme determinação de sair da rotina em que havia caído.

Foi ao gerente do jornal, pediu uma vaga no setor de venda de anúncios e foi colocado a trabalhar por comissão. Todos no jornal acharam que ele falharia, pois esse tipo de venda exige o tipo mais positivo de habilidade. Ele foi para sua sala e fez uma lista com os tipos de comerciante que pretendia visitar. Seria de pensar que ele naturalmente fez uma lista com nomes para os quais acreditava que pudesse vender com menor esforço, mas nada disso. Ele colocou na lista apenas nomes de comerciantes que outros agentes já haviam contatado sem conseguir fazer uma venda. A lista consistia de apenas doze nomes. Antes de fazer a primeira visita, foi até o parque da cidade levando a lista dos doze nomes, leu umas cem vezes, dizendo a si mesmo: "Você vai comprar um espaço de publicidade de mim antes do final do mês".

Então começou a fazer as visitas. No primeiro dia, fechou vendas com três dos dozes "impossíveis". No restante da semana, fez vendas para mais dois. No final do mês, havia aberto contas de publicidade com todos, exceto um dos comerciantes da lista. No mês seguinte não fez nenhuma venda, pois não visitou ninguém, exceto o comerciante obstinado. Toda manhã, quando a loja abria, lá estava ele para conversar com o comerciante, e toda manhã o comerciante respondia "não". O comerciante sabia que não iria comprar espaço de publicidade, mas o jovem homem não sabia disso. Quando o comerciante dizia não, o jovem não ouvia e continuava indo lá. No último dia do mês, após ter dito não por trinta vezes consecutivas para o jovem persistente, o comerciante disse:

*Nenhum homem consegue se tornar um grande líder a não ser que tenha o néctar da bondade humana no coração e lidere por sugestão e bondade e não pela força.*

"Olhe aqui, rapaz, você perdeu o mês inteiro tentando vender para mim; agora, o que eu gostaria de saber é o seguinte: por que você perdeu seu tempo?".

"Perdi meu tempo coisa nenhuma", ele retrucou, "eu estava indo à escola, e você foi meu professor. Agora conheço todos os argumentos que um comerciante pode apresentar para não comprar e, além disso, tenho treinado minha autoconfiança".

Então o comerciante disse: "Vou fazer uma pequena confissão. Eu também tenho ido à escola, e você tem sido meu professor. Você ensinou uma lição sobre persistência que vale dinheiro para mim, e para mostrar meu apreço vou pagar minha taxa de matrícula com um pedido de espaço publicitário".

E foi assim que a melhor conta publicitária do *North American* da Filadélfia foi obtida. Além disso, marcou o início da reputação que fez desse jovem um milionário.

Ele foi bem-sucedido porque deliberadamente recarregou sua mente com autoconfiança suficiente para torná-la uma força irresistível. Quando sentou para escrever a lista dos doze nomes, ele fez algo que 99 pessoas em cada cem não fariam: selecionou os que acreditava que seriam difíceis de fechar uma venda, pois entendeu que a resistência que ele encontraria geraria força e autoconfiança. Ele foi uma das poucas pessoas a entender que todos os rios e alguns homens são sinuosos porque seguem a linha de menor resistência.

✦

DIA 65

Vou divagar e interromper a linha de pensamento por um instante para registrar um conselho às esposas. Lembre-se: essas linhas destinam-se somente às esposas, e os maridos não precisam ler o que é colocado aqui.

Tendo analisado mais de dezesseis mil pessoas, a maioria homens casados, aprendi algo que pode ter valor para as mulheres. Deixe-me colocar meu pensamento nas seguintes palavras:

Você tem o poder de mandar seu marido para o trabalho todo dia com uma sensação de autoconfiança que o conduzirá com sucesso pelas partes difíceis do dia e o trará de volta para casa à noite sorridente e feliz. Um antigo conhecido meu casou com uma mulher que tinha dentes postiços. Um dia a esposa deixou a dentadura cair, e esta quebrou-se. O marido pegou os pedaços e começou a examiná-los. Demonstrou tanto interesse que a esposa falou:

"Você poderia fazer uma dentadura como essa, se decidisse fazer".

O homem era um fazendeiro cujas ambições nunca o haviam levado para além dos limites de sua pequena propriedade até a esposa fazer o comentário. Ela foi até ele, colocou a mão em seu ombro e o encorajou a tentar carreira na odontologia. Ela por fim persuadiu-o a começar, e hoje ele é um dos dentistas mais proeminentes e bem-sucedidos do estado da Virgínia. Eu o conheço bem, pois é meu pai!

Ninguém pode prever as possibilidades de realização disponíveis ao homem cuja esposa o apoia e estimula em empreendimentos maiores e melhores, pois é bem sabido que uma mulher pode instigar um homem a realizar proezas quase sobre-humanas. É seu direito e dever encorajar seu marido e estimulá-lo em empreendimentos que valham a pena até ele encontrar seu lugar no mundo. Você, mais do que qualquer pessoa no mundo, pode induzi-lo a fazer mais esforço. Faça-o acreditar que nada dentro do razoável está além de seu poder de realização e você terá prestado um serviço que o ajudará muito a vencer na batalha da vida.

✦

Um dos homens mais bem-sucedidos dos Estados Unidos atribuiu todo o crédito de seu sucesso à esposa. Quando se casaram, ela escreveu um credo que ele assinou e colocou sobre a escrivaninha. Esta é uma cópia do credo:

> Eu acredito em mim mesmo. Eu acredito naqueles que trabalham comigo. Eu acredito em meus empregados. Eu acredito em meus amigos. Eu acredito em minha família. Eu acredito que Deus irá conceder tudo de que preciso para ser bem-sucedido se eu fizer o meu melhor para merecê-lo, prestando serviço honesto e impecável. Eu acredito na prece e jamais fecharei meus olhos para dormir sem rezar por orientação divina a fim de ser paciente com as outras pessoas e tolerante com aqueles que não acreditam no mesmo que eu. Eu acredito que o sucesso é resultado de esforço inteligente e não depende de sorte, de práticas abusivas ou da traição de amigos, companheiros ou meu empregador. Eu acredito que receberei da vida exatamente o que der; portanto, eu terei o cuidado de me portar com os outros como eu gostaria que agissem em relação a mim. Eu não vou difamar aqueles de quem eu não gosto. Eu não vou fazer meu trabalho de modo desleixado, não importa o que eu veja outros fazendo. Eu farei o melhor serviço de

que eu sou capaz porque me comprometi a ser bem-sucedido na vida, e eu sei que o sucesso é sempre resultado de esforço eficiente e consciente. Finalmente, eu irei perdoar aqueles que me ofenderem, porque eu entendo que algumas vezes eu poderei ofender outros e eu necessitarei do perdão deles.

Assinado ____________________

DIA 99

A mulher que escreveu este credo era uma psicóloga de primeira ordem. Com a influência e orientação de uma ajudante como essa, qualquer homem poderia alcançar sucesso digno de nota.

Analise o credo e você perceberá que o pronome pessoal é generosamente usado. Ele começa com uma afirmação de autoconfiança perfeitamente adequada. Nenhum homem pode adotar este credo sem desenvolver a atitude positiva que atrairá pessoas que o ajudarão na luta pelo sucesso.

Este seria um credo esplêndido a ser adotado por todo vendedor. Se você o adotar, isso não vai prejudicar suas chances de sucesso. Entretanto, a mera adoção não é suficiente. Você deve praticar! Leia de novo e de novo até saber de cor. Então repita pelo menos uma vez por dia até que faça parte de sua constituição mental. Mantenha uma cópia na sua frente como lembrete diário da promessa de praticá-lo. Desse modo, você fará uso eficiente da autossugestão para desenvolver a autoconfiança. Não se importe com o que possam falar de seu procedimento. Lembre-se apenas de que seu interesse é ser bem-sucedido e esse credo, se dominado e aplicado, ajudará em muito.

Na Lição 2, você aprendeu que qualquer ideia fixada com firmeza no subconsciente mediante afirmação repetida torna-se automaticamente um plano ou diagrama utilizado por um poder invisível para direcionar seus esforços rumo à conquista do objetivo do plano.

Você também aprendeu que o princípio pelo qual pode fixar qualquer ideia na mente é chamado de autossugestão, o que simplesmente significa uma sugestão que você dá à sua mente. Era o princípio da autossugestão que Emerson tinha em mente quando escreveu: "Nada pode trazer-lhe paz a não ser você mesmo!".

Você pode muito bem lembrar que nada pode trazer-lhe sucesso a não ser você mesmo. Claro que você precisará da cooperação de outros caso deseje alcançar sucesso de natureza ampla, mas nunca conseguirá essa cooperação a não ser que vitalize sua mente com atitude positiva de autoconfiança.

Talvez você indague por que poucos homens avançam para cargos muito bem remunerados, enquanto outros ao redor deles, que têm a mesma qualificação e aparentemente executam o mesmo trabalho, não vão adiante. Selecione duas pessoas quaisquer desses tipos, estude-as, e a razão pela qual uma avança e a outra permanece parada ficará muito óbvia. Você vai verificar que a que avança acredita em si mesma. Vai verificar que ela apoia essa crença com uma ação tão dinâmica e agressiva que mostra aos outros que ela acredita em si. Você também vai notar que a autoconfiança é contagiosa, é impulsora, é persuasiva, atrai os outros.

*Se você quer uma coisa bem-feita, chame uma pessoa ocupada para fazê-la. Pessoas ocupadas geralmente são as mais meticulosas e detalhistas em tudo o que fazem.*

Você também vai notar que a pessoa que não avança mostra claramente, pela expressão do rosto, pela postura corporal, pela hesitação com que fala, que carece de autoconfiança. Ninguém vai prestar muita atenção em uma pessoa que não tem confiança em si.

Ela não atrai os outros porque sua mente é uma força negativa que repele ao invés de atrair.

Em nenhum outro campo de atividade a autoconfiança, ou a falta dela, tem papel tão importante quanto no de vendas, e você não precisa ser um analista de caráter para determinar, no momento em que conhece um vendedor, se ele possui tal qualidade. Se possui, os sinais de sua influência estarão visíveis em tudo. Ele inspira confiança em si e nos produtos que vende no momento que fala.

Chegamos agora ao ponto em que você está pronto para adotar a autossugestão e fazer uso direto dela em seu desenvolvimento como uma pessoa positiva, dinâmica e autoconfiante. A instrução é de que copie, assine e memorize a fórmula a seguir.



## FÓRMULA DA AUTOCONFIANÇA

1. Sei que tenho capacidade para alcançar meu objetivo definido; portanto, exijo de mim persistência, ação agressiva e contínua rumo à realização.
2. Percebo que os pensamentos dominantes em minha mente acabam por se reproduzir em ação corporal externa, transformando-se gradualmente em realidade física; portanto, vou concentrar minha mente por trinta minutos diários na tarefa de pensar na pessoa que pretendo ser, criando uma imagem mental dessa pessoa e então transformando essa imagem em realidade por atuação prática.
3. Sei que, pela autossugestão, qualquer desejo que eu mantenha persistentemente em minha mente acabará por buscar expressão por meios práticos; portanto, vou devotar dez minutos diários para exigir de mim o desenvolvimento dos fatores listados nas dezesseis lições do curso A Lei do Sucesso.
4. Tracei e redigi claramente a descrição de meu objetivo definido de vida para os próximos cinco anos. Estabeleci um preço por meus serviços para cada um desses cinco anos, preço que pretendo merecer e receber pela aplicação rigorosa do princípio do serviço eficiente e satisfatório que prestarei de antemão.
5. Percebo plenamente que nenhuma riqueza ou posição pode durar para sempre a não ser que esteja alicerçada sobre justiça e verdade; portanto, não me envolverei em nenhuma transação que não beneficie todos os participantes. Serei bem-sucedido, atraindo as forças que desejo usar e a cooperação de outras pessoas. Induzirei outros a me servir porque primeiro servirei a eles. Eliminarei o ódio, a inveja, o ciúme, o egoísmo

e o cinismo, desenvolvendo amor por toda a humanidade, porque sei que uma atitude negativa em relação a outros jamais poderá me trazer sucesso. Farei os outros acreditarem em mim porque acreditarei neles e em mim mesmo.

Assinarei meu nome nesta fórmula, irei memorizá-la e repeti-la em voz alta uma vez por dia, com plena fé de que gradualmente influenciará minha vida inteira, para que eu me torne um trabalhador bem-sucedido e feliz no meu campo de atuação.

Assinado ______________________

Antes de assinar, certifique-se de que pretende executar as instruções. Por trás desta fórmula há uma lei que nenhum homem consegue explicar. Os psicólogos se referem a essa lei como autossugestão e deixam o assunto por isso, mas você deve ter em mente um ponto sobre o qual não resta dúvida: o que quer que seja essa lei, ela realmente funciona!

Outro ponto a ter em mente é que, assim como a eletricidade aciona as engrenagens da indústria e serve à humanidade de um milhão de outras maneiras, ou ceifa vidas se mal empregada, a autossugestão o levará encosta acima pela montanha da paz e da prosperidade, ou ladeira abaixo para o vale da miséria e pobreza, conforme a aplicação que você faz dela. Se você enche a mente de dúvida e descrença em sua capacidade de realização, a autossugestão pega o espírito de descrença e o coloca no subconsciente como pensamento dominante e, lenta e seguramente, arrasta você para o redemoinho do fracasso. Mas, se você enche sua mente de autoconfiança radiante, a autossugestão pega essa crença e a coloca como pensamento dominante, ajudando a dominar os obstáculos que aparecem pelo caminho, até você alcançar o topo da montanha do sucesso.

## O PODER DO HÁBITO

DIA 68

Tendo eu mesmo experimentado todas as dificuldades que se apresentam na estrada daqueles que carecem do entendimento para fazer a aplicação prática do grande princípio da autossugestão, deixe-me conduzi-lo por um atalho ao princípio do hábito, com o qual você pode aplicar facilmente a autossugestão em qualquer direção e a qualquer objetivo.

O hábito surge do ambiente, de se fazer a mesma coisa, pensar os mesmos pensamentos ou repetir as mesmas palavras várias vezes. O hábito pode ser comparado ao sulco de um disco de fonógrafo, enquanto a mente humana pode ser comparada à agulha que se encaixa nesse sulco. Quando qualquer hábito torna-se bem firme pela repetição do pensamento ou ação, a mente tem a tendência de agarrar-se a ele e seguir seu curso, assim como a agulha do fonógrafo segue o sulco no disco de cera.

O hábito é criado pelo direcionamento repetido de um ou mais dos cinco sentidos — visão, audição, olfato, tato e paladar — em um determinado rumo. É pela repetição que o hábito nocivo das drogas é formado. É pelo mesmo princípio que o desejo por bebidas alcoólicas vira um hábito.

Depois de bem estabelecido, o hábito automaticamente irá controlar e direcionar a atividade corporal; por isso um pensamento pode ser transformado em um poderoso fator no desenvolvimento de autoconfiança. O pensamento é o seguinte: voluntariamente, e pela força se necessário, direcione seus esforços e pensamentos segundo a linha desejada até adquirir o hábito que irá se apoderar de você e continuará, voluntariamente, a direcionar seus esforços segundo a mesma linha.

O objetivo de escrever e repetir a fórmula da autoconfiança é tornar o hábito de acreditar em si mesmo o pensamento dominante de sua mente, até que tal pensamento esteja completamente embutido no subconsciente.

Você aprendeu a escrever pelo direcionamento repetido dos músculos do braço e da mão em algumas linhas conhecidas como letras, até finalmente adquirir o hábito de traçar essas linhas. Agora você escreve com facilidade e rapidez, sem traçar cada letra vagarosamente. Escrever tornou-se um hábito.

O hábito toma posse de suas faculdades mentais da mesma maneira que influencia os músculos do corpo, como você pode facilmente comprovar pelo domínio e aplicação desta lição de autoconfiança. Qualquer afirmação que você repetir para si mesmo ou qualquer desejo que plantar profundamente na mente pela afirmação repetida buscará se expressar via esforço físico externo. O hábito é a base sobre a qual se constrói esta lição de autoconfiança, e, se você entender e seguir as orientações descritas, em breve saberá mais sobre a lei do hábito em primeira mão do que poderia ser ensinado por mil lições iguais a esta.

Você tem apenas uma leve noção das possibilidades que dormem dentro de você, aguardando para serem despertadas pela mão da visão, e nunca terá noção melhor dessas possibilidades a menos que desenvolva autoconfiança suficiente para erguer-se acima das influências comuns do seu ambiente atual.

A mente humana é um mecanismo maravilhoso e misterioso, fato de que fui lembrado meses atrás, quando peguei os *Ensaios* de Emerson e reli o texto sobre as leis espirituais. Uma coisa estranha aconteceu. Vi no ensaio, que já havia lido dezenas de vezes, muitas coisas que não percebera antes. Isso porque o desabrochar de minha mente desde a última leitura me preparou para interpretar mais.

*Um lar é algo que não pode ser comprado. Você pode comprar uma casa, mas apenas uma mulher pode transformá-la em um lar.*

A mente humana está em constante desabrochar, como pétalas de uma flor, até alcançar o desenvolvimento máximo. Qual é esse máximo, onde acaba, ou se acaba mesmo ou não, são questões sem respostas, mas o grau do desabrochar parece variar de acordo com a natureza do indivíduo e o grau em que mantém sua mente funcionando. Uma mente forçada ou persuadida ao pensamento analítico todos os dias parece seguir desabrochando e desenvolvendo maior poder de interpretação.

Em Louisville, Kentucky, mora Lee Cook, que praticamente não tem pernas e tem que andar em uma cadeira de rodas. Apesar de Cook ter nascido sem as pernas, é dono de uma grande indústria e é milionário por seus próprios esforços. Ele provou que um homem pode se dar muito bem sem pernas desde que tenha a autoconfiança muito bem desenvolvida.

DIA 69

Em Nova York, pode-se ver um jovem robusto e mentalmente saudável, sem pernas, rodando pela Quinta Avenida todas as tardes de chapéu na mão, mendigando para viver. Sua cabeça talvez seja tão sã e apta a pensar quanto a média.

Esse jovem poderia repetir qualquer coisa que Cook, de Louisville, fez, se pensasse sobre si da mesma maneira que Cook.

Henry Ford é dono de mais milhões de dólares do que jamais precisará ou usará. Não faz muitos anos, ele trabalhava como empregado em uma oficina mecânica, com pouca escolaridade e sem capital. Dezenas de homens, alguns com um cérebro mais organizado que o dele, trabalhavam ali também. Ford descartou a consciência de pobreza, desenvolveu confiança em si, pensou no sucesso e o obteve. Aqueles que trabalhavam ao seu redor poderiam ter se saído tão bem quanto ele se pensassem como ele.

Milo C. Jones, de Wisconsin, foi acometido de paralisia anos atrás. Foi tão grave que ele não podia se virar na cama ou mover um músculo. O corpo ficou inutilizado, mas não havia nada de errado com o cérebro, que então começou a funcionar para valer, provavelmente pela primeira vez na vida. Deitado de costas em sua cama, Jones fez seu cérebro criar um objetivo definido. O objetivo era de natureza bastante prosaica e humilde, mas era definido e era um objetivo, algo que Jones nunca tivera antes.

O objetivo definido era fazer salsicha de porco. Jones convocou a família, falou de seu plano e começou a organizar os parentes para colocar o plano em ação. Sem nada para ajudá-lo, exceto uma mente sã e bastante autoconfiança, Milo C. Jones espalhou o nome e a reputação das salsichas Litte Pig por todos os Estados Unidos, acumulando uma fortuna. Tudo isso foi realizado após a paralisia impossibilitá-lo de trabalhar com as mãos.

Onde o pensamento prevalece, o poder pode ser encontrado!

Henry Ford ganhou milhões de dólares por ano e continua a ganhar milhões de dólares porque acreditou em si mesmo, transformou esta crença em um objetivo definido e apoiou este objetivo com um plano definido. Os outros mecânicos que trabalhavam com Ford no início de sua carreira não anteviram nada mais que um envelope de pagamento semanal, e isso foi tudo que tiveram. Não exigiram nada além do habitual de si mesmos. Se você quer conseguir mais, certifique-se de exigir mais de si. Note que essa exigência é para ser feita a você!

Vem à mente aqui um poema bem conhecido, cujo autor expressou uma grande verdade psicológica:

> Se você pensa que está derrotado, você está;
> Se você pensa que não ousa, você não ousa;
> Se você gosta de vencer, mas pensa que não consegue,
> É quase certo que não conseguirá.
>
> Se você pensa que irá perder, você já perdeu,
> Pois no mundo lá fora verificamos
> Que o sucesso começa com a vontade do indivíduo —
> É tudo um estado mental.
>
> Se você acha que está ultrapassado, você está —
> Você tem que pensar grande para subir.
> Você tem que ter certeza de si antes de
> Poder ganhar um prêmio.
>
> As batalhas da vida nem sempre favorecem
> Os homens mais fortes ou mais rápidos;
> Mas cedo ou tarde o homem que vence
> É o homem que pensa que consegue.

Não fará mal algum decorar esse poema e usá-lo como parte do equipamento de trabalho para desenvolver a autoconfiança.

Existe em você um "algo sutil" que, se incitado pela influência externa correta, pode levá-lo ao auge de façanhas nunca imaginadas. Assim como um violinista talentoso pode pegar o instrumento e fazer jorrar as mais belas músicas, existe uma influência externa que pode se apoderar de sua mente e fazê-lo avançar no campo de atividade escolhido e tocar uma gloriosa sinfonia de sucesso. Ninguém sabe que forças escondidas estão dormentes dentro de você. Você mesmo não sabe qual a sua capacidade de realização e nunca saberá até entrar em contato com o estímulo específico que o incita a uma ação maior e amplia sua visão, desenvolve sua autoconfiança e o impregna com um desejo profundo de realizar.



Não é despropositado esperar que alguma declaração, ideia ou palavra de estímulo deste curso sirva como incentivo necessário para remodelar seu destino e redirecionar seus pensamentos e energias ao longo do trajeto que, por fim, levará a seu cobiçado objetivo de vida. É estranho, mas verdadeiro, que as viradas mais importantes da vida frequentemente ocorrem nos momentos mais inesperados e das maneiras mais inesperadas. Tenho em mente um exemplo típico de como algumas experiências de vida aparentemente sem importância muitas vezes transformam-se nas mais importantes de todas e vou relatar este caso por mostrar também o que um homem pode conquistar quando desperta para o pleno entendimento do valor da autoconfiança. O incidente a que me refiro aconteceu em Chicago, quando eu estava envolvido no trabalho de análise de caráter. Um dia, um mendigo apresentou-se no meu escritório e pediu uma entrevista. Quando ergui o olhar de minha mesa e o cumprimentei, ele disse: "Tive que ver o homem que escreveu este livrinho", enquanto tirava do bolso uma cópia do livro intitulado *Autoconfiança*, que eu havia escrito muitos anos antes. "Deve ter sido a mão do destino", ele continuou, "que colocou este livro no meu bolso ontem à tarde, porque eu estava pronto para sair e me atirar no lago Michigan. Havia concluído que tudo e todos, inclusive Deus, tinham rancor de mim até ler este livro, que me deu um novo ponto de vista e trouxe a coragem e a esperança que me sustentaram ao longo da noite. Decidi que, se eu pudesse ver o homem que escreveu este livro, ele poderia me ajudar a ficar em pé novamente. Por isso estou aqui e gostaria de saber o que você pode fazer por um homem como eu".

Enquanto ele falava, estudei-o dos pés à cabeça e, francamente, tenho que admitir que, no fundo do coração, não acreditei que houvesse algo que eu pudesse fazer por ele, mas não quis dizer isso. Os olhos vidrados, as linhas de desânimo do rosto, a postura do corpo, a barba de dez dias, a atitude nervosa, tudo transmitia a impressão de que ele não tinha remédio, mas não tive coragem de dizer isso; portanto, pedi que sentasse e contasse toda a sua história. Pedi que fosse totalmente franco e contasse, com a maior exatidão possível, o que o levara para o lado incerto da vida. Prometi que, após ouvir toda a história, eu diria se poderia ou não ajudar. O homem relatou sua história com todos os detalhes, e o resumo é o seguinte: ele investiu toda a fortuna em uma pequena fábrica. Quando a Primeira Guerra Mundial começou em 1914, ficou impossível conseguir as matérias-primas necessárias para o funcionamento da fábrica, então ele faliu. A perda do dinheiro partiu seu coração e perturbou sua mente de tal forma que o homem abandonou a esposa e os filhos e se tornou um mendigo. Ele remoera sua perda até chegar ao ponto de pensar em suicídio.

> *O único homem que nunca comete erros é o homem que não faz nada. Não tenha medo de erros, desde que não cometa o mesmo erro duas vezes.*
>
> — THEODORE ROOSEVELT

Após ele concluir a história, eu disse: "Ouvi com muito interesse e gostaria que houvesse alguma coisa que pudesse fazer para ajudar, mas não existe absolutamente nada".

Ele ficou lívido como se estivesse no caixão, reclinou-se na cadeira e o queixo caiu no peito como se dissesse: "Fim da linha". Esperei alguns segundos, então prossegui:

"Embora não haja nada que eu possa fazer por você, existe um homem neste prédio a quem lhe apresentarei, se você desejar, que pode ajudar a recuperar sua fortuna e reerguê-lo novamente". Mal essas palavras saíram de minha boca, ele pulou em pé, pegou minhas mãos e disse: "Pelo amor de Deus, leve-me a esse homem".

Foi encorajador ele ter pedido "pelo amor de Deus". Indicou que ainda restava uma centelha de esperança dentro de seu peito. Assim, peguei-o pelo braço e o levei para o laboratório onde eram conduzidos meus testes psicológicos de análise de caráter. Parei com ele diante do que parecia uma cortina sobre uma porta. Afastei a cortina e revelei um espelho no qual ele se viu dos pés à cabeça. Apontando o dedo para o espelho, eu disse:

"Aqui está o homem que prometi apresentar a você. Ele é o único homem no mundo que pode colocá-lo em pé novamente, e, a menos que se sente e se familiarize com ele, como nunca se familiarizou antes, pode muito bem ir em frente e se jogar no lago Michigan, porque você não será de nenhum valor para si mesmo ou para o mundo até conhecer melhor esse homem".

Ele foi até o espelho, esfregou as mãos no rosto barbado, estudou-se dos pés à cabeça por alguns momentos, depois recuou, baixou a cabeça e começou a chorar. Percebi que a lição havia sido entendida, então levei-o até o elevador e o mandei embora. Não esperei vê-lo de novo e duvidei que a lição fosse suficiente para ajudá-lo a recuperar seu lugar no mundo porque ele parecia além da salvação. Parecia não apenas abatido, mas quase acabado.

Alguns dias depois, encontrei o homem na rua. A transformação era tão completa que mal o reconheci. Ele caminhava cheio de energia, com a cabeça inclinada para trás. A velha postura hesitante e nervosa havia desaparecido. Estava vestido com roupas novas dos pés à cabeça. Parecia próspero e se sentia próspero. Ele relatou o que havia acontecido para provocar a rápida transformação do estado de fracasso abjeto a um estado de esperança promissora.

"Eu estava a caminho do seu escritório", ele explicou, "para dar a boa notícia. No mesmo dia em que estive lá como um mendigo, apesar da minha aparência, consegui ser contratado por um salário de três mil dólares por ano. Pense nisso, homem, três mil dólares por ano! E meu empregador adiantou dinheiro suficiente para eu comprar roupas novas, como você pode ver. Também me adiantou dinheiro para eu mandar para minha família, e estou mais uma vez na estrada para o sucesso. Parece um sonho quando penso que há apenas alguns dias eu tinha perdido a esperança, a fé e a coragem e pensava em suicídio".

Ele prosseguiu: "Estava indo dizer que qualquer dia desses, quando você menos esperar, farei outra visita e, quando fizer isso, serei um homem bem-sucedido. Levarei comigo um cheque em branco assinado, que você deverá preencher com a quantia por ter me salvado de mim mesmo, apresentando-me a mim mesmo — aquele que eu que jamais havia conhecido até você me colocar diante do espelho e me mostrar meu verdadeiro eu".

Enquanto o homem dava a volta e ia embora pelas ruas movimentadas de Chicago, vi pela primeira vez na vida a força, poder e possibilidade que jazem escondidas na mente do homem que nunca descobriu o valor da autoconfiança. Naquele instante, decidi que eu também ficaria diante do espelho e apontaria um dedo acusador para mim mesmo por não ter descoberto a lição que ajudei outro homem a aprender. Parei diante do mesmo espelho e decidi, como objetivo definido de vida, ajudar homens e mulheres a descobrir as forças que permanecem latentes dentro deles. O livro que você tem em mãos é a prova de que meu objetivo definido está sendo executado.

O homem cuja história relatei é agora presidente de uma das maiores e mais bem-sucedidas empresas dos Estados Unidos, com negócios de costa a costa e do Canadá ao México.

DIA 71

Pouco depois do incidente que relatei, uma mulher veio a meu escritório para uma análise pessoal. Na época, era professora numa escola pública de Chicago. Dei a ela uma tabela de análise e pedi que a preenchesse. Ela contemplou a tabela por apenas alguns minutos, voltou à minha mesa, entregou o papel e disse: "Não creio que vá preencher isto". Perguntei por que ela havia decidido não preencher, e a mulher respondeu: "Para ser bem franca, uma das questões me fez pensar, e agora sei o que há de errado comigo; portanto, acho desnecessário pagar uma taxa para você me analisar". Com isso a mulher foi embora, e não ouvi falar dela por dois anos. Ela foi para Nova York, tornou-se redatora de textos publicitários de uma das maiores agências do país, e sua renda, na época que me escreveu, era de dez mil dólares por ano.

A mulher enviou um cheque para cobrir os custos de minha análise porque achou que era merecido, embora eu não tivesse prestado o serviço que geralmente presto a meus clientes. É impossível prever que incidente aparentemente insignificante possa levar a uma virada importante na carreira, mas não há como negar o fato de que essas "viradas" podem ser mais rapidamente reconhecidas por aqueles que têm confiança em si mesmos.

Uma das perdas irreparáveis da raça humana é o desconhecimento de que existe um método definido pelo qual qualquer pessoa de inteligência mediana pode desenvolver a autoconfiança. Que perda imensurável para a civilização que os jovens não aprendam esse conhecido método de desenvolvimento da autoconfiança antes de completar a escola, pois ninguém que careça de falta de fé em si mesmo é realmente educado no verdadeiro sentido do termo.

Ah, que glória e satisfação seria a feliz herança do indivíduo que pudesse afastar a cortina de medo que paira sobre a raça humana e bloqueia a luz do sol do entendimento proporcionada pela autoconfiança onde quer que se evidencie.

*Amor, beleza, alegria e adoração estão eternamente construindo, destruindo e reconstruindo a base da alma de cada homem.*

Onde o medo está no controle, conquistas notáveis tornam-se impossíveis, fato que traz à mente a definição de medo proferida por um grande filósofo: "Medo é o calabouço da mente, para onde ela corre e se esconde em busca de reclusão. Medo provoca superstição, e superstição é o punhal com que a hipocrisia assassina a alma".

Em frente à máquina de escrever onde redijo o manuscrito deste curso, está pendurada uma placa com as seguintes palavras em letras maiúsculas: "Dia a dia, em todos os sentidos, estou me tornando mais bem-sucedido".

Um cético que leu a placa me perguntou se eu realmente acreditava "nessa coisa", e respondi: "Claro que não. Tudo que ela fez foi me ajudar a sair das minas de carvão onde comecei como operário e encontrar um lugar no mundo em que sirvo mais de cem mil pessoas, em cujas mentes estou plantando o mesmo pensamento positivo desta placa; portanto, por que eu deveria acreditar?".

Quando estava de saída, o homem disse: "Bem, talvez exista mesmo alguma coisa neste tipo de filosofia, pois sempre tive medo de ser um fracassado, e até agora meus medos foram completamente realizados".

Você está condenando a si mesmo à pobreza, miséria e fracasso, ou avançando para grande e elevada realização unicamente com seus pensamentos. Se exige sucesso de si e respalda esta exigência com ação inteligente, você por certo vence. Tenha em mente, entretanto, que existe uma diferença entre exigir sucesso e somente desejá-lo. Você tem que descobrir qual é a diferença e tirar vantagem disso.



Lembra o que diz a Bíblia (dê uma olhada em um trecho do evangelho de Mateus) sobre aqueles que têm fé como um grão de semente de mostarda? Trate o desenvolvimento de autoconfiança com pelo menos a mesma fé, se não mais. Não importa "o que eles vão dizer", porque você deve saber que "eles" serão de pouca ajuda em sua escalada pela encosta da montanha da vida rumo ao objetivo definido. Você tem dentro de si todo o poder de que precisa para conseguir tudo o que quiser ou precisar neste mundo, e a melhor maneira de aproveitar esse poder é acreditar em si.

"Conheça a si mesmo, homem, conheça a si mesmo."

Esse tem sido o conselho dos filósofos de todas as eras. Quando você realmente se conhecer, saberá que não há nada de tolo em pendurar uma placa à sua frente dizendo: "Dia a dia, em todos os sentidos, estou me tornando mais bem-sucedido", com os devidos louvores ao francês que popularizou este lema. Não tenho medo de colocar esse tipo de sugestão diante de minha mesa e, mais importante, não tenho medo de acreditar que me influenciará tanto que me tornarei um ser humano mais positivo e determinado.

Há mais de 25 anos aprendi minha primeira lição em desenvolvimento de autoconfiança. Uma noite estava sentado diante de uma lareira, ouvindo a conversa de alguns homens mais velhos sobre capital e trabalho. Sem ser convidado, entrei na conversa e disse algo sobre empregados e empregadores resolverem suas diferenças com base na Regra de Ouro. Minhas observações chamaram a atenção de um dos homens, que se virou para mim com um olhar de surpresa e falou: "Você é um garoto brilhante e, se fosse em busca de instrução, deixaria sua marca no mundo".

Aquelas observações caíram em ouvidos "férteis", ainda que fosse a primeira vez que alguém me dizia que eu era brilhante ou que poderia realizar qualquer coisa que valesse a pena na vida. A observação me fez pensar e, quanto mais eu permitia minha mente refletir sobre o pensamento, mais certeza eu tinha de que a observação tinha um fundo de possibilidade.

Deve ser devidamente declarado que qualquer serviço que eu esteja prestando ao mundo e qualquer bem que eu realize deve ser creditado àquela observação fortuita.

Sugestões como essa com frequência são poderosas e mais ainda quando deliberadas e expressadas pelo próprio indivíduo. Volte agora à fórmula da autoconfiança e a domine, pois a levará à "usina de força" de sua mente, em que você tocará um poder que pode levá-lo ao topo da escada do sucesso.

Os outros irão acreditar em você somente quando você acreditar em si. Eles irão "sintonizar" seus pensamentos e sentirão por você o mesmo que você sente por si. A telepatia mental cuida disso. Você está constantemente transmitindo o que pensa de si, e, se não tem fé em si, os outros sentirão essas vibrações dos seus pensamentos e confundirão como sendo deles. Entenda a lei da telepatia mental e você saberá por que a autoconfiança é a terceira das dezesseis lições deste curso.

Você deve ser advertido, entretanto, a aprender a diferença entre autoconfiança, baseada no sólido conhecimento do que você sabe e do que pode fazer, e egotismo, baseado apenas no que você deseja saber ou poderia fazer. Aprenda a diferença entre esses dois termos ou se tornará sem graça, ridículo e importuno para gente de cultura e entendimento. Autoconfiança é algo que jamais deve ser proclamado ou anunciado a não ser pelo desempenho inteligente de ações construtivas.

Se você tem autoconfiança, aqueles ao seu redor vão descobrir esse fato. Deixe que façam a descoberta. Eles ficarão orgulhosos pela esperteza de terem feito a descoberta, e você ficará livre da suspeita de egotismo. A oportunidade jamais espreita a pessoa com egotismo avantajado, mas críticas e observações ruins, sim. A oportunidade desenvolve afinidade muito mais fácil e rapidamente com a autoconfiança do que com o egotismo. Autoelogio nunca é uma medida adequada de autoconfiança. Tenha isso em mente e deixe sua autoconfiança falar somente pela língua do serviço construtivo prestado sem espalhafato ou rebuliço.

Autoconfiança é o produto do conhecimento. Conheça a si mesmo, saiba o quanto (e quão pouco) você sabe, por que você sabe e como você irá utilizar isso. Não há sentido em fingir, pois qualquer pessoa educada irá avaliá-lo com bastante precisão após ouvi-lo falar por três minutos. O que você realmente é vai falar tão alto que o que você "alega" ser não será ouvido.

Se der atenção a este aviso, as últimas páginas desta lição podem marcar uma das maiores viradas da sua vida.

Acredite em si, mas não diga ao mundo o que você pode fazer — mostre! Você agora está pronto para a Lição 4, que o levará ao próximo degrau da escada do sucesso.

DIA 73

# DESCONTENTAMENTO

## UMA VISITA AO AUTOR DEPOIS DA LIÇÃO

*O marcador fica no portal de acesso à vida e escreve "Pobre Tolo" na testa do homem sábio e "Pobre Pecador" na testa do santo.*

O mistério supremo do universo é a vida! Viemos para cá sem querer, não sabemos de onde! Vamos embora sem querer, para onde não sabemos!

Estamos eternamente tentando resolver o grande enigma da "vida" — e qual objetivo e finalidade disso?

Nenhum pensador pode ter dúvidas de que fomos colocados neste mundo por algum motivo definido. Seria possível que o poder que nos colocou aqui não soubesse o que fazer conosco quando transpomos a grande divisa?

Não seria bom dar ao Criador que nos colocou neste mundo o crédito de ter inteligência suficiente para saber o que fazer conosco após a morte, ou devemos presumir que temos inteligência e capacidade de controlar a vida futura por nós mesmos? Não seria possível cooperarmos com o Criador de forma muito inteligente, assumindo o controle sobre nossa conduta neste mundo com a finalidade de sermos decentes uns com os outros e fazermos todo o bem que pudermos, de todas as maneiras que pudermos durante esta vida, deixando o outro mundo para alguém que provavelmente sabe melhor que nós o que é melhor para nós?

O artista contou uma história muito poderosa na imagem acima.

Do nascimento à morte, a mente está sempre tentando alcançar aquilo que não possui.

A criancinha brincando com seus brinquedos no chão vê outra criança com um tipo diferente de brinquedo e imediatamente tenta botar as mãos naquele brinquedo.

A menina (crescida) considera as roupas de outra mulher mais adequadas que as suas e trata de copiá-las.

O menino (crescido) vê outro homem com uma coleção maior de ferrovias, bancos ou mercadorias e diz para si mesmo: "Que afortunado! Que afortunado! Que afortunado! Como posso separá-lo de seus pertences?".

F. W. Woolworth, o rei das lojas de cinco e dez centavos, parou na Quinta Avenida em Nova York, contemplou o Metropolitan Building até o topo e disse: "Que maravilha! Vou construir um muito mais alto!". O coroamento de suas realizações foi o Woolworth Building. O prédio permanece um símbolo temporário da natureza do homem de suplantar a obra de outros homens. Um monumento à vaidade do homem, com pouca coisa além disso para justificar sua existência!

✦

O pequeno jornaleiro maltrapilho fica parado na rua boquiaberto, invejando o homem de negócios que desce de seu automóvel no meio-fio e entra em seu escritório. "Como eu seria feliz", diz o jornaleiro diz para si, "se tivesse um carro". E o homem de negócios sentado em sua mesa lá dentro pensa em como seria feliz se pudesse adicionar outro milhão de dólares à sua conta bancária já bem gorda.

A grama do vizinho é sempre mais verde, diz o burro, enquanto estica o pescoço na tentativa de pegá-la.

Solte um bando de meninos em um pomar de macieiras, e eles passarão pelas maçãs maduras e gostosas no chão. As vermelhas e suculentas penduradas perigosamente no topo da árvore parecem muito mais tentadoras, e lá irão eles subir na árvore.

O homem casado lança um olhar tímido paras as mulheres elegantemente vestidas na rua e pensa no quanto seria afortunado se sua esposa fosse tão bonita quanto elas. Talvez ela seja muito mais bonita, mas ele ignora a beleza porque — bem, porque "a grama do vizinho é sempre mais verde". Muitos casos de divórcio decorrem da tendência dos homens de pular a cerca rumo à grama alheia.

✦

DIA 74

A felicidade está sempre depois da curva, sempre à vista, mas fora de alcance. A vida nunca está completa, não importa o que tenhamos ou quais as nossas posses. Uma coisa sempre leva a outra.

A mulher compra um chapéu bonito. Ela deve ter um vestido para combinar com ele. Isso leva à compra de novos sapatos, meias, luvas e outros acessórios que se avolumam numa grande conta, muito além das possibilidades do marido.

O homem anseia por um lar — apenas uma casinha simples perto do bosque. Ele a constrói, mas não está completa: deve ser acompanhada de plantas, flores e paisagismo. Ainda não está completa: deve ter uma linda cerca ao redor, com uma entrada de automóveis de cascalho.

Isso leva a um carro e uma garagem para guardá-lo.

Todos esses pequenos detalhes foram adicionados, mas não adianta! O lugar agora é pequeno demais. Ele deve ter uma casa com mais peças. O Ford Coupe deve ser substituído por um Cadillac sedã, assim haverá espaço para acompanhantes nas viagens pelo país.

A história segue adiante, sem ter fim!

✦

O rapaz recebe um salário suficiente para manter a si e à família com bastante conforto. Então surge uma promoção e um adiantamento de salário de mil dólares por ano. Ele coloca os mil dólares extras na poupança e continua vivendo como antes? Nada disso. Na mesma hora, tem que trocar o carro velho por um novo. Uma varanda deve ser adicionada à casa. A esposa necessita de um guarda-roupa novo. A mesa deve ser servida com comida melhor e em maior quantidade (pobre de seu estômago dolorido e gemendo). No final do ano, ele está mais próspero com o aumento? Nada disso! Quanto mais ganha, mais quer, e a regra se aplica ao homem com milhões da mesma maneira que ao homem com uns poucos milhares.

O rapaz escolhe uma moça, acreditando que não pode viver sem ela. Depois de tê-la, não tem certeza de que possa viver com ela. Se permanece solteiro, o homem se pergunta como pôde ser tão estúpido para se privar das alegrias do casamento. Se casa, pergunta-se como ela conseguiu pegá-lo tão desprevenido para "fisgá-lo".

E o deus do destino brada: "Ó tolo, ó tolo! Você está condenado se faz e condenado se não faz!".

Em cada encruzilhada da vida, os diabinhos do descontentamento aguardam nas sombras ao fundo, com um sorriso zombeteiro no rosto, gritando: "Pegue a estrada de sua escolha! No fim nós pegaremos você!".

✦

O homem acaba desiludido e começa a entender que felicidade e contentamento não são coisas deste mundo. Então começa a busca pela palavra mágica que abrirá a porta para algum mundo que ele não conhece. Com certeza deve haver felicidade no outro lado da grande divisa. Em desespero, seu coração cansado e aflito volta-se para a religião em busca de esperança e encorajamento.

Mas os problemas não acabam, estão apenas começando!

"Entre em nossa casa e aceite nossa crença", diz uma seita, "e você pode ir direto para o céu após a morte". O pobre homem hesita, olha e escuta. Então ouve o chamado de outra religião, cujo líder diz:

"Fique fora do outro campo, ou você irá direto para o inferno! Eles apenas borrifam água em sua cabeça, mas nós o impelimos por todo caminho, garantindo assim sua passagem segura para a Terra Prometida".

Em meio a argumentos e contra-argumentos sectários, o pobre homem fica indeciso. Não sabendo se vai para um lado ou para o outro, ele indaga qual religião oferece a passagem mais segura até a esperança desaparecer.

> Eu mesmo, quando jovem, avidamente frequentei
> Doutores e santos e ouvi grandes argumentos
> Sobre isso e aquilo, mas sempre
> Saí pela mesma porta por onde entrei.

Sempre procurando, mas nunca encontrando — assim pode ser descrito o afã do homem por felicidade e contentamento. Ele tenta uma religião depois da outra, entrando finalmente para a "grande igreja" que o mundo denominou de "os condenados". Sua mente torna-se um eterno ponto de interrogação, procurando aqui e ali uma resposta para as perguntas — "de onde e para onde?".

> A esperança mundana em que os homens assentam o coração
> Vira cinzas — ou prospera e, dentro em pouco,
> Como neve sobre a face poeirenta do deserto,
> Brilhando uma horinha ou duas — desaparece.

A vida é um eterno ponto de interrogação!

Aquilo que mais queremos está sempre na distância embrionária do futuro. Nosso poder de adquirir está sempre uma década ou mais atrás de nosso poder de desejar!

E, se conseguimos o que queremos, não queremos mais!

Feliz é a moça que aprende esta grande verdade e mantém seu amado sempre imaginando, sempre na defensiva para não a perder.

Nosso autor favorito é um herói e um gênio até o conhecermos pessoalmente e descobrirmos a triste verdade de que, no fim das contas, ele é apenas um homem.

> Quantas vezes devemos aprender essa lição? Os homens deixam de nos interessar quando descobrimos suas limitações. O único pecado é a limitação. Tão logo você depare com a limitação de um homem, ele está liquidado.
>
> — Emerson

DIA 75

Como é linda a montanha à distância; mas, no momento em que nos aproximamos, descobrimos que é somente um conjunto desgraçado de rochas, terra e árvores.

Dessa verdade surgiu o ditado: "A familiaridade gera desprezo".

Beleza, felicidade e contentamento são estados mentais. Jamais podem ser desfrutados, exceto pela visão à distância. A mais bela pintura de Rembrandt torna-se apenas um borrão de tinta se chegamos perto demais.

Destrua a esperança de sonhos inacabados no coração de um homem e ele está acabado.

No momento em que um homem deixa de acalentar a visão de realizações futuras, ele está liquidado. A natureza fez o homem de tal maneira que sua maior e única felicidade duradoura é aquela que sente na busca de um objetivo ainda não alcançado. A antecipação é mais doce que a realização. Aquilo que está na mão não satisfaz. A única satisfação duradoura é a proveniente de manter viva no coração a esperança de realizações futuras. Quando esta esperança morre, escreve "fim" no coração humano.

✦

A maior incoerência da vida é o fato de que a maior parte do que acreditamos não é verdade. Russell Conwell escreveu a palestra mais popular já proferida na língua inglesa. Ele chamou-a de "Acres de diamantes". A ideia central era a afirmação de que não é preciso procurar a oportunidade à distância, ela pode ser encontrada perto do local de nascimento. Talvez! Mas quantos acreditam nisto?

A oportunidade pode ser encontrada em qualquer lugar onde realmente se procure por ela e em nenhum outro lugar! Para a maioria dos homens, a colheita parece melhor do outro lado da cerca. Como é fútil incitar alguém a tentar a sorte na cidadezinha natal quando é da natureza do homem buscar oportunidades em outro lugar.

Não se preocupe porque a grama do vizinho parece mais verde. A natureza planejou assim. E assim ela nos seduz e nos prepara para a longa tarefa da vida, de crescer lutando.

## ALGUNS "MILAGRES" MODERNOS

Algumas pessoas duvidam da autenticidade da Bíblia porque acreditam que, se milagres pudessem acontecer há mais de dois mil anos, antes do alvorecer da ciência, quando o mundo ainda estava mergulhado no analfabetismo e superstição, deveria ser muito fácil realizá-los hoje.

Eu li a Bíblia com muito cuidado, algumas partes muitas vezes, e estou convencido de que ela não contém o relato de qualquer suposto milagre que não tenha sido mais do que igualado nos últimos setenta anos, à luz clara da ciência. Além disso, os "milagres" dos tempos modernos estão sujeitos a análises e provas. Qualquer criança de inteligência média, acima dos 12 anos de idade, pode entender os "milagres" de hoje e, por isso, trato aqui dessas "revelações" modernas da fé.

DIA 76

## O MAIOR DE TODOS OS MILAGRES É A FÉ

Esta é uma era maravilhosa! É uma era de milagres comprovados.

Eis os "milagres" modernos que mais me impressionam:

O milagre que Edison realizou quando, após milhares de fracassos temporárias, sacou da natureza o segredo pelo qual o som da voz humana pode ser gravado em um disco de cera e reproduzido perfeitamente. Esse milagre foi operado pela fé de Edison! Ele não tinha nenhum precedente para guiá-lo. Nenhuma outra pessoa havia realizado tal "milagre", ao que a civilização saiba.

Uma das coisas estranhas desse "milagre" é que Edison, já de início, começou a testar o princípio rudimentar e o aparato mecânico com que o segredo da máquina falante foi revelado mais tarde. O princípio era a vibração, e o aparato era um tubo que girava sobre um cilindro que contatava a ponta de uma agulha. Nada a não ser a fé poderia habilitar Edison a começar tão perto da fonte do segredo que buscava, e nada a não ser a fé poderia ter dado a ele a persistência para permanecer em seus experimentos ao longo de mais de dez mil "fracassos".

Foi a fé que capacitou Edison a concentrar a mente na tarefa que o levou por muitos milhares de "fracassos" antes de criar a lâmpada incandescente com o qual aproveitou a energia conhecida como eletricidade e a utilizou para iluminar o mundo.

Foi a fé que incitou Edison a continuar seus experimentos com a máquina de imagem em movimento até realmente realizar o "milagre" que deve ter visto em sua imaginação antes mesmo de começar.

Foi a fé que sustentou os irmãos Wright ao longo dos anos de experimentos perigosos antes de conquistarem o ar e criarem uma máquina que excede, em velocidade e resistência, as aves mais rápidas do ar.

Foi a fé que conduziu Lee DeForest ao longo dos anos de luta aparentemente infrutífera a aperfeiçoar o aparato com o qual o homem agora "sintoniza" e envia o som da voz ao redor da Terra na fração de um segundo mediante a ação de uma forma de energia desconhecida no tempo em que os livros da Bíblia foram escritos e os "milagres" neles registrados foram descritos.

Foi a fé que incitou Cristóvão Colombo a navegar em um mar inexplorado, à procura de uma terra que, no que lhe dizia respeito, não existia em nenhum lugar a não ser em sua imaginação. Considerando a fragilidade das pequenas caravelas em que ele embarcou naquela viagem importante, sua fé deve ter sido do tipo que torna o homem apto a ver o objetivo de seu trabalho já conquistado antes mesmo de começá-lo.

Foi a fé que inspirou Copérnico a "ver" a porção do universo que o olho humano nunca havia contemplado, e isso numa época da história do mundo em que revelações como as que ele forjou com sua fé e seus equipamentos mecânicos toscos poderiam significar sua aniquilação por seus contemporâneos, que acreditavam que não havia outras estrelas, exceto aquelas dentro do alcance do olho humano.

Foi a fé que revelou a Joseph Smith evidências fragmentadas de uma civilização que precedeu os índios americanos no continente pelo menos cem anos antes de provas positivas de tal civilização serem descobertas na América do Norte e do Sul. A propósito, as revelações forjadas por sua fé levaram a seu assassinato pelas mãos de uma turba cujos líderes ressentiram-se desta revelação de "milagre" moderno pela fé, indicando assim a obstinação com que a humanidade combateu todos aqueles que desafiaram a reposicionar o holofote do entendimento pelo princípio da fé.

Foi a fé que possibilitou Arthur "Regra de Ouro" Nash a transformar um negócio moderno falido em um exemplo brilhante de sucesso pelo procedimento simples de lidar com os sócios e o público que atendia com base da Regra de Ouro que Cristo recomendou há quase dois mil anos. Arthur Nash voltou-se para o princípio da fé após todos os outros princípios dos negócios modernos experimentados terem falhado. Seguindo esse princípio pelo resto da vida, ele acumulou uma vasta fortuna em dinheiro, sem falar que deixou o mundo mais rico em espírito graças a seu exemplo.

Foi a fé em uma causa que possibilitou a Mahatma Gandhi, da Índia, combinar em uma única massa mental mais de 200 milhões de conterrâneos, cada um deles disposto a obedecer a Gandhi mesmo que isso pudesse significar morte imediata. Nenhuma outra influência, exceto a fé, poderia ter realizado esse "milagre". Como tem uma mente capaz de sustentar a fé, Gandhi exerce esse poder passivamente. Gandhi provou que a fé pode conquistar aquilo que soldados treinados, dinheiro e artefatos de guerra não conseguem.

Foi a fé que cortou as amarras da limitação da mente do professor Albert Einstein e revelou a ele princípios matemáticos que o mundo nem suspeitava que existissem. Nenhuma mente coibida pelo medo poderia ter revelado tal "milagre".

Foi a fé que sustentou nosso amado George Washington e o levou à vitória em oposição a forças físicas vastamente superiores, uma forma de fé nascida de seu amor pela liberdade para a humanidade.

O princípio profundo conhecido como fé está tão disponível para você quanto sempre esteve para qualquer ser humano que passou por esse caminho.

Se o seu mundo é de limitação, miséria e necessidade, é porque você não despertou para a realização de que em sua mente você possui um laboratório equipado para gerar o poder da fé.

Se podemos julgar as possibilidades do futuro pelas conquistas do passado, os "milagres" remanescentes a serem revelados são vastamente maiores em número e em natureza do que aqueles revelados no passado. Ainda não foi revelado qual poderá ser o nosso destino. Esta é uma era de revelações!

> *O pacto mais elevado que podemos fazer com nosso companheiro é: que sempre haja verdade entre nós.*
>
> — EMERSON

Aqueles que acreditam que o poder da revelação morreu com a superstição e ignorância que prevaleciam há algumas centenas de anos têm pouca compreensão da nossa história moderna.

Homens como Watt, Whitney, Bell, Howe, Steinmetz, Morse, Edison, os irmãos Wright, Lee DeForest, Henry Ford, Simon Lake, Arthur Nash, Einstein e Gandhi são milagrosos. Removeram os horizontes da mente dos homens e descobriram novos mundos para nós. Nosso tempo é de milagres; esta é uma era de fé.

O mundo está passando por uma experiência que exigirá muitas formas de reajuste nas relações humanas. A verdadeira liderança deste período será encontrada entre aqueles que têm grande capacidade de fé. Não haverá lugar na agenda do futuro imediato para os fracos e os que ainda acreditam que os "milagres" pertencem apenas ao passado morto ou que estão envoltos em um mistério insondável. Os milagres do futuro serão revelados pela ciência. As pesquisas no campo da ciência já descobriram abordagens para revelações incomparavelmente maiores do que qualquer uma do passado. O "mundo transformado", gerado pelo colapso econômico de 1929, deu a todos que estão prontos uma abundância de oportunidades para fazer uso prático de todos os "milagres" recém-descobertos.

O único favor duradouro que um pai pode prestar ao filho é ajudá-lo a se ajudar.

LIÇÃO 4

# O HÁBITO DE POUPAR

*O homem é uma combinação de carne, ossos, sangue, pelos e células cerebrais. Estes são os materiais de construção com os quais ele molda, pelo hábito, a sua personalidade.*

ACONSELHAR ALGUÉM A poupar dinheiro sem descrever como poupar seria parecido com desenhar um cavalo e escrever embaixo: "Isto é um cavalo". É óbvio a todos que poupar dinheiro é essencial para o sucesso, mas a grande questão predominante na mente da maioria dos que não poupam é:

"Como posso fazer isso?".

Poupar dinheiro é unicamente uma questão de hábito. Por isso, esta lição começa com uma breve análise da lei do hábito.

É literalmente verdade que o homem, pelo hábito, molda sua personalidade. Pela repetição, qualquer ato se torna um hábito, e a mente parece não ser nada mais que uma massa de forças motivadoras surgidas a partir de nossos hábitos diários.

Uma vez fixado na mente, um hábito voluntariamente impele à ação. Por exemplo, siga um determinado trajeto para seu trabalho ou algum lugar que visite com frequência, e logo o hábito estará formado, e sua mente o levará por aquele trajeto sem que você pense a respeito. Além do mais, se pretender se deslocar em outra direção sem pensar constantemente na mudança do trajeto, você se verá seguindo o velho trajeto.

Oradores públicos verificam que contar repetidamente uma história baseada em pura ficção põe em ação a lei do hábito, e eles logo esquecem se a história é verdade ou não.

## PAREDES DE LIMITAÇÃO CONSTRUÍDAS PELO HÁBITO

Milhões de pessoas passam a vida na pobreza e necessidade porque fizeram uso destrutivo da lei do hábito. Sem entender a lei do hábito ou a lei da atração, pela qual "semelhante atrai semelhante", aqueles que se mantêm na pobreza raramente percebem que estão onde estão pelo resultado de suas próprias ações.

Fixe em sua mente o pensamento de que sua capacidade limita-se a uma determinada renda e nunca ganhará mais que isso, pois o hábito estabelecerá uma limitação definitiva no quanto você pode ganhar, seu subconsciente aceitará a limitação e muito em breve você se sentirá "escorregando" até acabar tão restringido pelo medo da pobreza (um dos seis medos básicos) que a oportunidade não mais baterá na sua porta, seu destino estará selado, sua sina, determinada.

Criar o hábito de poupar não significa que você deva limitar sua capacidade de ganho; significa o contrário: você deve aplicar essa lei não só para conservar de modo sistemático o que ganha, mas para se colocar na rota de grandes oportunidades e adquirir visão, autoconfiança, imaginação, entusiasmo, iniciativa e liderança para de fato aumentar sua capacidade de ganho.

Em outras palavras, quando entender totalmente a lei do hábito você deve assegurar seu sucesso no grande jogo de fazer dinheiro "levando vantagem em tudo".



Você procede da seguinte maneira:

PRIMEIRO, com o objetivo principal definido, você estabelece na mente uma descrição acurada e definida daquilo que quer, incluindo a quantidade de dinheiro que pretende ganhar. Seu subconsciente apropria-se da imagem que você criou e a utiliza como uma planta, um gráfico ou um mapa pelo qual molda seus pensamentos e ações em planos práticos para atingir o objetivo principal ou propósito. Pelo hábito, você mantém o objetivo principal definido fixado na mente (da forma descrita na Lição 2) até que esteja firme e permanentemente implantado. Essa prática destruirá a consciência de pobreza e estabelecerá em seu lugar uma consciência de prosperidade. Você na verdade começará a exigir prosperidade, esperar por ela, começará a se preparar para recebê-la e usá-la com sabedoria, pavimentando assim o caminho ou preparando o terreno para o desenvolvimento do hábito de poupar.

SEGUNDO, tendo aumentado seu poder de ganho dessa maneira, você continuará a fazer uso da lei do hábito estipulando, em sua declaração por escrito do objetivo principal definido, poupar um percentual definido de todo dinheiro que ganha.

Portanto, à medida que seus ganhos aumentarem, sua poupança aumentará na mesma proporção.

Estimulando-se a avançar e exigindo de si o aumento do poder de ganho por um lado e, por outro, reservando sistematicamente um percentual definido de tudo que ganha, você em breve chegará ao ponto em que terá removido todas as limitações imaginárias de sua mente e tomado a estrada rumo à independência financeira.

Nada poderia ser mais prático ou mais fácil de realizar que isso!

Reverta a operação da lei do hábito, estabelecendo na mente o medo da pobreza, e muito em breve este medo reduzirá sua capacidade de ganho até você mal ser capaz de ganhar dinheiro suficiente para as necessidades básicas.

Os editores de jornal poderiam criar pânico em uma semana enchendo páginas com notícias referentes a falências de empresas no país, embora poucas empresas de fato quebrem, tendo em conta o número total.

As chamadas "ondas de crime" são em larga medida produtos do jornalismo sensacionalista. Um único caso de assassinato, quando explorado pelos jornais do país em manchetes assustadoras, é suficiente para iniciar uma "onda" regular de crimes semelhantes em várias localidades. Subsequente à repetição pelos jornais da história do assassinato de Marion Parker, filha de doze anos do banqueiro Perry Parker, de Los Angeles, por William Edward Hickman, ocorrido em dezembro de 1927, casos semelhantes começaram a ser reportados em outras partes do país.

*Você é um ímã humano e atrai para si, constantemente, pessoas cujo caráter harmoniza-se com o seu.*

Somos vítimas dos nossos hábitos, não importa quem sejamos ou qual a nossa vocação. Qualquer ideia deliberadamente estabelecida na mente, ou qualquer ideia que se permita fixar na mente como resultado de sugestão, do ambiente, da influência das companhias etc., com certeza nos fará agir de acordo com sua natureza.

Cultive o hábito de pensar e falar de prosperidade e abundância, e muito em breve a evidência material começará a se manifestar na forma de oportunidades mais amplas, novas e inesperadas.

Semelhante atrai semelhante! Se você tem um negócio e adquiriu o hábito de falar e pensar que "os negócios vão mal", os negócios irão mal. Um pessimista que tenha espaço para persistir em sua influência destrutiva por tempo suficiente pode destruir o trabalho de meia dúzia de homens competentes e fará isso implantando o pensamento de pobreza e fracasso na mente dos companheiros.

Não seja esse tipo de pessoa.

Um dos banqueiros mais bem-sucedidos de Illinois tinha uma placa pendurada em seu gabinete particular com os seguintes dizeres: "Aqui só falamos e pensamos em abundância. Se você tem uma história de infortúnio, por favor, guarde-a para si, pois não queremos saber dela".

Nenhuma empresa quer os serviços de um pessimista, e aqueles que entendem a lei da atração e a lei do hábito não irão tolerar o pessimista, assim como não permitiriam um assaltante em seu local de trabalho, pois uma pessoa desse tipo destruiria a utilidade daqueles ao seu redor.

Em dezenas de milhares de lares, o tema geral de conversa é a pobreza e a necessidade, e é isto que as pessoas encaram. Elas pensam em pobreza, conversam sobre pobreza, aceitam a pobreza como seu destino de vida. Argumentam que, em virtude de seus antepassados serem pobres, elas também devem permanecer pobres.

A consciência da pobreza é formada como resultado do hábito de pensar na pobreza e ter medo dela. "Eis que o que eu mais temia aconteceu!"

## A ESCRAVIDÃO DA DÍVIDA

DIA 79

O endividamento é um senhor implacável, inimigo mortal do hábito de poupar.

A pobreza por si só é suficiente para matar a ambição, destruir a autoconfiança e a esperança, mas, acrescente o fardo da dívida, e todas as vítimas dessas duas capatazes cruéis estarão praticamente fadadas ao fracasso.

Nenhum homem pode dar o seu melhor no trabalho, expressar-se em termos que demandem respeito, criar ou levar a cabo um objetivo definido de vida com uma dívida pesada pairando sobre sua cabeça. O homem sujeito à escravidão da dívida está tão desamparado quanto o escravo sujeito a ignorância ou grilhões de fato.

O autor tinha um amigo muito chegado cuja renda era de mil dólares por mês. Sua esposa amava a "sociedade" e tentava ostentar vinte mil dólares com base numa renda de doze mil, e o resultado era que esse pobre homem em geral tinha uma dívida de oito mil dólares. Todos os membros de sua família tinham o "hábito de gastar", adquirido da mãe. Os filhos, duas meninas e um menino, estavam em idade de ir para faculdade, mas era impossível por conta das dívidas do pai. O resultado foi o conflito entre pai e filhos, o que deixou a família inteira infeliz e miserável.

É horrível sequer pensar em passar a vida como um prisioneiro acorrentado e sob a posse de outra pessoa por causa de dívidas. A acumulação de dívidas é um hábito. Começa aos pouquinhos e cresce lentamente a enormes proporções, passo a passo, até finalmente tomar conta da alma do indivíduo.

Milhões de jovens começam a vida de casado com dívidas desnecessárias pairando sobre suas cabeças e nunca conseguem sair de debaixo daquele fardo. À medida que a novidade do casamento começa a se desvanecer (como normalmente acontece), o casal começa a sentir o estorvo da necessidade, e esse sentimento cresce até levar, muitas vezes, à franca insatisfação mútua e até ao divórcio.

Um homem subjugado pela escravidão das dívidas não tem tempo nem inclinação para estabelecer ou elaborar ideais, e o resultado é que afunda com o tempo, até finalmente começar a estabelecer limitações em sua mente e, com isso, encarcerar-se atrás dos muros da prisão do medo e da dúvida, da qual jamais escapa.

Nenhum sacrifício é grande demais para evitar a miséria da dívida!

"Pense no que deve a si e àqueles que dependem de você e decida não ser devedor de ninguém", é o conselho de um homem muito bem-sucedido cujas tentativas iniciais foram destruídas pelas dívidas. Esse homem caiu em si rápido o suficiente para livrar-se do hábito de comprar o que não precisava e por fim conseguiu sair da escravidão.

A maioria dos homens que desenvolvem o hábito da dívida não são tão sortudos para cair em si a tempo de se salvar, pois a dívida é como areia movediça, com a tendência de puxar suas vítimas cada vez mais fundo para dentro do lamaçal.

O medo da pobreza é um dos mais destrutivos dos seis medos básicos descritos na Lição 3. O homem perdidamente endividado é dominado pelo medo da pobreza, sua ambição e autoconfiança ficam paralisadas, e ele afunda gradualmente na alienação.

Existem dois tipos de dívida, de naturezas tão diferentes que merecem ser descritas da seguinte forma:

1. Dívidas contraídas por excesso de luxo, que se tornam uma perda total.
2. Dívidas contraídas ao longo da atividade profissional ou comercial, que representam serviços ou mercadorias que podem ser convertidos novamente em ativos.

O primeiro tipo deve ser evitado. O segundo pode ser tolerado desde que a pessoa que contraia as dívidas use de bom senso e não vá além dos limites razoáveis. No momento que alguém compra além de seu limite, entra no reino da especulação, que engole mais vítimas do que enriquece.

Praticamente todas as pessoas que vivem além de seus meios são tentadas a especular na esperança de poder reverter, em uma virada da roda da fortuna, por assim dizer, todo o endividamento. A roda geralmente para no lugar errado, e, longe de se verem livres da dívida, pessoas que cedem à especulação ficam mais firmemente agrilhoadas como escravas do débito.

O medo da pobreza corrói a força de vontade de suas vítimas, e elas então veem-se incapazes de reaver a fortuna perdida e, o que é mais triste, perdem toda a ambição para se safar da escravidão da dívida.

Dificilmente se passa um dia em que não se possa ver nos jornais uma reportagem de pelo menos um suicídio resultante de preocupações excessivas com dívidas. A escravidão da dívida causa mais suicídio todos os anos do que todas as outras causas somadas, uma leve indicação da crueldade do medo da pobreza.

Durante a guerra, milhões de homens encararam as trincheiras da linha de frente sem vacilar, sabendo que a morte poderia pegá-los a qualquer momento. Esses mesmos homens, ao encarar o medo da pobreza, muitas vezes encolhem-se assustados e, por puro desespero, que paralisa o raciocínio, cometem suicídio.

A pessoa livre de dívidas pode derrotar a pobreza e alcançar notável sucesso financeiro, mas, para aquela subjugada por dívidas, tal realização é apenas uma possibilidade remota e nunca uma probabilidade.

O medo da pobreza é um estado mental negativo e destrutivo. E um estado mental assim tende a atrair outros estados mentais semelhantes. Por exemplo, o medo da pobreza pode atrair o medo de problemas de saúde, e estes dois podem atrair o medo da velhice, de modo que a vítima se veja atingida pela pobreza, com problemas de saúde e de fato envelheça muito antes do tempo.

Milhões de sepulturas prematuras e anônimas foram preenchidas por este cruel estado mental conhecido como medo da pobreza!

*Quem disse que não poderia ser feito? E que grande realização ele tem a seu crédito que o intitula a usar a palavra "impossível" tão livremente?*

Menos de uma década atrás, um rapaz ocupava um cargo importante no City National Bank de Nova York. Vivendo além de seus rendimentos, contraiu uma grande quantidade de dívidas que lhe causaram tanta preocupação até o hábito destrutivo começar a aparecer no seu trabalho e ele ser demitido.

O rapaz conseguiu outro emprego, ganhando menos, mas os credores o envergonharam tanto que ele decidiu pedir demissão e ir para outra cidade, onde esperava escapar deles até acumular dinheiro suficiente para pagar os débitos. Os credores têm como rastrear seus devedores, então logo estavam nos calcanhares do rapaz, cujo empregador descobriu sobre seu endividamento e o demitiu.

Ele procurou emprego por dois meses, em vão. Em uma noite fria, subiu até o topo de um dos altos prédios da Broadway e pulou. As dívidas fizeram outra vítima.

## COMO DOMINAR O MEDO DA POBREZA

Para derrotar o medo da pobreza deve-se tomar duas medidas decisivas, caso se tenha dívidas. Primeiro, abandonar o hábito de comprar a crédito e a seguir quitar gradativamente os débitos já contraídos.

Livre da preocupação do endividamento, você estará pronto para reformular os hábitos de sua mente e redirecionar seu curso no rumo da prosperidade. Adote como parte de seu objetivo principal definido o hábito de poupar um percentual regular de sua renda, mesmo que seja não mais que um centavo por dia. Muito em breve esse hábito se fixará na mente, e você de fato sentirá alegria em poupar.

Qualquer hábito pode ser descontinuado, colocando-se no lugar algo mais desejável. O hábito de "gastar" deve ser substituído pelo hábito de "poupar" por todos que alcançam independência financeira.

Apenas suspender um hábito indesejado não é suficiente, pois tal hábito tende a reaparecer a menos que o lugar que antes ocupava na mente seja preenchido por algum outro hábito de natureza diferente.

A descontinuidade de um hábito deixa um "buraco" na mente, e tal buraco deve ser preenchido com algum outro hábito, ou o velho retornará e reivindicará seu lugar.

Ao longo deste curso foram descritas muitas fórmulas psicológicas, pedindo-se aos alunos que as memorizem e pratiquem. Você encontra uma dessas fórmulas na Lição 3, cujo objetivo é desenvolver a autoconfiança.

Essas fórmulas podem ser assimiladas para se tornar parte do seu maquinário mental em virtude do hábito, se você seguir as instruções de uso.

Presume-se que você esteja tentando alcançar independência financeira. Acumular dinheiro não é difícil depois que você domina o medo da pobreza e desenvolve no lugar dele o hábito de poupar.

O autor deste curso ficaria muito decepcionado em saber que qualquer aluno teve a impressão, a partir de qualquer coisa nesta ou em qualquer outra lição, de que o sucesso é medido somente em dólares.

Entretanto, dinheiro representa um importante fator de sucesso e deve ter seu devido valor reconhecido em qualquer filosofia que pretenda ajudar as pessoas a se tornarem úteis, felizes e prósperas.

A verdade cruel, fria e implacável é que, nessa era de materialismo, um homem não passa de um grão de areia, podendo ser soprado desordenadamente por todos os ventos das circunstâncias, a menos que esteja entrincheirado atrás do poder do dinheiro!

O talento pode proporcionar muitas recompensas aos que possuem dinheiro, mas ainda assim permanece o fato de que talento sem dinheiro para se expressar não passa de honra vazia, como um esqueleto.

O homem sem dinheiro está à mercê do homem que o tem!

E assim é, independentemente da habilidade que ele possua, de sua formação ou do talento inato com que foi dotado pela natureza.

Não há escapatória do fato de que as pessoas irão medi-lo em grande parte à luz do saldo bancário, não importando quem você seja ou o que possa fazer. A primeira pergunta que surge na mente da maioria das pessoas quando conhecem um estranho é: "Quanto dinheiro ele tem?". Se tem dinheiro, é bem-vindo nos lares e oportunidades de negócios são lançadas em sua direção. Ele é cercado por todo tipo de atenção. Ele é um príncipe e, como tal, tem direito ao melhor de tudo.

Porém, se os sapatos estão com a sola gasta, as roupas não estão passadas, o colarinho está sujo e se ele mostra claramente sinais de empobrecimento financeiro, sua sina é o infortúnio, pois a multidão a passar pisará em seus pés e soprará a fumaça do desrespeito em seu rosto.

Essas afirmações não são bonitas, mas têm uma virtude: são verdadeiras!

A tendência de julgar as pessoas pelo dinheiro ou pelo poder de controlar o dinheiro não se limita a nenhuma classe. Todos nós temos uma pitada disso, quer reconheçamos o fato ou não.

Thomas Edison é um dos mais conhecidos e respeitados inventores do mundo; todavia, não seria distorção dos fatos dizer que ele teria se mantido praticamente desconhecido, um personagem obscuro, caso não tivesse seguido o hábito de conservar seus recursos e demonstrado capacidade de poupar dinheiro.

Henry Ford nunca teria avançado em sua "carruagem sem cavalo" caso não tivesse desenvolvido bem cedo na sua vida o hábito de poupar. Além disso, se não tivesse conservado seus recursos e se protegido atrás do poder destes, Ford teria sido engolido pelos concorrentes ou por aqueles que cobiçosamente desejaram tomar seu negócio há muitos e muitos anos.



Muitos homens percorreram um longo caminho na direção do sucesso apenas para tropeçar e cair — e nunca mais se erguer — por conta da falta de dinheiro em tempos de emergência. A taxa de mortalidade anual de negócios devido à falta de capital de reserva para emergências é estupenda. Este motivo responde por mais falências do que todos os outros somados!

Fundos de reserva são essenciais para a operação bem-sucedida de negócios!

Contas de poupança são igualmente essenciais para o sucesso dos indivíduos. Sem poupança, a pessoa sofre de duas maneiras: primeiro, pela incapacidade de aproveitar oportunidades que aparecem apenas para gente com dinheiro na mão e, segundo, pelo constrangimento devido a alguma emergência inesperada que exija dinheiro.

Poderia se dizer ainda que o indivíduo sofre de uma terceira forma por não desenvolver o hábito de poupar, que é pela falta de outras qualidades essenciais para o sucesso que derivam da prática do hábito de poupar.

Cada moeda, cada centavo que as pessoas comuns deixam escorregar pelos dedos acabariam por trazer independência financeira caso sistematicamente poupados e colocados em uso de forma correta.

Por cortesia da Associação de Construção e Empréstimo, a tabela a seguir foi compilada, mostrando o que uma economia mensal de US$ 5, US$ 10, US$ 25 ou US$ 50 renderá no final de dez anos. Os números são espantosos quando se considera que uma pessoa gasta em média de US$ 5 a US$ 50 por mês em produtos inúteis ou no chamado "entretenimento".

Ganhar e poupar dinheiro é uma ciência; todavia, as regras para acumular dinheiro são tão simples que qualquer um pode segui-las. O pré-requisito principal é uma disposição de subordinar o presente ao futuro pela eliminação de gastos desnecessários com luxos.

Um jovem que ganhava apenas US$ 20 por semana como motorista de um proeminente banqueiro de Nova York foi induzido pelo patrão a manter uma contabilidade precisa de cada centavo que gastava em uma semana. A seguir está a lista detalhada das despesas:

| | |
|---|---|
| Cigarros | US$ 0,75 |
| Chicletes | US$ 0,30 |
| Refrigerante | US$ 1,80 |
| Charutos para colegas | US$ 1,50 |
| Cinema | US$ 1,00 |
| Barbearia, incluindo gorjetas | US$ 1,60 |
| Jornais da semana | US$ 0,22 |
| Engraxador | US$ 0,30 |
| | US$ 7,47 |
| Pensão e quarto | US$ 12,00 |
| Dinheiro à disposição | US$ 0,53 |
| | US$ 20,00 |

Esses números contam uma história trágica que poderia muito bem ser aplicada a milhões de outras pessoas. A verdadeira poupança dos US$ 20 eram apenas US$ 0,53. Ele gastava US$ 7,47 em itens que poderiam ser grandemente reduzidos e que na maioria poderiam ser completamente eliminados. Na verdade, barbeando-se e engraxando os sapatos, ele poderia poupar os US$ 7,47.

## A FORMA ASSOMBROSA COMO SEU DINHEIRO CRESCE

A ECONOMIZAR US$ 5 POR MÊS (apenas dezessete centavos por dia)

| | QUANTIA POUPADA | RENDIMENTO | POUPANÇA E RENDIMENTO | VALOR LÍQUIDO |
|---|---|---|---|---|
| 1º ano | $60.00 | $4.30 | $64.30 | $61.30 |
| 2º ano | $120.00 | $16.55 | $136.00 | $125.00 |
| 3º ano | $180.00 | $36.30 | $216.30 | $191.55 |
| 4º ano | $240.00 | $64.00 | $304.00 | $260.20 |
| 5º ano | $300.00 | $101.00 | $401.00 | $338.13 |
| 6º ano | $360.00 | $140.00 | $500.00 | $414.75 |
| 7º ano | $420.00 | $197.10 | $617.10 | $495.43 |
| 8º ano | $480.00 | $257.05 | $737.05 | $578.32 |
| 9º ano | $540.00 | $324.95 | $864.95 | $687.15 |
| 10º ano | $600.00 | $400.00 | $1000.00 | $1000.00 |

A ECONOMIZAR US$ 10 POR MÊS (apenas 33 centavos por dia)

| | QUANTIA POUPADA | RENDIMENTO | POUPANÇA E RENDIMENTO | VALOR LÍQUIDO |
|---|---|---|---|---|
| 1º ano | $120.00 | $8.60 | $128.60 | $122.60 |
| 2º ano | $240.00 | $33.11 | $273.11 | $250.00 |
| 3º ano | $360.00 | $72.60 | $432.60 | $383.10 |
| 4º ano | $480.00 | $128.00 | $608.00 | $520.40 |
| 5º ano | $600.00 | $202.00 | $802.00 | $676.25 |
| 6º ano | $720.00 | $280.00 | $1000.00 | $829.50 |
| 7º ano | $840.00 | $394.20 | $1234.20 | $990.85 |
| 8º ano | $960.00 | $514.20 | $1474.10 | $1156.64 |
| 9º ano | $1080.00 | $649.90 | $1729.90 | $1374.30 |
| 10º ano | $1200.00 | $800.00 | $2000.00 | $2000.00 |

A ECONOMIZAR US$ 25 POR MÊS (apenas 83 centavos por dia)

| | QUANTIA POUPADA | RENDIMENTO | POUPANÇA E RENDIMENTO | VALOR LÍQUIDO |
|---|---|---|---|---|
| 1º ano | $300.00 | $21.50 | $321.50 | $306.50 |
| 2º ano | $600.00 | $82.75 | $682.75 | $625.00 |
| 3º ano | $900.00 | $181.50 | $1081.50 | $957.75 |
| 4º ano | $1200.00 | $320.00 | $1520.00 | $1301.00 |
| 5º ano | $1500.00 | $505.00 | $2005.00 | $1690.63 |
| 6º ano | $1800.00 | $700.00 | $2500.00 | $2073.75 |
| 7º ano | $2100.00 | $985.50 | $3085.50 | $2477.13 |
| 8º ano | $2400.00 | $1285.25 | $3685.25 | $2891.60 |
| 9º ano | $2700.00 | $1624.75 | $4324.75 | $3435.75 |
| 10º ano | $3000.00 | $2000.00 | $5000.00 | $5000.00 |

A ECONOMIZAR US$ 50 POR MÊS (apenas 1,66 centavos por dia)

| | QUANTIA POUPADA | RENDIMENTO | POUPANÇA E RENDIMENTO | VALOR LÍQUIDO |
|---|---|---|---|---|
| 1º ano | $600.00 | $43.0 | $643.00 | $613.00 |
| 2º ano | $1200.00 | $165.50 | $1365.50 | $1250.00 |
| 3º ano | $1800.00 | $363.00 | $2163.00 | $1915.50 |
| 4º ano | $2400.00 | $640.00 | $3040.00 | $2602.00 |
| 5º ano | $3000.00 | $1010.00 | $4010.00 | $3381.25 |
| 6º ano | $3600.00 | $1400.00 | $5000.00 | $4147.50 |
| 7º ano | $4200.00 | $1971.00 | $6171.00 | $4954.25 |
| 8º ano | $4800.00 | $2570.50 | $7370.50 | $5783.20 |
| 9º ano | $5400.00 | $3249.50 | $8649.50 | $6871.50 |
| 10º ano | $6000.00 | $4000.00 | $10,000.00 | $10,000.00 |

DIA 82

Agora volte para a tabela da Associação de Construção e Empréstimo e observe em que resultaria a economia de US$ 7,47 por semana. Suponha que a quantia que o rapaz realmente poupasse fosse de US$ 25 por mês; a poupança teria aumentado à bela quantia de US$ 5 mil no final dos primeiros dez anos.

O rapaz em questão tinha 21 anos de idade na época em que fez a contabilidade das despesas. Quando chegasse aos 31 anos, teria uma quantia substancial no banco caso poupasse US$ 25 por mês, e essa poupança poderia gerar muitas oportunidades que o levariam diretamente à independência financeira.

Alguns pseudofilósofos de pouca visão gostam de salientar que ninguém pode ficar rico apenas poupando alguns dólares por semana. Isso pode ser bem verdade até onde o raciocínio alcança (que não é muito longe), mas o outro lado da história é que a poupança de até mesmo uma pequena soma de dinheiro coloca o indivíduo numa posição onde muitas vezes essa pequena quantia pode garantir vantagem em oportunidades de negócios, o que leva direta e muito rapidamente à independência financeira.

*Cada fracasso, cada adversidade, cada mágoa pode ser uma bênção disfarçada desde que abrande a parte animal de nossa natureza.*

Caso ainda não tenha adquirido o hábito de poupar dinheiro sistematicamente, a tabela anterior mostrando o que a poupança de US$ 5 por mês somaria no final de dez anos deve ser copiada e colada no espelho, onde irá lhe encarar toda as manhãs quando você levantar e todas as noites quando deitar. A tabela deveria ser reproduzida com letras e números de 2,5 centímetros de altura e colocada nas paredes de cada escola pública do país, onde poderia servir de lembrete constante para todos os alunos sobre o valor do hábito de poupar.

Alguns anos atrás, antes de levar a sério o valor do hábito de poupar, o autor contabilizou o dinheiro que havia escapado entre seus dedos. A quantia foi tão alarmante que resultou na redação desta lição e a inclusão do hábito de poupar como uma das Leis do Sucesso.

Segue abaixo uma lista detalhada das contas:

| | |
|---|---|
| US$ 4 mil | Herdados, investidos num negócio de peças de automóvel com um amigo que perdeu todo o montante em um ano. |
| US$ 3,6 mil | Dinheiro extra ganho com artigos para revistas e jornais variados, todo gasto inutilmente. |
| US$ 30 mil | Ganhos por treinar três mil vendedores com a ajuda da Lei do Sucesso, investidos em uma revista que não teve êxito porque não havia capital de reserva para sustentá-la. |
| US$ 3,4 mil | Dinheiro extra ganho com discursos e palestras, todo gasto à medida que era recebido. |
| US$ 6 mil | Estimativa do que poderia ter sido poupado num período de dez anos, a partir de ganhos regulares, a uma taxa de apenas US$ 50 por mês. |
| US$ 47 mil | |

Caso essa quantia tivesse sido poupada e investida assim que recebida, na Associação de Construção e Empréstimo ou em alguma outra modalidade que rendesse juros compostos, teria chegado ao montante de US$ 94 mil à época em que esta lição era escrita.

O autor não é vítima de nenhum dos hábitos comuns de dissipação, tais como jogo, bebida e entretenimento excessivo. É quase inacreditável que um homem cujos hábitos de vida são razoavelmente moderados possa ter gastado US$ 47 mil em pouco mais de dez anos sem ter nada para mostrar, mas pode acontecer!

Uma reserva de capital de US$ 94 mil, trabalhando-se com juros compostos, é suficiente para dar a qualquer homem a liberdade financeira de que necessita.

Lembro da ocasião em que o presidente de uma grande corporação me enviou um cheque de US$ 500 por um discurso que proferi em um jantar para os empregados e recordo nitidamente o que me veio à mente quando abri a carta e vi o cheque. Eu queria um carro novo, e aquele cheque era exatamente a quantia necessária para o primeiro pagamento. Eu já havia gastado o dinheiro antes que ficasse trinta segundos em minhas mãos.

Talvez essa seja a experiência da maioria das pessoas. Pensam mais em como vão gastar o que têm do que em maneiras de poupar. A ideia de poupar e o autocontrole e autossacrifício que a acompanham estão sempre ligados a pensamentos de natureza desagradável, mas, ó, como é eletrizante pensar em gastar.

Existe uma razão para isso: a maioria de nós desenvolveu o hábito de gastar enquanto negligenciava o hábito de poupar, e qualquer ideia que frequenta a mente humana apenas raramente não é tão bem-vinda quanto as que a frequentam com constância.

Na verdade, poupar pode se tornar tão fascinante quando gastar, mas não até se tornar um hábito regular, bem fundamentado e sistemático. Nós gostamos de fazer o que é repetido com frequência, o que é apenas outra maneira de afirmar o que os cientistas descobriram — que somos vítimas de nossos hábitos.

O hábito de poupar dinheiro exige mais força de caráter do que a maioria das pessoas desenvolve, pois significa abnegação e sacrifício de diversões e prazeres das mais diferentes maneiras.

Por essa mesma razão, quem desenvolve o hábito de poupar adquire ao mesmo tempo muitos outros hábitos necessários para o sucesso, especialmente autocontrole, autoconfiança, coragem, equilíbrio e liberdade do medo.

## QUANTO SE DEVE POUPAR?

A primeira questão que surge é: "Quanto se deve poupar?". A resposta não pode ser dada em poucas palavras, pois a quantia que se deve poupar depende de muitas condições, das quais algumas podem estar sob controle e outras não.

De modo geral, um assalariado deveria repartir seu vencimento como segue:

| | |
|---|---|
| Poupança | 20% |
| Sustento (moradia, alimentação e vestuário) | 50% |
| Educação | 10% |
| Recreação | 10% |
| Seguro de vida | 10% |
| | 100% |

Já a lista abaixo indica a distribuição aproximada que a média dos homens geralmente faz:

| | |
|---|---|
| Poupança | NADA |
| Sustento (moradia, alimentação e vestuário) | 60% |
| Educação | 0% |
| Recreação | 35% |
| Seguro de vida | 5% |
| | 100% |

No item "recreação" estão incluídas, claro, muitas despesas não "recreativas", tais como o dinheiro gasto com bebidas alcoólicas, jantares e outros itens semelhantes que na verdade servem para minar a saúde e destruir o caráter.

Um analista experiente afirmou que poderia dizer com muita precisão que tipo de vida um homem levava examinando seu orçamento mensal; além disso, a maior parte das informações seria obtida no item "recreação". Esse então é um item a ser observado com o mesmo cuidado que o jardineiro de estufa observa o termômetro que controla a vida e morte de suas plantas.

Aqueles que fazem a contabilidade do orçamento geralmente incluem um item chamado "entretenimento", que, na maioria dos casos, revela-se um mal, pois consome a renda pesadamente e, quando levado ao excesso, consome também a saúde.

Estamos vivendo numa época em que o item "entretenimento" é demasiadamente importante nas verbas orçamentárias. Dezenas de milhares de pessoas que ganham não mais que US$ 50 por semana gastam até um terço de sua renda no que chamam de "entretenimento", que vem em uma garrafa de rótulo questionável, de US$ 6 a US$ 12 o litro. Não só essas pessoas insensatas gastam dinheiro que deveria ir para um fundo de poupança, como, um perigo muito maior, destroem tanto o caráter quanto a saúde.

*A análise cuidadosa de 178 homens conhecidos por serem bem-sucedidos revelou que todos haviam fracassado muitas vezes antes de ascenderem.*

Nada desta lição pretende ser pregação de moral ou de qualquer outro assunto. Estamos lidando com fatos concretos que, em larga medida, constituem os materiais de construção do sucesso.

Entretanto, é um espaço adequado para se expor alguns fatos que têm influência tão direta no sucesso que não podem ser omitidos sem enfraquecer este curso em geral e esta lição em particular.

O autor não é um reformador! Tampouco é um pregador de moral, já que este proveitoso campo de atividade é bem atendido por outros trabalhadores capazes. O que é afirmado aqui, portanto, é considerado parte necessária de um curso de filosofia cujo objetivo é demarcar uma estrada segura pela qual a pessoa possa viajar até feitos honrosos.

No ano de 1926, o autor teve uma sociedade com Don R. Mellet, na época editor do *Daily News* de Canton, em Ohio. Mellet interessou-se pela Lei do Sucesso por acreditar que oferecesse conselhos sólidos para jovens que realmente desejassem seguir em frente na vida. Pelas páginas do *Daily News*, Mellett travava uma batalha feroz contra as forças do submundo de Canton. Com a ajuda de detetives e investigadores, alguns fornecidos pelo governador de Ohio, Mellett e o autor acumularam dados precisos sobre como vivia a maioria das pessoas de Canton.

Em julho de 1926, Mellett foi assassinado numa emboscada, e quatro homens, um deles ex-integrante da força policial de Canton, foram condenados à prisão perpétua pelo crime.

Durante a investigação do mundo do crime em Canton, todos os relatórios chegaram ao escritório do autor, e os dados aqui descritos são, portanto, absolutamente precisos.

Um funcionário de uma grande fábrica, cujo salário era de US$ 6 mil por ano, pagava a um contrabandista de Canton cerca de US$ 300 por mês pela bebida (se é que a "coisa" pode ser chamada de bebida) que usava para "entretenimento". A esposa participava desses "entretenimentos", realizados na casa deles.

Um caixa de banco, cujo salário era de US$ 150 por mês, gastava em média US$ 75 por mês em bebida e, somado a esse desperdício imperdoável de um salário que não era muito alto, movia-se a um ritmo e com uma turma que mais adiante significaram a ruína para ele.

O superintendente de uma grande fábrica, cujo salário era de US$ 5 mil por ano e que deveria poupar pelo menos US$ 125 por mês, na verdade não poupava nada. Sua conta com o contrabandista era em média de US$ 150 por mês.

Um policial cuja renda mensal era de US$ 160 gastava mais de US$ 400 por mês em jantares em uma taverna de beira de estrada das redondezas. Onde arranjava a diferença entre sua renda legítima e as despesas reais é uma questão que não lhe confere especial crédito.

Um bancário cuja renda anual pôde ser estimada em US$ 8 mil com base na declaração de imposto do ano anterior tinha uma conta com o contrabandista de mais de US$ 500 durante os três meses em que suas atividades foram investigadas por Mellett.

Um rapaz que trabalhava em uma loja de departamentos, com salário de US$ 20 por semana, gastava em média US$ 35 por semana com um contrabandista. Presume-se que ele roubava a diferença do empregador. Problemas com certeza aguardavam o jovem, embora não seja do conhecimento do autor o que aconteceu.

Um vendedor de uma companhia de seguros de vida, cuja renda era conhecida porque trabalhava por comissão, gastava em média US$ 200 por mês com um contrabandista. Não se encontrou registro de conta de poupança e presumiu-se que ele não tivesse uma. A suposição mais tarde foi confirmada, quando a companhia para qual o rapaz trabalhava mandou prendê-lo por desvio de fundos. Sem dúvida ele estava gastando dinheiro da empresa. Foi condenado a uma longa sentença na Penitenciária Estadual de Ohio.

Um jovem que cursava o ensino médio gastou uma grande soma em bebida. A quantia exata não foi descoberta porque ele pagava em dinheiro, e os registros do contrabandista não indicavam o valor real. Mais tarde, os pais do menino privaram-no da liberdade para "salvá-lo de si mesmo". Descobriu-se que ele roubava dinheiro de uma poupança mantida pela mãe em algum lugar da casa. Ele havia roubado e gasto mais de US$ 300 deste dinheiro quando foi flagrado.

O autor proferiu palestras uma vez por mês em 41 escolas de ensino médio durante todo o ano letivo. Os diretores dessas escolas afirmaram que menos de 2% dos alunos mostravam alguma tendência para poupar dinheiro, e um exame via questionário descobriu que apenas 5% de um total de 11 mil alunos de ensino médio acreditavam que o hábito de poupar fosse essencial para o sucesso.



Não é de admirar que os ricos estejam ficando cada vez mais ricos e os pobres cada vez mais pobres!

Chame essa afirmação de socialista se quiser, mas os fatos confirmam sua veracidade. Não é difícil para nenhum homem ficar rico num país de perdulários como este, onde milhões de pessoas gastam todos os centavos que lhes chegam às mãos.

Muitos anos atrás, antes da atual mania de gastar espalhar-se pelo país, F. W. Woolworth idealizou um método muito simples de coletar as moedinhas que milhões de pessoas jogam fora em porcarias, e o sistema rendeu-lhe mais de cem milhões de dólares em poucos anos. Woolworth morreu, mas seu sistema de poupar centavos seguiu, e seu patrimônio continuou a crescer.

As lojas de cinco e dez centavos em geral têm uma fachada vermelha berrante. É uma cor apropriada, pois vermelho denota perigo. Cada loja de cinco e dez centavos é um monumento impactante que prova nitidamente que uma das falhas básicas dessa geração é o hábito de gastar.

Todos nós somos vítimas do hábito!

Infelizmente para a maioria de nós, somos criados por pais sem qualquer noção da psicologia do hábito e, sem consciência dessa falha, muitos pais ajudam e estimulam os filhos a desenvolver o hábito de gastar por se excederem no gasto de dinheiro e pela falta de treino no hábito de poupar.

*Todo vendedor fará bem em lembrar que ninguém vai querer algo de que outra pessoa esteja tentando "se livrar".*

Os hábitos da primeira infância ficam agarrados a nós ao longo da vida.

Afortunada de fato é a criança cujos pais veem e entendem o valor do hábito de poupar na formação do caráter para inculcá-lo na mente dos filhos.

É um treinamento que rende ricas recompensas.

Dê a um homem comum US$ 100 que ele não esperava, e o que ele fará? Ora, começará a cogitar como pode gastar o dinheiro. Dúzias de coisas de que ele necessita ou pensa que necessita passarão por sua mente, mas é aposta bastante segura que nunca lhe ocorrerá (a não ser que tenha adquirido o hábito de poupar) fazer destes US$ 100 o início de uma poupança. Antes de cair a noite, ele terá gastado os US$ 100 ou pelo menos terá decidido como gastar, adicionando assim mais combustível à já excessivamente brilhante chama do hábito de gastar.

Somos governados por nossos hábitos!

Requer força de caráter, determinação e firme poder de decisão abrir uma poupança e depositar uma parcela regular, ainda que pequena, de toda renda subsequente.

Existe uma regra pela qual qualquer homem pode determinar de antemão se desfrutará da liberdade e da independência financeira tão universalmente desejada por todos os homens, e essa regra não tem absolutamente nada a ver com o valor de sua renda.

A regra é: se um homem segue o hábito sistemático de poupar uma parcela definida de todo dinheiro que ganha ou recebe de outras maneiras, é praticamente certo que se colocará em uma posição de independência financeira. Se não economiza nada, é absolutamente certo que nunca conseguirá ser independente em termos financeiros, não importa qual seja sua renda.

A única exceção a essa regra possivelmente é um homem que não poupa herdar uma soma tão grande de dinheiro que não consiga gastá-la, ou herdar sob um fundo que o proteja dele mesmo, mas essas eventualidades são bastante remotas, tão remotas que você não pode contar com um milagre desses.

O autor mantém relações com muitas centenas de pessoas pelos Estados Unidos e em alguns outros países. Por quase 25 anos, observou muitos desses conhecidos e sabe, por verdadeira experiência, como eles vivem, por que alguns fracassaram enquanto outros foram bem-sucedidos, e os motivos tanto para o fracasso quanto para o sucesso.

A lista de conhecidos abrange homens que controlam centenas de milhões de dólares e que de fato possuem muitos milhões. E também homens por cujas mãos passaram milhões de dólares e agora estão sem um centavo.

Com o objetivo de mostrar ao aluno dessa filosofia como a lei do hábito se torna uma espécie de ponto de articulação para o sucesso ou o fracasso e por que exatamente nenhum homem pode ter independência financeira sem desenvolver o hábito sistemático de poupar, os hábitos de vida de alguns desses conhecidos serão descritos.

Começaremos com a história completa, em suas próprias palavras, de um homem que ganhou um milhão de dólares no campo da publicidade, mas agora não possui nada que demonstre seu esforço. A história foi publicada na *American Magazine* e é aqui republicada por cortesia dos editores da revista.

A história é real em todos os aspectos e foi incluída nesta lição porque seu autor, W. C. Freeman, deseja tornar seus erros públicos na esperança de que outros possam evitá-los.

## "GANHEI UM MILHÃO DE DÓLARES, MAS NÃO TENHO UM CENTAVO"



Embora seja sim embaraçoso e humilhante confessar publicamente uma falha excepcional, responsável por boa dose da bagunça que minha vida é hoje, decidi fazer tal confissão pelo bem que possa gerar.

Vou abrir o coração sobre como deixei escapar pelos dedos todo o dinheiro que ganhei até hoje, aproximadamente um milhão de dólares. Ganhei esse montante com o trabalho no campo da publicidade, exceto por uns poucos milhares de dólares recebidos até os 25 anos de idade, lecionando em escolas e escrevendo informativos para alguns semanários e jornais diários.

Talvez um único milhão não pareça muito nesses tempos de muitos milhões e até mesmo bilhões, mas ainda assim é uma grande soma de dinheiro. Se tem alguém que pense o contrário, que conte um milhão. Tentei calcular, uma noite dessas, quanto tempo levaria. Descobri que conseguia contar em média cem dólares por minuto. Nessa base, levaria vinte dias de oito horas cada, mais seis horas e quarenta minutos do 21º dia para cumprir a façanha. Duvido muito que, se fosse dada a você ou a mim a tarefa de contar um milhão de notas de um dólar, mediante a promessa de que todas elas seriam nossas no final, conseguíssemos completar a missão. Provavelmente ficaríamos loucos — e aí o dinheiro não nos seria de muita utilidade, não é?

Deixe-me dizer, no início de minha história, que não me arrependo, nem por um minuto, de ter gastado 90% do dinheiro que ganhei. Desejar qualquer parte desses 90% de volta hoje me faria sentir que teria negado muita felicidade para minha família e muitos outros.

Meu único arrependimento é ter gastado todo o meu dinheiro e mais ainda. Se eu tivesse hoje os 10% que poderia facilmente ter economizado, teria dez mil dólares investidos em segurança e nenhuma dívida. Se tivesse esse dinheiro, me sentiria real e verdadeiramente rico; e para mim é bem isso, pois nunca tive o desejo de acumular dinheiro só pelo dinheiro.

Meus tempos de professor e correspondente de jornal trouxeram alguns cuidados e responsabilidades, mas foram encarados com otimismo.

Casei aos 21 anos, com a aprovação dos pais de ambas as partes, que acreditavam plenamente na doutrina pregada por Henry Ward Beecher, de que "casamentos precoces são casamentos virtuosos".

Apenas um mês e um dia após me casar, meu pai teve uma morte trágica. Sufocou-se com gás de carvão. Tendo sido educador a vida toda — e um dos melhores —, não acumulou dinheiro algum.

Quando ele faleceu, coube a nosso círculo familiar se unir e ir adiante de alguma maneira, o que fizemos.

Tirando o vazio deixado em nossa casa pela morte de meu pai (minha esposa, eu, minha mãe e minha irmã morávamos juntos), tínhamos uma boa vida, embora dar conta das despesas fosse muito apertado.

Minha mãe, excepcionalmente talentosa e engenhosa (ela havia lecionado com meu pai até eu nascer), decidiu abrir nossa casa para um casal de velhos amigos da família. Vieram morar conosco e nos ajudavam a pagar as contas. Minha mãe era muito conhecida pelas maravilhosas refeições que servia. Mais tarde, duas amigas abastadas da família foram acolhidas em nossa casa, aumentando assim nossa receita.

Minha irmã ajudava de forma muito substancial, lecionando em uma turma de jardim de infância que se reunia na grande sala de estar de nossa casa; minha esposa contribuía encarregando-se das costuras e consertos.

Aqueles foram dias muito felizes. Ninguém na casa era extravagante ou tinha qualquer tendência extravagante, exceto eu talvez, pois sempre fui propenso a ser liberal com dinheiro. Gostava de comprar presentes para a família e de entreter os amigos.

Quando o primeiro bebê chegou ao nosso lar — um menino —, pensamos que o céu houvesse aberto suas portas para nós. Os pais de minha esposa, que tinham o mais profundo e ardente interesse por nós e estavam sempre prontos a ajudar, ficaram igualmente felizes com a chegada do primeiro neto. Meu cunhado, muito mais velho que minha esposa e solteirão, de início não conseguia entender a alegria que todos nós sentimos; mas até ele começou a se pavonear, vaidoso e orgulhoso, depois de um tempo. Que diferença um bebê faz em casa!

Estou colocando esses detalhes em minha história apenas para enfatizar como vivi nos primeiros tempos. Eu não tinha oportunidade de gastar muito dinheiro e mesmo assim tive tanta felicidade naqueles dias como desde então.

*Pense bem antes de falar, pois suas palavras podem plantar a semente de sucesso ou de fracasso na mente de outra pessoa.*

O estranho nisso tudo é que a experiência daquele tempo não me ensinou o valor do dinheiro. Se alguma pessoa já teve uma lição prática para guiar seu futuro, com certeza fui eu.

Mas deixe-me contar como essa experiência inicial me afetou. O nascimento de meu filho inspirou-me a fazer algo que rendesse mais dinheiro do que eu ganhava lecionando e escrevendo para jornais. Eu não queria que minha esposa, mãe, ou irmã sentissem que teriam que continuar indefinidamente a contribuir para o sustento da casa. Por que um camarada grande, forte e saudável e com uma quantidade razoável de aptidões como eu deveria contentar-se em permanecer uma roda da engrenagem? Por que não deveria ser a engrenagem inteira no que dizia respeito a prover minha família?

Seguindo meu desejo de ganhar mais dinheiro, comecei a vender livros, além de dar aulas e escrever para jornais. Isso garantiu um dinheirinho extra. Por fim desisti de dar aulas e me concentrei em vender livros e escrever para jornais.

A venda de livros me levou a Bridgeton, em New Jersey. Foi onde dei a verdadeira arrancada para começar a ganhar dinheiro. Tive que ficar longe de casa por muito tempo para fazer o trabalho, mas o sacrifício valeu a pena. Em poucas semanas, ganhei o suficiente para enviar para casa mais dinheiro do que aquilo com que havia contribuído em qualquer ano enquanto fui professor ou correspondente de jornal. Depois de vasculhar o território em Bridgeton, fiquei interessado num jornal da cidade, o *Morning Star*. Pareceu-me que o editor e diretor de redação necessitava de um ajudante. Fui vê-lo e falei isso. Ele disse: "Céus, jovem, como posso contratá-lo? Não estou ganhando o suficiente para pagar minhas próprias contas!".

"É bem isso", eu disse. "Acredito que juntos podemos fazer do *Star* um sucesso. Vou dizer o que faremos: trabalharei para você durante uma semana por um dólar por dia. Ao final da semana, se eu tiver ido bem, espero que me pague três dólares por dia na segunda semana; e, então, se eu continuar indo bem, espero que me pague seis dólares por dia na terceira semana, e continuaremos indo assim até o jornal render dinheiro suficiente para me pagar cinquenta dólares por semana."

O dono concordou com minha proposta. Ao final de dois meses, eu ganhava cinquenta dólares por semana, o que naquele tempo era considerado um grande salário. Comecei a sentir que estava no caminho certo para ganhar dinheiro — mas tudo que eu queria era dar mais conforto à minha família. Cinquenta dólares por semana era quatro vezes mais do que eu ganhava dando aulas.

Meu trabalho no *Star* abrangia redação editorial (não muito brilhante), reportagem (apenas mediana), redação e venda de anúncios (razoavelmente bem-sucedida), revisão, cobrança de faturas e assim por diante. Eu ralava seis dias por semana, mas conseguia aguentar, pois era forte e saudável e, além disso, o trabalho era muito interessante. Eu também atuava como correspondente do *New York Sun*, *Philadelphia Record* e

*Trenton Times* de New Jersey, o que proporcionava em média 150 dólares por semana, pois era um bom território de notícias.



Aprendi uma lição no *Star* que acabou moldando o curso de minha vida. Descobri que dá muito mais dinheiro vender anúncio de jornal do que escrever para jornal. Publicidade rende.

Fiz uma campanha publicitária bem-sucedida no *Star* — um louvor à indústria de ostras do sul de Jersey, pago pelos empresários —, que proporcionou três mil dólares em dinheiro, divididos meio a meio comigo pelo editor. Eu nunca tinha visto tanto dinheiro de uma vez só em toda minha vida. Pense! Mil e quinhentos dólares — 25% mais do que eu havia ganho em dois anos dando aulas.

*Sou grato por ter nascido pobre — por não ter vindo a este mundo sobrecarregado pelos caprichos de pais ricos, com um saco de ouro amarrado ao pescoço.*

Poupei esse dinheiro ou parte dele? Não. Qual foi o uso? Pude fazer tanta coisa para deixar minha esposa, filho, mãe e irmã felizes que gastei muito mais facilmente do que ganhei.

Mas não teria sido bom se eu tivesse guardado esse dinheiro para um dia de necessidade?

Meu trabalho em Bridgeton atraiu a atenção de Sam Hudson, correspondente do *Philadelphia Record* de New Jersey, um exemplo brilhante daquele tipo de homem de imprensa cujo maior prazer na vida é fazer coisas pelos outros.

Sam disse que estava na hora de eu me mudar para uma cidade grande. Ele achava que eu tinha capacidade para me dar bem. Disse que me conseguiria um emprego na Filadélfia. Conseguiu, e me mudei com minha esposa e meu bebê para Germantown. Assumi o comando do departamento de publicidade da *Germantown Gazette* da Filadélfia, um jornal semanal.

No início não ganhei tanto dinheiro quanto em Bridgeton, pois tive que abandonar a atuação como correspondente de jornal. Essas notícias eram feitas por outros correspondentes. Mas logo eu ganhava 25% mais. A *Gazette* aumentou de tamanho três vezes para acomodar os anúncios, e a cada vez recebi um aumento substancial de salário.

Somando-se a isso, fui encarregado de reunir notícias da sociedade para a edição dominical do *Philadelphia Press*. Bradford Merril, editor-chefe desse jornal, depois executivo de um jornal importante de Nova York, incumbiu-me de um grande território. Isso me mantinha ocupado todas as noites da semana, exceto aos sábados. Eu ganhava cinco dólares por coluna, mas fazia em média sete colunas por domingo, o que rendia 35 dólares extras por semana.

Era mais dinheiro para eu gastar, e gastei. Eu não sabia nada sobre orçamento de despesas. Apenas deixava o dinheiro ir à medida que entrava. Não tinha tempo, ou pensava que não tinha, para vigiar meus gastos.

Um ano mais tarde, fui convidado para fazer parte da equipe de publicidade do *Philadelphia Press*, uma grande oportunidade para um jovem, pois tive um treinamento maravilhoso sob a gestão de William L. McLean, depois dono do *Evening Bulletin* da Filadélfia. Mantive meu emprego de colunista social — minha renda então era mais ou menos a mesma que em Germantown.

Mas em pouco tempo meu trabalho atraiu a atenção de James Elverson Sr., editor do velho *Saturday Night* e do *Golden Days*, que havia acabado de comprar o *Philadelphia Inquirer*. Ofereceram, e aceitei a gerência de publicidade desse jornal.

Isso significou um grande aumento em minha renda. E logo depois veio um feliz aumento em minha família, com o nascimento de uma filha. Tive então condições de fazer o que desejava desde o nascimento de meu filho. Juntei toda a família sob o mesmo teto outra vez — minha esposa e os dois bebês, minha mãe e minha irmã. Enfim aliviei minha mãe de quaisquer preocupações ou responsabilidades, e ela nunca mais teve nenhuma das duas por toda sua vida. Ela morreu aos 81 anos de idade, 25 anos após a morte de meu pai. Nunca esquecerei suas últimas palavras para mim: "Will, você jamais me causou um momento de preocupação desde que nasceu, e eu não poderia ter tido mais do que você me deu mesmo que eu fosse a rainha da Inglaterra".

Naquela época eu ganhava quatro vezes mais dinheiro do que meu pai havia ganho como superintendente de escolas públicas em minha cidade natal, Phillipsburg, New Jersey.

Todo o dinheiro, entretanto, passava pelo meu bolso tão facilmente quanto a água por uma peneira. As despesas aumentavam a cada aumento da renda, o que é um hábito, suponho, da maioria das pessoas. Embora não houvesse motivo sensato para deixar minhas despesas passarem além da renda, foi isso que fiz. Dei por mim acumulando dívidas e, a partir dessa época, nunca me livrei delas. Todavia, eu não me preocupava com as dívidas, pois pensava que poderia pagá-las a qualquer momento. Nunca me ocorreu — a não ser 25 anos depois — que as dívidas por fim acarretariam não só grande ansiedade e infelicidade como a perda de amigos e crédito.



Mas devo me congratular por uma coisa: dei rédea solta à minha grande falha — gastar dinheiro com tanta rapidez quanto ganhava, às vezes até mais rápido —, mas nunca me esquivei do trabalho. Tentava sempre achar mais coisas para fazer e sempre achava. Ficava muito pouco tempo com minha família. Jantava todas as noites em casa, brincava com os bebês até a hora de dormirem e então retornava para o escritório e trabalhava.

Assim passaram-se os anos. Outra filha chegou. Agora eu queria que minhas filhas tivessem um pônei e uma pequena charrete e que meu filho tivesse um cavalo de montaria. Então pensei que precisaria de uma parelha de cavalos para andar com minha família em uma carruagem fechada ou aberta. Arranjei tudo. Em vez de um cavalo e uma charrete, ou talvez uma carruagem, o que teria sido suficiente para nossas necessidades e algo que poderíamos pagar, tive que ter um estábulo e tudo que o acompanha. Esse equipamento custou quase um quarto de minha renda anual.

Então aderi ao golfe. Estava com 41 anos. Fui jogar da mesma forma como trabalhava — com todo o coração. Aprendi a jogar muito bem. Meu filho e minha filha mais velha jogavam comigo e também aprenderam a jogar muito bem.

Era necessário que minha filha mais nova passasse o inverno no Sul e o verão em Adirondack, mas, em vez de apenas a mãe ir com ela, achei que seria ótimo se meu filho e a outra filha fossem junto. E assim foi. Iam para Pinehurst, na Carolina do Norte, no inverno e para *resorts* caros em Adirondack ou New Hampshire no verão.

Tudo isso exigia uma grande quantidade de dinheiro. Meu filho e a filha mais velha eram ávidos por golfe e gastavam muito dinheiro nisso. Eu também desembolsei bastante no golfe, em cursos em Nova York. Entre nós três, ganhamos oitenta prêmios, a maioria hoje guardada num depósito. Um dia sentei e calculei o que esses prêmios custaram. Descobri que cada troféu custou US$ 250, ou um total de US$ 45 mil em um período de quinze anos, uma média de US$ 3 mil por ano. Ridículo, não?

Eu recebia luxuosamente em casa. As pessoas de Montclair pensavam que eu fosse milionário. Frequentemente convidava grupos de empresários para passar o dia jogando golfe no clube e jantar à noite. Eles ficariam satisfeitos com um simples jantar caseiro, mas não, eu tinha que servir algo elaborado, organizado por um bufê famoso. Esses jantares nunca custavam menos de dez dólares o prato, o que não incluía o dinheiro gasto em música enquanto se jantava. Eu contratava um quarteto de músicos. Nossa sala de jantar acomodava confortavelmente vinte pessoas, e diversas vezes esteve lotada.

Era tudo adorável, e eu ficava contente por ser o anfitrião. Na verdade, eu ficava muito feliz. Nunca parei para pensar na rapidez com que estava acumulando dívidas. Chegou o dia em que isso começou a me incomodar muito. Eu havia recebido tantos convidados no clube de golfe em um mês, pagando almoços, charutos e taxas para jogar que minha conta foi de 450 dólares. Aquilo atraiu a atenção dos diretores do clube, todos bons amigos e muito interessados em meu bem-estar. Tomaram para si a responsabilidade de falar que eu estava gastando demais e que desejavam, para meu próprio bem, que eu conseguisse controlar minhas despesas.

Aquilo foi um pequeno choque. Me fez pensar sério o bastante para me livrar dos cavalos e carruagens — com grande sacrifício, claro. Desisti de nossa casa e mudamos de volta para a cidade; mas não deixei nenhuma conta pendente em Montclair. Pedi dinheiro emprestado para pagá-las. Era sempre muito fácil conseguir todo o dinheiro que eu quisesse, apesar da minha bem conhecida insuficiência de fundos.

Seguem aqui duas informações extras sobre minha experiência nos "quarenta anos deslumbrados".

Além de gastar de forma tola e talvez imprudente, eu emprestava com igual despreocupação. Limpando minha mesa em casa antes da mudança para a cidade, dei uma olhada num maço de notas promissórias cujo total era de mais de quarenta mil dólares. Era dinheiro dado a qualquer um que aparecesse. Rasguei-as todas, mas percebi que, se tivesse aquele dinheiro em mãos, não deveria um dólar.

Um dos empresários mais prósperos que eu havia convidado muitas vezes e que em troca havia me convidado também disse: "Billy, tenho que parar de sair com você. Você gasta demais. Não consigo acompanhar".

Pense nisso vindo de um homem que ganhava muito mais que eu! Deveria ter me impactado, mas não. Continuei gastando igual, tolamente achando que estava me divertindo e sem pensar no futuro. Esse homem tornou-se vice-presidente de uma das maiores instituições financeiras de Nova York e dizem que possui muitos milhões de dólares.

Eu deveria ter seguido o conselho dele.

No outono de 1908, após uma desastrosa experiência de seis meses em outro ramo de negócios, subsequente ao pedido de demissão das organizações Hearst, retomei o trabalho em jornal como gerente de publicidade no *New York Evening Mail*. Eu havia conhecido Henry L. Stoddard, diretor de redação e dono do jornal, nos tempos da Filadélfia, quando ele era correspondente político do *Press*.

Apesar de incomodado com as dívidas, fiz o melhor trabalho de minha vida no *Evening Mail* e ganhei mais dinheiro durante os cinco anos em que lá estive do que havia ganhado antes. Além disso, Stoddard me concedeu o privilégio de vender as palestras sobre publicidade publicadas em seu jornal durante cem dias consecutivos para outros veículos, o que me rendeu mais de US$ 55 mil.

Stoddard foi muito generoso de várias outras maneiras e muitas vezes me pagou quantias especiais pelo que considerava um gerenciamento incomum dos negócios. Nesse período eu estava tão afundado em dívidas que, para manter as coisas andando tão bem quanto fosse possível, mas sem restringir minhas despesas em nada, eu pedia dinheiro emprestado a Peter para pagar Paul e a Paul para pagar Peter. Os US$ 55 mil ganhos com as palestras sobre publicidade teriam pagado todas as minhas dívidas, restando ainda uma bela sobra. Mas foi todo gasto com muita facilidade, como se eu não tivesse preocupação alguma neste mundo.

Em 1915, abri um negócio próprio em publicidade. Dali até a primavera de 1922, meus honorários dispararam para números altíssimos. Eu estava ganhando ainda mais dinheiro do que jamais havia ganho e gastando tão rápido quanto ganhava, até que, finalmente, meus amigos ficaram cansados de fazer empréstimos.

Tivesse eu demonstrado a mais leve tendência de restringir minhas despesas em pelo menos 10%, aqueles homens maravilhosos estariam dispostos a dividir meio a meio comigo, deixando-me pagar 5% e economizar os outros 5%. Eles não se importavam tanto com o retorno do dinheiro que haviam me emprestado, queriam era me ver recuperado.

O colapso de meus negócios sobreveio há cinco anos. Dois amigos que haviam ficado a meu lado lealmente impacientaram-se e disseram sem rodeios que eu precisava de uma lição drástica. E a aplicaram em cheio. Fui forçado à falência, o que quase acabou comigo. Senti que todos que eu conhecia apontavam o dedo para mim em escárnio. Que grande tolice. Embora houvesse comentários, não eram absolutamente hostis. Expressavam vivo pesar por um homem que havia conquistado tanto prestígio em sua profissão e ganhado tanto dinheiro ter-se permitido meter-se em dificuldades financeiras.

Orgulhoso e sensível ao máximo, senti a desgraça da falência de forma tão aguda que decidi mudar-me para a Flórida, onde certa vez havia feito um serviço especial para um cliente. Pareceu o eldorado. Calculei que em poucos anos eu poderia ganhar dinheiro suficiente para retornar a Nova York, não apenas com uma certa folga, mas com o suficiente para quitar todas as dívidas. Por um tempo pareceu que eu realizaria essa ambição, mas fui pego pelo grande colapso do setor imobiliário. Então, cá estou de volta à minha antiga cidade, onde outrora tive grande poder aquisitivo e centenas de amigos e simpatizantes.

Tem sido uma experiência estranha.

Uma coisa é certa: finalmente aprendi minha lição. Tenho certeza de que vão aparecer oportunidades para me redimir e de que meu poder aquisitivo será restaurado. E, quando esse momento chegar, sei que serei capaz de viver tão bem quanto sempre vivi com 40% de minha renda. Então dividirei os 60% restantes em duas partes, reservando 30% para credores e 30% para seguro e poupança.

Se me permitisse ficar deprimido por causa do passado ou encher a cabeça de preocupações, não teria condições de continuar a luta para me redimir.

Além disso, seria ingrato com meu Criador por ter me dotado de uma saúde maravilhosa a vida toda. Existe bênção maior?

Seria ingrato com a memória de meus pais, cuja educação esplêndida me manteve ancorado com segurança a padrões morais. No fim, desprender-se das amarras morais é infinitamente mais grave do que se desprender do padrão econômico.

Eu careceria de apreciação quanto à generosa dose de encorajamento e apoio que recebi de centenas de empresários e muitos bons amigos que me ajudaram a construir uma bela reputação em minha profissão.

Essas memórias são o sol da minha vida. E devo utilizá-las para pavimentar meu caminho para conquistas futuras.

Com saúde abundante, fé inabalável, energia incansável, otimismo incessante e confiança ilimitada em que pode vencer a batalha, mesmo que comece a perceber tarde na vida o tipo de luta que deve travar, existe algo além da morte para deter um homem?*

✦

DIA 90

A história de Freeman é a mesma que poderia ser contada por milhares de outros homens que não poupam, variando apenas o montante da renda. O modo de viver, o porquê e como o dinheiro era gasto, conforme a narrativa de Freeman, mostra como funciona a mente do esbanjador.

✦

A compilação de dados sobre renda e despesa familiar de mais de dezesseis mil homens analisados pelo autor mostrou alguns fatos que serão úteis para a pessoa que deseja orçar sua renda e desembolsos de forma prática, eficiente, sólida e econômica.

A renda média vai de US$ 100 a US$ 300 por mês. A provisão orçamentária abrangendo rendimentos dentro dessa faixa deveria ser aproximadamente a seguinte:

Uma família de duas pessoas cuja renda é de US$ 100 por mês deve dar jeito de reservar pelo menos US$ 10 ou US$ 12 por mês para a poupança. O custo de moradia ou aluguel não dever exceder US$ 25 ou US$ 30 por

* Reproduzido por cortesia da *American Magazine*. *Copyright* The Crowell Publishing Company, 1927.

mês. Gastos com alimentação devem ser em média de US$ 25 a US$ 30. A despesa com vestuário deve ser mantida em US$ 15 ou US$ 20 por mês. Recreação e extras devem ficar restritos em aproximadamente US$ 8 a US$ 10 por mês.

Caso uma renda de US$ 100 por mês aumente para US$ 125, a família deve poupar pelo menos US$ 20.

Uma família de duas pessoas cuja renda é de US$ 150 por mês deve orçar seus fundos como segue: poupança, US$ 25; moradia ou aluguel, US$ 35 a US$ 40; alimentação, US$ 35 a US$ 40; vestuário, US $20 a US$ 30; recreação, US$ 10 a US$ 15.

Com um salário de US$ 200 por mês o orçamento deve ser: poupança, US$ 50; moradia ou aluguel, US$ 40 a US$ 50; comida, US$ 35 a US$ 45; vestuário, US$ 30 a US$ 35; recreação, US$ 15 a US$ 20.

Uma família de duas pessoas com salário ou renda de US$ 300 por mês dever dividir assim: poupança, US$ 55 a US$ 65; moradia ou aluguel, US$ 45 a US$ 60; alimentação, US$ 35 a US$ 45; recreação e educação, US$ 50 a US$ 75.

Alguém poderia argumentar que uma família de duas pessoas com salário de US$ 300 por mês poderia viver com gastos tão baixos quanto as que ganham US$ 100 ou US$ 125. Entretanto, não é muito correto, pois quem consegue ganhar US$ 300 por mês via de regra associa-se com pessoas que tornam necessários uma melhor aparência e mais entretenimento.

Um homem solteiro que ganha US$ 100, US$ 150 ou US$ 300 por mês deve economizar consideravelmente mais que o homem com família. Via de regra, o homem solteiro sem dependentes e sem dívidas deve viver com um orçamento de US$ 50 por mês para casa e comida e não exceder US$ 30 mensais em vestuário e talvez US$ 10 em recreação. Essas quantias poderiam ser levemente aumentadas por aqueles que ganham de US$ 150 a US$ 300 por mês.

Um rapaz que vive longe de casa e cuja renda semanal é de apenas US$ 20 deve poupar US$ 5. O restante deve cobrir custos de casa, comida e vestuário.

DIA 91

Uma moça vivendo longe de casa com a mesma renda necessitaria de provisão ligeiramente maior para o vestuário, pois as roupas femininas parecem custar mais que as masculinas e em geral é imperativo que as mulheres cuidem mais da aparência pessoal que os homens.

*Sou grato pelas adversidades que cruzaram meu caminho, pois me ensinaram tolerância, solidariedade, autocontrole, perseverança e algumas outras virtudes que eu poderia não ter conhecido.*

Uma família de três pessoas terá condições de economizar consideravelmente menos que uma família de duas pessoas. Entretanto, com raras exceções, tais como nos casos em que haja dívidas que devam ser abatidas da renda mensal, qualquer família pode poupar pelo menos 5% da renda bruta.

Hoje em dia é prática comum as famílias comprarem automóveis em prestações mensais que envolvem despesa excessiva em comparação à renda. Um homem com renda para um Ford não tem que comprar um Studebaker. Deve frear seus desejos e se contentar com um Ford. Muitos homens solteiros gastam toda sua renda e muitas vezes se endividam porque mantêm automóveis que não cabem no orçamento. Essa prática comum é fatal para o sucesso, uma vez que a independência financeira é considerada parte do sucesso em milhares de casos.

A compra em prestações tornou-se tão comum e é tão fácil comprar praticamente qualquer coisa que se deseja que a tendência de gastar fora da proporção da renda está aumentando rapidamente. Essa tendência deve ser freada pela pessoa que decidiu obter independência financeira.

Isso pode ser feito por qualquer um que esteja disposto a tentar.

Outro mal, que é tanto um mal quanto uma bênção, é o fato desse país ser tão próspero que o dinheiro vem fácil e, caso não se vigie, vai embora ainda mais facilmente. Desde o início da Primeira Guerra Mundial, houve uma demanda constante por praticamente tudo que é fabricado nos Estados

Unidos, e essa condição de prosperidade fez com que as pessoas caíssem em um estado de gastos descuidados e injustificáveis.

Não existe virtude em "acompanhar o ritmo dos vizinhos" quando isso significa o sacrifício do hábito de poupar uma parte regular da renda. A longo prazo, é muito melhor ser considerado um pouco ultrapassado do que seguir pela juventude, maturidade e finalmente velhice sem ter formado o hábito de poupar sistematicamente.

É melhor sacrificar-se durante a juventude do que ser obrigado a fazê-lo na maturidade, como todos que não desenvolveram o hábito de poupar em geral têm que fazer.

Não existe nada tão humilhante e que acarrete tanta agonia e sofrimento quanto a pobreza na velhice, quando o serviço prestado já não é vendável e a pessoa deve recorrer aos parentes ou instituições de caridade para sobreviver.

Um sistema de orçamento deve ser mantido por todas as pessoas, casadas e solteiras, mas nenhum sistema vai funcionar se quem tentar mantê-lo não tiver coragem de cortar despesas em itens como entretenimento e recreação. Se você se sente tão fraco em força de vontade que pensa ser necessário "acompanhar o ritmo dos vizinhos", ou seja, com quem você se relaciona socialmente e cuja renda é maior que a sua, ou quem gasta toda sua renda de maneira tola, nenhum sistema de orçamento vai adiantar.

Criar o hábito de poupar significa, em certa medida, que você deve isolar-se de todos, com exceção de um grupo selecionado de amigos que gostam de você, sem entretenimento requintado de sua parte.

Admitir falta coragem para cortar despesas de modo que se consiga poupar uma pequena quantia que seja equivale a admitir ao mesmo tempo a falta do tipo de caráter que leva ao sucesso.

Já foi provado inúmeras vezes que pessoas que têm o hábito de poupar sempre são preferidas em posições de responsabilidade; portanto, economizar dinheiro não só acrescenta vantagens como o emprego preferido e uma grande conta bancária, mas também aumenta a capacidade de ganho real. Qualquer empresário vai preferir empregar uma pessoa que poupa regularmente, não pelo simples fato de poupar, mas pelas características de tal pessoa que a fazem mais eficiente.

Muitas empresas não empregarão uma pessoa que não poupa.

Deveria ser prática comum em todas as empresas exigir que os empregados poupassem. Seria uma bênção para milhares de pessoas que de outra maneira não teriam força de vontade para implementar o hábito de poupar.

Henry Ford empenhou-se muito, talvez tanto quanto seja conveniente, em induzir seus empregados não só a poupar, mas a gastar com sabedoria e viver de forma saudável e econômica. O homem que induz seus empregados a implementar o hábito de poupar é, na prática, um filantropo.

DIA 92

## OPORTUNIDADES QUE APARECEM PARA QUEM POUPA

Alguns anos atrás um rapaz chegou à Filadélfia vindo da zona agrícola da Pensilvânia e foi trabalhar em uma gráfica. Um dos seus colegas de trabalho possuía algumas ações da Companhia de Construção e Empréstimo e havia adquirido o hábito de poupar US$ 5 por semana por causa disso. O jovem foi influenciado pelo colega a abrir uma conta na Companhia de Construção e Empréstimo. Ao final de três anos, havia poupado US$ 900. A gráfica onde ele trabalhava havia entrado em dificuldades financeiras e estava prestes a falir. Ele salvou a empresa com os US$ 900 que havia poupado aos poucos e, em troca, ficou com metade da sociedade.

Por ter aderido a um sistema de economia estrita, ele pôde ajudar a quitar as dívidas da empresa e posteriormente passou a receber, como metade dos lucros, pouco mais de US$ 25 mil por ano.

Essa oportunidade nunca teria aparecido ou, caso tivesse, o rapaz não estaria preparado para abraçá-la, se não tivesse criado o hábito de poupar.

Quando os automóveis da Ford foram aperfeiçoados nos primórdios da montadora, Henry Ford necessitou de capital para fomentar a produção e venda de seu produto. Recorreu a alguns amigos que haviam economizado alguns milhares de dólares, um dos quais o senador James J. Couzens. Esses amigos vieram em socorro, injetaram alguns milhares de dólares e mais tarde receberam milhões de dólares de lucro.

Quando Woolworth implementou o plano das lojas de cinco e dez centavos, não tinha capital, mas recorreu a alguns amigos que haviam poupado uns poucos milhares de dólares com a mais estrita economia e grande sacrifício. Esses amigos apostaram nele e mais tarde foram recompensados com centenas de milhares de dólares de lucro.

John Manning Van Heusen (famoso pelo colarinho dobrado) concebeu a ideia de produzir colarinhos semiduros para homens. A ideia era viável, mas ele não tinha um centavo para desenvolvê-la. Procurou alguns amigos que tinham apenas algumas centenas de dólares e lhe proporcionaram um começo, e o colarinho deixou todos eles ricos.

Os homens que fundaram a companhia de charutos El Producto tinham pouco capital, poupado dos pequenos ganhos como fabricantes de charuto. Tiveram uma boa ideia e sabiam como fazer um bom charuto, mas a ideia teria morrido "ao nascer" caso não tivessem poupado um pouco. Com as parcas economias lançaram o charuto e alguns anos depois venderam-no para a American Tobacco Company por US$ 8 milhões.

Por trás de praticamente qualquer grande fortuna pode-se encontrar no início um hábito de poupar bem desenvolvido.

John D. Rockefeller era um escriturário comum. Concebeu a ideia de desenvolver o negócio do petróleo, que na época não era sequer considerado um negócio. Ele necessitava de capital; como havia desenvolvido o hábito de poupar e com isso provado que poderia conservar os fundos de outras pessoas, não teve dificuldade em conseguir emprestado o dinheiro de que necessitava.

Pode se afirmar categoricamente que a verdadeira base da fortuna de Rockefeller foi o hábito de poupar, desenvolvido enquanto ele trabalhava como escriturário, com salário de US$ 40 por mês.

James J. Hill era um jovem pobre, trabalhando como telegrafista com salário mensal de US$ 30. Ele concebeu o sistema ferroviário Great Northern, mas a ideia estava fora de suas condições financeiras. Entretanto, ele havia adquirido o hábito de poupar e, do parco salário de US$ 30 por mês, tinha economizado o bastante para custear a despesa de uma viagem a Chicago, onde encontrou capitalistas interessados em financiar o plano. O fato de haver poupado de um pequeno salário foi considerado uma boa evidência de que seria um homem confiável para gerir dinheiro alheio.

A maioria dos homens de negócios não vão confiar seu dinheiro a outro a não ser que este tenha demonstrado capacidade de cuidar do seu próprio e usá-lo com sabedoria. O teste é muito prático, ainda que embaraçoso para aqueles que não formaram o hábito de poupar.

Um jovem que trabalhava em um parque gráfico na cidade de Chicago queria abrir uma pequena gráfica e ser dono do próprio negócio. Ele foi ao gerente de uma empresa fornecedora de equipamento gráfico e comunicou sua intenção, dizendo que desejava crédito para uma impressora e algum outro equipamento pequeno.

A primeira pergunta do gerente foi: "Você poupou algum dinheiro próprio?".

Ele poupara! Do salário semanal de US$ 30, havia economizado US$ 15 regularmente por quase quatro anos. Ele conseguiu o crédito de que precisava. Mais tarde, conseguiu mais crédito e construiu uma das gráficas mais bem-sucedidas de Chicago. Seu nome é George B. Williams, e ele é um conhecido do autor deste curso, assim como os fatos aqui relatados.

O autor conheceu Williams anos depois desses acontecimentos e, em 1918, ao final da Primeira Guerra Mundial, foi até ele e solicitou um crédito de muitos milhares de dólares para publicar a revista *Golden Rule*. A primeira pergunta foi: "Você tem o hábito de poupar?". Apesar de, por causa da guerra, eu ter perdido todo o dinheiro que economizara, o simples fato de realmente ter o hábito de economizar foi a verdadeira base para conseguir um crédito de mais de US$ 30 mil.

Existem oportunidades em cada esquina, mas apenas para aqueles que têm dinheiro na mão ou que podem arranjar dinheiro porque desenvolveram o hábito de poupar e outras características que o acompanham, conhecidas pelo termo genérico de "caráter".

J. P. Morgan disse certa vez que preferiria emprestar um milhão de dólares para um homem com caráter sólido, que tivesse o hábito de poupar, do que mil dólares para um homem sem caráter, que fosse um perdulário.

*Amor e justiça são os verdadeiros árbitros de todas as disputas. Dê a eles uma chance e você não vai mais querer derrotar um irmão peregrino na estrada da vida.*

De modo geral, essa é a atitude do mundo em relação a todos os homens que poupam.

Com frequência acontece que uma poupancinha de não mais que duzentos ou trezentos dólares é suficiente para a pessoa entrar na via expressa da independência financeira. Alguns anos atrás, um jovem inventor criou uma utilidade doméstica singular e prática. Mas estava em desvantagem — como inventores com frequência estão —, pois não tinha dinheiro para colocar sua invenção no mercado. Além disso, sem ter o hábito de poupar, ele verificou ser impossível conseguir dinheiro emprestado dos bancos.

Seu colega de quarto era um jovem maquinista que havia poupado US$ 200. Ele veio em ajuda do inventor com essa pequena soma, e tiveram o suficiente para iniciar a fabricação do artigo. Saíram a vender o primeiro lote de casa em casa. Aí voltaram e fizeram outro lote, e assim repetidamente até acumular (graças à economia e capacidade de poupar do colega de quarto) um capital de US$ 1 mil. Com isso, mais algum crédito obtido, compraram as ferramentas para fabricar seu produto.

O jovem maquinista vendeu sua parte no negócio seis anos depois por US$ 250 mil. Ele jamais haveria colocado a mão em tanto dinheiro durante toda a vida se não tivesse formado o hábito de poupar que lhe permitiu ajudar o amigo inventor.

DIA 94

Esse caso pode ser multiplicado mil vezes, com pouca variação nos detalhes, pois descreve bastante bem o início de muitas grandes fortunas já feitas e sendo feitas hoje nos Estados Unidos.

Pode parecer triste e cruel, mas é fato que, se você não tem dinheiro e não desenvolveu o hábito de poupar, está "sem sorte" no que se refere a valer-se da oportunidade de fazer dinheiro.

Não faz mal algum repetir — na verdade deveria ser repetido muitas e muitas vezes — que o verdadeiro começo de quase todas as fortunas, pequenas ou grandes, é o hábito de poupar!

*Tudo passa e é igualmente temporário; apenas a verdade permanece de modo permanente.*

Tenha esse princípio básico firme em sua mente e estará bem encaminhado para a independência financeira!

É triste ver um homem idoso que se condenou à enfadonha e árdua rotina de trabalho duro todos os dias de sua vida porque negligenciou o hábito de poupar; todavia, hoje em dia existem milhões desses homens apenas nos Estados Unidos.

A melhor coisa da vida é a liberdade!

Não pode haver liberdade real sem um grau razoável de independência financeira. É terrível ser obrigado a estar em um determinado lugar, realizar determinada tarefa (talvez uma tarefa de que não se goste) por um determinado número de horas, todos os dias da semana, a vida inteira. Sob certos aspectos é a mesma coisa que estar preso, já que a escolha de ação é sempre limitada. Não é realmente melhor do que estar na prisão com o privilégio de um "detento" e sob certos aspectos é até mesmo pior, porque o homem que está aprisionado fugiu à responsabilidade de providenciar um lugar para dormir, algo para comer e roupas para vestir.

A única esperança de escapar dessa labuta perpétua que reduz a liberdade é cultivar o hábito de poupar e então viver de acordo, não importa quanto sacrifício isso possa exigir. Não existe outro jeito para milhões de pessoas, e, a menos que você seja uma das raras exceções, esta lição e todas as afirmações destinam-se e se aplicam a você!

> Não empreste nem peça emprestado;
> Pois ao se emprestar frequentemente perde-se o dinheiro e o amigo,
> E pedir emprestado embota o fio da economia.
> Acima de tudo, seja fiel a si mesmo,
> Disso se segue, como a noite ao dia,
> Que você não pode ser falso a homem nenhum.
>
> — *Shakespeare*

Quando não souber o que fazer ou que caminho seguir, sorria. Isso vai relaxar sua mente e deixar o sol da felicidade entrar em sua alma.

# LIÇÃO 5

# INICIATIVA E LIDERANÇA



*"Você pode fazer se acreditar que pode!"*

Antes de proceder ao domínio desta lição, sua atenção será direcionada para o fato de que existe uma coordenação perfeita de pensamentos no decorrer deste curso. Você vai observar que as dezesseis lições harmonizam-se e se misturam umas com as outras, constituindo uma perfeita corrente, construída elo por elo com base nos fatores que participam do desenvolvimento do poder graças ao esforço organizado.

Você vai observar também que os mesmos princípios fundamentais de psicologia aplicada formam a base de cada uma das dezesseis lições, embora utilizados de forma diferente em cada uma delas.

Esta lição sobre iniciativa e liderança segue-se à da autoconfiança porque ninguém poderia se tornar um líder eficiente ou tomar a iniciativa em qualquer grande empreendimento sem acreditar em si mesmo.

Iniciativa e liderança são termos associados nesta lição porque liderança é essencial para a obtenção de sucesso, e iniciativa é a fundação sobre a qual a qualidade necessária de liderança é construída. A iniciativa é tão essencial para o sucesso quanto o eixo é essencial para a roda de um veículo.

E o que é iniciativa?

É a qualidade extremamente rara que incita — ou melhor, estimula — uma pessoa a fazer o que deve ser feito sem que alguém mande fazer. Elbert Hubbard expressou-se sobre a iniciativa nas seguintes palavras:

> O mundo confere seus grandes prêmios, tanto em dinheiro quanto honras, a uma coisa: iniciativa.
>
> O que é iniciativa? Vou dizer: é fazer a coisa certa sem ser mandado.
>
> O mais próximo de fazer a coisa certa sem ser mandado é fazer tão logo seja mandado. Por exemplo: "Leve a mensagem a Garcia". Aqueles que levam a mensagem recebem grandes honras, mas o pagamento nem sempre é proporcional.
>
> A seguir, tem aqueles que fazem a coisa certa apenas quando a necessidade obriga, recebendo indiferença em vez de honras e uma ninharia de salário.
>
> Esse tipo gasta a maior parte do tempo reclamando da má sorte.
>
> Aí, mais baixo ainda na escala, temos o camarada que não fará a coisa certa mesmo que alguém acompanhe, mostre como fazer e ainda fique junto para ajudar. Está sempre desempregado e recebe o desprezo que merece, a menos que tenha um pai rico; nesse caso o destino pacientemente o espera com um pesado porrete ao dobrar a esquina.
>
> A qual classe você pertence?

DIA 96

Visto que você deve fazer um inventário pessoal e determinar de quais dos quinze fatores deste curso mais precisa após completar as dezesseis lições, pode ser bom começar a se preparar para a análise respondendo à pergunta de Elbert Hubbard:

A qual classe você pertence?

Uma das peculiaridades da liderança é nunca ser encontrada em quem não adquiriu o hábito de tomar a iniciativa. Liderança é algo que você busca por si, ela nunca incidirá sobre você. Se analisar cuidadosamente todos os líderes que conhece, você verá que eles não somente exercitam a iniciativa como se lançam ao trabalho com um objetivo definido em mente. Verá também que possuem a qualidade descrita na terceira lição deste curso — autoconfiança.

Esses fatos são mencionados nesta lição porque lhe será proveitoso observar que pessoas bem-sucedidas fazem uso de todos os fatores cobertos pelas dezesseis lições do curso e, mais importante ainda, porque lhe será proveitoso entender plenamente o princípio do esforço organizado que este curso pretende estabelecer em sua mente.

Este parece um momento apropriado para afirmar que este curso não pretende ser um atalho para o sucesso, nem uma fórmula mecânica que você possa usar em alguma realização notável sem esforço de sua parte. O verdadeiro valor deste curso está no uso que você fará dele e não no curso em si. O objetivo principal é ajudá-lo a desenvolver as quinze qualidades abordadas nas dezesseis lições, e uma das qualidades mais importantes é a iniciativa, o tema desta lição.

Vamos proceder agora à aplicação do princípio em que esta lição se baseia, descrevendo em detalhes como serviu para se concluir com êxito uma transação de negócios que a maioria das pessoas consideraria difícil.

Em 1916, necessitei de US$ 25 mil para criar uma instituição educacional, mas não tinha nem a soma, nem garantias suficientes para um empréstimo bancário. Será que lamentei meu destino ou pensei no que poderia realizar se algum parente rico ou bom samaritano viesse em socorro emprestando o capital necessário?

Nada disso!

Fiz exatamente o que você será aconselhado fazer ao longo deste curso. Primeiro, fiz da obtenção de capital o meu objetivo principal definido. Segundo, fiz um plano completo para transformar o objetivo em realidade. Respaldado por autoconfiança suficiente e estimulado pela iniciativa, tratei de colocar meu plano em ação. Mas, antes de chegar ao estágio da "ação", dediquei mais de seis semanas de estudo, esforço e pensamento constantes e persistentes ao plano. Para ser sólido, um plano deve ser construído com material cuidadosamente escolhido.

Você vai observar aqui a aplicação do princípio do esforço organizado, pelo qual é possível aliar ou associar muitos interesses de tal maneira que cada um desses interesses é grandemente fortalecido e apoia todos os outros, assim como o elo de uma corrente segura todos os outros.

Eu queria um capital de US$ 25 mil para criar uma escola de publicidade e vendas. Eram necessárias duas coisas para a organização de tal escola. Primeiro, o capital de US$ 25 mil que eu não tinha, e segundo, o curso de instrução adequado, que eu tinha. Meu problema era me aliar com um grupo de homens que necessitassem do que eu possuía e que pudessem fornecer os US$ 25 mil. Essa aliança tinha que ser feita a partir de um plano que beneficiasse todos os envolvidos.

*O espaço que você ocupa e a autoridade que exerce podem ser medidos com precisão matemática pelo serviço que você presta.*

Após meu plano estar concluído e eu estar convicto de que era razoável e sólido, apresentei-o ao dono de uma faculdade de administração conhecida e de boa reputação que naquele momento necessitava muito de um projeto para encarar a forte concorrência.

DIA 97

Meu plano foi apresentado mais ou menos assim:

Visto que você tem umas das mais conceituadas faculdade de administração da cidade,

Visto que necessita de um plano para enfrentar a grande concorrência no setor,

Visto que sua boa reputação proporciona todo o crédito de que você precisa e

Visto que eu tenho o plano que vai ajudá-lo a vencer com sucesso essa concorrência,

Vamos nos aliar em um plano que proporcionará o que você necessita e ao mesmo tempo fornecerá algo de que necessito.

Então prossegui na apresentação de meu plano nos seguintes termos:

> Produzi um curso muito prático de publicidade e vendas. Tendo elaborado o curso a partir de minha experiência concreta no treinamento e orientação de vendedores, bem como em planejamento e direção de muitas campanhas publicitárias bem-sucedidas, tenho muitas evidências de sua solidez.
>
> Se você utilizar seu crédito para ajudar a lançar este curso, vou colocá-lo em sua faculdade de administração como uma cadeira regular do currículo e assumir o comando do novo departamento. Nenhuma outra faculdade de administração da cidade terá condições de competir com você, pois nenhuma tem um curso como esse. A publicidade que você fará para promover o curso servirá também para estimular a demanda pelo curso de administração regular. Você pode cobrar do meu departamento toda a quantia gasta nessa publicidade, e a conta será paga por lá, dando a você a vantagem decorrente para os outros departamentos sem custos.
>
> Bem, acredito que você queira saber onde eu lucro com essa transação e vou explicar. Quero que você faça um contrato comigo concordando que, quando as receitas de meu departamento igualarem o que foi pago em publicidade, meu departamento e meu curso de publicidade e vendas se tornarão de minha propriedade e poderei ter o privilégio de separar o departamento de sua escola e gerenciá-lo em meu nome.
>
> O plano foi aprovado, e o contrato foi fechado. (Por favor, tenha em mente que meu objetivo definido era assegurar o uso de US$ 25 mil para os quais eu não tinha garantias a oferecer.)

Em pouco menos de um ano, a faculdade de administração havia pagado pouco mais de US$ 25 mil pela publicidade e comercialização de meu curso e outras despesas extras para a operação do departamento recém-organizado, enquanto o departamento havia coletado e repassado à faculdade a mesma quantia em taxas de matrícula. Assumi o controle do departamento, como um negócio autossustentável já em andamento, de acordo com os termos do contrato.

De fato, o novo departamento serviu não apenas para atrair alunos para outros departamentos da faculdade, como as taxas de matrícula foram suficientes para colocá-lo em uma base autossustentável antes do final do primeiro ano.

Agora você pode ver que, embora a faculdade não tenha me emprestado um centavo de capital em dinheiro, forneceu o crédito que cumpriu exatamente o mesmo objetivo.

Eu disse que meu plano baseava-se em equidade, prevendo benefícios a todas as partes interessadas. O benefício para mim foi o uso de US$ 25 mil, resultando em um negócio estabelecido e autossustentável no final do seu primeiro ano. O benefício para a faculdade foram os alunos obtidos para o curso regular de comércio e negócios como resultado do dinheiro gasto na publicidade de meu departamento, sendo que toda publicidade foi feita em nome da faculdade.

Essa faculdade de administração tornou-se uma das mais bem-sucedidas do ramo e se destaca como uma sólida evidência do valor do esforço aliado.

Esse incidente foi relatado não só porque mostra o valor da iniciativa e da liderança, mas porque leva ao assunto abordado na próxima lição da Lei do Sucesso, que é a imaginação.

Em geral, existem muitos planos pelos quais um objeto desejado pode ser alcançado, e com frequência é verdade que os métodos óbvios e usuais não são os melhores. O método usual de procedimento no caso relatado seria pedir empréstimo a um banco. Você pode ver que no caso esse método era impraticável, pois não havia garantia disponível.

Um grande filósofo disse: "Iniciativa é a chave que abre a porta da oportunidade".

Não recordo quem foi esse filósofo, mas sei que ele era grande por causa da solidez da afirmação.

Vamos agora delinear o procedimento exato que você deve seguir para se tornar uma pessoa de iniciativa e liderança.

PRIMEIRO: você deve dominar o hábito da procrastinação e eliminá-lo de sua constituição. O hábito de deixar para amanhã o que você deveria ter feito na semana passada ou no ano passado, ou muitos anos atrás consome a vitalidade do seu ser, e você não vai conquistar nada até livrar-se dele.

O método para eliminar a procrastinação baseia-se em um princípio psicológico bem conhecido e cientificamente testado, referido em duas lições anteriores como autossugestão.

Copie esta fórmula e a deixe bem visível em seu quarto, onde possa vê-la ao se recolher à noite e ao levantar pela manhã:



## INICIATIVA E LIDERANÇA

Tendo escolhido um objetivo principal definido para minha vida profissional, eu agora entendo que é meu dever transformar tal meta em realidade.

Portanto, vou criar o hábito de fazer alguma ação definida a cada dia que me leve um passo mais próximo de alcançar meu objetivo principal definido.

Sei que a procrastinação é inimiga mortal de todos que se tornarão líderes em qualquer atividade e vou eliminar este hábito da seguinte forma:

A. Fazendo a cada dia alguma coisa definida que deve ser feita sem que alguém mande fazer.

B. Olhando ao redor a cada dia até encontrar pelo menos uma coisa que eu possa fazer que não tivesse o hábito de fazer antes e que seja de valor para os outros, sem expectativas de retribuição.

C. Falando, pelo menos para uma pessoa a cada dia, sobre o valor de praticar o hábito de fazer algo que deve ser feito sem ser mandado.

Posso ver que os músculos do corpo se tornam mais fortes à medida que são usados; portanto, entendo que o hábito da iniciativa também se fixa à medida que é praticado.

Percebo que o lugar para dar início ao hábito da iniciativa é nas pequenas coisas comuns relacionadas a meu trabalho diário; portanto, irei para o trabalho todos os dias como se estivesse fazendo isso somente com o objetivo de desenvolver o necessário hábito da iniciativa.

Entendo que, pela prática de tomar a iniciativa em relação ao trabalho diário, estarei não apenas desenvolvendo tal hábito, mas também atraindo a atenção daqueles que atribuirão grande valor a meu trabalho como resultado dessa prática.

Assinado ______________________________

Independente do que esteja fazendo, todos os dias você encara a chance de prestar algum serviço fora do curso das tarefas regulares que será de valor para outros. Ao prestar esse serviço adicional por conta própria, é claro que você entende que não está agindo com o objetivo de receber pagamento em dinheiro. Você presta o serviço porque lhe proporciona um meio de exercitar, desenvolver e fortalecer o espírito agressivo de iniciativa que deve possuir antes de poder se tornar uma figura proeminente nas atividades da área profissional escolhida.

Aqueles que trabalham só por dinheiro e recebem apenas dinheiro como pagamento são sempre mal pagos, não importa o quanto recebam. Dinheiro é necessário, mas os grandes prêmios da vida não podem ser medidos em dólares ou centavos.

Nenhuma quantidade de dinheiro possivelmente poderia tomar o lugar da felicidade e alegria que pertencem à pessoa que cava um fosso melhor, ou constrói um galinheiro melhor, ou varre um chão melhor, ou prepara uma comida melhor. Toda pessoa comum ama criar algo melhor que a média. A alegria de criar uma obra de arte não pode ser substituída por dinheiro ou qualquer outra forma de bem material.

Uma de minhas funcionárias é uma moça que abre, classifica e responde muito de minha correspondência pessoal. Ela começou a trabalhar em minha empresa há mais de três anos. Na época sua tarefa era anotar ditados quando solicitado. Seu salário estava na média do que outros recebem por serviço semelhante. Um dia eu ditei o seguinte lema e pedi que ela datilografasse:

Lembre-se que sua única limitação é aquela que você coloca em sua mente.

Ao entregar a página datilografada, ela disse: "Seu lema me deu uma ideia que será de valor para mim e para você".

> *"O que lhe ajudou a vencer os grandes obstáculos da vida?", perguntaram a um homem muito bem-sucedido. "Os outros obstáculos", ele respondeu.*

Falei que ficava feliz por ter ajudado. O incidente não causou impressão particular em mim, mas daquele dia em diante pude ver que havia causado uma enorme impressão na mente da funcionária. Ela começou a voltar ao escritório após o jantar e fazer serviços para os quais não era paga e que nem se esperava que executasse. Sem ninguém mandar, começou a trazer à minha mesa cartas que havia respondido por mim. Ela havia estudado meu estilo, e as cartas eram redigidas tão bem como se eu tivesse escrito; em alguns casos eram muito melhores. Ela manteve esse hábito até minha secretária pessoal pedir demissão. Quando comecei a procurar alguém para substituí-la, nada mais natural do que recorrer à jovem para ocupar a vaga. Antes que eu tivesse tempo de oferecer o cargo, ela o assumiu por iniciativa própria. Minha correspondência pessoal começou a chegar à minha mesa com o nome de uma nova secretária anexado, e era ela a secretária. Por sua própria conta, em horário após o expediente, sem pagamento adicional, ela se preparou para o melhor cargo em minha equipe.

Mas isso não é tudo. A jovem se tornou tão notavelmente eficiente que começou a chamar a atenção de outros, que lhe ofereceram cargos atraentes. Aumentei seu salário muitas vezes, e hoje ela ganha mais de quatro vezes o que recebia quando começou a trabalhar para mim como estenógrafa comum, e, para falar a verdade, estou impotente quanto a isso, pois ela se tornou tão valiosa que não posso ficar sem ela.

Isso é iniciativa colocada em termos práticos e compreensíveis. Eu seria descuidado em minhas atribuições se falhasse em dirigir sua atenção para uma vantagem, além do salário muitíssimo maior, que a iniciativa dessa moça lhe proporcionou. Ela desenvolveu um espírito de alegria que lhe proporciona uma felicidade que a maioria dos estenógrafos jamais conhecem. Seu trabalho não é trabalho — é um jogo maravilhoso e interessante que ela joga. Mesmo que chegue ao escritório antes dos estenógrafos regulares e permaneça muito tempo depois de ver o relógio marcar cinco horas e o fim do expediente, suas horas são bem mais curtas que a dos outros trabalhadores. As horas de trabalho não se arrastam nas mãos daqueles que estão felizes no serviço.

Isso nos leva ao próximo passo na descrição do procedimento exato que você deve seguir para desenvolver iniciativa e liderança.

SEGUNDO: claro que você entende que a única maneira de obter felicidade é distribuindo-a aos outros. O mesmo se aplica ao desenvolvimento da iniciativa. Você pode desenvolver melhor essa qualidade essencial instigando aqueles ao seu redor a fazerem o mesmo. É bem sabido que o homem aprende melhor o que ele se empenha em ensinar aos outros. Se um homem abraça certa crença ou religião, a primeira coisa que faz é tentar "vendê-la" a outros. E ele impressiona a si mesmo exatamente na mesma proporção em que impressiona os outros.

Na área de vendas é fato conhecido que nenhum vendedor é bem-sucedido nas negociações até ter feito primeiro um bom trabalho vendendo para si mesmo. Dizendo de modo inverso, nenhum vendedor consegue fazer o seu melhor em vender para os outros sem, mais cedo ou mais tarde, vender para si o que está tentando vender para os outros.

Uma pessoa também virá a acreditar em qualquer afirmação que repita várias vezes com o objetivo de induzir outros a acreditar, e isso é válido sendo a afirmação verdadeira ou não.

Você pode ver, agora, a vantagem de se ocupar em falar em iniciativa, pensar em iniciativa, comer iniciativa, dormir iniciativa e praticar iniciativa. Fazendo isso você se tornará um indivíduo de iniciativa e liderança, pois é bem sabido que as pessoas seguem de bom grado, pronta e voluntariamente, quem mostra por suas ações que tem iniciativa.

No lugar onde trabalha ou na comunidade onde vive, você tem contato com outras pessoas. Trate de deixar todos que o ouvirem interessados em desenvolver a iniciativa. Não será necessário explicar por que você está fazendo isso, nem mesmo anunciar que está fazendo isso. Simplesmente vá em frente e faça. Você vai entender que está fazendo porque essa prática vai ajudá-lo e no mínimo mal não fará àqueles que forem influenciados a praticar.

Se desejar fazer um experimento que se provará interessante e proveitoso, escolha um conhecido que saiba ser uma pessoa que nunca faz nada além do esperado e comece a vender sua ideia de iniciativa. Mas não pare ao discutir o assunto apenas uma vez, faça isso toda vez que tiver uma oportunidade conveniente. Aborde o assunto de um ângulo diferente a cada vez. Se fizer esse experimento de forma diplomática e incisiva, em breve observará uma mudança na pessoa em quem está testando.

E observará algo ainda mais importante: observará uma mudança em si mesmo!

Não deixe de tentar esse experimento.

Você não pode falar de iniciativa para os outros sem desenvolver o desejo de praticar. Pela autossugestão, toda afirmação que você faz aos outros fica impressa em seu subconsciente, e isto é válido sendo a afirmação verdadeira ou não.

Você deve ter ouvido muitas vezes o ditado: "Aquele que viver pela espada morrerá pela espada".

Interpretado de forma correta, significa apenas que estamos constantemente atraindo para nós e entretecendo em nossas características e personalidade aquelas qualidades que nossa influência está ajudando a criar nos outros. Se ajudamos os outros a desenvolverem o hábito da iniciativa, desenvolvemos o mesmo hábito. Se semeamos sementes de ódio, inveja e desencorajamento nos outros, desenvolvemos essas qualidades em nós. Esse princípio pelo qual um homem assemelha-se em natureza àquele que mais admira, é plenamente apresentado em *O grande rosto de pedra*, de Nathaniel Hawthorne, uma história que todos os pais deveriam fazer os filhos ler.

Chegamos agora ao próximo passo na descrição do procedimento exato que você deve seguir para desenvolver iniciativa e liderança.

*Acalente suas visões e sonhos, pois são os filhos de sua alma, o diagrama de suas realizações definitivas.*

TERCEIRO: antes de seguirmos adiante, que fique entendido o significado de "liderança" conforme usado neste curso. Existem dois tipos de liderança, e o que um deles tem de mortal e destrutivo o outro tem de útil e construtivo. O tipo mortal, que não leva ao sucesso, mas ao fracasso absoluto, é adotado por pseudolíderes que forçam sua liderança sobre seguidores relutantes. Não será necessário descrever aqui esse tipo ou apontar os campos de atividade em que é praticado, com exceção da guerra, e nesse setor vamos mencionar um exemplo notável — Napoleão.

Napoleão era um líder, disso não há dúvidas, mas conduziu seus seguidores e a si mesmo para a destruição. Os detalhes estão registrados na história da França e do povo francês, onde você pode estudá-los se quiser.

O tipo de liderança recomendado neste curso não é a de Napoleão, embora eu admita que ele possuía todos os elementos essenciais de uma grande liderança, exceto um — não tinha como objetivo ajudar os outros. Seu desejo pelo poder proveniente da liderança era baseado apenas em autoengrandecimento. Seu desejo de liderança foi construído sobre a ambição pessoal e não sobre o desejo de alçar os franceses a uma categoria mais alta e nobre entre as nações.

O tipo de liderança recomendado neste curso é o que leva à autodeterminação, liberdade, autodesenvolvimento, esclarecimento e justiça. É o tipo que dura. Por exemplo, e em contraste ao tipo de liderança com que

Napoleão se destacou, podemos considerar Abraham Lincoln. O objetivo de sua liderança era trazer verdade, justiça e entendimento à população dos Estados Unidos. Mesmo que tenha morrido como mártir de sua crença nesse tipo de liderança, seu nome está gravado no coração do mundo em termos de bondade amorosa que produz apenas o bem.

Lincoln e Napoleão lideraram exércitos na guerra, mas os objetivos de suas lideranças eram tão diferentes quanto a noite do dia. Se fosse lhe proporcionar um melhor entendimento dos princípios sobre os quais este curso se baseia, poderia citar facilmente que lideranças de hoje assemelham-se tanto a Napoleão quanto a Lincoln, mas isso não é essencial; sua própria capacidade de olhar em volta e analisar os homens que assumem papéis de liderança em todas as linhas de atividade é suficiente para apontar os tipos Lincoln e Napoleão. Seu próprio julgamento irá ajudá-lo a decidir que tipo prefere emular.

Não pode haver dúvidas em sua mente sobre que tipo de liderança é recomendado neste curso, assim como não deve haver questionamento sobre qual dos dois tipos descritos você irá adotar. Todavia, não fazemos recomendações a esse respeito porque o curso foi preparado como uma maneira de colocar diante dos alunos os princípios sobre os quais se desenvolve o poder e não uma pregação sobre condutas éticas. Apresentamos tanto as possibilidades construtivas quanto as destrutivas para que você se familiarize com ambas, mas deixamos inteiramente a seu critério a escolha e aplicação dos princípios, acreditando que sua inteligência irá guiá-lo na escolha sábia.

## A PENALIDADE DA LIDERANÇA

DIA 101

Em todos os campos da atividade humana, aquele que ocupa o primeiro lugar vive perpetuamente à luz da publicidade. Quer a liderança esteja investida em um homem ou um produto, a imitação e a inveja estão sempre presentes.

Na arte, na literatura, na música, na indústria, as recompensas e penalidades são sempre as mesmas. A recompensa é o reconhecimento geral; a penalidade, a rejeição feroz e a difamação.

Quando o trabalho de um homem se torna um padrão para o mundo inteiro, também se torna um alvo para as setas dos invejosos. Se seu trabalho for apenas medíocre, ele será deixado severamente sozinho — se produzir uma obra de arte, um milhão de línguas irão se agitar.

O ciúme não projeta sua língua bífida para o artista que produz uma pintura comum.

Não importa se você escreve, pinta, toca, canta ou constrói, ninguém se esforçará para superá-lo ou caluniá-lo a não ser que sua obra tenha a marca do gênio.

Muito, muito depois de uma grande ou boa obra ter sido feita, os desapontados ou invejosos continuam a clamar que não pode ser feita.

Vozes maldosas levantaram-se contra o autor da Lei do Sucesso antes que a tinta dos primeiros manuais estivesse seca. Canetas venenosas foram lançadas contra o autor e sua filosofia no momento em que a primeira edição do curso foi impressa.

Vozes malévolas do mundo da arte atacaram James Abbott McNeill Whistler como um charlatão após o mundo tê-lo aclamado como um grande gênio artístico.

Multidões afluíram a Bayreuth para adorar o santuário musical de Wagner, enquanto um grupinho destronado e desalojado por ele argumentava raivoso que Wagner não era músico de jeito nenhum.

O mundinho ficou a declarar que Robert Fulton jamais conseguiria construir um barco a vapor, enquanto o mundão afluiu para as margens do rio para ver sua embarcação passar.

Vozes tacanhas bradaram que Henry Ford não duraria outro ano, mas acima e além dessa tagarelice infantil, Ford tocou seu trabalho em silêncio e se tornou o homem mais rico e poderoso do mundo.

O líder é atacado porque é líder, e o esforço para se igualar a ele é apenas mais uma prova de sua liderança.

Fracassando em se igualar ou sobrepujar, o seguidor procura depreciar e destruir — mas apenas confirma a superioridade daquele que se esforça para derrubar.

Não existe nada de novo nisso.

É tão velho quanto o mundo e tão velho quanto as paixões humanas — inveja, medo, ganância, ambição e desejo de sobrepujar.

E tudo isso dá em nada.

Se o líder realmente lidera, permanece líder!

O grande poeta, o grande pintor, o grande artífice, cada um deles é atacado e conserva seus louros através dos tempos.

O que é bom ou grandioso se faz conhecido, não importa quão ruidoso o clamor de negação.

Um verdadeiro líder não pode ser caluniado ou prejudicado pelas mentiras dos invejosos porque todas essas tentativas servem apenas para colocar o holofote sobre sua capacidade, e a verdadeira capacidade sempre encontra um séquito generoso.

As tentativas de destruir uma liderança verdadeira são trabalho perdido, porque aquilo que merece viver vive!

✦

DIA 102

Retornamos agora à discussão do terceiro passo do procedimento que você deve seguir para desenvolver iniciativa e liderança. Este passo nos leva à revisão do princípio do esforço organizado descrito nas lições anteriores deste curso.

Você já aprendeu que nenhum homem pode conquistar resultados duradouros de natureza abrangente sem a ajuda e cooperação de outros. Você já aprendeu que, quando duas ou mais pessoas aliam-se em qualquer empreendimento, em um espírito de harmonia e entendimento, cada membro da aliança multiplica seus próprios poderes de realização. Em lugar algum este princípio é mais evidente do que na indústria ou empresa onde existe um trabalho em equipe perfeito entre empregados e empregadores. Onde quer que encontre trabalho em equipe, você encontra prosperidade e boa vontade em ambos os lados.

Dizem que cooperação é a palavra mais importante da língua inglesa. Desempenha papel importante nos assuntos domésticos, no relacionamento entre marido e esposa, pais e filhos. Desempenha papel importante nos assuntos de estado. A cooperação é tão importante que nenhum líder se torna poderoso ou dura muito se não a entende e aplica em sua liderança.

A falta de cooperação destrói mais empresas do que todas as outras causas juntas. Nos meus 25 anos de ativa experiência e observação empresarial, testemunhei a destruição de todos os tipos de firma por discórdia e falta de aplicação do princípio da cooperação. Na prática do direito, observei a destruição de lares e casos de divórcios sem fim como resultado da falta de cooperação entre marido e esposa. No estudo da história das nações fica assustadoramente óbvio que a falta de esforço cooperativo tem sido uma maldição para a humanidade em todas as eras. Vire as páginas dessas histórias, estude e você aprenderá uma lição sobre cooperação que ficará indelevelmente marcada em sua mente por anos e anos.

*Serviço, sacrifício e autocontrole são três palavras que devem ser bem entendidas pela pessoa bem-sucedida em fazer algo útil para o mundo.*

Você está pagando, e seus filhos, assim como os filhos dos seus filhos, continuarão pagando pelo custo da guerra mundial mais cara e destrutiva que o mundo já viu, pois as nações ainda não aprenderam que uma parte do mundo não pode sofrer sem dano e sofrimento para o mundo todo.

A mesma regra se aplica, com efeito notável, na conduta dos negócios e indústrias modernos. Quando uma indústria fica desorganizada, desgastada por greves e outras formas de desentendimento, empregados e empregadores sofrem perdas irreparáveis. Mas o dano não para por aí: a perda se torna um fardo para o público e assume a forma de preços mais elevados e escassez de artigos essenciais.

As pessoas que moram em imóveis alugados nos Estados Unidos estão sentindo o fardo, neste exato momento, da falta de cooperação entre empreiteiros e operários. O relacionamento entre as construtoras e seus empregados ficou tão incerto que os empreiteiros não constroem um prédio sem adicionar ao custo uma soma arbitrária suficiente para protegê-los em caso de problemas trabalhistas. Esse custo adicional aumenta os aluguéis e coloca encargos desnecessários sobre as costas de milhões de pessoas. Nesse exemplo, a falta de cooperação entre alguns homens coloca fardos pesados e quase insuportáveis sobre milhões de pessoas.

O mesmo mal ocorre em nossas ferrovias. A falta de harmonia e cooperação entre a gestão ferroviária e os trabalhadores tornou necessário o aumento das tarifas de carga e passageiros, e isso aumentou o custo de vida em proporções quase insuportáveis. Mais uma vez a falta de cooperação entre poucas pessoas gera dificuldades para milhões.

Esses fatos são citados sem intenção ou desejo de atribuir responsabilidade à falta de cooperação, já que o objetivo deste curso é ajudar os alunos a chegar aos fatos.

Pode se afirmar com certeza que o alto custo de vida verificado hoje por toda parte provém da falta de aplicação do princípio de liderança cooperativa. Aqueles que desejam desacreditar os atuais sistemas de governo e de gerenciamento de indústrias podem fazê-lo, mas na análise final fica óbvio para todos, exceto para quem não está procurando a verdade, que o mal do governo e da indústria provém da falta de cooperação.

Porém, não é certo dizer que todos os males do mundo limitam-se a questões de estado e da indústria. Dê uma olhada nas igrejas e você observará os efeitos prejudiciais da falta de cooperação. Não se faz aqui nenhuma referência em particular, apenas analise qualquer igreja ou grupo de igrejas em que predomine a falta de coordenação dos esforços e você verá evidências da desintegração que limita o serviço que pode ser realizado. Por exemplo, pegue uma cidadezinha onde tenha surgido rivalidade entre as igrejas e repare no que acontece, especialmente nas cidades onde o número de igrejas é muito desproporcional ao da população.

Com esforço harmonizado e cooperação, as igrejas do mundo poderiam exercer influência suficiente para tornar a guerra uma impossibilidade. Pelo mesmo princípio do esforço cooperativo, igrejas e lideranças empresariais e industriais poderiam eliminar a malandragem e as práticas abusivas, e tudo isso poderia ser realizado rapidamente.

Tais possibilidades não são mencionadas com espírito de crítica e sim como forma de ilustrar o poder da cooperação e enfatizar minha crença no poder potencial das igrejas do mundo. Para que não haja possibilidade de interpretação errada daquilo que digo sobre as igrejas, vou repetir o que digo com frequência: se não fosse a influência das igrejas, ninguém estaria seguro ao caminhar pela rua. Os homens saltariam na garganta uns dos outros como lobos, e a civilização ainda estaria na era pré-histórica. Minha reclamação não se refere ao trabalho que as igrejas fizeram, mas ao que poderiam ter feito por meio da liderança baseada em esforço coordenado e cooperativo, que teria levado a civilização pelo menos mil anos à frente do que está hoje. Ainda não é tarde demais para tal liderança.

Para que possa entender mais plenamente o princípio fundamental do esforço cooperativo, você deve ir a uma biblioteca pública e ler *The Science of Power* (A ciência do poder), de Benjamin Kidd. Das dúzias de obras de alguns dos mais sólidos pensadores mundiais que li nos últimos quinze anos, nenhuma proporcionou tanto entendimento sobre as possibilidades do esforço cooperativo quanto esta. Ao recomendar a leitura, não é meu objetivo endossar o livro na íntegra, pois apresenta algumas teorias com as quais não estou de acordo. Se você o ler, faça-o com mente aberta e pegue somente o que achar que pode usar na conquista de seu objetivo principal definido. O livro vai estimular o pensamento, que é o maior serviço que qualquer livro pode prestar. De fato, o principal objetivo deste curso é estimular o pensamento deliberado, em especial o tipo de pensamento livre de viés e preconceito, que busca a verdade, não importa onde, como ou quando ela possa ser encontrada.

Durante a Primeira Guerra Mundial, tive a sorte de ouvir a análise de um grande soldado sobre como se tornar um líder. A análise foi proferida aos alunos-oficiais do segundo acampamento de treino em Fort Sheridan pelo major do exército Christian Albert Bach, oficial quieto e modesto que atuava como instrutor. Guardei uma cópia do discurso porque acredito ser uma das melhores lições sobre liderança já registradas.

A sabedoria do major Bach é tão vital ao empresário que aspira a liderança, ao chefe de setor, estenógrafo, capataz ou presidente de fábrica que a preservei como parte do curso. Espero sinceramente que, por intermédio deste curso, essa dissertação memorável chegue às mãos de todo empregador, trabalhador e pessoa ambiciosa que aspira liderança em qualquer atividade. Os princípios em que o discurso se baseia são aplicáveis à liderança empresarial, industrial e financeira, assim como na condução bem-sucedida da guerra.

O major Bach falou conforme segue:

## LIDERANÇA



Em pouco tempo, cada um de vocês irá controlar as vidas de um determinado número de homens. Terão sob seu comando cidadãos leais, mas destreinados, que buscarão instrução e orientação em vocês. As palavras de vocês serão lei para eles. A observação mais casual será lembrada. Seus maneirismos serão copiados. Suas roupas, comportamento, vocabulário, estilo de comandar serão imitados.

Quando se juntarem a suas unidades, encontrarão um grupo de homens dispostos, que não pedirão a vocês nada mais do que as qualidades que vão garantir o respeito, lealdade e obediência deles.

Eles estarão totalmente prontos e ávidos para seguir vocês, desde que possam convencê-los de que possuem tais qualidades. Caso chegue o dia em que eles fiquem convencidos de que vocês não as possuem, podem dizer adeus. A utilidade de vocês naquele grupo terá acabado.

(Como isso é notavelmente verdadeiro em todos os tipos de liderança.)

Do ponto de vista da sociedade, o mundo pode ser dividido em líderes e seguidores. Os profissionais liberais têm líderes, o mundo financeiro tem líderes. Em todas essas lideranças é difícil, se não impossível, separar do elemento de pura liderança o elemento egoísta de ganho pessoal ou vantagem individual, sem o qual qualquer liderança perderia o valor.

Apenas no serviço militar, onde os homens sacrificam suas vidas voluntariamente por uma fé e estão dispostos a sofrer ou morrer pelo certo ou para impedir o errado, podemos esperar a realização da liderança em seu sentido mais exaltado e desinteressado. Portanto, quando digo liderança, me refiro a liderança militar.

*Arranje desculpas para as falhas dos outros se quiser, mas atenha-se a uma rigorosa prestação de contas pessoal se quiser conquistar a liderança em qualquer atividade.*

Em poucos dias, a grande maioria de vocês receberá a patente de oficial. A patente não fará de vocês líderes, simplesmente fará de vocês oficiais. Colocará vocês em uma posição em que podem se tornar líderes se possuírem os atributos necessários. Mas vocês devem ter êxito, nem tanto com os homens acima de vocês e sim com os homens abaixo.

Os homens devem seguir e seguem oficiais que não são líderes rumo à batalha, mas sua força motriz não é o entusiasmo e sim a disciplina. Vão com dúvida e hesitação, o que suscita a pergunta implícita: "O que ele fará em seguida?". Tais homens obedecem a ordens ao pé da letra, mas não mais que isso. Nada sabem sobre devoção ao comandante, entusiasmo exacerbado que despreza o risco pessoal, autossacrifício para assegurar a segurança pessoal do líder. As pernas os carregam adiante porque o cérebro e o treinamento dizem que eles devem ir. O espírito não vai junto.

Grandes resultados não são alcançados por soldados frios, passivos e indiferentes. Eles não vão muito longe e param assim que podem. Líderes não somente exigem, mas recebem de outros homens boa vontade, firmeza, obediência e lealdade inabaláveis e uma devoção que, chegada a hora, fará com que sigam seus reis não coroados ao inferno e lá retornem de novo, se necessário.



Vocês vão se perguntar: "De que então, exatamente, consiste a liderança? O que devo fazer para me tornar um líder? Quais são os atributos da liderança e como posso cultivá-los?".

A liderança é composta de uma série de qualidades. (Assim como o sucesso é composto dos 15 fatores que embasam este curso.) Entre as mais importantes, gostaria de listar autoconfiança, ascendência moral, autossacrifício, paternalismo, justiça, iniciativa, decisão, dignidade e coragem.

Autoconfiança resulta, primeiro, de conhecimento preciso; segundo, da habilidade de transmitir esse conhecimento; e terceiro, do sentimento de superioridade sobre os outros, que decorre naturalmente. Tudo isso proporciona atitude ao oficial. Para liderar, você deve ter conhecimento! Você pode iludir todos os seus homens por um tempo, mas não pode fazer isso o tempo todo. Os homens não terão confiança em um oficial a menos que ele entenda do assunto, e ele deve entender desde a base.

O oficial deve entender mais de papelada administrativa do que seu primeiro-sargento e funcionários somados, deve saber mais sobre a comida do que seu sargento encarregado da cozinha, mais sobre doenças de cavalos do que o cavalariço da tropa. Deve ser pelo menos tão bom no tiro quanto qualquer homem de sua companhia.

Se o oficial não sabe e demonstra isso, é inteiramente humano o soldado dizer para si mesmo: "Para o inferno com ele. Não entende disso tanto quanto eu", e calmamente desconsiderar as instruções recebidas.

Não existe substituto para o conhecimento preciso!

Sejam tão bem informados que os homens lhes procurem para fazer perguntas, que seus colegas oficiais digam uns para os outros: "Pergunte ao Smith — ele sabe".

E cada oficial não só deve conhecer totalmente as tarefas de sua patente, como deve estudar as das duas patentes acima. Disso decorre um duplo benefício: ele se prepara para tarefas que podem ser-lhe atribuídas a qualquer momento durante a batalha; além disso, adquire um ponto de vista mais amplo, que lhe permite avaliar a necessidade de emitir ordens e participar em sua execução de maneira mais inteligente.

O oficial não apenas deve saber, como deve ser capaz de expressar o que sabe em uma fala gramaticalmente correta, interessante e convincente. Deve aprender a defender sua posição e falar com desembaraço.

Disseram-me que nos campos de treinamento britânicos é exigido que os alunos oficiais façam palestras de dez minutos sobre qualquer assunto que escolham. É uma excelente prática. Para falar com clareza, deve-se pensar com clareza, e o pensamento claro e lógico se expressa em ordens positivas e definidas.

Enquanto a autoconfiança é resultado de vocês saberem mais do que seus homens, a ascendência moral sobre eles baseia-se na crença de vocês de que são o melhor homem. Para ganhar e manter essa ascendência, vocês devem ter autocontrole, vitalidade e resistência física e força moral. Vocês devem ter tamanho autocontrole que, mesmo hirtos de medo em batalha, jamais demonstrem medo. Pois se, por algo como um movimento brusco ou tremor nas mãos, uma mudança de expressão ou uma ordem revogada às pressas vocês indicarem sua condição mental, ela se refletirá em seus homens em escala muito maior.

Em uma base ou acampamento, surgirão muitas circunstâncias para testar seu temperamento e arruinar seu ânimo gentil. Se nessas horas vocês perdem as estribeiras, não têm condições de comandar homens. Pois homens com raiva dizem e fazem coisas das quais quase que invariavelmente se arrependem depois.



Um oficial jamais deve se desculpar com seus homens; um oficial também jamais deve ser culpado de um ato pelo qual seu senso de justiça diga que ele deve se desculpar.

Outro elemento para a conquista de ascendência moral reside em possuir vitalidade e resistência física suficientes para suportar as dificuldades a que vocês e seus homens estão sujeitos e um espírito destemido que lhes permitam não só aceitá-las com alegria, mas minimizar sua magnitude.

Menosprezem seus problemas, desmereçam suas provações e vocês prestarão um auxílio vital para construir dentro de suas unidades um espírito cujo valor em tempos de estresse não pode ser medido.

Força moral é o terceiro elemento para se adquirir ascendência moral. Para exercer força moral vocês devem ter uma vida limpa, poder mental suficiente para ver o certo e vontade de fazer o certo.

Sejam um exemplo para seus homens!

Um oficial pode ser um poder para o bem ou para o mal. Não façam pregações — isso será mais do que inútil. Vivam o tipo de vida que gostariam que seus homens levassem e ficarão surpresos ao ver a quantidade que irá imitá-los.

Um capitão de fala ruidosa, mundano, descuidado com a aparência pessoal, terá uma companhia ruidosa, mundana e suja. Lembrem-se do que eu digo. Suas companhias serão o reflexo de vocês! Se tiverem uma companhia corrupta, é porque vocês são capitães corruptos.

Autossacrifício é essencial para a liderança. Vocês se doarão o tempo todo. Vocês se doarão fisicamente, pois as horas mais longas, os trabalhos mais pesados e as maiores responsabilidades são do capitão. Ele é o primeiro a levantar pela manhã e o último a se recolher à noite. Ele trabalha enquanto os outros dormem.

Vocês se doarão mentalmente, em solidariedade e apreço aos problemas dos homens sob seu comando. A mãe de um faleceu, e o outro perdeu todas as economias na falência de um banco. Eles podem desejar ajuda, mas, mais do que qualquer outra coisa, desejarão solidariedade. Não cometam o erro de rechaçar um desses homens dizendo vocês têm seus próprios problemas, pois, a cada vez que fizerem isso, vocês arrancarão uma pedra da fundação das suas casas.

Seus homens são a fundação, e a casa da liderança de vocês virá abaixo a menos que permaneça assentada em segurança sobre eles. Por fim, vocês doarão seus magros recursos financeiros. Com frequência gastarão seu próprio dinheiro para conservar a saúde e o bem-estar de seus homens ou ajudá-los em seus problemas. Geralmente vocês recuperam o dinheiro. Muito frequentemente vocês têm prejuízo.

Mesmo assim, o custo é válido.



Quando digo que o paternalismo é essencial à liderança, uso o termo no melhor sentido. Não me refiro ao paternalismo que priva os homens de iniciativa, autoconfiança e respeito próprio. Refiro-me ao paternalismo que se manifesta em cuidadosa vigilância pelo conforto e bem-estar dos que estão sob seu comando.

*Nenhum pensador criterioso julgará outra pessoa por aquilo que os inimigos dizem dela.*

Soldados são como crianças. Vocês têm que se empenhar ao máximo para providenciar o melhor em termos de abrigo, alimento e roupas para eles. Vocês têm que providenciar comida para eles antes de pensar na sua própria; uma boa cama para cada um deles antes de pensar em onde vocês vão dormir. Devem ser muito mais preocupados com o conforto deles do que com o seu próprio. Vocês devem cuidar da saúde deles. Devem conservar a força deles, não exigindo esforço desnecessário ou trabalho inútil.

E, fazendo tudo isso, vocês estarão instilando vida no que do contrário seria uma mera máquina. Estarão criando uma alma em sua unidade, que fará com que o grupo responda a vocês como se fosse um homem. E isso é o espírito.

Quando a unidade tiver esse espírito, vocês acordarão certa manhã e descobrirão que o jogo virou: em vez de estarem constantemente cuidando de seus soldados, eles terão assumido a tarefa de cuidar de vocês, sem que vocês tenham feito qualquer insinuação. Vão ver que um destacamento estará sempre lá para verificar se a sua tenda, caso vocês tenham uma, é prontamente montada; para que a melhor e mais limpa roupa de cama seja trazida para sua tenda; vão ver que, vindos de alguma fonte misteriosa, dois ovos foram adicionados a sua ceia quando ninguém mais recebeu nenhum; que um homem extra ajuda seus homens a dar uma superescovada no seu cavalo; que seus desejos são antecipados; que todo homem é um "faz-tudo". E então vocês terão chegado lá!

Vocês não podem tratar todos os homens do mesmo jeito! Uma punição que seria menosprezada por um homem com um sacudir de ombros é uma angústia mental para outro. Um comandante de companhia que, para uma determinada infração, tem uma punição padrão que aplica a todos é por demais indolente ou por demais estúpido para estudar a personalidade dos seus homens. No caso dele, a justiça com certeza é cega.

Estudem seus homens com tanto cuidado quanto um cirurgião estuda um caso difícil. E, quando tiverem certeza do diagnóstico, apliquem o remédio. Lembrem-se de que vocês aplicam o remédio para efetuar uma cura, não para ver a vítima contorcer-se. Pode ser necessário cortar fundo, mas, quando estiverem satisfeitos com o diagnóstico, não se desviem do objetivo por alguma falsa simpatia pelo paciente.

A justiça para aplicar a punição caminha de mãos dadas com a justiça para se dar o devido crédito. Todo mundo odeia gente aproveitadora. Quando um de seus homens tiver realizado um trabalho especialmente digno de crédito, certifiquem-se de que ele receba a recompensa apropriada. Movam céus e terra para concedê-la. Não tentem tirá-la dele e pegar para vocês. Vocês podem fazer isso e se safar, mas perderão o respeito e a lealdade de seus homens. Cedo ou tarde, seus colegas oficiais vão ouvir falar disso e fugirão de você como de um leproso. Na guerra existe glória suficiente para todos. Deem a seus homens o que lhes é devido. O homem que sempre tira e nunca dá não é um líder. É um parasita.

Existe outro tipo de justiça — que evitará que um oficial abuse dos privilégios de sua patente. Ao exigir respeito dos soldados, certifiquem-se de tratá-los com igual respeito. Fortaleçam a virilidade e o autorrespeito deles. Não tentem rebaixá-los.

DIA 108

Para um oficial, ser arrogante e insultuoso no tratamento de seus subordinados é um ato de covardia. Ele amarra o homem a uma árvore com as cordas da disciplina e então bate-lhe no rosto sabendo muito bem que o homem não pode contra-atacar.

Consideração, cortesia e respeito dos oficiais para com os subordinados não são incompatíveis com disciplina. Fazem parte da disciplina. Sem iniciativa e decisão nenhum homem pode esperar ser líder.

Nas manobras, quando surgir uma emergência, vocês com frequência verão certos homens calmamente dar ordens instantâneas que, em análise posterior, provam-se, se não exatamente a coisa certa, muito próximas da coisa certa. Vocês verão outros homens ficarem terrivelmente abalados em situações de emergência; o cérebro deles se recusa a funcionar, ou dão uma ordem precipitada e a revogam, dão outra e revogam; em resumo, mostram todos os sinais de acovardamento.

Em relação ao primeiro homem vocês podem dizer: "Aquele homem é um gênio. Não teve tempo de raciocinar aquilo. Ele agiu intuitivamente". Esqueçam! Gênio é apenas a capacidade de se esforçar infinitamente. O homem que estava pronto é o homem que se preparou. Ele estudou de antemão as possíveis situações que poderiam surgir, fez planos preliminares abordando tais situações. Quando confrontado pela emergência, estava pronto para encará-la. Ele deve ter agilidade mental suficiente para avaliar o problema que o confronta e poder de raciocínio rápido para determinar quais mudanças são necessárias no plano já formulado. Deve ter também determinação para ordenar a execução e para ater-se às suas ordens.

Qualquer ordem razoável em uma emergência é melhor que ordem nenhuma. A situação está ali. Confrontem-na. É melhor fazer algo e fazer a coisa errada do que hesitar, ficar dando voltas atrás da coisa certa e acabar não fazendo nada. E, tendo decidido por uma linha de ação, permaneçam nela. Não vacilem. Homens não confiam em um oficial que não conhece sua própria mente.

Ocasionalmente, vocês serão chamados a enfrentar uma situação que nenhum ser humano poderia antever. Caso tenham se preparado para confrontar outras emergências que puderam antecipar, o treinamento mental permitirá agir prontamente e com calma.

Com frequência vocês deverão agir sem as ordens de autoridades superiores. O tempo não permitirá esperar por elas. Aqui de novo destaca-se a importância de estudar o trabalho dos oficiais acima de vocês. Se tiverem uma visão abrangente de toda a situação e conseguirem formular uma ideia do plano geral de seus superiores, isso e o treinamento prévio de emergência permitirão determinar que a responsabilidade é de vocês e emitir as ordens necessárias sem demora.

O elemento de dignidade pessoal é importante na liderança militar. Sejam amigos de seus homens, mas não se tornem íntimos. Seus homens devem admirar vocês — e não ter medo! Se seus homens presumirem ter familiaridade com vocês a culpa é sua, não deles. Suas ações os encorajaram. E, acima de tudo, não se rebaixem solicitando amizade ou bajulando para obter favores. Eles irão desprezá-los por isso. Se vocês forem dignos de lealdade, respeito e devoção, eles com certeza lhes darão tudo isso sem que lhes seja pedido. Se não forem, nada do que possam fazer irá conquistá-los.

*Existe algo de errado com o homem cuja esposa e filhos não o cumprimentam afetuosamente quando ele chega em casa.*

É extremamente difícil para um oficial parecer digno usando um uniforme sujo e manchado e com uma barba de três dias por fazer. Um homem assim carece de autorrespeito, e autorrespeito é essencial à dignidade.

Pode haver ocasiões em que o trabalho implica roupas sujas e ter a barba por fazer. Todos os seus homens terão esse aspecto. Em tais casos existe um bom motivo para a aparência de vocês. Na verdade, seria um erro ter um aspecto limpo demais — pensariam que vocês não estavam fazendo sua parte. Mas, tão logo essa ocasião incomum acabe, estabeleçam um exemplo de asseio pessoal.



A seguir, eu mencionaria a coragem. Vocês necessitam de coragem moral tanto quanto de coragem mental — aquele tipo de coragem moral que permite aderir sem vacilar a um determinado curso de ação que seu julgamento indicou ser o melhor para assegurar os resultados desejados.

Vocês vão verificar muitas vezes, especialmente em ação, que, após terem dado ordens para determinada coisa, serão atormentados por apreensão e dúvidas; verão, ou pensarão ver, outros e melhores meios de realizar o objetivo. Ficarão fortemente tentados a mudar as ordens. Não façam isso até ficar totalmente evidente que as primeiras ordens estavam radicalmente erradas. Pois, se o fizerem, ficarão de novo preocupados e com dúvidas sobre a eficácia das novas ordens.

Toda vez que mudam suas ordens sem motivo óbvio, vocês enfraquecem sua autoridade e debilitam a confiança dos seus homens. Tenham coragem moral para sustentar sua ordem e fazê-la ser cumprida.

Coragem moral exige que vocês assumam a responsabilidade pelas próprias ações. Se seus subordinados seguem lealmente suas ordens e o movimento que vocês dirigem é um fracasso, o fracasso é de vocês, não deles. A honra teria sido de vocês em caso de sucesso. Assumam a culpa se resultar em desastre. Não tentem transferi-la para um subordinado e fazer dele o bode expiatório. Tal ato é uma covardia. Além disso, vocês precisarão de coragem moral para determinar o destino daqueles abaixo de vocês. Com frequência, serão consultados sobre recomendações para promoção e rebaixamento de oficiais sob seu comando imediato.

Tenham claro em mente sua integridade pessoal e o dever para com o seu país. Não se deixem desviar de um senso rigoroso de justiça por sentimentos de amizade pessoal. Se o seu próprio irmão é seu subtenente, e vocês o consideram inapto para o posto, eliminem-no. Se não o fizerem, sua falta de coragem moral pode resultar na perda de vidas valiosas.

Se, por outro lado, são consultados sobre uma recomendação para um homem que detestam por razões pessoais, não deixem de lhe fazer justiça completa. Lembrem-se que o objetivo de vocês é o bem geral, não a satisfação de um rancor individual.

Tenho como certeza que vocês possuem coragem física. Não preciso dizer o quanto ela é necessária. Coragem é mais que bravura. Bravura é destemor — ausência de medo. Um completo estúpido pode ser bravo, pois lhe falta mentalidade para avaliar o perigo; ele não sabe o suficiente para ter medo.

Coragem, entretanto, é a firmeza de espírito, a força moral que, embora avalie plenamente o perigo envolvido, segue em frente na tarefa. A bravura é física; a coragem é mental e moral. Vocês podem estar gelados, as mãos podem tremer, as pernas podem oscilar, com os joelhos prontos para ceder — isto é medo. Se, no entanto, vocês vão em frente; se, a despeito da desistência física, continuam a liderar seus homens contra o inimigo, vocês têm coragem. As manifestações físicas do medo passarão. Vocês só podem experimentá-las uma vez. É a "tremedeira" do caçador que tenta atirar num cervo pela primeira vez. Vocês não devem ceder.

Alguns anos atrás, quando fiz um curso de demolição, minha turma lidou com dinamite. O instrutor disse o seguinte: "Devo alertá-los a serem cuidadosos com o uso desses explosivos. Um homem sofre apenas um acidente". Devo alertá-los da mesma maneira. Se cederem ao medo que sem dúvida irá assaltá-los na primeira ação, se demonstrarem covardia, se deixarem seus homens ir em frente enquanto buscam um buraco para se esconder, vocês nunca mais terão a oportunidade de liderar esses homens.

Usem o discernimento ao convocar seus homens para exibições de coragem física ou bravura. Não peçam para nenhum homem ir aonde vocês não iriam. Se o seu bom senso diz que o local é perigoso demais para vocês se aventurarem, então é perigoso demais para ele. Vocês sabem que a vida dele é tão valiosa para ele quanto as suas são para vocês.

Ocasionalmente alguns de seus homens podem ficar expostos a perigos que vocês não podem compartilhar. Uma mensagem deve ser levada através da linha de fogo. Vocês pedem voluntários. Se seus homens souberem que vocês estão "certos", nunca faltarão voluntários, pois eles saberão que o coração de vocês está no trabalho, que vocês estão dando seu máximo pelo país, que vocês estariam dispostos a levar a mensagem pessoalmente se pudessem. Seu exemplo e entusiasmo terão inspirado seus homens.

E, finalmente, se vocês aspiram à liderança, insisto em que estudem os homens.

Entrem na pele deles e descubram o que tem lá dentro. Alguns homens são muito diferentes do que aparentam na superfície. Descubram como a mente deles funciona.

Muito do sucesso do general Robert E. Lee como líder pode ser atribuído a sua capacidade como psicólogo. Ele conhecia a maioria de seus oponentes dos tempos de West Point, sabia como a mente deles funcionava e acreditava que eles fariam certas coisas sob certas circunstâncias. Em quase todos os casos ele conseguiu antecipar os movimentos e bloquear a execução.

Vocês não têm como conhecer seus oponentes dessa maneira. Mas podem conhecer seus homens. Podem estudar cada um para determinar onde residem sua força e fraqueza, qual homem pode ser confiável até o último suspiro e qual não.

Conheçam seus homens, conheçam sua atividade, conheçam a si mesmos!

✤

Você não encontrará descrição de liderança melhor que essa em toda literatura. Aplique a si mesmo, seu negócio, profissão, local onde está empregado e observe como funciona como guia.

O discurso do major Bach poderia muito bem ser proferido para cada aluno que se forma no ensino médio. Para todos que se formam na faculdade. Poderia muito bem tornar-se o regulamento de cada homem colocado em posição de liderança de outros homens, não importa em qual carreira, negócio ou profissão.

Na Lição 2 você aprendeu o valor do objetivo principal definido. Cabe enfatizar aqui que o objetivo deve ser ativo e não passivo. Um objetivo definido nunca será nada mais que um simples desejo a menos que você se torne uma pessoa de iniciativa e busque esse objetivo de forma agressiva e persistente até que seja realizado.

Você não chega a lugar algum sem persistência, fato que nunca é demais repetir.

A diferença entre persistência e a falta dela é a mesma que a diferença entre desejar algo e estar positivamente determinado a consegui-lo.

Para se tornar uma pessoa de iniciativa você deve criar o hábito de buscar seu objetivo principal definido de forma agressiva e persistente até consegui-lo, mesmo que isso exija um ou vinte anos. Ter um objetivo principal definido sem esforço contínuo para alcançá-lo dá na mesma que não ter tal objetivo.

Você não está aproveitando este curso ao máximo se a cada dia não dá um passo que o aproxima da realização do objetivo principal definido. Não se engane, nem se permita ser levado a acreditar erroneamente que seu objetivo principal definido se materializará se você apenas esperar. A materialização virá de sua determinação, respaldada por planos cuidadosamente definidos e sua iniciativa em colocar tais planos em ação, ou não acontecerá.

Um dos principais requisitos da liderança é o poder de decisão rápida e firme!

A análise de mais de dezesseis mil pessoas revelou que líderes sempre são homens de decisão rápida, mesmo em assuntos de pequena importância, enquanto os seguidores nunca são pessoas de decisões rápidas.

Vale a pena lembrar disso!

O seguidor, não importa em que condição de vida você o encontre, é um homem que raramente sabe o que quer. Ele vacila, procrastina e na verdade recusa-se a chegar a uma decisão mesmo em assuntos de menor importância, a não ser que um líder o induza.

Saber que a maioria das pessoas não consegue e não vai chegar a decisões rápidas, se é que chegará a alguma decisão, é de grande ajuda ao líder que sabe o que quer e tem um plano para consegui-lo.

Será observado aqui o quanto as leis abordadas na Lição 2 e nesta lição estão relacionadas. O líder não só trabalha com um objetivo principal definido, como tem um plano bem definido para atingir o objetivo. Será visto também que a lei da autoconfiança se torna parte importante do equipamento de trabalho do líder.

O principal motivo para o seguidor não chegar a decisões é a falta de autoconfiança para fazê-lo. Todo líder faz uso da lei do objetivo definido, da lei da autoconfiança e da lei da iniciativa e liderança. E, se é um líder de destaque e bem-sucedido, ele faz uso também das leis da imaginação, entusiasmo, autocontrole, personalidade agradável, pensamento preciso, concentração e tolerância. Sem o uso combinado de todas essas leis, nenhum homem se torna um grande líder. A falta de uma única dessas leis diminui o poder do líder proporcionalmente.

*Nenhum homem pode se tornar um pensador preciso até aprender a separar simples fofoca e informação de fatos.*

Um vendedor da Universidade de Extensão La Salle visitou um agente imobiliário de uma cidadezinha do Oeste com o objetivo de tentar vender um curso de vendas e gestão de negócios.

Quando o vendedor chegou ao escritório do aluno potencial, encontrou o homem datilografando uma carta pelo método de catar milho em uma máquina de escrever antiga. O vendedor se apresentou, depois informou sua atividade e descreveu o curso que viera vender.

O corretor imobiliário ouviu com nítido interesse.

DIA 112

Encerrada a palestra de venda, o vendedor hesitou, esperando um sinal de "sim" ou "não" do cliente potencial. Pensando que talvez não tivesse falado com firmeza suficiente, repassou brevemente os méritos do curso que estava vendendo pela segunda vez. Ainda assim não houve reação do aluno potencial.

O vendedor então perguntou diretamente: "Você quer este curso ou não?".

Em tom de voz lento e arrastado, o corretor imobiliário respondeu: "Bem, realmente não sei se quero ou não".

Sem dúvida ele estava falando a verdade, pois era um dos milhões de homens que acham difícil chegar a uma decisão.

Julgador capacitado da natureza humana, o vendedor levantou-se, colocou o chapéu, guardou sua papelada na pasta e se aprontou para ir embora. Aí recorreu a uma tática um tanto drástica e pegou o corretor de surpresa com a seguinte declaração surpreendente:

> Vou tomar a iniciativa de dizer algo de que você não irá gostar, mas que pode ajudar.
>
> Dê uma olhada no escritório onde você trabalha! O chão está sujo, as paredes estão empoeiradas, a máquina de escrever parece ter sido usada por Noé na arca durante o dilúvio, suas calças estão esgarçadas nos joelhos, seu colarinho está sujo, seu rosto não está barbeado, e você tem um olhar que me diz que você está derrotado.
>
> Por favor, vá em frente e fique bravo — é justamente o que quero que faça, pois o choque pode levar a reflexões que vão ajudar você e aqueles que dependem de você.
>
> Posso imaginar a casa onde você vive. Muitas crianças pequenas, nenhuma muito bem-vestida e talvez nenhuma bem-alimentada, uma mãe cujas roupas estão três temporadas fora de moda, cujo olhar exibe a mesma derrota que o seu. Essa mulher com quem você se casou ficou firme ao seu lado, mas você não se saiu tão bem na vida como ela esperava quando se casaram.
>
> Por favor, lembre-se de que não estou falando para um aluno potencial, pois eu não venderia este curso para você, nesse momento em particular, mesmo que oferecesse pagamento em dinheiro adiantado, porque, se eu o fizesse, você não teria a iniciativa de completá-lo, e não queremos fracassos em nossa lista de alunos.

O que estou falando talvez torne impossível eu vender qualquer coisa a você, mas fará algo nunca feito antes, desde que o faça pensar.

Vou dizer agora, em algumas poucas palavras, exatamente por que você está derrotado, por que está datilografando em uma máquina antiga, em um escritório velho e sujo numa cidadezinha: é porque você não tem o poder de chegar a uma decisão!

A vida inteira você cultivou o hábito de se esquivar da responsabilidade de tomar decisões, até chegar neste ponto em que é quase impossível fazê-lo.

Se você tivesse dito que queria o curso ou que não queria, eu teria simpatizado com você, pois eu saberia que era a falta de fundos que lhe faria hesitar, mas o que você disse? Admitiu que não sabia se queria ou não.

Se você pensar sobre o que eu lhe disse, estou certo de que reconhecerá que se tornou um hábito seu desviar da responsabilidade de tomar decisões claras em praticamente todos os assuntos.

DIA 113

O agente imobiliário permaneceu grudado na cadeira, de queixo caído, olhos esbugalhados de espanto, mas não fez nenhuma tentativa de responder à acusação mordaz.

O vendedor disse adeus e caminhou para a porta.

Após ter fechado a porta, abriu-a de novo, retornou com um sorriso no rosto, sentou-se diante do corretor atônito e explicou sua conduta do seguinte modo:

> Não o culpo de forma alguma caso esteja magoado com minhas observações. Na verdade, meio que espero que tenha se ofendido, mas agora deixe-me dizer, de homem para homem, que acho que você tem inteligência e tenho certeza de que tem capacidade, mas sucumbiu a um hábito que o subjugou. Nenhum homem está acabado até estar debaixo da terra. Você pode estar temporariamente abatido, mas pode se reerguer, e sou desportista o suficiente para lhe dar a mão e oferecer ajuda para se levantar, caso aceite minhas desculpas pelo que eu disse.

Você não pertence a essa cidade. Você morreria de fome no ramo imobiliário nesse lugar mesmo que fosse um líder no setor. Consiga um terno novo, mesmo que tenha que pedir dinheiro emprestado, e então vá para St. Louis comigo, e lhe apresentarei a um corretor que lhe dará a chance de ganhar algum dinheiro e ao mesmo tempo ensinará algumas coisas importantes dessa linha de trabalho que você poderá aproveitar mais tarde.

Se não tiver crédito suficiente para conseguir as roupas de que precisa, serei seu fiador numa loja de St. Louis onde tenho conta. Estou falando sério, e minha oferta de ajuda é baseada nos motivos mais elevados que podem influenciar um ser humano. Sou bem-sucedido no meu campo, mas nem sempre foi assim. Passei pela mesma coisa que você está passando agora, mas o importante é que passei e superei, assim como você fará, caso siga meu conselho.

Você virá comigo?

O agente imobiliário começou a levantar, mas as pernas oscilaram, e ele caiu de volta na cadeira. Apesar de ser um sujeito grandão, com muitas qualidades viris deveras pronunciadas, conhecidas como do tipo "fortão", as emoções tomaram conta, e ele chorou.

Fez uma segunda tentativa e ficou em pé, apertou a mão do vendedor, agradeceu pela gentileza e disse que seguiria o conselho, mas faria do seu jeito.

Pediu um formulário em branco, inscreveu-se no curso de vendas e gestão de negócios, fez o primeiro pagamento em moedas e disse que o vendedor ouviria falar dele de novo.

Três anos mais tarde, o corretor imobiliário tinha uma organização de sessenta vendedores e uma das empresas imobiliárias de mais sucesso de St. Louis. O autor deste curso (que era gerente de publicidade da Universidade La Salle na época do ocorrido) esteve no escritório do corretor imobiliário muitas vezes e observou-o por um período de mais de quinze anos. Ele tornou-se um homem inteiramente diferente da pessoa entrevistada pelo vendedor da La Salle há mais de quinze anos, e o que o deixou diferente é a mesma coisa que deixará você diferente: o poder de decisão tão essencial para a liderança.

Esse corretor tornou-se um líder no setor imobiliário. Direcionou os esforços de outros vendedores e os ajudou a se tornarem mais eficientes. Essa única mudança em sua filosofia transformou derrota temporária em sucesso. Cada novo vendedor que ia trabalhar com esse homem era chamado a seu gabinete antes de ser contratado, e ele contava a história de sua transformação, palavra por palavra, do que aconteceu quando o vendedor da La Salle o encontrou naquele escritório imobiliário pequeno e desmazelado.

✦

DIA 114

Há uns dezoito anos, o autor deste curso fez sua primeira viagem à cidadezinha de Lumberport, na Virgínia Ocidental. Na época, os únicos meios de transporte saindo para Lumberport de Claksburg, o maior centro da região, eram a ferrovia Baltimore & Ohio e uma linha interurbana de bondes que acabava a cinco quilômetros da cidade; dava para se fazer esses cinco quilômetros a pé.

Chegando a Clarksburg, descobri que o único trem matutino para Lumberport já havia saído; não querendo esperar pelo trem do final da tarde, fiz a viagem de bonde com a intenção de caminhar os cinco quilômetros. Começou a chover torrencialmente, e aqueles cinco quilômetros tiveram que ser percorridos a pé, através de lama funda e amarela. Quando cheguei em Lumberport, meus sapatos e calças estavam enlameados, e minha disposição não era das melhores.

A primeira pessoa que encontrei foi Vance Leslie Hornor, na época caixa do banco de Lumberport. Em tom de voz bastante alto, perguntei a ele: "Por que vocês não estendem a linha de bonde até Lumberport, para que seus amigos consigam chegar e sair da cidade sem se afogar na lama?".

"Você viu um rio com margens altas no limite da cidade ao chegar?", ele perguntou. Respondi que sim. "Bem", ele continuou, "é por isso que não temos bondes na cidade. O custo de uma ponte seria de aproximadamente US$ 100 mil, e isto é mais do que a empresa de bondes está disposta a investir. Estamos tentando há dez anos que eles construam uma linha até a cidade".

"Tentando!", eu explodi. "Quanto vocês tentaram?"

"Oferecemos todos os incentivos que poderíamos bancar — cessão do terreno desde a junção até a cidade e uso livre das ruas —, mas essa ponte é a pedra no caminho. Simplesmente não vão arcar com a despesa. Alegam que não podem bancar tal gasto com a pequena receita que obteriam com a extensão de cinco quilômetros."

Então a Lei do Sucesso começou a vir em meu socorro!

Perguntei a Hornor se ele poderia dar uma caminhada até o rio comigo, para olharmos o local que causava tamanha inconveniência. Ele disse que ficaria feliz em fazê-lo.

Quando chegamos ao rio, comecei a fazer um inventário de tudo que via. Observei que os trilhos da ferrovia Baltimore & Ohio corriam pelas margens em ambos os lados; que a estrada do condado atravessava o rio por uma ponte de madeira raquítica, cujo acesso de ambos os lados ficava sobre várias ramificações da ferrovia, que tinha um pátio de manobras naquele ponto.

Enquanto estávamos lá, um trem de carga bloqueou a passagem, e várias carroças pararam de ambos os lados, esperando por uma oportunidade de passar. O trem manteve o trecho bloqueado por aproximadamente 25 minutos.

Com essa combinação de circunstâncias em mente, não foi preciso muita imaginação para ver que três diferentes partes estavam ou poderiam estar interessadas na construção da ponte necessária para suportar o peso do bonde.

Era óbvio que a ferrovia Baltimore & Ohio estaria interessada em tal ponte, pois removeria a estrada do condado de seus trilhos de comutação e evitaria um possível acidente na travessia, para não falar da grande perda de tempo e das despesas por parar os trens para permitir a passagem de carroças.

Era óbvio também que os comissários do condado estariam interessados na ponte, pois elevaria o nível da estrada e a tornaria mais aproveitável para o público. É claro que a companhia de bondes estava interessada na ponte, mas não desejava arcar com todo o custo.



Todos esses fatos passaram por minha mente enquanto ficava lá e observava o trem de carga interrompendo a passagem do tráfego.

Um objetivo principal definido surgiu em minha mente. E também um plano definido para realizá-lo. No dia seguinte, reuni um comitê local consistindo do prefeito, conselheiros e alguns líderes da comunidade, e visitamos o superintendente da divisão da Baltimore & Ohio em Grafton. Nós o convencemos de que valia a pena pagar um terço do custo da ponte para tirar a estrada dos trilhos da companhia. Depois fomos aos comissários do condado e verificamos que ficaram bem entusiasmados com a possibilidade de ter uma ponte nova pagando apenas um terço. Prometeram pagar sua parte desde que conseguíssemos os outros dois terços.

A seguir fomos a Fairmont ver o presidente da Traction, empresa proprietária da linha do bonde, e oferecemos a cessão do terreno e o pagamento de dois terços do custo da ponte, desde que começasse a construir a linha até a cidade rapidamente. Nós o encontramos receptivo também.

Três semanas depois, foi assinado um contrato entre a ferroviária Baltimore & Ohio, a Monongahela Valley Traction e os comissários do condado de Harrison estipulando a construção da ponte, com um terço do custo pago por cada um deles.

Dois meses depois, o terreno estava sendo nivelado, e a ponte estava a caminho, e passados mais três meses os bondes iam até Lumberport em horários regulares.

O acontecimento significou muito para Lumberport, pois forneceu transporte para as pessoas chegarem à cidade e saírem sem maior esforço.

Também significou muito para mim, pois serviu para me apresentar como aquele que "fez acontecer". Duas vantagens bem definidas resultaram dessa transação. O chefe do conselho da Traction me deu um cargo como seu assistente, o que, mais tarde, levou à minha nomeação como gerente de publicidade da Universidade La Salle.

Lumberport, na Virgínia Ocidental, era e ainda é uma cidade pequena, e Chicago era uma cidade grande localizada a uma distância considerável, mas notícias de iniciativa e liderança criam asas e viajam.

Quatro das dezesseis Leis do Sucesso foram combinadas na transação descrita, sendo elas: objetivo principal definido, autoconfiança, imaginação e iniciativa e liderança. A lei de fazer mais do que é pago para fazer também entrou um pouco, pois não me foi oferecido nada, e na verdade eu não esperava pagamento.

Para ser totalmente franco, me incumbi do trabalho de conseguir a construção da ponte mais como um desafio àqueles que disseram que não dava para ser feito do que na expectativa de ser pago. Minha atitude sugeriu a Hornor que eu poderia conseguir, e ele não hesitou em me colocar à prova.

Pode ser útil chamar a atenção aqui para o papel da imaginação nessa transação. Há dez anos os moradores de Lumberport tentavam ter uma linha de bonde na cidade. Não se deve concluir que não houvesse homens capazes na cidade, pois isso seria incorreto. De fato, havia muitos homens capazes na cidade, mas estavam cometendo o erro comumente cometido por nós: tentar resolver problemas utilizando uma única fonte, quando na realidade existiam três fontes disponíveis.

Cem mil dólares eram demais para uma única companhia assumir a construção da ponte; porém, quando o custo foi distribuído entre três partes interessadas, a quantia a ser investida por cada um era mais razoável.

A pergunta que se poderia fazer é: "Por que os moradores locais não pensaram nessa solução tripla?".

Em primeiro lugar, estavam tão perto do problema que falharam em ter uma perspectiva mais ampla que sugerisse a solução. Isso também é um erro comum — erro sempre evitado pelos grandes líderes. Em segundo lugar, os habitantes nunca antes haviam coordenado esforços ou trabalhado como um grupo organizado com o objetivo único de descobrir um jeito de construir uma linha de bonde na cidade. Esse é outro erro comum cometido por homens em todos os campos de atividade — o fracasso no trabalho em uníssono, em pleno espírito de cooperação.

Sendo um forasteiro, tive menos dificuldade para conseguir a ação cooperativa do que alguém da comunidade teria. Com excessiva frequência existe nas pequenas comunidades um espírito de egoísmo que leva cada indivíduo a pensar que suas ideias devem prevalecer. Um aspecto importante da responsabilidade do líder é induzir as pessoas a subordinarem suas ideias e interesses ao bem do todo, e isso se aplica a assuntos de natureza cívica, empresarial, social, política, financeira e industrial.

*O tempo é a mão poderosa que balança o berço eterno do progresso e cuida da humanidade no período em que o homem necessita de proteção contra sua própria ignorância.*

Sucesso, não importa qual a concepção do termo, é quase sempre uma questão de habilidade em conseguir que os outros subordinem sua individualidade e sigam um líder. O líder que tem personalidade e imaginação para induzir seus seguidores a aceitar seus planos e executá-los fielmente é sempre um líder hábil.

A próxima lição, sobre imaginação, levará mais longe ainda na arte da liderança diplomática. Na verdade, liderança e imaginação estão tão intimamente ligadas e são tão essenciais ao sucesso que uma não pode ser aplicada com êxito sem a outra. Iniciativa é a força motriz que impulsiona o líder em frente, mas imaginação é o espírito-guia que diz qual caminho seguir.

A imaginação permitiu ao autor deste curso, ao analisar o problema da ponte de Lumberport, desmembrá-lo em três partes e juntar essas partes em um plano prático. Quase todos os problemas podem ser divididos em partes, mais facilmente gerenciadas do que quando unidas no todo. Talvez uma das mais importantes vantagens da imaginação seja permitir o desmembramento de todos os problemas em seus componentes e a remontagem em combinações mais favoráveis.

Foi dito que na guerra todas as batalhas são vencidas ou perdidas não na linha de fogo, depois que começam, mas por trás das linhas, pela estratégia sólida usada pelos generais que as planejam — ou pela falta desta.

O que é válido na guerra é igualmente válido nos negócios e na maioria dos outros problemas que confrontamos ao longo da vida. Ganhamos ou perdemos de acordo com a natureza dos planos que elaboramos e executamos, fato que serve para enfatizar o valor das leis da iniciativa e liderança, imaginação, autoconfiança e objetivo principal definido. Com o uso inteligente dessas quatro leis, pode-se construir planos para qualquer objetivo, que não podem ser derrotados por alguma pessoa ou grupo de pessoas que não empreguem ou entendam essas leis.

Não há escapatória da grande verdade aqui afirmada!

Esforço organizado é o esforço direcionado conforme um plano concebido com a ajuda da imaginação, guiado pelo objetivo principal definido e impulsionado pela iniciativa e autoconfiança. Essas quatro leis combinam-se numa só e se tornam um poder nas mãos de um líder. Sem seu auxílio efetivo a liderança é impossível.

*A vida não é um cálice a ser esvaziado, é uma medida a ser preenchida.*

— HADLEY

✦

Você agora está pronto para a lição sobre imaginação. Leia a lição tendo em mente tudo o que foi afirmado aqui, e ela assumirá um significado mais profundo.

DIA 117

# INTOLERÂNCIA

## UMA VISITA AO AUTOR DEPOIS DA LIÇÃO

*Se você tem que dar expressão ao preconceito, ódio e intolerância, não fale, escreva; escreva na areia, perto da água.*

Quando o alvorecer da inteligência se espalhar sobre o horizonte nascente do progresso humano e a ignorância e a superstição tiverem deixado suas últimas pegadas nas areias do tempo, será registrado no último capítulo do livro dos crimes dos homens que seu pecado mais grave foi a intolerância.

A intolerância mais amarga brota do preconceito religioso, racial e econômico e das diferenças de opinião. Quanto tempo, ó Deus, até nós, pobres mortais, entendermos a loucura de tentar destruir o outro porque somos de crenças religiosas e raças diferentes?

Nosso tempo neste mundo é apenas um momento fugaz. Como uma vela, somos acesos, brilhamos por um momento e nos extinguimos. Por que não podemos aprender a viver esse breve instante de modo que, quando a grande caravana chamada morte chegar e anunciar o fim da visita, estejamos prontos para dobrar nossa tenda e seguir calmamente para o grande desconhecido sem medo e hesitação?

Espero não encontrar judeus ou gentios, católicos ou protestantes, alemães, ingleses ou franceses quando cruzar a barreira para o outro lado. Espero encontrar somente almas humanas, todas irmãs, sem distinção de raça, crença ou cor, pois quero ter acabado com a intolerância para poder descansar em paz por toda a eternidade.

A imagem acima descreve a futilidade do combate.

Os dois cervos machos estão engajados em uma luta mortal, cada um acreditando que será o vencedor. Ao lado, a fêmea aguarda o vitorioso, sem imaginar que amanhã os ossos de ambos os combatentes estarão branqueando ao sol.

"Pobres animais tolos", alguém dirá. Talvez, mas não muito diferente da família humana. O homem envolve-se em combates mortais com seus irmãos por causa da competição. As três maiores formas de competição são de natureza sexual, econômica e religiosa.

✣

DIA 118

Vinte anos atrás, uma grande instituição educacional era um negócio próspero e prestava um serviço digno para milhares de estudantes. Os dois donos da escola casaram-se com duas moças lindas e especialmente talentosas na arte de tocar piano. As duas esposas envolveram-se em uma briga sobre qual das duas era mais talentosa ao piano. O desentendimento estendeu-se aos maridos. Tornaram-se inimigos ferozes. Agora os ossos daquela escola próspera estão "branqueando no sol".

Os dois cervos da figura acima atracaram-se pela atenção da fêmea. Os dois "cervos homens" atracaram-se pela mesma razão.

✣

Em uma grande fábrica, dois jovens capatazes "atracaram-se" porque um recebeu uma promoção que o outro acreditava que deveria ter ganho. Durante mais de cinco anos, ódio e intolerância velados e silenciosos se manifestaram. Os homens subordinados a cada um dos capatazes foram inoculados com o espírito de aversão que viram brotar dos superiores. Lentamente, o espírito de represália foi se espalhando por toda a fábrica. Os homens se dividiram em panelinhas. A produção começou a cair. Então veio a dificuldade financeira e finalmente a falência da companhia.

Agora os ossos de um negócio próspero "jazem branqueando ao sol", e os dois capatazes e muitos milhares de outros homens foram forçados a começar do zero em outro campo.

✤

Nas montanhas da Virgínia Ocidental viviam duas famílias pacíficas — Hatfield e os McCoy. Foram vizinhas cordiais por três gerações. Um porco selvagem da família McCoy esgueirou-se pela cerca até o campo de milho dos Hatfields, que soltaram seu cachorro contra o porco. Os McCoys se vingaram matando o cachorro. Ali começou uma disputa que durou três gerações e custou muitas vidas aos Hatfields e McCoys.

Em um bairro elegante da Filadélfia, certos homens abastados construíram suas casas. Em frente de cada casa, estava escrita a palavra "intolerância". Um homem construiu uma cerca alta de aço na frente de sua casa. O vizinho do lado, para não ficar para trás, construiu uma cerca duas vezes mais alta. Outro comprou um novo carro, e o vizinho do lado fez melhor, comprando dois novos carros. Um reformou a casa, adicionando uma varanda em estilo colonial. O vizinho do lado adicionou uma varanda nova e uma garagem em estilo espanhol. A grande mansão no alto da colina ofereceu uma recepção que ocasionou uma longa fila de carros cheios de gente que não tem nada em comum com o anfitrião. Então, seguiu-se uma série de "recepções" na rua dos ricaços, cada uma tentando superar as outras.

O "senhor" (mas ele não é chamado assim nos bairros elegantes) foi para o trabalho no banco de trás de um Rolls Royce, com um chofer e um criado. Por que ele foi ao trabalho? Para ganhar dinheiro, claro! Por que ele queria mais dinheiro quando já tem milhões de dólares? Para que pudesse continuar sobrepujando os vizinhos ricos.

A pobreza tem algumas vantagens — nunca leva os pobres a se "atracarem" na tentativa de sobrepujar a pobreza dos vizinhos.

Onde quer que veja homens "atracados" em conflito, você pode rastrear a causa do combate a uma das três causas de intolerância — diferença de opinião religiosa, competição econômica ou competição sexual.

Da próxima vez que observar dois homens engajados em qualquer tipo de hostilidade, apenas feche os olhos, pense por um momento e poderá vê-los transformados em sua natureza, assemelhando-se muito aos cervos da figura acima. De um lado, você pode ver o objeto de combate — um monte de ouro, um emblema religioso ou uma fêmea (ou fêmeas).

Lembre-se: o objetivo deste ensaio é dizer algumas verdades sobre a natureza humana para fazer o leitor pensar. O autor não busca glória ou louvor e provavelmente não vai receber nada disso no que se refere a este tema específico.

Andrew Carnegie e Henry C. Frick fizeram mais que quaisquer outros homens para estabelecer a indústria do aço. Ambos ganharam milhões de dólares. Mas chegou o dia em que brotou a intolerância econômica entre eles. Para mostrar seu desprezo por Frick, Carnegie construiu um alto arranha-céu e o chamou de "Carnegie Building". Frick retaliou construindo um prédio bem mais alto, ao lado do Carnegie Building, e o chamou de "Frick Building".

Os dois homens "atracaram-se" em uma briga mortal, Carnegie perdeu a cabeça, e talvez até mais, pelo que se pode saber. O que Frick perdeu, apenas ele e o guardião dos grandes registros sabem. Em memória, os ossos deles "jazem branqueando ao sol" da prosperidade.

Hoje em dia, os homens da siderurgia gerenciam as coisas de forma diferente. Em vez de se atracarem, integram-se em diretorias, e o resultado é que cada uma é praticamente uma unidade forte e solidificada da indústria no todo. Os homens do aço de hoje entendem a diferença entre o significado das palavras "competição" e "cooperação", diferença que o resto de nós faríamos bem em entender também.

✦

Na Inglaterra, os proprietários das minas e aqueles que controlam os sindicatos operários "atracaram-se". Se cabeças mais frias não tivessem desatracado os combatentes, os ossos do império britânico (incluindo os donos das indústrias e dos sindicatos) em breve estariam "branqueando ao sol". Um ano de combate aberto entre os sindicatos e os donos das indústrias na Grã-Bretanha teria significado a aniquilação do império britânico. As outras nações do mundo teriam se apoderado de todo o aparato econômico controlado pela Grã-Bretanha.

Que os líderes da indústria e dos sindicatos norte-americanos não esqueçam disso!

✦

DIA 120

Quinze fatores participam da obtenção do sucesso. Um deles é tolerância. Os outros quatorze são mencionados muitas vezes nessa série de lições.

A intolerância prende as pernas dos homens com os grilhões da ignorância e cobre seus olhos com as vendas do medo e da superstição. A intolerância fecha o livro do conhecimento e escreve na capa: "Não abra este livro novamente. A última palavra foi escrita aqui".

Não é seu dever ser tolerante; é seu privilégio!

Lembre-se, enquanto lê este artigo, que plantar a semente da intolerância é a atividade única e exclusiva de alguns homens. Todas as guerras, todas as greves e todas as outras formas de sofrimento humano trazem lucro para alguns. Se isso não fosse verdade, não existiriam guerras, greves ou outras formas semelhantes de hostilidade.

Atualmente, nos Estados Unidos, existe um sistema bem organizado de propaganda cujo objetivo é atiçar os conflitos e a hostilidade entre os proprietários de indústrias e os operários. Dê outra olhada na figura no começo desse artigo e poderá ver o que acontecerá com todos que se atracarem em desacordos trabalhistas, e lembre-se de que são sempre os ossos dos trabalhadores (e não dos líderes dos sindicatos ou das indústrias) que "jazem branqueando ao sol", encerrada a briga.

Quando sentir-se prestes a se "atracar" com alguém, lembre-se que será mais lucrativo se, em vez disso, dar-lhe as mãos! Um aperto de mãos caloroso e amigável não deixa ossos branqueando ao sol.

> O amor é o único arco-íris na nuvem escura da vida. É a estrela da manhã e da noite. Brilha sobre o berço do bebê e verte seu resplendor sobre o túmulo silencioso. É a mãe da arte, a inspiração do poeta, do patriota e do filósofo. É o ar e a luz de todo coração, construtor de todos os lares, o acendedor do fogo em todos os corações. Foi o primeiro a sonhar com a imortalidade. Preenche o mundo com melodia, pois a música é a voz do amor. O amor é o mágico, o feiticeiro que transforma coisas sem valor em alegria e que faz reis e rainhas de argila comum. É o perfume da flor maravilhosa — o coração —, e, sem essa paixão sagrada, esse desmaio divino, somos menos do que bestas; mas, com isso, a terra é céu, e somos deuses.
>
> — INGERSOLL

Cultive o amor por seus iguais e você não mais irá querer atracar-se com eles em combates fúteis. O amor faz de todo homem o guardião de seu irmão.

> O amor, de fato, é a luz do céu,
> Uma centelha daquele fogo imortal
> Com anjos compartilhado, concedido por Alá,
> Para erguer da terra nosso desejo baixo.
> A devoção eleva a mente,
> Mas o próprio céu descende no amor,

Um sentimento capturado da divindade,
Para afastar de si mesmo todo pensamento sórdido,
Um raio daquele que formou o todo,
Uma glória que circunda a alma.

— BYRON

DIA 121

## O CHAMADO PARA NOVOS LÍDERES E UM NOVO TIPO DE LIDERANÇA

A prolongada depressão nos negócios, iniciada em 1929, funcionou como um remédio moral que limpou os Estados Unidos de uma infinidade de males e pavimentou o caminho para um novo grupo de líderes e um novo tipo de liderança.

O tipo de liderança que os Estados Unidos alardeavam antes da depressão falhou no momento de maior emergência. Em praticamente todos os campos de atuação, essa crise colocou em cena um líder de verdade, um homem com qualidades de liderança genuína. Esse fato surpreendente exige a listagem das qualidades que constituem a liderança. Essas qualidades estão aqui delineadas como um guia para aqueles que aspiram à liderança no futuro.

## 20 QUALIDADES QUE FUTUROS LÍDERES DEVEM POSSUIR

Homens hesitantes não terão lugar na liderança do futuro. Eles serão substituídos devido à falta de qualidades essenciais de liderança num momento em que o país inteiro literalmente sangrava até a morte por causa da liderança fraca. Líderes do futuro devem possuir as seguintes qualidades:

1. Domínio total dos seis medos básicos.
2. Disposição para subordinar interesses pessoais ao bem de seus seguidores. Domínio completo da ganância e da avareza.

3. Unicidade de propósito, representado por um programa definido de liderança que se harmonize com as necessidades do momento.
4. Entendimento e aplicação do princípio do "MasterMind", pelo qual o poder pode ser alcançado mediante o esforço coordenado em espírito de harmonia.
5. Autoconfiança em sua forma mais elevada.
6. Capacidade de tomar decisões rápidas e permanecer firme.
7. Imaginação suficiente para antecipar-se às necessidades do momento e criar planos para atender tais necessidades.
8. Iniciativa em sua forma mais sagaz.
9. Entusiasmo e capacidade de transmiti-lo aos seguidores.
10. Autocontrole em sua forma mais elevada.
11. Disposição para prestar mais serviço do que aquele pelo qual recebe compensação direta.
12. Personalidade agradável e magnética.
13. Capacidade de pensar com precisão.
14. Capacidade de cooperar com os outros em um espírito de harmonia.
15. Persistência para concentrar pensamentos e esforços em uma determinada tarefa até ela estar concluída.
16. Capacidade e visão retroativa para lucrar com erros e falhas.
17. Tolerância em sua forma mais elevada.
18. Temperança em todas as suas formas.
19. Honestidade intencional de propósito e açao.
20. Por último, mas não menos importante, estrita observância da Regra de Ouro como base de todos os relacionamentos.

Pode parecer uma lista formidável de qualidades, mas o tempo provará que os líderes que aguentarem, possuirão e farão uso de todas essas qualidades.

O exame casual da lista revelará o fato de que os líderes do futuro serão obrigados a evitar os erros de líderes passados — sendo o principal desses a exploração dos seguidores. Grandes fortunas acumuladas às custas das massas não estarão entre as posses dos líderes do futuro.

Incomparavelmente sábio será o aspirante à futura liderança que perceber que nenhum negócio e profissão do futuro poderão ser conduzidos com sucesso sem o reconhecimento de que os seguidores e clientes são parceiros e, como tal, têm o direito de dividir os benefícios obtidos.

Os negócios e profissões bem-sucedidos do futuro serão geridos sob uma política de natureza cooperativa, e os líderes de tais negócios e profissões irão considerar-se servidores quase públicos e não indivíduos com o privilégio de explorar o público visando lucro pessoal.

Os políticos do futuro se tornarão servidores de seu eleitorado, não apenas em teoria, mas de fato! O funcionário público que fracassar em reconhecer esta exigência e em se adequar a ela será removido do cargo imediatamente. O privilégio especial na política deve acabar. O futuro não vai tolerar isso. O governo será gerido como uma empresa, e os empregados do governo darão um dia inteiro de trabalho por um dia de pagamento, como em um estabelecimento de trabalho bem administrado. Além disso, os empregados serão escolhidos com base no mérito e não em recomendações de políticos com dívidas a pagar.

Antes de se dedicar à próxima lição, pode ser útil fazer um autoinventário e atribuir-se índices nas vinte qualidades da liderança. A autoanálise é sempre benéfica, desde que acurada. Todas as qualidades essenciais da liderança podem ser cultivadas por qualquer pessoa que faça um esforço razoável para aplicar a Lei do Sucesso.

Se deseja ter certeza de que sua autoanálise está correta, dê a si mesmo um índice nas vinte qualidades da liderança e então peça a duas ou três pessoas que lhe conhecem bem para que confiram e julguem com precisão.

Um método simples para se dar índices é o seguinte:

Copie as vinte qualidades da liderança em uma folha de papel. Ao lado de cada uma escreva "perfeito, bom ou pobre", de acordo com o que acredita que seja seu índice. Perfeito lhe dará um índice de 5%, bom lhe dará um índice de 2,5%, e pobre deve ser classificado como zero. Coloque os números na folha de análise e some-os. Se o total ficar abaixo de 75%, você saberá que ainda não está qualificado como líder em sua ocupação. O gráfico mostrará onde você é fraco. O domínio dessa filosofia proporcionará tudo de que você necessita para eliminar ou superar suas fraquezas.

Essa autoanálise deve ser feita antes de você passar para a próxima lição, pois ajudará a obter mais dela e de todas as lições subsequentes. Enquanto faz a análise, lembre-se de que o propósito é que você se veja como realmente é, por meio de olhos confiáveis e amigáveis.

*Ninguém lhe deu uma oportunidade?*
*Alguma vez já lhe ocorreu dar uma oportunidade a si mesmo?*

Chamo de preguiçoso o homem que poderia estar melhor empregado.

— *Socrates*

## LIÇÃO 6

# IMAGINAÇÃO

*"Você pode fazer se acreditar que pode!"*

IMAGINAÇÃO É A OFICINA da mente humana em que velhas ideias e fatos estabelecidos podem ser remontados em novas combinações e colocados em novos usos. O dicionário moderno define imaginação como segue:

O ato de inteligência construtiva de agrupar os materiais do conhecimento ou pensamento em sistemas novos, originais e racionais, a faculdade construtiva ou criativa, abrangendo imaginação poética, artística, filosófica, científica e ética.

O poder criativo da mente, a formação mental de imagens e figuras ou a representação mental de objetos e ideias, particularmente de objetos de percepção sensorial e raciocínio matemático, também a reprodução e combinação, normalmente com modificação mais ou menos irracional ou anormal, de imagens ou ideias de memória ou de fatos recordados de experiência.

A imaginação foi chamada de poder criativo da alma, mas isso é um tanto abstrato e aprofunda o significado mais do que é necessário do ponto de vista do aluno deste curso, que deseja utilizá-la somente como um meio de alcançar vantagens materiais ou monetárias na vida.

Se dominou e entendeu plenamente as lições precedentes, você sabe que os materiais com que construiu seu objetivo principal definido foram montados e combinados na imaginação. Você também sabe que autoconfiança, iniciativa e liderança devem ser criadas na imaginação antes de se tornarem realidade, pois é na oficina da imaginação que você colocará a autossugestão em funcionamento, criando essas qualidades necessárias.

Esta lição sobre imaginação pode ser chamada de "eixo" do curso, pois todas as outras levam a ela e utilizam o princípio sobre o qual se baseia, do mesmo modo que os fios do telefone vão até a central, sua fonte de energia. Você nunca terá um objetivo principal de vida, nunca terá autoconfiança, nunca terá iniciativa e liderança a menos que, primeiro, crie tais qualidades na imaginação e se veja na posse delas.

Assim como o carvalho se desenvolve do germe que está na semente e o pássaro se desenvolve do germe adormecido no ovo, suas conquistas materiais brotam dos planos organizados que você cria na imaginação. Primeiro vem o pensamento; a seguir, a organização desse pensamento em ideias e planos; depois, a transformação dos planos em realidade. O início, como você pode observar, está na imaginação.

A imaginação é de natureza interpretativa e criativa. Pode examinar fatos, conceitos e ideias e criar novas combinações e planos a partir destes.

DIA 124

A capacidade interpretativa confere à imaginação um poder normalmente não atribuído a ela, isto é, o poder de registrar vibrações e ondas de pensamento colocadas em movimento por fontes externas, assim como os radiorreceptores captam as vibrações do som. O princípio pelo qual a capacidade interpretativa da imaginação funciona é chamado de telepatia, a comunicação do pensamento de uma mente para outra, a curtas ou longas distâncias, sem a ajuda de ferramentas físicas ou mecânicas, conforme explicado na Lição 1.

A telepatia é um fator importante para o aluno que está se preparando para fazer uso efetivo da imaginação, pois a capacidade telepática da imaginação está constantemente captando ondas de pensamento e vibrações de todo tipo. Os chamados "julgamento apressado" e "palpite", que incitam à formação de opinião ou decisão sobre um curso de ação que não está em harmonia com a lógica ou razão, são geralmente resultados de ondas de pensamento desgarradas registradas na imaginação.

O aparelho de rádio permitiu-nos entender que os elementos do éter são tão sensíveis e vivos que todos os tipos de ondas eletromagnéticas estão constantemente voando aqui e ali na velocidade da luz. Você só precisa entender o rádio para entender também a telepatia. Esse princípio foi tão bem estabelecido pela pesquisa psicológica que temos provas abundantes de que duas mentes devidamente sintonizadas e em harmonia entre si podem enviar e receber pensamentos a longa distância sem a ajuda de equipamentos mecânicos de nenhum tipo. É raro duas mentes sintonizarem-se tão bem que cadeias ininterruptas de pensamento possam ser registradas dessa maneira, mas existe evidência suficiente para estabelecer o fato de que partes de pensamento organizado são captadas.

Para que você possa entender quão intimamente interligados estão os quinze fatores que embasam este curso, considere, por exemplo, o que acontece quando um vendedor que carece de confiança em si mesmo e em suas mercadorias chega para ver um comprador potencial. Quer o comprador esteja ciente disso ou se não, sua imaginação imediatamente "sente" a falta de confiança na mente do vendedor. Os pensamentos do vendedor na verdade minam seus esforços. Isso explica de outro ângulo por que a autoconfiança é um dos mais importantes fatores na grande luta para o sucesso.

A telepatia e a lei da atração, de que iguais se atraem, explicam muitos fracassos. Se a mente tem a tendência de atrair do éter as vibrações de pensamento que se harmonizam com seus pensamentos dominantes, você pode facilmente entender por que uma mente negativa que reside no fracasso e carece da força vitalizante da autoconfiança não atrai uma mente positiva, dominada por pensamentos de sucesso.

DIA 125

Talvez essas explicações sejam um tanto abstratas para quem não estudou os processos do funcionamento mental, mas parece necessário injetá-las nesta lição para que o aluno entenda e faça uso prático do assunto. A imaginação, muitas vezes, é considerada apenas uma coisa indefinida, indetectável, indescritível, que nada mais faz do que criar ficção. Esse desprezo pelos poderes da imaginação torna necessárias essas referências mais ou menos abstratas a um dos mais importantes assuntos deste curso. A imaginação não é apenas um tema importante deste curso, é um dos assuntos mais interessantes, como você observará quando começar a ver como afeta tudo que é feito em relação à conquista do objetivo principal definido.

*O homem que difama seu igual revela involuntariamente a sua verdadeira natureza interior.*

Você verá o quanto a imaginação é importante quando parar para perceber que é a única coisa no mundo sob a qual você tem controle absoluto. Você pode ser privado da riqueza material e enganado de mil maneiras, mas nenhum homem pode privá-lo do controle e uso da imaginação. Homens podem tratá-lo com injustiça, como frequentemente acontece, podem privá-lo da liberdade, mas não podem tirar-lhe o privilégio de usar a imaginação como quiser.

O poema mais inspirador de toda literatura foi escrito por Leigh Hunt quando pobre e injustamente encarcerado em um presídio inglês por causa de suas visões políticas. O poema, intitulado "Abou Ben Adhem", é aqui apresentado como lembrete de que uma das maiores coisas que um homem pode fazer na imaginação é perdoar aqueles que o trataram de forma injusta:

Abu Ben Adhem (possa sua tribo crescer)
Acordou certa noite de um sonho pacífico profundo

E viu em seu quarto, à luz do luar,
Resplandecente e como um lírio em flor,
Um anjo escrevendo em um livro de ouro.
A paz extrema tornou Ben Adhem audacioso,
E ele falou à presença em seu quarto:
"O que escreveis?". — A visão ergueu a cabeça
E, com um semblante de total harmonia,
Respondeu: "Os nomes daqueles que amam o Senhor".
"E o meu é um deles?", perguntou Abou. "Não, não é",
Replicou o anjo. — Abou falou mais baixo,
Porém ainda animado: "Suplico-vos, então,
Que me incluais entre os que amam seus semelhantes".
O anjo escreveu e desapareceu. Na noite seguinte,
Retornou em imensa luz do despertar
E mostrou os nomes que o amor de Deus abençoara,
E eis que o nome de Ben Adhem vinha à frente de todo o restante!

A civilização em si deve sua existência a homens como Leigh Hunt, em cuja imaginação fértil foram retratados os mais nobres e elevados padrões de relação humana. "Abou Ben Adhem" é um poema que nunca morrerá, graças ao homem que retratou, em sua imaginação, a esperança de um ideal construtivo.

O maior problema do mundo hoje reside em nossa falta de entendimento do poder da imaginação, pois, se entendêssemos esse grande poder, poderíamos usá-lo como arma para acabar com a pobreza, a miséria, a injustiça e a perseguição, e isso poderia ser feito em uma única geração. Esta é uma afirmação deveras ampla, e ninguém entende melhor que o autor deste curso o quanto seria inútil caso o princípio que a embasa não fosse explicado em termos da mais prática e prosaica natureza; portanto, vamos descrever o que isso significa.

Para tornar essa descrição compreensível, devemos aceitar como realidade o princípio da telepatia, pelo qual todo pensamento que emitimos é registrado na mente de outras pessoas. Precisamos dedicar tempo para provar que a telepatia é uma realidade, porque não há como esta lição sobre imaginação ter o mínimo valor para o aluno que não esteja suficientemente informado para entender e aceitar a telepatia como um princípio estabelecido. Vamos tomar como certo que você aceita e entende esse princípio.

Você ouve falar com frequência sobre "psicologia de massa", que não passa de uma ideia forte e dominante, criada na mente de uma ou mais pessoas e registrada nas mentes de outras pela telepatia. Tão forte é o poder da psicologia de massa que dois homens brigando na rua muitas vezes dão início a uma briga generalizada, na qual os passantes se envolvem sem saber por que ou com quem estão brigando.

No dia do armistício em 1918, tivemos evidências abundantes para comprovar a realidade da telepatia em uma escala que o mundo nunca havia antes testemunhado. Lembro nitidamente da impressão gravada em minha mente por aquele dia notável. Tão forte foi a impressão que me acordou por volta das três da manhã, tão efetivamente como se alguém tivesse me despertado com um safanão. Quando sentei na cama, soube que algo fora do comum havia acontecido, e o efeito dessa experiência foi tão estranho e instigador que levantei, me vesti e fui para as ruas de Chicago, onde encontrei milhares de outros tocados pela mesma influência. Todos perguntavam: "O que aconteceu?".

O que havia acontecido era o seguinte:

Milhões de homens haviam recebido instruções de cessar-fogo, e a alegria deles colocou em movimento uma onda de pensamento que varreu o mundo inteiro e se fez sentir em cada mente capaz de registrá-la. Talvez nunca na história do mundo tantos milhões de pessoas tenham pensado a mesma coisa, da mesma maneira, ao mesmo tempo. Pela primeira vez na história do mundo, todo mundo sentiu algo em comum, e o efeito desse pensamento harmonizado foi a "psicologia de massa" mundial que testemunhamos no dia do armistício. Em conexão com essa afirmação, é útil lembrar o que foi dito na Lição 1 sobre o método de criação do "MasterMind" pela harmonia do pensamento de duas ou mais pessoas.

Vamos aproximar esse princípio de nosso cotidiano mostrando como pode ser utilizado para criar ou romper um relacionamento harmonioso de trabalho numa empresa ou indústria. Você pode não estar convencido de que foi o pensamento harmonioso de milhões de soldados registrado na mente das pessoas ao redor do mundo que causou a condição psicológica de massa evidente por toda parte no dia do armistício, mas não precisará de provas de que uma pessoa descontente sempre perturba todos com quem entra em contato. É fato bem estabelecido que uma pessoa assim perturbará a organização inteira no local de trabalho. Está chegando o tempo em que nem trabalhadores, nem empregadores irão tolerar um "resmungão" típico no ambiente de trabalho, pois seu estado de espírito se registra na mente daqueles ao redor, resultando em perturbação, desconfiança e falta de harmonia. Está chegando o tempo em que os trabalhadores irão tolerar o "resmungão" típico no ambiente de trabalho tanto quanto tolerariam uma serpente peçonhenta.

Aplique o princípio de outra forma: coloque entre um grupo de trabalhadores uma pessoa cuja personalidade é de tipo positivo e otimista, que se encarrega de semear harmonia no local de trabalho, e sua influência se refletirá em todos que trabalham com ela.

Se todo negócio é "a sombra alargada de um homem", como afirmou Emerson, então compete a ele projetar uma sombra de confiança, entusiasmo, otimismo e harmonia, para que tais qualidades possam, por sua vez, projetar-se sobre todos aqueles conectados ao negócio.

Ao seguir para o próximo passo em nossa aplicação do poder da imaginação na conquista do sucesso, citaremos alguns dos exemplos mais recentes e modernos de seu uso na acumulação de riqueza material e aperfeiçoamento de algumas das principais invenções do mundo.

Ao abordar o próximo passo, deve-se ter em mente que "não existe nada de novo sob o sol". A vida nesse mundo pode ser comparada a um grande caleidoscópio, onde paisagens, fatos e substâncias materiais estão sempre em mudança e movimento, e tudo que qualquer homem pode fazer é pegar esses fatos e substâncias e reorganizá-los em novas combinações.

O processo pelo qual se faz isso é chamado de imaginação.

Afirmamos que a imaginação é de natureza interpretativa e criativa. Essa pode receber impressões ou ideias e criar novas combinações a partir destas.

Como primeiro exemplo do poder da imaginação para o sucesso nos negócios, tomaremos o caso de Clarence Sauders, que organizou o sistema Piggly-Wiggly de mercearia *self-service*.

Saunders era balconista de uma lojinha de varejo no Sul dos Estados Unidos. Certo dia estava numa fila, com uma bandeja de metal nas mãos, esperando sua vez para pegar comida numa lanchonete. Ele nunca havia ganho mais de US$ 20 por semana naquele tempo, e ninguém nunca havia notado nada nele que indicasse alguma capacidade incomum, mas algo aconteceu em sua mente enquanto ele estava naquela fila e colocou sua imaginação a funcionar. Com a ajuda da imaginação, ele pegou a ideia do "sirva-se você mesmo" da lanchonete onde estava (sem criar nada de novo, apenas alterando uma velha ideia para um novo uso) e a implantou em uma mercearia. O plano da rede de mercearias Piggly-Wiggly foi criado num instante, e Clarence Saunders, um balconista, rapidamente tornou-se dono de uma cadeia de mercearias de milhões de dólares nos Estados Unidos.

Onde nesse episódio você vê o mais leve indício de um desempenho que você não poderia repetir?

Analise o caso, avalie-o pelas lições prévias deste curso e você verá que Clarence Saunders criou um objetivo muito definido. Respaldou o objetivo com autoconfiança suficiente para tomar a iniciativa de transformá-lo em realidade. Sua imaginação foi a oficina onde os três fatores — objetivo definido, autoconfiança e iniciativa — foram reunidos e forneceram o impulso para o primeiro passo na organização do plano da Piggly-Wiggly.

É assim que as grandes ideias são transformadas em realidade.

Quando Thomas Edison inventou a lâmpada elétrica incandescente, apenas uniu dois velhos e bem conhecidos princípios em uma nova combinação. Edison e praticamente todos os outros com conhecimento em eletricidade sabiam que a luz podia ser produzida pelo aquecimento de um pedacinho de arame com eletricidade, mas o difícil era fazer isso sem queimar o arame e parti-lo. Em sua pesquisa experimental, Edison tentou todos os tipos de arame concebíveis, esperando encontrar alguma substância que aguentasse o tremendo calor a que teria que ser submetida para a produção de luz.

*Fará grande diferença para você ser uma pessoa com uma mensagem ou uma pessoa com uma queixa.*

A invenção estava semiconcluída, mas não teria valor prático até ele encontrar o elo que proporcionaria a outra metade. Após milhares de testes e muitas combinações de ideias na imaginação, Edison enfim encontrou o que faltava. Nos estudos de física, ele havia aprendido, como todos os outros alunos dessa matéria, que não pode haver combustão sem oxigênio. É claro que ele sabia que a dificuldade com seu equipamento de luz elétrica era a falta de um método para controlar o calor. Quando ocorreu a Edison que não há combustão onde não existe oxigênio, ele colocou o pequeno arame de seu equipamento de luz elétrica dentro de um globo de vidro, tirou todo o oxigênio, e eis que a lâmpada incandescente elétrica tornou-se realidade.

Quando o Sol se põe à noite, você vai até a parede, aperta um botão e o traz de volta, uma proeza que teria mistificado as pessoas de algumas gerações passadas; todavia, não existe mistério por trás deste ato. Graças ao uso da imaginação, Edison simplesmente uniu dois princípios que existem desde o início dos tempos.

Ninguém que conheceu Andrew Carnegie intimamente jamais atribuiu a ele alguma capacidade incomum ou poder genial, exceto em uma coisa: a capacidade de selecionar homens que poderiam e cooperariam em espírito de harmonia na execução de seus desejos. Mas qual capacidade adicional ele necessitou para acumular seus milhões de dólares?

Qualquer homem que entenda o princípio do esforço organizado como Carnegie entendia e souber o suficiente sobre homens para ser capaz de selecionar somente os tipos necessários no desempenho de uma atividade pode duplicar tudo que o grande empresário realizou.

Andrew Carnegie era um homem de imaginação. Primeiro, criou um objetivo definido e então cercou-se de homens que tinham o treinamento, a visão e a capacidade necessárias para a transformação desse objetivo em realidade. Carnegie nem sempre criava os planos para a realização de seu objetivo definido. Ele tratava de saber o que queria, então encontrava os homens que poderiam criar planos para consegui-lo. E isso não era apenas imaginação, era gênio de categoria mais elevada.

Mas deve ficar claro que os homens do tipo de Andrew Carnegie não são os únicos que podem fazer uso lucrativo da imaginação. Esse grande poder está tão disponível para o novato nos negócios quanto para o homem que já "chegou lá".

Certa manhã, o carro de Charles Schwab parou na rua lateral de sua fábrica, a Bethlehem Steel. Quando ele desceu do carro, deparou com um jovem estenógrafo que anunciou estar ali para garantir que qualquer carta ou telegrama que Schwab desejasse enviar seria redigido de imediato. Ninguém disse ao jovem para ficar de prontidão, mas ele teve imaginação suficiente para ver que estar ali não faria mal às suas chances de progresso. Daquele dia em diante, o jovem ficou "marcado" para uma promoção. Schwab o escolheu porque ele fez o que qualquer um dos outros estenógrafos empregados na siderúrgica Bethlehem poderia fazer, mas não fez. Esse rapaz tornou-se presidente de uma das maiores indústrias farmacêuticas do mundo, dispondo de todos os bens que deseja e muito mais do que necessita.

Alguns anos atrás, recebi uma carta de um rapaz que recém-concluíra a faculdade de administração e queria um emprego em meu escritório. Com a carta, ele enviou uma nota de dez dólares novinha, que nunca havia sido dobrada. A carta dizia o seguinte:

> Recentemente terminei um curso de comércio em uma faculdade de administração de primeira classe e quero um cargo em seu escritório porque percebi o quanto seria valioso para um jovem em começo de carreira nos negócios ter o privilégio de trabalhar sob a direção de um homem como você.
>
> Se a nota de dez dólares inclusa é suficiente para pagar pelo tempo que você gastar dando a primeira semana de instrução, quero que a aceite. Trabalharei o primeiro mês sem pagamento, e você pode acertar meus vencimentos após eu me mostrar útil no que quer que seja.
>
> Quero esse emprego mais do que qualquer coisa em minha vida e estou disposto a fazer qualquer sacrifício razoável para consegui-lo.
>
> Cordialmente.

O jovem teve sua chance em meu escritório. Sua imaginação rendeu-lhe a oportunidade que queria, e, antes que seu primeiro mês houvesse expirado, o presidente de uma companhia de seguros de vida que ficou sabendo do caso ofereceu ao rapaz um cargo de secretário com salário substancial. Ele tornou-se funcionário de uma das maiores companhias mundiais de seguros de vida.

Alguns anos atrás, um jovem escreveu a Thomas Edison solicitando emprego. Por algum motivo, Edison não respondeu. Sem desanimar em nada por causa disso, o jovem decidiu que não apenas obteria uma resposta de Edison, mas, mais importante ainda, teria a vaga que buscava. Ele vivia a uma longa distância de West Orange, New Jersey, onde situam-se as indústrias de Edison, e não tinha dinheiro para a passagem de trem. Mas tinha imaginação. Foi até West Orange em um vagão de carga, fez uma entrevista, contou sua história pessoalmente e conseguiu o emprego que procurava.

Hoje esse homem reside em Bradentown, Flórida, aposentado com todo o dinheiro de que necessita. Seu nome, caso deseje para confirmar esta afirmação, é Edwin C. Barnes.

Usando apenas a imaginação, Barnes viu a vantagem de uma associação próxima com um homem como Thomas Edison. Viu que tal associação daria a oportunidade de estudar Edison e ao mesmo tempo o colocaria em contato com os amigos de Edison, algumas das pessoas mais influentes do mundo.



Esses são apenas alguns casos nos quais observei pessoalmente como homens galgaram altas posições no mundo e acumularam riqueza abundante fazendo uso prático da imaginação.

Theodore Roosevelt gravou seu nome na história com um único ato como presidente dos Estados Unidos, e, quando tudo o mais que ele fez no cargo estiver esquecido, este único empreendimento há de marcá-lo como um homem de imaginação.

*A razão pela qual a maioria das pessoas não gosta de ouvir a história dos seus problemas é que elas mesmas têm uma grande quantidade deles.*

Foi Roosevelt que colocou as escavadeiras a trabalhar no Canal do Panamá.

Todos os presidentes de Washington até Roosevelt poderiam ter começado e terminado o canal, mas parecia uma tarefa tão colossal que exigia não somente imaginação, como também coragem e ousadia. Roosevelt tinha ambas, e o povo dos Estados Unidos teve o canal.

Aos quarenta anos — idade em que o homem comum começa a pensar que está velho demais para iniciar qualquer coisa nova –, James J. Hill ainda operava um telégrafo, com salário mensal de US$ 30. Ele não tinha capital. Não tinha amigos influentes com capital, mas tinha algo mais poderoso que isso: imaginação.

Em sua mente, Hill viu um grande sistema ferroviário que penetraria no Noroeste não desenvolvido e uniria os oceanos Atlântico e Pacífico. Tão vívida foi sua imaginação que ele fez outros verem as vantagens de tal sistema ferroviário, e daí em diante a história é bem familiar para qualquer garoto de escola. Eu enfatizaria a parte da história que a maioria das pessoas nunca menciona: a ferrovia Great Northern tornou-se realidade primeiro na imaginação de Hill. A ferrovia foi construída com trilhos de aço e dormentes de madeira, assim como as demais, e essas coisas foram pagas com capital obtido praticamente da mesma maneira que o capital de todas as ferrovias. Mas, se você quer a verdadeira história de sucesso de James J. Hill, deve voltar àquela estação na cidadezinha onde ele trabalhava por US$ 30 mensais e pegar os fiozinhos que ele teceu em uma poderosa ferrovia, com materiais não mais visíveis que os pensamentos que organizou em sua imaginação.

Que grande poder é a imaginação, a oficina da alma, onde os pensamentos são tecidos na forma de ferrovias, arranha-céus, usinas, fábricas e todo o tipo de riqueza material.

> Afirmo que pensamentos são coisas,
> São dotados de corpo, respiração e asas,
> E nós os emitimos para preencher
> O mundo com bons resultados ou males.
> Aquilo que chamamos de nosso pensamento secreto
> Dispara para o canto mais remoto da Terra,
> Deixando suas bênçãos ou aflições
> Como um rastro por onde passa.
> Construímos nosso futuro, pensamento por pensamento,
> Para bem ou mal; ainda que não se saiba,
> Ainda assim o universo foi moldado.
> Pensamento é o outro nome para destino;
> Escolhe, então, teu destino e espera,
> Pois amor traz amor, e ódio traz ódio.

Se a imaginação é o espelho de sua alma, então você tem todo o direito de parar em frente ao espelho e se ver como deseja ser. Você tem o direito de ver refletido naquele espelho mágico a mansão que pretende ter, a fábrica que

DIA 131

pretende gerenciar, o banco que pretende presidir, a posição que pretende ocupar na vida. Sua imaginação lhe pertence! Use-a! Quanto mais usá-la, mais eficientemente ela irá lhe servir.

Na extremidade leste da grande ponte de Brooklyn, em Nova York, um velho sapateiro tem sua oficina. Quando os engenheiros começaram a cravar estacas e demarcar o local da fundação para aquela grande estrutura de aço, o homem sacudiu a cabeça e disse: "Não dá para fazer isso!".

Feita a ponte, ele olhava para fora da sapataria pequena e sombria, sacudia a cabeça e se perguntava: "Como é que fizeram isso?".

O homem viu a ponte crescer diante de seus olhos e, ainda assim, careceu de imaginação para analisar o que viu. O engenheiro que planejou a obra viu a ponte como uma realidade muito antes de que a primeira pá de terra fosse removida para as pedras da fundação. A ponte tornou-se realidade em sua imaginação porque ele havia treinado a imaginação para formar novas combinações a partir de velhas ideias.

Experimentos recentes no departamento de eletricidade de um dos maiores institutos educacionais norte-americanos levaram à descoberta de como colocar flores para dormir e acordá-las de novo com "luz do sol" elétrica. Tal descoberta torna possível o cultivo de vegetais e flores sem a ajuda da luz solar. Em poucos anos, um habitante da cidade plantará uma horta na varanda com umas poucas caixas de terra e algumas lâmpadas elétricas e terá novos legumes amadurecendo em todos os meses do ano.

Essa descoberta, mais um pouquinho de imaginação, mais as descobertas de Luther Burbank na horticultura e eis que o habitante da cidade não só plantará legumes todo o ano na varanda, como plantará vegetais maiores do que qualquer um cultivado a céu aberto pelo lavrador moderno.

Em uma das cidades da costa da Califórnia, toda a terra adequada para loteamento foi urbanizada e colocada em uso. De um lado da cidade havia algumas colinas íngremes que não poderiam ser usadas para fins de construção e do outro lado o terreno era impróprio porque era tão baixo que a maré o cobria uma vez por dia.

Um homem de imaginação chegou à cidade. Homens de imaginação geralmente têm mentes perspicazes, e este não era exceção. No primeiro dia, ele viu a possibilidade de ganhar dinheiro com corretagem imobiliária. Ele assegurou a opção de compra das colinas impróprias para uso devido à inclinação. Também assegurou a opção de compra do terreno impróprio para uso por causa da maré que o cobria todos os dias. Ele assegurou as opções de compra a preços muito baixos porque os terrenos supostamente não tinham valor substancial.

Com o uso de algumas toneladas de explosivos, ele transformou as colinas íngremes em terra solta. Com a ajuda de alguns tratores e raspadeiras, nivelou o solo e transformou o terreno em um loteamento; com a ajuda de mulas e carroças, tombou a terra excedente no terreno baixo e o elevou acima do nível da água, transformando-o em um belo loteamento.

Ele fez uma fortuna substancial. Como?

Deslocando terra de onde não era necessária para onde era necessária! Misturando terra inútil com imaginação!

O povo da cidadezinha conferiu a esse homem o crédito de gênio, e ele foi — o mesmo tipo de gênio que qualquer um poderia ter sido se tivesse usado a imaginação como o homem usou a dele.



No campo da química, é possível misturar dois ou mais elementos em tal proporção que o simples ato da mistura proporciona a cada ingrediente uma tremenda quantidade de energia que ele não possuía. Também é possível misturar certos elementos químicos em proporções tais que todos eles assumem uma natureza totalmente diferente, como no caso de $H_2O$, a mistura de duas partes de hidrogênio e uma parte de oxigênio que produz a água.

A química não é o único campo em que vários elementos físicos podem ser combinados de modo que cada um assuma um valor maior ou que o resultado seja um produto de natureza inteiramente estranha a seus componentes. O homem que explodiu as colinas inúteis de terra e pedras e removeu o excedente para o terreno onde era necessário deu àquela terra um valor que ela não tinha antes.

Uma tonelada de ferro-gusa vale pouco. Adicione carbono, silício, manganês, enxofre e fósforo nas proporções corretas e você transforma ferro-gusa em aço, muito mais valioso. Adicione outras substâncias nas proporções corretas, incluindo mão de obra qualificada, e a mesma tonelada de aço é transformada em molas de relógio que valem uma pequena fortuna. Contudo, em todos esses processos de transformação, o ingrediente de maior valor não tem forma material — é a imaginação!

Tome grandes pilhas de tijolo, madeira, pregos e vidro soltos. Nesse estado, são mais do que inúteis, são um incômodo e ofendem a vista. Porém, misture com a imaginação de um arquiteto, adicione algum trabalho qualificado e eis que se tornarão uma linda mansão que valerá uma fortuna.

*Sei que estou aqui. Sei que não tive nada a ver com minha vinda e pouco ou nada terei a ver com minha ida; portanto, não irei me preocupar, pois a preocupação é inútil.*

Em uma das grandes autoestradas entre Nova York e Filadélfia, havia um velho celeiro em ruínas, desgastado pelo tempo, valendo menos de cinquenta dólares. Com um pouco de madeira e cimento, mais imaginação, o velho celeiro foi transformado em um belo posto de abastecimento que rende uma pequena fortuna para o homem que se abasteceu de imaginação.

Defronte a meu escritório, do outro lado da rua, existe uma pequena tipografia que garante o café e o pão do proprietário e seu ajudante, mas não mais que isso. Menos de uma dúzia de quadras adiante está uma das tipografias mais modernas do mundo, cujo proprietário passa a maior parte do tempo viajando e tem mais riqueza que jamais usará. Há 22 anos, os dois homens estavam juntos nos negócios.

O proprietário da grande tipografia teve o bom senso de se aliar com um homem que misturou imaginação com impressão. Esse homem de imaginação é um redator de publicidade, e ele mantém a tipografia da qual é sócio abastecida com mais negócios do que a empresa consegue dar conta, analisando os negócios de seus clientes, criando peças publicitárias atraentes e fornecendo o material impresso necessário para que tais peças sejam de utilidade. A empresa recebe grandes somas por suas impressões porque a imaginação misturada com a impressão produz um produto que a maioria das tipografias não consegue fornecer.



Em Chicago, o nível de uma determinada avenida foi levantado, o que prejudicou uma série de belas residências, pois a calçada ficou na altura das janelas do segundo andar. Enquanto os proprietários lamentavam sua má sorte, um homem de imaginação chegou, comprou as residências a "troco de banana", converteu os segundos andares em instalações comerciais e passou a desfrutar de uma bela renda de aluguéis.

Enquanto lê estas linhas, por favor, tenha em mente tudo que foi afirmado no início desta lição, sobretudo que a coisa mais importante e mais lucrativa que se pode fazer com a imaginação é rearranjar velhas ideias em novas combinações.

Se usar a imaginação de forma adequada, ela vai ajudar a converter fracassos e erros em bens de valor inestimável, levando você à descoberta de uma verdade conhecida apenas por aqueles que usam a imaginação, ou seja, que os maiores infortúnios da vida geralmente abrem portas para oportunidades de ouro.

Um dos melhores e mais bem pagos gravadores dos Estados Unidos era antes um carteiro. Um dia teve a sorte de estar em um bonde que se acidentou e teve uma das pernas amputadas. A empresa de bonde pagou a ele US$ 5 mil pela perna. Com o dinheiro, o homem pagou seus estudos e se tornou gravador. O produto de suas mãos, mais sua imaginação, vale muito mais do que ele poderia ganhar com a perna como carteiro. Ele descobriu que tinha imaginação quando se tornou necessário redirecionar seus esforços em razão do acidente de bonde.

Você nunca saberá qual sua capacidade de realização até aprender como misturar seus esforços com imaginação. Os produtos de suas mãos, sem imaginação, irão proporcionar um pequeno retorno, mas as mesmas mãos, quando guiadas de modo adequado pela imaginação, podem obter toda a riqueza material que você possa desejar.

Existem duas maneiras de lucrar com a imaginação. Você pode desenvolver essa faculdade em sua mente ou se aliar àqueles que já a tenham desenvolvido. Andrew Carnegie fez ambas as coisas. Não só fez uso de sua imaginação fértil, como reuniu ao seu redor um grupo de homens que também possuíam essa qualidade essencial, pois seu objetivo definido de vida exigia especialistas cuja imaginação corresse em várias direções. No grupo que constituía o "MasterMind" de Carnegie, havia homens cuja imaginação restringia-se ao campo da química, e outros cuja imaginação restringia-se às finanças. Havia ainda outros cuja imaginação restringia-se às vendas; um desses era Charles M. Schwab, que dizem ter sido o vendedor mais habilidoso da equipe de Carnegie.

Se você sente que sua imaginação é inadequada, deve formar uma aliança com alguém cuja imaginação seja suficientemente desenvolvida para suprir sua deficiência. Existem várias formas de aliança. Por exemplo, a aliança de amizade e a aliança de empregado e empregador. Nem todos os homens têm condições de fazer o que é melhor para si como empregadores, e aqueles que não têm podem lucrar aliando-se com homens de imaginação que possuem tal capacidade.

Dizem que Andrew Carnegie fez mais milionários entre seus empregados do que qualquer outro empregador do ramo siderúrgico. Entre estes, Charles M. Schwab, que deu provas da mais sólida imaginação pelo bom discernimento de se aliar com Carnegie. Não é desgraça atuar na condição de empregado. Pelo contrário, frequentemente este se mostra o lado mais lucrativo de uma aliança, visto que nem todos os homens são talhados para assumir a responsabilidade de dirigir outros homens.

Talvez não exista campo de atuação em que a imaginação tenha papel tão importante quanto o de vendas. O mestre em vendas vê o mérito das mercadorias que vende ou do serviço que presta em sua imaginação; se falha nisso, não efetua a venda.

Há alguns anos, foi realizada uma venda que dizem ter sido a mais importante e de maior alcance daquele tipo. O objeto da venda não foi uma mercadoria, mas a liberdade de um homem confinado na penitenciária de Ohio e o desenvolvimento de uma reforma no sistema carcerário que prometia uma mudança radical no método de lidar com os desafortunados homens e mulheres que acabam enredados nas malhas da lei.

Para que você possa observar como a imaginação desempenha papel de destaque na arte de vender, vou analisar essa venda, com as devidas desculpas por referências pessoais que não podem ser evitadas sem destruir muito do valor do exemplo.

Alguns anos atrás, fui convidado para falar para os detentos da penitenciária de Ohio. Quando cheguei à plataforma, vi no público diante de mim um homem que eu havia conhecido como empresário bem-sucedido há mais de dez anos. Esse homem era B., cujo perdão depois assegurei, e a história de sua soltura espalhou-se pelas primeiras páginas de praticamente todos os jornais dos Estados Unidos. Talvez você se recorde do caso.

Após concluir minha palestra, conversei com B. e descobri que ele havia sido sentenciado a vinte anos por falsificação. Depois de ele contar a história, eu disse:

"Vou tirar você daqui em menos de seis dias!".

Com um sorriso forçado, ele retrucou: "Admiro seu espírito, mas questiono seu discernimento. Ora, você sabe que pelo menos vinte homens influentes tentaram de tudo para me soltar, sem sucesso? Não dá para fazer isso!"

Acho que foi a última frase — "não dá para fazer isso" — que me desafiou a mostrar para ele que dava para fazer. Voltei a Nova York e pedi à minha esposa para fazer as malas e se preparar para uma estada indefinida em Columbus, onde situa-se a penitenciária de Ohio.

Eu tinha um objetivo definido em mente! O objetivo era tirar B. da penitenciária de Ohio. Não só eu tinha em mente garantir a soltura, como pretendia fazer isso de tal forma que apagasse do peito de B. a letra escarlate de "condenado" e ao, mesmo tempo, rendesse crédito a todos que ajudassem a libertá-lo.

Não duvidei por um instante de que levaria a cabo a soltura, pois nenhum vendedor consegue fazer a venda se duvida de que possa fazê-la. Minha esposa e eu retornamos a Columbus e montei "um quartel-general permanente".

No dia seguinte, fui ao governador de Ohio e falei o objetivo da minha visita nos seguintes termos:

> Governador, vim aqui pedir que solte B. da penitenciária de Ohio. Tenho sólido motivo para pedir a liberdade dele e espero que você a conceda imediatamente, mas vim preparado para ficar até que ele seja solto, não importa o quanto demore.
>
> Como sabe, B. lançou um sistema de ensino por correspondência na penitenciária de Ohio. Ele influenciou 1.729 de 2.518 prisioneiros da penitenciária de Ohio a fazer cursos por correspondência. Conseguiu textos e material de ensino suficientes para manter os homens trabalhando em suas lições e fez isso sem um centavo de gasto para o estado de Ohio. O diretor e o capelão me disseram que ele observou cuidadosamente as regras da penitenciária. Com certeza, alguém que consegue influenciar 1.729 homens a voltarem seus esforços para o autoaperfeiçoamento não pode um sujeito tão mau.
>
> Vim pedir para que solte B. porque desejo colocá-lo como chefe de uma escola penitenciária que dará aos 160 mil detentos das outras penitenciárias dos Estados Unidos uma chance de se beneficiarem da sua influência. Estou preparado para assumir total responsabilidade por sua conduta após estar solto.
>
> Este é meu argumento, mas, antes que me dê a resposta, quero que saiba que não ignoro o fato de que seus inimigos provavelmente irão criticá-lo se você o soltar; na verdade, caso o solte, isso poderá lhe custar muitos votos se concorrer ao governo novamente.

Com o punho fechado e o maxilar largo cerrado, o governador Vic Donahey disse: "Se é isso o que você quer, soltarei B., mesmo que me custe cinco mil votos. Entretanto, antes de eu assinar o perdão, quero que você vá ao Conselho de Clemência e garanta uma recomendação favorável. Quero que também garanta a recomendação favorável do diretor e do capelão da penitenciária de Ohio. Você sabe que um governador é passível de julgamento pelo tribunal da opinião pública, e esses senhores são os representantes desse tribunal".

A venda havia sido feita! E a transação exigira menos de cinco minutos.

No dia seguinte, retornei ao gabinete do governador acompanhado do capelão da penitenciária de Ohio e informei que o Conselho de Clemência, o diretor e o capelão recomendavam a soltura. Três dias depois, o perdão foi assinado, e B. atravessou os grandes portões de ferro como um homem livre.

Dei os detalhes para mostrar que não houve dificuldade na negociação. O trabalho de base foi todo preparado antes de eu chegar ao local. B. havia tratado disso com sua boa conduta e o serviço que ofereceu a 1.729 prisioneiros. Quando criou o primeiro sistema de ensino por correspondência na prisão, ele criou a chave que abriu as portas do presídio para ele.

*Se você é sábio e bem-sucedido, eu lhe parabenizo, a menos que você seja incapaz de esquecer o quanto você é bem-sucedido — nesse caso, tenho pena.*

Por que então os outros que pediram sua liberdade falharam em assegurá-la?

Falharam porque não usaram a imaginação!

Talvez tenham pedido a soltura com base em que os pais de B. eram pessoas proeminentes, ou que ele tinha diploma de faculdade e não era má pessoa. Falharam em fornecer ao governador de Ohio um motivo suficiente para justificar a concessão de perdão; senão ele sem dúvida teria soltado B. bem antes de eu entrar em cena.

Antes de ir ao governador, revisei todos os fatos e, na minha imaginação, me vi no lugar dele e decidi que tipo de apresentação teria apelo mais forte para mim naquele caso.

Quando pedi a libertação de B., eu o fiz em nome dos 160 mil homens e mulheres desafortunados e reclusos nas prisões dos Estados Unidos que aproveitariam o benefício do sistema de escola por correspondência que ele havia criado. Não disse nada sobre seus pais proeminentes. Não disse nada sobre minha amizade de anos com ele. Não disse nada sobre ele ser uma pessoa merecedora. Todos esses tópicos poderiam ter sido usados como razões sólidas para que ele ganhasse a liberdade, mas pareciam insignificantes quando comparados com o motivo principal e mais sólido de que sua liberdade ajudaria outras 160 mil pessoas que sentiriam a influência de seu sistema de ensino por correspondência após a soltura.

Quando o governador de Ohio chegou à decisão, não tive dúvida de que B. tinha importância secundária no que dizia respeito à decisão. O governador sem dúvida viu um possível benefício não só para B., mas para os 160 mil homens e mulheres que necessitavam da influência que B. poderia proporcionar, se fosse solto.

E isso foi imaginação!

Foi também arte em vendas! Falando do episódio após seu término, um dos homens que havia trabalhado diligentemente por mais de um ano tentando assegurar a liberdade de B. perguntou: “Como você fez isso?”.

Eu respondi: “Foi a tarefa mais simples que já executei, porque a maior parte do trabalho havia sido feita antes de eu assumir o caso. Na verdade, não fiz, quem fez foi B.”.

O homem me olhou perplexo. Ele não viu o que estou tentando deixar claro aqui, ou seja, que praticamente todas as tarefas difíceis são facilmente executadas se alguém se aproxima pelo ângulo correto. Existiam dois fatores importantes para a liberdade de B. O primeiro era que ele havia fornecido material para um bom caso antes de eu me encarregar dele; e o segundo era que, antes de falar com o governador de Ohio, me convenci tão completamente de que eu tinha o direito de pedir a liberdade de B. que não tive dificuldade de apresentar meu caso de modo eficiente.



Volte ao que foi afirmado no início desta lição sobre telepatia e aplique nesse caso. O governador sentiu, muito antes de eu ter declarado minha missão, que eu sabia que tinha um bom caso. Se meu cérebro não telegrafou esse pensamento para o cérebro dele, então o olhar de autoconfiança em meus olhos e o tom positivo de minha voz tornaram óbvia minha crença nos méritos do meu caso.

Peço desculpas novamente pelas referências pessoais, salientando que as usei apenas porque todos os Estados Unidos estavam familiarizados com o caso de B. Renuncio a todo crédito pela pequena participação que tive no episódio, pois não fiz nada, exceto usar minha imaginação como uma sala de montagem onde juntei os fatores a partir dos quais a venda foi feita. Não fiz nada, exceto o que qualquer vendedor com imaginação poderia ter feito.

Requer uma coragem considerável usar o pronome pessoal tão livremente como se usou para relatar esse caso, mas a justificativa reside no valor da aplicação do princípio da imaginação em um episódio com o qual quase todo mundo está familiarizado.

Não consigo recordar de um acontecimento em toda minha vida no qual a solidez dos quinze fatores que compõem este curso tenham se manifestado mais claramente do que na obtenção da liberdade de B.

É apenas mais um elo em uma longa cadeia de evidências que prova, para minha plena satisfação, o poder da imaginação como um fator na arte de vender. Existem infindáveis milhões de abordagens para cada problema, mas existe apenas uma abordagem que é a melhor. Encontre a melhor abordagem, e seu problema será facilmente solucionado. Não importa quanto mérito suas mercadorias possam ter, existem milhões de maneiras erradas de oferecê-las. Sua imaginação irá ajudá-lo a encontrar a maneira certa.

Em sua busca do jeito certo de oferecer suas mercadorias ou serviços, lembre-se do seguinte traço peculiar da humanidade:

Os homens irão conceder favores que você solicite em benefício de uma terceira pessoa, mas não se você pedir em benefício próprio.

Compare esta afirmação com o fato de que pedi ao governador de Ohio para libertar B. não como um favor a mim e não como um favor a B., mas para o benefício de 160 mil detentos desafortunados das prisões norte-americanas.

Vendedores de imaginação sempre oferecem seus produtos em termos que deixam óbvias as vantagens de tais produtos para o comprador potencial. É raro algum homem comprar uma mercadoria ou prestar um favor apenas para agradar o vendedor. É um traço proeminente da natureza humana incitar-nos a fazer o que favorece nossos próprios interesses. Esse é um fato sólido e incontestável, não obstante as afirmações em contrário dos idealistas.

Para ser perfeitamente claro, os homens são egoístas!

*Nunca vi uma pessoa tentando expor a letra escarlate no peito de alguém sem ter me questionado se ela não carrega alguma marca de desgraça que a teria arruinado caso tivesse sido feita justiça.*

Entender a verdade é entender como apresentar seu caso, quer você esteja pedindo a soltura de um homem ou oferecendo alguma mercadoria. Em sua imaginação, planeje a apresentação do caso para deixar claras as vantagens mais fortes e mais atraentes para o comprador.

Isso é imaginação!

Um fazendeiro mudou-se para a cidade, levando com ele seu bem treinado cão pastor. Ele logo descobriu que o cão ficou deslocado na cidade, então decidiu "livrar-se dele". (Note as palavras entre aspas.) O homem foi para a zona rural levando a cão e bateu na porta da casa de uma fazenda. Um homem de muletas atendeu a porta, mancando. O homem com o cão disse o seguinte:

"Você gostaria de comprar um bom cão pastor do qual desejo me livrar?".

O homem de muletas respondeu: "Não!", e fechou a porta.

O homem com o cão visitou meia dúzia de outras fazendas, fazendo a mesma pergunta e recebendo a mesma resposta. Concluiu que ninguém queria o cão e retornou à cidade. Naquela noite, contou seu infortúnio para um homem de imaginação. Este ouviu como o dono tentou em vão "livrar-se" do cachorro.

"Deixe-me dispor do cachorro para você", disse o homem de imaginação. O dono aceitou de bom grado. Na manhã seguinte, o homem de imaginação foi para a zona rural com o cachorro e parou na primeira fazenda que o dono do cão tinha visitado no dia anterior. O mesmo homem manco de muletas atendeu a porta.

O homem de imaginação falou o seguinte:

"Vejo que você está bastante incapacitado por causa do reumatismo. O que precisa é de um bom cão que execute tarefas para você. Tenho aqui um cão treinado para buscar vacas, afastar animais selvagens, pastorear ovelhas e realizar outros serviços. Ele pode ser seu por cem dólares.

"Muito bem", disse o homem manco, "ficarei com ele!".

Isso também foi imaginação!

Ninguém quer um cachorro de que alguém quer "se livrar", mas quase todo mundo gostaria de ter um cão que pastoreia ovelhas, traz vacas e executa serviços úteis.

O cão era o mesmo que o comprador havia recusado um dia antes, mas o vendedor não era o homem que havia tentado "se livrar" do cachorro. Se você usar a imaginação, saberá que ninguém quer nada de que alguém quer "se livrar".

Lembre-se do que foi dito sobre a lei da atração, de que "semelhante atrai semelhante". Se olhar e agir no âmbito do fracasso, não atrairá nada além de fracasso.

Qualquer que seja seu campo de trabalho, ele requer o uso da imaginação.

As cataratas do Niágara não passavam de uma grande massa ruidosa de água até um homem de imaginação aproveitar e converter a energia desperdiçada em corrente elétrica que agora gira as rodas da indústria. Antes desse homem de imaginação aparecer, milhões de pessoas tinham visto e ouvido as cataratas rugindo, mas careceram de imaginação para aproveitá-las.

O primeiro Rotary Club do mundo nasceu na imaginação fértil de Paul Harris, de Chicago, que viu no fruto de sua mente um meio efetivo de cultivar clientes potenciais e de ampliação de sua prática de direito. A ética profissional proibia a publicidade tradicional, mas a imaginação de Paul Harris encontrou uma maneira de ampliar a prática do direito sem a publicidade tradicional.

Se os ventos da fortuna estão temporariamente soprando contra você, lembre-se de que pode aproveitá-los para que o carreguem na direção do objetivo definido pelo uso da imaginação. Uma pipa sobe com vento contrário — e não a favor!

Frank Crane lutava como um pregador de "terceira categoria" até o salário de fome do clero forçá-lo a usar a imaginação. Ele então passou a ganhar mais de cem mil dólares anuais pelo trabalho de uma hora por dia, escrevendo ensaios.

Bud Fischer certa vez trabalhou por uma ninharia, mas passou a ganhar US$ 75 mil por ano fazendo as pessoas rirem com sua tirinha cômica Mutt e Jeff. Seus desenhos não continham arte, então ele deveria estar vendendo sua imaginação.

Woolworth era um funcionário mal pago em uma loja de varejo — talvez porque ainda não houvesse descoberto que tinha imaginação. Antes de morrer, construiu o prédio de escritórios mais alto do mundo e espalhou lojas de cinco e dez centavos por todos os Estados Unidos usando a imaginação.

Você vai observar, pela análise desses exemplos, que o estudo atento da natureza humana teve papel importante nos feitos mencionados. Para fazer uso lucrativo da imaginação, ela deve proporcionar uma percepção aguçada das motivações que levam os homens a fazer ou a evitar determinada ação. Se a imaginação levá-lo a entender o quão rapidamente as pessoas atendem seus pedidos quando estes apelam aos interesses delas, você poderá conseguir quase tudo que buscar.

Não faz muito tempo, vi minha esposa fazer uma venda muito inteligente para nosso bebê. Ele estava batendo no tampo da mesa de mogno da biblioteca com uma colher. Quando minha esposa foi pegar a colher, o bebê se recusou a dá-la, mas, sendo uma mulher de imaginação, ela ofereceu um pirulito vermelho; ele largou a colher imediatamente e centrou sua atenção no objeto mais desejável.

Isso foi imaginação! Também foi arte de vender. Ela venceu sem usar força.



Eu estava de carro com um amigo que dirigia acima do limite de velocidade. Um policial de motocicleta nos alcançou e disse a meu amigo que ele seria detido por excesso de velocidade. Meu amigo sorriu agradavelmente para o patrulheiro e disse: "Sinto muito por ter feito você sair com toda essa chuva, mas queria pegar o trem das 10 horas com meu amigo aqui, por isso estava a uns 56 quilômetros por hora".

"Não, você estava apenas a 45 quilômetros por hora", respondeu o policial, "e, como foi tão bacana, vou deixá-lo ir desta vez, desde que se cuide daqui para a frente".

Isso também foi imaginação! Até mesmo um policial de trânsito ouvirá a razão se abordado da maneira correta, mas ai do motorista que tentar forçar o policial a acreditar que seu velocímetro não estava registrando corretamente.

Existe uma forma de imaginação contra a qual eu alertaria você. É o tipo que leva algumas pessoas a imaginar que podem conseguir algo a troco de nada ou que podem avançar à força no mundo sem observar o direito dos outros. Existem mais de 160 mil detentos nas instituições penais dos Estados Unidos, e, praticamente todo mundo que está na prisão, está lá porque imaginou que pudesse jogar o jogo da vida sem observar os direitos dos outros homens.

Havia um homem na penitenciária de Ohio que cumpriu mais de 35 anos de pena por falsificação, e a maior quantia que recebeu pela má aplicação da imaginação foi doze dólares.

Existem algumas pessoas que direcionam a imaginação para a vã tentativa de encontrar um jeito de mostrar o que acontece quando "um corpo imóvel entra em contato com uma força irresistível", mas esses tipos pertencem a hospitais psiquiátricos.

Existe ainda outra forma de má aplicação da imaginação, ou seja, aquela do jovem que sabe mais da vida do que seu pai. Mas essa forma está sujeita à modificação com o tempo. Meus meninos ensinaram-me muitas coisas que meu pai tentou em vão ensinar quando eu tinha a idade deles.

Tempo e imaginação (que frequentemente é produto do tempo) ensinam muitas coisas, mas nada mais importante do que o seguinte:

Todos os homens são muito parecidos em muitos aspectos.

Se você, vendedor, deseja saber o que seu cliente está pensando, estude a si mesmo e descubra o que estaria pensando se estivesse no lugar dele.

Estude a si mesmo, descubra que motivos influem na execução de certas ações, o que leva a evitar outras ações e você terá ido longe no aperfeiçoamento do uso correto da imaginação.

O maior trunfo do detetive é a imaginação. A primeira pergunta que ele faz quando chamado para solucionar um crime é: "Qual o motivo?". Se consegue descobrir o motivo, ele em geral consegue encontrar o autor do crime.

*Todos nós gostamos de elogios e muitos de nós gostam de bajulação, mas é discutível se entregar-se a essas tendências constrói o caráter, a fibra e a individualidade.*

Um homem que perdeu um cavalo anunciou um prêmio de cinco dólares por sua devolução. Muitos dias depois, um menino que consideravam "cabeça fraca" chegou conduzindo o cavalo e reivindicou a recompensa. O dono ficou curioso para saber como o garoto encontrou o cavalo. "Como você pensou onde procurar por ele?", o homem perguntou, e então o garoto respondeu: "Bem, simplesmente pensei onde eu iria se fosse um cavalo, fui até lá, e ele estava lá". Nada mal para um garoto "cabeça fraca". Muita gente que não é tachada de cabeça fraca vai passar a vida inteira sem demonstrar tamanha evidência de imaginação como esse garoto.

Se você deseja saber o que outra pessoa irá fazer, use a imaginação, coloque-se no lugar dela e descubra o que você faria. Isso é imaginação.

Toda pessoa deveria ser um pouco sonhadora. Todo negócio necessita do sonhador. Toda indústria e toda profissão necessitam dele. Mas o sonhador deve ser também um realizador, ou então deve formar uma aliança com alguém que possa traduzir sonhos em realidade.

A maior nação da terra foi concebida, nasceu e foi nutrida nos primeiros dias de sua infância como resultado da imaginação dos homens que combinaram sonhos com ação!

Sua mente é capaz de criar muitas combinações novas e úteis a partir de velhas ideias, mas a coisa mais importante que pode criar é um objetivo principal definido que lhe dará o que você mais deseja.

Seu objetivo principal definido pode ser rapidamente traduzido em realidade após ter sido moldado no berço da imaginação. Se você seguiu fielmente as instruções estabelecidas como diretrizes na Lição 2, está na estrada para o sucesso, pois sabe o que quer e tem um plano para conseguir o que quer.

A batalha para alcançar o sucesso está metade ganha quando se sabe decididamente o que se quer. A batalha está terminada quando alguém sabe o que quer e se decidiu a consegui-lo, seja qual for o preço.

A escolha de um objetivo principal definido exige o uso de imaginação e decisão! O poder de decisão aumenta com o uso. Decisão imediata em forçar a imaginação a criar um objetivo principal definido torna a capacidade de tomar decisões em outros assuntos mais poderosa.

Adversidades e derrotas temporárias em geral são bênçãos disfarçadas, pois forçam o uso da imaginação e da decisão. Por isso, um homem normalmente briga melhor quando está encurralado e sabe que não tem recuo. Aí ele toma a decisão de lutar em vez de correr.

A imaginação nunca é tão ativa como quando se encara uma emergência que exige decisão e ação rápida e definida.

Nesses momentos de emergência, os homens tomam decisões, constroem planos e usam a imaginação de tal maneira que se tornam conhecidos como gênios. Muitos gênios nasceram da necessidade de estimular a imaginação de forma incomum, como resultado de alguma experiência desafiadora que forçou o pensamento rápido e a decisão imediata.

É fato bem conhecido que a única maneira pela qual uma garota ou garoto muito mimado pode se tornar útil é sendo forçado a se sustentar sozinho. Sustentar-se requer imaginação e decisão, sendo que ambas não são usadas exceto por necessidade.

O reverendo P. W. Welshimer é pastor de uma igreja em Canton, Ohio, onde está há quase um quarto de século. Pastores comuns não permanecem em uma igreja por tanto tempo, e o reverendo Welshimer não teria sido exceção à regra caso não tivesse misturado imaginação a seus deveres de pastor. Três anos é o tempo normal que um pastor pode permanecer em uma pastoral sem se desgastar.

A igreja liderada pelo reverendo Welshimer tem uma escola de ensino religioso com mais de cinco mil membros — o maior número de membros de uma igreja nos Estados Unidos.

Nenhum pastor poderia permanecer como chefe de uma igreja por um quarto de século, com o consenso total de seus seguidores, e construir uma escola de ensino religioso desse tamanho sem empregar as leis de iniciativa e liderança, objetivo principal definido, autoconfiança e imaginação.

O autor deste curso encarregou-se de estudar os métodos empregados pelo reverendo Welshimer, e eles estão aqui descritos para o benefício dos alunos desta filosofia.

É bem sabido que as facções da igreja, ciúme etc. com frequência levam a desentendimentos, o que torna essencial uma mudança de liderança. O reverendo Welshimer desviou desse obstáculo comum com uma aplicação singular da lei da imaginação. Quando um novo membro chega à igreja, ele imediatamente lhe dá uma tarefa definida — que seja a mais adequada possível ao temperamento, instrução e qualificação profissional do indivíduo — e, para usar as palavras do ministro, mantém "cada membro tão ocupado trabalhando para a igreja que não tem tempo sobrando para reclamar ou discordar de outros membros".

Nada mal como política a ser aplicada no campo dos negócios ou em qualquer outro campo. O antigo ditado de que "mãos desocupadas são as ferramentas do diabo" é mais que um jogo de palavras — é verdade.

Dê a qualquer homem algo que ele goste de fazer, mantenha-o ocupado fazendo isso, e ele não irá degenerar em uma força desorganizadora. Se qualquer membro da escola de ensino religioso falta duas vezes seguidas, um comitê da igreja vai até ele para saber o motivo. Existe uma tarefa no "comitê" para praticamente qualquer membro da igreja. Desse modo, o reverendo Welshimer delega aos membros a responsabilidade de reunir os delinquentes e mantê-los interessados nos assuntos da igreja. Ele é um organizador do mais alto nível. Seus esforços atraíram a atenção de homens de negócios de todo país, e inúmeras vezes lhe ofereceram cargos em bancos, siderúrgicas, empresas etc., todos com ótimo salário, por reconhecerem nele um verdadeiro líder.

No porão da igreja do reverendo Welshimer funciona uma gráfica de primeira classe, onde ele publica semanalmente um jornal muito confiável da congregação, enviado a todos os membros. A produção e distribuição desse jornal é outra fonte de ocupação que mantém os membros da igreja longe do mal, já que praticamente todos eles têm algum tipo de interesse ativo na publicação. O jornal é exclusivamente dedicado aos assuntos da igreja como um todo e também dos membros. É lido por todos os integrantes linha por linha, pois sempre existe a possibilidade de que o nome de algum deles seja mencionado nas notícias locais.

A igreja tem um coral e uma orquestra bem ensaiados, que poderiam se apresentar nos melhores teatros. Nisso o reverendo Welshimer tem o duplo objetivo de fornecer entretenimento e, ao mesmo tempo, manter ocupados os membros mais "temperamentais", os artistas, para que eles também permaneçam longe do mal, tendo a oportunidade de fazer o que mais gostam.

William Rainey Harper, ex-presidente da Universidade de Chicago, foi um dos reitores mais eficientes de seu tempo. Ele tinha a vocação para angariar fundos em grandes quantias. Foi ele que induziu John D. Rockefeller a contribuir com milhões de dólares para a Universidade de Chicago.

Pode ser útil ao aluno desta filosofia estudar a técnica de Harper porque ele era um líder de primeira grandeza. Além disso, tenho o relato dele de que sua liderança nunca foi uma questão de sorte ou acidente, mas sempre resultado de procedimento cuidadosamente planejado.



O seguinte acontecimento servirá para mostrar como Harper fazia uso da imaginação para levantar grandes somas de dinheiro:

*Não podemos semear cardos e colher trevos. A natureza simplesmente não faz as coisas dessa maneira. Ela funciona por causa e efeito.*

Ele necessitava de um milhão de dólares para a construção de um novo prédio. Fazendo uma lista dos homens mais ricos de Chicago a quem poderia solicitar essa grande soma, decidiu por dois homens, ambos milionários e inimigos.

Um deles era, na época, dirigente do sistema de linhas de bonde de Chicago. Escolhendo o horário do meio-dia, quando o pessoal do escritório e especialmente a secretária desse homem estariam fora para o almoço, Harper entrou despreocupadamente no local e, não encontrando ninguém de guarda na porta, avançou para a sala de sua "vítima", a quem surpreendeu com a aparição não anunciada e com as seguintes palavras:

> Meu nome é Harper e sou presidente da Universidade de Chicago. Perdoe minha intrusão, mas não encontrei ninguém no escritório (o que não foi mero acidente), então tomei a liberdade de entrar.
>
> Tenho pensado muito em você e no seu sistema de linha de bondes. Você construiu um sistema maravilhoso, e entendo que ganhou muito dinheiro com sua iniciativa. Sempre que penso em você, entretanto, ocorre-me que um dia desses você passará para o grande desconhecido, para o lado de lá, e depois que se for não restará nada como um monumento

> a seu nome, pois outros tomarão conta de seu dinheiro, e o dinheiro perde a identidade muito rapidamente, assim que troca de mãos.
>
> Pensei em lhe oferecer a oportunidade de perpetuar seu nome, permitindo que construa um novo prédio na universidade e lhe dê seu nome. Eu teria lhe oferecido essa oportunidade muito tempo antes não fosse o fato de que um dos membros do nosso conselho deseja que a honra vá para X. (O inimigo do empresário dos bondes). Pessoalmente, entretanto, sempre preferi você e ainda prefiro e, se tiver sua permissão para fazê-lo, tentarei reverter a oposição a seu nome.
>
> Não vim pedir nenhuma decisão hoje; contudo, como estava passando por aqui, pensei ser um bom momento para entrar e conhecê-lo. Pense sobre o assunto e, se desejar falar comigo sobre isso novamente, telefone quando quiser.
>
> Bom dia, senhor! Estou feliz de ter tido a oportunidade de conhecê-lo.

Com isso, retirou-se sem dar ao dirigente da companhia de bondes a chance de dizer sim ou não. Na verdade, o empresário teve pouca chance de falar qualquer coisa. Harper falou. Foi como ele havia planejado. Harper foi ao escritório apenas para plantar uma semente, acreditando que ela germinaria e brotaria no devido tempo.

Sua crença não era infundada. Mal havia retornado a seu escritório na universidade, e o telefone tocou. O homem dos bondes estava do outro lado da linha. Solicitou uma reunião com Harper, que foi concedida; os dois se encontraram no escritório de Harper na manhã seguinte, e uma hora depois o cheque de um milhão de dólares estava nas mãos do reitor.

Apesar de Harper ser um homem pequeno, de aparência bastante insignificante, diziam que "havia algo nele que lhe permitia conseguir tudo o que buscava".

E sobre esse "algo" que lhe atribuíam — o que era isso?

Era nada mais, nada menos que seu entendimento do poder da imaginação. Suponha que ele tivesse ido ao escritório do diretor dos bondes e pedido uma entrevista. Entre essa visita e o momento em que ele teria realmente visto o homem, haveria decorrido tempo suficiente para o empresário antecipar o motivo da solicitação e também para formular uma boa e lógica desculpa para dizer "não"!

Ou suponha que ele tivesse começado a entrevista dizendo algo do tipo:

"A universidade está necessitando de fundos, e vim até você para pedir ajuda. Você ganhou um monte de dinheiro e deve algo para a comunidade (o que talvez fosse verdade). Se nos der um milhão de dólares, colocaremos seu nome em um novo prédio que desejamos construir".

Qual teria sido o resultado?



Em primeiro lugar, não teria sido sugerido um motivo suficientemente atraente para balançar a mente do homem dos bondes. Embora pudesse ser verdade que ele "devesse algo para a comunidade onde fez uma fortuna", o homem provavelmente não teria admitido o fato. Em segundo lugar, o empresário teria ficado na posição ofensiva em vez de defensiva.

Mas, astuto como era no uso da imaginação, Harper precaveu-se de tais contingências pela maneira como apresentou seu caso. Primeiro, colocou o homem dos bondes na defensiva informando que não tinha certeza de que conseguiria a permissão do conselho para aceitar o dinheiro e nomear o prédio com o nome do empresário. Em segundo lugar, intensificou o desejo do homem dos bondes de ter seu nome no prédio graças ao pensamento de que seu inimigo e rival poderia obter a honra caso ele deixasse a oportunidade escapar. Além disso (e também não por acaso), Harper fez um poderoso apelo à fraqueza mais comum de todos os seres humanos, mostrando ao homem dos bondes como perpetuar seu nome.

Tudo isso exigiu uma aplicação prática da lei da imaginação.

Harper era um mestre em vendas. Quando pedia dinheiro, sempre pavimentava o caminho para o sucesso plantando na mente do homem para quem fazia o pedido uma boa e sólida razão pela qual o dinheiro deveria ser dado; uma razão que enfatizava alguma vantagem para o homem como resultado da doação. Com frequência, essa vantagem assumia a forma de vantagem nos negócios. Ou então fazia um apelo àquela parte da natureza do homem que incita o desejo de perpetuar seu nome para que se mantenha vivo depois dele. Mas o pedido de dinheiro era sempre executado de acordo com um plano cuidadosamente pensado, embelezado e aplainado com o uso da imaginação.

✦

Enquanto a Lei do Sucesso estava no estágio embrionário, muito antes de ser organizada em um curso sistemático e compilada em livros didáticos, o autor fez uma palestra sobre essa filosofia em uma cidadezinha de Illinois.

Um dos membros da plateia era um jovem vendedor de seguros de vida que havia entrado para o ramo recentemente. Depois da palestra, ele começou a aplicar o que ouviu sobre o tema da imaginação em seu problema na venda de seguros de vida. Na preleção, falou-se sobre o valor do esforço aliado — os homens podem desfrutar de grande sucesso pelo esforço cooperativo, um arranjo de trabalho onde cada um impulsiona os interesses dos outros.

Tomando essa sugestão como deixa, o jovem imediatamente formulou um plano pelo qual obteve a cooperação de um grupo de empresários que não estavam de forma alguma ligados ao negócio de seguros.

Ele foi ao principal merceeiro da cidade e fechou uma parceria para fornecer uma apólice de seguros no valor de mil dólares a cada cliente que comprasse no mínimo cinquenta dólares de mercadorias por mês. Ele se encarregou de informar as pessoas sobre a promoção e trouxe muitos novos clientes. O dono do mercado colocou um grande cartaz na loja informando sobre o seguro de graça, oferecendo assim um incentivo para que os clientes fizessem todas as compras de mantimentos no local.

O jovem vendedor de seguros de vida procurou o dono de um posto de gasolina na cidade e fez uma parceria para fornecer apólices a todos os clientes que comprassem gasolina, óleo e outros suprimentos automotivos com ele.

Depois foi ao principal restaurante da cidade e fez uma parceria similar com o proprietário. Casualmente, essa aliança provou-se bastante lucrativa para o homem do restaurante, que de imediato lançou uma campanha publicitária afirmando que sua comida era tão pura, saudável e boa que todos que comiam regularmente em seu estabelecimento ficavam aptos a viver muito mais e, portanto, ele faria um seguro de vida para cada frequentador habitual no valor de US$ 1 mil.

O vendedor de seguros de vida fechou então uma parceria com um construtor e corretor imobiliário local para fazer o seguro de vida de cada pessoa que comprasse uma propriedade, em valor suficiente para quitar o saldo devedor do imóvel caso o comprador morresse antes de concluir os pagamentos.

*Charles Chaplin ganha um milhão de dólares por ano em virtude de um andar engraçado e atrapalhado e de calças largas porque faz "algo diferente". Pegue a dica e se "individualize" com alguma ideia distinta.*

O jovem em questão tornou-se corretor de uma das maiores companhias de seguro de vida dos Estados Unidos, com sede em uma das maiores cidades de Ohio, e sua renda média anual é bem superior a US$ 25 mil.

O momento decisivo de sua vida ocorreu quando ele descobriu como fazer uso prático da imaginação.

O plano desse vendedor não foi patenteado. Pode ser repetido várias e várias vezes por outros vendedores de seguro de vida que conheçam o valor da imaginação. Agora mesmo, se eu estivesse empenhado em vender seguros de vida, acho que usaria esse plano, aliando-me com um grupo de distribuidores de automóveis em cada cidade, possibilitando com isso que vendessem mais automóveis e, ao mesmo tempo, impulsionassem a venda de grande quantidade de seguros de vida.

✦

DIA 143

Não é difícil alcançar o sucesso financeiro após se aprender a fazer uso prático da imaginação criativa. Alguém com iniciativa e liderança suficientes e a imaginação necessária irá emular as fortunas ganhas a cada ano pelos proprietários das lojas de cinco e dez centavos, desenvolvendo um sistema de negócios com o mesmo tipo de bens comercializados nessas lojas, mas utilizando máquinas de venda. Isso economizará uma fortuna na contratação de balconistas e seguro contra roubo e reduzirá as despesas gerais de operação da loja de muitas outras maneiras. O sistema pode ser tão bem-sucedido quanto a venda de alimentos com máquinas automáticas.

A semente da ideia foi plantada. É sua para ser usada!

Alguém de mentalidade criativa fará uma fortuna e ao mesmo tempo salvará milhares de vidas por ano aperfeiçoando um controle automático de cruzamentos ferroviários que reduza o número de acidentes de automóveis nesses entroncamentos.

O sistema, quando aperfeiçoado, funcionará da seguinte maneira: cerca de cem metros antes de alcançar o cruzamento da ferrovia, o automóvel atravessará uma plataforma parecida com aquelas grandes balanças utilizadas para a pesagem de grandes volumes; o peso do automóvel fará baixar um portão e soar uma campainha. Isso forçará o automóvel a diminuir a velocidade. Após um minuto, o portão será reerguido, e o carro poderá seguir seu caminho. Enquanto isso, terá havido tempo suficiente para se observar a linha em ambas as direções, para ter certeza de que nenhum trem está se aproximando.

Imaginação, mais alguma habilidade mecânica darão ao motorista essa salvaguarda tão necessária e renderão ao homem que aperfeiçoar o sistema todo o dinheiro de que ele precisa e muito mais.

Algum inventor que entenda o valor da imaginação e tenha conhecimento prático do princípio do rádio pode fazer uma fortuna aperfeiçoando um sistema de alarme antifurto que envie um sinal para a delegacia de polícia e ao mesmo tempo acenda as luzes e soe uma campainha no local prestes a ser assaltado, utilizando um equipamento similar ao rádio.

Qualquer fazendeiro com imaginação suficiente para criar um plano usando uma lista de todas as licenças de automóveis emitidas em seu estado pode facilmente trabalhar com uma clientela de motoristas que irão à sua fazenda comprar todos os vegetais que ele consiga produzir e todas as galinhas que consiga criar, economizando assim o custo do transporte de seus produtos para a cidade. Fechando um contrato sazonal com cada motorista, o fazendeiro pode estimar com precisão a quantidade de produtos que deverá fornecer. A vantagem para o motorista que entrar no acordo é garantir produtos diretamente da fazenda a um custo menor do que se comprasse de comerciantes locais.

O dono de um posto de gasolina de beira da estrada pode fazer uso efetivo da imaginação montando um espaço para almoço perto do posto e instalando propagandas atraentes nos dois sentidos da rodovia, chamando atenção para seu "churrasco", "sanduíches caseiros" ou qualquer coisa em que deseje se especializar. O local de almoço fará os motoristas pararem, e muitos deles irão colocar gasolina antes de pegar a estrada novamente.

Essas são meras sugestões e não envolvem grande complicação quanto ao uso. Contudo, é esse uso da imaginação que traz sucesso aos negócios.

O plano da loja *self-service* Piggly-Wiggly, que rendeu milhões de dólares para seu criador, foi uma ideia muito simples, que qualquer um poderia ter adotado. Todavia, colocar a ideia a funcionar de forma prática exigiu uma imaginação considerável.

Quanto mais simples e mais facilmente adaptada a uma necessidade, maior o valor de uma ideia, já que ninguém está procurando ideias que envolvam grandes detalhes ou que sejam de alguma forma complicadas.

✦

DIA 144

Imaginação é o fator mais importante na arte de vender. O mestre em vendas é sempre alguém que faz uso sistemático da imaginação. O comerciante excepcional depende da imaginação para as ideias que fazem seu negócio se sobressair.

A imaginação pode ser usada de modo eficiente na venda até mesmo das menores mercadorias, como gravatas, camisetas, meias etc. Vamos examinar como isso pode ser feito.

Entrei em uma das mais conhecidas lojas de miudezas da Filadélfia com o objetivo de comprar algumas camisas e gravatas.

Ao me aproximar do balcão de gravatas, um jovem adiantou-se e perguntou:

"Deseja alguma coisa?".

Se eu fosse o homem atrás do balcão, não teria feito essa pergunta. Ele deveria saber, por eu ter me aproximado do balcão de gravatas, que estava à procura de gravatas.

Peguei duas ou três gravatas do balcão, examinei-as brevemente e então coloquei de volta no balcão, com exceção de uma azul-claro que me atraiu um pouco. Por fim coloquei essa de volta também e comecei a olhar o restante do sortimento.

*O homem que tem medo de dar crédito àqueles que o ajudam a fazer um trabalho digno de menção é tão pequeno que a oportunidade passará por ele sem vê-lo.*

O jovem atrás do balcão então teve uma ideia. Pegou uma gravata amarelo-berrante, enrolou-a nos dedos para mostrar como ficaria quando amarrada e perguntou:

"Não é uma beleza?".

Bem, eu odeio gravatas amarelas, e o vendedor não me impressionou ao sugerir que aquela gravata amarelo-berrante era bonita. Se eu fosse aquele vendedor, teria pegado a gravata azul pela qual eu havia mostrado preferência e teria enrolado nos dedos para mostrar como ficaria amarrada. Eu saberia o que meu cliente desejava observando os tipos de gravatas que ele estava examinando. Além disso, teria percebido qual gravata em particular ele tinha gostado mais pelo tempo que a segurou. Um homem não para no balcão e acaricia uma mercadoria de que não gosta. Se houver oportunidade, todo cliente dará ao vendedor alerta uma dica sobre a mercadoria específica a ser enfatizada para realizar a venda.

Então fui até o balcão de camisas. Fui atendido por um senhor de idade que perguntou:

"Há algo que eu possa fazer por você hoje?"

Bem, pensei comigo que, se ele fosse fazer algo por mim um dia, teria que ser hoje, pois eu poderia não retornar àquela loja novamente. Disse que gostaria de olhar algumas camisas e descrevi o estilo e cor que desejava.

O atendente idoso causou uma impressão e tanto quando respondeu dizendo:

"Sinto muito, senhor, mas não estão usando esse estilo nesta temporada, então, não temos".

Eu disse que sabia que "não estavam usando" o que eu havia pedido e, exatamente por esse motivo, entre outros, eu usaria tal estilo caso conseguisse encontrar em estoque.

Se tem uma coisa que irrita um homem — especialmente o tipo de homem que sabe exatamente o que quer e que o descreve no momento em que entra numa loja — é ser informado de que "não estão usando isso nesta temporada".

Tal afirmação é um insulto a um homem de inteligência ou ao que ele pensa e, na maioria dos casos, fatal à venda. Se eu vendesse mercadorias, poderia pensar o que quisesse do gosto do cliente, mas não teria tamanha falta de tato e de diplomacia de dizer que ele não entendia nada. Ao contrário, preferiria agir com muito tato para mostrar o que eu acreditasse ser um produto mais apropriado do que aquele que ele havia pedido, caso não tivesse em estoque o que havia sido solicitado.



Um dos mais famosos e mais bem pagos escritores do mundo criou fama e fortuna em cima da descoberta de que é lucrativo escrever sobre o que as pessoas já sabem e com o que já concordam. A mesma regra pode muito bem ser aplicada à venda de mercadorias.

O senhor de idade enfim puxou algumas caixas e começou a exibir camisas que não eram nem parecidas com o que eu havia pedido. Eu disse que nenhuma delas servia, e, quando estava de saída, ele perguntou se eu gostaria de olhar alguns belos suspensórios.

Pense! Para começar, não uso suspensórios, e além disso não havia nada em minha atitude que indicasse que eu poderia gostar de olhar suspensórios.

É apropriado um vendedor tentar fazer o cliente interessar-se por artigos que ele não pediu, mas deve usar de discernimento e tomar cuidado para oferecer algo que tenha motivo para acreditar que o cliente possa querer.

Saí da loja sem ter comprado camisas ou gravatas e me sentindo um pouco ressentido por ter sido tão grosseiramente mal avaliado em meu gosto de cores e estilos.

Um pouco além, na mesma rua, entrei em uma lojinha com camisas e gravatas na vitrine e apenas um balconista.

Ali fui tratado de maneira diferente!

O homem atrás do balcão não fez perguntas desnecessárias ou estereotipadas. Deu uma olhada em mim quando entrei, mediu-me com bastante precisão e me cumprimentou com um agradável: “Bom dia, senhor!”.

A seguir perguntou: “O que posso lhe mostrar primeiro, camisas ou gravatas?”. Eu disse que veria as camisas primeiro. Ele então olhou o estilo de camisa que eu estava usando, perguntou meu tamanho e começou a colocar camisas do exato tipo e cor que eu estava procurando sem eu dizer mais nada. Mostrou seis camisas de diferentes estilos para ver qual eu pegaria primeiro. Olhei uma camisa de cada vez e coloquei de volta no balcão, mas o vendedor observou que examinei uma mais atentamente e a segurei um pouco mais. Tão logo coloquei essa camisa de volta no balcão, o vendedor pegou-a e começou a explicar como havia sido feita. A seguir foi ao balcão de gravatas e voltou com três belos exemplares azuis, do tipo exato que eu estava procurando, amarrou cada uma e segurou diante da camisa, chamando atenção para a perfeita harmonia entre as cores das gravatas e da camisa.

Em menos cinco minutos na loja eu havia comprado três camisas, três gravatas e estava de saída com meu pacote debaixo do braço, sentindo que aquela era uma loja à qual voltaria quando precisasse de mais camisas e gravatas.

Mais tarde fiquei sabendo que o dono da lojinha onde fiz essas compras paga um aluguel de US$ 500 pelo pequeno estabelecimento e obtém uma bela renda com a venda de nada além de camisas, gravatas e colarinhos. Com um custo fixo de US$ 500 por mês de aluguel, ele teria falido não fosse o conhecimento da natureza humana que lhe permite fazer um alto volume de vendas para todos que entram na loja.

✥

DIA 146

Observei mulheres experimentando chapéus muitas vezes e me pergunto por que as vendedoras não leem a mente das compradoras potenciais simplesmente olhando a maneira como lidam com os chapéus.

Uma mulher entra numa loja e pede para ver alguns chapéus. A vendedora começa a trazer chapéus, e a cliente potencial começa a experimentá-los. Se um chapéu lhe agrada, mesmo que ligeiramente, ela o mantém na cabeça por alguns segundos ou minutos, mas, se não gosta, tira no momento em que a vendedora afasta as mãos.

Finalmente, quando é mostrado um modelo de que a cliente gosta, ela começa a anunciar o fato em termos que nenhuma vendedora perspicaz deixará de entender, arrumando os cabelos debaixo do chapéu e olhando por outros ângulos com a ajuda de um espelho de mão. Os sinais de admiração são evidentes. Por fim a cliente remove o chapéu da cabeça e passa a olhá-lo de perto; ela pode então deixá-lo de lado e experimentar outro. A vendedora esperta deixará o chapéu recém-retirado separado e no momento oportuno pegará o artigo de volta e pedirá para a cliente experimentá-lo de novo.

Pela observação cuidadosa do que a cliente gosta ou não, uma vendedora esperta pode muitas vezes vender três ou quatro chapéus para a mesma pessoa de uma sentada, somente por observar o que chama a atenção da consumidora e se concentrar na venda disso.

A mesma regra aplica-se à venda de outras mercadorias. Se observado de perto, o cliente indica claramente o que deseja e, se a dica for seguida, muito raramente sairá da loja sem uma compra.

Acredito que seja uma estimativa conservadora quando digo que 75% dos clientes que saem da loja sem comprar agem assim devido à falta de tato na apresentação de mercadorias.

✦

No outono passado, fui a uma chapelaria comprar um chapéu de feltro. Era uma tarde de sábado agitada, e me aproximei de um jovem vendedor "extra" que ainda não havia aprendido a avaliar os clientes com um olhar. Sem qualquer motivo, o jovem pegou um chapéu-coco marrom e o entregou a mim, ou melhor, tentou entregar. Pensei que ele estivesse tentando ser engraçado e recusei o chapéu, dizendo, na tentativa de retribuir a graça: "Você também conta histórias de ninar?". Ele me olhou surpreso, mas não entendeu a dica que dei.

Se eu não tivesse observado o jovem com mais atenção do que ele havia me observado e o avaliado como um "extra" dedicado, porém inexperiente, teria ficado altamente insultado, pois, se tem uma coisa que odeio é chapéu-coco de qualquer tipo, ainda mais marrom.

Um dos vendedores regulares por acaso viu o que estava acontecendo, caminhou em nossa direção, arrancou o chapéu-coco das mãos do jovem e, com um sorriso no rosto à guisa de desculpas, disse: "Que diabos você afinal está tentando mostrar para este cavalheiro?".

Aquilo estragou minha diversão, e o vendedor que imediatamente me reconheceu como um cavalheiro vendeu o primeiro chapéu que me trouxe.

O cliente geralmente sente-se elogiado quando um vendedor reserva um tempo para estudar sua personalidade e apresentar mercadorias condizentes.

✦

DIA 147

Fui a uma das maiores lojas de roupas de Nova York alguns anos atrás e pedi um terno, descrevendo exatamente o que queria, mas sem mencionar preço. O jovem que pretendia ser vendedor disse não acreditar que tivessem tal terno, mas acontece que eu havia visto exatamente o que queria pendurado em um cabide e chamei sua atenção para o traje. Ele então me impressionou ao dizer: "Oh, aquele ali? É um terno muito caro!".

A resposta me divertiu e também me enfureceu, por isso perguntei ao jovem o que ele havia visto que indicava que eu não tinha vindo comprar um terno caro. Embaraçado, ele tentou explicar, mas as explicações foram tão ruins quanto a ofensa original, e fui em direção à porta, resmungando comigo mesmo sobre gente idiota. Antes de chegar à porta, fui abordado por outro vendedor que percebeu, pelo jeito que eu caminhava e pela expressão do meu rosto, que eu não estava nada satisfeito.

*"Cabeça quente" combina com "pé frio". Aquele que perde a cabeça geralmente é um blefador e, quando "pagam para ver", sai do jogo.*

Com tato digno de ser lembrado, o vendedor travou conversa enquanto eu desabafava minhas queixas e conseguiu me fazer voltar com ele e olhar o terno. Antes de sair da loja, comprei o terno que tinha entrado para olhar e mais dois que não pretendia adquirir.

Essa é a diferença entre um vendedor e alguém que espanta os clientes. Além disso, mais tarde apresentei dois amigos ao mesmo vendedor, e ele fez vendas vultosas para ambos.

✦

Certa vez eu estava caminhando pelo Michigan Boulevard, em Chicago, quando meu olhar foi atraído por um lindo terno cinza na vitrine de uma loja masculina. Eu não tinha intenção de comprar o terno, mas fiquei curioso para saber o preço, então abri a porta e, sem entrar, apenas enfiei a cabeça e perguntei ao primeiro homem que vi quanto custava o terno na vitrine.

Seguiu-se uma das manobras de venda mais inteligentes que já observei. O vendedor sabia que não poderia me vender o terno a não ser que eu entrasse na loja, então disse: "O senhor poderia entrar enquanto verifico o preço?".

Claro que ele sabia o preço, mas foi a maneira de me desarmar do pensamento de que ele pretendia me vender o terno. Claro que eu tinha que ser tão educado quanto o vendedor, então falei: "Certamente", e entrei.

O vendedor disse: "Venha por aqui, senhor, e buscarei a informação".

Em menos de dois minutos me vi parado em frente a um provador, sem casaco, me preparando para provar um casaco igual ao que tinha observado na vitrine.

Depois que vesti o casaco, que serviu quase que perfeitamente (o que não foi por acaso, mas graças aos olhos aguçados de um vendedor observador), minha atenção foi atraída para o toque suave e macio do tecido. Passei a mão para cima e para baixo pelo braço do casaco, como vi o vendedor fazer enquanto descrevia o material. Nesse ponto perguntei o preço de novo e, quando foi dito que o terno custava apenas cinquenta dólares, fiquei agradavelmente surpreso, pois tinha sido levado a acreditar que fosse muito mais caro. Entretanto, quando vi o terno na vitrine, meu palpite havia sido de que custasse cerca de 35 dólares, e duvido que tivesse pagado aquilo tudo se não tivesse caído nas mãos de um homem que sabia como mostrar as vantagens de um terno. Se o primeiro casaco que provei tivesse sido dois números maiores ou pequeno demais, duvido que ocorresse qualquer venda, não obstante todos os ternos de pronta entrega vendidos nas melhores lojas serem ajustados para servir no cliente.

Comprei o terno "no impulso do momento", como diria um psicólogo, e não sou o único homem que compra mercadorias movido por esse impulso. Um pequeno deslize da parte do vendedor teria posto a perder a venda do terno. Se ele tivesse respondido "cinquenta dólares" quando perguntei o preço, eu teria dito "obrigado" e seguido meu caminho sem provar o terno.

Algum tempo depois comprei mais dois ternos do mesmo vendedor e, se hoje morasse em Chicago, haveria grandes chances de comprar ainda mais alguns ternos dele, pois sempre me mostrou trajes compatíveis com minha personalidade.

✦

DIA 148

A loja Marshall Field, de Chicago, cobra mais pelas mercadorias do que qualquer outra loja de seu tipo no país. Além disso, as pessoas têm conhecimento de que pagam mais e ficam mais satisfeitas do que se comprassem em outra loja por valor menor.

Por quê?

Bem, existem muitas razões, entre elas o fato de que tudo comprado na Field que não for inteiramente satisfatório pode ser devolvido e trocado por outra mercadoria, ou o valor da compra pode ser reembolsado, como o consumidor preferir. Qualquer item vendido na Field é acompanhado de garantia.

Outra razão pela qual as pessoas pagam mais na Field é que as mercadorias são expostas e mostradas com mais destaque do que nas outras lojas. As vitrines da Field são verdadeiras obras de arte, como se fossem criadas apenas em nome da arte e não para vender produtos. O mesmo é válido para os artigos expostos dentro da loja. Existe harmonia e agrupamento apropriado de mercadorias por todo o estabelecimento, e isso cria uma "atmosfera" mais — muito mais — do que apenas imaginária.

Mais uma razão para a Field poder cobrar mais por seus produtos do que qualquer outra loja é a seleção e supervisão cuidadosa dos vendedores. Raramente se encontra um funcionário que não poderia ser aceito como um igual ou como vizinho. Não são poucos os homens que conheceram garotas na Field que mais tarde se tornaram suas esposas.

Os artigos comprados na Field são empacotados ou embrulhados mais artisticamente do que o habitual em outras lojas, e essa é outra razão para as pessoas pagarem preços mais altos.

✦

Já que estamos no tema de empacotamento artístico de mercadorias, desejo relatar a experiência de um amigo que há de ser muito significativa para aqueles envolvidos com vendas, pois mostra o quanto a imaginação pode ser usada até no empacotamento de produtos.

Esse amigo tinha uma cigarreira de prata muito fina, que usava há anos e da qual tinha muito orgulho por ser um presente da esposa.

O uso constante havia danificado bastante a cigarreira. Ela estava entortada, amassada, com as dobradiças empenadas etc., até que ele decidiu levá-la à joalheria Caldwell, na Filadélfia, para ser reparada. Deixou a cigarreira lá e pediu que a enviassem ao seu escritório assim que estivesse pronta.

Cerca de duas semanas depois, uma caminhonete nova, de aparência esplêndida, com o nome Caldwell, parou em frente ao escritório, e um jovem bem-apessoado em uniforme impecável desceu com um pacote artisticamente embrulhado e amarrado com um laço de fita.

O pacote foi entregue ao meu amigo no seu aniversário, e, tendo esquecido que havia deixado a cigarreira para conserto e observando a beleza e o tamanho do objeto entregue, ele naturalmente imaginou que alguém havia enviado um presente.

Sua secretária e outros funcionários do escritório reuniram-se ao redor da mesa para vê-lo abrir o "presente". Ele cortou o laço e removeu o revestimento externo. Dentro havia um pacote em papel de seda, preso com lindos selos dourados com as iniciais e o logotipo da Caldwell. O papel foi removido, e eis que os olhos depararam com uma belíssima caixa de veludo. A caixa foi aberta, e, removido outro invólucro em papel de seda, surgiu a cigarreira que ele reconheceu, depois de exame cuidadoso, como a que havia deixado para conserto, mas que não parecia a mesma graças à imaginação do gerente da Caldwell.

Todos os amassados haviam sido cuidadosamente reparados. As dobradiças estavam arrumadas, e a cigarreira havia sido tão polida e limpa que brilhava como quando havia sido comprada.

Um prolongado e simultâneo "Oooooooh" de admiração partiu dos espectadores, incluindo o dono da cigarreira.

E a conta? Ah, foi bem cara; todavia, o preço cobrado pelo conserto não pareceu tão alto. Na verdade, tudo que entrou na transação — pacote com papel de seda, selos dourados, laço de fita, entrega por um homem uniformizado, caminhonete de entregas nova — foi baseado em psicologia cuidadosamente calculada, preparando o terreno para o preço elevado do conserto.

As pessoas em geral não reclamam de preços altos desde que o "serviço" ou embelezamento da mercadoria seja tal que pavimente o caminho para o preço alto. As pessoas reclamam, e com razão, é de preços altos e serviço relaxado.

> *E. M. Statler tornou-se o hoteleiro mais bem-sucedido do mundo ao oferecer mais e melhores serviços do que seus hóspedes eram solicitados a pagar.*

Para mim, houve uma grande lição no caso da cigarreira, e penso que existe nele uma lição para toda pessoa que atua com vendas de qualquer tipo de mercadoria.

Os bens que você vende podem de fato valer tudo que você pede, mas, se não estudar cuidadosamente a exibição vantajosa e o empacotamento artístico, você pode ser acusado de cobrar caro demais.

✦

DIA 149

Na Broad Street, na Filadélfia, existe uma fruteira onde os frequentadores são recebidos por um homem uniformizado que abre a porta para eles. Ele não faz nada mais do que abrir a porta, mas faz isso com um sorriso (mesmo que seja um sorriso cuidadosamente estudado e ensaiado) que faz o cliente se sentir bem-vindo antes de entrar na loja. Essa fruteira é especializada em cestas de frutas. Do lado de fora fica um quadro onde estão listadas as datas de viagem de vários navios que saem de Nova York. O comerciante atende pessoas que desejam entregar cestas de frutas a bordo dos navios onde os amigos viajarão. Se a namorada, ou talvez a esposa, ou uma amiga muito querida de um homem vai viajar em determinada data, ele naturalmente quer que a cesta de frutas comprada para ela seja embelezada com babados e enfeites. Além disso, ele não está procurando algo necessariamente "barato" ou não muito caro.

O comerciante de frutas tira proveito de tudo isso! Ele ganha de US$ 10 a US$ 25 por uma cesta de frutas que se poderia comprar na esquina por não mais de US$ 3 a US$ 7,50, só que nesse caso a cesta não seria embelezada com os enfeites no valor de 75 centavos.

Essa loja é um pequeno comércio, não maior do que uma banca de frutas comum, mas ele paga um aluguel de pelo menos US$ 15 mil por ano e ganha mais dinheiro do que cinquenta bancas de frutas comuns somadas, apenas porque sabe como exibir e entregar suas mercadorias de um jeito que apela à vaidade dos compradores. Isso é apenas outra prova do valor da imaginação.

✦

O povo norte-americano — e isso significa todos, não apenas os chamados ricos — é o esbanjador mais extravagante da Terra, mas insiste em "classe" quando se trata de aparências, tais como embalagem, entrega e outros embelezamentos que não adicionam valor real à mercadoria comprada. O comerciante que entende isso e aprende como misturar a imaginação com seu produto pode colher uma rica safra em troca de seu conhecimento.

E muitos estão fazendo isso.

O vendedor que entende a psicologia da exibição, empacotamento e entrega adequada da mercadoria e que sabe como mostrar seus produtos de acordo com os caprichos e características dos clientes pode fazer artigos comuns terem preços caros e, mais importante ainda, pode fazer isso e conservar a preferência dos clientes com mais facilidade do que se vendesse a mesma coisa sem o apelo "estudado", a embalagem artística e o serviço de entrega.

Em um restaurante "barato", onde o café é servido em xícaras grossas e pesadas e os talheres são manchados ou sujos, um sanduíche de presunto é apenas um sanduíche de presunto, e, se o dono cobra 15 centavos por ele, está indo bem, mas do outro lado da rua, onde o café é servido em xícaras finas e delicadas, em mesas bem-arrumadas com toalhas, por mulheres jovens e bem-vestidas, um sanduíche de presunto bem menor vai custar 25 centavos, sem falar da gorjeta para a garçonete. A única diferença nos sanduíches é a aparência; o presunto vem do mesmo açougue, e o pão do mesmo padeiro. A diferença no preço é bastante considerável, mas a diferença no item não é tanto de qualidade ou quantidade, e sim de "atmosfera", ou aparência.

As pessoas adoram comprar "aparências" ou atmosfera! O que é somente uma maneira mais refinada de dizer o que P. T. Barnum disse sobre "um pateta nascendo a cada minuto".

Não é nenhum exagero dizer que um mestre em psicologia de vendas poderia entrar numa loja comum, onde o estoque valesse, digamos, cerca de US$ 50 mil, e com pouquíssimo custo adicional fazer tal estoque gerar de US$ 60 mil a US$ 75 mil. Ele não faria nada exceto treinar os vendedores quanto à forma correta de mostrar a mercadoria, depois de talvez ter comprado uma pequena quantidade de luminárias mais adequadas e reempacotado os artigos em invólucros e caixas mais adequadas.

Uma camisa masculina embalada avulsa numa caixa, no tipo certo de caixa, com um pedaço de fita e uma folha de papel de seda para embelezar, pode custar US$ 1 ou US$ 1,50 a mais que a mesma camisa custaria sem a embalagem mais artística. Sei que isso é verdade e comprovei tal fato inúmeras vezes para convencer comerciantes céticos que não estudaram o efeito da "exibição adequada".

Por outro lado, comprovei muitas vezes que não se consegue vender a camisa mais fina pela metade de seu valor se ela é removida da caixa e colocada em um balcão de pechincha com camisas de aspecto inferior. Ambos os exemplos comprovam que as pessoas não sabem o que estão comprando — que vão mais pela aparência do que pela verdadeira análise da mercadoria.

Isso é notavelmente verdadeiro na compra de automóveis. Os americanos querem e exigem estilo na aparência dos carros. O que está sob o capô ou no eixo traseiro eles não sabem e realmente não se importam desde que o carro pareça adequado.

Henry Ford precisou de quase vinte anos de experiência para aprender a verdade dessa afirmação e mesmo assim, a despeito de toda sua habilidade analítica, ele somente reconheceu a verdade quando forçado pelos concorrentes. Se não fosse verdade que as pessoas compram "aparências" mais do que compram "realidade", Ford nunca teria criado seu novo automóvel. Esse carro é o melhor exemplo para um psicólogo que apela para a tendência das pessoas de comprar "aparência", embora deva se admitir, é claro, que, nesse exemplo em particular, o carro tem um valor verdadeiro.

*Grandes conquistas geralmente nascem de grandes sacrifícios e nunca são resultado do egoísmo.*

Dei uma moeda a um mendigo com a sugestão de que investisse em uma cópia de "Mensagem a Garcia", de Elbert Hubbard.

LIÇÃO 7

# ENTUSIASMO

DIA 150

*"Você pode fazer se acreditar que pode!"*

ENTUSIASMO É UM ESTADO mental que inspira e incita a dar conta da tarefa em mãos. Faz mais que isso — o entusiasmo é contagioso e afeta vitalmente não só o entusiasta, mas todos que entram em contato com ele.

O entusiasmo está para o ser humano como o vapor para a locomotiva — é a força motriz vital que impele à ação. Os grandes líderes dos homens são aqueles que sabem como inspirar entusiasmo nos seguidores. Entusiasmo é o fator mais importante na arte de vender. É de longe o fator mais vital ao falar em público.

Se você deseja entender a diferença entre um homem entusiasmado e um que não é, compare Billy Sunday com o homem mediano do ramo de atividade dele. O melhor sermão já proferido cairia em ouvidos moucos se não fosse respaldado pelo entusiasmo do pregador.

## COMO O ENTUSIASMO VAI AFETAR VOCÊ

Misture entusiasmo ao seu trabalho e ele não parecerá difícil ou monótono. O entusiasmo irá energizar seu corpo de tal forma que você poderá dormir a metade do tempo que está acostumado e ao mesmo tempo executará o dobro ou o triplo do trabalho que geralmente executa em um determinado período, sem cansaço.

Durante muitos anos escrevi bastante à noite. Certa vez, entusiasmado no trabalho à máquina de escrever, olhei pela janela de meu estúdio diante da praça da Metropolitan Tower, em Nova York, e vi o que parecia um reflexo muito peculiar da lua na torre. Era uma sombra cinza prateada, como eu nunca tinha visto antes. Examinando melhor, descobri que o reflexo era do sol do início da manhã, e não da lua. Era dia! Eu havia trabalhado a noite toda, mas estava tão absorto no trabalho que o turno havia se passado como se fosse apenas uma hora. Trabalhei na minha mesa todo o dia e toda a noite seguinte, sem parar, exceto para uma pequena refeição leve.

Duas noites e um dia sem dormir, com pouca comida e sem o menor sinal de cansaço não seriam possíveis se eu não tivesse mantido meu corpo energizado com entusiasmo durante o trabalho em curso.

Entusiasmo não é somente uma figura de linguagem, é uma força vital que você pode canalizar e utilizar. Sem ele, você seria como uma bateria sem eletricidade.

Entusiasmo é a força vital com que você recarrega seu corpo e desenvolve uma personalidade dinâmica. Algumas pessoas são abençoadas com entusiasmo natural, enquanto outras devem adquiri-lo. O procedimento pelo qual ele pode ser desenvolvido é simples. Inicia-se fazendo o trabalho ou prestando o serviço do qual mais se gosta. Se a sua situação de momento não lhe permite engajar-se de forma conveniente no trabalho de que mais gosta, então você pode seguir em outra linha de modo eficiente, adotando um objetivo principal definido que contemple seu engajamento naquele trabalho específico no futuro.

Falta de capital e muitas outras circunstâncias sobre as quais você não tem controle imediato podem forçá-lo a empenhar-se em um trabalho de que não gosta, mas ninguém pode impedi-lo de decidir, em sua mente, qual deve ser seu objetivo principal definido de vida, ninguém pode impedi-lo de planejar maneiras de traduzir esse objetivo em realidade, ninguém pode impedi-lo de adicionar entusiasmo a seus planos.

Felicidade, o objetivo final de todos os esforços humanos, é um estado mental que só pode ser mantido pela esperança de realizações futuras. A felicidade está sempre no futuro e nunca no passado. A pessoa feliz é aquela que sonha com realizações elevadas que ainda não foram alcançadas. O lar que você pretende possuir, o dinheiro que pretende ganhar e colocar no banco, a viagem que pretende fazer quando puder pagar, o nível de vida que pretende ter quando estiver preparado e a preparação em si — estas são as coisas que produzem felicidade. Da mesma maneira, são os materiais que compõem seu objetivo principal definido; são as coisas pelas quais você pode ficar entusiasmado, não importa qual seja sua atual condição de vida.

Há mais de vinte anos fiquei entusiasmado com uma ideia. Quando ela tomou forma em minha mente, eu não estava preparado para dar o primeiro passo na direção de transformá-la em realidade. Mas a conservei em mente — mantive o entusiasmo por ela enquanto olhava à frente, na minha imaginação, e via o tempo em que estaria preparado para fazer dela uma realidade.

A ideia era a seguinte: eu queria me tornar editor de uma revista, baseado na Regra de Ouro de que poderia inspirar pessoas a manter a coragem e lidar umas com as outras de forma justa.

Finalmente minha chance chegou! E, no dia do armistício, em 1918, escrevi o primeiro editorial do que se tornaria a realização material de uma esperança adormecida em minha mente por muitos anos.

Com entusiasmo, verti naquele editorial as emoções que havia desenvolvido em meu coração por mais de vinte anos. Meu sonho se tornou realidade. E a edição de uma revista nacional tornou-se realidade.

Como afirmei, o editorial foi escrito com entusiasmo. Levei a um conhecido e li para ele com entusiasmo. O editorial terminava com as seguintes palavras: "Enfim meu sonho de vinte anos está prestes a se tornar realidade. É preciso dinheiro, e muito, para publicar uma revista nacional, e não tenho a menor ideia de como conseguirei esse fator essencial, mas isso não está me preocupando em nada porque sei que vou conseguir em algum lugar". Ao escrever essas linhas, misturei entusiasmo com fé.

Mal havia terminado a leitura do editorial quando o homem para quem li — a primeira e única pessoa para quem eu o havia mostrado — disse:

"Posso lhe dizer onde você irá conseguir o dinheiro, pois vou fornecê-lo".

E forneceu!

Sim, entusiasmo é uma força vital; tão vital, na verdade, que nenhum homem que não o tenha altamente desenvolvido pode começar sequer a se aproximar de seu poder de realização.

Antes de passar para o próximo passo desta lição, desejo repetir e enfatizar que você deve desenvolver entusiasmo por seu objetivo principal definido de vida, não importando que esteja em condições ou não de realizar esse objetivo agora. Você pode estar longe da realização do objetivo principal definido, mas, se acender o fogo do entusiasmo em seu coração e o mantiver ardendo, em breve o obstáculo que agora está no caminho da realização do seu objetivo irá derreter como que por força mágica e você se encontrará em posse do poder que não sabia que possuía.

DIA 152

## COMO SEU ENTUSIASMO VAI AFETAR OS OUTROS

Chegamos agora à discussão de um dos assuntos mais importantes deste curso, isto é, a sugestão.

Nas lições anteriores, discutimos a autossugestão, que é a sugestão para si mesmo. Você viu o importante papel da autossugestão na Lição 3.

Sugestão é o princípio pelo qual palavras, ações e até mesmo o estado mental influenciam os outros. Para que possa compreender o poder de longo alcance da sugestão, deixe-me voltar à Lição 1, onde a telepatia é descrita. Se você agora entende e aceita o princípio da telepatia (a comunicação de pensamentos de uma mente para outra sem a ajuda de sinais, símbolos ou sons) como realidade, é claro que entende por que o entusiasmo é contagioso e por que influencia todos dentro do seu raio de ação.

Quando sua mente vibra a uma taxa elevada porque foi estimulada pelo entusiasmo, essa vibração é registrada na mente de todos dentro do seu raio de ação e em especial na mente daqueles em contato próximo. Quando um orador público "sente" que sua audiência está "em sintonia" com ele, simplesmente reconhece o fato de que seu entusiasmo influenciou a mente dos ouvintes até elas vibrarem em harmonia com a mente dele.

Quando o vendedor "sente" que o "momento psicológico" para fechar a venda chegou, ele simplesmente sente o efeito de seu entusiasmo ao influenciar a mente do cliente potencial e colocar aquela mente "em sintonia" (em harmonia) com a dele.

*Uma das coisas mais valiosas que todo homem pode aprender é a arte de usar a sabedoria e experiência dos outros.*

O tema da sugestão constitui uma parte tão vital desta lição e de todo o curso que irei agora descrever os três meios pelos quais ela em geral funciona, ou seja, o que você diz, o que você faz e o que você pensa!

Quando você tem entusiasmo pelos bens que vende, pelo serviço que oferece ou pelo discurso que faz, seu estado mental torna-se óbvio para todos que lhe ouvem pelo tom da voz. Quer você já tenha pensado nisso ou não, é o tom da voz com que faz uma declaração, mais do que a declaração em si, que transmite convicção ou fracassa em convencer. Nenhuma mera combinação de palavras jamais pode tomar o lugar de uma crença profunda em uma declaração expressa com entusiasmo ardente. Palavras não passam de sons desvitalizados a menos que coloridas com sentimentos nascidos do entusiasmo.

Aqui a palavra impressa me falha, pois jamais poderei expressar apenas por escrito a diferença entre palavras que saem de lábios sem emoção, sem a chama do entusiasmo por trás delas, e aquelas que parecem brotar de um coração transbordando de anseio e expressão. Entretanto, existe diferença.

Assim, o que você diz e a maneira como diz transmitem significados que podem ser opostos. Isso contribui para muitos fracassos de vendedores que apresentam seus argumentos em palavras que parecem bastante lógicas, mas carecem do colorido que só pode vir do entusiasmo nascido da sinceridade e da crença no artigo que estão tentando vender. As palavras dizem uma coisa, mas o tom de voz sugere algo inteiramente diferente; portanto, a venda não é feita.

O que você diz é um fator importante no funcionamento da sugestão, mas não é tão importante quanto o que você faz. As ações contarão mais que as palavras, e aí de você se ambas não se harmonizarem.

Se um homem prega a Regra de Ouro como norma de conduta, mas não pratica o que prega, suas palavras cairão em ouvidos moucos. O sermão mais eficiente que qualquer homem pode pregar sobre a solidez da Regra de Ouro é aquele que ele prega por sugestão, quando aplica tal norma em seu relacionamento com os demais.

Se um vendedor de automóveis Ford vai até o comprador potencial com um Buick ou outra marca de carro, todos os argumentos que possa apresentar em nome da Ford serão ineficientes. Uma vez, fui a um dos escritórios da Dictaphone para olhar um ditafone (máquina de ditar). O vendedor encarregado apresentou um argumento lógico sobre os méritos da máquina, enquanto o estenógrafo a seu lado transcrevia cartas de um bloco de taquigrafia. Os argumentos em favor da máquina de ditar na comparação com o antigo método de ditar para um estenógrafo não me impressionaram porque as ações não estavam em harmonia com as palavras.

Os pensamentos constituem a mais importante das três formas de aplicar o princípio da sugestão, pois controlam o tom das palavras e, pelos menos em certa medida, as ações. Se pensamentos, ações e palavras se harmonizam, você fica propenso a influenciar aqueles com quem entra em contato.

Vamos analisar agora o assunto da sugestão e mostrar exatamente como aplicar o princípio pelo qual ela opera. Como já vimos, a sugestão é diferente da autossugestão em apenas um aspecto — nós a usamos, consciente ou inconscientemente, quando influenciamos os outros, enquanto usamos a autossugestão como forma de influenciar a nós mesmos.

Antes de poder influenciar outrem pela sugestão, a mente da pessoa deve estar em um estado de neutralidade, ou seja, deve estar aberta e receptiva a seu método de sugestão. É bem aqui que a maioria dos vendedores fracassa — eles tentam fazer a venda antes que a mente do cliente potencial tenha se tornado receptiva ou neutra. Este é um ponto tão vital desta lição que me sinto obrigado a me alongar nele até não restar dúvida de que você entendeu o que estou descrevendo.

Quando digo que o vendedor deve neutralizar a mente do comprador potencial antes de a venda ser feita, quero dizer que a mente deste deve estar crédula. Um estado de confiança deve ter sido estabelecido, e é óbvio que não existe nenhuma regra definida para estabelecer a confiança ou neutralizar a mente a um estado de abertura. Aqui, a engenhosidade do vendedor deve fornecer o que não pode ser estabelecido como uma regra fixa e rápida.

Conheço um vendedor de seguros de vida que negocia grandes apólices, no valor de US$ 100 mil ou mais. Antes de sequer abordar o assunto de seguros com um cliente potencial, ele se familiariza com a história completa da pessoa, incluindo sua educação, situação financeira, excentricidades, se tiver alguma, preferências religiosas e inúmeros outros dados. Munido dessas informações, ele consegue garantir uma introdução sob condições que lhe permitem conhecer o cliente prospectivo em termos sociais e também profissionais. Nada é dito sobre a venda de seguros de vida na primeira visita, nem na segunda, e algumas vezes ele não fala sobre o assunto até se tornar bem conhecido do cliente prospectivo.

Durante todo esse tempo, entretanto, ele não está dissipando esforços. Está aproveitando as visitas cordiais para neutralizar a mente do cliente potencial, ou seja, está construindo um relacionamento de confiança para que, ao chegar a hora de falar sobre seguros de vida, o que ele falar caia em ouvidos dispostos a ouvir.



Alguns anos atrás, escrevi um livro intitulado *How to Sell Your Services* (Como vender seus serviços). Pouco antes do manuscrito ir para a editora, ocorreu-me pedir a alguns dos homens mais conhecidos dos Estados Unidos que escrevessem cartas de recomendação a serem publicadas no livro. A gráfica estava à espera do manuscrito; entretanto, escrevi às pressas uma carta para uns oito ou dez homens, descrevendo breve e exatamente o que queria, mas não obtive nenhuma resposta. Fracassei em observar dois importantes pré-requisitos para o sucesso: escrevi a carta tão às pressas que falhei em injetar entusiasmo e negligenciei as palavras de tal forma que não neutralizei a mente dos destinatários. Portanto, não pavimentei o caminho para aplicar o princípio da sugestão.

*Um inventário cuidadoso de todas as experiências passadas pode revelar o fato surpreendente de que tudo aconteceu pelo melhor.*

Depois de descobrir meu erro, escrevi uma carta baseada na aplicação estrita do princípio da sugestão e não só obtive respostas de todos os destinatários, como muitas delas foram obras-primas e serviram de valioso suplemento para o livro, muito além das minhas expectativas. Para efeito de comparação, para mostrar como a sugestão pode ser usada na redação de cartas e o importante papel do entusiasmo em dar "corpo" à palavra escrita, as duas cartas estão aqui reproduzidas. Não será necessário indicar qual carta falhou, pois ficará bastante óbvio.

Caro Sr. Ford

Estou concluindo o manuscrito de um novo livro intitulado *How to Sell Your Services*. Prevejo a venda de várias centenas de milhares de cópias e acredito que aqueles que comprarem ficariam gratos pela oportunidade de receber uma mensagem sua sobre o melhor método de promover serviços pessoais.

Você faria a bondade de ceder alguns minutos de seu tempo escrevendo uma breve mensagem a ser publicada em meu livro? Seria um grande favor pessoal para mim, e sei que seria apreciado pelos leitores.

Agradeço de antemão pela consideração que você possa demonstrar por mim.

Atenciosamente.

✦

Thomas R. Marshall
Vice-presidente dos Estados Unidos
Washington, D.C.

Caro Sr. Marshall

Seria de seu interesse a oportunidade de enviar uma mensagem de encorajamento e possivelmente um conselho para algumas centenas de milhares de homens que fracassaram em deixar sua marca no mundo com tanto sucesso quanto você?

Concluí o manuscrito de um livro intitulado *How to Sell Your Services*. O tema central é que o serviço prestado é a causa, o envelope do pagamento é o efeito, e este último varia de acordo com a eficiência do primeiro.

O livro não estaria completo sem os conselhos de alguns homens que, como você, chegaram a posições invejáveis no mundo vindos de baixo. Portanto, se escrever suas visões sobre os pontos essenciais a serem mantidos em mente por aqueles que estão oferecendo serviços pessoais, transmitirei sua mensagem em meu livro, assegurando que chegue às mãos de gente séria que luta para encontrar seu lugar no mundo dos negócios, proporcionando um mundo de coisas boas a essas pessoas.

Sei que você é um homem ocupado, Sr. Marshall, mas, por favor, tenha em mente que, apenas chamando sua secretária e ditando uma carta curta, você estará enviando uma mensagem importante para possivelmente meio milhão de pessoas. Em termos de dinheiro, não lhe valerá a pena pelos dois centavos de selo da carta, mas, avaliando do ponto de vista do bem que fará para outros menos afortunados, pode significar a diferença entre sucesso e fracasso para muita gente digna que ler sua mensagem, acreditar nela e se guiar por ela.

Cordialmente.

DIA 155

Vamos agora analisar as duas cartas e descobrir por que uma falhou em sua missão enquanto a outra foi bem-sucedida. A análise deveria começar com um dos fundamentos mais importantes da arte da venda: o motivo. Na primeira carta, é obvio que o motivo é inteiramente de autointeresse. A carta afirma exatamente o que é desejado, mas as palavras deixam dúvida sobre por que o pedido é feito ou a quem pretende beneficiar. Estude a frase no segundo parágrafo, "seria um grande favor pessoal para mim". Pode parecer uma característica peculiar, mas a verdade é que a maioria das pessoas não fará favores apenas para agradar os outros. Se eu pedir que você preste um serviço que irá me beneficiar, sem lhe trazer alguma vantagem correspondente, você não mostrará muito entusiasmo em fazer o favor; poderá recusar categoricamente se tiver uma desculpa plausível. Mas, se eu pedir que você preste um serviço que beneficiará uma terceira pessoa e seja de uma natureza que provavelmente reflita algum crédito para você, mesmo que tal serviço deva ser prestado por meu intermédio, as chances são de que você preste o serviço de bom grado.

Vemos essa psicologia demonstrada pelo homem que lança uma moeda para o mendigo na rua ou que talvez se recuse até mesmo a dar uma moeda, mas que repassa voluntariamente mais de uma centena ou milhares de dólares a quem trabalha com caridade e pede em nome de outros.

A sugestão mais prejudicial de todas está contida no último e mais importante parágrafo da carta, "agradeço de antemão pela consideração que você possa demonstrar por mim". Essa frase sugere fortemente que o remetente antecipa a recusa do pedido. Indica claramente a falta de entusiasmo. Pavimenta o caminho para a recusa. Não há uma única palavra na carta inteira que ponha na mente do destinatário um motivo satisfatório para atender o pedido. Por outro lado, ele pode ver claramente que o objetivo da carta é obter dele uma carta de aprovação que ajude a vender o livro. O argumento de venda mais importante — na verdade, o único argumento de venda disponível quanto ao pedido — perdeu-se porque não foi trazido à tona e estabelecido como motivo real. O argumento foi fracamente mencionado na frase: "Acredito que aqueles que comprarem ficariam gratos pela oportunidade de receber uma mensagem sua sobre o melhor método de promover serviços pessoais".

O parágrafo de abertura da carta viola um importante fundamento da arte de vender, porque claramente sugere que o objetivo da carta é obter alguma vantagem para o remetente e não dá sequer uma dica de vantagem que possa render ao destinatário. Em vez de neutralizar a mente do destinatário, como deveria fazer, tem efeito oposto: faz com que ele feche sua mente a todos os argumentos seguintes, coloca-o em um estado de espírito que facilita dizer não. Isso me faz lembrar de um vendedor — ou, talvez devesse dizer, um homem que gostaria de ser vendedor — que certa vez me abordou com o objetivo de vender uma assinatura do *Saturday Evening Post.* Enquanto segurava uma cópia da publicação na minha frente, ele sugeriu a resposta que eu deveria dar para a pergunta:

"Você não assinaria o *Post* para me ajudar, assinaria?".

Claro que eu disse não! Ele facilitou para eu dizer não. Não havia entusiasmo em suas palavras, e a melancolia e desânimo estavam escritos por todo o semblante. Ele necessitava da comissão que teria ganhado com minha assinatura, sem dúvida — mas ele não sugeriu nada que apelasse a meu próprio interesse; portanto, perdeu a venda. Mas a perda dessa venda não foi a parte triste de seu infortúnio; o triste é que essa mesma atitude fazia-o perder todas as outras vendas que poderia fechar caso mudasse a abordagem.



Algumas semanas depois, outra vendedora de assinaturas me abordou. Ela estava vendendo um conjunto de seis publicações, uma das quais o *Saturday Evening Post*, mas sua abordagem foi muito diferente. Olhou para a mesa da minha biblioteca, onde viu várias revistas, depois para as estantes de livros e exclamou com entusiasmo:

"Oh! Vejo que você adora livros e revistas".

Eu orgulhosamente me declarei culpado. Observe a palavra "orgulhosamente", pois tem influência importante no episódio. Soltei o manuscrito que estava lendo quando a vendedora entrou, pois pude ver que era uma mulher inteligente. Vou deixar para sua imaginação como percebi isso. O importante é que larguei o manuscrito e realmente me senti querendo ouvir o que ela tinha a dizer.

Com oito palavras, um sorriso agradável e mais uma tonelada de entusiasmo genuíno, ela neutralizou minha mente o suficiente para me fazer querer ouvi-la. A vendedora executou a tarefa mais difícil com aquelas poucas palavras, pois, quando ela foi anunciada, fiquei decidido a manter meu manuscrito em mãos e assim transmitir da forma mais educada possível que estava ocupado e não desejava ser interrompido.

Sendo um estudante da arte de vender e da sugestão, cuidadosamente observei qual seria o próximo passo da vendedora. Ela tinha um pacote de revistas debaixo do braço e esperei que fosse abri-lo e começar a insistir para que eu comprasse, mas não. Lembre-se de que eu disse que ela estava vendendo um conjunto de seis revistas, não apenas tentando vender.

Ela foi até as estantes de livros, puxou uma cópia dos *Ensaios* de Emerson e, pelos dez minutos seguintes, falou do ensaio sobre compensação de forma tão interessante que perdi de vista o rolo de revistas que ela carregava. (Ela estava neutralizando minha mente mais um pouco.)

Sem querer, ela deu uma quantidade suficiente de novas ideias sobre o trabalho de Emerson para um excelente editorial.

A seguir, perguntou quais revistas eu recebia regularmente e, após eu responder, sorriu e começou a desenrolar suas revistas e colocá-las sobre minha mesa. Ela analisou suas revistas uma a uma e explicou por que eu deveria ter cada uma delas. O *Saturday Evening Post* traria a ficção mais pura; o *Literary Digest* traria notícias sobre o mundo de forma condensada, tal como um homem ocupado como eu exigiria; a *American Magazine* traria as mais recentes biografias de líderes nos negócios e na indústria e assim por diante, até cobrir a lista inteira.

*Primeiras impressões realmente contam. Vista-se de acordo com o papel que quer desempenhar na vida, mas tome cuidado para não exagerar.*

Mas eu não estava reagindo aos argumentos tão espontaneamente quanto ela esperava; por isso a vendedora fez uma gentil insinuação:

"Um homem de sua posição é obrigado a estar bem informado e, se não estiver, isso se revelará no trabalho!".

Ela falou a verdade! O comentário foi um elogio e uma repreensão gentil. Ela me deixou um pouco acanhado ao fazer um inventário do meu material de leitura — e seis revistas de destaque não estarem na lista. (As seis que ela estava vendendo.)

Então comecei a "escapulir", perguntando quanto as seis revistas custariam. Ela colocou o toque final de uma conversa de venda bem apresentada com essa réplica diplomática: "Custo? Por quê? O valor total é menos do que você recebe por uma única página do manuscrito datilografado que tinha em mãos quando cheguei".

DIA 157

Novamente ela falou a verdade. E como adivinhou tão bem quanto eu ganhava por meu manuscrito? A resposta é: não adivinhou — ela sabia! Ela sondou delicadamente a natureza do meu trabalho (o que em nenhum momento me enfureceu). Ficou tão profundamente interessada no manuscrito que eu havia deixado de lado quando ela chegou que me induziu a falar sobre ele. (Não estou dizendo, claro, que isso tenha exigido algum tipo de habilidade ou persuasão, pois não falei que o manuscrito era meu?) Nos comentários sobre o manuscrito, suspeito ter admitido que estava recebendo US$ 250 por quinze páginas; sim, tenho certeza de fui descuidado o suficiente para admitir que estava sendo bem pago por meu trabalho.

Talvez ela tenha me induzido a admitir isso. Em todo caso, a informação era valiosa, e ela fez uso eficiente disso no momento psicológico. Pelo que sei, fazia parte do plano dela observar cuidadosamente tudo que via e ouvia, com o objetivo de descobrir justamente qual a minha fraqueza e no que eu estava mais interessado em discutir. Alguns vendedores utilizam tempo para fazer isso, outros não. Ela era uma das que utilizava.

Sim, ela foi embora com meu pedido de seis revistas e também meus doze dólares. Mas não foi só esse o benefício que ela obteve da sugestão com tato e do entusiasmo: obteve consentimento para percorrer meu escritório e, antes de ir embora, tinha cinco outros pedidos dos meus funcionários.

Em nenhum momento durante a visita ela deu a impressão de que eu a estava ajudando por comprar as revistas. Bem pelo contrário: ela me impressionou nitidamente pela sensação de que estava me prestando um favor. Isso foi sugestão com tato.

Antes de encerrarmos esse caso, gostaria de admitir uma coisa: quando ela me atraiu para a conversa, fez isso de tal maneira que falei com entusiasmo. Havia dois motivos para isso. Ela era um deles; o outro era o fato de que conseguiu me fazer falar sobre meu trabalho! É claro que não estou sugerindo que você deva ser presunçoso a ponto de rir do meu descuido enquanto lê isso ou que deva colher desse acontecimento a impressão de que a vendedora diplomática na verdade me fez falar do meu trabalho para neutralizar minha mente, de modo que eu a ouvisse quando ela estivesse pronta para falar sobre as revistas com tanta paciência quanto ela havia me ouvido. Contudo, se você for esperto o bastante para tirar uma lição do método dela, não há como eu impedi-lo.

Como afirmei, misturei entusiasmo em minha conversa. Talvez tenha captado o espírito do entusiasmo da vendedora esperta quando ela fez o comentário de abertura ao entrar em meu escritório. Sim, tenho certeza de que foi ali que o peguei e tenho a mesma certeza de que o entusiasmo dela não era simples acaso. Ela treinou para buscar algo pelo que pudesse expressar entusiasmo no escritório, no trabalho ou na conversa do comprador potencial. Lembre-se: sugestão e entusiasmo andam de mãos dadas!

Lembro como se fosse ontem do sentimento que tomou conta de mim quando aquele pretenso vendedor empurrou o *Saturday Evening Post* na minha frente, comentando:

"Você não assinaria o *Post* para me ajudar, assinaria?".

As palavras foram geladas, sem vida, não tinham entusiasmo, deixaram uma impressão em minha mente, mas uma impressão das mais frias. Eu queria ver o homem sair pela porta por onde havia entrado. Não sou naturalmente antipático, mas o tom da voz, o semblante, a atitude geral sugeriam que ele estava lá para pedir um favor e não para oferecer um.

Sugestão é um dos princípios mais sutis e poderosos da psicologia. Você usa em tudo que faz, diz e pensa, mas, a menos que entenda a diferença entre sugestão negativa e sugestão positiva, pode estar usando o princípio de tal maneira que esteja trazendo derrota em vez de sucesso.

A ciência comprovou que a vida pode ser extinta pelo uso negativo da sugestão. Alguns anos atrás, na França, um criminoso foi condenado à morte, mas, antes da execução, fizeram um experimento que provou de modo conclusivo que a morte poderia ser produzida por sugestão. O criminoso foi levado à guilhotina e teve a cabeça colocada sob a lâmina após ser vendado. Uma tábua pesada e afiada foi então derrubada sobre o pescoço, produzindo choque semelhante ao da lâmina afiada. A seguir verteram água morna gentilmente sobre o pescoço, deixando gotejar lentamente pela espinha, para imitar o fluxo do sangue quente. Em poucos minutos os médicos pronunciaram o homem morto. Sua imaginação, pela sugestão, havia de fato transformado a tábua afiada em uma lâmina de guilhotina e feito o coração parar de bater.



Na cidadezinha onde fui criado, havia uma senhora que se queixava constantemente de que temia morrer de câncer. Na infância ela tinha visto uma mulher com câncer, e a imagem ficara gravada em sua mente de tal forma que ela começou a procurar sintomas de câncer no próprio corpo. Ela tinha certeza de que toda dorzinha era o início dos sintomas há muito procurados de câncer. Eu a vi colocar a mão no peito e exclamar: "Oh, tenho certeza de que tenho um câncer crescendo aqui". Quando se queixava da doença imaginária, ela sempre colocava a mão sobre o seio esquerdo, onde acreditava que o câncer estivesse atacando.

*Metade dos náufragos espalhados pelo oceano da vida poderiam estar agora navegando em segurança se alguma estrela lhes tivesse servido de guia, mas foram à deriva com a maré.*

Ela fez isso por mais de vinte anos.

Alguns anos atrás ela morreu — de câncer na mama esquerda! Se a sugestão pode transformar uma tábua em lâmina de guilhotina e células saudáveis em parasitas de onde o câncer se desenvolve, você pode imaginar o que fará ao destruir germes de doenças, se usada corretamente? Sugestão é a lei pela qual curadores mentais operam o que parecem milagres. Testemunhei pessoalmente a remoção de saliências parasitárias conhecidas como verrugas com o auxílio da sugestão em 48 horas.

Você — o leitor desta lição — pode cair de cama com uma doença imaginária do pior tipo, dentro de duas horas ou menos, pelo uso da sugestão. Se andasse pela rua e três ou quatro pessoas em quem confia o encontrassem e exclamassem que você parece doente, você ficaria pronto para ir ao médico. Isso traz à mente uma experiência que tive com um vendedor de seguros de vida. Eu havia feito o pedido de uma apólice, mas estava indeciso entre a de dez ou de vinte mil dólares. Nesse ínterim, o corretor enviou-me ao médico da companhia de seguros para ser examinado. No dia seguinte fui chamado para outro exame. Da segunda vez o exame foi mais detalhado, e o médico tinha um olhar preocupado. No terceiro dia fui chamado de novo, e dessa vez havia dois médicos para me olhar. Foi o exame mais detalhado que já fiz ou de que ouvi falar.

No dia seguinte, o corretor me visitou e disse o seguinte:

"Não desejo alarmá-lo, mas os médicos que o examinaram não chegaram a um consenso sobre a análise. Você ainda não decidiu se fará o seguro no valor de dez ou vinte mil dólares, e não acho justo passar o relatório médico até que decida, pois você poderia achar que o estou incitando a optar pelo valor maior".

Então eu disse: "Bem, já decidi pela apólice maior". Era verdade; eu já havia decidido pela apólice completa de vinte mil dólares. Decidi no momento em que o corretor plantou em minha mente a sugestão de que eu talvez tivesse alguma debilidade congênita que dificultasse obter o montante de seguro que eu quisesse.

"Muito bem", disse o corretor, "agora que decidiu, sinto-me no dever de dizer que dois médicos acreditam que você tem o germe da tuberculose em seu sistema, enquanto outros dois discordam". O truque havia funcionado. A sugestão inteligente me empurrou de cima do muro da indecisão, e ficamos todos satisfeitos.

Você poderia perguntar onde o entusiasmo entra nisso. Não importa, "entrou" direitinho, mas, se deseja saber quem trouxe, terá que perguntar ao corretor de seguros de vida e seus quatro cúmplices médicos, pois estou certo de que devem ter dado boas gargalhadas às minhas custas. Mas o truque foi bom. E eu de qualquer modo precisava do seguro.

Se por acaso você é corretor de seguros de vida, é claro que não vai agarrar essa ideia e aplicá-la no próximo cliente potencial que esteja demorando para decidir qual apólice comprar. Claro que não!

Alguns meses atrás, recebi uma das peças publicitárias mais eficazes que já vi. Era um livrinho elegante no qual um esperto vendedor de seguros de automóveis havia reimpresso boletins noticiosos recolhidos por todo o país mostrando que 65 automóveis haviam sido roubados em um único dia. Na contracapa havia uma afirmação altamente sugestiva:

"Seu carro pode ser o próximo. Ele está segurado?".

No pé da página, constavam o nome e endereço do corretor e também o telefone. Antes de terminar de ler as duas primeiras páginas do livro, liguei para o vendedor e perguntei sobre valores. Ele veio me ver imediatamente, e o resto da história você já sabe.

✣

DIA 159

Vamos voltar agora às duas cartas e analisar a segunda, que provocou respostas desejáveis de todos a quem foi enviada. Estude cuidadosamente o primeiro parágrafo e observe que contém uma pergunta que só pode ser respondida de uma maneira. Compare esse parágrafo de abertura com o da primeira carta, perguntando qual teria lhe impressionado mais. Esse parágrafo está redigido como se tivesse um objetivo duplo: primeiro, pretende neutralizar a mente do leitor para que leia o restante da carta com a mente aberta; segundo, faz uma pergunta que só pode ser respondida de uma maneira, para comprometer o leitor com um ponto de vista que se harmoniza com a natureza do serviço que ele é solicitado a realizar nos parágrafos subsequentes.

Na segunda lição deste curso, você observou que Andrew Carnegie se recusou a responder quando perguntei a que atribuía seu sucesso e me pediu para definir a palavra sucesso. Ele fez isso para evitar mal-entendido. O primeiro parágrafo da carta que estamos analisando é redigido de modo a afirmar o objetivo da mensagem e ao mesmo tempo praticamente forçar o leitor a aceitar esse objetivo como sólido e razoável.

Qualquer pessoa que respondesse de forma negativa à pergunta feita nesse parágrafo iria condenar-se sob a acusação de egoísmo, e nenhum homem quer encarar uma consciência culpada de tal acusação. Assim como o fazendeiro primeiro ara, depois fertiliza e talvez revolva e prepare o terreno para receber a semente a fim de garantir uma colheita, esse parágrafo também fertiliza e prepara a mente do leitor para a semente que será ali depositada pela sugestão sutil contida no texto.

Estude cuidadosamente o segundo parágrafo da carta e observe que ele apresenta uma afirmação que o leitor não pode questionar, nem negar! Não fornece motivo para argumento porque obviamente baseia-se em sólido fundamento e conduz o leitor ao segundo passo da jornada psicológica que leva diretamente à aceitação do pedido cuidadosamente tecido e abordado no terceiro parágrafo. Contudo, você vai notar que o terceiro parágrafo abre com um pequeno e belo elogio ao leitor, o que não deve aborrecê-lo. "Portanto, se escrever suas visões sobre os pontos essenciais a serem mantidos em mente por aqueles que estão oferecendo serviços pessoais" etc. Estude as palavras dessa sentença, juntamente com o cenário em que se situa e você irá observar que dificilmente parece um pedido e com certeza nada sugere que o autor da carta esteja pedindo um favor em benefício próprio. No máximo, pode ser interpretada simplesmente como um pedido de favor para outros.

Agora, estude o parágrafo final e repare no tato com que fica subentendido que, caso o leitor recuse o pedido, estará se colocando na desconfortável posição de alguém que não se importa o suficiente com os menos afortunados do que ele para gastar dois centavos em selo e uns poucos minutos de tempo em benefício destes.

Do início ao fim, a carta transmite suas impressões mais fortes por mera sugestão; todavia, essa sugestão é tão cuidadosamente encoberta que não fica óbvia, exceto mediante análise cuidadosa do texto inteiro.

A carta é toda construída de tal forma que, caso o leitor a deixe de lado sem fazer o que foi solicitado, terá que se entender com a própria consciência! Esse efeito é intensificado pela última frase do último parágrafo e, especialmente, pelas últimas onze palavras — "que ler sua mensagem, acreditar nela e se guiar por ela".

DIA 160

A carta puxa o leitor com um clamor e faz sua consciência aliar-se à do autor; encurrala o leitor como um caçador encurrala um coelho, levando-o a uma rede cuidadosamente preparada.

A melhor evidência de que a análise está correta é o fato de que a carta provocou respostas de todos os destinatários, apesar de todos serem homens do tipo que geralmente se supõe muito ocupado para responder cartas dessa natureza. Não só a carta provocou a resposta desejada, como os destinatários responderam em pessoa, com exceção de Theodore Roosevelt, que respondeu sob a assinatura de uma secretária.

John Wanamaker e Frank A. Vanderlip escreveram duas das cartas mais belas que já li, obras-primas que poderiam ornar as páginas de um livro mais digno do que aquele para o qual foram solicitadas. Andrew Carnegie também escreveu uma carta digna de consideração por todos que oferecem serviços pessoais. William Jenning Bryan escreveu uma bela carta, assim como lorde Northcliffe. Nenhum desses homens escreveu apenas para me agradar, pois eu era desconhecido de quase todos, com exceção de quatro. Eles não escreveram para me agradar — escreveram para agradar a si mesmos e prestar um serviço de valor. Talvez o texto da carta tenha algo a ver com isso, mas não faço nenhuma afirmação a respeito, exceto que os homens que mencionei e muitos outros da mesma estirpe são em geral os mais dispostos a prestar serviços para terceiros quando corretamente abordados.

*A presunção é uma névoa que envolve o verdadeiro caráter de um homem além de seu próprio reconhecimento. Enfraquece suas habilidades inatas e fortalece todas as suas inconsistências.*

Desejo tirar vantagem da oportunidade para afirmar que todos os homens realmente grandes que tive o prazer de conhecer eram os mais dispostos e corteses quando se tratava de prestar serviço para benefício de outros. Talvez esse fosse um motivo para serem homens realmente grandes.

A mente humana é uma máquina maravilhosa.

Uma de suas características marcantes é que todas as impressões que chegam a ela, por sugestão externa ou autossugestão, são gravadas juntas em grupos de natureza harmônica. As impressões negativas são armazenadas em uma porção do cérebro, e as impressões positivas são armazenadas em outra porção. Quando uma dessas impressões (ou experiências passadas) vem à mente consciente a partir da memória, existe uma tendência de se recordar de todas as outras de natureza semelhante, como o surgimento de um elo que traz outros elos consigo. Por exemplo, qualquer coisa que faça surgir sensação de dúvida na mente de uma pessoa é suficiente para evocar todas as experiências que lhe provocaram dúvida. Se pedem a um homem para descontar um cheque, imediatamente ele se lembra de ter descontado cheques que não eram bons ou de ter ouvido outros que passaram por isso. Pela lei da associação, todas as emoções, experiências e impressões sensoriais semelhantes que chegam à mente são arquivadas juntas, de modo que a recordação de uma tende a trazer de volta a lembrança de todas as outras.

O despertar de uma sensação de desconfiança na mente de uma pessoa tende a trazer à tona todas as experiências de dúvida que ela já teve. Por isso o vendedor de sucesso se esforça em manter distância de assuntos que possam despertar a "cadeia de impressões de dúvida" do comprador, arquivadas em virtude de experiências anteriores. O vendedor de sucesso aprende depressa que "nocautear" um concorrente ou um artigo concorrente pode trazer à mente do comprador certas emoções negativas de experiências anteriores que podem tornar impossível "neutralizar" a mente do cliente.

Esse princípio controla e se aplica a toda impressão sensorial alojada na mente humana. Pegue a sensação de medo, por exemplo: no momento em que permitimos uma única emoção relacionada a medo chegar ao consciente, ela traz consigo todas as relações desagradáveis. Uma sensação de coragem não consegue chamar a atenção da mente consciente enquanto uma sensação de medo está ali. Uma ou outra deve dominar. São péssimas colegas de quarto porque não são de natureza harmônica. Semelhante atrai semelhante. Todo pensamento mantido na mente consciente tende a atrair outros pensamentos de natureza semelhante. Você vê, portanto, que sensações, pensamentos e emoções de experiências passadas que chamam a atenção da mente consciente são apoiados por um exército regular de soldados de natureza semelhante, prontos para ajudar no trabalho.

DIA 161

Por autossugestão, coloque deliberadamente em sua mente a ambição de ser bem-sucedido mediante um objetivo principal definido e perceba com que rapidez todas as suas habilidades latentes e não desenvolvidas de experiências passadas começarão a ser estimuladas e despertadas para agir em seu benefício. Plante na mente de um garoto, por sugestão, a ambição de se tornar um advogado, um médico, um engenheiro, um homem de negócios ou de finanças bem-sucedido, e, se plantar a sugestão com profundidade suficiente e a mantiver lá por repetição, ela começará a mover o garoto para a realização daquela ambição.

Se for plantar uma sugestão "em profundidade", misture-a generosamente com entusiasmo, pois entusiasmo é o fertilizante que vai assegurar o rápido crescimento, bem como a permanência da sugestão.

Quando aquele velho cavalheiro bondoso plantou em minha mente a sugestão de que eu era um "garoto brilhante" e poderia deixar minha marca no mundo se me educasse, não foi tanto o que ele disse, mas a maneira como disse que causou uma impressão muito profunda e duradoura em minha mente. Foi o jeito como ele segurou meus ombros e a confiança em seus olhos que cravaram a sugestão tão fundo em minha mente subconsciente que não tive paz até começar a dar os passos para concretizar a sugestão.

Este é um ponto que gostaria de salientar com todo o poder ao meu dispor. Não é bem o que você diz, mas o tom e a maneira como diz que causam uma impressão duradoura.

Segue-se naturalmente, portanto, que sinceridade de objetivo, honestidade e seriedade devem estar em tudo que é dito caso se deseje causar uma impressão duradoura e favorável.

Seja o que for que você venda com sucesso para outros, você deve primeiro vender para si mesmo!

Não faz muito tempo, fui abordado por um funcionário do governo do México que procurou meus serviços de redator publicitário. Sua abordagem foi mais ou menos a seguinte: "Considerando que o senhor goza da reputação de um expoente da filosofia da Regra de Ouro e é conhecido por todos os Estados Unidos como independente, não aliado a nenhuma facção política, faria a gentileza de ir ao México, estudar os assuntos políticos e econômicos do país e, de volta aos Estados Unidos, escrever uma série de artigos para jornais recomendando ao povo norte-americano o imediato reconhecimento do México pelo governo dos Estados Unidos etc.?".

Ofereceram-me pelo serviço mais dinheiro do que eu talvez jamais venha a possuir na vida inteira, mas recusei a incumbência por um motivo que só vai impressionar àqueles que entendem que, para influenciar os outros, é necessário permanecer em paz com a própria consciência.

*Não é de se refletir sobre por que nenhum jornal jamais publicou qualquer relato de "noitadas" ou escândalos semelhantes envolvendo Edison, Ford, Rockefeller e a maioria de outros homens realmente grandes?*

Eu não poderia escrever de forma convincente sobre a causa do México porque não acreditava nela; portanto, não poderia adicionar entusiasmo suficiente à minha redação para torná-la eficiente mesmo que estivesse disposto a prostituir meu talento e colocar minha caneta em uma tinta que sabia ser lamacenta.

Não vou me esforçar mais para explicar minha filosofia nesse caso porque quem está suficientemente avançado no estudo da autossugestão não precisará de mais explicações e quem não está não conseguiria entender.

Nenhum homem pode se permitir expressar em atos ou palavras aquilo que não está em harmonia com sua crença; se faz isso, deve pagar com a perda da capacidade de influenciar os outros.

Por favor, leia o parágrafo anterior em voz alta! Vale a pena enfatizar pela repetição que a inobservância desse princípio constitui as rochas e recifes nos quais os objetivos principais definidos de muitos homens colidem e se despedaçam.



Não creio que eu possa me permitir tentar enganar alguém sobre qualquer coisa e sei que não posso me permitir enganar a mim mesmo. Isso destruiria o poder da minha caneta e tornaria minhas palavras ineficazes. Só quando escrevo com o fogo do entusiasmo ardendo em meu coração minha escrita impressiona os outros favoravelmente; só quando falo com o coração inflamado pela convicção em minha mensagem posso comover a plateia para que aceite a mensagem.

Gostaria que você também lesse o parágrafo anterior em voz alta. Sim, gostaria que você guardasse isso na memória. Mais que isso, gostaria que escrevesse e colocasse onde possa servir de lembrete diário de um princípio, ou melhor, de uma lei tão imutável quanto a lei da gravidade, sem a qual você jamais poderá se tornar uma força no seu campo de trabalho.

Houve ocasiões, e muitas, em que me pareceu que permanecer fiel a esse princípio significaria passar fome!

Houve muitas ocasiões em que meus amigos mais próximos e meus consultores de negócios insistiram com vigor para eu maneirar minha filosofia a fim de obter vantagens necessárias aqui e ali, mas de algum modo consegui me manter firme nela, principalmente, suponho, porque sempre preferi a paz e harmonia em meu próprio coração do que ganho material que pudesse obter comprometendo minha consciência.

Por mais estranho que pareça, minhas deliberações e conclusões sobre a recusa de estrangular minha consciência raramente baseiam-se no que é normalmente chamado de “honestidade”. O que faço ao me abster de escrever ou falar qualquer coisa em que não acredite é unicamente uma questão de honra entre minha consciência e eu. Tento expressar o que meu coração dita porque tenho o objetivo de dar “corpo” a minhas palavras. Poderia dizer que meu motivo baseia-se mais em autointeresse do que em desejo de ser justo com os outros, embora nunca tenha desejado ser injusto com ninguém, tanto quanto posso me analisar.

Nenhum homem pode se tornar um mestre em vendas se cede à falsidade. A falha acabará se revelando e, ainda que ninguém jamais o pegue em flagrante expressando o que não acredita, as palavras irão fracassar no cumprimento da finalidade porque ele não pode lhes dar "corpo" se elas não vêm do coração e não são combinadas com entusiasmo genuíno e inabalável.

Gostaria que você também lesse o parágrafo anterior em voz alta, pois ele abrange uma grande lei que você deve entender e aplicar antes de se tornar uma pessoa de influência em qualquer atividade.

Fazendo esses pedidos pelo bem da ênfase, não estou tentando tomar liberdades indevidas com você. Dou-lhe crédito total como um adulto pensante e uma pessoa inteligente; ainda assim, sei o quanto é provável você pular essas leis vitais sem ficar suficientemente impressionado para torná-las parte de sua filosofia diária. Conheço suas fraquezas porque conheço as minhas. Foi preciso 25 anos de altos e baixos — a maioria de baixos — para gravar essas verdades básicas em minha mente, de modo que me influenciassem. Tentei as verdades e seus opostos; portanto, posso falar não como alguém que apenas acredita em sua solidez, mas como alguém que conhece.

E a que me refiro por "essas verdades"?

Para que você não me entenda mal e para que essas palavras de advertência não transmitam um significado abstrato, por "essas verdades" quero dizer o seguinte:

Você não pode se permitir sugerir a outra pessoa, por palavras ou ações, aquilo em que não acredita.

Com certeza isto é claro o suficiente.

E o motivo pelo qual você não pode se permitir isso é o seguinte:

Se comprometer sua consciência, não demorará muito para não ter mais consciência; pois ela irá falhar em guiá-lo, assim como um despertador fracassa em acordá-lo se você não presta atenção nele.

Com certeza isto também é claro o suficiente.

"E como é que você virou uma autoridade neste assunto vital?", você pode perguntar.

Sou uma autoridade porque experimentei o princípio até saber como ele funciona!

"Mas", você pode perguntar, "como vou saber que você está dizendo a verdade?".

A resposta é que você só saberá experimentando por si e observando outros que aplicam fielmente esse princípio e aqueles que não o aplicam.

Se minha evidência precisa de respaldo, consulte qualquer homem que você saiba que "tentou se virar" sem observar tal princípio. Se ele não puder ou não quiser dizer a verdade, você pode consegui-la mesmo assim, analisando tal homem.

Existe apenas uma coisa no mundo que confere ao homem poder real e duradouro: caráter! Reputação, tenha em mente, não é caráter. Reputação é o que as pessoas acreditam ser, caráter é o que as pessoas são! Se você pretender ser uma pessoa de grande influência, seja uma pessoa de verdadeiro caráter.

Caráter é a pedra filosofal com a qual todos que a possuem podem transformar o metal comum de sua vida em ouro puro. Sem caráter você não tem nada, não é nada e não pode ser nada, exceto um amontoado de carne, ossos e cabelos, valendo uns 25 dólares. Caráter é algo que você não pode mendigar, roubar ou comprar. Você só o consegue construindo e só pode construí-lo com seus pensamentos e ações e de nenhuma outra maneira.

Com o auxílio da autossugestão, qualquer pessoa pode construir um caráter sólido, não importando o seu passado. Como encerramento adequado para esta lição, desejo enfatizar que todos que têm caráter possuem entusiasmo e personalidade suficientes para atrair outros que tenham caráter.

Você agora será instruído sobre como desenvolver entusiasmo, caso ainda não possua esta rara qualidade.

As instruções serão simples, mas pobre de você se não as valorizar por conta disso.

PRIMEIRO: complete o restante deste curso, pois nas próximas lições há outras instruções importantes que devem ser coordenadas com esta.

SEGUNDO: se ainda não o fez, escreva seu objetivo principal definido em uma linguagem clara e simples e a seguir escreva também o plano com que pretende transformar seu objetivo em realidade.

TERCEIRO: leia a descrição do objetivo principal definido toda noite, pouco antes de deitar; enquanto lê, veja-se (na imaginação) de plena posse do objetivo. Faça isso com plena fé em sua capacidade de transformar seu objetivo principal definido em realidade. Leia em voz alta, com todo entusiasmo de que dispõe, enfatizando cada palavra. Repita a leitura até a vozinha dentro de você dizer que seu objetivo será realizado. Às vezes você sentirá o efeito dessa voz interior na primeira vez que ler o objetivo principal definido; em outras, poderá ter que ler umas doze ou cinquenta vezes antes de a garantia vir, mas não pare enquanto não a sentir.

Se preferir, você pode ler o objetivo principal definido como uma prece.

*Se você acha que sua vida é dura, leia* Up From Slavery *(Elevado da escravidão) de Booker T. Washington, e poderá ver o quanto é afortunado.*

O restante desta lição é para a pessoa que ainda não aprendeu o poder da fé e conhece pouco ou nada do princípio da autossugestão.

Para todos que estão nesta lição, eu recomendaria a leitura de Mateus 7:7–8 e 17:20.

Uma das maiores forças do bem nesta terra é a fé. A esse poder maravilhoso relacionam-se milagres da mais incrível natureza. A fé oferece paz na Terra a todos que a abraçam.

A fé envolve um princípio de efeito tão abrangente que nenhum homem pode dizer quais são suas limitações, se é que tem limitações. Escreva na descrição do seu objetivo principal definido uma afirmação das qualidades que pretende desenvolver em si, bem como a posição de vida que pretende atingir, e, ao ler essa descrição toda noite, tenha fé de que pode transformar esse objetivo em realidade. Por certo você não pode perder a sugestão contida nesta lição.

DIA 164

Para se tornar bem-sucedido, você deve ser uma pessoa de ação. Apenas "saber" não é suficiente. É necessário saber e fazer.

Entusiasmo é a mola mestra da mente que incita a se colocar o conhecimento em ação.

Billy Sunday é o evangelista mais bem-sucedido que esse país já conheceu. Para estudar sua técnica e verificar seus métodos psicológicos, o autor deste curso acompanhou três campanhas do reverendo Sunday.

Seu sucesso é largamente baseado em uma palavra — entusiasmo!

Fazendo uso efetivo da sugestão, Billy Sunday transmite seu entusiasmo para a mente dos seguidores, e eles são influenciados por isso. Ele vende seus sermões pelo uso do mesmíssimo tipo de estratégia empregada pelo mestre em vendas.

Entusiasmo é tão essencial para o vendedor quanto a água para o pato!

Todos os gerentes de vendas bem-sucedidos entendem a psicologia do entusiasmo e fazem uso dela de diversas maneiras, como uma forma prática de ajudar seus homens a vender mais.

Praticamente todas as organizações de vendas têm reuniões a intervalos regulares para revitalizar a mente dos membros da equipe de vendas e injetar entusiasmo, o que pode ser feito melhor em massa, pela psicologia de grupo.

As reuniões de vendas poderiam muito apropriadamente ser chamadas de reuniões "revivalistas", pois o objetivo é renovar o interesse e despertar o entusiasmo que permitirão ao vendedor encarar a luta com ambição e energias renovadas.

Durante sua gestão como gerente de vendas da empresa National Cash Register, Hugh Chalmers (que mais tarde ficou famoso na indústria de automóveis) encarou uma situação muito embaraçosa que ameaçou acabar com seu cargo, bem como o de todos os milhares de vendedores sob sua direção.

A companhia estava em dificuldades financeiras. O fato chegou ao conhecimento dos vendedores em campo, e o resultado foi que perderam o entusiasmo. As vendas começaram a cair até a situação ficar tão alarmante que foi convocada uma reunião geral das equipes de vendas, a ser realizada na fábrica da companhia em Dayton, Ohio. Vendedores de todo o país foram chamados.

Chalmers presidiu o encontro. Começou pedindo a muitos dos melhores vendedores para que ficassem em pé e dissessem o que havia de errado para os pedidos terem despencado. Eles se levantaram um a um ao serem chamados, e todos tinham uma história triste para contar. As condições dos negócios estavam ruins, o dinheiro estava escasso, as pessoas estavam segurando as compras para depois da eleição presidencial etc. Quando o quinto homem começou a enumerar as dificuldades que o impediam de alcançar a cota normal de vendas, Chalmers pulou em cima de uma mesa, levantou as mãos pedindo silêncio e disse: "Pare! Faremos um intervalo de dez minutos, enquanto meus sapatos são engraxados".

Então virou-se para um menino negro sentado perto dele e solicitou que trouxesse seus apetrechos e engraxasse seus sapatos bem em cima da mesa onde ele estava.

Os vendedores na plateia ficaram embasbacados! Alguns pensaram que Chalmers houvesse perdido a cabeça de repente. Começaram a cochichar entre si. Enquanto isso, o menino negro engraxou um sapato e depois o outro, levando bastante tempo e fazendo um serviço de primeira.

Concluído o trabalho, Chalmers deu uma moeda ao garoto e então continuou seu discurso: "Quero que cada um de vocês dê uma boa olhada nesse menino negro. Ele tem uma concessão para engraxar sapatos em toda a fábrica e escritórios. Seu antecessor era um rapaz branco, consideravelmente mais velho, e, apesar de a companhia subsidiá-lo com um salário de US$ 5 por semana, ele não conseguia ganhar a vida nessa instalação, onde milhares de pessoas trabalham. Esse menino negro não só ganha bem, sem qualquer subsídio da companhia, como na verdade está poupando dinheiro de seus ganhos toda semana, trabalhando sob as mesmas condições, nas mesmas instalações, para as mesmas pessoas. Agora quero fazer uma pergunta: de quem era a culpa se o rapaz branco não conseguia mais negócios? Dele ou dos clientes?".

A resposta veio em um poderoso rugido da multidão:

"Era culpa do garoto, é claro!".

"Então", respondeu Chalmers, "agora quero dizer o seguinte: vocês estão vendendo caixas registradoras no mesmo território, para as mesmas pessoas, sob exatamente as mesmas condições de negócios de um ano atrás e ainda assim não estão produzindo os mesmos negócios. De quem é a culpa? De vocês ou dos compradores?".

E novamente a resposta veio com um rugido:

"A culpa é nossa, é claro!".

"Fico contente de que sejam francos em reconhecer a falha", prosseguiu Chalmers, "e desejo dizer qual é o problema: vocês ouviram rumores de que a companhia está com problemas financeiros, e isso liquidou com o entusiasmo de vocês de tal maneira que não estão fazendo o esforço que faziam antes. Se voltarem aos seus territórios com a promessa definida de enviar cinco pedidos cada um pelos próximos trinta dias, a companhia não estará mais em dificuldades financeiras, pois esses negócios adicionais vão nos salvar. Vocês farão isso?".

Eles disseram que fariam e fizeram!

Esse episódio entrou para a história da National Cash Register sob o nome de "A engraxada de milhões de dólares de Hugh Chalmers", pois dizem que virou a maré da empresa e rendeu milhões de dólares.

DIA 165

O entusiasmo não conhece derrota! O gerente de vendas que sabe como enviar um exército de vendedores entusiasmados pode fixar o preço de seus serviços e, mais importante ainda, pode aumentar a capacidade de ganho de todas as pessoas sob sua direção; assim, seu entusiasmo beneficia não só a si mesmo, mas talvez centenas de outros.

Entusiasmo nunca é uma questão de sorte. Existem certos estímulos que produzem entusiasmo, sendo os mais importantes os seguintes:

1. Ocupação no trabalho que mais se ama.
2. Ambiente onde se entre em contato com outros que sejam entusiasmados e otimistas.
3. Sucesso financeiro.
4. Domínio completo e aplicação das dezesseis Leis do Sucesso no trabalho diário.
5. Boa saúde.
6. Conhecimento de que se serviu aos outros de alguma maneira útil.
7. Boas roupas, apropriadas para as necessidades da ocupação.

Essas sete fontes de estímulo são autoexplicativas, com exceção da última. A psicologia das roupas é entendida por muito pouca gente e por isso será explicada em detalhes. As roupas constituem a parte mais importante da arrumação de que toda pessoa precisa para se sentir autoconfiante, esperançosa e entusiasmada.

## A PSICOLOGIA DAS ROUPAS BOAS

Quando as boas novas chegaram do palco da guerra em 11 de novembro de 1918, minhas posses mundanas eram pouca coisa maiores do que no dia em que vim ao mundo.

A guerra havia destruído meu negócio, e tive que recomeçar!

Meu guarda-roupa consistia de três ternos de passeio bem gastos e dois uniformes de que eu não precisava mais.

Sabendo muito bem que o mundo forma suas primeiras e mais duradouras impressões de um homem pelas roupas que ele usa, não demorei em visitar meu alfaiate.

Felizmente, meu alfaiate me conhecia há muitos anos, por isso não me julgava inteiramente pelas roupas que eu vestia. Se o fizesse, eu estaria "ralado".

Com menos de um dólar em trocados no bolso, selecionei o tecido para três dos ternos mais caros que já tive e pedi que fossem feitos de uma vez só.

Os três ternos custaram US$ 375!

Nunca esquecerei do comentário do alfaiate enquanto tirava minhas medidas. Olhando primeiro para as três peças de tecidos caros que eu havia selecionado e depois para mim, ele perguntou:

"Homem de um dólar ao ano, é?".[*]

"Não", respondi, "se tivesse tido a sorte de entrar numa folha de pagamento de um dólar ao ano, eu agora teria dinheiro suficiente para pagar esses ternos".

O alfaiate me olhou surpreso. Acho que não entendeu a piada.

Um dos ternos era de um belo cinza-escuro; um era azul-escuro; outro era azul-claro com riscas.

Felizmente eu tinha crédito com meu alfaiate, por isso ele não perguntou quando eu pagaria os ternos caros.



*Tudo que realmente se requer como capital para começar uma carreira de sucesso é uma mente sólida, um corpo saudável e um desejo genuíno de ser tão útil quanto possível para tanta gente quanto possível.*

Eu sabia que poderia e iria pagar no tempo devido, mas teria conseguido convencê-lo disto? Era esse o pensamento que passava por minha cabeça, com a esperança de que a questão não viesse à tona.

A seguir visitei minha loja de roupas, onde comprei três ternos mais baratos e um estoque completo das melhores camisas, gravatas, colarinhos, meias e roupas de baixo. Minha conta na loja foi de mais de US$ 300.

Com um ar de prosperidade, assinei a nota despreocupadamente e a devolvi para o vendedor, com instruções para entregar minhas compras na manhã seguinte. A sensação renovada de autoconfiança e sucesso começou a me envolver antes mesmo de eu estar vestido com as novas compras.

[*] Homem de um dólar ao ano: em inglês "dollar-a-year man", executivos que ajudaram o governo dos Estados Unidos a mobilizar e gerir a indústria nacional nos períodos de guerra. Como as leis norte-americanas proíbem a prestação de serviço voluntário ao governo sem pagamento, tais pessoas eram contratadas pelo valor simbólico de um dólar por ano. (N.T.)

Eu estava fora da guerra e com US$ 675 de dívidas, tudo em menos de 24 horas.

No dia seguinte, o primeiro dos três ternos comprados na loja foi entregue. Coloquei-o na mesma hora, enfiei um lenço de seda no bolso externo do casaco, meti os US$ 50 do penhor de meu anel no bolso das calças e caminhei pela avenida Michigan de Chicago me sentindo tão rico quanto Rockefeller.

Cada peça que eu vestia, desde a roupa íntima, era da melhor qualidade. O fato de que não estavam pagas não era da conta de ninguém, exceto minha, do meu alfaiate e da loja.

Toda manhã eu me vestia com uma roupa totalmente nova e caminhava pela mesma rua, exatamente à mesma hora. "Por acaso" era a hora em que certo editor rico geralmente andava pela mesma rua, a caminho do almoço.

Eu tomava a iniciativa de cumprimentá-lo todos os dias e ocasionalmente parava para um dedo de prosa.

Cerca de uma semana depois desses encontros diários, decidi ver se o editor me deixaria passar sem falar comigo.

Observando-o de soslaio, olhei reto em frente e fui passando, ele parou e fez um sinal para eu ir para a beira da calçada, colocou a mão em meu ombro, olhou-me dos pés à cabeça, e disse: "Você parece muito próspero para um homem que acaba de deixar os uniformes de lado. Quem faz suas roupas?".

"Bem", eu disse, "Wilkie & Sellery fez este terno".

Ele então quis saber em que tipo de negócios eu estava envolvido. Aquela atmosfera "arejada" de prosperidade que eu usava junto com um terno novo e diferente a cada dia havia atraído a curiosidade dele. (O que eu esperava que acontecesse.)

Batendo as cinzas do meu Havana perfecto, eu disse: "Oh, estou preparando uma nova revista que irei publicar".

"Uma nova revista, é?", ele indagou. "E como vai chamá-la?"

"*Hill's Golden Rule* (A regra de ouro de Hill)."

"Não esqueça", disse meu amigo editor, "que sou do ramo de impressão e distribuição de revistas. Talvez possa atender você".

Aquele foi o momento que eu estava aguardando. Eu tinha aquele exato momento e praticamente aquele exato local em mente enquanto comprava os ternos novos.

Mas é necessário lembrar que a conversa nunca teria acontecido se o editor tivesse me observado caminhar pela rua, dia após dia, com cara de "cachorro escorraçado", um terno amassado e um olhar de pobreza.

Uma aparência de prosperidade sempre chama a atenção, sem uma única exceção que seja. Além disso, uma aparência de prosperidade atrai "atenção favorável" porque o único desejo dominante em todo coração humano é ser próspero.

DIA 167

Meu amigo editor convidou-me para almoçar em seu clube. Antes do café e dos charutos serem servidos, ele havia feito eu "desistir" do contrato para imprimir e distribuir minha revista. Eu havia até "consentido" que ele me fornecesse o capital sem cobrança de juros.

Para benefício daqueles que não estão familiarizados com o mercado editorial, posso informar que é necessário um capital considerável para se lançar uma nova revista com distribuição nacional.

Uma quantia tão elevada de capital com frequência é difícil de se conseguir, mesmo com as melhores garantias. O capital necessário para lançar a *Hill's Golden Rule*, que talvez você tenha lido, era muito superior a US$ 30 mil, e cada centavo foi levantado com uma "fachada" criada principalmente por boas roupas. É verdade que pode ter havido certa capacidade por trás das roupas, mas muitos milhões de homens têm capacidade e mais nada, e nunca se ouve falar deles fora da comunidade limitada em que vivem. Esta é uma verdade deveras triste!

Para alguns, pode parecer uma extravagância imperdoável alguém "quebrado" fazer uma dívida de US$ 675 em roupas, mas o apoio psicológico deste investimento mais do que o justifica.

A aparência de prosperidade causou uma impressão favorável naqueles de quem eu buscava favores, mas mais importante ainda foi o efeito que o vestuário adequado teve em mim.

Eu não só sabia que roupas apropriadas impressionariam os outros favoravelmente, como também sabia que roupas boas me dariam um ar de autoconfiança sem o qual não poderia esperar recuperar minha fortuna perdida.

Tive meu primeiro treinamento na psicologia de roupas boas com meu amigo Edwin C. Barnes, sócio de Thomas A. Edison. Barnes proporcionou considerável diversão à equipe de Edison quando, uns vinte anos atrás, viajou até West Orange em um trem de carga (não tendo dinheiro suficiente para pagar uma passagem de trem) e anunciou nos escritórios de Edison que estava lá para começar uma parceria com ele.

Quase todos riram de Barnes, exceto Edison. Ele viu na mandíbula quadrada e no rosto determinado do jovem uma coisa que muitos outros não viram, apesar de Barnes parecer mais um mendigo do que um futuro sócio do grande inventor.

*Existe uma premiação adequada para cada virtude e uma punição apropriada para cada pecado que um homem comete. A premiação e a punição são efeitos sobre os quais nenhum homem tem controle, pois sobrevêm a ele voluntariamente.*

Barnes começou a trabalhar varrendo o chão do escritório de Edison!

Era isso que ele buscava — apenas uma mínima chance nas organizações de Edison. Dali em diante fez uma história que vale a pena ser imitada por jovens que desejam conquistar seu lugar no mundo pelo esforço próprio.

DIA 168

Barnes, hoje, está aposentado dos negócios, embora seja relativamente jovem, e passa a maior parte do tempo em suas duas lindas casas em Bradentown, Flórida, e Damariscotta, Maine. É multimilionário, próspero e feliz.

Conheci Barnes nos primeiros tempos da associação com Edison, antes de ele "chegar lá".

Naquela época ele tinha a maior e mais cara coleção de roupas que eu já havia visto ou de que ouvira falar. Seu guarda-roupa continha 31 ternos; um para cada dia do mês. Ele jamais vestia o mesmo terno dois dias consecutivos.

Além disso, todos os ternos eram do tipo mais caro (casualmente, suas roupas eram feitas pelos mesmos alfaiates que fizeram aqueles três ternos para mim).

Ele usava meias que custavam seis dólares o par.

Suas camisas e outras peças de vestuário tinham custo de proporção semelhante.

Seus lenços de pescoço eram feitos sob encomenda, a um custo de US$ 5 a US$ 7,50 cada.

Um dia, de brincadeira, pedi a ele que guardasse para mim um dos ternos velhos que não quisesse mais.

Ele informou que não tinha um único terno que não quisesse.

E então deu uma lição sobre a psicologia das roupas que vale muito a pena lembrar. "Eu não uso 31 ternos", ele disse, "inteiramente pela impressão que isso causa nas pessoas; uso principalmente pela impressão que causa em mim".

Barnes me contou sobre o dia em que se apresentou na fábrica de Edison em busca de uma vaga. Disse que teve que caminhar ao redor das instalações uma dúzia de vezes antes de ter coragem suficiente para se anunciar, pois sabia que mais parecia um mendigo do que um empregado desejável.

Barnes é considerado o vendedor mais habilidoso que já trabalhou com o grande inventor de West Orange. Toda a sua fortuna foi ganha graças à habilidade como vendedor, mas ele disse diversas vezes que nunca poderia ter atingido os resultados que o deixaram rico e famoso não fosse o entendimento da psicologia das roupas.

✦

Já conheci muitos vendedores nessa vida. Nos últimos dez anos, treinei e direcionei pessoalmente os esforços de mais de três mil homens e mulheres de vendas e observei que, sem uma única exceção, os melhores eram pessoas que entendiam e faziam bom uso da psicologia das roupas.

Já vi gente muito bem vestida que não registrou nenhum recorde extraordinário como vendedor, mas ainda estou para ver um malvestido virar estrela no campo de vendas.

Estudei a psicologia das roupas por tanto tempo e já observei seu efeito em pessoas de condições de vida tão diferentes que estou completamente convencido de que existe uma estreita ligação entre roupas e sucesso.

✦

DIA 169

Pessoalmente não sinto necessidade de 31 ternos, mas, se minha personalidade exigisse um guarda-roupa desse tamanho, daria jeito de consegui-lo, não importa quanto custasse.

Para estar bem vestido, um homem deve ter pelo menos dez ternos. Deve ter um terno diferente para cada dia da semana, um traje completo, um *smoking* para ocasiões formais e fraque para ocasiões formais à tarde.

Para o verão, deve ter pelo menos quatro ternos leves, com casaco azul e calças brancas de flanela para ocasiões informais à tarde e início da noite. Se joga golfe, deve ter pelo menos um traje de golfe.

Isso, claro, é para o homem um degrau ou dois acima da classe "medíocre". O homem satisfeito com a mediocridade precisa de poucas roupas.

Pode ser verdade, como um poeta bem conhecido disse, que "as roupas não fazem o homem", mas ninguém pode negar que roupas boas ajudam em muito a garantir um bom começo.

Um banco geralmente emprestará todo dinheiro que um homem quer quando ele não precisa — quando ele é próspero —, mas nunca vá ao banco pedir empréstimo com um terno surrado e um olhar de pobreza, pois, se o fizer, será rechaçado.

Sucesso atrai sucesso! Não existe escapatória dessa grande lei do universo; se você deseja atrair sucesso, certifique-se de olhar para o lado do sucesso, não importa se sua profissão é de diarista ou de príncipe mercador.

Em benefício dos alunos mais "dignos" dessa filosofia, que podem fazer objeção a recorrer a um estímulo "mirabolante" ou "truque de roupas" para alcançar o sucesso, pode ser proveitoso explicar que praticamente todo homem de sucesso neste mundo descobre alguma forma de estímulo que conduz a um esforço maior.

Pode ser chocante para membros da Liga Antibar, mas dizem que é verdade que James Withcomb Riley escreveu seus melhores poemas sob influência do álcool. Seu estímulo era a bebida. (O autor deseja deixar perfeitamente claro que não recomenda o uso de estímulo alcoólico e narcótico para qualquer objetivo, pois isso poderá destruir o corpo e a mente de todos os usuários.) Sob influência do álcool, Riley ficava imaginativo, entusiasmado e inteiramente diferente, de acordo com seus amigos.

Edwin Barnes incitou-se à ação necessária para produzir resultados incríveis com a ajuda de roupas boas.

Alguns homens alcançam conquistas de grande estatura como resultado do amor por uma mulher. Relacione isso à breve sugestão ao assunto feita na Lição 1 e você terá condições, se é uma pessoa que conhece os caminhos dos homens, de terminar a discussão desta etapa particular do estímulo do entusiasmo sem mais comentários do autor, que poderiam ser impróprios para mentes jovens que irão assimilar esta filosofia.

Personagens do submundo envolvidos nas atividades perigosas de roubo em rodovias, assalto etc., geralmente "dopam-se" para a ocasião das suas operações com cocaína, morfina e outros narcóticos. Mesmo aqui existe uma lição que mostra que praticamente todos os homens necessitam de estímulo temporário ou artificial para levá-los a esforços maiores do que o normalmente empregado nas atividades corriqueiras da vida.

Pessoas bem-sucedidas descobriram maneiras que acreditam ser as mais adequadas às suas necessidades para produzir o estímulo que as leva a níveis de esforço muito acima do normal.

Um dos escritores mais bem-sucedidos do mundo emprega uma orquestra de moças lindamente vestidas que tocam enquanto escreve. Sentado em uma sala artisticamente decorada a seu gosto, sob tênues luzes coloridas, as jovens em lindos vestidos de festa tocam as músicas favoritas do escritor. Nas palavras dele: "Fico embriagado de entusiasmo sob a influência desse ambiente e me elevo a alturas que jamais experimento ou sinto em outras ocasiões. É assim que faço meu trabalho. Os pensamentos jorram como se ditados por um poder invisível e desconhecido".

Esse escritor obtém muito de sua inspiração da música e da arte. Uma vez por semana, passa pelo menos uma hora em um museu observando as obras dos mestres. Novamente nas palavras dele: "Em uma hora de visita a um museu de arte, obtenho entusiasmo suficiente para me manter por dois dias".

Dizem que Edgar Allan Poe escreveu "O corvo" quando estava mais do que semi-intoxicado. Oscar Wilde escreveu poemas sob a influência de uma forma de estímulos que não podem ser apropriadamente mencionados em um curso desta natureza.

Henry Ford (o autor acredita nisso, mas admite que é somente a sua opinião) teve seu verdadeiro começo como resultado do amor pela encantadora companheira de vida. Foi ela que o inspirou, fez ele ter fé em si mesmo e o manteve animado para seguir em frente diante de adversidades que teriam liquidado uma dúzia de homens comuns.

Esses acontecimentos são citados como evidência de que homens de realizações notáveis têm, por acaso ou planejamento, descoberto maneiras de se estimular a um alto grau de entusiasmo.

Associe o que foi afirmado aqui com o que foi dito sobre a lei do "MasterMind" na Lição 1 e você terá um conceito inteiramente novo do funcionamento da lei. Você também terá um entendimento um tanto diferente do real objetivo do "esforço aliado em um espírito de perfeita harmonia" que constitui o melhor método conhecido de fazer uso do MasterMind.

Neste ponto, parece apropriado chamar atenção para a forma como as lições deste curso se misturam. Você vai observar que cada lição cobre o assunto pretendido e, somado a isso, sobrepõe-se e proporciona ao aluno um melhor entendimento de alguma outra lição ou lições.

À luz do que foi dito nesta lição, por exemplo, o aluno entenderá melhor o real objetivo do MasterMind, que basicamente é um método prático de estimular a mente de todos que participam do grupo.

Inúmeras vezes o autor foi a conferências com homens cujos rostos mostravam sinais de ansiedade, que tinham a preocupação estampada no semblante, só para ver esses mesmos homens endireitarem os ombros, inclinarem o queixo em um ângulo mais alto, suavizarem a expressão com um sorriso de confiança e fazerem negócios com aquele tipo de entusiasmo que não conhece derrota.

A mudança teve lugar no momento em que a harmonia de objetivo foi estabelecida.

DIA 171

*Seu empregador não controla o tipo de serviço que você presta. Você controla, e essa é a coisa que impulsiona ou acaba com você.*

Se um homem leva a vida em espírito cotidiano apático, prosaico, desprovido de entusiasmo, está fadado ao fracasso. Nada pode salvá-lo até que ele mude suas atitudes e aprenda a estimular sua mente e corpo a alturas incomuns de entusiasmo por vontade própria!

O autor está relutante em sair deste assunto sem ter apresentado o princípio aqui descrito de tantas maneiras diferentes que seja entendido e também respeitado pelos alunos deste curso, que, todos hão de lembrar, são homens e mulheres de todos os tipos de natureza, experiência e níveis de inteligência. Por este motivo é essencial muita repetição.

Lembrando mais uma vez: sua atividade na vida é alcançar o sucesso!

Com o estímulo que você vai experimentar a partir do estudo desta filosofia e com a ajuda das ideias que adquirir, mais a cooperação pessoal do autor, que lhe fornecerá um inventário preciso de suas melhores qualidades, você deve ser capaz de criar um plano definido que o alçará a realizações de alto nível. Entretanto, não existe plano que possa produzir tal resultado sem o auxílio de alguma influência que faça com que você estimule seu entusiasmo para exercer um esforço maior que o empregado habitualmente nas ocupações cotidianas.

Você agora está pronto para a lição sobre autocontrole!

Ao ler a próxima lição, você vai observar que tem importância vital nesta aqui, assim como esta tem ligação direta com as anteriores sobre objetivo principal definido, autoconfiança, iniciativa e liderança e imaginação.

A próxima lição descreve a lei que atua como influência estabilizadora de toda essa filosofia.

# OS SETE CAVALEIROS MORTAIS

## UMA VISITA AO AUTOR DEPOIS DA LIÇÃO

*Os "sete cavaleiros" são rotulados na seguinte ordem: intolerância, ganância, vingança, egotismo, desconfiança, ciúmes e "?".*

O pior inimigo de qualquer homem anda em círculos debaixo de seu próprio chapéu.

Se você pudesse se ver como os outros lhe veem, os inimigos que abriga em sua personalidade poderiam ser descobertos e despejados. Os sete inimigos aqui descritos são os mais comuns e levam milhões de homens e mulheres ao fracasso sem serem descobertos. Avalie-se cuidadosamente e descubra quantos dos sete você está abrigando.

Você vê na imagem sete guerreiros mortais! Do nascimento à morte todo ser humano deve combater esses inimigos. Seu sucesso será amplamente medido pela forma como gerencia suas batalhas contra esses cavaleiros velozes.

Enquanto observa a figura, você vai dizer, claro, que é só imaginação. É verdade, a figura é imaginária, mas os cavaleiros velozes da destruição são reais.

Se esses inimigos cavalgassem abertamente em cavalos reais, não seriam perigosos, pois poderiam ser cercados e neutralizados. Mas cavalgam invisíveis na mente dos homens. Trabalham tão silenciosa e sutilmente que muita gente nem reconhece sua presença.

Faça um autoinventário e descubra quantos desses sete cavaleiros você abriga.

✦

No primeiro plano, você encontrará o mais perigoso e comum dos cavaleiros. Será afortunado se descobrir esse inimigo e se proteger dele. Esse guerreiro cruel, a intolerância, matou mais gente, destruiu mais amizades, trouxe mais miséria e sofrimento ao mundo e causou mais guerras do que todos os outros seis cavaleiros que você vê na figura.

Enquanto não dominar a intolerância, você nunca se tornará um pensador preciso. Esse inimigo da humanidade fecha a mente e empurra a razão, a lógica e os fatos para o segundo plano. Se você se pegar odiando aqueles que possuem um ponto de vista religioso diferente do seu, pode ter certeza de que o mais perigoso dos sete cavaleiros mortais ainda cavalga em seu cérebro.

✦



A seguir na figura, você vai observar a vingança e a ganância!

Esses cavaleiros viajam lado a lado. Onde um é encontrado, o outro está sempre por perto. A ganância deforma o cérebro do homem de tal forma que ele quer construir uma cerca ao redor do terreno e manter todos os outros do lado de fora. Esse inimigo faz homens acumularem milhões e milhões de dólares de que não precisam e que nunca usarão. Esse inimigo faz o homem espremer até a última gota de sangue de outros homens.

E, graças à vingança, que cavalga ao lado da ganância, a pessoa desafortunada que dá espaço mental para esses gêmeos cruéis não se contenta apenas em tomar os pertences dos outros; também quer destruir sua reputação.

Vingança é uma espada nua —
Não tem punho nem guarda.
Manejarias essa espada do Senhor?
Tua pegada é firme e forte?
Mas, quanto mais firme agarras a lâmina,
Mais mortal o golpe que desferes.
Faz-se uma ferida profunda em tua mão —
É teu sangue que deixa o aço rubro.
E, quando tiveres desferido o golpe —
Quando a lâmina tombar de tua mão —,
Em vez de no coração do inimigo,
Tu podes encontrá-la embainhada no teu próprio.

Se quiser saber o quanto a inveja e a ganância são mortais, estude a história de todo homem que agiu para se tornar líder deste mundo.

Se não deseja realizar um programa de pesquisa tão ambicioso, estude as pessoas ao seu redor; aquelas que tentaram e estão tentando agora "construir seu ninho" à custa dos outros. Ganância e vingança situam-se nas encruzilhadas da vida, onde desviam pessoas que pegariam a estrada que leva ao sucesso para a via do fracasso e da miséria. É parte de sua tarefa não permitir que elas interfiram quando você se aproxima dessas encruzilhadas.

Indivíduos e nações decaem rapidamente onde a ganância e a inveja permanecem na mente daqueles que dominam. Dê uma olhada no México e na Espanha se deseja saber o que acontece a invejosos e gananciosos.

O mais importante de tudo: dê uma olhada em si mesmo e certifique-se de que esses dois inimigos mortais não estão cavalgando em seu cérebro!

✦

DIA 174

Preste atenção agora em mais dois gêmeos da destruição — egotismo e desconfiança. Observe que também cavalgam lado a lado. Não existe esperança de sucesso para a pessoa que sofre de amor-próprio excessivo ou falta de confiança nos outros.

Alguém que gosta de mexer com números calculou que o maior clube do mundo é o "clube do não dá para fazer". Dizem que existem aproximadamente 99 milhões de membros desse clube apenas nos Estados Unidos.

Se você não tem fé nas outras pessoas, não tem a semente do sucesso em você. Desconfiança é um germe prolífico. Se consegue brotar, rapidamente se multiplica até não sobrar espaço para a fé.

Sem fé nenhum homem pode desfrutar de sucesso duradouro.

Permeando a Bíblia como um cordão de ouro do esclarecimento está a advertência para se ter fé. Antes de a civilização se perder na louca corrida por dinheiro, os homens entendiam o poder da fé.

> Pois em verdade vos digo que, se tiverdes fé como um grão de mostarda, direis a este monte: passa daqui para acolá, e ele passará. Nada vos será impossível.

O autor desta passagem da Bíblia entendeu uma grande lei que poucos hoje em dia entendem. Acredite nas pessoas se quer que acreditem em você. Mate a desconfiança; se não o fizer, ela matará você.

Se quer ter poder, cultive a fé na humanidade!

O egotismo prospera onde existe desconfiança. Tenha interesse por outras pessoas e ficará ocupado demais para entregar-se ao narcisismo. Observe aqueles ao seu redor que começam todas as frases com o pronome pessoal "eu" e perceberá que eles desconfiam dos outros.

O homem que consegue esquecer de si quando envolvido em algum serviço útil para os outros nunca é amaldiçoado pela desconfiança. Estude aqueles próximos de você que são desconfiados e egotistas e veja quantos se pode dizer que são bem-sucedidos, seja qual for o trabalho a que se dediquem.

E, enquanto estuda os outros, estude a si mesmo também!

Tenha certeza de que não está preso ao egotismo e à desconfiança.

Na retaguarda do grupo de cavaleiros mortais você vê dois homens a cavalo. Um é o ciúme, e o nome do outro foi propositalmente omitido.

Cada leitor deste texto deve fazer um autoinventário e dar ao sétimo cavaleiro um nome que se encaixe ao que quer que encontre em sua mente.

Alguns chamarão o cavaleiro de desonestidade. Outros de procrastinação. Alguns terão a coragem de chamá-lo de desejo sexual incontrolável. Quanto a você, dê o nome que lhe agrade, mas certifique-se de dar um nome.

Talvez sua imaginação forneça um nome apropriado ao companheiro de viagem do ciúme.

Você estará mais bem preparado para dar um nome ao cavaleiro se souber que o ciúme é uma forma de insanidade! Às vezes os fatos são cruéis de encarar. É fato que o ciúme é uma forma de insanidade, conhecida pela comunidade médica como "demência precoce".

> Ó ciúme,
> Tu, o mais feio demônio do inferno! Teu veneno mortal
> Devora minhas entranhas, transforma a tonalidade saudável
> De meu rosto viçoso em palidez emaciada
> E consome meu espírito!

Você vai notar que o ciúme vem logo atrás da desconfiança. Alguns que lerem isso dirão que ciúme e desconfiança deveriam cavalgar lado a lado, já que um geralmente leva ao outro na mente do homem.

Ciúme é a forma mais comum de insanidade. Está na mente de homens e mulheres, às vezes com causa real, mas mais frequentemente sem qualquer causa.

Esse cavaleiro mortal é um grande amigo dos advogados de divórcio!

Também mantém as agências de detetives ocupadas dia e noite.

Ele recebe sua cota regular de assassinato. Desmancha lares, deixa mães viúvas e criancinhas inocentes órfãs. Você jamais poderá ter paz e felicidade enquanto esse cavaleiro permanecer à solta em seu cérebro.

Homem e mulher podem passar a vida juntos na pobreza e ainda assim serem muito felizes, se ambos estiverem livres desse filho da insanidade conhecido como ciúme. Examine-se cuidadosamente e, se encontrar qualquer evidência de ciúme em sua mente, comece a dominá-lo de uma vez.

O ciúme cavalga de muitas formas.

Quando começa a se esgueirar para dentro de seu cérebro, ele se manifesta mais ou menos assim: "Fico pensando onde ela está e o que está fazendo enquanto estou fora". Ou: "Fico pensando se ele não vê outra mulher quando está longe de mim".

Quando essas perguntas começarem a surgir em sua mente, não chame um detetive. Em vez disso, vá a um hospital psiquiátrico e faça uma consulta, pois é mais do que provável que esteja sofrendo de uma forma branda de insanidade.

Coloque seu pé no pescoço do ciúme antes que o ciúme coloque as garras dele no seu pescoço.

✦

Após você ler este texto, deixe-o de lado e pense a respeito.

De início você pode dizer: "Isso não se aplica a mim. Não tenho nenhum cavaleiro imaginário no meu cérebro". Pode ficar certo do seguinte: uma em dez milhões de pessoas poderia dizer isso e estar certa! As outras nove milhões, 999 mil, 999 estariam erradas.

Não se engane! Você pode estar no grupo maior. O objetivo deste texto é fazer você se ver como é! Se está sofrendo de fracasso, pobreza e miséria em qualquer forma, por certo vai descobrir um ou mais desses cavaleiros mortais em seu cérebro.

Tenha certeza do seguinte: aqueles que têm tudo que querem, incluindo felicidade e boa saúde, enxotaram os sete cavaleiros de seu cérebro.

Volte a este texto daqui a um mês, depois de ter tido tempo de se analisar cuidadosamente. Leia de novo e poderá ficar cara a cara com fatos que irão lhe livrar de uma horda de inimigos cruéis que hoje cavalgam em seu cérebro sem que você saiba.

Nenhum homem alcança grande sucesso se não estiver disposto a fazer sacrifícios pessoais.

## LIÇÃO 8

# AUTOCONTROLE

*"Você pode fazer se acreditar que pode!"*

Na lição anterior você aprendeu sobre o valor do entusiasmo. Também aprendeu como gerar entusiasmo e transmitir essa influência para outros por meio da sugestão. Você chegou agora ao estudo do autocontrole, que possibilita direcionar seu entusiasmo para objetivos construtivos. Sem autocontrole, o entusiasmo se assemelha aos raios de uma tempestade elétrica — pode atingir qualquer coisa, destruir vidas e propriedade.

Entusiasmo é a qualidade vital que incita à ação, enquanto autocontrole é o agente de equilíbrio que direciona as ações para que sejam construtivas e não destrutivas.

Para ser uma pessoa bem "equilibrada", você deve ter o autocontrole e o entusiasmo equalizados. Uma pesquisa que concluí há pouco com 160 mil detentos adultos nas penitenciárias dos Estados Unidos revelou o fato surpreendente de que 99% desses homens e mulheres desafortunados estão na prisão porque carecem do autocontrole necessário para direcionar suas energias de forma construtiva.

Leia o parágrafo anterior novamente; é verídico e surpreendente!

É fato que a maioria das tristezas do homem decorre da falta de autocontrole. As escrituras sagradas estão cheias de admoestações em favor do autocontrole. Elas nos incitam até a amar nossos inimigos e perdoar aqueles que nos prejudicam. A lei da não resistência permeia a Bíblia como um cordão de ouro.

Estude o histórico daqueles que o mundo chama de grandes e observe que todos possuem a qualidade do autocontrole!

Por exemplo, estude as características do imortal Lincoln. Em seus momentos mais difíceis, ele exercitou a paciência, equilíbrio e autocontrole. Essas foram algumas das qualidades que o fizeram o grande homem que ele foi. Lincoln enfrentou a deslealdade de alguns dos membros de seu gabinete, mas, como essa deslealdade era contra ele pessoalmente e os desleais tinham qualidades que os faziam valiosos para o país, Lincoln exercitou o autocontrole e desconsiderou as qualidades censuráveis.

Quantos homens você conhece que têm autocontrole igual?

Em uma linguagem mais enérgica do que polida, Billy Sunday bradou do púlpito: "Existe algo de tão podre quanto o inferno no homem que está sempre tentando descobrir algo dos outros!". Imagino se o diabo não gritou, "amém, irmão", quando Billy fez essa afirmação.

Entretanto, o autocontrole torna-se um fator importante neste curso sobre a Lei do Sucesso não tanto pelas dificuldades que ocasionam àqueles que carecem dele, mas porque aqueles que não o exercitam sofrem a perda de um grande poder de que necessitam na luta pela realização de seus objetivos principais definidos.

Se você negligencia o exercício do autocontrole, não só é possível que prejudique outras pessoas, como certamente prejudique você mesmo!

DIA 176

No início de minha carreira pública, descobri os estragos que a falta de autocontrole fazia em minha vida, e essa descoberta ocorreu durante um incidente bastante trivial. (Acredito que cabe aqui fazer uma digressão, afirmando que a maioria das grandes verdades da vida estão contidas nos acontecimentos comuns e triviais do cotidiano.)

Essa descoberta me ensinou uma das lições mais importantes que já aprendi. Aconteceu da seguinte maneira:

Um dia, eu e o zelador do prédio onde ficava meu escritório tivemos um desentendimento. Isso levou a uma antipatia violenta entre nós. Como forma de mostrar seu desprezo por mim, o zelador desligava as luzes do prédio quando sabia que eu estava lá sozinho na minha sala. Isso aconteceu em diversas ocasiões, até que eu finalmente decidi "dar o troco". A oportunidade surgiu em um domingo, quando cheguei à minha sala para preparar um trabalho que precisava entregar na noite seguinte. Eu mal havia sentado na cadeira quando as luzes foram desligadas.

Saltei em pé e fui até o porão do prédio, onde sabia que encontraria o zelador. Quando cheguei, encontrei-o bem ocupado, colocando pás de carvão na fornalha e assoviando como se nada de anormal tivesse acontecido.

Sem cerimônia, fui para cima dele e por cinco minutos lancei adjetivos mais quentes que o fogo que ele alimentava. Finalmente fiquei sem palavras e tive que desacelerar. Então ele endireitou-se, olhou por sobre o ombro e, em um tom de voz calmo e suave, pleno de equilíbrio e autocontrole, com um sorriso de orelha a orelha, disse:

"Ora, você está um pouco agitado esta manhã, não está?".

O comentário me cortou como um estilete!

Imagine minha sensação parado diante de um homem sem estudo, que não sabia ler nem escrever, mas que, apesar desta deficiência, havia me vencido em um duelo travado em terreno — e com a arma — de minha escolha.

Minha consciência apontou-me um dedo acusatório. Eu não apenas sabia que havia sido derrotado, como, o que era pior, sabia que eu era o agressor e que estava errado, o que só servia para intensificar minha humilhação.

Minha consciência não apenas apontou um dedo acusatório, como colocou alguns pensamentos embaraçosos em minha mente, zombou de mim e me atormentou. Lá estava eu, que me gabava de estudar psicologia avançada, um expoente da filosofia da Regra de Ouro, com um conhecimento no mínimo razoável da obra de Shakespeare, Sócrates, Platão, Emerson e da Bíblia, tendo diante de mim um homem que nada sabia de literatura ou de filosofia, mas que, apesar da falta de conhecimento, tinha me derrotado numa batalha de palavras.

Dei as costas e voltei para meu escritório o mais rápido que pude. Não havia mais nada que eu pudesse fazer. Quando comecei a pensar sobre o assunto, vi meu erro, mas, sinceramente, fiquei relutante em fazer o que sabia que deveria ser feito para endireitar as coisas. Eu sabia que teria que me desculpar antes de poder ter paz no coração — e que dirá paz com o zelador. Finalmente, decidi voltar ao porão e sofrer a humilhação que eu sabia que deveria enfrentar. Não foi fácil chegar à decisão, tampouco cheguei a ela rapidamente.

Comecei a descer, mas caminhando mais devagar do que da primeira vez. Tentava pensar como fazer a segunda abordagem de modo a sofrer a menor humilhação possível.

Quando cheguei ao porão, chamei o zelador até a porta. Em um tom de voz calmo e gentil ele perguntou:

"O que deseja dessa vez?".

Informei que tinha vindo me desculpar pelo erro que havia cometido, se ele me permitisse. Novamente o sorriso espalhou-se por todo o rosto quando ele disse:

"Pelo amor de Deus, você não precisa se desculpar. Ninguém ouviu, exceto essas quatro paredes, você e eu. Não falarei a ninguém sobre isso e sei que você também não, então apenas esqueça".

E esse comentário machucou mais que o primeiro, pois ele não apenas expressou a disposição de me perdoar, como de fato indicou a disposição de me ajudar a encobrir o incidente para que não se tornasse conhecido e não me prejudicasse.

Mas fui até ele e peguei sua mão. Foi mais que um aperto de mãos — foi um cumprimento de coração —, e, enquanto caminhava de volta para meu escritório, me senti bem por ter reunido a coragem para endireitar as coisas.



Isso não é o final da história. Foi apenas o começo! Na sequência do incidente, tomei a resolução de que nunca mais me colocaria na posição em que outro homem, fosse um zelador sem estudos ou um letrado, pudesse me humilhar por eu perder o autocontrole.

Seguindo-se a essa resolução, uma mudança marcante começou a ter lugar em mim. Minha caneta começou a adquirir um poder maior. Minhas palavras começaram a manifestar maior ênfase. Comecei a fazer mais amigos e menos inimigos entre meus conhecidos. O incidente marcou um dos principais momentos decisivos de minha vida. Ensinou-me que nenhum homem pode controlar os outros a menos que primeiro se controle. Deu-me uma concepção clara da filosofia por trás do dito: "Aqueles que os deuses destroem, primeiro deixam furiosos". Também me proporcionou uma ideia mais clara da lei da não resistência e ajudou a interpretar muitas passagens das escrituras sagradas relativas a essa lei como eu nunca havia interpretado antes.

*O homem que sabe exatamente o que quer na vida já percorreu um longo caminho para alcançá-lo.*

O incidente colocou em minhas mãos a chave de um depósito de conhecimento esclarecedor e útil em tudo o que faço, e, mais tarde na vida, quando inimigos tentaram me destruir, deu-me uma poderosa arma de defesa que nunca me falhou.

Falta de autocontrole é a fraqueza mais prejudicial para o vendedor médio. O cliente potencial diz algo que o vendedor não deseja ouvir, e, se ele não tem autocontrole, "dá o troco" com um comentário contrário fatal para a venda.

Em uma das grandes lojas de departamentos de Chicago, testemunhei um incidente que ilustra a importância do autocontrole. Na frente do balcão de reclamações havia uma longa fila de mulheres contando seus problemas e as falhas da loja para a jovem encarregada. Algumas das mulheres estavam bravas e irracionais, e algumas faziam comentários muito desagradáveis. A jovem no balcão recebia as descontentes sem o menor sinal de ressentimento pelos comentários. Com um sorriso no rosto, direcionava as mulheres aos departamentos apropriados com tanto charme, graça e equilíbrio que me espantei com seu autocontrole.

Parada atrás dela havia outra jovem fazendo anotações em pedacinhos de papel e passando para ela, enquanto as mulheres da fila descarregavam seus problemas. Os papeizinhos continham o resumo do que as mulheres na fila estavam falando, sem o tom "sulfúrico" e a raiva.

A sorridente jovem no balcão que "ouvia" as reclamações era surda como uma porta! A assistente fornecia todos os fatos necessários pelos papeizinhos.

Fiquei tão impressionado com o plano que procurei o gerente da loja e o entrevistei. Ele contou que havia selecionado uma surda para um dos cargos mais difíceis e importantes na loja porque não conseguiu encontrar outra pessoa com autocontrole suficiente para preencher a vaga.

Enquanto estava lá e observava a fila de mulheres enfurecidas, reparei no efeito agradável que o sorriso da jovem no balcão tinha sobre elas. As clientes chegavam rosnando como lobos e saíam mansas e tranquilas como ovelhas. Na verdade, algumas tinham um "ar de ovelha acanhada" ao ir embora, pois o autocontrole da jovem fazia com que sentissem vergonha.

Desde que testemunhei essa cena, penso no equilíbrio e autocontrole daquela jovem no balcão cada vez que me vejo ficando irritado com comentários de que não gosto e com frequência penso que todo mundo deveria ter um par de "protetores auriculares mentais" para tapar os ouvidos quando necessário. Pessoalmente, desenvolvi o hábito de "tapar" minhas orelhas para muita conversa fiada da qual antes me ressentiria. A vida é muito curta e existe muito trabalho construtivo a ser feito para ficar "dando o troco" a todos que dizem coisas que não desejamos ouvir.

Na prática do direito, tenho observado um truque muito sagaz que advogados usam quando desejam uma declaração de fatos de uma testemunha agressiva que responde todas as perguntas com o proverbial "não lembro" ou "não sei". Quando tudo o mais falha, eles dão jeito de deixar a testemunha zangada; nesse estado mental, fazem com que ela perca o autocontrole e faça declarações que não faria se mantivesse a cabeça "fria".

A maioria de nós passa a vida com o olhar atento em busca de problemas. Normalmente encontramos o que procuramos. Em minhas viagens tenho estudado os homens que escuto durante conversas no trem e tenho observado que nove em cada dez têm tão pouco autocontrole que irão "se convidar" para discutir quase qualquer assunto que seja trazido à tona. Mas poucos homens contentam-se em sentar no compartimento para fumantes e ouvir a conversa sem participar e "transmitir" seu ponto de vista.

Certa vez estava viajando de Albany para Nova York quando o "clube do vagão de fumantes" começou uma conversa sobre Richard Crocker, na época chefe do Tammany Hall.* A discussão se tornou ruidosa e amarga. Todos ficaram bravos, com exceção de um cavalheiro de idade que estava agitando a discussão com vivo interesse. Ele permaneceu calmo e pareceu gostar de todas as coisas maldosas que os outros falavam do "tigre" do Tammany Hall. Claro que pensei que ele fosse um inimigo do líder do Tammany, mas não!

Era o próprio Richard Crocker!

Este era um dos truques inteligentes com os quais ele descobria o que as pessoas pensavam dele e os planos de seus inimigos.

O que quer que Richard Crocker possa ter sido, ele era um homem de autocontrole. Talvez esse seja um dos motivos pelos quais permaneceu como líder indiscutível do Tammany Hall por tanto tempo. Homens que controlam a si mesmos geralmente são chefes, não importa qual seja o trabalho!

Por favor, leia de novo a última frase do parágrafo anterior, pois contém uma sugestão sutil que lhe pode ser proveitosa. Esse é um incidente trivial,

* Tammany Hall: organização política da cidade de Nova York ligada ao Partido Democrata e aos imigrantes irlandeses, fundada em 1786 e extinta na década de 1960. (N.T.)

mas é exatamente nesses incidentes que as grandes verdades da vida estão escondidas — escondidas porque o cenário é comum e banal.

Não faz muito tempo, acompanhei minha esposa a uma liquidação. Nossa atenção foi atraída por uma multidão de mulheres que se acotovelavam em frente a um balcão de anáguas com "pechinchas". Uma senhora que parecia ter cerca de 45 anos engatinhou através na multidão e "cortou" a frente de uma cliente que havia conseguido a atenção de uma vendedora. Em tom de voz alto e estridente, exigiu atenção. A vendedora era uma diplomata que entendia a natureza humana; também possuía autocontrole, pois sorriu gentilmente para a intrusa e disse: "Sim, senhorita, lhe atenderei em um momento!".

A intrusa se acalmou!

Não sei se foi o "sim, senhorita" ou o tom suave em que foi dito que mudou a atitude da cliente, mas foi um ou outro, talvez ambos. Todavia, sei que a vendedora foi recompensada pelo autocontrole com a venda de três anáguas, e a feliz "senhorita" foi embora sentindo-se muito mais jovem graças ao comentário.

Peru assado é um prato muito popular, mas comê-lo em excesso custou a um amigo do setor gráfico uma encomenda de cinquenta mil dólares. Aconteceu no dia seguinte ao de Ação de Graças, quando fui ao escritório dele para apresentá-lo a um proeminente russo que tinha vindo aos Estados Unidos para publicar um livro. O russo falava mal em inglês, por isso tinha dificuldade em ser entendido. Durante a entrevista, fez uma pergunta a meu amigo da gráfica que foi confundida com uma observação sobre sua capacidade como tipógrafo. Em um momento irrefletido, ele respondeu com o seguinte comentário:

"O problema com vocês, bolcheviques, é que olham com desconfiança para o restante do mundo apenas por causa de sua falta de visão".

Meu amigo "bolchevique" me cutucou no cotovelo e sussurrou:

"O cavalheiro parece doente. Vamos voltar quando ele estiver se sentindo melhor".

Claro que ele nunca voltou. Mandou o pedido para outra gráfica, e mais tarde eu soube que o lucro com aquela encomenda foi de mais de US$ 10 mil!

Dez mil dólares parecem um preço alto a se pagar por um prato de peru, mas foi o que custou a meu amigo, que me pediu desculpas por sua conduta, alegando que o jantar de peru havia causado indigestão e por isso ele havia perdido o autocontrole.



Uma das maiores cadeias de lojas do mundo adotou um método singular e eficaz de empregar vendedores com a qualidade essencial do autocontrole que todo vendedor de sucesso deve possuir. Essa empresa tem a seu serviço uma mulher inteligente que visita lojas de departamentos e outros locais atendidos por vendedores e seleciona alguns que acredita que possuem tato e autocontrole; mas, para ter certeza do julgamento, aproxima-se e faz com que mostrem os produtos. Faz todo tipo de pergunta arquitetada para testar a paciência. Se passam no teste, os vendedores recebem uma proposta de trabalho melhor; se fracassam, deixam passar uma boa oportunidade sem nem saber.

*Nenhum homem pode alcançar fama e fortuna sem carregar outros ao seu lado. Simplesmente não há como.*

Sem dúvida, todas as pessoas que recusam ou negligenciam o exercício do autocontrole estão literalmente perdendo oportunidade após oportunidade sem nem saber. Um dia eu estava parado no balcão de luvas de uma grande loja conversando com um jovem funcionário. Ele contou que estava lá há quatro anos, mas, por causa da falta de visão da loja, seus serviços não eram valorizados, e ele estava procurando outro emprego. No meio dessa conversa, um cliente foi em sua direção e pediu para ver alguns chapéus. Ele não prestou atenção ao pedido do cliente até terminar de me contar seus problemas, apesar de o cliente obviamente ficar impaciente. Por fim virou-se para o cliente e disse: "Este não é o departamento de chapéus". Quando o cliente perguntou onde era o departamento de chapéus, o rapaz respondeu: "Pergunte ao responsável pelo andar, ele vai orientá-lo".

Por quatro anos o jovem ficou parado em cima de uma boa oportunidade, mas não sabia. Poderia ter feito amizade com cada pessoa que atendeu na loja, e esses amigos poderiam ter feito dele um dos homens mais valiosos do estabelecimento, pois poderiam voltar para comprar com ele. Respostas impertinentes a perguntas de clientes não os trarão de volta.

Em uma tarde chuvosa, uma senhora de idade entrou em uma loja de departamentos de Pittsburgh e vagou por lá sem muito objetivo, do jeito que as pessoas fazem quando não pretendem comprar. A maioria dos vendedores deu uma olhada rápida nela e se ocupou em arrumar o estoque nas prateleiras para evitar ser incomodado. Um rapaz viu a senhora e lhe perguntou educadamente se poderia ajudar. Ela informou que estava apenas esperando a chuva parar, que não desejava comprar nada. O jovem lhe garantiu que ela era bem-vinda e, envolvendo-a numa conversa, fez a senhora sentir que ele realmente era sincero no que dizia. Quando ela estava pronta para sair, ele a acompanhou até a rua e abriu sua sombrinha. Ela pediu o cartão dele e foi embora.

O fato havia sido esquecido pelo jovem, quando um dia foi chamado ao escritório do chefe da empresa, que lhe mostrou a carta de uma senhora que queria que um vendedor fosse à Escócia anotar os pedidos de mobília para uma mansão.

A senhora era a mãe de Andrew Carnegie; era também a mulher que o jovem havia acompanhado até a rua muitos meses antes com grande cortesia.

Na carta, a Sra. Carnegie especificou que desejava que o jovem fosse enviado para buscar o pedido. A encomenda representava uma quantia enorme, e o incidente propiciou ao jovem uma oportunidade de progresso que ele poderia jamais ter tido, não fosse a cortesia com uma senhora que não parecia uma "venda garantida".

Assim como as grandes leis fundamentais da vida estão contidas nos tipos mais comuns de experiências cotidianas que muitos de nós nem percebem, também as oportunidades reais com frequência escondem-se em acontecimentos aparentemente insignificantes.

Pergunte para as próximas dez pessoas que encontrar por que elas não alcançaram realizações maiores em seus campos de trabalho, e pelo menos nove dirão que as oportunidades parecem não cruzar o caminho delas. Vá um passo adiante e analise cada uma dessas nove cuidadosamente, observando suas ações por um único dia, e é bem provável que descubra que todas elas dão às costas aos melhores tipos de oportunidades a cada hora do dia.

Certa vez fui visitar um amigo que trabalhava como representante de uma escola comercial. Quando perguntei como estava indo, ele respondeu: "Péssimo! Visito um grande número de pessoas, mas não faço vendas suficientes para me dar uma boa renda. Na verdade, minha conta com a escola está a descoberto, e estou pensando em mudar de emprego, já que não há oportunidades aqui".

Por acaso eu estava de férias e tinha dez dias para usar como desejasse, então desafiei o comentário de que não havia oportunidade dizendo que eu poderia fazer o emprego render US$ 250 em uma semana e mostrar a ele como fazer isso toda semana dali por diante. Ele me olhou assombrado e pediu para eu não brincar com assunto tão sério. Quando finalmente ficou convencido de que era sério, arriscou-se a perguntar como eu faria esse "milagre".

Perguntei se ele já havia ouvido falar em esforço organizado, e a resposta foi: "O que você quer dizer com esforço organizado?". Expliquei que me referia ao direcionamento de esforços de tal maneira que ele matricularia de cinco a dez alunos com a mesma quantidade de esforço que dispendia para matricular um ou nenhum. Ele disse que estava disposto a ver como era isso, então dei instruções para que organizasse uma palestra minha para os empregados de uma das lojas de departamentos da cidade. Ele marcou a reunião, e fiz a palestra. No discurso, esbocei um plano pelo qual os empregados poderiam não apenas aumentar suas aptidões para ganhar mais dinheiro nos atuais cargos, como também ofereci uma oportunidade de se prepararem para maiores responsabilidades e melhores cargos. Após meu discurso, formulado com esse objetivo, é claro, meu amigo matriculou oito funcionários nos cursos noturnos da escola comercial que ele representava.

Na noite seguinte, agendou encontro semelhante com os empregados de uma lavanderia e, após minha palestra, matriculou mais três alunos, dois deles moças que trabalhavam nas máquinas de lavar, o serviço mais duro.

Dois dias depois, ele marcou uma palestra minha para os empregados de um banco local e na sequência matriculou mais quatro pessoas, totalizando quinze alunos, e o tempo total gasto não foi superior a seis horas, incluindo a palestra e a matrícula.

A comissão do meu amigo foi um pouco mais de quatrocentos dólares!

Esses locais ficavam a quinze minutos de distância do local de trabalho desse homem, mas ele nunca havia tido a ideia de tentar fazer negócios ali. Tampouco jamais havia pensado em se aliar com um orador que pudesse ajudá-lo em uma venda em grupo. Esse homem hoje é proprietário de uma esplêndida escola comercial, e fiquei sabendo que sua renda no ano passado foi de mais de US$ 10 mil.

"Nenhuma oportunidade" aparece em seu caminho? Talvez apareça, mas você não veja. Talvez veja no futuro, já que, com este curso sobre a Lei do Sucesso, você está se preparando para poder reconhecer uma oportunidade quando a ver. A Lição 6 é sobre a imaginação, fator principal da iniciativa que acabei de relatar. Imaginação, mais um plano definido, autoconfiança e ação foram os fatores principais. Você agora sabe como usar todos eles e, antes de concluir esta lição, entenderá como direcionar esses fatores com o autocontrole.

Vamos analisar agora o significado do termo autocontrole, conforme utilizado neste curso, descrevendo a conduta geral de uma pessoa que o possui. Uma pessoa com autocontrole bem desenvolvido não se entrega ao ódio, inveja, ciúmes, medo, vingança ou qualquer emoção destrutiva semelhante. Uma pessoa com autocontrole bem desenvolvido não entra em êxtases e não fica incontrolavelmente entusiasmada com nada nem ninguém.

Ganância, egoísmo e autoaprovação além do ponto de autoanálise e da apreciação precisa dos méritos reais indicam falta de autocontrole em uma de suas formas mais perigosas. Autoconfiança é essencial para o sucesso, porém, quando desenvolvida em excesso, torna-se perigosa.

Autossacrifício é uma qualidade louvável, mas, quando levado a extremos, também se torna uma das mais perigosas formas de falta de autocontrole.

Você tem o dever de não permitir que suas emoções coloquem sua felicidade nas mãos de outra pessoa. Amor é essencial para a felicidade, mas a pessoa que ama tão profundamente que sua felicidade é colocada inteiramente nas mãos de outrem parece a ovelha que se esgueirou para dentro da toca do "lobinho gentil e bacana" e implorou para deitar e dormir, ou o canário que insistiu em brincar com os bigodes do gato.

*Não tema nenhum homem, não odeie nenhum homem, não deseje o infortúnio de ninguém e é mais do que provável que você tenha muitos amigos.*

Uma pessoa com autocontrole bem desenvolvido não se permitirá ser influenciada pelo cínico ou pelo pessimista, nem permitirá que outra pessoa pense por ela.

Uma pessoa com autocontrole bem desenvolvido vai estimular sua imaginação e entusiasmo até que produzam ação, mas então irá controlar a ação e não permitirá que esta a controle.

Uma pessoa com autocontrole bem desenvolvido nunca, sob nenhuma circunstância, vai escravizar outra pessoa ou procurar vingança por qualquer motivo que seja.

Uma pessoa com autocontrole não vai odiar aqueles que não concordam com ela; em vez disso, se esforçará para entender a razão da discordância e tirar proveito disso.

Chegamos agora a uma forma de falta de autocontrole que causa mais sofrimento do que todas as outras formas combinadas: o hábito de formar opiniões antes de estudar os fatos. Não analisaremos o assunto em detalhes nesta lição porque é plenamente tratado na Lição 11, sobre pensamento preciso, mas o tema do autocontrole não poderia ser abordado sem ao menos uma referência rápida sobre esse mal comum em que somos mais ou menos viciados.

Ninguém tem o direito de formar uma opinião que não se baseie no que acredite ser fatos ou sobre uma hipótese razoável; ainda assim, se observar cuidadosamente, você vai se pegar formando opiniões com base em nada mais substancial do que seu desejo de que uma coisa seja ou não seja.

Outra forma grave de falta de autocontrole é o hábito de "gastar". Refiro-me, é claro, ao hábito de gastar além do necessário. Esse hábito tornou-se tão prevalente desde o final da Primeira Guerra Mundial que é alarmante. Um economista famoso profetizou que mais três gerações irão transformar os Estados Unidos do país mais rico do mundo no mais pobre se as crianças não forem ensinadas sobre o hábito de poupar tanto na escola quanto em casa. Por toda parte vemos pessoas comprando automóveis financiados em vez de comprarem casas. Nos últimos quinze anos, a "onda" do automóvel tornou-se tão popular que dezenas de milhares de pessoas estão literalmente hipotecando seu futuro para ter um carro.

Um cientista proeminente, com humor afiado, profetizou que esse hábito não apenas fará aumentar o número de contas bancárias magras, como, se persistir, fará com que os bebês nasçam com rodas no lugar das pernas.

Vivemos em uma era de gastança de dinheiro em velocidade alucinante, e o pensamento predominante na mente da maioria é viver de forma mais dissipada que seus vizinhos. Não faz muito tempo, o gerente-geral de uma firma que emprega seiscentos homens e mulheres ficou alarmado com o grande número de funcionários envolvidos com agiotas e decidiu dar fim a este mal. Quando completou sua investigação, descobriu que apenas 9% dos empregados tinham contas de poupança, e, dos 91% que não tinham dinheiro guardado, 75% estavam com dívidas de alguma espécie, alguns irremediavelmente enredados financeiramente. Dos endividados, 210 possuíam automóveis.

Somos criaturas imitadoras. É difícil resistir à tentação de fazer o que vemos outros fazendo. Se nosso vizinho compra um Buick, temos que imitá-lo e, se não conseguimos juntar o suficiente para a primeira prestação de um Buick, temos que ao menos possuir um Ford. Enquanto isso, não damos atenção ao amanhã. A antiga "reserva para tempos difíceis" ficou obsoleta. Vivemos dia a dia. Compramos carvão a quilo e farinha em sacos de cinco quilos, pagando um terço a mais do que deveríamos, pois compramos em pequenas quantidades.

É claro que esta advertência não se aplica a você!

Destina-se apenas àqueles que se prendem aos grilhões da pobreza, gastando além da capacidade de ganho, e que ainda não ouviram dizer que existem leis definidas que devem ser observadas por todos que buscam o sucesso.

> *Para pensar claramente, um homem deve agendar períodos regulares de solidão, nos quais possa concentrar e saciar a imaginação sem distração.*
>
> — Thomas Edison

O automóvel é uma das maravilhas do mundo moderno, mas é mais frequentemente um luxo do que uma necessidade, e dezenas de milhares de pessoas que hoje pisam fundo no acelerador sofrerão algumas derrapagens perigosas quando os "dias chuvosos" chegarem.

É necessário um considerável autocontrole para usar bondes como meio de transporte quando todas as pessoas ao redor dirigem automóveis, mas é quase certo que todos que exercitam esse autocontrole verão o dia em que muitos dos que hoje dirigem carros estarão dirigindo os bondes ou caminhando.

Foi essa tendência moderna de gastar toda a renda que levou Henry Ford a salvaguardar seus empregados com certas restrições quando estabeleceu a famosa escala de salário-mínimo de US$ 5 por dia.

Vinte anos atrás, se um menino queria um carrinho, fazia as rodas de madeira e tinha o prazer de construir por si. Agora, se um menino quer um carrinho, ele grita que quer — e ganha!

A falta de autocontrole está sendo desenvolvida nas gerações futuras por pais que se tornaram vítimas do hábito de gastar. Há três gerações, praticamente qualquer garoto poderia consertar seus próprios sapatos com o equipamento de sapateiro da família. Hoje, o garoto leva os sapatos na loja da esquina e paga US$ 1,75 por saltos e meias-solas, e esse hábito não se restringe aos ricos.

Repito: o hábito de gastar está transformando os Estados Unidos em uma nação de indigentes!

Presumo seguramente que você está lutando para alcançar o sucesso, pois, se não estivesse, não estaria lendo este curso. Deixe-me lembrá-lo então que uma pequena poupança vai atrair muitas oportunidades que não viriam ao seu encontro sem ela. O tamanho da poupança não é tão importante quanto você ter estabelecido o hábito de poupar, pois este hábito o define como uma pessoa que exercita uma forma importante de autocontrole.

A tendência moderna dos que trabalham por um salário é gastá-lo todo. Se um homem que ganha US$ 3 mil por ano e consegue viver bem com isso recebe um aumento de US$ 1 mil por ano, continua a viver com os US$ 3 mil e coloca o aumento de salário no banco? Não, a menos que seja um dos poucos que desenvolveu o hábito de poupar. Então, o que ele faz com os US$ 1 mil adicionais? Troca o carro antigo por um novo, mais caro, e, ao final do ano, está mais pobre com uma renda de US$ 4 mil do que estava antes com uma renda de US$ 3 mil.

O que estou descrevendo é o atual modelo americano, e você terá sorte se, mediante análise atenta, não se encontrar nessa categoria.

DIA 183

Entre o avarento que esconde numa meia velha todos os centavos em que põe as mãos e o homem que gasta todos os centavos que ganha ou pede emprestado, existe um "meio-termo feliz", e, se você aproveitar a vida com garantia razoável de liberdade e contentamento médios, você deve encontrar esse meio-termo e adotá-lo como parte de seu programa de autocontrole.

Autodisciplina é o fator mais essencial no desenvolvimento do poder pessoal, pois permite controlar o apetite, a tendência de gastar mais do que se ganha, o hábito de revidar aqueles que o ofendem e outros inúmeros hábitos destrutivos que dissipam energias em esforço não produtivo.

Bem no começo de minha carreira pública, fiquei chocado quando soube quanta gente dedica a maior parte da energia a demolir o que outros constroem. Por alguma estranha virada da roda do destino, um desses destruidores cruzou meu caminho, tentando destruir minha reputação. De início fiquei inclinado a "dar o troco", mas, quando sentei à máquina de escrever tarde da noite, veio um pensamento que mudou por completo minha atitude em relação àquele homem. Retirei a folha de papel que estava na máquina, coloquei outra e nela enunciei o seguinte pensamento:

> Você tem uma tremenda vantagem sobre o homem que lhe faz uma ofensa: você tem em si o poder de perdoá-lo, enquanto ele não tem essa vantagem sobre você.

*Pergunte a qualquer homem sábio o que ele mais deseja, e muito provavelmente ele dirá "mais sabedoria".*

Quando terminei de escrever aquelas linhas, decidi que havia chegado a hora de optar por uma política que orientasse minha atitude em relação aos que criticavam meu trabalho ou tentavam destruir minha reputação. Cheguei à decisão por meio do seguinte raciocínio: dois cursos de ação abriam-se para mim. Poderia perder muito tempo e energia revidando àqueles que tentavam me destruir, ou poderia dedicar essa energia a promover minha vida profissional, deixando os resultados servirem de única resposta a todos que criticassem meus esforços ou questionassem meus motivos. Decidi pela última como sendo a melhor política e a adotei.

"Pelos seus atos você há de conhecê-lo!"

Se seus atos forem construtivos e você estiver em paz consigo em seu coração, não achará necessário parar para explicar seus motivos, pois eles se explicarão por si.

O mundo logo esquece os destruidores. Apenas aos construtores são erguidos monumentos e concedidas honras. Mantenha esse fato em mente e você vai conciliar-se mais facilmente com a política de se recusar a gastar energia revidando àqueles que o ofendem.

Cedo ou tarde, toda pessoa que chega a algum lugar neste mundo é forçada a resolver a questão da política em relação aos inimigos, e, se você quiser provas de que vale a pena exercitar autocontrole suficiente para evitar dissipar a energia vital "dando o troco", estude o histórico de todos que chegaram a uma condição de vida elevada e observe cuidadosamente como refrearam esse hábito destrutivo.



É bem sabido que nenhum homem jamais alcançou condição de vida elevada sem oposição violenta de inimigos invejosos e ciumentos. O presidente Warren G. Harding, o ex-presidente Wilson, John H. Patterson, da National Cash Register, e dezenas de outros que eu poderia mencionar foram vítimas da tendência cruel de homens de tipo depravado de destruir reputações. Mas não perderam tempo se explicando ou "dando o troco" aos inimigos. Exercitaram o autocontrole.

Não sei se esses ataques — cruéis, injustos e falsos, como geralmente são — a homens de vida pública servem a um bom objetivo. No meu caso, sei que fiz uma descoberta de grande valor como resultado de uma série de ataques pungentes de um jornalista contemporâneo. Não prestei atenção aos ataques por quatro ou cinco anos, até que enfim tornaram-se tão ousados que decidi substituir minha política e "dar o troco". Sentei à máquina de escrever e comecei a datilografar. Em toda minha experiência como escritor, não acredito que já tenha reunido tamanha coleção de adjetivos mordazes como os que usei na ocasião. Quanto mais eu escrevia, mais bravo ficava, até ter escrito tudo que consegui pensar sobre o assunto. Quando a última linha foi concluída, sobreveio uma sensação estranha — não foi uma sensação de amargura em relação ao homem que tentou me ofender, foi isso sim uma sensação de compaixão, de simpatia, de perdão.

Eu havia inconscientemente me analisado, liberando pelas teclas da máquina de escrever as emoções reprimidas de ódio e ressentimento acumuladas sem querer em minha mente subconsciente por longos anos.

Agora, se me vejo ficando muito zangado, sento à máquina de escrever e "boto tudo para fora escrevendo", depois jogo o manuscrito fora ou arquivo no álbum de recortes que poderei consultar no futuro — após os processos evolutivos terem me levado ainda mais alto no reino da compreensão.

Emoções reprimidas, especialmente emoções de ódio, assemelham-se a uma bomba construída com alto explosivo, e, a menos que manejadas com o mesmo entendimento com que um perito lidaria com uma bomba, são igualmente perigosas. Uma bomba pode tornar-se inofensiva se explodida em campo aberto ou desarmada de forma apropriada. Um sentimento de raiva ou ódio também pode ser tornar inofensivo se expresso de maneira que se harmonize com o princípio da psicanálise.

Antes que possa atingir sucesso no sentido mais amplo e elevado, você deve adquirir autocontrole para ser uma pessoa de atitude estável.

Você é o produto de pelo menos um milhão de anos de evolução. Por incontáveis gerações antes de você, a natureza temperou e refinou os materiais que fazem parte de sua composição. Passo a passo, removeu das gerações anteriores o instinto animal e os sentimentos inferiores, até produzir em você o melhor espécime animal vivo. Por meio desse lento processo evolucionário, a natureza concedeu-lhe poder e "equilíbrio" suficientes para permitir que você se controle e faça de si o que quiser.

Nenhum outro animal jamais foi dotado de tamanho autocontrole. Você foi dotado do poder de usar a forma de energia mais organizada conhecida pelo homem — o pensamento. Não é improvável que o pensamento seja o elo mais próximo entre as coisas materiais e físicas deste mundo e o mundo divino.

Você não apenas tem o poder de pensar, mas, mil vezes mais importante ainda, tem o poder do controlar seus pensamentos e fazê-los cumprir suas ordens!

DIA 185

Estamos chegando agora à parte realmente importante desta lição. Leia devagar e reflita! Aproximo-me desta parte quase que temeroso e hesitante, pois nos deixa cara a cara com um assunto que apenas poucos homens estão qualificados a discutir com razoável inteligência.

Repito: você tem o poder de controlar seus pensamentos e fazê-los cumprirem suas ordens!

Seu cérebro pode ser comparado a um dínamo que gera ou põe em movimento a energia misteriosa chamada pensamento. Os estímulos que colocam seu cérebro em ação são de dois tipos: um é a autossugestão e o outro é a sugestão. Você pode selecionar o material a partir do qual seu pensamento é produzido — isso é autossugestão. Você pode permitir que outros selecionem a matéria a partir da qual seus pensamentos são produzidos — isso é sugestão. É humilhante que a maioria dos pensamentos sejam produzidos pela sugestão externa de outrem, e ainda mais humilhante ter que admitir que a maioria de nós aceita essa sugestão sem nem mesmo examinar ou questionar sua solidez. Lemos os jornais diários como se cada palavra se baseasse em fatos. Somos levados pela fofoca e pela conversa fiada dos outros como se fossem verdade.

*Ainda que não poucas vezes os outros possam retardar suas ambições, lembre-se de que o desencorajamento com mais frequência vem de dentro.*

O pensamento é a única coisa sobre a qual temos controle absoluto, ainda assim, a não ser que seja uma proverbial exceção, que é de mais ou menos uma em cada dez mil, você permite que outras pessoas entrem na sagrada mansão de sua mente e lá depositem, pela sugestão, seus problemas e desgraças, adversidades e falsidades, como se você não tivesse o poder de fechar a porta e mantê-las do lado de fora.

Você tem sob controle o poder de selecionar o material que constitui os pensamentos dominantes de sua mente, e, tão certo quanto estar lendo essas linhas, os pensamentos que dominam sua mente trarão sucesso ou fracasso de acordo com sua natureza.

O fato de que o pensamento é a única coisa sobre a qual você tem controle absoluto é da mais profunda importância e sugere fortemente que o pensamento é o que há de mais próximo da divindade neste plano terreno. O fato também transmite outra sugestão extremamente impressionante: o pensamento é a ferramenta mais importante, a única com que você pode mudar seu destino a seu gosto. Por certo a providência divina não fez do pensamento o poder sólido sobre o qual você tem absoluto controle sem associar a ele potencialidades que, caso entendidas e desenvolvidas, atordoariam a imaginação.

Autocontrole é apenas uma questão de controle do pensamento!

Por favor, leia o parágrafo anterior em voz alta, leia-o com cuidado e reflita a respeito antes de dar continuidade à leitura, porque é, sem dúvida, a frase mais importante de todo o curso.

Presume-se que você esteja fazendo este curso porque esteja procurando verdades e entendimento suficientes para alcançar uma condição de vida elevada.

Você está procurando a chave mágica que vai destrancar a porta para a fonte do poder; todavia, você tem a chave em mãos e pode fazer uso dela no momento em que aprende a controlar seus pensamentos.



Coloque em sua mente, por autossugestão, pensamentos positivos e construtivos em harmonia com seu objetivo principal definido de vida, e sua mente transformará tais pensamentos em realidade física e os devolverá como um produto acabado.

Isso é controle do pensamento!

Quando escolhe deliberadamente os pensamentos que dominam sua mente e recusa com firmeza a entrada de sugestão externa, você exercita o autocontrole em sua forma mais eficiente. O homem é o único animal que consegue fazer isto.

Quantos milhões de anos a natureza precisou para produzir esse animal ninguém sabe, mas todo aluno inteligente de psicologia sabe que os pensamentos dominantes determinam as ações e a natureza do animal.

O processo pelo qual alguém pode pensar com precisão é o assunto da Lição 11 deste curso. O ponto que desejamos estabelecer com clareza na atual lição é que o pensamento, seja preciso ou impreciso, é o poder funcional mais altamente organizado de sua mente, e você é a soma total de seus pensamentos dominantes ou proeminentes.

Se pretende ser um mestre em vendas de bens, produtos ou serviços pessoais, você deve exercitar autocontrole suficiente para se fechar a todos os argumentos e sugestões adversos. A maioria dos vendedores têm tão pouco autocontrole que ouve o cliente potencial dizer "não" antes mesmo de ele dizer. Não são poucos os vendedores que ouvem a palavra fatal "não" antes mesmo de estarem na presença do cliente potencial. Eles têm tão pouco autocontrole que sugerem a si mesmos que o comprador prospectivo dirá "não" quando solicitado a comprar seus produtos.

Como é diferente o homem com autocontrole! Ele não apenas sugere a si mesmo que o comprador prospectivo vai dizer "sim", como, se a resposta desejada não está próxima, insiste até vencer a oposição e forçar o "sim". Se o cliente potencial diz "não", ele não ouve. Se o cliente diz "não" uma segunda, terceira, quarta vez, esse vendedor não ouve, pois é um homem de autocontrole e não permite que sugestões alcancem sua mente, exceto aquelas que ele deseja que o influenciem.

O mestre em vendas, esteja ele empenhado em vender mercadorias ou serviços pessoais, sermões ou discursos públicos, sabe como controlar seus pensamentos. Em vez de ser uma pessoa que aceita sugestões dos outros com dócil submissão, ele persuade os outros a aceitarem as dele. Controlando-se e colocando apenas pensamentos positivos em sua mente, ele se torna uma personalidade dominante, um mestre em vendas.

Isso também é autocontrole!

Um mestre em vendas é alguém que toma a ofensiva e nunca a defensiva numa discussão, caso haja uma.

Por favor, leia de novo a frase anterior!

Se você é um mestre em vendas, sabe que é necessário manter o comprador prospectivo na defensiva e também sabe que será fatal à venda permitir que ele o coloque na defensiva e o mantenha lá. Você pode ser e é claro que às vezes será colocado no lado defensivo de uma conversa por um tempo, mas deve tratar de exercitar equilíbrio e autocontrole tão perfeitos que trocará de lugar com o cliente potencial sem que ele perceba que você o colocou de volta na defensiva.

Isso exige habilidade e autocontrole consumados!

A maioria dos vendedores deixa de lado esse ponto vital, zangando-se e tentando submeter o cliente potencial pelo medo, mas o mestre em vendas permanece calmo, sereno e geralmente sai vencedor.

A palavra "vendedor" refere-se a todas as pessoas que tentam persuadir ou convencer outras por argumentos lógicos ou apelo ao autointeresse. Todos nós somos vendedores, não importa qual forma de serviço prestamos ou que tipo de mercadoria oferecemos.

A habilidade de negociar com outras pessoas sem conflito e discussão é a qualidade marcante de todas as pessoas bem-sucedidas. Observe aqueles perto de você e repare como são poucos os que entendem a arte da negociação diplomática. Observe também como os poucos que entendem essa arte são bem-sucedidos, apesar de poderem ter menos educação do que aqueles com quem negociam.

Esse é um dom que pode ser cultivado.

A arte da negociação bem-sucedida brota de autocontrole paciente e meticuloso. Repare na facilidade com que o vendedor bem-sucedido exercita o autocontrole ao lidar com um cliente impaciente. Em seu íntimo o vendedor pode estar fervendo, mas você não verá sinal disso em seu rosto, atitudes ou palavras.

Ele desenvolveu a arte da negociação diplomática!

Uma única carranca de desaprovação ou uma única palavra denotando impaciência com frequência estragam a venda, e ninguém sabe melhor disso que o vendedor bem-sucedido. Ele trata de controlar seus sentimentos e, como recompensa, estabelece seu salário e escolhe seu cargo.

Observar uma pessoa que cultivou a arte de negociar com sucesso é um aprendizado. Observe o orador público que cultivou esta arte, repare na firmeza de sua passada quando sobe ao palco, estude a expressão em seu rosto enquanto domina a plateia com a mestria de sua argumentação. Ele aprendeu a negociar sem conflito.

Observe o médico que adquiriu esta arte quando entra no quarto e cumprimenta o paciente enfermo com um sorriso. Seu porte, tom de voz, o semblante de segurança, tudo o distingue como alguém que cultivou a arte da negociação bem-sucedida, e o paciente começa a se sentir melhor no momento em que tal médico entra no quarto.

*As pessoas gostam de usar o excedente de energia "mascando". Wrigley Jr. capitalizou esse traço humano, oferecendo um tablete de hortelã.*

Observe o capataz que cultivou esta arte, observe como sua simples presença estimula seus homens a se esforçar mais e inspira confiança e entusiasmo.

Observe o advogado que cultivou esta arte, observe como ele tem o respeito e a atenção do tribunal, do júri e dos colegas advogados. Existe algo no tom da voz, postura do corpo e expressão do rosto que faz com que os oponentes sofram com a comparação. Ele não só conhece o caso, como convence o tribunal e o júri de que conhece; como prêmio, ganha seus casos e cobra vultosos honorários adiantados.

E tudo isso baseado em autocontrole!

E autocontrole é resultado do controle do pensamento!

Coloque deliberadamente em sua mente o tipo de pensamento que deseja, mantenha de fora os pensamentos de sugestão alheia e você se tornará uma pessoa de autocontrole.

O privilégio de estimular sua mente com sugestões e pensamentos de sua escolha é uma prerrogativa concedida pela providência divina e, se você exercitar esse direito sagrado, não há nada dentro dos limites do razoável que você não possa atingir.

"Perder a cabeça", e com ela seu caso, argumento ou venda, marca você como alguém que ainda não se familiarizou com os fundamentos que embasam o autocontrole, sendo o principal deles o privilégio de escolher os pensamentos que dominam a mente.

Um de meus alunos certa vez perguntou como controlar os pensamentos quando em estado de raiva intensa. Eu respondi: "Da mesma maneira que você mudaria seus modos e tom de voz se estivesse em uma discussão acalorada com um membro da família e ouvisse a campainha da porta anunciando a chegada de alguém. Você se controlaria porque desejaria fazer isso".

Se você já esteve numa enrascada semelhante, quando sentiu necessidade de encobrir os verdadeiros sentimentos e mudar a expressão facial rapidamente, sabe a facilidade com que isso pode ser feito e também sabe que pode ser feito quando se quer que seja feito!

Por trás de toda conquista, por trás de todo autocontrole, por trás de todo controle de pensamento, existe aquela coisa mágica chamada desejo!

Não é nenhuma distorção dos fatos dizer que você é limitado somente pela profundidade de seus desejos!

Quando seus desejos são fortes o suficiente, parece que você possui poderes sobre-humanos para realizá-los. Ninguém nunca explicou esse estranho fenômeno mental e talvez ninguém jamais explique, mas, se duvida disso, basta experimentar e se convencer.

Se você estivesse em um prédio em chamas e todas as portas e janelas estivessem fechadas, é provável que arranjasse força suficiente para conseguir arrebentar uma porta por causa do intenso desejo de se salvar!

Se deseja dominar a arte de negociar com sucesso, como sem dúvida dominará quando entender sua importância para a conquista do objetivo principal definido, você conseguirá desde que seu desejo seja intenso o suficiente.

Napoleão desejou tornar-se imperador da França e foi. Lincoln desejou libertar os escravos e libertou. Os franceses desejaram que "eles não passassem" no início da Primeira Guerra Mundial, e eles não passaram! Edison desejou produzir luz com eletricidade e produziu — embora tenha levado muitos anos para fazê-lo. Roosevelt desejou unir o Atlântico e o Pacífico através do Canal do Panamá e uniu. Demóstenes desejou tornar-se um grande orador público e, apesar do obstáculo de um sério problema de fala, transformou seu desejo em realidade. Helen Keller desejou falar e, apesar de surda, muda e cega, conseguiu. John H. Patterson desejou dominar a produção de caixas registradoras e dominou. Shakespeare desejou tornar-se um grande dramaturgo e, apesar de ser apenas um ator itinerante pobre, fez seu desejo tornar-se realidade. Billy Sunday desejou parar de jogar beisebol e se tornar um grande pregador e conseguiu. James J. Hill desejou construir um império e, apesar de ser apenas um operador de telégrafo pobre, transformou o desejo em realidade.

*É uma característica peculiar da natureza humana, mas verdadeira, que a maioria dos homens bem-sucedidos trabalham mais duro para prestar um serviço útil do que trabalhariam somente pelo dinheiro.*

DIA 189

Não diga que "não dá para fazer" ou que você é diferente desses e de outros milhares que alcançaram sucesso digno de nota em todos os campos de trabalho. Se você é "diferente", é apenas no seguinte: eles desejaram o objeto de suas conquistas mais profunda e intensamente do que você deseja o seu.

Plante em sua mente a semente de um desejo construtivo tendo o seguinte credo como base de seu código de ética:

> Desejo estar a serviço de meus companheiros ao longo da jornada da vida. Para tanto, adotei este credo como guia a seguir ao lidar com meus companheiros:
>
> Treinar-me para nunca, sob quaisquer circunstâncias, apontar falhas em qualquer pessoa, não importa o quanto eu possa discordar dela ou o quanto seu trabalho seja inferior, desde que eu saiba que ela está sinceramente tentando fazer o seu melhor.
>
> Respeitar meu país, minha profissão e a mim mesmo. Ser honesto e justo com meus companheiros, como espero que sejam honestos e justos comigo. Ser um cidadão leal a meu país. Falar dele com louvor e agir sempre como um defensor digno de seu bom nome. Ser uma pessoa cujo nome é respeitado em toda parte.
>
> Basear minhas expectativas de recompensa em uma fundação sólida de serviços prestados. Estar disposto a pagar o preço do sucesso com esforço honesto. Olhar para meu trabalho como uma oportunidade a ser agarrada com alegria e aproveitada ao máximo e não como uma labuta dolorosa a ser aturada com relutância.
>
> Lembrar que o sucesso reside dentro de mim — em meu próprio cérebro. Prever dificuldades e abrir caminho através delas.
>
> Evitar todas as formas de procrastinação e nunca, sob quaisquer circunstâncias, adiar para amanhã qualquer tarefa que deva ser realizada hoje.
>
> Finalmente, aproveitar das alegrias da vida, de modo que possa ser cortês com os homens, fiel aos amigos, verdadeiro a Deus — ser como uma fragrância pelo caminho que eu trilhar.

A energia que a maioria das pessoas dissipa pela falta de autocontrole traria, se organizada e usada construtivamente, todos os artigos de primeira necessidade e todos os luxos desejados.

O tempo que muita gente gasta fofocando sobre os outros seria, se controlado e direcionado construtivamente, suficiente para atingir o objetivo principal definido (se tal objetivo existisse).

DIA 190

Todas as pessoas de sucesso têm notas altas em autocontrole! Todos os fracassados têm notas baixas, geralmente zero, nessa importante conduta humana.

Estude o quadro de análise comparativa da Lição 1 e observe as notas de autocontrole de Jesse James e Napoleão.

Estude aqueles ao seu redor e observe que todos os bem-sucedidos exercitam o autocontrole, enquanto os fracassados permitem que seus pensamentos, palavras e ações corram à solta!

Uma forma de falta de autocontrole muito comum e destrutiva é o hábito de falar demais. As pessoas de sabedoria, que sabem o que querem e estão empenhadas em consegui-lo, vigiam suas conversas cuidadosamente. Não existe ganho com uma quantidade de palavras indesejadas, descontroladas e proferidas a esmo.

Quase sempre é mais lucrativo ouvir do que falar. Um bom ouvinte pode muitas vezes ouvir algo que se somará ao seu estoque de conhecimento. É preciso autocontrole para se tornar um bom ouvinte, mas os benefícios a serem obtidos valem o esforço.

"Não deixar a outra pessoa falar" é uma forma comum de falta de autocontrole que não só é rude, como priva aqueles que fazem isso de novas e valiosas oportunidades de aprender com os outros.

Após completar esta lição, você deveria voltar ao quadro de autoanálise da Lição 1 e dar outra nota para si mesmo em termos de autocontrole. Talvez queira reduzir sua nota anterior.

Autocontrole é uma das características marcantes de todos os líderes bem-sucedidos que analisei enquanto acumulava material para este curso. Luther Burbank disse que, na opinião dele, autocontrole era a mais importante das Leis do Sucesso. Durante todos os seus anos de paciente estudo e observação do processo evolutivo da vida vegetal, ele descobriu ser necessário exercitar a faculdade do autocontrole, mesmo enquanto lidava com vida inanimada.

O naturalista John Burroughs disse praticamente a mesma coisa: para ele, em termos de importância, o autocontrole estava perto do topo da lista das Leis do Sucesso.

O homem que exercita autocontrole completo não pode ser permanentemente derrotado, como Emerson afirmou tão bem em seu ensaio sobre compensação, pois obstáculos e oposição derretem-se quando confrontados por uma mente determinada e orientada para uma determinada finalidade com total autocontrole.

Todo homem rico que analisei (aqueles que ficaram ricos por esforço próprio) mostrou tamanha evidência positiva de que o autocontrole era um de seus pontos fortes que cheguei à conclusão de que nenhum homem pode esperar acumular grande fortuna e mantê-la sem exercitar essa qualidade.

Economizar dinheiro exige exercício de autocontrole da mais elevada ordem, conforme espero ter deixado bem claro na Lição 4.

Estou em dívida com Edward W. Bok pela vívida descrição a seguir, do quanto ele achou necessário exercitar o autocontrole antes de alcançar sucesso e ser aclamado como um dos maiores jornalistas norte-americanos.

DIA 191

## POR QUE ACREDITO NA POBREZA COMO A EXPERIÊNCIA MAIS RICA QUE UM MENINO PODE TER

Ganho a vida tentando editar o *Ladie's Home Journal*. E, como o público tem sido muito generoso na aceitação do periódico, uma parte do sucesso logicamente cabe a mim. Por isso, vários dos meus bons leitores nutrem uma opinião que com frequência fico tentado a corrigir, tentação à que agora cedo. Meus correspondentes expressam a convicção de formas variadas, mas o seguinte trecho de uma carta é um belo exemplo:

"É muito fácil para você pregar sobre economia quando não conhece a necessidade disso; dizer-nos como, usando meu caso de exemplo, devemos viver dentro da renda de oitocentos dólares anuais do meu marido, quando nunca soube como é viver com menos de milhares de dólares. Já ocorreu a você, nascido em berço de ouro, que essa escrita teórica é bastante fria e fútil comparada à verdadeira luta pela sobrevivência que muitos de nós vivemos, dia após dia, ano após ano — uma experiência que você não conhece?"

Uma experiência que você não conhece!

Pois bem, o quanto os fatos condizem com essa afirmação?

Se nasci ou não em berço de ouro, não posso dizer. É verdade que nasci de pais abastados. Mas, quando eu tinha seis anos, meu pai perdeu todos os bens e encarou a vida aos 45 anos de idade em um país estrangeiro, sem dispor nem mesmo dos artigos de primeira necessidade. Existem homens e esposas que sabem o que isso significa, um homem tentar "dar a volta por cima" aos 45 anos e em um país estranho!

Eu tinha como obstáculo não saber uma palavra de inglês. Fui para uma escola pública e aprendi o que pude. E foi pouco! Os meninos eram cruéis como os meninos são. Os professores eram impacientes como professores cansados são.

Meu pai não conseguia encontrar um lugar no mundo. Minha mãe, que sempre teve empregados à disposição, encarou problemas domésticos sobre os quais não tinha conhecimento ou instrução. E não havia dinheiro.

Então, depois da escola, meu irmão e eu íamos para casa, mas não para brincar. As horas pós-aula eram para ajudar nossa mãe, a cada dia mais frágil debaixo dos fardos que não conseguia carregar. Não por dias, mas por anos, nós dois acordávamos de madrugada no inverno frio e cinzento, quando a cama parece tão quentinha para meninos, e peneirávamos as cinzas do fogo do dia anterior para procurar pedaços de carvão não queimado e, com o que tínhamos ou conseguíamos encontrar, fazíamos fogo e esquentávamos a sala. Então arrumávamos a mesa para o escasso café da manhã, íamos para a escola e logo após a escola lavávamos a louça, varríamos e limpávamos o chão. Vivendo em um cortiço com três famílias, a cada três semanas tínhamos que limpar os três lances de escada do primeiro ao terceiro andar, bem como as soleiras e a calçada. O último trabalho era o mais pesado; nós o fazíamos no sábado, com os meninos da vizinhança olhando de maneira nada gentil; fazíamos a limpeza ouvindo o estalido da bola e do taco no terreno ao lado!



À noite, quando os outros meninos podiam sentar junto à lâmpada ou estudar suas lições, nós dois saíamos com uma cesta para pegar lenha e carvão nos terrenos vizinhos, ou íamos catar os pedaços de carvão caídos do grande carregamento recebido à tarde por um dos vizinhos, sendo que memorizávamos avidamente o local durante o dia, esperando que o homem que havia entregue o carvão não tivesse sido muito cuidadoso em juntar os pedaços caídos!

"Uma experiência que você não conhece!" Não conheço?

Aos dez anos de idade arrumei meu primeiro emprego, lavando as janelas de uma padaria por quinze centavos semanais. Uma semana ou duas depois, recebi permissão para vender pães e bolos no balcão, após a escola, ganhando um dólar por semana — lidando com bolos recém-assados e quentinhos e pães com aroma delicioso, quando uma migalha mal havia passado por minha boca naquele dia!

Então, nas manhãs de sábado, entregava um jornal semanal e vendia a sobra nas ruas. Isso significava sessenta a setenta centavos pelo dia trabalhado.

Eu vivia no Brooklyn, em Nova York, e o principal meio de transporte para Coney Island na época eram as carroças. Perto de onde morávamos, as carroças paravam para dar água aos cavalos, os homens saltavam e tomavam um copo de água, mas as mulheres não tinham como saciar a sede. Vendo essa falha, peguei um balde, enchi de água e um pouco de gelo, e, com um copo, ia de carroça em carroça nas tardes de sábado e domingos o dia todo e vendia minha mercadoria por um centavo o copo. Quando chegou a concorrência — o que aconteceu muito rápido, quando outros meninos perceberam que em um domingo de trabalho eu ganhava de dois a três dólares —, espremi um limão ou dois em meu balde, e meu líquido se tornou "limonada", ao preço de dois centavos por copo, e o domingo significava cinco dólares para mim.

Então me tornei repórter à noite, *office-boy* de dia e aprendi estenografia à meia-noite.

Minha correspondente diz que sustenta a família de marido e filho com oitocentos dólares por ano e que eu não sei o que isso significa. Sustentei uma família de três com 6,25 dólares por semana — menos da metade da renda anual dela. Quando meu irmão e eu juntos ganhamos oitocentos dólares por ano nos sentimos ricos!

Pela primeira vez publico esses detalhes para que vocês possam saber, em primeira mão, que o editor do *Ladie's Home Journal* não é um teórico quando escreve ou publica artigos que procuram pregar economia ou que refletem uma luta corpo a corpo com uma renda pequena ou invisível. Não existe um único passo, um centímetro da estrada da pobreza que eu não conheça ou não tenha experimentado. E, tendo experimentado cada pensamento, cada sensação e cada dificuldade que aparecem para aqueles que viajam por essa estrada, digo hoje que me rejubilo com todo menino que passa pela mesma experiência.

Não estou descontando ou esquecendo uma única aflição das agudas privações que essa luta significa. Hoje não trocaria meus anos da mais aguda privação que um menino pode conhecer, nem pularia nenhuma única experiência que possa ter tido. Eu sei o que significa ganhar — não um dólar, mas dois centavos. Sei o valor do dinheiro como não poderia ter aprendido ou conhecido de nenhuma outra maneira. Não poderia ter sido instruído para meu trabalho de maneira mais segura. Não poderia ter chegado a um verdadeiro entendimento do que significa encarar um dia sem um centavo na mão, sem um pedaço de pão no armário da cozinha, sem um pedaço de lenha para o fogo — sem nada para comer, um menino faminto de nove, dez anos, com uma mãe frágil e desencorajada!

"Uma experiência que você não conhece!" Não conheço?

E ainda assim me regozijo com a experiência e repito: invejo todo menino que passa por essa situação. Mas — e aqui está o pivô de minha firme crença na pobreza como uma bênção disfarçada para um menino — acredito na pobreza como uma condição a ser experimentada e superada, não como uma condição em que se permanecer. "Ah sim, muito bem", alguns dirão; "bastante fácil de falar, mas como sair disso?".

Ninguém pode definitivamente dizer como. Ninguém me disse. Duas pessoas não conseguem encontrar a mesma saída. Cada uma deve encontrar seu caminho por si. Depende do menino. Eu estava decidido a sair da pobreza porque minha mãe não nasceu nela, não conseguia aguentá-la e não pertencia a ela. Isso me deu o primeiro alicerce: um objetivo. Então respaldei o objetivo com esforço e força de vontade para trabalhar em qualquer coisa que aparecesse em meu caminho, não importava o que fosse, desde que significasse "a saída". Eu não escolhia, pegava o que aparecia e fazia da melhor maneira que sabia e, quando não gostava do que estava fazendo, ainda assim fazia bem, mas não continuava quando não precisava mais. Usei cada degrau da escada como um apoio para o próximo degrau. Significou esforço, mas do esforço e do trabalho vieram a experiência, o crescimento, o desenvolvimento, a capacidade de entender e ser solidário, a maior herança que um menino pode receber. E nada no mundo pode dar isso a um menino, algo que arda tanto dentro dele quanto a pobreza arde.

> *Nossas dúvidas*
> *são traidoras e nos*
> *fazem perder o bem*
> *que com frequência*
> *poderíamos ganhar,*
> *por medo de tentar.*
>
> — SHAKESPEARE

Por isso acredito tão firmemente na pobreza, a maior bênção na forma da mais profunda e completa experiência que um menino pode receber. Mas repito: sempre com a condição de sair dela, não de permanecer.

Antes que possa desenvolver o hábito do autocontrole perfeito, você deve entender a verdadeira necessidade dessa qualidade. Deve entender também as vantagens que o autocontrole proporciona àqueles que aprendem a exercitá-lo.

Desenvolvendo o autocontrole você também desenvolve outras qualidades que ampliarão seu poder pessoal. Entre outras leis disponíveis aos que exercitam autocontrole está a lei da retaliação.

Você sabe o que significa "retaliar"!

No sentido usado aqui, significa "retribuir na mesma moeda" e não apenas se vingar ou buscar vingança, como a palavra normalmente significa.

Se eu lhe causar algum dano, você revidará na primeira oportunidade. Se eu disser coisas injustas sobre você, você revidará da mesma maneira, até mesmo em maior medida!

Por outro lado, se eu lhe fizer um favor, você retribuirá na maior medida possível.

Pelo uso adequado dessa lei, posso levá-lo a fazer o que eu quiser que você faça. Se eu desejar que você não goste de mim e que aplique sua influência para me prejudicar, posso conseguir tal resultado infligindo a você o tipo de tratamento que quero que você inflija a mim por retaliação.

Se desejar seu respeito, sua amizade e sua cooperação, posso conseguir isso estendendo a você minha amizade e cooperação.

Tenho certeza de que concordamos a respeito dessas afirmações. Você pode comparar tais afirmações com suas experiências e ver o quão lindamente combinam.

Quantas vezes você ouviu o comentário: "Que personalidade maravilhosa aquela pessoa tem". Quantas vezes conheceu pessoas cujas personalidades você cobiçou?

O homem que atrai pela personalidade agradável está apenas fazendo o uso da lei da atração harmoniosa, ou da lei da retaliação. Quando analisadas, ambas significam que "iguais se atraem".

Se você estudar, entender e fizer uso inteligente da lei da retaliação, será um vendedor eficiente e bem-sucedido. Quando tiver dominado e aprendido a usar essa lei simples, terá aprendido tudo que se pode aprender sobre vendas.

O primeiro passo, e provavelmente o mais importante, a ser dado para dominar essa lei é cultivar o total autocontrole. Você deve aprender a receber todos os tipos de punição e abuso sem retaliar na mesma moeda. Esse autocontrole é a parte do preço que você deve pagar para dominar a lei da retaliação.

Quando uma pessoa com raiva começa e difamar e abusar de você, justa ou injustamente, lembre-se apenas de que, se retaliar de alguma maneira, você será rebaixado ao nível mental daquela pessoa; portanto, tal pessoa estará dominando você!

Por outro lado, caso se recuse a ficar zangado, caso mantenha a compostura e permaneça calmo e sereno, você conservará todas as suas faculdades habituais de raciocínio. Você pegará o outro de surpresa. Vai retaliar com uma arma com que ele não está familiarizado; por conseguinte, vai dominá-lo facilmente.

Iguais se atraem! Não há como negar isso!

Falando literalmente, toda pessoa com quem entra em contato é um espelho mental no qual você pode ver um reflexo perfeito de sua atitude mental.

Como exemplo da aplicação direta da lei da retaliação, vamos citar uma experiência que recentemente tive com meus dois meninos, Napoleon Jr. e James.

Estávamos indo ao parque para alimentar os pássaros e esquilos. Napoleon Jr. comprou um saco de amendoins e James uma caixa de Crackerjack (pipoca e amendoim caramelados). James resolveu provar os amendoins. Sem pedir permissão, meteu a mão para pegar o saco. Não conseguiu, e Napoleon Jr "retaliou" com o punho esquerdo, que foi parar bruscamente na mandíbula de James.

Eu disse a James: "Veja só, filho, você não tentou pegar os amendoins da maneira correta. Deixe-me mostrar como consegui-los". Tudo aconteceu tão rápido que eu não tinha a menor ideia do que sugerir a James; mas dei um tempo para analisar o ocorrido e elaborar, se possível, uma abordagem melhor do que a adotada por ele.

Então pensei nos experimentos que estávamos fazendo com a lei da retaliação e disse a James: "Abra sua caixa de Crackerjack, ofereça ao seu irmãozinho e veja o que acontece". Após considerável persuasão, o convenci a fazer. E uma coisa memorável aconteceu — um acontecimento a partir do qual aprendi minha maior lição em vendas! Antes de Napoleon tocar no Crackerjack, insistiu em colocar alguns amendoins no bolso do casaco de James. Ele "retribuiu na mesma moeda"! Desse simples experimento com dois meninos, aprendi mais sobre a arte de lidar com eles do que poderia ter aprendido de qualquer outra maneira. Casualmente, meus meninos estavam começando a aprender a manipular a lei da retaliação, o que os salva de muitos embates físicos.

Nenhum de nós avançou muito além de Napoleon Jr. e James quanto à operação e influência da lei da retaliação. Somos todos crianças grandes, facilmente influenciadas por esse princípio. O hábito de "retaliar na mesma moeda" é tão universalmente praticado entre nós que podemos corretamente chamá-lo de lei da retaliação. Se uma pessoa nos dá um presente, não ficamos satisfeitos até termos "retaliado" com algo tão bom ou melhor do que aquilo que recebemos. Se uma pessoa fala bem de nós, aumentamos nossa admiração por essa pessoa e "retaliamos" de volta!

Pelo princípio da retaliação, podemos realmente converter nossos inimigos em amigos leais. Se você tem um inimigo que deseja converter em amigo, pode comprovar a veracidade dessa afirmação se esquecer a perigosa pedra de moinho pendurada no pescoço, que chamamos de "orgulho" (teimosia). Crie o hábito de falar com esse inimigo com cordialidade incomum. Empenhe-se em ajudá-lo de todas as maneiras possíveis. Ele pode parecer impassível no primeiro momento, mas gradualmente cederá à sua influência e irá "retaliar na mesma moeda". As brasas mais vivas já acumuladas sobre a cabeça de alguém que o ofendeu são as brasas da bondade humana.



Numa manhã de agosto de 1863, um jovem pastor foi tirado da cama de um hotel em Lawrence, Kansas. O homem que o chamou era um dos milicianos de Quantrill, e ele queria que o sacerdote descesse para ser fuzilado. Por toda a fronteira, naquela manhã, as pessoas estavam sendo assassinadas. Um bando de invasores havia chegado cedo para perpetrar o massacre de Lawrence.

O miliciano que chamou o pastor estava impaciente. Quando este acordou plenamente, horrorizou-se com o que viu pela janela. Ao descerem as escadas, o miliciano exigiu o relógio e dinheiro do pastor e então quis saber se ele era abolicionista. O pastor tremia. Mas decidiu que, se ia morrer naquele instante, não morreria com uma mentira nos lábios. Então disse que era e a seguir fez um comentário que mudou todo o rumo dos acontecimentos na mesma hora.

*Vale a pena lembrar que o cliente é o fator mais importante em qualquer negócio. Se você não pensa assim, tente sobreviver sem ele por um tempo.*

Ele e o miliciano sentaram-se na varanda enquanto pessoas eram mortas pela cidade e tiveram uma longa conversa. Ela se prolongou até os invasores estarem prontos para partir. Quando o miliciano montou para se juntar aos cúmplices, estava estritamente na defensiva. Devolveu os objetos ao pastor da Nova Inglaterra, desculpou-se por tê-lo perturbado e pediu que não o levasse a mal.

O pastor viveu por muitos anos após o massacre de Lawrence. O que ele disse ao miliciano? O que em sua personalidade levou o miliciano a sentar e conversar? O que conversaram?

"Você é um abolicionista ianque?", o miliciano perguntou. "Sim, sou", foi a resposta, "e você sabe muito bem que deve ter vergonha do que está fazendo".

Isso levou o assunto diretamente para uma questão moral. O pastor era apenas um rapazola ao lado do experimentado facínora da fronteira. Mas jogou o ônus da prova moral para o invasor, e num instante este estava tentando demonstrar que podia ser um sujeito melhor do que as circunstâncias pareciam mostrar.

Depois de acordar o pastor da Nova Inglaterra para matá-lo por causa da visão política, ele passou vinte minutos no banco de testemunhas tentando provar um álibi. Entrou em grandes detalhes de sua história pessoal. Explicou o caso desde quando era um garoto rebelde que não fazia suas preces e ficou bastante sentimental ao relembrar como uma coisa havia levado a outra coisa pior, até — bem, ali estava ele, "num negócio muito ruim de estar, amigo". Seu último pedido antes de ir foi: "Agora, meu camarada, não me leve muito a mal, certo?".

*Uma boa gargalhada sincera vale dez mil "gemidos" e um milhão de "suspiros" em qualquer mercado da Terra.*

O pastor da Nova Inglaterra fez uso da lei da retaliação, quer soubesse disso na época ou não. Imagine o que teria acontecido se tivesse descido com um revólver nas mãos para enfrentar força física com força física.

Mas ele não fez isso! Ele dominou o miliciano porque lutou com uma força desconhecida para o salteador.

Por que quando um homem começa a ganhar dinheiro o mundo inteiro parece bater à sua porta?

Pegue qualquer conhecido que desfrute de sucesso financeiro, e ele dirá que é constantemente procurado e que oportunidades de ganhar dinheiro constantemente são lançadas sobre ele!

"A quem tem será dado, de quem não tem, até o que tem lhe será tirado."

Essa citação da Bíblia costumava me parecer ridícula; todavia, como é verdadeira quando reduzida a seu significado concreto.

Sim, "a quem tem será dado"! Se ele tem falhas, falta de autoconfiança, ódio ou falta de autocontrole, devem ser-lhe dadas essas qualidades em abundância ainda maior! Mas, se ele tem sucesso, autoconfiança, autocontrole, paciência, persistência e determinação, nele essas qualidades devem ser aumentadas!

Algumas vezes pode ser necessário enfrentar força com força até sobrepujarmos nosso oponente ou adversário, mas, quando ele está por baixo, é uma oportunidade esplêndida para se completar a "retaliação", tomando-o pela mão e mostrando uma maneira melhor de resolver disputas.

Iguais se atraem! A Alemanha empenhou-se em banhar sua espada em sangue humano, em uma aventura implacável de conquista. Como resultado, atraiu a "retaliação na mesma moeda" da maior parte do mundo civilizado.

Cabe a você decidir o que quer que seus companheiros façam e cabe a você conseguir que eles o façam por retaliação!

"A economia divina é automática e muito simples: recebemos somente o que damos."

Como é verdade que "recebemos o que damos"! Não é o que desejamos que volta para nós, mas o que damos.

Imploro-lhe que faça uso dessa lei, não apenas para ganho material, mas, melhor ainda, para a conquista da felicidade e da boa vontade dos homens.

Isso, afinal, é o único sucesso real pelo qual se esforçar.

## RESUMO



Nesta lição aprendemos um grande princípio — provavelmente o mais importante da psicologia! Aprendemos que nossos pensamentos e ações em relação aos outros assemelham-se a um ímã que atrai para nós o mesmo tipo de pensamento e o mesmo tipo de ação que criamos.

Aprendemos que "iguais se atraem", seja em pensamento ou na expressão do pensamento em ação corporal. Aprendemos que a mente humana responde em conformidade com qualquer impressão de pensamentos que recebe. Aprendemos que a mente humana se assemelha à mãe terra, na medida em que reproduzirá uma safra de ação muscular de tipo correspondente às impressões sensoriais plantadas nela. Aprendemos que bondade gera bondade, e maldade e injustiça geram maldade e injustiça.

*Se você é bem-sucedido, lembre-se de que, em algum lugar, em algum momento, alguém lhe deu uma ajuda ou uma ideia que o colocou na direção certa. Lembre-se também de que você está em débito com a vida até ajudar alguém menos afortunado, assim como você foi ajudado.*

Aprendemos que nossas ações em relação aos outros, sejam de bondade ou maldade, justiça ou injustiça, voltam para nós, até mesmo em maior medida! Aprendemos que a mente humana responde de acordo com todas as impressões sensoriais que recebe; portanto, sabemos o que devemos fazer para influenciar qualquer ação desejada por parte de outrem. Aprendemos que "orgulho" e "teimosia" devem ser removidos antes de podermos fazer uso da lei da retaliação de forma construtiva. Não aprendemos o que a lei da retaliação é, mas aprendemos como funciona e o que fará; portanto, resta-nos apenas fazer uso inteligente desse grande princípio.

✦

Você agora está pronto para proceder para a Lição 9, onde vai encontrar outras leis que se harmonizam perfeitamente com as descritas nesta lição sobre autocontrole.

Será necessário o tipo mais forte de autocontrole para permitir ao iniciante aplicar a maior lei da próxima lição, sobre o hábito de fazer mais do que é pago para fazer, mas a experiência vai mostrar que o desenvolvimento de tal controle é mais do que justificado pelos resultados provenientes de tal disciplina.

# A EVOLUÇÃO DOS TRANSPORTES

## UMA VISITA AO AUTOR DEPOIS DA LIÇÃO

Nada é permanente, exceto a mudança!

Na figura acima, você vê a prova de que a evolução está criando melhorias nos meios de transporte. Lembre-se, enquanto estuda a figura, que todas essas mudanças tomaram forma primeiro na mente do homem.

Na extremidade esquerda você vê o primeiro método grosseiro de transporte. O homem não ficou satisfeito com esse processo vagaroso. As palavras "não satisfeito" foram o ponto de partida de todos os avanços. Pense nelas enquanto lê este trecho.

A seguir na figura, você vê a história dos transportes passo a passo, à medida que o cérebro do homem começou a se expandir. Foi um grande passo à frente quando o homem descobriu como atrelar um boi a uma carroça e assim escapar do árduo trabalho de puxar carga. Foi uma utilidade prática. Mas, quando a diligência entrou em uso, houve utilidade e estilo. O homem ainda "não ficou satisfeito", e essa insatisfação criou a locomotiva tosca que você vê na figura.

Agora todos esses métodos de transporte foram descartados, exceto em algumas partes não civilizadas (ou sem comércio) do mundo. O homem puxando a carroça, o boi puxando a carroça, a diligência e a locomotiva tosca são coisa do passado.

À direita você vê os meios de transporte do presente. Compare-os com os do passado e terá uma ideia da enorme expansão ocorrida no cérebro e mente humanos. Hoje o homem desloca-se mais rapidamente do que no passado. Do primeiro tipo de locomotiva evoluiu-se para uma máquina poderosa, capaz de puxar uma centena de vagões de carga, enquanto a original conseguia puxar apenas um vagãozinho leve. Automóveis que rodam a 120 quilômetros por hora atualmente são tão comuns quanto as carroças de duas rodas no passado. Além disso, estão ao alcance de todos que os querem.

A mente humana ainda "não ficou satisfeita". Viajar pela terra era muito lento. Voltando os olhos para o céu, o homem observou os pássaros voando alto e ficou "determinado" a ser melhor do que as aves. Estude também a palavra "determinado", pois tudo que o homem fica determinado a fazer ele faz! Em um breve período de quinze anos o homem dominou o ar e agora viaja em aviões a 240 quilômetros por hora.

O homem não só fez o ar carregá-lo a uma velocidade espantosamente rápida, como aproveitou o éter para transportar suas palavras por toda a Terra na fração de um segundo.

✦

DIA 198

Estivemos descrevendo o passado e o presente!

Na parte inferior da figura, podemos ver o próximo passo a ser dado nos meios de transporte: uma máquina que voará pelo ar, correrá pelo chão e nadará na água, a critério do homem.

O objetivo deste texto e da figura acima é fornecer estímulos para o pensamento!

Qualquer influência que faz pensar provoca também um fortalecimento mental. Estimulantes mentais são essenciais para o crescimento. Dos tempos da carroça puxada pelo homem aos dias de domínio aéreo, o progresso feito por qualquer homem foi resultado de alguma influência que estimulou sua mente para uma ação acima do normal.

As duas maiores influências para o crescimento da mente humana são o ímpeto da necessidade e o ímpeto do desejo de criar. Algumas mentes desenvolvem-se somente após passarem por fracasso, derrota e outras formas de punição que as incitam a uma ação maior. Outras mentes murcham e morrem sob punição, mas crescem a alturas inacreditáveis quando supridas com a oportunidade de usar sua força imaginativa de forma criativa.

Estude a figura da evolução dos transportes e observe o fato notável, digno de ser lembrado, de que essa é uma história de desenvolvimento e avanço a partir da necessidade. Todo o período descrito na figura como "passado" foi aquele em que a necessidade serviu de ímpeto.

No período descrito na figura como "presente", o ímpeto foi uma combinação de necessidade e desejo de criar. O período descrito como "futuro" é aquele no qual o forte desejo de criar será o único ímpeto a direcionar a mente do homem à frente e a alturas ainda inimagináveis.

Há uma longa distância desde os tempos da carroça puxada pelo homem até o presente, em que o homem aproveita os relâmpagos das nuvens e os faz acionar máquinas que realizam em um minuto o serviço que dez mil homens levariam um dia para fazer. Porém, se a distância foi longa, o desenvolvimento da mente humana foi igualmente grande, e esse desenvolvimento foi suficiente para enfim produzir o trabalho do mundo com máquinas operadas pelas forças da natureza e não pelos músculos do homem.

As mudanças evolutivas nos meios de transporte criaram outros problemas para a mente humana resolver. O automóvel levou o homem a construir mais e melhores rodovias. A combinação de automóvel e locomotiva rápida criou perigosas travessias que custam milhares de vidas a cada ano. A mente do homem agora reage ao ímpeto da "necessidade" de enfrentar essa emergência.

Guarde este ensaio e lembre-se da seguinte profecia:

Dentro de cinco anos, todos os cruzamentos ferroviários do país estarão amplamente protegidos contra acidentes de carro, e o próprio automóvel manipulará o sistema de proteção — um sistema infalível e eficiente, um sistema que funcionará esteja o motorista do automóvel dormindo ou acordado, bêbado ou sóbrio.

Venha agora dar uma espiada no maquinário da imaginação do homem a funcionar sob o estimulante desejo de criar.

DIA 199

Algum homem de imaginação — talvez alguns camaradas que nunca tenham feito nada de notável e nunca mais façam nada que valha a pena — vai criar um sistema de proteção de cruzamento ferroviário que será operado pelo peso do automóvel que passa. A uma determinada distância do cruzamento, uma plataforma semelhante a uma grande balança vai cobrir todo um trecho da rodovia. Assim que um automóvel subir na plataforma, seu peso fará baixar um portão, soar uma campainha e acender uma luz vermelha diante do motorista. O portão será erguido em um minuto, permitindo ao motorista passar sobre os trilhos, mas forçando-o, antes de passar, a "parar, olhar e escutar".

Se você tem uma mente altamente imaginativa, pode ser a pessoa que criará esse sistema e receberá os direitos autorais pela venda.

Para ser prática, a mente imaginativa deve estar sempre alerta a formas de transformar desperdício em coisas úteis. A maioria dos automóveis são muito pesados comparados à carga que carregam. Esse peso pode ser utilizado para fornecer proteção ao motorista no cruzamento ferroviário.

Lembre-se: o objetivo deste ensaio é oferecer apenas a semente da sugestão, não o produto final, a invenção pronta para ser instalada e usada. O valor dessa sugestão para você reside na possibilidade de pensamento que pode dedicar a ela, e com isso desenvolver e expandir sua mente.

Estude-se e descubra a qual dos dois maiores ímpetos para ação sua mente responde mais naturalmente — o da necessidade ou do desejo de criar. Se tem filhos, estude-os e determine a qual desses dois motivos eles reagem mais naturalmente. Milhões de crianças já tiveram a imaginação diminuída ou retardada pelos pais, que removeram ao máximo o ímpeto da necessidade. Facilitando as coisas para seu filho, você pode ter privado o mundo de um gênio. Tenha em mente que a maioria dos progressos feitos pelo homem veio como resultado de amarga e pungente necessidade!

✦

Você não precisa de provas de que os meios de transporte passaram por um processo de evolução contínuo. Tão marcantes têm sido as mudanças que um automóvel antigo provoca risos por onde quer que passe.

A lei da evolução opera sempre e por toda parte, mudando, destruindo e reconstruindo todo elemento material nesta terra e em todo o universo. Cidades e comunidades estão em constante mudança. Volte ao local onde morou há vinte anos e você não reconhecerá nem o lugar, nem as pessoas. Novos rostos estarão lá. Os antigos rostos terão mudado. Novos prédios terão tomado o lugar dos antigos. Tudo parecerá diferente porque tudo estará diferente.

A mente humana também está em mudança constante. Se não fosse verdade, nunca cresceríamos além da mente infantil. A cada sete anos, a mente de uma pessoa normal torna-se notavelmente desenvolvida e expandida. É durante essas mudanças periódicas da mente que os maus hábitos podem ser deixados de lado e hábitos melhores podem ser cultivados. Felizmente para o ser humano, sua mente passa por um contínuo processo de mudança ordenada.

A mente impulsionada pela necessidade ou pelo amor de criar desenvolve-se mais rapidamente do que a mente que nunca é estimulada a grandes ações além do necessário para a existência.

A faculdade imaginativa da mente humana é o melhor maquinário já criado. Dela provêm toda máquina e todo objeto produzido pelo homem.

Por trás das grandes indústrias, ferrovias, bancos e empresas, está a poderosa força da imaginação.

DIA 200

Force sua mente a pensar! Faça isso combinando velhas ideias em novos planos. Toda grande invenção, todo negócio de destaque ou conquista industrial que você consegue citar é, em última análise, a aplicação de uma combinação de planos e ideias usados antes, de alguma outra maneira.

Por trás do martelo que bate
E forja o aço,
Por trás do clamor da oficina,
O buscador pode encontrar o pensamento;
O pensamento que é sempre o senhor
Do ferro, do vapor e do aço,
Que se eleva acima do desastre
E o esmaga sob seu salto.

O trabalhador braçal pode esfregar e remendar
Ou trabalhar com golpes vigorosos,
Mas por trás dele está o pensador,
O homem perspicaz que sabe,
Pois em cada arado ou sabre,
Cada peça, parte e todo,
Deve ir o cérebro ao trabalho,
O que concede ao trabalho uma alma.

Por trás do ronco do motor,
Por trás dos sinos que tocam,
Por trás da percussão do martelo,
Por trás dos guindastes balouçantes,
Existe o olho que os esquadrinha,
Observando em meio ao estresse e à tensão,
Existe a mente que os planeja —
Por trás do músculo, o cérebro.

No poder da caldeira que ruge,
Na força de arranque do motor,
Na força do operário braçal suado,
Nesses confiamos imensamente,
Mas, por trás deles ergue-se o planejador,
O pensador que impele as coisas,
Por trás do trabalho — o sonhador
Que está fazendo o sonho virar realidade.

Daqui a seis meses ou um ano, releia este texto e observe que vai conseguir extrair mais dele do que da primeira vez. O tempo dá à evolução uma chance de expandir sua mente para que ela consiga ver e entender mais.

*Ainda estou por encontrar o primeiro homem de grandes realizações que não tenha tido a coragem de assumir a responsabilidade pelos próprios erros sem ser acusado.*

Existem dez fraquezas das quais a maioria de nós deve se proteger. Uma é o hábito de tentar colher antes de semear, e as outras nove envolvem a prática de criar álibis para encobrir cada erro cometido.

LIÇÃO 9

# O HÁBITO DE FAZER MAIS DO QUE É PAGO PARA FAZER

DIA 201

*"Você pode fazer se acreditar que pode!"*

PODE PARECER UM desvio de assunto começar esta lição com uma discussão sobre o amor, mas, se reservar sua opinião até completar o estudo, você poderá concordar que o tema do amor não poderia ser omitido sem prejudicar o valor deste capítulo.

A palavra "amor" é usada aqui em um sentido todo-abrangente!

Existem muitos objetos, motivos e pessoas que despertam amor. Existem trabalhos de que não gostamos, alguns de que gostamos moderadamente e, sob certas condições, pode haver trabalhos que realmente amamos.

Grandes artistas, por exemplo, geralmente amam seu trabalho. O operário diarista, por outro lado, geralmente não só não gosta de seu trabalho, como pode na verdade detestá-lo.

O trabalho que se faz apenas para ter um meio de vida raramente é algo de que se gosta. Com mais frequência não se gosta e até se detesta.

Quando engajado em um trabalho que ama, um homem pode trabalhar por um período inacreditavelmente longo de horas sem fatigar-se. Um trabalho de que não gosta ou detesta provoca fadiga muito rapidamente.

A resistência de um homem, portanto, depende em muito do quanto ele gosta, não gosta ou ama o que está fazendo.

Estamos assentando aqui o alicerce, como é claro que você observará, para a afirmação de umas das mais importantes leis desta filosofia, ou seja:

Um homem é mais eficiente e terá êxito mais rápida e facilmente quando engajado em um trabalho que ama ou que executa em nome de alguém que ele ama.

Sempre que o elemento do amor entra em qualquer tarefa que se executa, a qualidade imediatamente melhora e a quantidade aumenta sem um incremento correspondente na fadiga.

Alguns anos atrás, um grupo de socialistas — ou talvez se denominassem "cooperativistas" — organizou uma colônia na Louisiana; compraram várias centenas de acres de terra e começaram a trabalhar em um ideal que acreditaram que lhes daria muita felicidade na vida e menos preocupações. Tratava-se de um sistema que possibilitava a cada pessoa trabalhar no tipo de atividade de que mais gostasse.

A ideia era não pagar salário para ninguém. Cada pessoa faria o trabalho de que mais gostasse ou para o qual fosse mais apta, e produto total dos esforços seria de propriedade de todos. Eles tinham leiteria, fábrica de tijolos, gado, aves etc. Tinham escolas e uma gráfica pela qual publicavam seu jornal.

Um cavalheiro sueco de Minnesota entrou para a colônia e, a seu pedido, foi colocado a trabalhar na gráfica. Logo ele reclamou de que não gostava do trabalho, então, foi colocado a trabalhar na fazenda, operando um trator. Dois dias foi tudo que ele conseguiu aguentar, então novamente inscreveu-se para uma transferência e foi realocado para a leiteria. Não conseguiu se dar bem com as vacas, então mudou de novo, dessa vez para a lavanderia, onde durou somente um dia. Ele tentou cada trabalho, um por um, mas não gostou de nada. Começou a parecer que não se encaixava com a ideia de vida em cooperativa e estava prestes a se retirar quando alguém pensou em um trabalho que ele ainda não havia tentado — na fábrica de tijolos. Ele recebeu um carrinho de mão e foi colocado a retirar os tijolos dos fornos e empilhar no pátio. Passou-se uma semana sem nenhuma reclamação. Quando perguntaram se estava gostando do trabalho, ele respondeu: "Esse é exatamente o trabalho de que gosto".

Imagine alguém preferir um emprego carregando tijolos! Contudo, esse serviço era adequado à natureza do sueco: ele trabalhava sozinho, em uma tarefa que não exigia pensamento nem implicava nenhuma responsabilidade, que era exatamente o que ele queria.

Ele permaneceu no serviço até todos os tijolos serem carregados e empilhados, então retirou-se da colônia porque não havia mais trabalho na fábrica. "Trabalho bom e quieto acabar, entaum acha que fai voltá pra Minnesy-sotia", e de volta para Minnesota ele foi.

**DIA 202**

Quando um homem está engajado em um trabalho que ama, não lhe é penoso fazer mais e melhor do que está sendo pago para fazer, e por isso todo homem deve a si mesmo fazer o máximo para encontrar o tipo de trabalho de que mais gosta.

Tenho todo o direito de oferecer tal conselho para os alunos deste curso pelo fato de tê-lo seguido e não ter motivos para me arrepender disso.

Este momento parece apropriado para incluir uma pequena história pessoal sobre o autor e a Lei do Sucesso, com o objetivo de mostrar que o serviço executado em espírito de amor pelo trabalho em si nunca foi e nunca será perdido.

Esta lição é dedicada a oferecer a evidência de que realmente vale a pena prestar mais e melhor serviço do que se é pago para fazer. Que esforço vazio e inútil seria se o próprio autor não tivesse praticado essa regra por tempo suficiente para ser capaz de dizer como ela funciona.

Por mais de um quarto de século, estive envolvido no trabalho de amor a partir do qual este curso foi desenvolvido e sou totalmente sincero quando repito o que afirmei em outros trechos, de que teria sido amplamente pago por meus serviços pelo prazer que obtive, mesmo que não recebesse nada mais.

Meu trabalho nessa filosofia tornou necessário, muitos anos atrás, que eu escolhesse entre retorno financeiro imediato — de que poderia ter desfrutado direcionando meus esforços somente pelo aspecto comercial — e remuneração anos mais tarde, tanto em termos financeiros usuais quanto em outras formas de pagamento que podem ser medidas apenas pelo conhecimento acumulado que permite desfrutar do mundo mais intensamente.

O homem que se engaja no trabalho que mais ama nem sempre conta com o apoio dos amigos e parentes mais próximos.

Combater as sugestões negativas de amigos e parentes exigiu uma proporção alarmante de minhas energias durante os anos em que estive engajado no trabalho de pesquisa para acumular, organizar, classificar e testar o material contido neste curso.

Essas referências pessoais são feitas unicamente com o objetivo de mostrar aos alunos do curso que raramente, se é que alguma vez, a pessoa pode esperar dedicar-se ao trabalho que mais ama sem encontrar obstáculos de alguma natureza. Geralmente, o principal obstáculo no caminho de quem se empenha no tipo de trabalho que mais ama é que de início pode não ser o trabalho que proporcione a melhor remuneração.

Em contraste com essa desvantagem, no entanto, quem se envolve com o tipo de trabalho que ama em geral é recompensado com dois benefícios: primeiro, costuma encontrar no trabalho a maior de todas as recompensas, a felicidade, que não tem preço; segundo, a recompensa real em dinheiro, quando avaliada pela média de uma vida inteira de esforço, em geral é muito maior, pois a tarefa executada com amor costuma ser maior em quantidade e melhor em qualidade do que aquela executada apenas por dinheiro.

A oposição mais constrangedora e — devo dizer sem nenhuma intenção de desrespeito — mais desastrosa à minha escolha de trabalho partiu de minha esposa. Isso talvez explique por que tenho feito referências frequentes, em muitas lições deste curso, ao fato de que a esposa ou “faz” ou “quebra” um homem, conforme a cooperação e encorajamento que concede ou recusa em relação ao trabalho escolhido.

A ideia de minha esposa era de que eu deveria aceitar um cargo assalariado que assegurasse uma renda mensal regular, pois, em alguns poucos empregos que tive, eu havia demonstrado capacidade de obter renda anual de US$ 6 mil a US$ 10 mil sem muito esforço.

De certo modo eu entendia o ponto de vista de minha esposa e simpatizava com ele, pois tínhamos filhos pequenos que necessitavam de educação e roupas, e um salário regular, mesmo que não fosse muito, parecia necessário.

Apesar do argumento lógico, optei por passar por cima do conselho de minha esposa. Vieram então em seu auxílio as forças combinadas da família dela e da minha, e coletivamente me atacaram sem rodeios com o que parecia uma ordem para eu dar meia volta e sossegar com um salário regular.

*Não existe pessoa*
*mais perigosa —*
*perigosa para si mesma*
*e para os outros —*
*do que aquela que*
*julga sem pretender*
*conhecer os fatos.*

DIA 203

Estudar outras pessoas poderia ser muito bom para um homem que tivesse tempo para gastar dessa forma "não lucrativa", argumentaram; contudo, para um jovem casado e com uma família em crescimento, dificilmente parecia a coisa certa.

Mas permaneci inflexível! Havia feito minha escolha e estava determinado a me ater a ela.

A oposição não cedeu ao meu ponto de vista, mas gradualmente, é claro, foi se dissipando. Enquanto isso, o conhecimento de que minha escolha havia criado no mínimo uma dificuldade temporária para minha família, combinado com o pensamento de que meus amigos e parentes mais queridos não estavam em harmonia comigo, aumentou em muito o meu empenho.

Felizmente nem todos os meus amigos acreditavam que minha escolha fosse imprudente!

Havia uns poucos amigos que não só acreditavam que eu estava seguindo um rumo que me levaria para perto do topo da montanha da realização útil, como, somado à crença em meus planos, realmente deram-se ao trabalho de me encorajar a não desistir por qualquer adversidade ou oposição dos parentes.

Nesse pequeno grupo de fé que me encorajou numa época em que isso foi muitíssimo necessário, talvez um homem deva ter o mais pleno crédito, e esse homem é Edwin C. Barnes, sócio de Thomas A. Edison.

Barnes ficou interessado em minha escolha de trabalho há quase vinte anos, e devo afirmar aqui que, não fosse sua fé inabalável na solidez da filosofia da Lei do Sucesso, eu teria cedido à persuasão dos amigos e procurado um caminho de menor resistência pela rota assalariada.

Isso teria me poupado de muito sofrimento e de uma quantidade quase infindável de críticas, mas teria arruinado minhas esperanças de vida e no fim eu provavelmente teria perdido também a melhor e mais desejável de todas as coisas — a felicidade —, pois tenho sido extremamente feliz no meu trabalho, mesmo nos períodos em que a remuneração não pôde ser medida por nada além de uma montanha de débitos que naquele momento eu não podia pagar.

Talvez isso explique, em certa medida, por que o tema da escravidão pela dívida foi tão extensivamente enfatizado na Lição 4, sobre o hábito de poupar.

Nós queremos que aquela lição fique "impregnada".

Edwin Barnes não só acreditou na solidez da filosofia da Lei do Sucesso, como seu sucesso financeiro e seu estreito relacionamento de negócios com o maior inventor do mundo mostram que ele tinha o direito de falar com autoridade sobre o assunto das leis para se chegar ao sucesso.

Comecei meu trabalho de pesquisa com a crença de que o sucesso podia ser alcançado por qualquer um com inteligência razoável e um desejo real de ser bem-sucedido, seguindo certas regras de procedimento (na época desconhecidas por mim). Eu queria saber que regras eram essas e como poderiam ser aplicadas.

Barnes acreditava no mesmo que eu. Além disso, estava em posição de saber que os feitos impressionantes de seu sócio, Edison, decorreram inteiramente da aplicação de alguns dos princípios que mais tarde foram testados e incluídos como parte dessa filosofia. Barnes pensava que a acumulação de dinheiro, o gozo de paz mental e de felicidade poderiam ser produzidos pela aplicação de leis invariáveis que qualquer um poderia dominar e aplicar.

Essa também era a minha crença. E ela foi transformada não apenas em uma realidade demonstrável, mas em uma realidade comprovada, como espero que cada aluno tenha condições de entender quando tiver dominado este curso.

Por favor, tenha em mente que durante todos esses anos de pesquisa eu não apenas estava aplicando a lei abordada nesta lição, fazendo mais do que era pago para fazer, mas estava indo muito além disso, fazendo um trabalho pelo qual, na época, não esperava ser pago um dia.

Assim, após anos de caos, adversidade e oposição, essa filosofia enfim foi concluída e sintetizada em um manuscrito pronto para ser publicado.

Por um tempo nada aconteceu!

Fiquei de molho, por assim dizer, antes de dar o próximo passo para colocar essa filosofia nas mãos de pessoas que eu tinha motivos para acreditar que a acolheriam bem.

"Deus trabalha de maneira misteriosa para realizar suas maravilhas!"

Durante os primeiros anos de minha experiência, eu achava essas palavras vazias e sem significado, mas desde então modifiquei minha crença consideravelmente.

Fui convidado para proferir um discurso em Canton, Ohio. Minha chegada havia sido bem divulgada e havia motivos para esperar um grande público. Mas foi o contrário: reuniões conflitantes organizadas por dois grandes grupos de empresários reduziram meu público para o número da sorte — treze.

Sempre acreditei que um homem deve fazer seu melhor, não importando o quanto receba por seus serviços, o número de pessoas a que possa estar servindo ou a classe das pessoas servidas. Proferi minha palestra como se o salão estivesse cheio. De alguma forma, surgiu uma sensação de ressentimento porque a "roda do destino" havia girado contra mim e, se alguma vez fiz um discurso convincente, foi naquela noite.

No fundo do meu coração, entretanto, eu pensava que havia fracassado!

Só no dia seguinte fiquei sabendo que na noite anterior eu fizera história e que dali viria o primeiro impulso real para a Lei do Sucesso.

Um dos homens em minha plateia — um dos treze — era Don R. Mellett, então editor do *Daily News* de Canton, a quem fiz uma breve referência na Lição 1.

Depois da palestra, saí pela porta dos fundos e retornei ao hotel sem querer encarar nenhuma das minhas treze vítimas na saída.

No dia seguinte, fui convidado ao escritório de Mellett.

Como o convite foi dele, de início deixei-o falar a maior parte do tempo. Ele começou com algo do tipo:

"Você se importaria de me contar toda a história de sua vida, dos primeiros dias da infância até o presente?".

Eu disse que contaria caso ele pudesse aguentar ouvir tão longa narrativa. Ele disse que poderia, mas, antes de eu começar, alertou-me para não omitir os aspectos desfavoráveis.

"O que eu quero que você faça", ele disse, "é combinar os altos e baixos e me deixar ver sua alma não pelo ângulo mais favorável, mas por todos os ângulos".

Falei por três horas enquanto Mellett escutava!

Não omiti nada. Contei todas as minhas lutas, meus erros, meus impulsos para ser desonesto quando a maré da fortuna virou contra mim rápido demais e do bom discernimento que no fim prevaleceu, mas somente após minha consciência e eu travarmos um combate prolongado. Contei como tive a ideia de organizar a filosofia da Lei do Sucesso, como fiz para acumular os dados, falei dos testes que tinha feito e que resultaram na eliminação de alguns elementos e manutenção de outros.

Quando terminei, Mellett disse: "Desejo fazer uma pergunta muito pessoal e espero que você responda com a mesma franqueza com que me contou o restante da história. Você acumulou algum dinheiro com seus esforços e, caso não, sabe por quê?"

"Não!", respondi. "Não acumulei nada além de experiência, conhecimento e alguns débitos, e o motivo, embora possa não ser sólido, é facilmente explicável. A verdade é que estive tão ocupado todos esses anos tentando eliminar parte da minha própria ignorância para poder reunir e organizar de modo inteligente os dados que estão na filosofia da Lei do Sucesso que não tive nem oportunidade, nem inclinação de voltar meus esforços para ganhar dinheiro."

O olhar sério de Don Mellett, para minha grande surpresa, suavizou-se em um sorriso ao mesmo tempo em que colocou a mão em meu ombro e disse:

> *Entre outras coisas que você planeje "cortar" na sua resolução de Ano-Novo, inclua a palavra "impossível".*

"Eu sabia a resposta antes de você responder, mas me perguntava se você saberia. Você provavelmente sabe que não é o único homem que teve que sacrificar a remuneração monetária imediata em favor da obtenção de conhecimento, pois na verdade sua experiência é a mesma de todo filósofo, desde o tempo de Sócrates até o presente".

Aquelas palavras soaram como música em meus ouvidos!

Eu havia feito umas das confissões mais embaraçosas de minha vida, desnudado minha alma, admitindo derrota temporária em quase todos os cruzamentos pelo quais havia passado em minhas lutas, e havia coroado tudo isso admitindo que um expoente da Lei do Sucesso era um fracasso temporário!

Como parecia incongruente! Me senti estúpido, humilhado e embaraçado, sentado diante do par de olhos mais perscrutador e do homem mais questionador que eu já havia conhecido.

O absurdo da situação me veio num lampejo: a filosofia do sucesso fora criada e era transmitida por um homem que obviamente era um fracasso!

Esse pensamento me atingiu com tanta força que expressei em palavras.

"O quê?", exclamou Mellett, "um fracasso?". E continuou:

"Certamente você sabe a diferença entre fracasso e derrota temporária. Nenhum homem que cria uma única ideia é um fracasso, muito menos aquele que cria toda uma filosofia que serve para amenizar as decepções e minimizar as dificuldades de gerações por vir".

Eu me indagava qual era o objetivo da entrevista. Minha primeira suposição foi que Mellett quisesse alguns fatos para embasar um ataque à filosofia da Lei do Sucesso em seu jornal. Talvez esse pensamento tenha nascido de experiências prévias com uns poucos jornalistas que me foram antagônicos. De qualquer forma, no início da entrevista decidi dar os fatos sem embelezamento, acontecesse o que acontecesse.

Antes de eu deixar o escritório de Mellett, havíamos nos tornado sócios, com o acordo que ele deixaria o cargo de editor do *Daily News* e assumiria o gerenciamento de meus negócios tão logo fosse possível.

Enquanto isso, comecei a escrever uma série de editoriais baseados na filosofia da Lei do Sucesso, publicados na edição dominical do *Daily News* de Canton.

Um desses editoriais (intitulado "Fracasso" e que aparece no final de uma das lições deste curso) chamou a atenção do juiz Elbert H. Gary, na época presidente do conselho da United States Steel Corporation. Isso resultou na abertura de um canal de comunicação entre Mellett e Gary, o que por sua vez levou o juiz a se oferecer para comprar o curso A Lei do Sucesso para ser utilizado pelos funcionários da siderúrgica, conforme descrito na Lição 1.

A maré da fortuna havia começado a virar a meu favor!

As sementes de serviço que eu vinha semeando há longos e penosos anos, fazendo mais do que era pago para fazer, enfim estavam começando a germinar!

A despeito de meu parceiro ter sido assassinado quando nossos planos mal haviam começado e o juiz Gary ter morrido antes do curso ser reescrito conforme suas exigências, o "trabalho de amor perdido" daquela noite fatídica, quando falei para uma plateia de treze pessoas em Canton, Ohio, deu início a uma cadeia de eventos que agora movem-se rapidamente, sem pensamento ou esforço de minha parte.

Não é abuso de confiança enumerar aqui alguns eventos que mostram que nenhum trabalho de amor é executado com perda total e que aqueles que prestam mais e melhor serviço do que são pagos para fazer cedo ou tarde recebem pagamento por muito mais do que realmente fizeram.

O valor deste trabalho foi percebido não só por milhares de leitores individuais, mas também por importantes corporações. Baltimore & Ohio Railroad Co., Standard Oil, N. Y. Life Insurance Company e centenas de outras companhias do mesmo porte compraram a obra para o benefício de seus empregados — e, no fim das contas, da própria corporação. Não é exagero dizer que vidas individuais mudaram para melhor com A Lei do Sucesso e também corporações, que saíram do vermelho depois de colocar esses princípios em uso.

Isso resultou em compensação financeira para mim, é óbvio; a realidade de ter uma obra publicada é tal que me beneficiei imensamente.

Somado a isso, um novo clube para rapazes, de natureza semelhante à YMCA, contratou A Lei do Sucesso como base de seu programa educacional e prevê distribuir mais de cem mil cursos nos próximos dois anos.

Além dessas fontes de distribuição, a Ralston University Press, de Meriden, Connecticut, assinou contrato para publicar e distribuir o curso para indivíduos por todos os Estados Unidos e talvez em alguns outros países. Não há como prever com exatidão quantos cursos irão distribuir, porém, considerando-se que possuem uma mala-direta de aproximadamente oitocentas mil pessoas que confiam em tudo que eles colocam à venda, parece muito razoável supor que esse esquema coloque centenas de milhares de cursos nas mãos de homens e mulheres em busca séria do conhecimento transmitido pela filosofia da Lei do Sucesso.

Talvez seja desnecessário, mas desejo explicar que meu único objetivo em relatar a história de como a filosofia da Lei do Sucesso ganhou o reconhecimento descrito é mostrar como a lei em que esta lição se baseia funciona nos assuntos práticos da vida.

Se eu pudesse, teria feito a análise sem o uso do pronome pessoal.

✦

DIA 207

Com esse pano de fundo a respeito da filosofia da Lei do Sucesso como um todo e desta lição em particular, você fica mais inclinado a aceitar como sólida a lei sobre a qual esta lição se baseia.

Existe mais de uma dúzia de motivos sólidos pelos quais você deve desenvolver o hábito de executar mais e melhor serviço do que é pago para fazer, apesar da grande maioria das pessoas não prestar tal serviço.

Entretanto, existem dois motivos que transcendem todos os outros em importância. São eles:

PRIMEIRO: ao estabelecer a reputação de pessoa que sempre presta mais e melhor serviço do que é paga para fazer, você será beneficiado na comparação com aqueles ao redor que não prestam tal serviço, e o contraste será tão notável que existirá forte concorrência por seus serviços, não importa qual seja seu trabalho.

Seria um insulto à sua inteligência oferecer prova da solidez desta afirmação. Quer esteja pregando sermões, praticando direito, escrevendo livros, ensinando numa escola ou cavando valas, você se tornará mais valioso e será capaz de obter maior remuneração no minuto em que for reconhecido como uma pessoa que faz mais do que é paga para fazer.

SEGUNDO: de longe, o motivo mais importante para estabelecer a reputação de pessoa que sempre presta mais e melhor serviço do que é paga para fazer, um motivo de natureza básica e fundamental, pode ser descrito da seguinte forma: suponha que desejasse desenvolver um braço direito forte e suponha que tentasse fazê-lo amarrando o braço ao seu flanco com uma corda, tirando-o de uso e dando-lhe um longo descanso. O desuso traria força ou atrofia e fraqueza, resultando por fim na exigência de amputar o braço?

Você sabe que, se desejasse um braço direito forte, poderia desenvolvê-lo apenas com uso intenso. Dê uma olhada no braço de um ferreiro se deseja saber como tornar um braço forte. Da resistência vem a força. O carvalho mais forte da floresta não é aquele protegido da tempestade e escondido do sol, mas o que fica a céu aberto, onde é obrigado a lutar pela existência contra os ventos e chuvas e o sol escaldante.

> *"Se tiveres fé como um grão de mostarda, direis a este monte: passa daqui para acolá, e ele passará. Nada vos será impossível."*

É pela operação de uma das leis invariáveis da natureza que o esforço e a resistência desenvolvem força, e o objetivo desta lição é mostrar como aproveitar esta lei e usá-la na luta pelo sucesso. Executando mais e melhor serviço do que é pago para fazer, você não apenas exercita suas qualidades de prestação de serviço e assim desenvolve habilidade e capacidade extraordinárias, como constrói uma reputação valiosa. Se cultivar o hábito de prestar tal serviço, você se tornará tão entendido em seu trabalho que poderá exigir maior remuneração do que aqueles que não executam tal serviço. Você acabará por desenvolver força suficiente para lhe permitir sair de qualquer condição de vida indesejável, e ninguém poderá ou desejará impedi-lo.

Se você é um empregado, pode se tornar tão valioso em virtude do hábito de executar mais serviço do que é pago para fazer que pode praticamente definir seu salário, e nenhum empregador sensato tentará impedi-lo. Se o seu empregador tiver a infeliz ideia de tentar negar a compensação a que você tem direito, isso não será empecilho por muito tempo, pois outros empregadores irão descobrir essa qualidade incomum e lhe oferecer emprego.

O simples fato de que a maioria das pessoas presta tão pouco serviço quanto possa possivelmente cria uma vantagem para todos que prestam mais serviço do que são pagos para fazer, pois permite que lucrem com a comparação. Você pode "ir levando" se oferece tão pouco serviço quanto possível, mas isto é tudo que consegue e, quando o trabalho é relaxado e ocorre uma retração, você é um dos primeiros a ser dispensado.

Por mais de 25 anos, estudei homens cuidadosamente com o objetivo de avaliar por que alguns alcançam sucesso notável, enquanto outros com a mesma capacidade não vão adiante, e parece significativo que toda pessoa que observei aplicando o princípio de prestar mais serviço do que era paga para fazer detinha um cargo melhor e recebia pagamento maior do que aquelas que simplesmente prestavam um serviço para "ir levando".

Pessoalmente, nunca recebi uma promoção na vida que não pudesse ligar diretamente ao reconhecimento de que a obtive por prestar mais e melhor serviço do que havia sido pago para fazer.

Estou sublinhando a importância de fazer deste princípio um hábito que permite a um empregado promover-se a uma posição mais elevada e com maior remuneração porque este curso será utilizado por milhares de jovens que trabalham para outros. Entretanto, o princípio aplica-se a empregadores e profissionais liberais e autônomos da mesma forma que a empregados.

A observância desse princípio traz uma recompensa dupla. Primeiro, maior ganho material do que o desfrutado por aqueles que não o observam; segundo, a recompensa da felicidade e satisfação que só surgem para os que prestam tal serviço. Se você não recebe nenhum pagamento além daquele que vem no envelope, você está sendo mal pago, não importa quanto dinheiro o envelope contenha.

✦

Minha esposa chegou da biblioteca pública com um livro para eu ler. O livro em questão era o *Observation: Every Man His Own University* (Observação: cada homem é sua própria universidade), de Russel H. Conwell.

Por acaso abri o livro no início do capítulo intitulado "Universidade de todo homem", e, enquanto lia, meu primeiro impulso foi recomendar que você fosse à biblioteca e lesse todo o livro; mas, pensando melhor, não farei isso; em vez disso, vou recomendar que compre o livro e leia não uma vez, mas cem vezes, porque ele cobre o assunto desta lição como se tivesse sido escrito com esse objetivo; e cobre de uma maneira bem mais impressionante do que eu poderia fazer.

A seguinte citação do capítulo intitulado "Universidade de todo homem" oferece uma ideia das pepitas de ouro de verdade encontradas por todo o livro:

> O intelecto pode ser levado a olhar muito além do alcance comum de homens e mulheres, mas nem todas as universidades do mundo podem por si só conferir esse poder — essa é a recompensa da "autocultura"; cada um deve adquiri-la por si, e talvez seja essa a razão pela qual o poder de observar profunda e amplamente é encontrado com muito mais frequência em homens e mulheres que nunca cruzaram o umbral de nenhuma faculdade a não ser a Universidade dos Golpes Duros.

Leia o livro como parte desta lição, pois irá prepará-lo para lucrar com a filosofia e psicologia sobre as quais esta lição se baseia.

✦

Iremos agora analisar a lei sobre o qual toda esta lição é baseada, ou seja:



## A LEI DOS RETORNOS CRESCENTES!

Vamos começar nossa análise mostrando como a natureza emprega essa lei a favor dos lavradores. O fazendeiro prepara o solo cuidadosamente, então semeia o trigo e espera a lei dos retornos crescentes trazer de volta a semente que ele semeou, multiplicada.

Se não fosse a lei dos retornos crescentes, o homem pereceria, pois não poderia fazer o solo produzir comida suficiente para sua subsistência. Nao haveria vantagem em semear uma lavoura de trigo se o rendimento da colheita não fosse maior do que o que foi semeado.

Com esta "dica" vital que podemos colher dos campos de trigo, vamos proceder para nos apropriar da lei dos retornos crescentes e aprender como aplicá-la ao serviço que prestamos, com a finalidade de que possa produzir retornos em excesso e fora da proporção do esforço empregado.

Primeiro, deixe-me enfatizar que não existe nem trapaça, nem mutreta relacionadas a essa lei, embora alguns pareçam não ter aprendido essa grande verdade, a julgar pelo número de pessoas que aplicam todo seu esforço tentando conseguir algo a troco de nada, ou algo por menos do que o valor real.

Não é para tal finalidade que recomendamos o uso da lei dos retornos crescentes, pois tal finalidade não é possível dentro do amplo significado da palavra sucesso.

*Em última análise, nada importa muito. A derrota, que hoje parece partir seu coração, mais adiante será apenas uma marola entre as ondas de outras experiências no oceano de sua vida.*

Outra característica notável da lei dos retornos crescentes é que ela pode ser usada com grandes resultados tanto por compradores de serviço quanto prestadores de serviço; para provar isso, temos apenas que estudar os efeitos da famosa escala de salário-mínimo de cinco dólares por dia de Henry Ford.

Aqueles familiarizados com o assunto dizem que Ford não estava fazendo papel de filantropo quando lançou essa escala de salário-mínimo; pelo contrário, estava somente tirando vantagem de um sólido princípio de negócios que provavelmente rendeu maiores retornos em dólares e boa vontade do que qualquer outra política já lançada em suas fábricas.

Pagando salário acima da média, ele recebeu mais e melhor serviço do que a média!

Com a implantação da política de salário-mínimo, em uma só tacada Ford atraiu a melhor mão de obra no mercado e colocou um prêmio no privilégio de trabalhar em sua fábrica.

Não disponho de números fidedignos sobre o assunto, mas tenho sólido motivo para supor que, para cada US$ 5 que Ford gastava com sua política, recebia pelo menos o equivalente a US$ 7,50 em serviço. Tenho também sólidos motivos para acreditar que essa política permitiu a Ford reduzir o custo da supervisão, pois um emprego em sua fábrica tornou-se tão desejável que nenhum trabalhador correria o risco de perder o cargo "enrolando" no trabalho ou prestando um serviço de má qualidade.

Enquanto outros empregadores eram forçados a depender de supervisão cara a fim de conseguir o serviço pelo qual estavam pagando e a que tinham direito, Ford conseguia o mesmo ou melhor serviço pelo método menos dispendioso de colocar um prêmio no emprego em sua fábrica.

DIA 210

Marshall Field provavelmente foi o comerciante líder em seu tempo, e a grande loja Field de Chicago é hoje um monumento à habilidade dele em aplicar a lei dos retornos crescentes.

Uma cliente comprou um caro corselete de renda na Field, mas não usou. Dois anos depois, deu para sua sobrinha como presente de casamento. Discretamente, a sobrinha devolveu o corselete para a loja e o trocou por outra mercadoria, apesar de fazer mais de dois anos e a peça então estar fora de moda.

Não só a Field aceitou o corselete, como, o que é mais importante, fez isso sem discutir!

É claro que não havia obrigação moral ou legal por parte da loja em aceitar a devolução do corselete depois de tanto tempo, o que torna a transação ainda mais significativa.

O corselete custava originalmente US$ 50 e, claro, teve que ser jogado no balcão de promoções e vendido por um valor qualquer, mas o estudante sagaz da natureza humana entenderá que a Field não perdeu nada naquela peça e, na verdade, lucrou na transação de uma forma que não pode ser medida em meros dólares.

A mulher que devolveu o corselete sabia que não tinha direito a ressarcimento; portanto, quando a loja deu o que ela não tinha direito, a transação conquistou uma cliente permanente. Mas o efeito da negociação não acabou aí — foi só o começo, pois a mulher espalhou por toda parte a notícia do "tratamento justo" recebido na Field. Aquele foi o assunto das mulheres de seu grupo por muitos dias, e a Field obteve mais publicidade pela transação do que conseguiria pagando dez vezes o preço do corselete por algum tipo de anúncio.

O sucesso das lojas Field foi construído amplamente sobre a compreensão de Marshall Field da lei dos retornos crescentes, que o levou a adotar como parte da política de negócios o *slogan* "o cliente sempre tem razão".

*Amar elogios, mas não os venerar, temer a condenação, mas não se submeter a ela são provas de uma personalidade equilibrada.*

Quando você faz apenas o que é pago para fazer, não existe nada de extraordinário para atrair comentários favoráveis, mas, quando você está disposto a fazer mais do que é pago para fazer, sua ação atrai a atenção favorável de todos os envolvidos e vai um passo além no estabelecimento de uma reputação que acabará fazendo a lei dos retornos crescentes trabalhar em seu favor, pois tal reputação criará uma ampla demanda por seus serviços.

Carol Downes foi trabalhar para W. C. Durant, o fabricante de automóveis, em um cargo subalterno. Tornou-se o braço direito de Durant e presidente de uma das suas companhias de distribuição de automóveis. Downes promoveu-se a essa posição lucrativa unicamente pela lei dos retornos crescentes, que ele colocou em operação prestando mais e melhor serviço do que era pago para fazer.

Em uma visita recente a Downes, pedi que me contasse como fez para ganhar a promoção tão rapidamente. Em algumas breves frases, ele contou a história toda.

"Quando fui trabalhar com Durant", disse Downes, "notei que ele sempre permanecia no escritório muito depois de todos os outros terem ido para casa e decidi ficar também. Ninguém me pediu para ficar, mas pensei que alguém deveria estar lá para dar a Durant qualquer assistência de que ele pudesse precisar. Com frequência, ele olhava ao redor em busca de alguém para trazer uma carta ou arquivo ou prestar algum outro serviço trivial e sempre me encontrava lá, pronto para servir. Ele adquiriu o hábito de contar comigo; essa é toda a história".

"Ele adquiriu o hábito de contar comigo!"

Leia a frase de novo, pois é cheia de significado, dos mais ricos.

Por que Durant adquiriu o hábito de contar com Downes? Porque Downes tratou de ficar à mão onde pudesse ser visto. Ele deliberadamente colocou-se no caminho de Durant a fim de que pudesse prestar serviço que colocasse a lei dos retornos crescentes a seu favor.



Mandaram-no fazer isso? Não!

Ele foi pago para fazer isso? Sim! Foi pago pela oportunidade de chamar a atenção do homem que tinha o poder de promovê-lo.

Estamos nos aproximando da parte mais importante desta lição, pois é o momento apropriado para sugerir que você tem a mesma oportunidade que Downes de fazer uso da lei dos retornos crescentes e pode aplicar a lei da mesma forma que ele, ficando à mão e pronto para oferecer seu serviço na execução de trabalhos de que outros podem esquivar-se porque não são pagos para fazer.

Pare! Não fale — nem ao mesmo pense —, se você tem a mais leve intenção de vir com a velha e manjada frase: "Mas meu empregador é diferente".

É claro que ele é diferente. Todos os homens são diferentes em muitos aspectos, mas são muito parecidos no seguinte: são um tanto egoístas; na verdade, são egoístas o bastante para não querer que um homem como Carol Downes tente a sorte com o concorrente, e esse egoísmo pode servir como trunfo e não como deficiência, se você tiver o discernimento de se tornar tão útil que a pessoa a quem vende seus serviços não possa ficar sem você.

Uma das promoções mais vantajosas que já recebi ocorreu a partir de um fato que pareceu insignificante. Num sábado à tarde, um advogado cujo escritório ficava no mesmo andar do meu empregador chegou e perguntou se eu sabia onde ele poderia conseguir um estenógrafo para fazer um trabalho que precisava terminar naquele dia.

Eu disse que todos os nossos estenógrafos haviam ido ao jogo de beisebol e que eu também não estaria mais ali se ele tivesse chegado cinco minutos depois, mas ficaria muito feliz em ficar e fazer o trabalho, já que poderia ir ao jogo a qualquer dia e o trabalho dele deveria ser feito naquele dia.

Fiz o trabalho e, quando ele perguntou quanto me devia, respondi: "Oh, uns mil dólares, já que é para você; se fosse para qualquer outra pessoa, eu não cobraria nada". Ele sorriu e agradeceu.

Quando fiz o comentário, nunca pensei que ele me pagaria mil dólares pelo trabalho daquela tarde, mas ele pagou! Seis meses depois, quando eu havia esquecido completamente do episódio, ele foi me ver novamente e perguntou qual era o meu salário. Quando respondi, ele informou que estava pronto a me pagar aqueles mil dólares que eu havia dito de brincadeira que cobraria pelo trabalho executado e pagou dando-me um cargo com um aumento anual de mil dólares no salário.

Inconscientemente, eu havia colocado a lei dos retornos crescentes a funcionar a meu favor naquela tarde, desistindo do beisebol e prestando um serviço obviamente pelo desejo de ser útil e não por uma questão monetária.

Não era meu dever desistir da minha tarde de sábado.

Mas foi um privilégio!

Além disso, foi um privilégio lucrativo, pois me proporcionou mil dólares em dinheiro e uma posição de responsabilidade muito maior do que a que eu ocupava anteriormente.

Era dever de Carol Downes estar à disposição até o final do expediente normal, mas era privilégio dele permanecer no posto após os outros trabalhadores irem embora, e esse privilégio exercido corretamente trouxe maiores responsabilidades e um salário que lhe rende mais em um ano do que ele poderia ter ganho a vida inteira na posição que ocupava antes de exercer esse privilégio.

Pensei por mais de 25 anos sobre o privilégio de se executar mais e melhor serviço do que somos pagos para fazer, e meus pensamentos me levaram à conclusão de que uma única hora de cada dia dedicada a prestar um serviço para o qual não somos pagos pode produzir maiores retornos do que o recebido durante todo o restante do dia, quando apenas executamos nosso dever.

(Ainda estamos nos arredores da parte mais importante desta lição; portanto, pense e assimile enquanto percorre estas páginas.)

A lei dos retornos crescentes não é invenção minha, nem reivindico a descoberta do princípio de prestar mais e melhor serviço do que se é pago para fazer como forma de utilizar esta lei. Apenas me apropriei dela após muitos anos de cuidadosa observação das forças que entram na conquista do sucesso, assim como você se apropriará após entender seu significado.

> *O homem educado é aquele que aprendeu como conseguir tudo de que precisa sem violar os direitos dos outros homens. A educação vem de dentro; você a obtém pelo empenho, esforço e pensamento.*

Você poderia começar esse processo de apropriação agora, fazendo um experimento que pode facilmente abrir seus olhos e respaldar seus esforços com poderes que você não sabe que possui.

Deixe-me alertá-lo, contudo, a não tentar esse experimento com o mesmo espírito com que certa mulher testou a passagem bíblica de que, "se tiverdes fé como um grão de mostarda, direis a este monte: passa daqui para acolá, e ele passará. Nada vos será impossível". A mulher vivia perto de uma alta montanha que podia avistar da sua porta; portanto, ao se recolher naquela noite, ordenou à montanha para remover-se para outro local.

Na manhã seguinte, pulou da cama, correu para a porta e olhou, mas a montanha ainda estava lá. Então ela disse:

"Bem como eu esperava! Eu sabia que continuaria lá".

Pedirei a você para que aborde com plena fé esse experimento que marcará um dos momentos de virada mais importantes toda a sua vida. Vou pedir para que tome como objetivo do experimento a remoção de uma montanha situada onde seu templo do sucesso deveria estar e onde nunca poderá estar até você remover a montanha.

Você pode nunca ter percebido a montanha a que me refiro, mas mesmo assim ela está bem no seu caminho, a não ser que você já a tenha descoberto e removido.

"E o que é essa montanha?", você pergunta!

É a sensação de ter sido enganado a menos que você receba pagamento material por todo serviço que presta.

Esse sentimento pode estar se expressando de forma inconsciente e destruindo a base do seu templo do sucesso em dúzias de maneiras que você nem percebe.

Entre os tipos mais humildes da humanidade, esse sentimento geralmente busca expressão externa em termos como o seguinte:

"Não sou pago para fazer isso e serei um idiota se o fizer!".

Você conhece o tipo a que essa referência é feita, você topou com ele muitas vezes, mas nunca encontrou uma única pessoa desse tipo que seja bem-sucedida e nunca encontrará.

O sucesso deve ser atraído pelo entendimento e aplicação de leis tão imutáveis quanto a da gravidade. Não pode ser encurralado e capturado como um novilho selvagem. Por isso pede-se que você entre no experimento a seguir com o objetivo de se familiarizar com uma das mais importantes dessas leis, isto é, a lei dos retornos crescentes.

O experimento:

Durante os próximos seis meses, encarregue-se de prestar um serviço útil para pelo menos uma pessoa todos os dias, pelo qual não espere nem aceite pagamento monetário.

Realize esse experimento com fé e desvendará para seu benefício uma das leis mais poderosas para a conquista de sucesso duradouro — e não ficará desapontado.

A prestação desse serviço pode ser feita de dezenas de maneiras. Por exemplo, pode ser pessoalmente para uma ou mais pessoas específicas, ou para seu empregador como trabalho que você executa após o expediente.

A pessoa que semeia um único pensamento bonito na mente de outra presta ao mundo um serviço maior do que o prestado por todos os críticos juntos.

Pode ainda ser prestado para completos estranhos que você não espera rever. Não importa para quem você preste esse serviço, desde que o preste com boa vontade e apenas com o objetivo de beneficiar outros.

Se levar essa experiência a cabo com a atitude mental adequada, você descobrirá aquilo que todos os outros familiarizados com a lei em que isso se baseia descobriram, ou seja:

Você não pode prestar mais serviço sem receber compensação, do mesmo modo que não pode negar-se a prestar sem sofrer a perda da recompensa.

"Causa e efeito, meios e fins, semente e fruto não podem ser separados", disse Emerson, "pois o efeito já floresce na causa, o fim preexiste nos meios, e a fruta, na semente".

✦

DIA 213

"Se você serve a um mestre ingrato, sirva-o mais. Coloque Deus em débito com você. Cada golpe será reembolsado. Quanto mais tempo o pagamento for retido, melhor para você, pois os juros sobre juros são a taxa e a utilidade desse tesouro."

✦

"A lei da natureza é: faça e você terá poder, mas aqueles que não fazem não terão poder."

✦

"Os homens sofrem por toda a vida sob a tola superstição de que podem ser enganados. Mas é tão impossível um homem ser enganado por qualquer um além dele mesmo quanto uma coisa ser e não ser ao mesmo tempo. Existe uma terceira parte silenciosa em todos os nossos negócios. A natureza e a alma das coisas assumem a garantia do cumprimento de cada contrato; por isso, serviço honesto não pode se tornar perda."

Antes de iniciar o experimento solicitado, leia o ensaio de Emerson sobre compensação, pois ajudará a entender por que você está fazendo o experimento.

Talvez você tenha lido a "Compensação" antes. Leia de novo! Um dos estranhos fenômenos que você observará a respeito desse ensaio reside no fato de que, a cada vez que ler, você descobrirá novas verdades que não havia notado na leitura anterior.

Alguns anos atrás, fui convidado a fazer o discurso de formatura para os alunos de uma faculdade do Leste. Durante o discurso, detive-me longamente e com toda a ênfase a meu alcance na importância de se prestar mais e melhor serviço do que é pago para fazer.

Após o discurso, o presidente e um secretário da faculdade convidaram-me para almoço. Enquanto comíamos, o secretário virou-se para o presidente e disse: "Descobri o que esse homem está fazendo. Está se destacando no mundo ao ajudar primeiramente os outros a avançar".

Nessa breve declaração, ele resumiu a parte mais importante de minha filosofia sobre o sucesso.

É literalmente verdade que você pode ser melhor e mais rapidamente bem-sucedido ajudando os outros a terem sucesso.

Há uns dez anos, quando estava envolvido no ramo da publicidade, construí toda a minha clientela aplicando os fundamentos que embasam esta lição. Tendo meu nome na lista de mala-direta de várias empresas de vendas pelo correio, eu recebia seus impressos de venda. Quando recebia uma carta, um catálogo ou um folheto que acreditava poder melhorar, colocava mãos à obra e fazia a melhora, depois reenviava para a empresa com uma carta dizendo que era apenas uma pequena amostra do que eu poderia fazer — que havia um monte de outras boas ideias de onde aquelas tinham vindo — e que eu ficaria feliz em prestar serviço regular por um mês grátis.

Invariavelmente isso gerava um pedido de meus préstimos.

Em certa ocasião, lembro que uma empresa foi desonesta a ponto de se apropriar de minha ideia e usá-la sem pagar, mas isso acabou tornando-se uma vantagem para mim da seguinte forma: um membro da empresa com conhecimento da transação abriu outro negócio e, como resultado do trabalho que eu havia feito para seus ex-sócios e pelo qual não fui pago, contratou-me em uma base que me rendeu mais que o dobro do montante que eu teria ganho na empresa anterior.

Assim, a lei da compensação me devolveu com juros o que eu havia perdido prestando serviço para os que foram desonestos.

Se eu estivesse à procura de um campo de trabalho lucrativo hoje, poderia encontrá-lo colocando de novo em ação o plano de reescrever publicações de vendas como meio de criar um mercado para meus serviços. Talvez eu encontrasse outros que se apropriassem de minhas ideias sem pagar, mas as pessoas de modo geral não fariam isso pelo simples motivo de que seria mais rentável para elas lidar de forma justa comigo e assim valer-se da continuidade de meus serviços.



Há muitos anos fui convidado para proferir uma palestra para os alunos da Escola Palmer em Davenport, Iowa. Meu empresário finalizou o acerto para que eu aceitasse o convite sob os termos regulares em vigor na época, que eram US$ 100 pela palestra e despesas de viagem.

Quando cheguei a Davenport, encontrei um comitê de recepção me esperando na estação de trem e naquela noite tive uma das mais calorosas acolhidas de minha carreira pública até então. Conheci muitas pessoas agradáveis, de quem coletei muitos fatos valiosos para meu benefício; portanto, quando solicitaram que eu enviasse meus gastos para que a escola pudesse me dar um cheque, disse que já havia recebido um pagamento multiplicado em virtude do que aprendi enquanto estava lá. Recusei o honorário e retornei a meu escritório em Chicago sentindo-me muito bem pago pela viagem.

Na manhã seguinte, Palmer dirigiu-se aos dois mil alunos de sua escola e contou o que eu havia dito sobre me sentir pago pelo que havia aprendido e adicionou:

"Nos vinte anos em que conduzo essa escola, tive dezenas de oradores palestrando para o corpo de alunos, mas esta foi a primeira vez que conheci um homem que recusasse o pagamento porque se sentiu pago por seus serviços de outra maneira. Esse homem é o editor de uma revista nacional, e aconselho todos vocês a assinarem a revista, pois um homem como esse deve ter o que vocês vão precisar quando forem a campo oferecer seus serviços".

Até o meio da semana, eu havia recebido mais de US$ 6 mil em assinaturas da revista que eu editava e nos dois anos seguintes esses mesmos dois mil alunos e seus amigos enviaram mais de US$ 50 mil em assinaturas.

Diga-me, se puder, como ou onde eu poderia ter investido US$ 100 com tanta rentabilidade como ao recusar aceitar meus honorários de US$ 100 e assim colocar a lei dos retornos crescentes a trabalhar a meu favor?

Passamos por dois períodos importantes nesta vida: um é aquele em que adquirimos, classificamos e organizamos conhecimento; o outro é aquele em que lutamos por reconhecimento. Primeiro temos que aprender algo, o que exige mais esforço do que a maioria de nós está disposta a empregar na tarefa; mas, após termos aprendido algo que pode ser útil aos outros, ainda somos confrontados com o problema de convencê-los de que podemos servi-los.

Um dos motivos mais importantes por que devemos sempre estar não apenas prontos, mas dispostos a prestar serviço, é o fato de que, cada vez que o fazemos, obtemos com isso mais uma oportunidade de provar a alguém que temos capacidade; damos um passo a mais para a obtenção do reconhecimento necessário que todos devemos ter.

Em vez de dizer ao mundo: "Mostre-me a cor do seu dinheiro, e lhe mostrarei o que posso fazer", inverta a regra e diga: "Deixe-me mostrar a cor do meu serviço para que eu possa dar uma olhada na cor do seu dinheiro se você gostar do trabalho".

Em 1917, uma mulher que estava chegando aos cinquenta anos de idade trabalhava como estenógrafa por US$ 50 semanais. A julgar pelo salário, ela não deveria ser lá muito competente no trabalho.

Agora repare na mudança:

No ano passado, a mesma mulher lucrou pouco mais de US$ 100 mil proferindo palestras.

O que fez a ponte entre o formidável abismo dessas duas capacidades de ganho? Você pergunta, e eu respondo:

O hábito de executar mais e melhor serviço do que ela era paga para fazer, com isso tirando vantagem da lei dos retornos crescentes.

Essa mulher é muito conhecida por todo o país, sendo hoje uma palestrante proeminente no tema da psicologia aplicada.

*Nenhum homem pode alcançar fama e fortuna sem carregar outros com ele. Isso simplesmente não pode ser feito.*

Deixe-me mostrar como ela aproveita a lei dos retornos crescentes. Primeiro, ela vai a uma cidade e apresenta uma série de quinze palestras grátis. Todos podem participar sem pagar nada. Durante a apresentação dessas quinze palestras, ela tem a oportunidade de "se vender" para a plateia e, ao final da série, anuncia a formação de uma turma, cobrando US$ 25 por aluno.

O plano dela é só isso!

Enquanto ela amealha uma pequena fortuna a cada ano, existem dúzias de palestrantes muito mais competentes que mal ganham o suficiente para pagar as despesas simplesmente porque ainda não estão familiarizados com os alicerces desta lição como ela.

Agora, gostaria que você parasse e respondesse a seguinte pergunta:

Se uma mulher de cinquenta anos sem qualificações extraordinárias pode aproveitar a lei dos retornos crescentes e ascender de estenógrafa de US$ 50 por semana a palestrante de mais de US$ 100 mil por ano, por que você não pode aplicar a mesma lei e obter vantagens que agora não possui?

Não se preocupe com o que há no restante desta lição até ter respondido essa pergunta — e ter respondido como ela deve ser respondida!

Você está lutando, tímida ou avidamente, para conquistar um lugar no mundo. Talvez esteja exercendo esforço suficiente para gerar sucesso da mais alta ordem, caso esse esforço seja conjugado com a lei dos retornos crescentes e por ela sustentado.

Por isso, você deve descobrir como pode aplicar essa lei com o máximo proveito.

Agora volte à pergunta, pois estou decidido a não deixar você passar por ela de forma leviana, sem o benefício de pelo menos tentar respondê-la.

Em outras palavras, é indiscutível que você está sendo confrontado com uma pergunta que afeta seu futuro de forma vital e evitá-la será um erro.

Você pode deixar esta lição de lado após a leitura, e é seu privilégio fazer isso sem tentar aproveitá-la, mas, se o fizer, nunca mais será capaz de olhar para si mesmo em um espelho sem ser assombrado pela sensação de que enganou a si mesmo deliberadamente!

Talvez isso seja falar a verdade de forma pouco diplomática, mas, quando comprou este curso sobre a Lei do Sucesso, você o fez porque queria fatos e está obtendo tais fatos sem o embelezamento de desculpas.

Após terminar esta lição, se voltar e revisar as lições sobre iniciativa, liderança e entusiasmo, você as entenderá melhor.

Aquelas lições e esta estabelecem nitidamente a necessidade de tomar a iniciativa, seguida de ação agressiva, fazendo mais do que é pago para fazer. Se gravar os fundamentos dessas três lições em sua consciência, você mudará como pessoa, e faço essa afirmação independentemente de quem você seja ou de qual seja a sua vocação.

Se essa linguagem franca o enfurece, fico feliz, pois indica que você pode ser incitado! Agora, para tirar proveito do conselho de alguém que cometeu muito mais erros do que você e, por isso, aprendeu algumas das verdades fundamentais da vida, aproveite essa raiva e foque em si mesmo até que isso o incite a prestar o serviço de que você é capaz.

Caso faça isso, você poderá cobrar uma régia recompensa.

✤



Vamos agora voltar nossa atenção para uma parte importante do hábito de prestar mais e melhor serviço do que somos pagos para fazer, ou seja, o fato de que podemos desenvolver este hábito sem pedir permissão.

Tal serviço pode ser prestado por iniciativa própria, sem o consentimento de qualquer pessoa. Você não precisa consultar aqueles para quem presta o serviço, pois é um privilégio sobre o qual você tem controle absoluto.

Existem muitas coisas que você pode fazer para promover seus interesses, mas a maioria exige a cooperação ou o consentimento de outros. Se você presta menos serviço do que é pago para fazer, deve fazê-lo mediante autorização do comprador do serviço, ou o mercado para seu serviço em breve acabará.

Quero que você capte o pleno significado da prerrogativa de prestar mais e melhor serviço do que aquele pelo qual é pago, pois isso coloca diretamente sobre seus ombros a responsabilidade de prestar tal serviço, e, se falhar em fazê-lo, você não terá uma desculpa plausível ou "álibi" a que recorrer caso fracasse na conquista de seu objetivo principal definido de vida.

Uma das verdades mais essenciais e mais difíceis que tive que aprender é que cada pessoa deve ser seu próprio mestre de tarefas difíceis.

Somos grandes construtores de "álibis" e criadores de "desculpas" para respaldar nossos defeitos.

Não estamos procurando fatos e verdades como eles são, mas como desejamos que fossem. Preferimos palavras melosas de bajulação à verdade fria e imparcial, e aí reside o ponto mais fraco do bicho-homem.

Além disso, estamos em pé de guerra com aqueles que ousam desvendar a verdade em nosso próprio benefício.

Um dos choques mais fortes que levei no início de minha carreira pública foi entender que os homens ainda são crucificados pelo crime de falar a verdade. Lembro de uma experiência que tive há uns dez anos com um homem que havia escrito um livro fazendo propaganda de sua escola de administração. Ele enviou o livro e me pagou para revisar e dar minha opinião sincera. Revisei o livro com cuidado meticuloso, depois cumpri minha obrigação de mostrar onde eu acreditava que o livro era fraco.

Ali aprendi uma grande lição, pois o homem ficou tão furioso que nunca me perdoou por lhe fazer olhar seu livro através dos meus olhos. Quando me pediu para falar francamente quais "críticas" eu tinha a fazer sobre o livro, o que ele realmente queria era que eu lhe dissesse o que via no livro que merecesse "elogio".

Assim é a natureza humana!

Procuramos mais a bajulação do que a verdade. Eu sei porque sou humano.

Tudo isso é a preparação para o "golpe mais desagradável de todos" que tenho o dever de infligir a você, ou seja, sugerir que você não se deu tão bem quanto poderia porque não aplicou uma dose suficiente da verdade estabelecida na Lição 8, sobre autocontrole, para atribuir a si mesmo seus erros e defeitos.

Fazer isso requer autocontrole — e muito.

Se você pagasse cem dólares a alguém que tivesse a capacidade e a coragem de despi-lo de sua vaidade, orgulho e amor por bajulação, para que você visse a sua parte mais fraca, o preço seria bastante razoável.

Passamos pela vida tropeçando, caindo e lutando de joelhos, lutando e caindo um pouco mais, fazendo-nos de imbecis e finalmente sucumbindo em derrota, em grande parte porque negligenciamos ou nos recusamos terminantemente a aprender a verdade sobre nós.

Desde que descobri algumas de minhas fraquezas durante o trabalho de ajudar os outros a descobrirem as deles, coro de vergonha quando faço uma retrospectiva de vida e penso no quanto devo ter parecido ridículo aos olhos daqueles que conseguiam me ver como eu não me via.

Nos pavoneamos diante das sombras alongadas de nossa vaidade e imaginamos que aquelas sombras são o nosso eu real, enquanto as poucas almas conscientes que encontramos param ao longe e nos olham com pena ou desprezo.

Espere um minuto! Ainda não acabei com você.

Você me pagou para mergulhar nas profundezas do seu eu real e fazer um inventário do que existe lá, e farei o trabalho mais correto que puder.

Não só você tem enganado a si mesmo quanto à verdadeira causa de seus fracassos passados, como tentou pendurar tais causas na porta de outrem.

Quando as coisas não saíram ao seu agrado, em vez de aceitar a plena responsabilidade pela causa, você disse: "Oh, dane-se esse trabalho! Não gosto do jeito que estão me tratando, então vou largar!".

Não negue!

Agora, deixe-me sussurrar um segredinho em seu ouvido — um segredo que tive que adquirir em decorrência de tristezas, mágoas e punição desnecessárias do pior tipo.

Em vez de "largar" o trabalho porque havia obstáculos a dominar e dificuldades a superar, você deveria ter encarado os fatos e teria então descoberto que a vida em si é apenas uma longa sequência de domínio de dificuldades e obstáculos.

*Todo vendedor fará bem em lembrar que nenhum de nós quer algo de que alguém deseja "se livrar".*

O tamanho de um homem pode ser medido muito precisamente pela extensão a que ele se adapta a seu ambiente e se encarrega de assumir a responsabilidade por toda adversidade com que depara, não importa se surgida de uma causa sob seu controle ou não.

Agora, se acha que o "descasquei" muito severamente, tenha pena de mim, ó companheiro de viagem, pois você certamente deve saber que tive que me punir muito mais intensamente do que puni você antes de aprender a verdade que estou transmitindo aqui para seu uso e orientação.

Tenho alguns inimigos — graças a Deus por eles! — que foram vulgares e impiedosos o suficiente para dizerem certas verdades sobre mim que me forçaram a me livrar de algumas de minhas mais sérias deficiências, principalmente aquelas que eu não sabia que possuía. Lucrei com a crítica desses inimigos sem ter que pagar pelo serviço deles em dólares, embora tenha pagado de outras maneiras.

Contudo, não faz muitos anos que vislumbrei alguns de meus defeitos mais gritantes, trazidos à minha atenção enquanto estudava o ensaio de Emerson sobre compensação, particularmente o seguinte trecho:

> Nossa força provém de nossa fraqueza.
>
> Só depois de sermos picados, aferroados e severamente atingidos, desperta a indignação que se arma de forças secretas. Um grande homem está sempre disposto a ser pequeno. Enquanto está sentado sobre a almofada da vantagem, ele dorme. Quando é pressionado, atormentado, derrotado, ele tem a chance de aprender algo, ele aciona seu juízo, sua virilidade, adquire fatos, toma conhecimento de sua ignorância, é curado da insanidade da presunção, adquire moderação e habilidade verdadeira. O homem sábio sempre se lança ao lado de seus agressores. É mais de seu interesse do que daqueles encontrar seu ponto fraco. A acusação é mais segura do que o elogio. Odeio ser defendido em um jornal. Enquanto tudo que dizem é contra mim, sinto uma certa garantia de sucesso. Mas, quando dizem palavras melosas de elogio sobre mim, sinto-me como alguém desprotegido diante de seus inimigos.

Estude a filosofia do imortal Emerson, pois pode servir de força modificadora que irá temperar seu metal e prepará-lo para as batalhas da vida, assim como o carbono tempera o aço.

Se você é muito jovem, precisa ainda mais estudar isso, pois frequentemente são necessárias as duras realidades de muitos anos de experiência para a pessoa preparar-se para assimilar e aplicar essa filosofia.

É melhor você entender essas grandes verdades a partir de minha apresentação não diplomática do que ser forçado a coletá-las das fontes menos simpáticas da fria experiência. A experiência é uma professora que não tem favoritos. Ao lhe permitir lucrar com as verdades que reuni dos ensinamentos dessa professora fria e antipática chamada "experiência", estou fazendo o máximo para lhe mostrar favoritismo, o que me lembra um pouco dos tempos em que meu pai costumava "fazer seu dever" por mim no sótão, sempre começando com essa pequena filosofia encorajadora: "Filho, isso dói mais em mim do que em você".



Nos aproximamos assim do final desta lição sem esgotar as possibilidades do assunto; ou melhor, sem mais do que arranhar a superfície.

Ocorre-me a trama de um romance de tempos atrás com a qual posso gravar em sua mente a parte principal desta lição. A história se passou na cidade de Antioquia, na Roma Antiga, há dois mil anos, quando a grande Jerusalém e toda a terra da Judeia estavam sob o tacão opressivo de Roma.

A estrela dessa história é um jovem judeu chamado Ben Hur, falsamente acusado de um crime e sentenciado a trabalho forçado nos remos de uma galé. Acorrentado a um banco na galé e forçado a puxar os remos à exaustão, Ben Hur desenvolveu um corpo poderoso. Mal sabiam seus algozes que da punição surgiria a força com que ele um dia conseguiria sua liberdade. Talvez nem mesmo Ben Hur tivesse tal esperança.

Então chegou o dia da corrida de bigas, o dia destinado a quebrar as correntes que prendiam Ben Hur aos remos da galé e lhe conceder a liberdade.

Uma parelha de cavalos estava sem cavaleiro. Em desespero, o dono buscou a ajuda do jovem escravo por causa de seus braços fortes e implorou para que tomasse o lugar do cavaleiro desaparecido.

Quando Ben Hur pegou as rédeas, elevou-se um poderoso clamor dos espectadores.

"Olhe! Olhe! Aqueles braços! Onde você os conseguiu?", eles berraram, e Ben Hur respondeu: "Nos remos da galé!".

A corrida começou. Com os braços poderosos, Ben Hur calmamente conduziu a parelha de cavalos à vitória; vitória que lhe deu a liberdade.

A vida em si é uma grande corrida de bigas, e a vitória vem somente àqueles que desenvolvem força de caráter, determinação e força de vontade para vencer.

Que importa se desenvolvemos essa força em confinamento cruel nos remos da galé, contanto que a utilizemos para que por fim nos traga a vitória e a liberdade?

É uma lei invariável que a força surge da resistência. Se temos pena do pobre ferreiro que brande um martelo pesado o dia todo, devemos também admirar o maravilhoso braço que ele desenvolve fazendo isso.

"Devido à dupla constituição de todas as coisas, no trabalho e na vida, não pode existir enganação", diz Emerson. "O ladrão rouba de si mesmo. O trapaceiro trapaceia a si mesmo. Pois o preço real do trabalho é conhecimento e virtude, dos quais riqueza e crédito são sinais. Os sinais, como o dinheiro, podem ser falsificados ou roubados, mas o que eles representam, que é conhecimento e virtude, não pode ser falsificado ou roubado."

Henry Ford recebe quinze mil cartas por semana de pessoas implorando uma parte de sua riqueza; todavia, poucas dessas pobres almas ignorantes entendem que a verdadeira riqueza de Ford não é medida pelos dólares no banco ou por suas fábricas, mas pela reputação que adquiriu pela prestação de um serviço útil a preço razoável.

E como ele adquiriu essa reputação?

Certamente não foi prestando o menor serviço possível e amealhando tudo que conseguia surripiar dos compradores.

A filosofia de negócios de Ford é a seguinte:

"Dê às pessoas o melhor produto pelo menor preço possível".

Enquanto outras montadoras aumentavam seus preços, Ford baixava os dele. Enquanto outros empregadores baixavam os salários, Ford aumentava. O que aconteceu? Essa política colocou a lei dos retornos crescentes a respaldar Ford de modo tão efetivo que ele se tornou o homem mais rico e poderoso do mundo.

Ó tolos e míopes em busca de riqueza, que retornam da corrida diária de mãos vazias, por que não aprendem uma lição de homens como Ford? Por que não revertem sua filosofia e passam a dar para que possam receber?

Estou concluindo esta lição na véspera de Natal!

Na outra sala, nossos filhos decoram a árvore natalina, e o ritmo de suas vozes é música para meus ouvidos. Estão felizes não só porque esperam receber, mas pelo motivo mais profundo de que têm presentes escondidos que desejam dar.

Da janela de minha sala, posso ver as crianças dos vizinhos, e elas também estão alegremente engajadas nos preparativos desse evento maravilhoso.

Por todo o mundo civilizado, milhões de pessoas estão se preparando para celebrar o nascimento do príncipe da paz, que, mais do que qualquer homem no mundo, estabeleceu os motivos pelos quais é mais abençoado dar do que receber e por que felicidade duradoura não vem da posse de riqueza material, mas da prestação de serviço à humanidade.

*Não existem homens preguiçosos. O que pode parecer um homem preguiçoso é apenas uma pessoa desafortunada que não encontrou o trabalho mais adequado para si.*

Parece uma estranha coincidência que o encerramento desta lição tenha acontecido na véspera de Natal. Ainda assim, estou feliz, pois proporcionou o ensejo para lembrá-lo de que em lugar algum na história da civilização eu poderia encontrar maior respaldo para os fundamentos desta lição do que no sermão da montanha, no evangelho de Mateus.

O cristianismo é uma das maiores e mais abrangentes influências no mundo atual, e nem preciso me desculpar por lembrá-lo de que os princípios da filosofia de Cristo estão em absoluta harmonia com os fundamentos que alicerçam a maior parte desta lição.

Ao ver rostos de crianças felizes e multidões apressadas nas compras atrasadas de Natal, todos radiantes com o esplendor do espírito de dar, não posso deixar de desejar que toda noite fosse de Natal, pois este seria um mundo melhor, onde a luta pela existência seria reduzida a um mínimo e ódio e conflito seriam banidos.

A vida não passa de um curto espaço de anos. Como uma vela, somos acesos, cintilamos por um momento e então, nos extinguimos! Se fomos colocados aqui com o objetivo de acumular tesouros para uso na vida que está além da sombra escura da morte, não poderíamos coletar melhor esses tesouros prestando todo o serviço que possamos para todos que possamos, em espírito amoroso de bondade e simpatia?

Espero que você concorde com essa filosofia.

Esta lição deve acabar aqui, mas não está de modo algum completa. Seu dever agora é pegar essa linha de pensamento de onde a deixei e desenvolvê-la a seu modo e em seu benefício.

Dada a natureza do assunto, esta lição jamais pode ser finalizada, pois conduz ao coração de todas as atividades humanas. O objetivo é fazer você adotar os fundamentos que a embasam e usá-los como um estímulo que faça sua mente se abrir, liberando assim as forças latentes que você possui.

Esta lição não foi escrita com o objetivo de ensinar e sim de fazer com que você aprenda por si uma das maiores verdades da vida. Foi planejada como uma fonte de educação no verdadeiro sentido de puxar, extrair, desenvolver de dentro para fora as forças mentais disponíveis para seu uso.

Quando produz o melhor serviço de que é capaz, esforçando-se a cada vez para superar os esforços anteriores, você está fazendo uso da maior forma de educação. Portanto, quando presta mais e melhor serviço do que é pago para fazer, você, mais do que qualquer um, está lucrando com o esforço.

A mestria no campo de atividade escolhido só pode ser alcançada com a realização de um serviço desse tipo. Por isso, você deve tornar parte de seu objetivo principal definido agir para superar todos os recordes anteriores em tudo que faz. Deixe isso se tornar parte dos hábitos diários e dê sequência com a mesma regularidade com que faz suas refeições.

Encarregue-se de prestar mais e melhor serviço do que é pago para fazer e eis que, antes que perceba o que aconteceu, você verá que o mundo de bom grado está lhe pagando por mais do que você faz!

Você será pago por seu serviço com uma taxa de juros compostos. Cabe inteiramente a você decidir como essa pirâmide de ganhos acontece.

Agora, o que você irá fazer com o que aprendeu desta lição? E quando? E por quê? Esta lição não pode ter valor a menos que o induza a adotar e usar o conhecimento que proporcionou.

O conhecimento torna-se poder apenas ao ser organizado e usado! Não se esqueça disso.

Você nunca poderá se tornar um líder sem fazer mais do que é pago para fazer e não poderá ser bem-sucedido sem desenvolver a liderança na ocupação escolhida.

*Sempre existe lugar para o homem confiável,*
*que entrega as coisas quando disse que o faria.*

DIA 220

# O MASTERMIND

## UMA VISITA AO AUTOR DEPOIS DA LIÇÃO

*Um poder que pode lhe proporcionar*
*o que quer que você queira neste mundo.*

O sucesso é alcançado pela aplicação do poder.

Na imagem acima você vê duas formas de poder!

À esquerda, o poder físico produzido pela natureza com a ajuda de pingos de chuva organizados derramando-se sobre as cataratas do Niágara. O homem aproveitou essa forma de poder.

À direita, outra forma de poder, muito mais intensa, produzida pela coordenação *harmoniosa* do pensamento da mente humana. Observe que a palavra "harmoniosa" é enfatizada. Na imagem, você vê um grupo de homens sentados à mesa de reuniões em um escritório empresarial moderno. A figura poderosa, elevando-se acima do grupo, representa o "MasterMind" que pode ser criado quando os homens combinam suas mentes em um espírito de perfeita harmonia com algum objetivo definido em vista.

Estude a imagem! Ela representa o maior poder conhecido pelo homem.

✦

Com a ajuda da mente, o homem descobriu muitos fatos interessantes sobre o planeta onde vive, o ar e o éter que preenchem o espaço infinito ao redor e os milhões de outros planetas e corpos celestes que flutuam pelo espaço.

Com a ajuda de um pequeno dispositivo mecânico (concebido por sua mente) chamado "espectroscópio", o homem descobriu, à distância de 148 milhões de quilômetros, a natureza da substância de que o Sol é feito.

Passamos pela Idade da Pedra, Idade do Ferro, Idade do Cobre, pela era do fanatismo religioso, da pesquisa científica, pela era industrial e entramos agora na era do pensamento.

Dos despojos das eras de trevas pelas quais passou, o homem salvou muito material que é nutriente sólido para o pensamento. Embora por mais de dez mil anos tenha grassado a batalha entre ignorância, superstição e medo de um lado e inteligência do outro, o homem coletou conhecimento útil.

Entre outros fragmentos de conhecimento útil, o homem descobriu e classificou os 83 elementos que constituem toda a matéria física. Pelo estudo, análise e comparação, descobriu a "grandeza" das coisas materiais do universo, representadas pelo Sol e pelas estrelas, algumas delas mais de dez milhões de vezes maiores que a Terra. Por outro lado, descobriu a "pequenez" das coisas, reduzindo a matéria a moléculas, átomos e finalmente à menor partícula conhecida, o elétron. Um átomo é tão inconcebivelmente pequeno que um grão de areia contém milhões deles.

As moléculas são compostas por átomos, pequenas partículas de matéria que giram em torno umas das outras em circuito contínuo, na velocidade da luz, assim como a Terra e outros planetas giram em torno do Sol em um circuito sem fim.

O átomo, por sua vez, é composto de elétrons em constante movimento rápido; assim, diz-se que, em cada gota de água e em cada grão de areia, repete-se o princípio sobre o qual todo o universo opera.

Que maravilha! Que estupendo! Como sabemos que essas coisas são verdade? Com o auxílio da mente.

DIA 221

Você pode ter uma pequena ideia da magnitude de tudo isso da próxima vez que comer um bife, lembrando que o bife no prato, o prato em si, a mesa em que está comendo e os talheres com que está comendo são todos, em última análise, compostos da mesmíssima matéria — elétrons.

No mundo físico ou material, quer se olhe para a maior estrela a flutuar através dos céus ou o menor grão de areia encontrado na Terra, o objeto sob observação nada mais é do que um conjunto organizado de moléculas, átomos e elétrons. (Um elétron é uma forma de poder inseparável, constituído de um polo positivo e um negativo.)

O homem sabe muito sobre os fatos físicos do universo!

A próxima grande descoberta científica será o fato já existente de que todo cérebro humano é uma estação de recepção e de transmissão, que toda vibração de pensamento liberada pelo cérebro pode ser absorvida e interpretada por todos os outros cérebros que estão em harmonia, ou em "sintonia", com a taxa de vibração do cérebro emissor.

✦

Como o homem adquiriu o conhecimento que possui a respeito das leis da física neste planeta? Como soube o que existia antes dele e durante o período não civilizado? Ele adquiriu esse conhecimento virando as páginas da bíblia da natureza e vendo ali a incontestável evidência de milhões de anos de luta entre animais de menor inteligência. Virando as grandes páginas de pedra, o homem descobriu ossos, esqueletos, pegadas e outras evidências incontestáveis que a mãe natureza guardou para inspeção ao longo de inacreditáveis períodos de tempos.

Agora o homem está prestes a voltar a atenção para outra parte da bíblia da natureza — aquela onde foi escrita a história da grande luta mental ocorrida no reino do pensamento. Essa página é representada pelo éter ilimitado que captou e ainda carrega cada vibração de pensamento já liberada pela mente humana.

Essa grande página da bíblia da natureza nenhum ser humano foi capaz de adulterar. Seus registros são cabais e em breve poderão ser claramente interpretados. Não foram permitidas interpolações do homem. Não pode haver dúvidas sobre a autenticidade da história escrita nessa página.

Graças à educação (que significa desdobramento, extração, desenvolvimento de dentro para fora da mente humana), a bíblia da natureza está agora sendo interpretada. A história da longa e perigosa luta do homem foi escrita nas páginas dessa que é a maior de todas as bíblias.

Todos os que conquistaram parcialmente os seis medos básicos descritos em outra "visita ao autor" e dominaram com sucesso a superstição e a ignorância podem ler os registros escritos na bíblia da natureza. A todos os demais esse privilégio é negado. Por esse motivo provavelmente existem menos de mil pessoas no mundo inteiro que estão apenas na primeira série no que se refere à leitura dessa bíblia.

No mundo inteiro existem hoje, provavelmente, menos de cem pessoas que sabem alguma coisa ou ouviram falar da química mental pela qual duas ou mais mentes podem ser combinadas em espírito de perfeita harmonia, de tal maneira que nasça uma terceira mente dotada de poder sobre-humano para ler a história da vibração do pensamento conforme escrita e existente nos registros imperecíveis do éter.

O recém-descoberto princípio do rádio calou a boca dos céticos e remeteu os cientistas para novos campos de experimentação. Quando emergirem desse campo de pesquisa, eles nos mostrarão que a mente como a entendemos hoje, quando comparada com a mente do amanhã, será igual à mente de um girino comparada à de um professor de biologia que estudou toda a cadeia da vida animal, da ameba ao homem.

✦



Venha fazer uma visitinha a alguns dos homens mais poderosos de nosso tempo, que fizeram uso do poder criado pela combinação, em espírito de harmonia, de duas ou mais mentes.

Iniciaremos com três homens famosos, conhecidos pelas grandes conquistas nos respectivos campos. Seus nomes são Henry Ford, Thomas A. Edison e Harvey Firestone.

Dos três, Henry Ford é o mais poderoso no que se refere a poder econômico. Ford é hoje o homem mais poderoso do mundo, e acredita-se que o mais poderoso até agora. Seu poder é tão grande que pode ter tudo que deseje de natureza física. Milhões de dólares para ele são apenas brinquedos, não mais difíceis de adquirir do que os grãos de areia com que as crianças constroem castelos.

Edison tem uma percepção tão aguçada da bíblia da mãe natureza que aproveitou e combinou mais leis da natureza para o bem do homem do que qualquer outro que já existiu. Foi ele que juntou a ponta de uma agulha e um pedaço de cera para registrar e preservar a voz humana. Foi ele que fez a eletricidade servir para iluminar nossas casas e ruas com a lâmpada incandescente. Foi ele que fez a câmera gravar e produzir todos os tipos de movimentos com o cinetógrafo moderno.

O feito industrial de Firestone é tão conhecido que não necessita de comentários. Ele fez dólares se multiplicarem tão rapidamente que seu nome tornou-se corriqueiro onde quer que haja automóveis.

Todos os três começaram seus negócios e carreiras profissionais sem nenhum capital e com pouca escolaridade da natureza geralmente referida como "educação".

Talvez o início de Ford tenha sido de longe o mais humilde dos três. Amaldiçoado com a pobreza, atrasado pela falta da escolaridade mais elementar e prejudicado pela ignorância de muitas formas, ele dominou tudo isso em um período inconcebivelmente curto de 25 anos.

Assim, poderíamos descrever brevemente as conquistas de três homens poderosos, bem conhecidos e bem-sucedidos!

Mas estivemos lidando somente com os resultados!

O verdadeiro filósofo deseja saber algo da causa que produziu os resultados desejáveis.

É de conhecimento público que Ford, Edison e Firestone eram amigos pessoais chegados; que uma vez por ano iam para a floresta para um período de recuperação e descanso.

Mas não é de conhecimento geral — é duvidoso até mesmo que eles soubessem — que existiu entre os três homens um vínculo de harmonia do qual nasceu um MasterMind usado por cada um deles. Uma mente de capacidade sobre-humana, apta a "sintonizar" em forças com as quais a maioria dos homens não estão familiarizados.

Vamos repetir a afirmação de que, da combinação e harmonização de duas ou mais mentes (doze ou treze mentes parece o número mais favorável), pode ser produzida uma mente com a capacidade de "sintonizar" nas vibrações do éter e captar dessa fonte pensamentos afins sobre qualquer assunto.

✦

DIA 223

Pela harmonia de suas mentes, Ford, Edison e Firestone criaram o MasterMind que suplementou os esforços de cada um deles, e, seja consciente ou inconscientemente, esse "MasterMind" foi a causa de sucesso de cada um deles.

Não existe outra resposta para a conquista do grande poder e do sucesso de longo alcance dos três em seus respectivos campos de atuação, e isso é verdade ainda que nenhum deles tenha consciência do poder que criaram ou da maneira pela qual o fizeram.

Na cidade de Chicago vivem seis homens poderosos, conhecidos como "os grandes seis". Dizem que os seis formam o grupo mais poderoso do Meio Oeste. Dizem que suas rendas combinadas totalizam mais de US$ 25 milhões por ano.

Cada homem do grupo começou na mais humilde das circunstâncias.

Seus nomes são William Wrigley Jr., dono da empresa das gomas de mascar Wrigley e cuja renda situa-se acima de US$ 15 milhões por ano; John R. Thompson, proprietário da rede Thompson de almoço *self-service* por todo o país; Albert Davis Lasker, proprietário da agência de publicidade Lord & Thomas; Jack McCullough, proprietário da maior empresa de transportes de conexão expressa do mundo; e William Ritchie e John Hertz, donos da empresa Yellow Taxicab.

Via de regra, não existe nada de surpreendente em um homem que não faz nada mais do que se tornar milionário. Entretanto, existe algo relacionado ao sucesso financeiro desses milionários em particular que é mais do que surpreendente, pois é bem sabido que existe uma ligação de amizade entre eles, e dela brotou a condição de harmonia que produz o MasterMind.

Esses seis homens, por acaso ou planejamento, combinaram suas mentes de tal maneira que a mente de cada um foi suplementada por um poder sobre-humano conhecido como "MasterMind", e essa mente proporcionou a cada um deles mais ganho mundano do que qualquer pessoa possivelmente poderia usar.

A lei sobre a qual o MasterMind opera foi descoberta por Cristo quando se cercou de doze discípulos e criou o primeiro Clube dos 13 do mundo.

Apesar de um deles (Judas) ter quebrado a cadeia de harmonia, durante o período em que esta existiu entre os treze, foram plantadas sementes suficientes para garantir a continuidade da filosofia mais grandiosa e de maior alcance já conhecida pelos habitantes da Terra.

Muitos milhões de pessoas acreditam que possuem sabedoria. Muitas realmente possuem sabedoria em certos estágios elementares, mas nenhum homem pode possuir sabedoria verdadeira sem o auxílio do poder conhecido como MasterMind, e tal mente não pode ser criada exceto pela combinação em harmonia de duas ou mais mentes.

Ao longo de muitos anos de experimentação prática, descobriu-se que treze mentes, quando combinadas em espírito de perfeita harmonia, produzem os resultados mais práticos.

Com base nesse princípio, seja consciente ou inconscientemente, encontram-se todos os sucessos industriais e comerciais tão abundantes nesta era.

A palavra "fusão" está se tornando uma das mais populares nos jornais, pois dificilmente passa-se um dia sem que se leia algo sobre uma grande fusão industrial, comercial, financeira ou ferroviária. Lentamente, o mundo está começando a aprender (em algumas poucas mentes apenas) que um grande poder pode ser desenvolvido por meio de aliança amigável e cooperação.

✦

Os empreendimentos industriais, empresariais e financeiros bem-sucedidos são aqueles gerenciados por líderes que, consciente ou inconscientemente, aplicam o princípio do esforço coordenado descrito neste artigo. Se você deseja ser um grande líder em qualquer atividade, cerque-se de outras mentes que possam combinar-se em espírito de cooperação, para que ajam e funcionem como uma.

Se entender e aplicar esse princípio, você pode ter, por seus esforços, o que desejar neste mundo!

*Gosto de ver um homem orgulhoso do seu país, e gosto de vê-lo vivo para que seu país tenha orgulho dele.*

— Lincoln

Os empregadores estão sempre à procura de um homem que faça um trabalho melhor do que o habitual em qualquer coisa, seja embalando um pacote, escrevendo uma carta ou fechando uma venda.

LIÇÃO 10

# PERSONALIDADE AGRADÁVEL

DIA 224

*"Você pode fazer se acreditar que pode!"*

O QUE É UMA personalidade atraente?

Claro que a resposta é: uma personalidade que atrai.

Mas o que faz uma personalidade atrair? Vamos em frente para descobrir. Sua personalidade é a soma total das características e aparências que o distinguem de todos os outros. As roupas que você usa, os traços do rosto, o tom da voz, os pensamentos que tem, o caráter que desenvolveu com esses pensamentos, tudo isso constitui parte de sua personalidade.

Se sua personalidade é atraente ou não, é outro assunto.

De longe, a parte mais importante da personalidade é representada pelo caráter e, portanto, é a parte não visível. O estilo das roupas e sua adequação constituem, sem dúvida, uma parte importante de sua personalidade, pois é verdade que as pessoas formam primeiras impressões a partir da aparência externa.

Até mesmo a maneira como você dá um aperto de mãos forma uma parte importante da personalidade e é muito importante no que se refere a atrair ou repelir aqueles com quem você troca apertos de mãos.

Essa arte pode ser cultivada.

A expressão dos olhos também forma uma importante parte de sua personalidade, pois existem pessoas, e elas são mais numerosas do que se poderia imaginar, que conseguem olhar através dos olhos, dentro do coração, e ver o que está escrito ali em seus pensamentos mais secretos.

A vitalidade do corpo — às vezes chamada de magnetismo pessoal — também constitui uma parte importante da personalidade.

Vamos agora tratar de organizar esses meios externos pelos quais a natureza de sua personalidade se expressa, de modo que ela atraia e não afaste.

Existe uma maneira de expressar o conjunto da personalidade que sempre será atraente, mesmo que você seja tão desajeitado como a "mulher gorda" do circo, e é a seguinte: ter um vivo e genuíno interesse pelo "jogo" da vida dos outros.

Deixe-me ilustrar exatamente o que isso significa, relatando um fato ocorrido há alguns anos, com o qual aprendi uma lição na arte de vender.

Certo dia, apareceu uma senhora em meu escritório e entregou seu cartão com uma mensagem dizendo que precisava me ver pessoalmente. Não houve como as secretárias persuadirem-na a revelar a natureza da visita; por isso, concluí que era alguma pobre alma que desejava me vender um livro e, lembrando de minha mãe, decidi ir à recepção e comprar o livro, fosse qual fosse.

Por favor, acompanhe cada detalhe com atenção, pois você também pode aprender uma lição na arte de vendas a partir desse incidente.

Quando avancei pelo corredor do escritório, a senhora, parada junto à grade de acesso à recepção, começou a sorrir.

Eu já tinha visto muita gente sorrir, mas nunca antes tinha visto alguém sorrir tão docemente como aquela senhora. Era daqueles sorrisos dos mais contagiantes, pois entrei no espírito e comecei a sorrir também.

Ao me aproximar da grade, a senhora estendeu a mão para apertar a minha. Via de regra, nunca sou muito amigável no primeiro contato quando uma pessoa aparece em meu escritório, pois é muito difícil dizer "não" se o visitante pede algo que não desejo fazer.

Entretanto, aquela querida senhora pareceu tão doce, inocente e inofensiva que estendi minha mão e ela a apertou. Então descobri que ela não apenas tinha um sorriso atraente, como um aperto de mãos magnético. Ela segurou minha mão com firmeza, mas não firmeza excessiva, e a maneira como fez isso telegrafou para meu cérebro o pensamento de que era ela quem estava fazendo as honras. Me fez sentir que ela estava real e sinceramente feliz em apertar minha mão, e acredito que ela estivesse. Acredito que seu aperto de mãos veio do coração tanto quanto da mão.



Eu já havia apertado mãos com muitos milhares de pessoas em minha carreira pública, mas não lembro de jamais ter feito isso com uma pessoa que entendesse a arte do aperto de mãos tão bem quanto aquela senhora. No momento em que ela tocou minha mão, pude me sentir "deslizando" e soube que ela conseguiria o que quer que estivesse buscando e que eu a ajudaria e estimularia em tudo que pudesse para tal fim.

Em outras palavras, aquele sorriso penetrante e aquele aperto de mãos caloroso me desarmaram e me fizeram uma "vítima voluntária". Em uma só tacada, aquela senhora me tirou da falsa concha para dentro da qual me esgueiro quando aparece alguém vendendo ou tentando vender algo que não quero. Voltando a uma expressão que você encontrou com bastante frequência em lições prévias deste curso, a gentil visitante "neutralizou" minha mente e me fez querer ouvi-la.

Ah, mas aqui está a pedra em falso na qual a maioria dos vendedores cai e quebra o pescoço, figurativamente falando, pois é tão inútil tentar vender algo a um homem antes de primeiro fazer ele querer ouvi-lo como seria mandar a Terra parar de girar.

Note bem como a velha senhora usou um sorriso e um aperto de mãos como ferramentas para arrombar a janela que levava ao meu coração, mas a parte mais importante do episódio ainda está por vir.

Lenta e deliberadamente, como se tivesse todo o tempo do universo (que ela tinha, no que me dizia respeito naquele momento), a senhora começou a cristalizar o primeiro passo de sua vitória em realidade, falando:

"Vim aqui só para dizer (e aqui me pareceu que ela fez uma longa pausa) que acho que você está fazendo um trabalho mais maravilhoso do que qualquer outro homem no mundo de hoje".

Cada palavra foi enfatizada por um gentil, porém firme, aperto em minha mão, e ela olhou através dos meus olhos e dentro de meu coração enquanto falava.

Após eu recobrar a consciência (pois virou piada entre meus assistentes no escritório que caí desmaiado), destranquei a pequena trava secreta que fechava o portão e disse:

"Entre, querida senhora, venha direto a meu escritório particular", e, com uma reverência elegante digna dos cavaleiros de tempos antigos, a fiz entrar.

Quando ela entrou em meu gabinete, indiquei-lhe a grande poltrona atrás de minha mesa, enquanto sentei na cadeirinha desconfortável que, em circunstâncias normais, teria usado como meio de desencorajá-la a ocupar muito de meu tempo.

Por três quartos de hora, ouvi uma das conversas mais brilhantes e charmosas que já escutei, e apenas minha visitante falou. Desde o começo ela assumiu a iniciativa e tomou a liderança e, até o final daqueles primeiros três quartos de hora, não encontrou nenhuma inclinação de minha parte de desafiar seu direito.

Vou repetir, caso você não tenha entendido o pleno significado: eu fui um ouvinte disposto.

Agora chega a parte da história que me faria corar de vergonha não fosse o fato de você e eu estarmos separados pelas páginas deste livro, mas devo reunir coragem para relatar os acontecimentos porque o episódio inteiro perderia o significado se não o fizesse.

Como afirmei, minha visitante me extasiou com uma conversa brilhante e cativante por três quartos de hora. Agora, sobre o que você supõe que ela falou nesse tempo todo?

Não! Você está errado.

Ela não tentou me vender um livro, nem usou o pronome "eu" uma única vez.

Entretanto, ela não apenas tentou, mas realmente me vendeu algo, e este algo foi eu mesmo.

> *Se você tentou e deparou com a derrota, se você planejou e viu seus planos espatifarem-se diante de seus olhos, apenas lembre-se de que os maiores homens de toda a história foram produtos da coragem, e coragem, você sabe, nasce no berço da adversidade.*

Pouco depois de sentar na grande cadeira estofada, a senhora abriu um pacote que eu havia confundido com um livro que ela havia trazido para me vender, e é bem verdade que havia um livro no pacote — de fato, vários deles. Ela tinha um arquivo anual completo da revista que eu editava na época (*Hill's Golden Rule*). Ela folheou as páginas e leu alguns trechos que havia assinalado aqui e ali, assegurando enquanto isso que sempre havia acreditado na filosofia por trás das coisas que estava lendo.

Então, depois de eu estar completamente "mesmerizado" e totalmente receptivo, minha visitante, com tato, mudou a conversa para o assunto que, suspeito eu, tinha em mente discutir comigo muito antes de se apresentar em meu escritório; mas — e este é outro ponto no qual a maioria dos vendedores tropeça —, se tivesse invertido a ordem da conversa e começado por onde terminou, é provável que nunca teria tido a oportunidade de se sentar naquela grande poltrona.

Durante os últimos três minutos da visita, ela habilmente colocou diante de mim os méritos de alguns valores mobiliários que estava vendendo. Não me pediu para comprá-los, mas a maneira como falou sobre os méritos dos títulos (mais a forma tão impressionante como havia falado dos méritos do meu próprio "produto") teve o efeito psicológico de fazer com que eu quisesse comprar; e, embora eu não tenha feito nenhuma compra de títulos, ela fez uma venda, pois peguei o telefone e a apresentei a um homem para quem posteriormente ela vendeu mais de cinco vezes a quantia que tinha a intenção de vender para mim.

Se aquela mesma mulher, ou outra mulher, ou um homem com o mesmo tato e personalidade que ela possuía, aparecesse, eu de novo me sentaria e ouviria por três quartos de hora.

Somos todos humanos e somos todos mais ou menos vaidosos!

Somos todos parecidos a esse respeito — ouviremos com grande interesse aqueles que têm tato para falar sobre o que é mais querido ao nosso coração; e então, por um senso de reciprocidade, também ouviremos com interesse quando o orador enfim trocar a conversa para o assunto mais querido ao coração dele; e, no final, não só vamos "assinar na linha pontilhada", como diremos: "Que personalidade maravilhosa!".

Em Chicago, há alguns anos, dirigi uma escola de vendedores para uma casa de valores mobiliários que empregava mais de 1,5 mil vendedores. Para manter as vagas dessa grande organização preenchidas, tínhamos que treinar e contratar seiscentos novos vendedores toda semana. De todos os milhares de pessoas que passaram por aquela escola, apenas um homem compreendeu o significado do princípio que estou descrevendo da primeira vez que ouviu a análise.

Esse homem nunca havia tentado vender títulos e admitiu com franqueza quando entrou na aula de vendas que não era um vendedor. Vamos ver se era ou não.

Depois de esse homem terminar o treinamento, uma das "estrelas" entre os vendedores teve a ideia de pregar uma peça nele, acreditando que fosse uma pessoa crédula, que acreditaria em tudo que ouvisse; assim sendo, a "estrela" deu uma "dica" de onde ele poderia vender alguns títulos sem muito esforço. A "estrela" disse que ele mesmo faria a venda, mas o homem a quem se referiu como sendo um possível comprador era um artista tão comum e compraria com tão pouca insistência que ele, sendo uma "estrela", não desejava perder tempo com tal pessoa.

O novo vendedor ficou encantado por receber a "dica" e imediatamente foi fazer a venda. Assim que saiu do escritório, a "estrela" reuniu as outras e contou sobre a brincadeira que estava fazendo; pois na verdade o artista era um homem muito rico, e a "estrela" havia gastado quase um mês tentando vender para ele, mas sem sucesso. Acontece que todas as "estrelas" daquele grupo tinham ido ao mesmo artista e fracassado em interessá-lo.



O novo vendedor ficou fora por cerca de uma hora e meia. Quando retornou, encontrou as "estrelas" esperando por ele com um sorriso no rosto.

Para surpresa delas, o novo vendedor também estava com um largo sorriso no rosto. As "estrelas" entreolharam-se curiosas, pois não esperavam que o "novato" retornasse naquele espírito alegre.

"Bem, você vendeu ao homem?", perguntou o autor da "brincadeira".

"Certamente", respondeu o inexperiente, "e descobri que o artista era tudo o que você disse — um perfeito cavalheiro e um homem muito interessante".

E tirou do bolso um pedido e um cheque de US$ 2 mil.

As "estrelas" quiseram saber como ele havia conseguido.

"Oh, não foi difícil", respondeu o novo vendedor. "Apenas entrei e conversei por alguns minutos, e ele mesmo trouxe à tona o assunto dos títulos e disse que queria comprar; portanto, eu na verdade não vendi — ele comprou por vontade própria."

Quando ouvi falar da transação, chamei o novo vendedor e pedi que descrevesse em detalhes como havia feito a venda, e vou relatar o que ele contou.

Quando chegou ao estúdio do artista, encontrou-o trabalhando em uma pintura. O artista estava tão absorto no trabalho que não viu o vendedor entrar; então, o vendedor caminhou até onde pudesse ver a pintura e ficou lá parado, olhando sem dizer uma palavra.

Finalmente o artista o viu; então o vendedor desculpou-se pela intrusão e começou a falar — sobre a pintura em que o artista estava trabalhando!

Ele entendia o suficiente de arte para ser capaz de discutir os méritos da pintura com certa inteligência e estava realmente interessado no assunto.

Ele gostou da pintura e falou isso com franqueza, o que, claro, deixou o artista muito zangado!

Os dois homens não falaram de nada além de arte por quase uma hora; particularmente sobre a pintura que estava no cavalete.

Por fim o artista perguntou o nome do vendedor e seu negócio, e o vendedor (sim, o mestre em vendas) respondeu: "Oh, meu negócio ou meu nome não interessam, estou mais interessado em você e sua arte!".

O rosto do artista iluminou-se com um sorriso de alegria.

Aquelas palavras soaram como doce melodia nos ouvidos dele. Mas, para não ser superado por seu educado visitante, insistiu em saber que missão o levara ao estúdio.

Então, com um ar de relutância genuína, esse mestre em vendas — essa verdadeira "estrela" — apresentou-se e falou de seu negócio.

Ele descreveu brevemente o que estava vendendo, e o artista ouviu como se estivesse desfrutando de cada palavra. Após o vendedor terminar, o artista disse:

"Bem, bem! Tenho sido muito tolo. Outros vendedores de sua firma estiveram aqui tentando me vender alguns desses títulos, mas só falavam de negócios; na verdade, me incomodavam tanto que tive que pedir a um deles para ir embora. Agora, deixe-me ver — qual era o nome dele — oh, sim, era Perkins. (Perkins era a "estrela" que planejou o truque esperto para aplicar no novo vendedor.) Mas você apresentou o assunto de modo tão diferente que agora vejo o quanto tenho sido tolo e quero US$ 2 mil em títulos".

Pense nisso — "Você apresentou o assunto de modo tão diferente"!

E como esse novo vendedor apresentou o assunto de modo tão diferente? Fazendo a pergunta de outra maneira: o que esse mestre em vendas realmente vendeu ao artista? Vendeu títulos?

Não! Vendeu a pintura que ele estava pintando em sua tela.

Os títulos não passaram de detalhe.



Não ignore esse ponto. Esse mestre em vendas lembrou da história da senhora que me distraiu por três quartos de hora falando sobre o que era mais querido ao meu coração, e aquilo o impressionou tanto que ele decidiu estudar seus compradores potenciais e descobrir o que os interessaria mais para poder falar a respeito.

Esse vendedor "novato" ganhou US$ 7,9 mil em comissões no primeiro mês em campo, na frente do segundo colocado por mais que o dobro, e a tragédia foi que nenhuma única pessoa da organização inteira de 1,5 mil vendedores deu-se ao trabalho de descobrir como e por que ele se tornou a verdadeira "estrela" da empresa, um fato que, acredito, justifica plenamente a reprimenda bastante ácida sugerida na Lição 9 que pode ter lhe ofendido.

*Eu preferiria começar de baixo e subir até o topo do que começar do topo e ter que permanecer lá.*

Um Carnegie, um Rockefeller, um James J. Hill ou um Marshall Field acumulam fortunas mediante a aplicação dos mesmos princípios disponíveis para todos nós, mas invejamos a riqueza deles sem sequer pensar em estudar suas filosofias e nos apropriarmos delas.

Olhamos para um homem bem-sucedido na hora do seu triunfo e nos indagamos como ele conseguiu, mas ignoramos a importância de analisar seus métodos e esquecemos o preço que ele teve que pagar na preparação cuidadosa e bem organizada antes de poder colher os frutos de seus esforços.

Ao longo deste curso sobre a Lei do Sucesso você não encontrará um único princípio novo; todos são tão velhos quanto o mundo civilizado; ainda assim, você encontrará apenas umas poucas pessoas que parecem entender como aplicá-los.

O homem que vendeu os títulos ao artista não era somente um mestre em vendas, mas uma pessoa com personalidade atraente. Não parecia grande coisa; talvez por isso a "estrela" tenha tido a ideia de fazer aquela brincadeira

(?) cruel com ele; mas mesmo uma pessoa desajeitada pode ter uma personalidade atraente aos olhos daqueles cujo trabalho ela elogia.

Claro que existem alguns que farão uma ideia errada do princípio que estou tentando deixar claro aqui, chegando à conclusão de que qualquer tipo de bajulação barata tomará o lugar de interesse sincero e genuíno. Espero que você não seja um desses. Espero que seja um dos que entendam a real psicologia sobre a qual esta lição é baseada e que trate de estudar outras pessoas perto o suficiente para encontrar algo nelas ou no trabalho delas que você realmente admire. Só assim você poderá desenvolver uma personalidade irresistivelmente atraente.

Bajulação barata tem efeito oposto ao de construir uma personalidade atraente. Ela repele em vez de atrair. É tão superficial que até mesmo um ignorante pode facilmente detectá-la.

✦

Talvez você tenha observado — e, se não o fez, desejo que o faça — que esta lição enfatiza exaustivamente a importância de se cultivar um vivo interesse pelas outras pessoas e pelo trabalho delas. Essa ênfase não foi de maneira nenhuma acidental.

✦

Você rapidamente observará que os princípios sobre os quais esta lição é baseada estão intimamente relacionados àqueles que constituem a base da Lição 6, sobre imaginação.

Você vai observar também que esta lição baseia-se nos mesmos princípios gerais que constituem a parte mais importante da Lição 13, sobre cooperação.

Deixe-me apresentar aqui algumas sugestões muito práticas de como combinar ou coordenar as leis da imaginação, cooperação e personalidade agradável para fins lucrativos mediante a criação de ideias aplicáveis.

Todo pensador sabe que "ideias" são o começo de toda realização bem-sucedida. A pergunta mais frequente, entretanto, é: "Como posso aprender a ter ideias que rendam dinheiro?".

Responderemos em parte essa pergunta nesta lição, sugerindo algumas ideias inovadoras. Todas podem ser desenvolvidas e se tornar muito lucrativas para quase todos em praticamente qualquer lugar.

## PLANO NÚMERO UM



Durante décadas a Alemanha foi uma grande exportadora de brinquedos. Mas os altos custos e a competição dos fabricantes asiáticos reduziu em muito o volume das exportações alemãs para os Estados Unidos. O Japão entrou no mercado de brinquedos por um tempo (e até hoje detém uma grande fatia), mas muito da concorrência atual vem de outros países asiáticos. Entretanto, complicações nos transportes e nas encomendas deixaram uma ampla área para os fabricantes daqui — dos Estados Unidos — competirem não só no mercado local, mas também nos mercados mundiais. O problema é decidir o que fabricar e como — problemas comuns a todas as formas de negócios em todos os lugares.

Mas que tipo de brinquedo devo fabricar e onde conseguirei o capital para dar andamento aos negócios?

Primeiro, vá a um comerciante local de brinquedos e descubra o que vende mais rapidamente. Se não se julgar competente para fazer melhorias nos brinquedos que estão no mercado, faça um anúncio em busca de um inventor "com uma ideia para um brinquedo comercializável" e em breve encontrará o gênio mecânico que fornecerá o elo em falta no seu empreendimento. Faça-o executar um modelo do que você quer, então vá a um pequeno fabricante, marceneiro, oficina mecânica ou coisa assim e trate da fabricação de seus brinquedos.

Você sabe exatamente quanto seu brinquedo irá custar, então está pronto para ir a um grande comerciante, atacadista ou distribuidor e tratar da venda de toda a produção.

Se você for um vendedor hábil, pode financiar todo o projeto com os poucos dólares necessários para o anúncio em busca do inventor. Quando encontrar esse homem, provavelmente poderá combinar com ele para que elabore o modelo nas horas livres à noite, com a promessa de que dará a ele um emprego melhor quando você estiver fabricando os brinquedos. Ele provavelmente dedicará todo o tempo que você quiser pagar, ou poderá trabalhar em troca de participação no negócio.

> *É melhor — e muito mais fácil — ser um grande homem numa cidadezinha do que um homenzinho numa cidade grande.*

Você pode fazer o fabricante dos brinquedos esperar pelo dinheiro até você ser pago pela empresa compradora; se necessário, pode transferir as faturas dos brinquedos vendidos e deixar o dinheiro ir diretamente para ele.

É claro que, se tem uma personalidade extraordinariamente agradável e convincente e uma considerável capacidade de organização, você será capaz de levar o modelo do brinquedo a um homem de recursos e, em troca de participação no negócio, garantir o dinheiro para a produção.

Se você quer saber que tipo de brinquedo venderá, observe uma turma de crianças brincando, estude o que gostam e o que não gostam, descubra o que as entretém e provavelmente terá uma ideia do que construir. Não é necessário ser gênio para inventar! Tudo que se precisa é de bom senso. Simplesmente descubra o que as pessoas querem e produza. Produza bem — melhor do que qualquer outro. Dê um toque de individualidade. Faça algo diferenciado.

Gastamos milhões de dólares por ano em brinquedos para entreter nossos filhos. Faça seu brinquedo novo ser útil e interessante. Faça com que seja o mais educativo possível. Se entreter e ensinar ao mesmo tempo, venderá prontamente e para sempre. Se for um jogo, faça com que ensine algo sobre o mundo em que a criança vive: geografia, aritmética, inglês, psicologia. Ou, melhor ainda, produza um brinquedo que faça a criança correr, pular ou se exercitar de alguma maneira. Crianças adoram se movimentar, e isso é benéfico para elas, especialmente quando estimuladas pela brincadeira.

Um jogo de beisebol para dentro de casa venderia muito, especialmente nas cidades. Elabore um sistema que anexe a bola a uma corda pendurada do teto para que a criança possa arremessar a bola contra a parede e então rebatê-la com o bastão quando quicar. Em outras palavras, um jogo de beisebol para uma criança brincar sozinha.

## PLANO NÚMERO DOIS



Esse será interessante apenas para quem possui autoconfiança e ambição para "correr o risco" de obter uma grande renda, coisa que, podemos adicionar, a maioria não tem.

É uma sugestão que pode ser colocada em prática por no mínimo quarenta ou cinquenta pessoas em qualquer grande cidade dos Estados Unidos, e por um número menor nas cidades menores.

Destina-se a quem sabe redigir ou aprenderá a redigir anúncios, material de vendas, cartas de acompanhamento de clientes, cartas de cobrança e assemelhados, usando a habilidade de escrever que suponho que você possua.

Para fazer uso prático e lucrativo dessa sugestão, você precisará da cooperação de uma boa agência de publicidade e de uma a cinco empresas ou indivíduos que façam anúncios suficientes para justificar que a verba passe pela agência.

Primeiro, você deve ir à agência e fazer um acordo para que lhe empreguem e paguem 7% do bruto de todas as contas que você trouxer; esse percentual refere-se à obtenção da conta, redação de texto e serviço de gerenciamento da verba de publicidade do cliente. Qualquer agência confiável pagará de boa vontade esse montante por todos os negócios que você trouxer.

A seguir, vá a uma empresa ou indivíduo cuja conta publicitária deseje gerir e diga, em resumo, que você deseja trabalhar sem compensação. Diga o que pode e pretende fazer por aquela empresa em particular que a ajudará a vender mais. Se a firma já emprega um gerente de publicidade, você será virtualmente seu assistente sem pagamento, sob uma condição, isto é, de que a verba publicitária seja investida por meio da agência com que você tem conexão. Com esse acordo, a empresa ou indivíduo cuja conta você assegura terá o benefício de seus serviços pessoais sem custo e não pagará à agência para colocar os anúncios mais do que pagaria a qualquer outra. Se sua solicitação for convincente e você dedicar tempo para preparar bem o caso, você conseguirá a conta sem muita argumentação.

Você pode repetir essa negociação até ter tantas contas quantas possa controlar bem, o que, em condições normais, não será mais de dez ou doze; provavelmente menos se um ou mais de seus clientes gastar acima de US$ 25 mil por ano em publicidade.

Se você for um redator publicitário competente e tiver capacidade para criar ideias novas e lucrativas para seus clientes, conseguirá manter as contas ano após ano. É claro que você entende que não vai aceitar mais contas do que possa gerir sozinho. Você deve passar uma parte do tempo nas empresas que atende; na verdade, deve ter uma mesa e material de trabalho lá para obter informações em primeira mão sobre os problemas de vendas dos clientes, bem como informações precisas sobre os produtos.

Sua atuação dará à agência de publicidade uma reputação de serviço eficaz que ela não conseguiria de nenhuma outra maneira e agradará os clientes porque eles verão os retornos satisfatórios do seu trabalho. Enquanto mantiver os clientes e a agência satisfeitos, seu emprego estará garantido, e você ganhará dinheiro. Uma expectativa razoável de retornos desse plano seria de rendimento bruto de US$ 250 mil por ano, com seus 7% equivalendo a US$ 17,5 mil.

Uma pessoa de habilidade incomum poderia atingir cifra muito mais alta, de até, digamos, US$ 25 mil por ano, embora a tendência seja de ficar mais abaixo, em torno de US$ 5 mil US$ 7,5 mil, volume que a pessoa "média" poderia razoavelmente esperar ganhar.

Você pode ver que o plano tem possibilidades. Proporciona trabalho independente e lhe garante 100% de seu poder de renda. É melhor que um cargo de gerente de publicidade, mesmo que a posição pague a mesma quantia, pois praticamente lhe coloca em um negócio próprio — um no qual seu nome está sempre desenvolvendo um valor de mercado.

## PLANO NÚMERO TRÊS

DIA 231

Esse plano pode ser colocado em operação por qualquer pessoa de inteligência mediana e com pouca preparação. Vá a qualquer gráfica de primeira classe e faça um acordo para que tratem de todos os negócios que você trouxer, mediante comissão de, digamos, 10% do montante bruto. A seguir vá aos maiores usuários de material impresso e pegue amostras de tudo que utilizam.

Monte uma parceria ou esquema de trabalho com um artista comercial que irá examinar todo esse material e melhorar as ilustrações quando necessário ou criar ilustrações onde ninguém usou antes, fazendo um esboço a lápis que possa ser inserido no impresso original.

Se você não é redator, faça um acordo de trabalho com alguém que seja para que revise o texto do impresso e o melhore em cada aspecto possível.

Quando o trabalho estiver completo, volte à empresa onde pegou o material, levando seus orçamentos para o trabalho, e mostre o que pode ser feito para melhorar. Entretanto, não fale nada sobre os orçamentos até ter mostrado o quanto você poderia melhorar o material impresso. Você provavelmente pegará todos os negócios da empresa oferecendo esse tipo de serviço relacionado a trabalhos de tipografia.

Se executar o serviço adequadamente, você em breve terá todos os negócios de que seu artista comercial, seu redator e você possam dar conta. Isso deve render uns bons US$ 5 mil anuais para você.

Qualquer lucro que obtenha do trabalho de outros relacionado a qualquer um desses planos será um lucro legítimo — um lucro ao qual você terá direito pela capacidade de organizar e reunir os talentos e habilidades necessários para executar um serviço satisfatório.

Se entrar no negócio de brinquedos, você terá direito a lucrar com o trabalho daqueles que fizerem os brinquedos, pois será por sua competência que haverá emprego para eles.

É mais do que provável que seu cérebro e suas habilidades, quando somados com os daqueles que trabalham com ou para você, aumentem amplamente a capacidade de ganho deles — a ponto de eles poderem ver você ganhar uma pequena quantia em cima dos esforços deles, pois ainda estarão ganhando muito mais do que poderiam sem a sua orientação!

*Aspiração é melhor que realização porque nos mantém galgando eternamente rumo a algum objetivo não alcançado.*

Você está disposto a adotar algum desses planos e lucrar com ele, não está? Você não vê nada de errado, vê? Se você é empregado, trabalhando para outra pessoa ou empresa, não é possível que o diretor da firma ou o indivíduo com aptidão para organizar, financiar etc. esteja aumentando a sua capacidade de ganho neste momento?

Você quer deixar de ser empregado e se tornar empregador. Não o culpamos por isso. Quase todas as pessoas normais querem o mesmo. O melhor primeiro passo a dar é servir à empresa ou indivíduo para que trabalha agora como desejaria ser servido se você fosse tal pessoa ou chefe da empresa.

Quem são os grandes empregadores de hoje? Filhos de homens ricos que herdaram o posto de empregador? Nada disso! São homens e mulheres vindos dos postos de trabalho mais humildes; homens e mulheres que não tiveram oportunidades maiores do que você. Eles estão na posição que ocupam porque suas habilidades superiores lhes permitiram guiar outros de forma inteligente. Você pode adquirir essa habilidade se tentar.

Na cidade em que você vive existem pessoas que poderiam se beneficiar conhecendo você e que poderiam sem dúvida beneficiá-lo em retorno. Em alguma parte da cidade vive John Smith, que deseja vender sua mercearia e abrir um cinema. Em outra parte, existe um homem que possui um cinema que gostaria de trocar por uma mercearia.

Você pode reuni-los?

Se puder, você servirá a ambos e obterá uma boa remuneração.

Na sua cidade existem pessoas que querem produtos das fazendas das comunidades próximas. Nas fazendas, os produtores querem fazer seus artigos chegar às mãos dos habitantes da cidade. Se você conseguir encontrar uma maneira de transportar os produtos da fazenda diretamente para a cidade ou para os consumidores, vai possibilitar ao fazendeiro ganhar mais e ao consumidor pagar menos e ainda haverá uma margem para pagá-lo pela engenhosidade em encurtar a rota entre produtor e consumidor.

Em termos gerais, existem duas classes de pessoas nos negócios — produtores e consumidores. A tendência atual é descobrir alguma maneira de juntar os dois sem muitos intermediários. Ache uma maneira de encurtar a rota entre produtores e consumidores e você terá criado um plano que ajudará as duas classes e lhe trará um belo lucro.

O trabalhador é merecedor de um salário. Se você conseguir criar tal plano, tem direito a uma parcela justa do que economiza para o consumidor e também uma parcela justa do que gera para o produtor.

Deixe-nos avisá-lo de que, seja qual for o plano que você crie para ganhar dinheiro, tem que cortar um pouco do custo para o consumidor em vez de aumentá-lo.

Juntar produtores e consumidores é um negócio lucrativo quando conduzido honestamente em relação a ambos, sem um desejo ganancioso de pegar tudo que se vê! O povo norte-americano é maravilhosamente paciente com aproveitadores que se prevalecem dele, mas existe um ponto crítico além do qual nem o mais astuto atreve-se a ir.

Pode estar tudo bem monopolizar o mercado de diamantes e aumentar imensamente, sem problemas, o preço dessas pedras brancas extraídas na África. Mas, quando o preço dos alimentos, roupas e outros artigos de primeira necessidade começam a pairar nas alturas, existe a chance de alguém cair nas más graças do povo norte-americano.

Se você anseia por riqueza e é corajoso o suficiente para arcar com os encargos que vêm com ela, reverta o método usual de consegui-la: ofereça seus bens e produtos ao mundo com o menor lucro possível em vez de extorquir tudo que pode. Ford considerou lucrativo pagar a seus trabalhadores não o mínimo que pudesse, mas o máximo que seus lucros permitissem. Também considerou lucrativo reduzir o preço dos automóveis para os consumidores enquanto outros fabricantes (muitos dos quais faliram há tempos) continuavam a aumentar seus preços.

*Congratule-se quando alcançar aquele degrau de sabedoria que o instiga a ver menos a fraqueza dos outros e mais a sua própria, pois então você estará caminhando na companhia dos realmente grandes.*

Pode haver muitos planos perfeitamente bons pelos quais você possa espremer o consumidor e ainda assim consiga se manter fora da prisão, mas você desfrutará de paz mental muito maior e provavelmente de mais lucro a longo prazo se seu plano, quando o completar, for elaborado nos moldes de Ford.

Você ouviu que John D. Rockefeller abusou consideravelmente, mas a maior parte desse abuso foi incitado por pura inveja daqueles que gostariam de ter o dinheiro dele, mas não tinham inclinação para ganhá-lo. Independentemente de sua opinião sobre Rockefeller, não esqueça que ele começou como um contador humilde e gradualmente subiu até o topo na acumulação de dinheiro graças à habilidade de organizar e direcionar de modo inteligente outros homens menos aptos. O autor lembra-se de quando tinha que pagar 25 centavos por um galão de óleo de lampião e caminhar quase quatro quilômetros sob sol escaldante carregando o latão para casa. Hoje a caminhonete de Rockefeller entrega na porta de sua casa, na cidade ou na fazenda, por pouco mais da metade desse valor.

Quem tem o direito de invejar os milhões de Rockefeller quando ele reduziu o preço de um artigo necessário? Ele poderia facilmente ter aumentado o preço do óleo de lampião para meio dólar, mas temos sérias dúvidas de que seria multimilionário se tivesse feito isso.

Muitos querem dinheiro, mas 99 de cem pessoas que começam a elaborar um plano para ganhar dinheiro concentram todo o pensamento em como se apossar dele, sem nenhum pensamento sobre o serviço a ser dado em troca.

Uma personalidade agradável faz uso da imaginação e da cooperação. Citamos exemplos de como se pode criar ideias para mostrar a você como coordenar as leis da imaginação, cooperação e personalidade agradável.

Analise qualquer homem que não tenha uma personalidade agradável e também encontrará falhas nas faculdades de imaginação e cooperação dele.

Isso nos traz ao ponto adequado para apresentar uma das maiores lições sobre personalidade já colocadas no papel. É também uma das lições mais eficientes sobre a arte de vendas já escrita, pois personalidade atraente e arte de vender sempre andam lado a lado, são inseparáveis.

Refiro-me à obra-prima de Shakespeare, o discurso de Marco Antônio no funeral de César. Talvez você já tenha lido, mas ele é aqui apresentado com interpretações em parênteses que podem ajudá-lo a extrair um novo significado.

O cenário do discurso é mais ou menos o seguinte:

César está morto, e Brutus, seu assassino, é convocado para dizer à multidão romana reunida na funerária por que o eliminou. Imagine uma multidão ululante nada amigável a César e já crente de que Brutus fez uma nobre ação ao assassiná-lo.

Brutus sobe ao palanque e faz uma curta declaração dos motivos para assassinar César. Confiante de que havia se saído bem, volta a seu lugar. Tudo em seu comportamento é arrogante, de quem acredita que sua palavra será aceita sem questionamento.

Marco Antônio sobe ao palanque, sabendo que a multidão é antagonista porque ele era amigo de César. Em tom de voz baixo e humilde, começa seu discurso:

Marco Antônio: Em nome de Brutus, venho a vocês.

Quarto cidadão: O que ele diz de Brutus?

Terceiro cidadão: Ele diz que, em nome de Brutus, vem a nós.

Quarto cidadão: Melhor não falar mal de Brutus aqui.

Primeiro cidadão: Esse César era um tirano.

Terceiro cidadão: É, isto é certo; somos abençoados por Roma ter se livrado dele.

Segundo cidadão: Silêncio! Vamos ouvir o que Marco Antônio tem a dizer.

(Na frase de abertura de Marco Antônio, você pode observar seu método inteligente de "neutralizar" a mente dos ouvintes.)

Marco Antônio: Vocês, gentis romanos...

(Tão gentis quanto uma gangue de bolcheviques em um encontro trabalhista revolucionário.)

Todos: Silêncio! Vamos ouvi-lo.

(Se Marco Antônio começasse seu discurso "detonando" Brutus, a história de Roma teria sido muito diferente.)

Marco Antônio: Amigos, romanos, compatriotas, ouçam-me com atenção: venho para enterrar César, não o elogiar.

(Aliando-se com o que ele sabia ser o estado de espírito dos ouvintes.)

O mal que os homens fazem sobrevive a eles, o bem com frequência é enterrado com seus ossos. Que assim seja com César.

O nobre Brutus disse-lhes que César era ambicioso. Se assim era, era uma falha grave, e penosamente César pagou por ela.

Aqui, com a permissão de Brutus e dos demais — pois Brutus é um homem honrado, assim como todos eles são homens honrados —, venho falar no funeral de César.

Ele foi meu amigo — fiel e justo comigo, mas Brutus diz que ele era ambicioso, e Brutus é um homem honrado —, ele trouxe muito prisioneiros para Roma, cujos resgates encheram os cofres públicos. Isso parecia ambição em César?

Quando os pobres choravam, César chorava. A ambição deve ser feita de material mais rijo. Ainda assim Brutus diz que ele era ambicioso, e Brutus é um homem honrado.

Todos vocês viram que nas lupercais por três vezes presenteei-o com uma coroa real, que ele recusou três vezes. Isso era ambição? Ainda assim Brutus diz que ele era ambicioso, e Brutus certamente é um homem honrado.

Não falo para desaprovar o que Brutus falou, mas estou aqui para falar o que sei. Vocês todos o amaram certa vez, não sem motivos.

O que os impede de prantear por ele? Ó razão! Fugiste para feras brutais, e os homens perderam o juízo. Perdoem-me, meu coração está no caixão com César, e devo parar até ele voltar para mim.

(Nesse ponto, Marco Antônio faz uma pausa para dar à plateia oportunidade de discutir entre si, às pressas, suas declarações de abertura. O objetivo é observar o efeito que suas palavras estavam produzindo, assim como um mestre em vendas sempre encoraja o comprador potencial a falar para saber o que ele tem em mente).

PRIMEIRO CIDADÃO: Parece-me que há muito em suas palavras.

SEGUNDO CIDADÃO: Caso se considere a questão acertadamente, César sofreu grande mal.

TERCEIRO CIDADÃO: Será, senhores? Temo que virão piores no lugar dele.

QUARTO CIDADÃO: Notaram as palavras? Não aceitou a coroa. Portanto, com certeza não era ambicioso.

PRIMEIRO CIDADÃO: Se assim for, alguém há de pagar caro.

SEGUNDO CIDADÃO: Pobre alma! Seus olhos estão vermelhos como brasas por chorar.

TERCEIRO CIDADÃO: Não existe em Roma homem mais nobre do que Marco Antônio.

QUARTO CIDADÃO: Atenção, ele começou a falar de novo.

MARCO ANTÔNIO: Mas ontem a palavra de César podia contrariar o mundo; agora ele ali jaz, e nem o mais pobre lhe presta reverência.

Ó senhores (apelando à vaidade deles), se eu estivesse disposto a incitar motim e fúria em seus corações e mentes, deveria ofender Brutus e ofender Cássio, que, todos vocês sabem, são homens honrados.

(Observe a frequência com que Marco Antônio repete o termo "honrado". Observe também a sagacidade com que levanta a primeira sugestão de que talvez Brutus e Cássio possam não ser tão honrados quanto a multidão romana acredita que sejam. Essa sugestão é manifestada nas palavras "motim" e "fúria", que ele usa aqui pela primeira vez, após a pausa ter dado tempo de observar que a multidão estava inclinando-se ao seu argumento. Observe com que cuidado ele "sente" o terreno e faz as palavras ajustarem-se ao que ele sabe ser a disposição mental dos ouvintes).

MARCO ANTÔNIO: Não vou ofendê-los, prefiro ofender os mortos, ofender a mim e vocês, do que ofender homens tão honrados.

(Cristalizando a sugestão de ódio a Brutus e Cassius, ele então apela para a curiosidade da plateia e começa a assentar a base para o clímax — um clímax que ele sabe que conquistará a multidão, porque está chegando lá com tanta sagacidade que a turba acredita que a conclusão é dela.)

Marco Antônio: Mas aqui está um pergaminho com o selo de César. Encontrei-o em seus aposentos, é seu testamento. Deixe que o povo apenas ouça o testamento, que, perdoem-me, não pretendo ler,

(Aguçando o apelo à curiosidade, fazendo a multidão acreditar que não pretende ler o testamento.)



e iriam beijar as feridas de César morto, e molhariam seus lenços em seu sangue sagrado. Sim, implorariam por um fio de cabelo dele como lembrança e, ao morrer, o citariam em testamento, deixando-o como um rico legado a seus descendentes.

(A natureza humana sempre deseja o que é difícil de conseguir ou aquilo de que está prestes a ser privada. Observe com quanta astúcia Marco Antônio desperta o interesse da turba e faz com que queira ouvir a leitura do testamento, preparando-a assim para ouvir com a mente aberta. Isso marca seu segundo passo no processo de "neutralizar" as mentes.)

Todos: O testamento! O testamento! Ouçamos o testamento de César!

Marco Antônio: Tenham paciência, gentis amigos, não devo lê-lo, não é bom que saibam o quanto César os amou. Vocês não são madeira, não são pedras, mas homens; e, sendo homens, ao ouvir o testamento de César, isso irá inflamá-los (exatamente o que ele deseja fazer), fará com que fiquem loucos. É bom que não saibam que são herdeiros dele, pois, se souberem, o que pode vir disso!

Quarto cidadão: Leia o testamento, iremos ouvir, Marco Antônio. Você deve ler o testamento, o testamento de César.

Marco Antônio: Vocês serão pacientes? Ficarão calmos? Já me excedi ao falar a respeito disso, temo ofender os homens honrados cujos punhais esfaquearam César, temo isso.

("Punhais" e "esfaquearam" sugerem um assassinato cruel. Observe a sagacidade com que Marco Antônio injeta essa sugestão no discurso e observe também a rapidez com que a turba capta o significado, porque, sem que a multidão saiba, Marco Antônio cuidadosamente prepara suas mentes para receber a sugestão.)

Quarto cidadão: Eram traidores os homens honrados!

Todos: O testamento! O testamento!

Segundo cidadão: Eram vilões, assassinos, o testamento!

(Justamente o que Marco Antônio teria dito no início, mas ele sabia que teria um efeito mais desejável se plantasse o pensamento na mente da multidão e permitisse que ela mesma dissesse isso.)

Marco Antônio: Vocês irão me obrigar a ler o testamento? Então, façam um círculo em torno do corpo de César e deixem-me mostrar-lhes aquele que fez o testamento. Descerei, e vocês me darão permissão?

(Nesse momento Brutus deveria ter começado a procurar por uma porta dos fundos para escapar).

Todos: Desça!

Segundo cidadão: Desça!

Terceiro cidadão: Deem espaço para Marco Antônio, o nobilíssimo Marco Antônio.

Marco Antônio: Não cheguem tão perto de mim, afastem-se.

(Ele sabia que tal ordem faria com que quisessem se aproximar, que era o que ele queria que fizessem.)

Todos: Para trás. Deem espaço.

Marco Antônio: Se têm lágrimas, preparem-se para derramá-las agora. Vocês todos conhecem este manto. Lembro da primeira vez que César o colocou, foi em uma tarde de verão, em sua tenda, no dia em que derrotou os nérvios. Vejam, neste ponto deslizou o punhal de Cássio, vejam que rasgão fez o invejoso Casca, por aqui o bem-amado Brutus o apunhalou, e, quando retirou a lâmina amaldiçoada, observem como o sangue de César seguiu-a, como se correndo porta afora para certificar-se se era Brutus ou não que tão rudemente havia batido, pois Brutus, como vocês sabem, era o anjo de César. Julguem, ó deuses, o quão carinhosamente César o amava!

Esse foi o corte mais rude de todos, pois, quando o nobre César viu Brutus o apunhalar, a ingratidão, mais forte que os braços do traidor, deveras venceu-o, e então explodiu seu poderoso coração. E, cobrindo o rosto com seu manto, bem aos pés da estátua de Pompeu, enquanto o sangue escorria, o grande César caiu.

Ó, que queda foi, meus compatriotas!

Então eu, vocês, e todos nós caímos, enquanto a traição sangrenta florescia sobre nós.

Ó, agora vocês choram, e percebo que sentem a força da piedade; essas são gotas preciosas. Almas bondosas, por que choram ao olhar apenas a veste ferida de nosso César? Olhem aqui, aqui está ele, desfigurado, como veem, por traidores.

(Observe como Marco Antônio agora usa a palavra "traidores" livremente, porque sabe que está em harmonia com as mentes da turba romana.)

DIA 235

PRIMEIRO CIDADÃO: Ó espetáculo lamentável!

SEGUNDO CIDADÃO: Ó dia desgraçado!

TERCEIRO CIDADÃO: Ó dia desgraçado!

PRIMEIRO CIDADÃO: Ó visão mais sangrenta!

SEGUNDO CIDADÃO: Vamos nos vingar.

(Fosse Brutus um homem sábio em vez de presunçoso, a essa altura estaria a muitos quilômetros desse cenário.)

TODOS: Vingança! Já! Buscar! Queimar! Fogo! Matar! Assassinar! Não deixemos um traidor vivo!

(Aqui Marco Antônio dá o próximo passo para a cristalização do frenesi da turba em ação; mas, mestre em vendas sagaz que é, não tenta forçar essa ação.)

MARCO ANTÔNIO: Fiquem, compatriotas.

PRIMEIRO CIDADÃO: Silêncio aqui! Ouçam o nobre Marco Antônio.

SEGUNDO CIDADÃO: Nós o ouviremos, nós o seguiremos, nós morreremos com ele.

(Com essas palavras Marco Antônio sabe que tem a turba do seu lado. Observe como ele tira vantagem desse momento psicológico — o momento que todos os mestres em venda esperam.)

MARCO ANTÔNIO: Bons amigos, caros amigos, não me deixem incitá-los a um acesso tão súbito de motim. Os que cometeram esse ato são honrados. Que aflições particulares eles têm, ai de mim, não sei, que os levou a fazer isso. Eles são sábios e honrados e irão sem dúvida apresentar-lhes seus motivos.

Não venho, amigos, roubar seus corações. Não sou orador como Brutus, mas, como todos vocês sabem, sou um homem simples, franco, que ama seu amigo, e isso sabem muito bem os que me deram permissão pública para falar dele. Porque não tenho nem sagacidade, nem palavras, nem valor, nem ação, nem expressão, nem o poder da palavra para agitar o sangue dos homens.

Eu apenas falo sem rodeios, digo-lhes o que vocês já sabem. Mostro-lhes as feridas do doce César, pobres, pobres bocas mudas. E ordeno-as a falar por mim. Mas, se eu fosse Brutus, e Brutus fosse Marco Antônio, aí Marco Antônio insuflaria o espírito de vocês e colocaria uma língua em cada ferida de César, línguas essas que deveriam mover as pedras de Roma para sublevar um motim.

TODOS: Vamos nos amotinar.

PRIMEIRO CIDADÃO: Vamos queimar a casa de Brutus.

TERCEIRO CIDADÃO: Vamos então! Vamos atrás dos conspiradores.

MARCO ANTÔNIO: Ouçam-me, compatriotas, ouçam-me falar!

TODOS: Silêncio! Ouçam Marco Antônio. O nobilíssimo Marco Antônio!

MARCO ANTÔNIO: Por que, amigos, vocês vão fazer sabe-se lá o quê; por que César merece assim o amor de vocês? Oras, vocês não sabem; devo lhes dizer, então. Vocês esqueceram do testamento de que falei.

(Marco Antônio agora está pronto para jogar seu trunfo, pronto para atingir o clímax. Observe quão bem ele agrupou suas sugestões, passo a passo, guardando até o fim a declaração mais importante, aquela com que contava para a ação. No grande campo das vendas e da oratória, muitos homens tentam chegar a esse ponto cedo demais; tentam "apressar" a plateia ou o cliente potencial e por isso perdem o apelo.)



TODOS: Grande verdade, o testamento! Vamos ficar e ouvir o testamento.

MARCO ANTÔNIO: Aqui está o testamento, com o selo do César. Para cada cidadão romano, para cada homem, ele dá 75 dracmas.

SEGUNDO CIDADÃO: Nobilíssimo César! Vingaremos sua morte.

TERCEIRO CIDADÃO: Oh, régio César!

MARCO ANTÔNIO: Ouçam-me com paciência.

TODOS: Silêncio, já!

MARCO ANTÔNIO: Além disso, ele deixou todos seus passeios, seus bosques privados e pomares recém-plantados deste lado do Tibre, deixou para vocês e para seus herdeiros, para sempre, prazeres comuns, para passearem e se divertir. Aqui estava um César! Quando virá outro?

PRIMEIRO CIDADÃO: Nunca, nunca. Venham, vamos, vamos! Queimaremos seu corpo no lugar sagrado e com a lenha incendiaremos as casas dos traidores. Peguem o corpo.

SEGUNDO CIDADÃO: Busquem fogo.

Terceiro cidadão: Arranquem os bancos!

Quarto cidadão: Arranquem bancos, janelas, qualquer coisa.

E esse foi o final de Brutus!

Ele perdeu a causa porque lhe faltou personalidade e bom discernimento para apresentar seu argumento do ponto de vista da turba romana, como Marco Antônio fez. Essa atitude indica claramente que ele estava cheio de si, orgulhoso de seu ato. Todos nós vemos hoje em dia pessoas que se assemelham a Brutus nesse aspecto, mas, ao observarmos de perto, notamos que elas não realizam muita coisa.

Suponha que Marco Antônio tivesse subido no palanque com uma atitude "pernóstica" e começado seu discurso neste tom:

"Agora, deixem-me dizer a vocês, romanos, algo sobre este homem, Brutus — ele é um assassino frio e...", ele não teria ido adiante, pois a turba o teria vaiado.

*A palavra "educar" tem raízes na palavra latina "educo", que significa inferir, extrair, desenvolver de dentro para fora. O homem mais educado é aquele cuja mente foi mais altamente desenvolvida.*

Vendedor esperto e psicólogo prático que era, Marco Antônio apresentou seu caso como se não parecesse ser ideia dele, mas da própria turba romana.

Volte à lição sobre iniciativa e liderança e leia de novo. Enquanto lê, compare aquela psicologia com o discurso de Marco Antônio. Observe como a atitude "vocês" e não "eu" foi enfatizada. Observe, por favor, como o mesmo ponto é enfatizado ao longo de todo o curso e especialmente na Lição 7, sobre entusiasmo.

Shakespeare foi de longe o psicólogo e escritor mais habilidoso já conhecido pela civilização; por isso, todas suas obras baseiam-se no conhecimento infalível da mente humana. Ao longo do discurso colocado na boca de Marco Antônio, você observa o cuidado com que ele assumiu a atitude "vocês", tamanho cuidado que a turba romana teve certeza de que a decisão era dela.

Devo chamar sua atenção, entretanto, para o fato de que o apelo de Marco Antônio ao autointeresse da multidão romana foi do tipo astuto, baseado na dissimulação com que homens desonestos muitas vezes fazem uso desse princípio ao apelar para a cupidez e avareza de suas vítimas. Embora Marco Antônio evidencie grande autocontrole, sendo capaz de assumir no começo do discurso uma atitude em relação a Brutus que não era real, é óbvio que seu apelo inteiro baseia-se no conhecimento de como influenciar a mente da turba romana com bajulação.

As duas cartas reproduzidas na Lição 7 deste curso ilustram de modo bem concreto o valor do "vocês" e a fatalidade do apelo do "eu". Volte, releia as cartas e observe como a carta mais bem-sucedida assemelha-se ao recurso de Marco Antônio, enquanto a outra baseia-se no apelo de natureza oposta. Quer esteja escrevendo uma carta de vendas, pregando um sermão, redigindo um anúncio ou livro, você fará bem em seguir os mesmos princípios empregados por Marco Antônio em seu famoso discurso.

Vamos agora voltar nossa atenção ao estudo de como se pode desenvolver uma personalidade agradável.

Vamos começar com o primeiro item essencial: caráter, pois ninguém pode ter uma personalidade agradável sem a base de um caráter sólido e positivo. Pela telepatia, você "telegrafa" a natureza de seu caráter àqueles com quem entra em contato, e isso é responsável pelo que muitas vezes chamamos de sentimento "intuitivo" de que uma pessoa que acabamos de conhecer e de quem não sabemos muita coisa não é confiável.

Você pode se embelezar com belas roupas de última moda e se portar da maneira mais agradável no que tange às aparências, mas, se houver ganância, inveja, ódio, ciúme, avareza e egoísmo em seu coração, nunca atrairá ninguém, exceto aqueles cujo caráter harmonizam-se com o seu. Semelhantes atraem semelhantes, e pode ter certeza, portanto, de que aqueles atraídos por você são aqueles cuja natureza interior é análoga à sua.

Você pode se embelezar com um sorriso artificial que disfarça seus sentimentos e pode praticar a arte do aperto de mãos para conseguir imitar com perfeição o cumprimento de quem é adepto dessa arte. Porém, se essas manifestações externas de personalidade atraente carecem do elemento vital chamado sinceridade de propósito, irão repelir em vez de atrair.

Como pode alguém então construir um caráter?

O primeiro passo na construção do caráter é a autodisciplina rígida.

Nas lições 2 e 8 deste curso, você encontrou a fórmula para moldar seu caráter conforme o padrão de sua escolha, mas vou repeti-la aqui, pois se baseia em um princípio que implica muita repetição, que é o seguinte:

PRIMEIRO: selecione pessoas cujo caráter é constituído de qualidades que você deseja para si e então proceda da maneira descrita na Lição 2 para se apropriar dessas qualidades com a ajuda da autossugestão. Crie em sua imaginação uma mesa de conselho e reúna os personagens ao redor dela toda noite, escrevendo antes uma declaração clara e concisa das qualidades específicas que você deseja de cada um. Na sequência, afirme ou sugira para si mesmo, em voz alta, que está desenvolvendo as qualidades desejadas. Ao fazer isso, feche os olhos e veja as pessoas sentadas ao redor da mesa imaginária, conforme descrito na Lição 2.

*Tenho uma grande riqueza que jamais poderá ser tirada de mim, que jamais poderei desperdiçar, que não pode ser perdida por queda nas ações ou maus investimentos: tenho a riqueza do contentamento com a minha sorte na vida.*

SEGUNDO: conforme os princípios descritos na Lição 8, sobre autocontrole, controle seus pensamentos e mantenha sua mente vitalizada com pensamentos de natureza positiva. Deixe o pensamento dominante de sua mente ser a imagem da pessoa que você pretende ser, a pessoa que você está deliberadamente construindo com esse procedimento. Pelo menos uma dúzia de vezes por dia, quando tiver alguns minutos para si, feche os olhos e dirija os pensamentos às pessoas escolhidas para sentar à sua mesa de conselho imaginária e sinta, com uma fé que não conhece limitação, que você está realmente ficando parecido com as personalidades escolhidas.

TERCEIRO: encontre pelo menos uma pessoa por dia, ou mais de uma, se possível, em quem você vê alguma boa qualidade digna de louvor e a elogie. Lembre-se, no entanto, de que o elogio não pode ser de natureza barata, de bajulação falsa, deve ser genuíno. Fale os elogios com tamanha seriedade que impressione aqueles a quem você falar e veja o que acontece. Você terá prestado um benefício claro e de grande valor a quem elogiou e terá dado mais um passo no cultivo do hábito de procurar e encontrar boas qualidades nos outros. Nunca é demais enfatizar os efeitos de longo alcance do hábito de elogiar franca e entusiasticamente as boas qualidades dos outros; tal hábito sem demora irá recompensá-lo com a sensação de autorrespeito e a manifestação de gratidão dos outros, e isso modificará toda a sua personalidade. Aqui entra de novo a lei da atração, e aqueles que você elogia verão em você as qualidades que você vê neles. Seu sucesso na aplicação dessa fórmula será na exata proporção de sua fé em sua veracidade.

DIA 238

Eu não apenas acredito que isso é verdade — eu sei. E sei porque usei com sucesso e também ensinei outros a usar com sucesso; portanto, tenho o direito de prometer que você pode usar com igual sucesso.

Além disso, com a ajuda dessa fórmula você pode desenvolver uma personalidade atraente com tamanha rapidez que surpreenderá a todos que conhece. O desenvolvimento de tal personalidade está totalmente sob seu controle, fato que lhe dá uma tremenda vantagem e ao mesmo tempo coloca sobre você a responsabilidade em caso de fracasso ou negligência no exercício desse privilégio.

Desejo agora dirigir sua atenção para o motivo de falar em voz alta a afirmação de que está desenvolvendo as qualidades selecionadas para cultivar uma personalidade atraente.

Esse procedimento tem dois efeitos desejáveis, que são:

PRIMEIRO: coloca em movimento a vibração pela qual o pensamento por trás de suas palavras atinge e se fixa em sua mente subconsciente, onde se enraíza e cresce até se tornar uma grande força motriz em suas atividades físicas externas, levando à transformação do pensamento em realidade.

SEGUNDO: desenvolve em você a habilidade de falar com firmeza e convicção, o que por fim levará a uma grande habilidade como orador público. Não importa qual seja a sua vocação, você tem que ser capaz de ficar em pé e falar de modo convincente, pois essa é uma das maneiras mais eficazes de desenvolver uma personalidade atraente.

Coloque sentimento e emoção em suas palavras enquanto fala e desenvolva um tom de voz grave e encorpado. Se sua voz tende a ser aguda, baixe o tom até que fique suave e agradável. Você jamais poderá expressar uma personalidade atraente com uma voz áspera e estridente. Você deve cultivar sua voz até se tornar ritmada e agradável ao ouvido.

Lembre-se de que a fala é o método principal de expressar a personalidade e por isso é vantajoso cultivar um estilo ao mesmo tempo enérgico e agradável.

Não me recordo de uma única personalidade atraente de destaque que não tenha em parte a habilidade de falar com firmeza e convicção. Estude os homens e mulheres proeminentes de hoje, onde quer que sejam, e observe o fato significativo de que, quanto mais proeminentes, mais eficientes em falar com firmeza.

Estude personagens do passado que se destacaram na política e observe que os mais bem-sucedidos foram aqueles notados pela habilidade de falar com firmeza e convicção.

No campo dos negócios, indústria e finanças, parece significativo também que os líderes mais proeminentes sejam homens e mulheres dotados de habilidade oratória.

Na verdade, ninguém pode esperar se tornar um líder proeminente em nenhum empreendimento digno de nota sem desenvolver a habilidade de falar com a firmeza que transmite convicção. Embora um vendedor possa nunca vir a fazer um discurso público, ele se beneficiará caso desenvolva a habilidade de fazê-lo, pois isso aumenta sua aptidão para falar de forma convincente nas conversas triviais.

Vamos resumir agora os principais fatores para o desenvolvimento de uma personalidade atraente, que são os seguintes:

PRIMEIRO: crie o hábito de se interessar por outras pessoas; encarregue-se de encontrar boas qualidades e fale delas em termos elogiosos.

SEGUNDO: desenvolva a habilidade de falar com firmeza e convicção em conversas casuais e reuniões públicas, onde deve usar um tom mais alto.

TERCEIRO: vista-se em um estilo que combine com sua constituição física e com o seu tipo de trabalho.

QUARTO: desenvolva um caráter positivo com a ajuda da fórmula esboçada nesta lição.

QUINTO: aprenda a apertar as mãos de modo a transmitir uma sensação cordial e de entusiasmo.

SEXTO: atraia outras pessoas para você "atraindo-se" primeiro por elas.

SÉTIMO: lembre-se de que sua única limitação, dentro do razoável, é aquela que você estabelece em sua mente.

Esses sete pontos cobrem os fatores mais importantes no desenvolvimento de uma personalidade atraente, mas parece desnecessário sugerir que tal personalidade não se desenvolverá por si. Ela se desenvolverá caso você se submeta à disciplina aqui descrita, com a firme determinação de se transformar na pessoa que gostaria de ser.

*Entusiasmo é a mola da alma. Mantenha-o firme e você nunca ficará sem poder para conseguir tudo de que realmente precisa.*

Ao estudar essa lista dos sete fatores mais importantes no desenvolvimento de uma personalidade atraente, sinto a necessidade de chamar sua atenção para o segundo e o quarto itens como os mais importantes.

Se cultivar os melhores pensamentos, sentimentos e ações que constituem um caráter positivo e aprender a se expressar com firmeza e convicção, você terá desenvolvido uma personalidade atraente, pois verá que dessa realização virão as outras qualidades aqui descritas.

Existe um grande poder de atração por trás da pessoa que tem um caráter positivo, e esse poder se expressa por fontes visíveis e invisíveis. No momento em que você se aproxima de uma pessoa assim, mesmo que nenhuma palavra seja dita, a influência do "poder invisível interior" já se faz sentir.

Toda transação "escusa", todo pensamento negativo e toda ação destrutiva a que você se entrega destroem um pouco do "algo sutil" interior conhecido como caráter.

> Existe uma confissão completa no brilho de nossos olhos, em nossos sorrisos, nas saudações, nos apertos de mão. Seu pecado o macula, mancha toda a sua boa impressão. Os homens não sabem por que não confiam nele, mas não confiam. O vício embota seu olhar, envilece sua bochecha, afila seu nariz, imprime a marca da besta na nuca e escreve "Ó tolo! Tolo!" na testa de um rei. (Emerson)

Vou dirigir sua atenção agora para o primeiro dos sete fatores no desenvolvimento de uma personalidade atraente. Você observou que ao longo de toda esta lição entrei nos mínimos detalhes para mostrar as vantagens materiais de ser agradável às outras pessoas.

Entretanto, a maior de todas as vantagens não reside na possibilidade do ganho monetário e material que esse hábito oferece, mas no efeito de aprimoramento do caráter de todos que o praticam.

Adquira o hábito de se tornar agradável e você vai lucrar material e mentalmente, pois jamais ficará tão feliz como quando souber que está fazendo os outros felizes.

Livre-se do ressentimento e desista de desafiar os homens a se meter em discussões inúteis! Tire os óculos embaçados através dos quais você vê o que acredita ser a "tristeza" da vida e em vez disso contemple a luz radiante da afabilidade. Jogue fora seu martelo e desista de bater, pois com certeza você deve saber que os grandes prêmios da vida vão para os construtores e não para os destruidores.

O homem que constrói uma casa é um artista, aquele que a derruba é um sucateiro. Se você é uma pessoa queixosa, o mundo ouvirá seus "desvarios" mordazes apenas se não avistar quando você se aproxima; porém, se você é uma pessoa com uma mensagem amigável e otimista, o mundo irá ouvi-lo com gosto.

Nenhuma pessoa queixosa pode ser também uma pessoa com personalidade atraente!

A arte de ser agradável — essa única e simples característica — é a base do sucesso de toda negociação de venda bem-sucedida.

Dirijo oito quilômetros até a periferia da cidade para comprar gasolina que eu poderia adquirir a duas quadras da minha garagem porque o homem que gerencia o posto de gasolina é um artista, ele trata de ser agradável. Vou lá não porque ele tenha gasolina mais barata, mas porque gosto do efeito vitalizante de sua personalidade atraente!

Compro meus sapatos na loja Regal Shoe, entre a Rua 50 e a Broadway, em Nova York, não porque não consiga encontrar outros sapatos bons pelo mesmo preço, mas porque Cobb, o gerente daquela Regal Shoe específica, tem uma personalidade atraente. Enquanto experimento sapatos, ele se encarrega de conversar comigo sobre assuntos que sabe que me interessam.

Faço minhas transações bancárias no Harriman National entre a Rua 44 e a Quinta Avenida não porque não existam dúzias de outros bancos bons muito mais perto do meu local de trabalho, mas porque os atendentes, os caixas, o segurança, Harriman e todos os outros com quem tenho contato cuidam para ser agradáveis. Minha conta é pequena, mas me recebem como se fosse grande.

Admiro muito John D. Rockefeller Jr. não por ser filho de um dos homens mais ricos do mundo, mas porque ele também cultivou a arte de ser agradável.

Na cidadezinha de Lancaster, Pensilvânia, mora M. T. Garvin, um comerciante muito bem-sucedido que eu viajaria centenas de quilômetros para visitar não porque seja um comerciante rico, mas porque se encarrega de ser agradável. Entretanto, não tenho dúvida de que seu sucesso material está intimamente relacionado à nobre arte da afabilidade que ele cultivou.

Tenho no bolso do colete uma caneta-tinteiro Parker, e minha esposa e filhos têm canetas da mesma marca, não porque não existam outras canetas-tinteiro tão boas, mas porque fui atraído por George S. Parker devido a seu hábito de ser agradável.

Minha esposa compra o *Ladie's Home Journal* não porque não existam outras boas revistas de natureza semelhante, mas porque fomos atraídos para ela há muitos anos, quando Edward Bok era o editor, pois ele cultivara a arte de ser agradável.

Ó peregrinos lutadores, que estão procurando o final do arco-íris, carregadores de água e rachadores de lenha, detenham-se por um momento à margem do caminho e aprendam a lição dos homens e mulheres que se tornaram bem-sucedidos porque cultivaram a arte de ser agradáveis!

Você pode vencer por um tempo com crueldade e astúcia, pode acumular mais bens do que necessita com força pura e estratégia sagaz, sem dedicar tempo ou dar-se ao trabalho de ser agradável, mas, cedo ou tarde, chegará ao ponto da vida em que sentirá as dores do remorso e o vazio da carteira recheada.

Nunca penso em poder, posição e riqueza obtidos pela força sem sentir muito profundamente a emoção manifestada por um homem, cujo nome não me atrevo a mencionar, diante do túmulo de Napoleão:

> Há pouco tempo estive diante do túmulo do velho Napoleão — uma tumba magnífica, de dourado e ouro, quase que adequada a uma divindade morta — e contemplei o sarcófago de fino mármore onde enfim descansam as cinzas daquele homem inquieto. Debrucei-me sobre a balaustrada e pensei na carreira do maior soldado do mundo moderno. Vi-o em Toulon. Vi-o caminhando pelas margens do Sena, cogitando o suicídio. Vi-o reprimindo a turba nas ruas de Paris. Vi-o à frente do exército na Itália. Vi-o atravessando a ponte em Lodi com a bandeira tricolor na mão. Vi-o no Egito, à sombra das pirâmides; vi-o

conquistando os Alpes e juntando as águias da França com as águias dos penhascos. Vi-o em Marengo, em Ulm, em Austerlitz. Vi-o na Rússia, quando a infantaria da neve e a cavalaria selvagem dispersaram suas legiões como folhas murchas de inverno. Vi-o em Leipzig na derrota e desastre — rechaçado por um milhão de baionetas sobre Paris —, capturado como uma besta selvagem, banido para Elba. Vi-o escapar e retomar um império pela força de seu gênio. Vi-o sobre o campo terrível de Waterloo, onde acaso e destino combinaram-se para destruir a fortuna de seu antigo rei. E o vi em Santa Helena, com as mãos cruzadas às costas, olhando para o mar, triste e solene.

Pensei nas viúvas e órfãos que ele fez, nas lágrimas derramadas por sua glória e na única mulher que o amou, arrancada de seu coração pela mão gelada da ambição. E falei que preferiria ter sido um camponês francês e usar tamancos gastos; preferiria ter vivido em uma cabana com um vinhedo crescendo na porta e as uvas amadurecendo com os beijos amorosos do sol de outono; preferiria ter sido um pobre camponês, com minha esposa a meu lado tricotando enquanto o dia findava, com meus filhos em meus joelhos e seus braços ao meu redor; preferiria ter sido tal homem e ficado mudo no silêncio da poeira sem sonho do que ter sido essa personificação imperial de força e assassinato conhecida como Napoleão, o Grande.

*Nenhum homem tem o direito de forçar a amizade até o ponto de ruptura, pedindo ou esperando de um amigo aquilo que pode provar-se um fardo para este.*

Deixo a você, como um clímax apropriado para esta lição, o pensamento dessa dissertação imortal sobre um homem que viveu pela força da espada e morreu de forma vergonhosa, um pária aos olhos de seus semelhantes, uma chaga para a memória da civilização, um fracasso porque não cultivou a arte de ser agradável! Porque não pôde ou não quis subordinar o "eu" pelo bem de seus seguidores.

É perdoável falar aos amigos sobre suas necessidades utilizando sugestões diplomáticas, mas tome cuidado para não pedir ajuda abertamente se quiser manter a amizade.

## LIÇÃO II

# PENSAMENTO PRECISO

DIA 241

*"Você pode fazer se acreditar que pode!"*

ESTA É AO mesmo tempo a lição mais importante, mais interessante e mais difícil de apresentar de todo o curso da Lei do Sucesso.

É importante porque trata de um princípio que percorre todo o curso. É interessante pelo mesmo motivo. É difícil de apresentar porque levará o aluno médio muito além da fronteira de suas experiências comuns, para um reino do pensamento que ele não está habituado a frequentar.

A menos que estude esta lição com uma mente aberta, você perderá a pedra fundamental da arcada deste curso e sem ela jamais poderá completar seu Templo do Sucesso.

Esta lição trará uma concepção de pensamento que pode levá-lo muito acima do nível a que você ascendeu pelo processo evolucionário a que foi submetido no passado e por isso não deve ficar decepcionado se, na primeira leitura, não entender plenamente. A maioria de nós duvida daquilo que não consegue entender, e, ciente dessa tendência humana, faço a advertência para que não feche sua mente se não compreender tudo que está nesta lição na primeira leitura.

Por milhares de anos, os homens fizeram navios de madeira e mais nada. Usavam a madeira porque acreditavam que era a única substância que poderia flutuar, mas isso porque ainda não haviam avançado o suficiente no processo do pensamento para entender a verdade de que o aço flutua e é bastante superior à madeira para a construção de navios. Não sabiam que qualquer coisa poderia flutuar se fosse mais leve que a quantidade de água deslocada e, enquanto não aprenderam essa grande verdade, seguiram fazendo navios de madeira.

Até alguns anos atrás, a maioria dos homens pensava que apenas os pássaros pudessem voar, mas hoje sabemos que o homem pode não só igualar o voo dos pássaros, como superá-lo.

Há bem pouco tempo, os homens não sabiam que a grande vastidão vazia conhecida como ar é mais viva e mais sensível do que qualquer coisa na Terra. Não sabiam que a palavra falada viaja pelo éter à velocidade da luz, sem a ajuda de cabos. Como poderiam saber, se suas mentes não haviam se expandido o suficiente para permitir essa compreensão? O objetivo desta lição é ajudar a desdobrar e expandir sua mente de tal forma que você seja capaz de pensar com precisão, pois esse desdobramento abrirá uma porta que leva a todo poder de que você precisa para completar seu Templo do Sucesso.

Ao longo de todas as lições anteriores deste curso, você observou que lidamos com princípios que qualquer pessoa poderia facilmente dominar e aplicar. Você vai observar também que esses princípios foram apresentados de modo a levar ao sucesso medido por riqueza material. Isso parece necessário porque, para a maioria das pessoas, a palavra "sucesso" e a palavra "dinheiro" são sinônimas. Obviamente, as lições anteriores deste curso destinam-se àqueles que consideram as coisas mundanas e a riqueza material a única definição de sucesso.

Apresentando a questão de outra maneira, eu estava ciente de que a maioria dos alunos deste curso ficaria decepcionada se eu indicasse uma estrada para o sucesso que levasse a outras portas que não as dos negócios, finanças e indústria, pois é de conhecimento geral que a maioria dos homens quer o sucesso que se grafa $uce$$o!

Muito bem, deixe que aqueles que ficam satisfeitos com esse padrão de sucesso o tenham, mas alguns irão querer subir mais na escada, em busca de sucesso medido em padrões não materiais, e é para o benefício destes em particular que se destinam esta e as próximas lições deste curso.

✦

DIA 242

Pensamento preciso envolve dois elementos essenciais que todos que a ele se dedicam devem observar. Primeiro, para pensar com precisão você deve separar fatos de mera informação. Existe muita "informação" disponível que não é baseada em fatos. Segundo, você deve separar os fatos em duas classes, isto é, importantes e não importantes ou relevantes e irrelevantes.

Somente fazendo isso você pode pensar com clareza.

Todos os fatos que você pode usar na realização de seu objetivo principal definido são importantes e relevantes; todos que não pode usar são não importantes e irrelevantes. É principalmente a negligência de alguns em fazer essa distinção que contribui para o abismo que separa tão largamente pessoas que parecem ter igual habilidade e tiveram oportunidades iguais. Sem sair de seu círculo de conhecidos, você pode distinguir uma ou mais pessoas que não tiveram oportunidades maiores que você, que parecem ter capacidade igual ou inferior à sua e estão alcançando sucesso bem maior.

E você se pergunta por quê!

Investigue diligentemente e você descobrirá que todas essas pessoas adquiriram o hábito de combinar e usar fatos importantes que afetam sua linha de trabalho. Longe de trabalhar mais duro do que você, elas talvez estejam trabalhando menos e com maior facilidade. Em virtude de terem aprendido o segredo de separar os fatos importantes dos não importantes, muniram-se de uma espécie de alavanca com que podem mover com os dedinhos cargas que você não consegue mover com seu corpo inteiro.

A pessoa que cria o hábito de dirigir a atenção para os fatos importantes com que vai construir seu Templo do Sucesso mune-se de um poder comparável ao de um martelo industrial, que desfere golpes de dez toneladas, enquanto um martelo comum desfere golpes de quinhentos gramas!

Se essas analogias parecem elementares, você deve ter em mente que alguns alunos deste curso ainda não desenvolveram a capacidade de pensar em termos mais complicados e tentar forçá-los a isso seria o equivalente a deixá-los irremediavelmente para trás.

Para que possa entender a importância de distinguir fatos de mera informação, estude o tipo de homem guiado inteiramente pelo que ouve, o tipo influenciado por todos os "sussurros dos ventos da fofoca", que aceita sem analisar tudo que lê nos jornais e julga os outros pelo que os inimigos, rivais e contemporâneos dizem deles.

Procure em seu círculo de conhecidos e escolha um tipo desses como exemplo para ter em mente enquanto estudamos o assunto. Observe que esse homem normalmente começa a conversa com algo do tipo "vi no jornal" ou "dizem". O pensador preciso sabe que os jornais nem sempre são precisos nas reportagens e sabe também que o que "dizem" em geral carrega mais falsidade do que verdade. Se não estiver acima da categoria do "vi no jornal" e do "dizem", você ainda tem muito a percorrer antes de se tornar um pensador preciso. É claro que muita verdade e muitos fatos viajam disfarçados de conversa fiada e reportagem de jornal, mas o pensador preciso não irá aceitar tudo que vê e ouve.

Esse é um ponto que me sinto impelido a enfatizar porque constitui as rochas e recifes em que muita gente esbarra e afunda em derrota num oceano sem fundo de falsas conclusões.

No âmbito do procedimento legal, existe um princípio chamado lei da evidência, cujo objetivo é chegar aos fatos. Qualquer juiz pode ser justo com todos os interessados se tiver fatos para embasar seu julgamento, mas pode arrasar pessoas inocentes se burla a lei da evidência e chega à conclusão ou julgamento baseado em boatos.

A lei da evidência varia de acordo com o assunto e as circunstâncias em que é utilizada, mas você não errará muito se, na ausência de fatos, formar seus julgamentos baseado na hipótese de que apenas aquela parte da evidência que promove seus próprios interesses sem causar qualquer dificuldade a outros é baseada em fatos.

Esse é um ponto crucial e importante desta lição; portanto, quero ter certeza de que você não passará por ele de forma leviana. Muitos homens confundem, conscientemente ou não, conveniência com fato, fazendo algo ou se abstendo de fazer pelo motivo único de que favorece seus interesses, sem considerar se interfere no direito dos outros.

Não importa quão deplorável seja, a verdade é que a maior parte do pensamento atual, longe de ser precisa, baseia-se no fundamento único da conveniência. Para o aluno mais avançado do pensamento preciso, é incrível a quantidade de gente que é "honesta" quando é lucrativo para elas, mas encontra miríades de fatos (?) para se justificar ao seguir um caminho desonesto quando este parece mais lucrativo ou vantajoso.

*O grande Edison fracassou dez mil vezes antes de fazer a lâmpada elétrica funcionar. Não desanime e não "largue mão" se fracassar uma vez ou duas antes de fazer seus planos funcionarem.*

Sem dúvida você conhece gente assim.

O pensador preciso adota um padrão pelo qual se guia e segue esse padrão o tempo todo, quer funcione sempre para sua vantagem imediata, ou o conduza de vez em quando para situações de desvantagem (como sem dúvida fará).

O pensador preciso lida com fatos, independentemente de como afetem seus interesses, pois sabe que no fim essa política o levará ao topo, de plena posse de seu objetivo principal definido de vida. Ele entende a solidez da filosofia que o antigo filósofo Creso tinha em mente quando disse:

"Existe uma roda na qual giram os assuntos dos homens, e seu mecanismo é tal que impede que qualquer homem seja sempre afortunado".

O pensador preciso tem um só padrão pelo qual se conduz nas relações com outros, e esse padrão é observado fielmente, quer lhe traga desvantagem temporária ou vantagem notável, pois, sendo um pensador preciso, ele sabe que, pela lei das probabilidades, irá recuperar no futuro mais do que perdeu ao aplicar seu padrão em detrimento próprio temporário.

Você pode muito bem começar a se preparar para entender que se tornar um pensador preciso exige o mais firme e inabalável caráter, pois pode ver que o raciocínio desta lição segue nessa linha.

Não dá para negar que existe certa dose de penalidade temporária ligada ao pensamento preciso; porém, embora isso seja verdade, também é verdade que a recompensa, no conjunto, é tão esmagadoramente maior que você pagará tal penalidade alegremente.

Ao buscar fatos, muitas vezes, é necessário reuni-los a partir da fonte única do conhecimento e experiência dos outros. Torna-se necessário, então, examinar cuidadosamente tanto a evidência apresentada quanto a pessoa de onde tal evidência provém, e, quando a evidência é de tal natureza que afeta o interesse da testemunha que a fornece, haverá motivo para examinar tudo com mais cuidado ainda, pois testemunhas que têm interesse na evidência que oferecem muitas vezes cedem à tentação de colori-la e deturpá-la para proteger seu interesse.

Se um homem calunia outro, suas observações devem ser aceitas, caso possuam algum peso, com pelo menos um grão do sal proverbial da cautela, pois é uma tendência humana comum não encontrar nada além de mal naqueles de quem não se gosta. O homem que alcançou o grau de pensamento preciso que lhe permite falar do inimigo sem exagerar seus defeitos e sem minimizar suas virtudes é a exceção e não a regra.

Alguns homens muito capazes ainda não superaram o hábito vulgar e autodestrutivo de menosprezar seus inimigos, concorrentes e contemporâneos. Desejo chamar sua atenção para essa tendência comum com toda ênfase possível, pois ela é fatal para pensadores precisos.

Antes de poder tornar-se um pensador preciso, você deve entender e levar em consideração que, no momento em que uma pessoa começa a assumir a liderança em qualquer setor, os caluniadores começam a circular "rumores" e cochichos sutis sobre seu caráter.

Não importa a solidez do caráter da pessoa ou o tipo de serviço que possa estar prestando ao mundo, ela não consegue escapar da atenção dessa gente equivocada que se deleita em destruir em vez de construir. Os inimigos políticos de Lincoln espalharam a informação de que ele vivia com uma mulher de cor. Os inimigos políticos de Washington divulgaram informação semelhante a respeito dele. Uma vez que Lincoln e Washington eram sulistas, a informação sem dúvida era considerada por aqueles que a espalharam a mais adequada e degradante que poderiam imaginar.

Mas não precisamos voltar ao nosso primeiro presidente para encontrar provas da natureza caluniosa de que os homens são dotados, pois eles foram um passo além ao prestar tributo ao falecido presidente Harding e espalhar a informação de que ele tinha sangue negro nas veias.

Quando Woodrow Wilson voltou de Paris com o que acreditava ser um plano sólido para abolir a guerra e resolver as disputas internacionais, todos, exceto os pensadores precisos, poderiam ter sido levados a acreditar, pelas informações do coro do "dizem", que ele era uma combinação de Nero e Judas Iscariotes. Os politiqueiros, os políticos baratos, os políticos "a serviço de interesses" e os simples ignorantes que não pensavam por si uniram-se em um poderoso coro com o objetivo de destruir o único homem na história do mundo que apresentou um plano para abolir a guerra.

Os caluniosos mataram Harding e Wilson — assassinaram os dois com mentiras perversas. Fizeram o mesmo com Lincoln, apenas de maneira mais espetacular, incitando um fanático a apressar sua morte com uma bala.

Estadismo e política não são os únicos campos onde o pensador preciso deve ficar em guarda contra o coro do "dizem". No momento que um homem começa a se fazer notar no campo da indústria ou dos negócios, o coro entra em ação. Se esse homem faz uma ratoeira melhor que seu vizinho, o mundo inteiro vai bater à sua porta, disso não há dúvidas; e, na gangue que trilhará o caminho, estarão aqueles que vão não para elogiar, mas para condenar e destruir sua reputação. John H. Patterson, presidente da National Cash Register Company, é um exemplo notável do que pode acontecer a um homem que produz uma caixa registradora melhor do que seu vizinho; ainda assim, na mente do pensador preciso, não existe uma centelha de evidência para apoiar as informações maldosas que os concorrentes de Patterson espalharam a respeito dele.

*Você está no caminho do sucesso se tem uma concepção tão perspicaz da vida que nunca elabora um plano que implique pedir a outra pessoa para fazer algo sem dar a ela vantagem correspondente como retorno de seu pedido.*

Quanto a Wilson e Harding, podemos apenas julgar como a posteridade irá vê-los observando como os nomes de Lincoln e Washington foram imortalizados. Apenas a verdade perdura. Todo o resto passa com o tempo.

O objetivo dessas referências não é elogiar aqueles que não necessitam particularmente de elogios, e sim dirigir sua atenção ao fato de que a evidência do "dizem" dever ser sempre objeto de escrutínio severo, ainda mais quando é de natureza destrutiva ou negativa. Nenhum dano pode advir de se aceitar como fato evidências de rumores construtivos, mas o contrário, se aceito, deve ser submetido à mais detida inspeção possível, conforme os meios disponíveis de aplicação da lei da evidência.

Como um pensador preciso, é seu privilégio e dever aproveitar-se de fatos, mesmo que tenha que batalhar para consegui-los. Caso se deixe levar de um lado a outro por todo tipo de informação que lhe chama a atenção, você nunca se tornará um pensador preciso e, se não pensa com precisão, não pode ter certeza de atingir seu objetivo principal definido de vida.

Muitos homens sucumbiram à derrota porque, devido ao preconceito e ódio, subestimaram as virtudes dos inimigos ou concorrentes. Os olhos do pensador preciso veem fatos – não as delusões do preconceito, ódio e inveja.

Um pensador preciso deve ser como um bom esportista — no sentido de ser justo o bastante (consigo pelo menos) para procurar virtudes assim como falhas em outras pessoas, pois não é insensato supor que todos os homens têm algo de ambas.

"Não acredito que possa me dar ao luxo de enganar os outros — e sei que não posso me dar ao luxo de enganar a mim mesmo!"

Esse deve ser o lema do pensador preciso.

✦

DIA 245

Supondo que essas "dicas" sejam suficientes para gravar em sua mente a importância de procurar fatos até ficar razoavelmente seguro de que os encontrou, vamos nos dedicar à questão de organizar, classificar e utilizar esses fatos.

Olhe mais uma vez seu círculo de conhecidos e encontre uma pessoa que pareça realizar mais com menos esforço do que qualquer um dos associados dela. Estude tal pessoa e você observará que é uma estrategista no sentido de que aprendeu a arranjar os fatos para que a lei dos retornos crescentes, descrita em uma lição prévia, atue a seu favor.

O homem que sabe que está trabalhado com fatos realiza sua tarefa com um sentimento de autoconfiança que lhe permite abster-se de contemporizar, hesitar ou esperar para se certificar do terreno. Ele sabe de antemão qual será o resultado de seu esforço; por isso, age com mais rapidez e realiza mais do que o homem que tem que "se certificar do terreno" por não ter certeza de que esteja trabalhando com fatos.

O homem que compreende as vantagens de procurar fatos para embasar seu pensamento avançou bastante no caminho para desenvolver um pensamento preciso, mas o homem que aprendeu a separar fatos importantes e não importantes foi ainda além. Este último pode ser comparado àquele que utiliza um martelo industrial e executa de um só golpe mais do que o primeiro, que utiliza um martelo comum, consegue realizar com dez mil golpes.

Vamos analisar brevemente alguns homens que se dedicaram a lidar com fatos importantes ou relevantes referentes a seu trabalho.

Se não fosse o fato deste curso estar adaptado às necessidades práticas de homens e mulheres do mercado de trabalho atual, voltaríamos aos grandes homens do passado — Platão, Aristóteles, Epicteto, Sócrates, Salomão, Moisés e Cristo — e dirigiríamos a atenção a seus hábitos ao lidar com fatos. Entretanto, podemos encontrar exemplos mais próximos, que servirão melhor a nosso objetivo nesse ponto específico.

Visto que o dinheiro é considerado hoje em dia a prova mais concreta de sucesso, vamos estudar um dos homens que mais acumulou dinheiro na história do mundo — John D. Rockefeller.

Rockefeller tem uma qualidade que se sobressai como uma estrela brilhante dentre todas as outras: o hábito de lidar somente com fatos relevantes referentes a seu trabalho. Quando era muito jovem (e um jovem muito pobre, diga-se de passagem), Rockefeller adotou como objetivo principal definido a acumulação de grande riqueza. Não é meu objetivo, nem acarretaria qualquer vantagem particular, abordar o método de Rockefeller para acumular sua fortuna a não ser observar que sua qualidade mais pronunciada como base de filosofia de negócios é ater-se aos fatos. Alguns dizem que Rockefeller nem sempre foi justo com os concorrentes. Isto pode ou não ser verdade (como pensadores precisos deixaremos esse ponto intocado), mas ninguém (nem mesmo os concorrentes) jamais acusou Rockefeller de fazer julgamentos rápidos ou subestimar a força dos concorrentes. Ele não apenas reconhece os fatos que afetam seu negócio onde e quando os encontra, como dedica-se a procurá-los até ter certeza de haver encontrado.

Thomas A. Edison é outro exemplo de homem que alcançou grandeza organizando, classificando e utilizando fatos relevantes. Edison trabalha com as leis naturais; portanto, tem que estar certo dos fatos antes de poder aproveitá-las. Cada vez que apertar um botão e acender uma luz elétrica, lembre-se de que foi a capacidade de Edison de organizar fatos relevantes que tornou isso possível.

Toda vez que ouvir um fonógrafo, lembre-se de que Edison é o homem que fez disso uma realidade graças ao hábito persistente de lidar com fatos relevantes.

Cada vez que assistir imagens em movimento, lembre-se de que elas provêm do hábito de Edison de lidar com fatos importantes e relevantes.

No campo da ciência, os fatos relevantes são ferramentas de trabalho. Mera informação ou rumor não têm valor para Edison; todavia, ele poderia ter desperdiçado a vida trabalhando com isso, como milhões de outras pessoas fazem.

Rumores jamais poderiam produzir a luz elétrica, o gramofone ou imagens em movimento e, caso o fizessem, o fenômeno teria sido um "acidente". Nesta lição estamos tentando preparar o aluno para evitar "acidentes".

A questão que surge agora é: o que constitui um fato importante e relevante?

A resposta depende inteiramente do que constitui seu objetivo principal definido de vida, pois um fato importante e relevante é qualquer fato que você possa usar, sem interferir nos direitos dos outros, na realização desse objetivo.

Todos os demais fatos no que lhe diz respeito são supérfluos e no máximo de menor importância.

No entanto, você pode trabalhar tão duro para organizar, classificar e utilizar fatos sem importância e irrelevantes quanto para lidar com fatos importantes e relevantes, só que não realizará muito.

✦

DIA 246

Até agora discutimos apenas um fator do pensamento preciso, sendo este baseado em raciocínio dedutivo. Talvez aqui seja o ponto em que alguns alunos deste curso terão que pensar ao longo de linhas com que não estão familiarizados, porque chegamos agora à discussão do pensamento que faz muito mais do que reunir, organizar e combinar fatos.

Vamos chamá-lo de pensamento criativo!

Para que possa entender por que é chamado de pensamento criativo, é necessário estudar brevemente o processo de evolução que criou o homem pensante.

O homem pensante está há muito tempo na estrada da evolução e percorreu um caminho muito longo. Nas palavras do juiz Thomas Troward em *Mystery and Bible Meaning* (Mistérios e significado da Bíblia), "o homem aperfeiçoado é o ápice da pirâmide evolutiva, e isso decorre de uma sequência necessária".

Vamos rastrear o homem pensante através dos cinco passos evolutivos que acreditamos que ele tenha percorrido, a começar do mais inferior, a saber:

1. Período mineral. Aqui encontramos a vida em sua forma mais rudimentar, imóvel e inerte, uma massa de substâncias minerais, sem poder de locomoção.
2. Período vegetal. Aqui encontramos a vida numa forma mais ativa, com inteligência suficiente para recolher alimento, crescer e se reproduzir, mas ainda incapaz de se mover de suas amarras fixas.
3. Período animal. Aqui encontramos a vida numa forma ainda mais elevada e inteligente, com capacidade de se deslocar de um lugar para outro.
4. Período humano ou do homem pensante, onde encontramos a vida em sua forma mais elevada; mais elevada porque o homem pode pensar e porque o pensamento é a forma mais elevada de energia organizada. No reino do pensamento, o homem não conhece limites. Ele pode enviar seus pensamentos às estrelas com a rapidez de um raio. Pode reunir fatos e montá-los em novas e variadas combinações. Pode criar hipóteses e traduzi-las em realidade física por meio do pensamento. Pode raciocinar tanto de forma indutiva quanto dedutiva.

5. Período espiritual. Nesse plano, as formas inferiores de vida descritas nos quatro períodos prévios convergem e se tornam infinitas em natureza. Nesse ponto, o homem pensante se desenvolve, expande e cresce até projetar a capacidade de pensamento na Inteligência Infinita. De momento, o homem pensante não passa de uma criança, pois não aprendeu a se apropriar da Inteligência Infinita chamada espírito para utilizá-la. Além disso, com raríssimas exceções, o homem ainda não reconheceu o pensamento como o elo que dá acesso ao poder da Inteligência Infinita. Essas exceções foram figuras como Moisés, Salomão, Cristo, Platão, Aristóteles, Sócrates, Confúcio e um número comparativamente pequeno de outros do tipo. Desde o tempo destes, tivemos muitos que desvendaram parcialmente essa grande verdade, mas a verdade em si está tão disponível agora como naquela época.

DIA 247

Para fazer uso do pensamento criativo, deve-se trabalhar em larga medida com a fé, e este é o motivo principal pelo qual a maioria de nós não se dedica a esse tipo de pensamento. O mais ignorante dos homens pode pensar em termos de raciocínio dedutivo ligados a assuntos de natureza puramente física e material, mas dar um passo maior e pensar em termos de Inteligência Infinita é outra questão. O homem comum fica totalmente desorientado no momento em que vai além do que pode compreender com a ajuda dos cinco sentidos físicos da visão, audição, olfato, tato e paladar. A Inteligência Infinita não opera por nenhum desses sentidos, e não podemos invocar sua ajuda por meio de nenhum deles.

"Como pode então alguém apropriar-se do poder da Inteligência Infinita?", é, portanto, uma pergunta natural. E a resposta é:

Com pensamento criativo!

Para deixar clara a forma exata de como isso é feito, vou chamar sua atenção agora para algumas das lições anteriores pelas quais você foi preparado para compreender o significado do pensamento criativo.

Na Lição 2, e em certa medida em praticamente todas as outras lições até aqui, você observou a frequente citação do termo "autossugestão". (Sugestão que você faz para si mesmo.) Vamos voltar ao termo outra vez, pois autossugestão é a linha telegráfica, por assim dizer, pela qual você pode registrar em sua mente subconsciente uma descrição ou plano daquilo que deseja criar ou adquirir de forma física.

Trata-se de um processo que você pode aprender a usar facilmente.

A mente subconsciente é a intermediária entre a mente consciente pensante e a Inteligência Infinita, e você pode invocar a Inteligência Infinita apenas por meio do subconsciente, dando instruções claras sobre o que quer. Aqui você se familiariza com o motivo psicológico para ter um objetivo principal definido.

*A arte de vender consiste largamente em conhecer e mostrar ao comprador potencial os méritos reais dos bens ou serviço que você está tentando vender.*

Se ainda não viu a importância de criar um objetivo principal definido para sua carreira profissional, você sem dúvida verá antes de que esta lição esteja dominada.

Sabendo por minha experiência como novato no estudo desse e outros assuntos relacionados o quão pouco eu entendia de termos como "mente subconsciente", "autossugestão" e "pensamento criativo", tomei a liberdade, no decorrer deste curso, de descrever tais termos com todos os exemplos e ilustrações concebíveis, para tornar seu significado e método de aplicação tão claros que nenhum aluno deixe de entender. Isso explica a repetição de termos que você observará ao longo de todo o curso e ao mesmo tempo serve como pedido de desculpas aos alunos que já avançaram o suficiente para compreender o significado de muita coisa que o novato não vai entender na primeira leitura.

A mente subconsciente tem uma característica marcante para a qual chamarei agora sua atenção, ou seja, ela registra as sugestões que você envia pela autossugestão e invoca a ajuda da Inteligência Infinita para traduzir essas sugestões em sua forma física natural por meios naturais que não são de modo algum extraordinários. É importante entender a frase anterior, pois, se fracassar em compreendê-la, é provável que fracasse também em compreender a importância da base em que este curso inteiro é construído — sendo esta base a Inteligência Infinita, que pode ser alcançada e usada à vontade por meio do "MasterMind" descrito na Lição 1.

Estude com cuidado o parágrafo anterior, pensando e refletindo a respeito.

A mente subconsciente tem outra característica notável: quando aceita, ela age sobre todas as sugestões que lhe chegam, sejam construtivas ou destrutivas, vindas de fora ou da mente consciente.

DIA 248

Você pode ver, portanto, o quanto é essencial observar a lei da evidência e seguir cuidadosamente os princípios estabelecidos no início desta lição ao selecionar o que vai transmitir à sua mente subconsciente mediante autossugestão. Pode ver por que deve procurar diligentemente por fatos e por que não se pode dar ao luxo de dar ouvidos a caluniadores e difamadores — pois fazer isso equivale a alimentar a mente subconsciente com alimento venenoso e ruinoso para o pensamento criativo.

A mente subconsciente pode ser comparada à chapa de uma câmera onde a imagem de qualquer objeto colocado diante dela é gravada. A chapa não escolhe o tipo de imagem a ser gravada, registra qualquer coisa que chegue através da lente. A mente consciente pode ser comparada ao obturador que intercepta a luz, permitindo que nada alcance a chapa não ser o que o operador deseja. A lente da câmera pode ser comparada à autossugestão, pois é o veículo que transporta a imagem do objeto a ser registrado para a chapa. E a Inteligência Infinita pode ser comparada ao revelador depois que a foto foi gravada, trazendo a imagem para a realidade física.

A câmera comum é um instrumento esplêndido para se comparar com o processo do pensamento criativo. Primeiro ocorre a seleção do objeto a ser exposto diante da câmera. Isso representa o objetivo principal definido de vida. Em seguida, vem a operação real de registrar um esboço claro do objetivo, pela lente da autossugestão, na placa da mente subconsciente. Aqui a

Inteligência Infinita entra e revela o contorno do objetivo em uma forma física adequada à natureza desse objetivo. A parte que você deve executar é clara!

Você seleciona a imagem a ser gravada (objetivo principal definido). Então fixa a mente consciente nesse objetivo com tal intensidade que ela se comunica com a mente subconsciente via autossugestão e registra a imagem. Aí você começa a esperar manifestações de realização física do tema da imagem.

Tenha em mente o fato de que você não senta e aguarda, nem vai para a cama dormir com a expectativa de acordar e esperar que a Inteligência Infinita derrame sobre você o objetivo principal definido. Você vai em frente da maneira usual, fazendo seu trabalho diário de acordo com as instruções estabelecidas na Lição 9 deste curso, com plena fé e confiança de que formas e meios naturais para a realização do objetivo definido se descortinarão no momento adequado e de forma apropriada.

*Qualquer homem pode tornar-se grande fazendo as coisas triviais da vida em espírito de grandeza, com o desejo genuíno de ser útil aos outros, independentemente de sua vocação.*

O caminho pode não se abrir de repente, do primeiro passo até o fim, mas pode se abrir um passo de cada vez. Portanto, quando ficar consciente de uma oportunidade para dar o primeiro passo, dê sem hesitação e faça o mesmo quando o segundo, terceiro e todos os passos subsequentes essenciais para a realização do objetivo principal definido se manifestarem.

A Inteligência Infinita não vai construir uma casa e entregá-la para você, pronta para você entrar, mas abrirá o caminho e fornecerá os meios necessários para que você possa construir sua casa.

A Inteligência Infinita não vai mandar o caixa do banco depositar uma determinada quantia de dinheiro em sua conta só porque você sugeriu isso para sua mente subconsciente, mas abrirá o caminho para que você possa ganhar ou pedir esse dinheiro emprestado e colocá-lo em sua conta.

A Inteligência Infinita não vai despejar o atual inquilino da Casa Branca e fazer de você o presidente no lugar dele, mas provavelmente agiria, sob as circunstâncias adequadas, para influenciá-lo e prepará-lo para ocupar o cargo e então ajudá-lo a chegar lá pela via normal de procedimento.

Não conte com a realização de milagres para a conquista do objetivo principal definido, conte com o poder da Inteligência Infinita para guiá-lo por canais naturais e com a ajuda das leis naturais para a realização. Não espere que a Inteligência Infinita traga o objetivo principal definido; em vez disso, espere que a Inteligência Infinita o direcione para o objetivo.

Como novato, não espere que a Inteligência Infinita atue rapidamente em seu nome, mas, à medida que ficar mais hábil no uso da autossugestão e desenvolver a fé e compreensão necessárias para a rápida realização, você pode criar um objetivo principal definido e testemunhar sua imediata tradução em realidade física. Você não caminhou na primeira tentativa, mas agora, adulto (hábil em andar), você caminha sem esforço. Também olha a criancinha que cambaleia ao redor, tentando caminhar, e ri de seus esforços. Como novato no uso do pensamento criativo, você pode ser comparado à criancinha aprendendo a dar os primeiros passos.

Tenho o melhor dos motivos para saber que essa comparação é precisa, mas não vou declará-los. Vou deixar que você descubra o seu motivo, à sua maneira.

Tenha sempre em mente o princípio da evolução pelo qual todas as coisas físicas estão eternamente em ascensão, tentando completar o ciclo entre inteligência finita e Inteligência Infinita.

O homem é o exemplo mais elevado e mais notável do funcionamento do princípio da evolução. Primeiro, o encontramos nos minerais da Terra, em que há vida, mas não inteligência. Em seguida, o encontramos alçado a uma forma de vida muito mais elevada, com o crescimento da vegetação (evolução), onde desfruta de inteligência suficiente para se alimentar. Depois o encontramos no período animal, no qual tem um grau de inteligência relativamente alto, com capacidade de se deslocar de um lugar para outro.

Por último, o encontramos acima das espécies inferiores do reino animal, onde atua como entidade pensante, com capacidade de se apropriar da Inteligência Infinita e utilizá-la.

Observe que ele não alcançou esse estado elevado de um só salto. Ele escalou passo a passo, talvez através de muitas reencarnações.

Tenha isso em mente e vai entender por que não é razoável esperar que a Inteligência Infinita contorne as leis naturais e transforme o homem no depósito de todo o conhecimento e todo o poder até que ele tenha se preparado para utilizar esse conhecimento e poder com inteligência superior à finita.

Se quer um belo exemplo do que pode acontecer a um homem que adquire poder de repente, estude alguns novos-ricos ou alguém que herdou uma fortuna. O poder do dinheiro nas mãos de John D. Rockefeller não só está em boas mãos, como está em mãos que o fazem servir à humanidade em todo o mundo, eliminando a ignorância, destruindo doenças contagiosas e ajudando de mil outras maneiras desconhecidas pelos indivíduos comuns.

Coloque a fortuna de John D. Rockefeller nas mãos de algum jovem que ainda não terminou o ensino médio e você poderia ter outra história para contar, cujos detalhes sua imaginação e conhecimento da natureza humana fornecerão.

Terei mais o que dizer sobre esse assunto na Lição 14.

Se já trabalhou na lavoura, você sabe que são necessários certos preparativos antes que a safra possa ser produzida. Você sabe, é claro, que a semente não vai crescer no mato, que requer luz do sol e chuva para seu crescimento. Da mesma forma, sabe que o agricultor deve arar o solo e plantar corretamente a semente.

Feito isso tudo, ele então espera a natureza fazer sua parte do trabalho, e ela o faz no devido tempo, sem ajuda externa.

Esse é um exemplo perfeito para ilustrar o método pelo qual se pode alcançar o objetivo principal definido. Primeiro vem a preparação do solo, representada pela fé, Inteligência Infinita, compreensão da autossugestão e da mente subconsciente, mediante a qual a semente do objetivo definido pode ser plantada. Depois vem um período de espera e trabalho para a realização do objetivo. Nesse período, deve haver fé contínua e intensificada, que atua como sol e chuva, sem os quais a semente seca e morre na terra. E então, vem a realização, o tempo de colheita.

E pode haver uma colheita maravilhosa.



Estou plenamente ciente de que muito do que estou afirmando não será compreendido pelo novato na primeira leitura, pois lembro de minhas experiências iniciais. No entanto, como o processo evolutivo executa seu trabalho (e ele vai fazê-lo, disso não tenha dúvida), todos os princípios descritos nesta e em todas as outras lições deste curso irão se tornar tão familiares para você como a tabuada depois de tê-la dominado — e, mais importante ainda, esses princípios vão operar com a mesma certeza invariável que o princípio da multiplicação.

Cada lição deste curso fornece instruções definidas a seguir. As instruções foram simplificadas tanto quanto possível, de modo que qualquer um possa entendê-las. Nada foi deixado a cargo do aluno, exceto seguir as instruções e ter fé em sua solidez, sem o que seria inútil tentar.

Nesta lição você está lidando com os seguintes quatro fatores principais, para os quais chamo sua atenção com o pedido de que se familiarize:

Autossugestão, mente subconsciente, pensamento criativo e Inteligência Infinita.

Essas são as quatro estradas que você deve percorrer na escalada em busca de conhecimento. Observe que você controla três delas. Observe também — e isso é especialmente enfatizado — que o momento e local onde elas vão convergir para a quarta estrada, ou Inteligência Infinita, vai depender de como você trafegar por elas.

Você entende o significado dos termos autossugestão e mente subconsciente. Vamos nos certificar também de que saiba o que significa pensamento criativo: pensamento de natureza positiva, não destrutiva e criativa. O objetivo da Lição 8, sobre autocontrole, foi prepará-lo para compreender e aplicar o princípio do pensamento criativo com sucesso. Se não dominou aquela lição, você não está pronto para fazer uso do pensamento criativo na realização do objetivo principal definido.

Deixe-me repetir um exemplo já utilizado, dizendo que sua mente subconsciente é o campo ou o solo onde você planta a semente do objetivo principal definido. O pensamento criativo é o instrumento com que você mantém o solo adubado e condicionado para despertar o crescimento e amadurecimento da semente. Sua mente subconsciente não irá germinar a semente do objetivo principal definido, nem a Inteligência Infinita traduzirá esse efeito em realidade física, se você encher a mente com ódio, inveja, ciúme, egoísmo e ganância. Esses pensamentos negativos ou destrutivos são as ervas daninhas que irão sufocar a semente do objetivo definido.

Pensamento criativo pressupõe manter a mente em um estado de expectativa de realização do objetivo principal definido, ter plena fé e confiança em sua realização no devido tempo e na devida ordem.

Se esta lição fizer o que se pretende, trará uma percepção mais ampla e mais profunda da Lição 3, sobre autoconfiança. Ao começar a aprender como plantar a semente dos desejos no solo fértil da mente subconsciente e como fertilizar tal semente até que brote em vida e ação, você de fato terá motivo para acreditar em si.

E, depois de ter chegado a esse ponto no processo de evolução, terá conhecimento suficiente sobre a verdadeira fonte de onde extrai seu poder para dar pleno crédito à Inteligência Infinita por tudo que você havia creditado anteriormente à sua autoconfiança.

✦

DIA 251

Autossugestão é uma arma poderosa com a qual se pode chegar ao pináculo de grandes realizações quando usada de forma construtiva. Utilizada de forma negativa, no entanto, pode destruir toda a possibilidade de êxito e, se assim for utilizada de forma contínua, de fato destruirá a saúde.

A cuidadosa comparação das experiências de médicos e psiquiatras importantes divulgou o surpreendente fato de que cerca de 75% das pessoas doentes sofrem de hipocondria, um estado mental mórbido que causa ansiedade inútil a respeito da saúde.

Explicando em linguagem simples, o hipocondríaco acredita estar sofrendo de algum tipo de doença imaginária e muitas vezes acredita ter todas as doenças de que já ouviu falar.

A condição hipocondríaca geralmente é induzida pela autointoxicação, ou envenenamento devido à falha do sistema intestinal em excretar resíduos. A pessoa que sofre de tal condição tóxica não só é incapaz de pensar com precisão, como tem todos os tipos de pensamentos pervertidos, destrutivos e ilusórios. Muitos doentes têm as amígdalas removidas, dentes arrancados ou o apêndice retirado quando seus problemas poderiam ter sido eliminados com um enema e um vidro de citrato de magnésio (com as devidas desculpas aos amigos médicos, sendo que um deles, muito destacado, foi quem me deu a informação).

*Lembre-se de que sua riqueza real pode ser medida não pelo que você tem, mas pelo que você é.*

A hipocondria em alguns casos pode levar à loucura. O Dr. Henry R. Rose é autoridade no poder da autossugestão, com os exemplos típicos a seguir:

> "Se minha esposa morrer, não vou acreditar que Deus exista." A esposa estava com pneumonia, e foi assim que ele me cumprimentou quando cheguei à casa. Ela me chamara porque o médico tinha dito que ela não conseguiria se recuperar. (A maioria dos médicos age de maneira melhor do que fazendo uma declaração dessas na presença de um paciente.) Ela havia chamado o marido e os dois filhos e dera adeus. Então pediu que eu, seu ministro, fosse até ela. Encontrei o marido na sala aos prantos e os filhos fazendo de tudo para reanimá-la. Quando entrei no quarto, a doente respirava com dificuldade, e a enfermeira disse que ela estava muito mal.

Logo descobri que a Sra. N. me chamara porque queria que eu cuidasse dos dois filhos depois que ela falecesse. Então eu disse a ela: "Você não deve desistir. Você não vai morrer! Você sempre foi uma mulher forte e saudável, e não acredito que Deus queira que você morra e deixe seus meninos para mim ou qualquer outra pessoa".

Falei com ela seguindo essa linha e depois li o salmo 103 e fiz uma oração em que a preparei para ficar bem em vez de adentrar na eternidade. Disse a ela para colocar a fé em Deus e lançar sua mente e vontade contra todo pensamento de morte. Ao ir embora, disse: "Voltarei depois do culto na igreja e irei encontrá-la muito melhor".

Isso foi na manhã de domingo. Fui até lá à tarde. O marido me recebeu com um sorriso. Contou que, no momento em que saí, a esposa chamou os meninos e ele ao quarto e disse: " O Dr. Rose disse que não vou morrer, que vou ficar boa, e eu vou".

Ela ficou boa. Mas o que causou isso? Duas coisas: a autossugestão induzida pela sugestão que eu havia dado e fé. Cheguei na hora exata, e a fé dela em mim era tão grande que fui capaz de inspirar a fé dela em si mesma. Foi essa fé que pesou na balança e a recuperou da pneumonia. Nenhum medicamento pode curar pneumonia. Os médicos admitem isso. Há casos de pneumonia que talvez nada possa curar. Todos concordamos nisso com tristeza, mas existem vezes, como nesse caso, em que a mente, se trabalhada da maneira certa, fará a maré virar. Enquanto há vida, há esperança, mas a esperança deve reinar suprema e fazer o bem que se pretende que faça.

DIA 252

Eis aqui outro caso notável que mostra o poder da mente humana quando utilizado de forma construtiva. Um médico me pediu para ver a Sra. H. Ele disse que não havia nada de errado com ela organicamente, mas ela simplesmente não comia. Tendo colocado na cabeça que não conseguia reter nada no estômago, ela tinha parado de comer e estava matando-se lentamente por inanição. Fui vê-la e descobri primeiro que ela não tinha nenhuma crença religiosa. Havia perdido a fé em Deus.

Também descobri que ela não confiava em seu poder para reter alimentos. Minha primeira iniciativa foi restaurar sua fé no Onipotente e fazê-la acreditar que Ele estava com ela e lhe daria poder. Depois disse que ela podia comer o que quisesse. É verdade que a confiança dela em mim era grande e que minha declaração a impressionou. Ela começou a comer a partir daquele dia! Saiu da cama três dias depois, pela primeira vez em semanas. Hoje é uma mulher normal, saudável e feliz.

O que fez isso? As mesmas forças descritas no caso anterior: sugestão externa (que ela aceitou com fé e aplicou mediante autossugestão) e confiança interior.

Existem casos em que a mente está doente e deixa o corpo doente. Nestes, é preciso uma mente mais forte para curá-la, proporcionando orientação e, especialmente, confiança e fé em si mesmo. Isso é chamado de sugestão. A mente mais forte transmite confiança e poder para a outra, com tal força que a faz acreditar no que deseja. Não é preciso hipnose. Pode-se obter resultados maravilhosos com o paciente plenamente desperto e em raciocínio perfeito. O paciente tem que acreditar em você, e você deve entender o funcionamento da mente humana a fim de enfrentar os argumentos e perguntas do paciente. Cada um de nós pode ser um curador desse tipo e ajudar os outros dessa forma.

É dever de todos ler alguns dos melhores livros sobre as forças da mente humana e aprender as coisas incríveis que a mente pode fazer para manter as pessoas bem e felizes. Vemos as coisas terríveis que os pensamentos errados fazem com as pessoas, chegando ao ponto de deixá-las positivamente insanas. É hora de descobrirmos as coisas boas que a mente pode fazer, não apenas para curar doenças mentais, mas também doenças físicas.

Você deve se aprofundar nesse assunto.

Não digo que a mente possa curar tudo. Não existe nenhuma evidência confiável de que certas formas de câncer tenham sido curadas pelo pensamento, fé ou qualquer processo mental ou religioso. Para ser curado de um câncer, você deve pegá-lo logo de início e tratar cirurgicamente. Não há outro caminho, e seria um crime sugerir que exista. Mas a mente pode fazer muito em tantos tipos de mal-estar e doenças que devemos contar mais com ela do que costumamos contar.

Durante a campanha no Egito, Napoleão circulou entre as centenas de soldados que estavam morrendo de peste negra. Tocou em um deles e ergueu outro para inspirar os demais a não ter medo, pois a doença terrível parecia se espalhar mais com o auxílio da imaginação do que de qualquer outra coisa. Goethe contou que esteve onde havia febre maligna e nunca a contraiu porque impôs sua vontade. Esses gigantes entre os homens sabiam algo que estamos lentamente começando a descobrir — o poder da autossugestão! Isso refere-se à influência que temos sobre nós mesmos ao acreditar que não vamos contrair um vírus nem adoecer. Existe algo no funcionamento da mente automática ou subconsciente que a faz elevar-se sobre os germes da doença e os desafia quando resolvemos não deixar que o pensamento a respeito deles nos assuste ou quando circulamos entre doentes, até mesmo com enfermidades contagiosas, sem pensar nisso.

"A imaginação pode matar um gato", diz o ditado. Com certeza pode matar um homem ou, por outro lado, ajudá-lo a alcançar níveis de realização surpreendentes, desde que utilizada como base da autoconfiança. Existem registros verídicos de homens que morreram por imaginar que sua jugular havia sido cortada com uma faca, quando na verdade fora utilizado um pedaço de gelo e água pingando, de modo que ouvissem e imaginassem o sangue a escorrer. Eles foram vendados antes do início do experimento. Não importa o quanto você se sinta bem ao sair para trabalhar pela manhã, se todo mundo que encontrar lhe disser: "Você parece doente, deve ir ao médico", não vai demorar muito para começar a se sentir mal e, se os comentários continuarem, chegará em casa à noite mole como um trapo e pronto para o médico. É o poder da imaginação ou da autossugestão.

A faculdade imaginativa da mente humana é um mecanismo maravilhoso, mas pode nos pregar peças estranhas — e geralmente prega —, se não nos mantivermos constantemente em guarda e no controle.

Se permitir que a imaginação "espere o pior", ela causará estragos. Jovens estudantes de medicina não raro ficam assustados e acreditam ter todas as enfermidades do repertório médico em consequência das palestras e discussões em sala de aula sobre as várias doenças.

Como já foi dito, a hipocondria pode muitas vezes ser induzida por envenenamento tóxico, pela eliminação inadequada dos resíduos do corpo; pode ser causada também por alarme falso, pelo uso indevido da imaginação. Em outras palavras, a hipocondria pode ter como causa uma base física real ou pode surgir inteiramente como resultado de se permitir que a imaginação corra solta.

*Subimos aos céus geralmente sobre as ruínas de nossos planos mais queridos, descobrindo que nossos fracassos nada mais eram do que guias amigáveis que nos levaram à frente e acima rumo ao sucesso.*

Os médicos concordam com isto!

O Dr. Schofield descreveu o caso de uma mulher que tinha um tumor. Ela foi colocada na mesa de cirurgia, ministraram os anestésicos, e eis que o tumor desapareceu imediatamente, e nenhuma operação foi necessária. Porém, quando ela recobrou a consciência, o tumor voltou. O médico então ficou sabendo que ela havia morado com um parente que tinha um tumor real, e sua imaginação era tão vívida que ela tinha imaginado o tumor em si. A mulher foi colocada na mesa de cirurgia novamente, deram anestésicos e em seguida enfaixaram-na para que o tumor não pudesse voltar artificialmente. Quando voltou a si, ela foi informada de que a cirurgia fora bem-sucedida, mas seria necessário usar o curativo por vários dias. Ela acreditou no médico e, quando a bandagem foi enfim removida, o tumor não retornou. Não houve cirurgia. Ela simplesmente aliviou a mente subconsciente do pensamento de que tinha um tumor; sua imaginação não tinha mais nada com que trabalhar, exceto a ideia de saúde, e, como ela nunca estivera realmente doente, é claro que permaneceu saudável.

A mente pode ser curada de enfermidades imaginárias exatamente da mesma maneira como adoeceu — pela autossugestão. O melhor horário para trabalhar com uma imaginação defeituosa é à noite, quando se está pronto para ir dormir, pois nessa hora a mente automática ou subconsciente age por conta própria, e os pensamentos ou sugestões que se dá a ela enquanto o consciente ou mente "diurna" está prestes a sair de serviço são assimilados e trabalhados durante a noite.

Pode parecer impossível, mas você pode testar o princípio facilmente seguindo esse procedimento: amanhã você vai levantar-se às sete horas, ou em algum horário que não o habitual. Diga a si mesmo, quando estiver prestes a ir dormir: "Devo me levantar às sete horas amanhã, sem falta". Repita várias vezes, ao mesmo tempo gravando em sua mente que você deve realmente levantar no exato momento mencionado. Transfira esse pensamento ao subconsciente com confiança absoluta de que vai acordar às sete horas, e sua mente subconsciente vai despertar você na hora. Esse teste foi feito com sucesso centenas de vezes. A mente subconsciente irá despertá-lo a qualquer hora que queira, como se alguém viesse à sua cama e lhe tocasse no ombro. Mas você deve dar o comando em termos decididos e definidos.

A mente subconsciente pode receber qualquer outro tipo de ordem e irá realizá-la tão prontamente quanto despertá-lo na hora solicitada. Por exemplo, toda noite, quando estiver prestes a dormir, dê o comando à mente subconsciente para desenvolver autoconfiança, coragem, iniciativa ou qualquer outra qualidade, e ela obedecerá.

Se a imaginação do homem pode criar enfermidades imaginárias e deixar uma pessoa de cama com esses males, pode também, e com a mesma facilidade, remover a causa dessas enfermidades.

O homem é uma combinação de elementos químicos cujo valor dizem ser uns 26 dólares, com exceção, evidentemente, do poder estupendo chamado mente humana.

No conjunto, a mente parece uma máquina complicada, mas na realidade, no que diz respeito a como pode ser usada, é a coisa mais próxima que se conhece do movimento perpétuo. Ela funciona automaticamente enquanto dormimos e funciona tanto de forma automática quanto em conjunto com a vontade quando estamos acordados.

A mente merece a análise mais minuciosa possível nesta lição porque é a energia de que todo pensamento é feito. Para aprender a pensar com precisão, tema único desta lição, é preciso entender completamente o seguinte:

PRIMEIRO: a mente pode ser controlada, guiada e direcionada para fins criativos e construtivos.

SEGUNDO: a mente pode ser direcionada para fins destrutivos e pode voluntariamente destroçar e destruir, a não ser que seja controlada e dirigida de modo construtivo mediante um plano e deliberação.

TERCEIRO: a mente tem poder sobre todas as células do corpo e pode fazer com que cada célula faça seu trabalho com perfeição, ou pode, por negligência ou direcionamento errado, destruir o funcionamento normal de todas e quaisquer células.

QUARTO: toda realização do homem é resultado do pensamento, o papel do corpo físico é secundário e, em muitos casos, de nenhuma importância, exceto como local de habitação da mente.

QUINTO: as maiores realizações, seja em literatura, artes, finanças, indústria, comércio, transporte, religião, política ou descobertas científicas, são geralmente resultado das ideias concebidas no cérebro de um homem, mas de fato transformadas em realidade por outros homens pelo uso combinado de suas mentes e corpos. (O que significa que a concepção de uma ideia é mais importante do que a transformação dessa ideia em forma material, porque relativamente poucos homens conseguem conceber ideias úteis, enquanto existem centenas de milhões de pessoas que podem desenvolver uma ideia e dar-lhe forma material depois de concebida.)

SEXTO: a maioria de todos os pensamentos concebidos na mente do homem não é precisa, sendo mais da natureza de "opiniões" ou "julgamentos rápidos".

Quando Alexandre, o Grande suspirou porque (acreditava ele) não houvesse mais mundos que pudesse conquistar, estava em estado mental semelhante ao dos atuais "Alexandres" da ciência, indústria, invenção etc., cujos "pensamentos precisos" conquistaram o ar e o mar, exploraram praticamente cada quilômetro quadrado do pequeno planeta em que vivemos e arrancaram da natureza milhares de "segredos" que há poucas gerações seriam classificados como "milagres" dos mais surpreendentes e imponderáveis.

*Quando um homem realmente encontra-se no topo da escada do sucesso, ele nunca está sozinho, pois nenhum homem pode escalar até o sucesso genuíno sem levar outros com ele.*

Em toda essa descoberta e domínio de meras substâncias físicas não é estranho, na verdade, que tenhamos praticamente negligenciado e ignorado o mais maravilhoso de todos os poderes, a mente humana?

Todos os cientistas que estudaram a mente humana prontamente concordam que ainda nem arranhamos a superfície no estudo do maravilhoso poder adormecido na mente do homem, que espera, como o carvalho que dorme na semente, ser despertado e colocado a trabalhar. Aqueles que se manifestaram sobre o assunto são da opinião de que o próximo grande ciclo de descobertas terá lugar no reino da mente humana.

A possível natureza dessas descobertas é sugerida de muitas maneiras em praticamente todas as lições deste curso, em especial nesta e nas próximas.

Se tais sugestões parecem conduzir o aluno dessa filosofia a águas mais profundas do que está acostumado, tenha em mente que ele dispõe do privilégio de parar em qualquer profundidade desejada até que esteja pronto, graças ao pensamento e estudo, a ir além.

O autor deste curso considerou necessário assumir a liderança e manter-se à frente o suficiente, por assim dizer, para induzir o aluno a ir pelo menos alguns passos além do pensamento humano médio normal. Não se espera que qualquer iniciante vá no primeiro momento tentar assimilar e colocar em uso tudo o que consta nesta filosofia. Mas, se o resultado líquido do curso não for nada mais do que plantar a semente do pensamento construtivo na mente do estudante, o trabalho do autor estará concluído. O tempo, além do desejo de conhecimento do aluno, fará o resto.

Este é o momento apropriado para afirmar francamente que muitas das sugestões transmitidas neste curso, caso seguidas literalmente, levariam o aluno muito além dos limites e necessidades atuais do que é normalmente chamado de filosofia empresarial. Dito de outra forma, o curso entra mais profundamente nos processos de funcionamento da mente humana do que é necessário no que se refere ao uso dessa filosofia como meio de alcançar o sucesso financeiro ou empresarial.

Entretanto, presume-se que muitos alunos do curso desejarão ir mais fundo no estudo do poder da mente do que o exigido para a pura conquista material, e o autor teve em mente esses alunos durante todo o trabalho de organização e redação do curso.

## RESUMO DOS PRINCÍPIOS ENVOLVIDOS NO PENSAMENTO PRECISO



Descobrimos que o corpo do homem não é singular, mas plural — consiste de bilhões e mais bilhões de células individuais vivas, inteligentes, que exercem um trabalho muito definido e bem organizado de construção, desenvolvimento e manutenção do corpo humano.

Descobrimos que essas células são dirigidas, em suas respectivas funções, pela ação subconsciente ou automática da mente, que a parte subconsciente da mente pode ser, em grande medida, controlada e dirigida pela parte consciente ou voluntária.

Descobrimos que qualquer ideia ou pensamento mantido na mente pela repetição tende a direcionar o corpo físico para transformar tal pensamento ou ideia em seu equivalente material. Descobrimos que qualquer ordem dada corretamente para a parte subconsciente da mente (pela autossugestão) será executada, a não ser que seja deixada de lado ou revogada por outra mais forte. Descobrimos que a mente subconsciente não questiona a fonte de onde recebe ordens, nem a solidez das ordens, mas trata de dirigir o sistema muscular do corpo para executar qualquer ordem que receba.

Isso explica a necessidade de vigiar de perto o ambiente de onde recebemos sugestões e pelo qual somos influenciados sutil e silenciosamente em ocasiões e de maneiras de que não tomamos conhecimento com a mente consciente.

Descobrimos que todo o movimento do corpo humano é controlado pela parte consciente ou subconsciente da mente; nenhum músculo pode ser movido até que um comando de movimento seja enviado por uma ou outra dessas seções da mente.

Quando esse princípio é totalmente compreendido, entendemos também o poderoso efeito de qualquer ideia ou pensamento que criamos pela faculdade da imaginação e mantemos na mente consciente até a parte subconsciente ter tempo de assumir esse pensamento e começar o trabalho de transformá-lo em sua contraparte material. Quando entendemos o princípio pelo qual qualquer ideia é colocada primeiro na mente consciente e lá mantida até a parte subconsciente pegá-la e dela se apropriar, temos um conhecimento prático de funcionamento da lei da concentração, abordada na próxima lição (e, poderia se acrescentar, temos também um pleno entendimento do motivo para a lei da concentração ser necessariamente parte desta filosofia).

Quando entendemos esse relacionamento operacional entre imaginação, mente consciente e mente subconsciente, podemos ver que o primeiro passo na realização de qualquer objetivo principal definido é criar uma imagem definida do que se deseja. Essa imagem é então colocada na mente consciente pela concentração e ali mantida (mediante fórmulas descritas na próxima lição) até o subconsciente pegá-la e traduzi-la na forma final e desejada.

Com certeza esse princípio ficou bem claro. Foi afirmado e reafirmado vezes e mais vezes, não só com a finalidade de descrevê-lo, mas, mais importante, para gravar na mente do aluno o papel que desempenha em toda a realização humana.

## O VALOR DE ADOTAR UMA META PRINCIPAL



A lição sobre pensamento preciso não apenas descreve o verdadeiro propósito de um objetivo principal definido, como explica em termos simples os princípios pelos quais tal objetivo ou meta pode ser realizado. Inicialmente, criamos o objetivo pela faculdade imaginativa da mente. A seguir, transferimos um esboço desse objetivo para o papel escrevendo uma declaração exata do objetivo principal definido. Ao se recorrer diariamente à declaração escrita, a ideia ou coisa almejada é adotada pelo consciente e transmitida ao subconsciente, que por sua vez direciona as energias do corpo para transformar o desejo em uma forma material.

## DESEJO

Desejo intenso e profundamente enraizado é o ponto de partida de toda realização. Assim como o elétron é a última unidade de matéria discernível para o cientista, o desejo é a semente de todas as realizações, o ponto de partida, antes do que não há nada, ou pelo menos nada de que tenhamos conhecimento.

Um objetivo principal definido, que é apenas outro nome para o desejo, não teria sentido a não ser com base em um desejo intenso e profundamente arraigado pelo objetivo principal. Muitas pessoas "querem" muitas coisas, mas esse querer não equivale a um desejo intenso e, portanto, é de pouco ou nenhum valor, a menos que seja cristalizado na forma mais definida de desejo.

Homens que dedicaram anos de pesquisa ao assunto acreditam que toda energia e matéria do universo responde a e é controlada pela lei da atração, que faz com que elementos e forças de natureza semelhante se reúnam em torno de determinados polos de atração. Mediante essa mesma lei da atração, o desejo intenso, constante e profundamente arraigado, atrai o equivalente físico ou a contrapartida da coisa desejada, ou os meios de obtê-lo.

Sabemos então, se esta hipótese estiver correta, que todos os ciclos da realização humana operam mais ou menos assim: primeiro visualizamos algum objetivo em nosso consciente na forma de um objetivo principal definido (com base em um desejo intenso), depois concentramos nossa mente consciente em tal objetivo pelo pensamento constante e crença em sua realização, até o subconsciente pegar a imagem ou esboço do objetivo e nos impelir à ação física necessária para transformar tal imagem em realidade.

## SUGESTÃO E AUTOSSUGESTÃO

Ao longo desta e de outras lições do curso A Lei do Sucesso, o aluno aprendeu que impressões sensoriais oriundas do ambiente, declarações ou ações de outras pessoas são chamadas sugestões, enquanto impressões sensoriais que colocamos em nossa própria mente são autossugestões.

Todas as sugestões vindas de outros ou do ambiente nos influenciam apenas depois que as aceitamos e transmitimos para o subconsciente por autossugestão; assim, vê-se que a sugestão se torna e deve se tornar autossugestão antes de influenciar a mente de quem a recebe.

Dito de outra maneira, ninguém pode influenciar alguém sem o consentimento da pessoa influenciada, já que a influência ocorre pelo poder de autossugestão.

Quando se está acordado, a mente consciente atua como uma sentinela, guardando o subconsciente e rechaçando todas as sugestões vindas de fora que tentam alcançá-lo até que tenham sido examinadas pelo consciente, aprovadas e aceitas. É assim que a natureza protege o ser humano de intrusos que, de outra maneira, assumiriam à vontade o controle de qualquer mente desejada.

É um arranjo inteligente.

## O VALOR DA AUTOSSUGESTÃO NA REALIZAÇÃO DO OBJETIVO PRINCIPAL DEFINIDO



Um dos maiores usos que se pode dar à autossugestão é ajudar a realizar o objetivo principal definido de vida.

O procedimento para fazer isso é muito simples. Embora a fórmula exata tenha sido apresentada na Lição 2 e citada em muitas outras partes do curso, o princípio em que se baseia está descrito aqui mais uma vez:

Escreva uma declaração clara e concisa do que pretende atingir como objetivo principal definido, cobrindo um período de, digamos, os próximos cinco anos. Faça pelo menos duas cópias da declaração, uma para ser colocada onde possa ler várias vezes ao dia, enquanto está no trabalho, e outra para ser colocada no quarto, onde poderá ser lida várias vezes, a cada noite antes de você dormir e logo ao acordar.

A influência sugestiva desse procedimento (por mais improvável que pareça) em breve gravará o objetivo principal definido em seu subconsciente, e, como que por um passe de mágica, você começará a observar a ocorrência de eventos que o conduzirão para cada vez mais perto da realização do objetivo.

A partir do dia em que chegar a uma decisão definitiva sobre a coisa, condição ou posição exata na vida que deseja profundamente, você vai observar, caso leia livros, jornais e revistas, que notícias importantes e outros dados relativos ao objetivo principal definido começarão a chamar sua atenção; vai observar também que as oportunidades começarão a aparecer e, se as abraçar, o levarão para cada vez mais perto da meta cobiçada. Ninguém sabe melhor do que o autor deste curso o quanto isso pode parecer impossível e improvável para quem não está a par do mecanismo de funcionamento da mente; no entanto, esta não é uma época favorável para o cético, e a melhor coisa a fazer é experimentar este princípio até que seja estabelecido na prática.

Para a geração atual pode parecer que não existem mais mundos a conquistar no campo das invenções mecânicas, mas todo pensador (mesmo aqueles que não são pensadores precisos) vai admitir que estamos recém entrando em uma nova era de evolução, experiência e análise no que tange aos poderes da mente humana.

O significado da palavra "impossível" é menor do que nunca na história da raça humana. Existem alguns que realmente removeram tal palavra de seu vocabulário, acreditando que o homem pode fazer qualquer coisa que possa imaginar e acreditar que possa fazer!

*William Wrigley Jr. acumulou uma enorme fortuna concentrando todos os esforços na fabricação e distribuição do "melhor" pacote de goma de mascar, provando, mais uma vez, que a semente do sucesso está envolta nas pequenas coisas da vida.*

Sabemos ao certo que o universo é composto de duas substâncias: matéria e energia. Por meio de paciente pesquisa científica, descobrimos o que acreditamos ser uma boa evidência de que tudo que é ou já foi em termos de matéria, quando analisado até o ponto mais refinado, pode ser rastreado até o elétron, que nada mais é do que uma forma de energia. Por outro lado, todas as coisas materiais que o homem criou começaram na forma de energia, na semente de uma ideia liberada pela faculdade imaginativa da mente humana. Em outras palavras, o início de todas as coisas materiais é a energia, e o final delas também é energia.

Toda a matéria obedece ao comando de uma ou outra forma de energia. A forma mais elevada de energia é a que funciona como a mente humana. A mente humana, portanto, é a única força diretriz de tudo que o homem cria, e o que ele poderá criar com essa força no futuro, em comparação com aquilo que criou no passado, fará com que as realizações prévias pareçam insignificantes e pequenas.

Não temos que esperar por descobertas futuras relacionadas aos poderes da mente humana para ter provas de que a mente é a maior força conhecida pela humanidade. Sabemos agora que qualquer ideia, meta ou objetivo fixado na mente e lá mantido com a vontade de se realizar ou atingir seu equivalente físico ou material coloca em movimento poderes invencíveis.

Buxton disse: "Quanto mais eu vivo, mais certo fico de que a grande diferença entre os homens, entre os fracos e os poderosos, os grandes e os insignificantes, é a energia — determinação invencível —, um objetivo certa vez fixado, e então morte ou vitória. Essa qualidade fará qualquer coisa que possa ser feita neste mundo — e, sem isso, nenhum talento, circunstância ou oportunidade fará de uma criatura de duas pernas um homem".

Donald G. Mitchell muito bem disse: "Decisão é o que faz um homem se revelar. Não decisão frouxa, decisão tosca, objetivos vagos — mas aquela vontade forte e incansável que pisoteia dificuldades e perigo, como um menino pisoteia as terras congeladas de inverno, que ilumina olhos e cérebro com uma pulsação orgulhosa rumo ao inatingível. A vontade torna os homens gigantes!".

O grande Disraeli disse: "Em longa meditação, cheguei à convicção de que um ser humano com um objetivo estabelecido deve realizá-lo e de que nada pode resistir a uma vontade que apostará até mesmo a existência em sua realização".

Sir John Simpson disse: "Um desejo apaixonado e uma vontade incansável podem executar impossibilidades, ou o que assim pode parecer ao desinteressado, tímido e fraco".

John Foster acrescenta seu testemunho, dizendo: "É maravilhoso como até mesmo os infortúnios da vida parecem curvar-se ao espírito que não se curva a eles e ceder a um desígnio que, à primeira vista, ameaçam frustrar. Quando um espírito firme e decidido é reconhecido, é curioso ver como o espaço ao redor do homem abre-se e dá terreno para a liberdade".

Abraham Lincoln disse sobre o general Grant: "A grandeza de Grant é sua fria persistência de propósito. Ele não se excita facilmente e tem a mordida de um buldogue. Quando crava os dentes em algo, nada consegue fazê-lo largar".

Parece apropriado declarar aqui que, para ser transformado em realidade, um desejo intenso deve ser respaldado pela persistência até ser adotado pelo subconsciente. Não basta sentir profundamente o desejo de conquistar um objetivo principal definido por algumas horas ou alguns dias e depois esquecer de tudo. O desejo deve ser colocado na mente e ali mantido, com a persistência que não conhece derrota, até a mente automática ou subconsciente adotá-lo. Até isso acontecer, você deve ficar por trás do desejo e empurrá-lo; dali em diante, o desejo ficará por trás de você e o empurrará para a conquista.

*Os médicos mais bem-sucedidos são aqueles que adicionam esperança e fé nos remédios que prescrevem.*

A persistência pode ser comparada à gota d'água que acaba por desgastar a pedra mais dura. Quando o capítulo final de sua vida estiver concluído, será visto que sua persistência, ou a falta desta qualidade valiosa, desempenhou um papel importante em seu sucesso ou fracasso.

O autor assistiu à luta Tunney–Dempsey em Chicago. Também estudou a psicologia que antecedeu e cercou a luta anterior de ambos. Duas coisas ajudaram Tunney a derrotar Dempsey nos dois confrontos, apesar de Dempsey ser mais forte e, segundo muitos acreditavam, melhor lutador.

E as duas coisas que condenaram Dempsey foram: primeiro a falta de autoconfiança — o medo de que Tunney pudesse derrotá-lo —, e segundo a completa confiança de Tunney em si e a crença de que liquidaria Dempsey.

Tunney entrou no ringue de queixo erguido, com um ar de autoconfiança e certeza em cada movimento. Dempsey entrou com um passo meio incerto, olhando Tunney de um jeito que perguntava nitidamente: "O você vai fazer comigo?".

Dempsey estava derrotado em sua mente antes de entrar no ringue. O pessoal da imprensa e os publicitários realizaram essa proeza graças à capacidade de raciocínio superior de Tunney.

E assim é a história, desde a mais baixa e brutal das ocupações, a luta por prêmios, até as profissões mais elevadas e louváveis. O sucesso é conquistado pelo homem que sabe como usar o poder do pensamento.

Ao longo deste curso, muito sublinhou-se a importância do ambiente e dos hábitos de onde brotam os estímulos que colocam as "engrenagens" da mente humana em operação. Afortunada é a pessoa que descobriu como despertar ou estimular sua mente para que seus poderes funcionem de forma construtiva, como pode ser feito quando colocados por trás de qualquer desejo intenso profundamente enraizado.

Pensamento preciso é o pensamento que faz uso inteligente de todos os poderes da mente humana e não cessa com o mero exame, classificação e organização de ideias. O pensamento preciso cria ideias e pode trazer essas ideias à sua forma mais rentável e construtiva.

✦

DIA 259

O aluno talvez fique melhor preparado para analisar os princípios descritos nesta lição sem um sentimento de ceticismo e dúvida se tiver em mente que as conclusões e hipóteses aqui enumeradas não são apenas do autor. Tive o benefício da estreita cooperação de alguns dos principais investigadores no campo dos fenômenos mentais, e as conclusões aqui apresentadas provêm de muitas mentes diferentes, como afirmado ao longo de todo o curso.

✦

Na lição sobre concentração, você receberá instruções adicionais sobre a aplicação da autossugestão. Na verdade, durante todo o curso, foi usado o princípio do desdobramento gradual, assemelhando-se ao máximo ao princípio da evolução. A primeira lição lançou as bases para a segunda, a segunda preparou o caminho para a terceira e assim por diante. Tentei construir este curso da mesma forma que a natureza constrói um homem — por uma série de passos que, um a um, levam o aluno um degrau acima e para mais perto do vértice da pirâmide que o curso como um todo representa.

O objetivo de fazer o curso desta forma não pode ser descrito em palavras, mas se tornará óbvio e claro assim que você o tiver dominado, pois a mestria abrirá uma fonte de conhecimento que não pode ser transmitida de um homem para outro, sendo alcançável apenas pelo desenvolvimento da própria mente, de dentro para fora. Esse conhecimento não pode ser transmitido de uma pessoa para outra pelo mesmo motivo que impossibilita a descrição de cores para um cego que nunca enxergou.

O conhecimento sobre o qual escrevo tornou-se óbvio para mim somente depois de ter, diligente e fielmente, seguido as instruções que estabeleci neste curso; portanto, falo por experiência própria quando digo que não há ilustrações, exemplos ou palavras que descrevam esse conhecimento de forma adequada. Ele só pode ser acessado por dentro.

Com a vaga "dica" sobre a recompensa que aguarda a todos que, com afinco e inteligência, procurarem a passagem secreta para o conhecimento a que me refiro, vamos agora discutir a fase do pensamento preciso que o levará tão alto quanto você possa ir — mediante a descoberta e utilização da passagem secreta a que aludi.

Pensamentos são coisas!

Muita gente acredita que cada pensamento completo dá início a uma vibração sem fim com a qual aquele que o libera terá de lidar posteriormente; que o próprio homem é o reflexo físico do pensamento colocado em movimento pela Inteligência Infinita. "E o Verbo se fez carne e habitou entre nós, e vimos sua glória, como a glória do unigênito do Pai, cheio de graça e de verdade" (João 1:14).

A única esperança oferecida à humanidade em toda a Bíblia é uma recompensa que só pode ser obtida pelo pensamento construtivo. Esta é uma declaração surpreendente, mas, mesmo que seja um estudante e intérprete elementar da Bíblia, você entende que é verdade.

Se tem um ponto em que a Bíblia é mais clara do que em todos os outros, é sobre o pensamento ser o início de todas as coisas de natureza material.

No começo de cada lição deste curso você observa o lema:

"Você pode fazer se ACREDITAR que pode!".

Essa frase baseia-se em uma grande verdade que é praticamente a principal premissa de todo o ensino da Bíblia. Observe a ênfase colocada na palavra "acreditar". Volte a essa palavra. Por trás da palavra "acreditar" reside o poder com que você pode vitalizar e dar vida a sugestões que transmite ao subconsciente por autossugestão com o auxílio do MasterMind. Não deixe esse ponto passar em branco. Você não pode se permitir perdê-lo, pois é o começo, meio e fim de todo o poder que você terá um dia.

DIA 260

Todo pensamento é criativo! Entretanto, nem todo pensamento é construtivo ou positivo. Se você tem pensamentos de miséria e pobreza e não vê jeito de evitar essas condições, seus pensamentos vão criar essas condições e amaldiçoá-lo com elas. Mas inverta a ordem e tenha pensamentos de natureza positiva e esperançosa, e os pensamentos criarão tais condições.

*Primeiro adquira paciência e perseverança, depois decida o que mais você quer e é quase certo que conseguirá.*

O pensamento magnetiza toda a sua personalidade e atrai para você as coisas físicas e externas que se harmonizam com a natureza deles. Isso foi deixado claro em praticamente todas as lições anteriores, no entanto é repetido aqui e será repetido muitas vezes mais nas próximas lições. A razão da repetição constante é que quase todos os novatos no estudo do funcionamento da mente negligenciam a importância dessa verdade fundamental e eterna.

Quando planta um objetivo principal definido no subconsciente, você deve fertilizá-lo com a plena crença de que a Inteligência Infinita vai entrar em ação e amadurecer esse objetivo em realidade exatamente de acordo com o desejado. Qualquer coisa aquém de tal crença trará decepção.

Quando sugere ao subconsciente um objetivo principal definido que incorpora algum desejo definido, você deve acompanhá-lo de tamanha fé e crença na realização que consiga realmente ver-se de posse do objetivo. Comporte-se exatamente como faria se já estivesse de posse do objetivo definido a partir do momento em que o sugerir para o subconsciente.

Não questione, não se indague se a autossugestão irá funcionar; não duvide, mas acredite!

Esse ponto com certeza foi suficientemente enfatizado para sua importância ficar gravada em sua mente. A crença positiva na realização do objetivo definido é o gérmen com que você fertiliza o "ovo do pensamento" e, se deixar de fornecer a fertilização, pode esperar a realização do objetivo principal definido tanto quanto pode esperar que um ovo de galinha não fertilizado produza um frango.

Nunca dá para saber o que um pensamento
Trará em termos de ódio ou amor,
Pois pensamentos são coisas, e suas asas etéreas
São mais velozes que um pombo-correio.
Eles seguem a lei do universo —
Cada pensamento cria a sua espécie —
E se espalham por tudo para trazer de volta a você
O que quer que tenha saído de sua mente.

Pensamentos são coisas! Essa é uma grande verdade que, quando você entender, vai levá-lo para tão perto da porta da passagem secreta do conhecimento quanto seria possível a outra pessoa levá-lo. Quando captar essa verdade fundamental, você em breve encontrará a porta e a abrirá.

O poder de pensar como deseja pensar é o único sobre o qual você tem absoluto controle.

Por favor, leia e estude a frase anterior até pegar o significado. Se você tem o poder de controlar seus pensamentos, recai sobre você a responsabilidade de seus pensamentos serem positivos ou negativos, o que traz à mente um dos poemas mais famosos do mundo:

> De dentro dessa noite que me cobre,
> Negra como breu de polo a polo,
> Agradeço a quaisquer que sejam os deuses
> Por minha alma inconquistável.
>
> Nas garras cruéis das circunstâncias,
> Não estremeci ou bradei.
> Sob os golpes do acaso,
> Minha cabeça está ensanguentada, mas erguida.
>
> Para além desse lugar de ira e lágrimas,
> Paira apenas o horror das sombras,
> Ainda assim a ameaça dos anos
> Encontra-me e há de me encontrar sem temor.
>
> Não importa quão estreito o portão,
> Quão carregada de punições a lista,
> Sou senhor do meu destino,
> Capitão da minha alma.
>
> — HENLEY

Henley escreveu esse poema após descobrir a porta da passagem secreta que mencionei.

Você é o "mestre do seu destino" e o "capitão da sua alma" porque controla seus pensamentos e, com a ajuda dos pensamentos, pode criar o que quer que deseje.

✦

Ao nos aproximarmos do final desta lição, vamos descerrar a cortina que paira sobre o portão chamado morte e dar uma olhada no grande além.

DIA 261

Contemple um mundo povoado por seres destituídos de corpo físico. Olhe atentamente e, seja com alegria ou aflição, observe que olha para um mundo povoado de seres de sua própria criação, que correspondem exatamente à natureza dos pensamentos manifestados antes da morte. Lá estão eles, filhos de seu coração e mente, moldados segundo a imagem de seus pensamentos.

Aqueles nascidos de seu ódio, inveja, ciúme, egoísmo e injustiça para com seus semelhantes não serão companhias muito desejáveis, mas você terá que viver com eles mesmo assim, pois são seus filhos e você não pode expulsá-los.

Você de fato será infeliz se não encontrar filhos nascidos do amor, da justiça, da verdade e da bondade para com os outros.

À luz dessa sugestão alegórica, o tema do pensamento preciso assume um novo aspecto muito mais importante, não é?

Se existe a possibilidade de que cada pensamento que você emite durante esta vida apresente-se sob a forma de um ser vivo para cumprimentá-lo após a morte, você não precisa de mais motivos para proteger todos os seus pensamentos com mais cuidado do que protegeria a comida com que alimenta seu corpo físico.

Refiro-me a essa sugestão como "alegórica" porque você só vai entender depois de passar pela porta da passagem secreta para o conhecimento.

Perguntar como sei essas coisas antes de passar por essa porta seria tão inútil quanto perguntar a um cego que nunca enxergou como é a cor vermelha.

Não estou lhe incitando a aceitar esse ponto de vista. Não estou sequer discutindo sua solidez. Estou apenas cumprindo meu dever e responsabilidade, dando-lhe a sugestão. Você deve executá-la a ponto de poder aceitar ou rejeitar por si e conforme sua vontade.

O termo "pensamento preciso", conforme utilizado nesta lição, refere-se ao pensamento de sua própria criação. O pensamento que chega a você vindo de outros por sugestão ou declaração direta não é pensamento preciso dentro do significado e objetivo desta lição, embora possa ser baseado em fatos.

Aqui chegamos ao ápice da pirâmide desta lição sobre pensamento preciso. Não posso levá-lo além. Contudo, você ainda não percorreu todo o trajeto, apenas começou. Daqui para frente, você deve ser seu guia, mas, se não deixou passar de todo a grande verdade em que esta lição se baseia, não terá dificuldade em encontrar seu caminho.

Deixe-me adverti-lo, porém, para não desanimar caso a verdade fundamental desta lição não surja na primeira leitura. Pode exigir semanas ou até mesmo meses de meditação para você compreender plenamente essa verdade. Mas vale a pena esforçar-se.

Você pode compreender e aceitar facilmente os princípios estabelecidos no início desta lição porque são de natureza mais elementar. No entanto, ao começar a seguir a cadeia de pensamento rumo ao final desta lição, talvez se veja levado a águas profundas demais para sondar.

Talvez eu possa jogar um raio de luz final sobre o assunto, lembrando que o som de cada voz, de cada nota de música e de qualquer outra natureza que esteja sendo emitido no momento em que você lê estas linhas está flutuando através do éter bem onde você está. Para ouvir esses sons, você precisa apenas do auxílio de um equipamento de rádio moderno. Sem esse equipamento para complementar seu sentido de audição, você não consegue ouvir tais sons.

Caso essa mesma afirmação fosse feita alguns anos atrás, a pessoa que a fizesse seria considerada insana ou tola. Mas agora você a aceita sem questionar porque sabe que é verdade.

O pensamento é uma forma de energia mais elevada e mais perfeitamente organizada do que o mero som; portanto, não está além dos limites da razão supor que cada pensamento que está sendo liberado agora e cada pensamento que já foi liberado também estão no éter (ou em algum outro lugar) e podem ser interpretados por aqueles que têm o equipamento para fazê-lo.

"E que tipo de equipamento é necessário?", você pergunta.

Isso será respondido quando você passar pela porta que leva à passagem secreta para o conhecimento. Não pode ser respondido antes. A passagem só pode ser alcançada por seus pensamentos. Esse é um motivo pelo qual todos os grandes filósofos do passado advertiram o homem a conhecer a si mesmo. "Conhece a ti mesmo" é e tem sido a exortação de todos os tempos. A vida de

Cristo foi uma promessa ininterrupta de esperança e possibilidade inteiramente baseada no conhecimento que todos podem descobrir se procurarem dentro de si.

Um dos mistérios sem resposta da obra de Deus é o fato de que essa grande descoberta é sempre uma autodescoberta. A verdade que o homem está eternamente a procurar está envolta nele mesmo; portanto, é inútil procurar muito longe, no deserto da vida ou no coração dos outros homens. Fazer isso não o levará para mais perto do que procura e sim para mais longe.

E pode ser que neste momento — quem a não ser você pode saber? —, enquanto termina esta lição, você esteja mais perto que nunca da porta que conduz à passagem secreta para o conhecimento.

Com o domínio desta lição, virá um entendimento mais pleno do princípio referido na Lição 1 como "MasterMind". Com certeza você agora compreende o motivo para a aliança cooperativa amigável entre duas ou mais pessoas. Essa aliança "reforça" a mente dos participantes e permite contatar o poder do pensamento com a Inteligência Infinita.

Com esta afirmação, a Lição 1 deve assumir novo significado para você. Esta lição familiarizou-o com o principal motivo para se fazer uso do MasterMind, mostrando as alturas a que essa lei pode transportar todos que a compreendem e utilizam.

Agora você deve estar entendendo por que poucos homens ascenderam a grandes alturas de poder e fortuna, enquanto outros ao redor permaneceram na pobreza e necessidade. Se não entender a causa disso agora, entenderá quando dominar as lições restantes.

Não desanime caso não haja o completo entendimento desses princípios na primeira leitura desta lição. Esta é a única lição de todo o curso que não pode ser totalmente assimilada pelo novato em uma só leitura. Ela concederá seus ricos tesouros de conhecimento apenas mediante pensamento, reflexão e meditação. Por isso você é instruído a ler esta lição pelo menos quatro vezes, com intervalo de uma semana a cada leitura.

Você também é instruído a ler mais uma vez a Lição 1 para que possa entender mais precisa e definitivamente a Lei do MasterMind e a relação entre ela e os temas tratados nesta lição sobre pensamento preciso.

O MasterMind é o princípio que lhe permite tornar-se um pensador preciso!

Não é uma afirmação simples e significativa?

## FRACASSO

DIA 263

### UMA VISITA AO AUTOR DEPOIS DA LIÇÃO

*As grandes lições de sucesso que se pode aprender com os reveses.*

Uma providência onisciente organizou os assuntos da humanidade de forma que toda pessoa que chega à idade da razão deve atravessar a barreira do fracasso de um jeito ou outro.

Você vê na figura acima a cruz mais pesada e mais cruel de todas: a pobreza!

Centenas de milhares de pessoas que vivem hoje neste mundo precisam lutar sob o peso dessa cruz para desfrutar das três necessidades básicas da vida: um lugar para dormir, algo para comer e roupas para vestir.

Carregar a cruz da pobreza não é brincadeira!

Mas parece significativo que as pessoas mais importantes e mais bem--sucedidas que já viveram acharam necessário carregar essa cruz antes de "chegar lá".

✦

O fracasso geralmente é visto como uma maldição. Mas pouca gente entende que fracasso é maldição somente quando aceito como tal. Poucos aprendem a verdade de que o fracasso raramente é permanente.

Recapitule suas experiências de uns anos atrás e você verá que os fracassos geralmente revelaram-se bênçãos disfarçadas. O fracasso ensina lições que nunca se aprenderia sem ele. Além disso, ensina em uma linguagem universal. Entre as grandes lições ensinadas pelo fracasso está a humildade.

Nenhum homem pode se tornar grande sem se sentir humilde e insignificante quando comparado ao mundo à sua volta, às estrelas acima dele e à harmonia com que a natureza trabalha.

Para cada filho de um homem rico que se torna um trabalhador útil e construtivo em favor da humanidade, existem 99 outras pessoas prestando um serviço útil por intermédio da pobreza e da miséria. Isso parece mais do que mera coincidência!

✦

A maioria das pessoas que se julga fracassada não é. A maioria das condições que as pessoas enxergam como fracasso não passam de derrotas temporárias.

Se você tem pena de si e acha que é um fracassado, pense como seria se tivesse que trocar de lugar com outros que têm motivos reais para reclamar.

Em Chicago vive uma linda jovem. Seus olhos são azul-claros. A pele é extremamente alva. Tem uma voz encantadora e doce. É educada e culta. Três dias depois de se formar em uma das faculdades do Leste, descobriu que tinha sangue negro nas veias.

O homem de quem estava noiva recusou-se a casar com ela. Os negros não a querem, e os brancos não querem relacionar-se com ela. Pelo resto da vida ela terá a marca permanente do fracasso.

Lembre-se, isso é fracasso permanente!

Enquanto este artigo é escrito, chega a notícia de uma menininha que nasceu de uma moça solteira e foi levada a um orfanato para ser criada mecanicamente, sem nunca conhecer a influência do amor de uma mãe. Por toda a vida, essa criança infeliz deverá suportar o impacto do erro de outra pessoa que jamais poderá ser corrigido.

Que sorte você tem, não importa quais sejam os seus fracassos imaginários, por não ser essa criança. Se tem um corpo forte e uma mente sã, você tem muito para ser grato. Milhões de pessoas ao seu redor não têm essas bênçãos.



A análise cautelosa de cem homens e mulheres que o mundo considera "grandes" mostra que foram obrigados a passar por derrotas e fracassos temporários que você provavelmente nunca conheceu nem conhecerá.

Woodrow Wilson foi para o túmulo cedo demais, vítima de calúnia e decepção cruéis, acreditando que, sem dúvida, era um fracasso. O tempo, o grande operador de milagres que corrige todos os erros e transforma fracasso em sucesso, colocará o nome de Woodrow Wilson no alto da página dos realmente grandes.

Poucos que hoje vivem têm visão para enxergar que o "fracasso" de Wilson se tornará por fim uma demanda tão poderosa para a paz universal que a guerra será uma impossibilidade.

Lincoln morreu sem saber que seu "fracasso" deu base sólida para a maior nação da Terra.

Cristóvão Colombo morreu prisioneiro acorrentado sem saber que seu "fracasso" significou a descoberta da grande nação que Lincoln e Wilson ajudaram a preservar com seus "fracassos".

Não use a palavra "fracasso" descuidadamente.

Lembre-se: carregar uma cruz pesada temporariamente não é fracasso. Se você tem a semente real do sucesso dentro de si, um pouco de adversidade e derrota temporária só vão servir para nutrir essa semente e fazer com que cresça e amadureça.

Quando a inteligência divina quer que alguém preste algum serviço necessário ao mundo, o afortunado é testado em alguma forma de fracasso. Se você está passando pelo que acredita ser fracasso, tenha paciência; você pode estar passando pela fase de teste.

Nenhum executivo capaz selecionaria como assistentes aqueles de quem não testou a confiabilidade, lealdade, perseverança e outras qualidades essenciais.

Responsabilidade e tudo que vem com ela no caminho da remuneração sempre gravitam para a pessoa que não aceita a derrota temporária como fracasso permanente.

O teste do homem é a luta que ele trava,
A fibra que mostra diariamente,
A maneira como se mantém de pé e enfrenta
Os numerosos solavancos e golpes do destino.
Um covarde pode sorrir quando não há nada a temer,
Quando nada impede seu progresso,
Mas é preciso ser homem para se levantar e aplaudir
Quando outros brilham.

Não é a vitória afinal,
Mas a briga que faz um irmão;
O homem que, encurralado na parede,
Ainda permanece ereto e recebe
Os golpes do destino de cabeça erguida:
Sangrando, machucado, pálido,
É o homem que no fim vencerá,
Pois ele não tem medo de fracassar.

São os solavancos que você leva, os abalos que sofre
E os choques que sua coragem enfrenta,

As horas de tristeza e arrependimento em vão,
O prêmio que escapa de suas mãos
Que testam seu vigor e provam seu valor.
Não são os golpes com que você lida,
Mas os golpes que recebe neste mundo
Que mostram se você tem estofo de verdade.

O fracasso, muitas vezes, coloca a pessoa em uma posição onde o esforço incomum deve ser iminente. Muitos homens espremeram a vitória da derrota, lutando com as costas contra a parede, onde não podiam recuar.

César por muito tempo desejou conquistar a Inglaterra. Conduziu silenciosamente seus navios carregados de soldados para a ilha britânica, descarregou as tropas e suprimentos; em seguida, deu ordem para queimarem todos os navios. Conclamando seus soldados, ele disse: "Agora é vencer ou perecer. Não temos escolha".

Eles venceram! Os homens geralmente vencem quando se decidem a fazê-lo.

Queime as pontes atrás de você e observe o quanto trabalha bem quando sabe que não pode recuar.

Um condutor de bonde tirou uma licença no trabalho enquanto tentava uma posição em uma grande empresa mercantil. "Se não conseguir garantir minha nova posição", comentou com um amigo, "sempre posso voltar para o antigo emprego".

No final do mês ele estava de volta, completamente curado de toda a ambição de fazer qualquer coisa a não ser trabalhar no bonde. Caso tivesse se demitido em vez de pedir uma licença, talvez pudesse ter se dado bem no novo trabalho.

✦



O movimento do Clube dos 13 que está se espalhando por todo o país nasceu como resultado de uma decepção chocante experimentada por seu fundador. O choque foi suficiente para abrir sua mente para uma visão mais ampla e abrangente das necessidades da época, e essa descoberta levou à criação de uma das mais destacadas influências dessa geração.

As Leis do Sucesso que embasam este curso são fruto de vinte anos de dificuldades, pobreza e fracasso raramente enfrentados por uma pessoa em toda a vida.

Com certeza aqueles que seguiram essa série de lições desde o início devem ter lido entre as linhas e por trás delas uma história de luta que significou autodisciplina e autodescoberta que jamais seriam conhecidas sem essa dificuldade.

✦

Estude a estrada da vida na figura no início deste trecho e observe que todos que viajam por ela carregam uma cruz. Lembre-se, enquanto faz um inventário de seus fardos, que os presentes mais ricos da natureza vão para aqueles que encaram o fracasso sem vacilar ou se lamentar.

Os caminhos da natureza não são fáceis de entender. Se fossem, ninguém poderia ser testado para grandes responsabilidades por meio do fracasso!

Quando a natureza quer fazer um homem
E sacudir um homem
E acordar um homem;
Quando a natureza quer fazer um homem
Para os feitos do futuro;
Quando ela tenta com toda a habilidade
E anseia com toda a alma
Criá-lo grande e inteiro...
Com que destreza o prepara!
Como o incita e nunca o poupa!
Como o estimula e aflige!
E na pobreza o gera...
Com que frequência decepciona,
Com que frequência seleciona,

Com que sabedoria o ocultará,
Sem ligar para o que aconteça com ele,
Embora o gênio dele soluce com o desprezo
E seu orgulho não possa esquecer!
Ordena-lhe a lutar mais ainda.
Deixa-o solitário
Para que apenas
As mensagens elevadas de Deus o alcancem,
Para que ela possa com certeza ensiná-lo
O que a hierarquia planejou.
Embora ele não possa entender,
Dá-lhe paixão para dominar.
Com que falta de remorso ela o incita,
Com que formidável ardor o agita
Quando o prefere pungentemente!

Ó a crise! Ó grito
Que deve chamar o líder.
Quando as pessoas precisam de salvação
Ele vem para liderar a nação...
Então a natureza mostra seu plano
Quando o mundo encontra — um homem!

Não existe fracasso. O que parece fracasso geralmente não passa de derrota temporária. Tenha certeza de não o aceitar como PERMANENTE!

Existe uma maneira garantida de evitar críticas: não ser nada e não fazer nada. Arrume um emprego de varredor de rua e liquide a ambição. Esse remédio nunca falha.

LIÇÃO 12

# CONCENTRAÇÃO

DIA 266

*"Você pode fazer se acreditar que pode!"*

Esta lição ocupa uma posição chave neste curso, pois a lei psicológica que a embasa é de vital importância para todas as demais lições. Vamos definir a palavra concentração, conforme aqui utilizada, da seguinte maneira:

"Concentração é o ato de focar a mente em um dado desejo até os meios para sua realização serem elaborados e colocados em funcionamento com sucesso".

Duas leis importantes participam do ato de concentrar a mente em um determinado desejo. Uma é a lei da autossugestão, a outra é a lei do hábito. A primeira foi totalmente descrita em uma lição anterior. Vamos agora descrever brevemente a lei do hábito.

O hábito decorre do ambiente, de fazer a mesma coisa, da mesma maneira várias e várias vezes — da repetição —, de pensar os mesmos pensamentos muitas e muitas vezes. Uma vez formado, assemelha-se a um bloco de cimento endurecido no molde, sendo difícil de quebrar.

O hábito é a base de todo o treinamento da memória, fato que você pode facilmente demonstrar ao recordar o nome de uma pessoa que acabou de conhecer, repetindo-o diversas vezes até fixá-lo de forma permanente e clara na mente.

Disse Francis Atterbury: "A força da educação é tão grande que podemos moldar a mente e o comportamento dos jovens como quer que desejemos e gravar tais hábitos de modo que permaneçam para sempre".

Com exceção das raras ocasiões em que se eleva acima do ambiente, a mente humana retira do meio circundante o material com que cria o pensamento; o hábito cristaliza esse pensamento num formato permanente e o armazena no subconsciente, onde se torna parte vital de nossa personalidade, silenciosamente influenciando nossas ações, formando nossos preconceitos e controlando nossas opiniões.

Um grande filósofo tinha em mente o poder do hábito quando disse: "Primeiro suportamos, depois lamentamos e finalmente abraçamos", ao falar sobre como homens honestos aderem ao crime.

O hábito pode ser comparado às ranhuras em um disco de fonógrafo, e a mente à ponta da agulha que se encaixa no sulco. Quando qualquer hábito é bem formado (pela repetição de um pensamento ou ação), a mente agarra-se a ele e o segue como a agulha do fonógrafo acompanha o sulco no disco de cera, não importando qual a natureza do hábito.

Começamos a ver, portanto, a importância de selecionar nosso meio ambiente com o maior cuidado, pois é o campo de nutrição mental de onde é extraído o alimento que entra em nossa mente.

O ambiente fornece em larga medida o alimento e o material com que criamos o pensamento, e o hábito o cristaliza permanentemente. É claro que você entende que "ambiente" é a soma total das fontes pelas quais você é influenciado com o auxílio dos cinco sentidos — visão, audição, olfato, paladar e tato.

DIA 267

Hábito é uma força usualmente reconhecida pela pessoa pensante comum, mas em geral considerada pelo aspecto negativo, com a exclusão da parte favorável. Foi muito bem-dito que todos os homens são "criaturas de hábito" e que "hábito é um cabo; adicionamos um fio a cada dia, e ele se torna tão forte que não podemos rompê-lo".

Se é verdade que o hábito se torna um tirano cruel, governando e forçando os homens contra sua vontade, desejo e inclinação — e isso é verdade em muitos casos —, naturalmente a pergunta que surge na mente pensante é se essa força poderosa não pode ser aproveitada e controlada em favor dos homens, assim como outras forças da natureza. Se esse resultado puder ser alcançado, o homem poderá dominar o hábito e colocá-lo a trabalhar, em vez de ser um escravo e servi-lo fielmente, ainda que reclamando. E os psicólogos modernos nos dizem em tom categórico que o hábito pode com certeza ser dominado, aproveitado e colocado a trabalhar, em vez de se deixar que domine as ações e o caráter. Milhares de pessoas aplicaram esse novo conhecimento e encaminharam a força do hábito para novos canais, forçando-a a operar o maquinário da ação em vez de permitir que fosse desperdiçada ou que arrasasse estruturas erigidas com cuidado e despesas, ou que destruísse campos mentais férteis.

Um hábito é um "caminho mental" que nossas ações percorrem por algum tempo; cada passagem deixa o caminho um pouco mais fundo e largo. Se tem que caminhar por um campo ou bosque, você sabe o quanto é natural escolher o caminho mais aberto em vez dos menos trilhados, que dirá adentrar no campo ou bosque e fazer um novo caminho. A linha de ação mental é exatamente a mesma — movimento ao longo das linhas de menor resistência, passagem sobre o caminho batido. Hábitos são criados por repetição e formados de acordo com uma lei natural, observável em todas as coisas animadas e, diriam alguns, em coisas inanimadas também. Como um exemplo deste último, comenta-se que um pedaço de papel depois de dobrado de certa maneira irá dobrar-se ao longo das mesmas linhas da próxima vez. E todos os usuários de máquinas de costura ou outras máquinas delicadas sabem que, uma vez "amaciado", o equipamento tende a funcionar melhor dali por diante. A mesma lei também é observável no caso de instrumentos musicais. Roupas ou luvas assumem as formas da pessoa que as utilizam, e essas formas, uma vez tomadas, sempre se mostrarão, a despeito de se passar as peças a ferro. Rios e riachos cortam cursos através da terra e, posteriormente, fluem ao longo deles. A lei está em operação em todos os lugares.

Esses exemplos vão ajudá-lo a ter uma ideia da natureza do hábito e auxiliar na formação de novos caminhos mentais — novos vincos mentais. E lembre-se sempre: a melhor maneira (e pode-se dizer a única) de remover velhos hábitos é formar novos hábitos para neutralizar e substituir os indesejáveis. Forme novos caminhos mentais a serem trilhados, e os antigos em breve ficarão menos distintos e com o tempo praticamente sumirão por falta de uso. Toda vez que segue ao longo do caminho do hábito mental desejável, você deixa o caminho mais fundo e amplo, muito mais fácil de percorrer depois. A criação de caminhos mentais é muito importante, e nunca é demais insistir na injunção para que você comece a trabalhar na criação de caminhos mentais que deseje percorrer. Pratique, pratique, pratique — seja um bom construtor de caminhos.

DIA 268

Veja a seguir os procedimentos pelos quais você pode formar os hábitos que deseja:

PRIMEIRO: no início da formação de um novo hábito, coloque força e entusiasmo em sua expressão. Sinta o que você pensa. Lembre-se de que está dando o primeiro passo para criar um novo caminho mental; isso é muito mais difícil no começo do que depois. Crie o caminho mais aberto e profundo que puder, de modo que possa enxergá-lo prontamente na próxima vez que desejar segui-lo.

SEGUNDO: mantenha a atenção firmemente concentrada na construção do novo caminho e mantenha a mente longe dos caminhos antigos para que não se incline na direção deles. Esqueça tudo sobre os antigos caminhos e se preocupe somente com os novos que está construindo sob medida.

TERCEIRO: percorra seu caminho recém-criado tão frequentemente quanto possível. Crie oportunidades para isso, sem esperar que surjam por sorte ou acaso. Quanto mais frequentemente você passar pelo novo caminho, mais cedo ele ficará batido e fácil de percorrer. Desde o início, crie planos para passar pelos novos hábitos.

QUARTO: resista à tentação de viajar pelos caminhos antigos e mais fáceis que você usava no passado. Cada vez que resiste à tentação, mais forte você fica e mais fácil será da próxima vez. Mas, cada vez que cede à tentação, mais fácil render-se e mais difícil resistir numa próxima vez. Você terá uma briga no começo, e esse ponto é crítico. Demonstre determinação, persistência e força de vontade agora, bem no início.

QUINTO: tenha certeza de que mapeou o caminho corretamente, de acordo com o objetivo principal definido, e então vá em frente sem medo e sem permitir dúvidas. "Coloque a mão no arado e não olhe para trás." Selecione sua meta e então crie bons caminhos mentais, fundos e amplos, que conduzam diretamente à meta.

*É uma coincidência impressionante que "american" (americano) termine com "I can" (eu posso).*

Como você já observou, existe uma estreita relação entre hábito e autossugestão. Pelo hábito, uma ação executada repetidamente da mesma maneira tende a se tornar permanente, e por fim passamos a fazê-la automática ou inconscientemente. Ao tocar piano, por exemplo, o artista pode executar uma obra familiar enquanto sua mente está em algum outro assunto.

Autossugestão é a ferramenta com que cavamos um caminho mental, concentração é a mão que segura a ferramenta, e hábito é o mapa ou diagrama do caminho mental. Para ser transformado em ação ou realidade física, um desejo ou ideia deve ser mantido na mente consciente com fé e persistência até o hábito começar a dar a ele uma forma permanente.

Vamos agora voltar a atenção para o ambiente.

DIA 269

Como já vimos, absorvemos material para pensamento de nosso ambiente. O termo "ambiente" abrange um campo vastíssimo. Consiste dos livros que lemos, das pessoas com quem nos relacionamos, da comunidade onde vivemos, da natureza do trabalho que desempenhamos, do país ou nação onde residimos, das roupas que vestimos, das músicas que cantamos e, o mais importante de tudo, da educação religiosa e intelectual que recebemos até os quatorze anos de idade.

O objetivo de analisar essa questão é mostrar a relação direta do ambiente com a personalidade que desenvolvemos e a importância de cuidarmos do ambiente, visto que sua influência nos dá elementos com os quais podemos alcançar nosso objetivo principal definido.

A mente alimenta-se com o que fornecemos a ela ou o que é imposto pelo ambiente; portanto, vamos selecionar nosso ambiente tanto quanto possível para fornecer à mente material adequado à execução do trabalho de alcançar nosso objetivo principal definido.

Se seu ambiente não é do seu agrado, mude-o!

O primeiro passo é criar na mente uma imagem exata, clara e bem definida do ambiente que você acredita ser o melhor para alcançar o objetivo principal definido e concentrar a mente nessa imagem até transformá-la em realidade.

Na Lição 2, você aprendeu que o primeiro passo a ser dado para a realização de qualquer desejo é criar na mente uma imagem clara e bem definida do que pretende conquistar. Esse é o primeiro princípio a ser observado nos planos para a conquista do sucesso, e, caso fracasse ou seja negligente em observar isso, você não poderá ser bem-sucedido, a não ser por acaso.

As pessoas do convívio diário constituem uma das partes mais importantes e influentes do ambiente e podem atuar em favor do seu progresso ou retrocesso, de acordo com a natureza delas. Tanto quanto possível, você deve selecionar para o convívio diário mais íntimo aqueles que simpatizam com seus objetivos e ideais — especialmente o objetivo principal definido

— e aqueles cuja atitude mental inspira entusiasmo, autoconfiança, determinação e ambição.

Lembre-se de que cada palavra falada dentro do seu campo de audição, cada imagem que chega a seus olhos e cada impressão sensorial recebida por qualquer um dos cinco sentidos influenciam seus pensamentos, isso é tão certo quanto o sol nascer no leste e se pôr no oeste. Assim, você consegue ver a importância de controlar tanto quanto possível o ambiente onde vive e trabalha? Consegue ver a importância de ler livros que tratam de assuntos diretamente relacionados a seu objetivo principal definido? Consegue ver a importância de conversar com pessoas simpáticas a seus objetivos e que o encorajem e estimulem à realização?

Vivemos no que chamamos de "civilização do século 20". Os principais cientistas do mundo concordam que a natureza criou nosso atual ambiente civilizado em um processo de evolução de milhões de anos.

Não temos como determinar por quantos séculos os chamados "índios" viveram no continente americano sem qualquer avanço significativo para a civilização moderna tal como a entendemos. O meio ambiente era selvagem, e eles não fizeram nenhuma tentativa de mudar ou melhorar tal ambiente; a mudança só ocorreu quando novas raças vieram de longe e impuseram o ambiente de civilização e progresso em que vivemos hoje.

Observe o que aconteceu no curto período de três séculos. Campos de caça foram transformados em grandes cidades, e em muitos casos os índios adotaram educação e cultura equivalentes às de seus irmãos brancos. (Na Lição 15, discutiremos os efeitos do ambiente a partir do ponto de vista mundial e descreveremos em detalhes o princípio da hereditariedade social, principal fonte por onde os efeitos do ambiente podem ser impostos à mente dos jovens.)

As roupas que você veste o influenciam; portanto, constituem uma parte do ambiente. Roupas sujas ou surradas deprimem e baixam a autoconfiança, enquanto roupas limpas, de estilo apropriado, têm efeito oposto.

DIA 270

É bem sabido que uma pessoa observadora pode analisar um homem com precisão vendo sua bancada, mesa de trabalho ou qualquer outro local onde ele trabalhe. Uma mesa bem organizada indica um cérebro bem organizado. Mostre-me o depósito de um comerciante e direi se ele tem um cérebro organizado ou desorganizado, pois existe uma estreita relação entre atitude mental e ambiente físico.

Os efeitos do ambiente influenciam tão vivamente aqueles que trabalham em fábricas, lojas e escritórios que os empregadores estão percebendo gradualmente a importância de criar um ambiente que inspire e encoraje os trabalhadores.

Em Chicago, um dono de lavanderia invulgarmente progressista sobrepujou por completo os concorrentes ao instalar uma pianola aos cuidados de uma moça bem-vestida que a mantém tocando no horário comercial. As funcionárias da lavanderia vestem uniformes brancos, e no local não há indícios de que o trabalho seja maçante. Com esse ambiente agradável, o dono da lavanderia estimula o trabalho, lucra mais e paga salários melhores do que os concorrentes.

Este é um momento apropriado para descrever o método pelo qual você pode aplicar os princípios direta e indiretamente relacionados à concentração.

Vamos chamar esse método de chave mágica para o sucesso!

Ao apresentar a "chave mágica", deixe-me primeiro esclarecer que não é uma invenção nem descoberta minha.

É a mesma chave utilizada de uma forma ou outra pelos adeptos do Novo Pensamento e todas as outras escolas alicerçadas sobre a filosofia positiva do otimismo.

Essa chave mágica constitui um poder irresistível para todos que venham a usá-la.

Ela abrirá a porta da riqueza!

Abrirá a porta da fama!

E, em muitos casos, abrirá a porta da saúde física.

Abrirá a porta da educação e deixará você entrar no depósito de toda a sua capacidade latente. Agirá como uma chave-mestra para qualquer posição de vida adequada a você.

Com a ajuda dessa chave mágica, destrancamos as portas secretas de todas as grandes invenções do mundo.

Por seu poder mágico, desenvolveram-se todos os nossos grandes gênios do passado.

Suponha que você seja um operário em posição subalterna e deseje uma condição de vida melhor. A chave mágica vai ajudá-lo a alcançar isso! Carnegie, Rockefeller, Hill, Harriman, Morgan e dúzias de outros acumularam vastas fortunas e riqueza material com a chave mágica.

Ela vai destrancar as portas da prisão e transformar pessoas desamparadas em seres humanos úteis, confiáveis. Transformará o fracasso em sucesso e miséria em felicidade.

*A pessoa que recebe por seus serviços apenas o que vem no envelope de pagamento é mal paga, não importa quanto dinheiro o envelope possa conter.*

Você pergunta: "O que é essa chave mágica?".

E eu respondo com uma palavra: concentração!

Agora, deixe-me definir concentração no sentido utilizado aqui. Primeiro, desejo que fique claramente entendido que não faço referência a ocultismo, embora admita que todos os cientistas do mundo fracassaram em explicar fenômenos estranhos produzidos com a ajuda de concentração.

Concentração, no sentido aqui utilizado, significa a capacidade, por meio de hábito estabelecido e prática, de manter a mente em um assunto até que tenha se familiarizado com ele e o dominado por completo. Significa a capacidade de controlar a atenção e concentrá-la em um determinado problema até que o resolva.

Significa a capacidade de lançar fora os efeitos de hábitos que você deseja descartar e o poder de construir novos hábitos mais ao seu gosto. Significa autocontrole completo.

Dizendo de outra maneira, concentração é a capacidade de pensar como você deseja pensar, a capacidade de controlar seus pensamentos e direcioná-los para um fim definido e a capacidade de organizar seu conhecimento em um plano de ação sólido e viável.

Você pode ver que, ao concentrar a mente no objetivo principal definido de vida, você tem que cobrir muitos assuntos que se relacionam intimamente e completam o tema principal em que está se concentrando.

DIA 271

Ambição e desejo são os principais fatores no ato da concentração bem-sucedida. Sem eles, a chave mágica é inútil, e o grande motivo pelo qual tão pouca gente faz uso dessa chave é que a maioria não tem ambição e não deseja nada em particular.

Deseje o que quer que seja, e, se o desejo estiver dentro do razoável e for forte o suficiente, a chave mágica da concentração ajudará a alcançar. Existem cientistas que acreditam que o maravilhoso poder da oração opera por intermédio da concentração na realização de um desejo profundamente enraizado.

Nada jamais foi criado por um ser humano sem ter sido criado primeiro na imaginação, pelo desejo, e depois transformado em realidade pela concentração.

Agora vamos colocar a chave mágica em teste com a ajuda de uma fórmula definida.

Primeiro, você deve colocar o pé no pescoço do ceticismo e da dúvida! Nenhum descrente jamais aproveitou os benefícios da chave mágica. Você deve acreditar no teste que está prestes a fazer.

Vamos supor que você tenha pensado em se tornar um escritor de sucesso ou um orador poderoso, ou um executivo de negócios bem-sucedido, ou um financista habilidoso. Utilizaremos a oratória como tema do teste, mas lembre-se de que você deve seguir as instruções ao pé da letra.

Pegue uma folha de papel em branco, tamanho carta normal, e escreva o seguinte:

> Eu me tornarei um orador poderoso porque isso me permitirá prestar ao mundo um serviço útil e necessário — e porque me renderá um retorno financeiro que proporcionará os bens materiais necessários.
>
> Vou concentrar minha mente nesse desejo por dez minutos diariamente, antes de me deitar à noite e logo após levantar pela manhã, com o objetivo de determinar como devo proceder para transformá-lo em realidade.
>
> Sei que posso me tornar um orador poderoso e magnético; portanto, não permitirei que nada interfira nisso.
>
> Assinado ______________________

Assine esse compromisso e aja conforme o prometido. Continue assim até que os resultados desejados sejam alcançados.

Agora, quando for se concentrar, faça o seguinte: imagine-se daqui a um ano, três, cinco ou até dez anos, vendo-se como o orador mais poderoso da época. Imagine uma renda adequada. Veja-se na casa que comprou com o produto de seus esforços como orador ou conferencista. Veja-se na posse de uma bela conta bancária como uma reserva para a velhice. Veja-se como uma pessoa de influência devido à grande habilidade como orador público. Veja-se atuando em uma vocação na qual não teme a perda de sua posição.

Pinte essa imagem nitidamente com os poderes da imaginação, e em breve ela será transformada em uma bela imagem de um desejo profundamente arraigado. Use esse desejo como objeto principal da sua concentração e observe o que acontece.

Você agora tem o segredo da chave mágica!

Não subestime o poder da chave mágica porque ela não chegou até você revestida de misticismo ou porque é descrita em uma linguagem que qualquer um pode entender. Todas as grandes verdades são simples em última análise e facilmente entendidas; se não são assim, não são grandes verdades.

Use a chave mágica com inteligência e apenas para a realização de fins honrados, e ela lhe trará felicidade duradoura e sucesso. Esqueça os erros que você cometeu e os fracassos que experimentou. Deixe de viver no passado, afinal, você não sabe que os dias nunca voltam? Comece tudo de novo se seus esforços prévios não tiveram bons resultados e faça os próximos cinco ou dez anos contarem uma história de sucesso que satisfaça suas ambições mais elevadas.

Construa a sua reputação e preste ao mundo um grande serviço por meio da ambição, do desejo e do esforço concentrado!

Você pode fazer se acreditar que pode!

Assim termina a chave mágica.

✦

DIA 272

A presença de qualquer ideia ou pensamento em sua consciência tende a produzir uma sensação "associada" e estimular à ação correspondente. Conserve um desejo profundamente enraizado na consciência mediante a concentração e, se fizer isso com plena fé na sua realização, sua ação atrairá a ajuda de poderes que toda a comunidade científica fracassou em entender ou explicar com uma hipótese razoável.

Quando se familiarizar com os poderes da concentração, você entenderá a razão para a escolha de um objetivo principal definido como primeiro passo na obtenção de sucesso duradouro.

Concentre sua mente na realização de um desejo profundamente enraizado e muito em breve você se tornará um ímã que atrai, com a ajuda de forças que nenhum homem pode explicar, as contrapartidas materiais necessárias desse desejo, uma declaração cabal que pavimenta o caminho para a descrição de um princípio que constitui a parte mais importante dessa lição, se não, na verdade, a parte mais importante de todo o curso, ou seja:

Quando duas ou mais pessoas aliam-se em espírito de perfeita harmonia com o objetivo de alcançar um fim definido, se essa aliança é fielmente observada por todos que a compõem, ela traz a cada participante um poder sobre-humano de natureza aparentemente irresistível.

Por trás da afirmação anterior está uma lei cuja natureza a ciência ainda não determinou, e é a lei que eu tinha em mente em minhas repetidas declarações referentes ao poder do esforço organizado que você observa no decorrer deste curso.

Em química aprendemos que dois ou mais elementos podem ser combinados de forma que o resultado seja algo de natureza totalmente diferente dos elementos individuais. Por exemplo, a água comum, conhecida na química pela fórmula $H_2O$, é um composto de dois átomos de hidrogênio e um átomo de oxigênio, mas a água não é nem hidrogênio, nem oxigênio. Esse "casamento" de elementos cria uma substância completamente diferente das partes que a compõem.

*Você tem uma tremenda vantagem sobre a pessoa que lhe calunia ou comete uma injustiça intencional: você tem o poder de perdoar essa pessoa.*

A mesma lei que rege a transformação de elementos físicos pode ser responsável pelos poderes aparentemente sobre-humanos resultantes da aliança entre duas ou mais pessoas, em perfeito estado de harmonia e entendimento, para a realização de um determinado fim.

Este mundo e toda a matéria de que os outros planetas consistem são compostos de elétrons (sendo um elétron a menor unidade conhecida analisável da matéria, de natureza semelhante ao que chamamos de eletricidade, ou uma forma de energia). Por outro lado, o pensamento e aquilo que chamamos de "mente" são também uma forma de energia; na verdade, a forma mais elevada de energia conhecida. O pensamento, em outras palavras, é energia organizada, e não é improvável que seja exatamente o mesmo tipo de energia que geramos com um dínamo elétrico, embora muitíssimo mais organizada.

Agora, se toda a matéria em última análise consiste de grupos de elétrons, que nada mais são do que uma forma de energia que chamamos de eletricidade, e se a mente não é senão uma forma de eletricidade altamente organizada, não seria possível que as leis que afetam a matéria possam também governar a mente?

E, se a combinação de dois ou mais elementos de matéria na proporção adequada e sob as condições certas produz algo inteiramente diferente dos elementos originais (como no caso de $H_2O$), não seria possível então combinar a energia de duas ou mais mentes, sendo o resultado uma espécie de mente composta, totalmente diferente das mentes individuais?

DIA 273

Você sem dúvida já notou como é influenciado pela presença de outras pessoas. Algumas inspiram otimismo e entusiasmo. A simples presença delas parece estimular sua mente para mais ação, e isso não apenas "parece" verdade, como é verdade. Você já reparou que a presença de outras pessoas tende a diminuir sua vitalidade e deixá-lo deprimido, tendência que posso assegurar que é muito real!

O que você imagina que poderia ser a causa dessas mudanças que sobrevêm quando nos aproximamos de outras pessoas a não ser o resultado da mistura ou combinação de suas mentes com a nossa pela operação de uma lei não muito bem compreendida, mas que se assemelha à lei (se, de fato, não é a mesma) pela qual a combinação de dois átomos de hidrogênio e um átomo de oxigênio produz água?

Não tenho base científica para essa hipótese, mas dediquei muitos anos de reflexão séria e sempre chego à conclusão de que seja ao menos uma hipótese sólida, embora não tenha como, por enquanto, reduzi-la a uma hipótese comprovável.

Todavia, você não precisa de provas de que a presença de algumas pessoas inspira enquanto a de outras deprime, pois sabe que isso é fato. Agora, é lógico que a pessoa que inspira e incita sua mente a um estado de maior atividade lhe dá mais poder de realização, enquanto a pessoa cuja presença deprime e reduz sua vitalidade ou a dissipa em pensamento inútil e desorganizado tem efeito exatamente oposto. Você pode entender isso muito bem sem a ajuda de uma hipótese e sem provas adicionais ao que você já experimentou muitas vezes.

Volte agora à seguinte afirmação original:

"Quando duas ou mais pessoas aliam se em espírito de perfeita harmonia com o objetivo de alcançar um fim definido, se essa aliança é fielmente observada por todos que a compõem, ela traz a cada participante um poder sobre-humano de natureza aparentemente irresistível".

Estude com atenção o trecho "fielmente observada por todos que a compõem", pois aqui se encontra a "fórmula mental" que, caso não observada com fé, destrói o efeito do conjunto.

Um átomo de hidrogênio combinado com um átomo de oxigênio não produzirá água, assim como uma aliança só de nome, não acompanhada por "um espírito de perfeita harmonia" (entre os integrantes), não produzirá "poder sobre-humano de natureza aparentemente irresistível".

Tenho em mente uma família que por mais de seis gerações viveu na região montanhosa de Kentucky. Cada geração dessa família veio e se foi sem qualquer melhoria visível de natureza mental; uma após outra seguiu os passos dos antepassados. Viviam da lavoura e, no que lhes dizia respeito ou interessava, o universo consistia de um pequeno condado conhecido como Letcher County. Casavam-se estritamente no próprio "ambiente" e comunidade.

Finalmente, um dos membros da família desviou-se do rebanho, por assim dizer, e se casou com uma mulher muito instruída e culta do estado vizinho da Virgínia. Essa mulher era daquelas pessoas ambiciosas que sabia que o universo estendia-se além da fronteira de Letcher County e abrangia pelo menos o conjunto dos estados do Sul. Ela tinha ouvido falar de química, botânica, biologia, patologia, psicologia e muitos outros assuntos importantes no campo da educação. Quando seus filhos chegaram à idade de entender tais assuntos, ela falou a respeito, e eles por sua vez começaram a mostrar um grande interesse.

Um dos filhos tornou-se presidente de uma grande instituição de ensino onde a maioria destes assuntos e muitos outros de igual importância são ensinados. Outro é um advogado proeminente, e outro é um médico bem-sucedido.

O marido (graças à influência da mente da esposa) é um cirurgião-dentista conhecido, e o primeiro da família em seis gerações a romper com as tradições confinantes.

A combinação das mentes do casal deu ao homem o estímulo necessário que instigou e inspirou uma ambição que ele nunca teria experimentado sem a influência da esposa.



Há muitos anos estudo as biografias daqueles a quem o mundo chama de grandes e me parece mais do que mera coincidência que, em todos os casos em que os fatos estavam disponíveis, a pessoa realmente responsável pela grandeza estava em segundo plano, nos bastidores, e raramente o público ouvia falar dela. Não raro, esse "poder oculto" é uma esposa paciente que inspira o marido e o impulsiona a grandes feitos, como no caso que acabei de descrever.

Henry Ford é um dos milagres modernos de nosso tempo, e duvido que este país ou qualquer outro já tenha produzido um gênio industrial como ele. Se os fatos fossem conhecidos (e talvez sejam), a causa das realizações fenomenais de Ford poderia ser rastreada até uma mulher de quem o público pouco ouve falar — sua esposa!

Lemos sobre as realizações de Ford e sua enorme renda e o imaginamos abençoado com uma capacidade incomparável, e ele é — capacidade de que o mundo nunca teria ouvido falar, não fosse a influência transformadora da esposa, que cooperou durante todos os anos de luta "em espírito de perfeita harmonia com o objetivo de alcançar um fim definido".

Tenho em mente outro gênio bem conhecido de todo o mundo civilizado, Thomas A. Edison. Suas invenções são tão conhecidas que não precisam ser citadas. Cada vez que aperta um botão e acende uma luz elétrica, ou ouve um fonógrafo, você deve pensar em Edison, pois foi ele quem aperfeiçoou tanto a luz incandescente quanto o fonógrafo moderno. Cada vez que vê uma imagem em movimento, você deve pensar em Edison, pois foi seu gênio, mais do que o de qualquer outra pessoa, que possibilitou esse grande empreendimento.

Mas, como no caso de Henry Ford, por trás de Edison estava uma das mulheres mais notáveis dos Estados Unidos — sua esposa! Ninguém, fora a família Edison e talvez alguns poucos amigos pessoais íntimos, sabem em que medida a influência da esposa possibilitou as conquistas de Edison. Ela, certa vez, me disse que a qualidade mais destacada do marido, aquela que, acima de todas as outras, era seu maior trunfo, era a concentração!

*A derrota, assim como uma dor de cabeça, adverte-nos de que algo deu errado. Se somos inteligentes, procuramos a causa e tiramos proveito da experiência.*

Quando Edison começa uma linha de experimento, pesquisa ou investigação, nunca "larga de mão" até encontrar o que está procurando ou esgotar todos os esforços possíveis para fazê-lo.

Por trás de Edison há dois grandes poderes: a concentração e a esposa!

Noite após noite, Edison trabalha com tanto entusiasmo que precisa de apenas três ou quatro horas de sono. (Observe o que foi dito sobre os efeitos do entusiasmo na Lição 7.)

Plante uma sementinha de maçã no tipo certo de solo, na época certa do ano, e, gradualmente, vai brotar um raminho que se expandirá e crescerá como uma macieira. A macieira não vem do solo nem dos elementos do ar, mas de ambas as fontes, e ainda não nasceu o homem que possa explicar a lei que atrai do ar e do solo a combinação de células que constitui a macieira.

A árvore não sai da sementinha de maçã, mas a semente é o começo da árvore.

Quando duas ou mais pessoas se aliam "em espírito de perfeita harmonia com o objetivo de alcançar um fim definido", o fim em si ou o desejo por trás desse fim pode ser comparado à semente da maçã, e a combinação de forças da energia de duas ou mais mentes pode ser comparada ao ar e solo de onde provêm os elementos que compõem os objetos materiais do desejo.

Assim como o poder por trás da combinação dos elementos de onde "cresce" uma macieira, o poder por trás da atração e combinação das forças mentais não pode ser explicado.

Mas o mais importante é que a macieira "cresce" da semente plantada de forma correta e grandes realizações sucedem a combinação sistemática de duas ou mais mentes com um objetivo definido em vista.

Na Lição 13 você verá o princípio do esforço aliado levado a proporções que quase confundem a imaginação de todos que não foram treinados para pensar em termos de pensamento organizado!

Este curso é um exemplo muito concreto do princípio fundamental que chamamos de esforço organizado, mas você vai observar que são necessárias as dezesseis lições para a descrição completa deste princípio. Omita uma só delas e isso afetaria o todo, como a remoção de um elo afetaria toda uma corrente.

Já afirmei de diferentes maneiras e agora repito para enfatizar: existe uma hipótese bem fundamentada de que, quando alguém concentra a mente em determinado assunto, fatos de natureza intimamente relacionados ao tema "jorram" de todas as fontes concebíveis. A teoria é que um desejo profundamente enraizado, quando plantado no "solo mental" correto, serve como centro de atração ou ímã que atrai tudo que se harmoniza com a natureza do desejo.

O Dr. Elmer Gates, de Washington, D.C., é talvez um dos mais competentes psicólogos do mundo. Ele é reconhecido no mundo inteiro como um homem de grande envergadura científica no campo da psicologia e das ciências direta ou indiretamente relacionadas.

Venha comigo por um momento e estude os métodos dele!

DIA 275

Após seguir tão longe quanto possível por uma linha de investigação dentro dos canais normais de pesquisa e se abastecer com todos os fatos disponíveis, Gates pega um lápis e um bloco e "senta" em busca de informações adicionais, concentrando a mente no assunto até os pensamentos relacionados começarem a fluir para ele. Gates anota esses pensamentos à medida que aparecem (de onde, ele não sabe). Ele me disse que muitas de suas mais importantes descobertas ocorreram por esse método. Faz mais de vinte anos que conversei com Gates sobre o assunto pela primeira vez. Desde então, a descoberta do princípio do rádio proporcionou uma hipótese razoável para explicar os resultados dessas "sentadas", que é a seguinte:

O éter, como descobrimos com os equipamentos de rádio, está em estado de agitação constante. As ondas de som flutuam através do éter o tempo inteiro, mas essas ondas não podem ser detectadas além de certa distância de suas fontes, exceto com a ajuda de instrumentos devidamente sintonizados.

Agora, parece razoável supor que o pensamento, sendo a forma mais organizada de energia conhecida, esteja enviando ondas através do éter constantemente, e essas ondas, como as do som, só possam ser detectadas e corretamente interpretadas por uma mente devidamente sintonizada.

Não há dúvida de que, quando Gates sentava-se em uma sala e se acomodava em estado mental sossegado e passivo, os pensamentos dominantes em sua mente serviam como força magnética que atraía ondas de pensamentos relacionados ou semelhantes que passavam por ele através do éter.

Colocando a hipótese apenas um passo à frente, ocorreu-me muitas vezes desde a descoberta do rádio que todo pensamento já emitido de forma organizada pela mente de qualquer ser humano segue existindo na forma de uma onda no éter e está constantemente rodopiando em um grande círculo sem fim; que o ato de concentrar a mente com firmeza em um dado assunto envia ondas de pensamento que alcançam e se misturam com as de natureza relacionada ou semelhante, estabelecendo assim uma linha direta de comunicação entre quem está se concentrando e os pensamentos de natureza semelhante anteriormente colocados em movimento.

Indo um passo além, não seria possível sintonizar a mente e harmonizar a taxa de vibração do pensamento com a taxa de vibração do éter, de modo que todo conhecimento acumulado pelo pensamento organizado no passado ficasse disponível?

Com essas hipóteses em mente, volte à Lição 2 e estude a descrição de Andrew Carnegie do "MasterMind" com que ele acumulou grande fortuna.

Quando Carnegie formou uma aliança com mais de vinte mentes cuidadosamente selecionadas, ele criou, pela composição do poder mental, uma das maiores potências industriais que o mundo já viu. Com pouquíssimas e notáveis exceções (muito desastrosas), os homens que constituíam o "MasterMind" de Carnegie pensavam e agiam como um!

*Não é estranho que a palavra "bumerangue" esteja no dicionário há todos esses anos e não seja de conhecimento geral que o bumerangue é um instrumento que volta e pode ferir a mão que o arremessa?*

E esse "MasterMind" (composto de muitas mentes individuais) estava concentrado em um único objetivo, cuja natureza é familiar a todos que conheciam Carnegie, particularmente àqueles que concorriam com ele na siderurgia.

Se você seguiu a carreira de Henry Ford, ainda que de longe, sem dúvida observou que esforço concentrado é uma de suas características marcantes. Ele adotou uma política de padronização do automóvel que iria produzir e manteve tal política de modo consistente por trinta anos, até a mudança da demanda em 1927 forçá-lo a mudar.

DIA 276

Há alguns anos, conheci o antigo chefe de engenharia da fábrica da Ford, e ele contou um incidente ocorrido nos estágios iniciais da experiência com automóveis que aponta claramente o esforço concentrado como um dos principais elementos da filosofia econômica de Ford.

Naquela ocasião, os engenheiros da Ford estavam reunidos no escritório para discutir uma proposta de mudança no *design* do eixo traseiro dos automóveis. Ford ficou por ali e ouviu a discussão até cada homem ter dado seu parecer; então, foi até a mesa, colocou o dedo no desenho do eixo proposto e disse:

"Agora escutem! O eixo que estamos usando faz o trabalho para o qual foi concebido, e faz bem, e não mais vai haver mudanças nele!".

Deu as costas e foi embora, e desde aquele dia até hoje o eixo traseiro dos carros da Ford manteve-se substancialmente igual. Não é improvável que o sucesso de Ford na produção e comercialização de automóveis deva-se em grande parte à política de concentrar esforços de modo consistente em um plano, com apenas um objetivo definido em mente de cada vez.

Alguns anos atrás, li *The Man from Maine* (O homem do Maine), de Edward Bok, que é a biografia de seu padrasto, Cyrus H. K. Curtis, proprietário do *Saturday Evening Post*, *Ladies' Home Journal* e várias outras publicações. Ao longo de todo o livro, notei que a característica marcante da filosofia de Curtis foi a concentração de esforços em um objetivo definido.

Logo que adquiriu o *Saturday Evening Post* e estava injetando centenas de milhares de dólares em um empreendimento falido, foi necessário um esforço concentrado respaldado por uma coragem que poucos homens possuem para lhe permitir "ir levando".

Leia *The Man from Maine*. É uma esplêndida lição sobre concentração e apoia-se nos mínimos detalhes os fundamentos em que esta lição se baseia.

O *Saturday Evening Post* é hoje uma das revistas mais rentáveis do mundo, mas seu nome teria sido esquecido há muito se Curtis não tivesse concentrado sua atenção e fortuna no objetivo definido de torná-la uma grande publicação.

✦

Vimos o importante papel que ambiente e hábito desempenham no que se refere à concentração. Vamos agora discutir brevemente um terceiro assunto não menos relacionado à concentração que os outros dois, ou seja, a memória.

Os princípios pelos quais se pode treinar uma memória precisa e firme são poucos e relativamente simples:

1. RETENÇÃO: a recepção de uma impressão sensorial por um ou mais dos cinco sentidos e o registro dessa impressão de forma ordenada

na mente. Esse processo pode ser parecido com o registro de uma imagem na chapa de uma câmera.

2. RECORDAÇÃO: reviver ou recordar na mente consciente as impressões sensoriais gravadas no subconsciente. Esse processo pode ser comparado ao ato de examinar um fichário e pegar o cartão onde a informação foi registrada.
3. RECONHECIMENTO: a habilidade de reconhecer uma impressão sensorial quando trazida à mente consciente e identificá-la como réplica da impressão original primeiramente registrada. Esse processo nos permite distinguir entre "memória" e "imaginação".

Esses são os três princípios que entram no ato de lembrar. Agora vamos aplicar esses princípios e determinar como usá-los de forma eficaz, o que pode ser feito da seguinte forma:

PRIMEIRO: quando deseja certificar-se de sua capacidade de relembrar uma impressão sensorial, tal como um nome, data ou lugar, tenha certeza de tornar a impressão vívida, concentrando a atenção nos mínimos detalhes. Uma maneira eficaz de fazer isso é repetir várias vezes o que você deseja lembrar. Assim como um fotógrafo deve dar um tempo adequado de "exposição" para registrar a imagem na chapa, devemos dar tempo para o subconsciente registrar correta e claramente quaisquer impressões sensoriais que desejamos ter condições de lembrar prontamente.

SEGUNDO: associe o que você deseja lembrar com algum outro objeto, nome, lugar, ou data com que esteja bem familiarizado e que possa recordar facilmente quando deseja, como, por exemplo, o nome de sua cidade natal, do amigo mais próximo, a data do seu aniversário etc., pois sua mente irá então arquivar a impressão sensorial que você deseja lembrar com aquilo que você lembra facilmente, de modo que, quando um for trazido para o consciente, trará o outro junto.

TERCEIRO: repita o que você deseja lembrar algumas vezes, ao mesmo tempo concentrando a mente nisso, assim como fixaria sua mente na hora em que desejasse acordar de manhã, o que, como você sabe, garante que acorde exatamente naquela hora. A falha comum de não ser capaz de lembrar os nomes de pessoas, coisa que acontece com a maioria de nós, deve-se inteiramente ao fato de, antes de tudo, não registrarmos o nome de forma adequada. Quando você é apresentado a uma pessoa cujo nome deseja ser capaz de lembrar quando quiser, repita esse nome quatro ou cinco vezes, mas primeiramente tenha certeza de que entendeu o nome direito. Se o nome é parecido com o de alguém que você conhece bem, associe os dois nomes, pensando em ambos enquanto repete o nome que deseja ser capaz de lembrar.



Se alguém lhe dá uma carta para colocar no correio, olhe para a carta, aumente seu tamanho na imaginação e a veja pendurada em uma caixa de correio. Fixe em sua mente uma carta do tamanho aproximado de uma porta e associe a uma caixa de correio. Você observará que a primeira caixa de correio que avistar na rua o fará lembrar daquela enorme carta de aspecto esquisito que você tem no bolso.

Suponha que você foi apresentado a uma mulher cujo nome é Elizabeth Shearer e deseje conseguir lembrar o nome dela depois. Enquanto repete o nome, associe-o a uma grande tesoura ("scissors" em inglês), digamos de três metros de comprimento, e à rainha Elizabeth, e observe que recordar da tesoura ou do nome da rainha Elizabeth irá ajudá-lo a lembrar também o nome de Elizabeth Shearer.

Se deseja lembrar o nome Lloyd Keith, apenas repita o nome algumas vezes e associe com Lloyd George e Keith's Theater, dois que você consegue lembrar facilmente.

A associação é a característica mais importante de uma memória bem treinada, todavia é algo muito simples. Tudo que você tem que fazer é registrar o nome que deseja lembrar com o nome daquilo que consegue recordar facilmente, e a lembrança de um trará o outro.

Há cerca de dez anos, um amigo deu seu número de telefone residencial em Milwaukee, Wisconsin, e, embora não o tenha escrito, lembro dele hoje tão bem como no dia em que o ouvi. Registrei o número da seguinte maneira:

O número era Lakeview (vista do lago) 2651.

Na ocasião, estávamos na estação de trem com vista para o lago Michigan; portanto, utilizei o lago como objeto de associação para o ramal do telefone. O número era composto da idade do meu irmão, 26, e do meu pai, 51, por isso associei seus nomes com o número. Para lembrar o telefone, portanto, tinha apenas que pensar no lago Michigan, em meu irmão e meu pai.

Um conhecido meu andava sofrendo do que normalmente se chama de "mente dispersiva". Andava "distraído" e incapaz de se lembrar. Deixe que ele conte em suas palavras como superou essa deficiência:

> Tenho 50 anos de idade. Há uma década sou gerente de departamento de uma grande fábrica. No começo, meus deveres eram fáceis, depois a empresa registrou uma rápida expansão nos negócios, o que gerou um acréscimo de responsabilidades. Vários jovens do meu departamento tinham energia e capacidade incomuns — e pelo menos um deles estava de olho no meu cargo.
>
> Eu tinha atingido aquela idade em que um homem gosta de ficar confortável e, estando na empresa há muito tempo, achei que poderia me acomodar com segurança num emprego fácil. O efeito dessa atitude mental foi quase desastroso para a minha posição.
>
> Há cerca de dois anos, notei que meu poder de concentração estava enfraquecendo e meus deveres estavam se tornando penosos. Negligenciava minha correspondência até olhar apavorado para uma pilha formidável de cartas, os relatórios acumulavam-se, e os subordinados incomodavam-se com a demora. Sentava à minha mesa com a mente vagando por outros lugares.
>
> Outras circunstâncias mostraram claramente que minha mente não estava no trabalho. Esqueci de comparecer a uma reunião importante dos diretores da empresa. Um escrevente subalterno pegou um erro grave em uma estimativa de carregamento de mercadorias e, é claro, levou o incidente ao conhecimento do gerente.

Fiquei completamente alarmado com a situação! Pedi uma semana de férias para pensar no assunto. Estava decidido a me demitir ou encontrar o problema e corrigi-lo. Uns poucos dias de introspecção séria em um *resort* isolado nas montanhas me convenceram de que eu estava sofrendo de um caso simples de mente dispersiva. Estava sem concentração, minhas atividades físicas e mentais no serviço tinham se tornado desconexas. Eu estava descuidado, indolente e negligente — tudo porque minha mente não estava alerta no trabalho. Quando diagnostiquei o caso de modo satisfatório para mim mesmo, procurei o remédio. Eu precisava de um novo conjunto de hábitos de trabalho e decidi adquiri-los.

Com papel e lápis, esbocei um cronograma para cobrir a jornada de trabalho: primeiro, a correspondência matinal; em seguida, formulários a serem preenchidos, ditado, conferência com os subordinados e deveres variados, terminando com uma mesa limpa antes de sair.

"Como o hábito é cultivado?", me perguntei. "Pela repetição", foi a resposta. "Mas tenho feito essas mesmas coisas milhares de vezes", o outro camarada dentro de mim protestou. "É verdade, mas não de maneira ordenada e concentrada", respondeu o eco.

Voltei para o escritório com a mente sob rédea curta, mas inquieta, e coloquei meu novo esquema de trabalho em vigor de imediato. Executei as mesmas funções com o mesmo entusiasmo e, tanto quanto possível, no mesmo horário todos os dias. Quando minha mente começava a dispersar, eu rapidamente a trazia de volta. Mediante o estímulo mental criado pela força de vontade, progredi no cultivo do hábito. Dia após dia, pratiquei a concentração do pensamento. Quando notei que a repetição tornou-se confortável, soube que eu havia vencido.

A habilidade de treinar a memória ou desenvolver qualquer hábito desejado é apenas uma questão de ser capaz de fixar a atenção em um dado assunto até o esboço desse assunto estar completamente gravado na "chapa" de sua mente.

Concentração nada mais é do que uma questão de controle da atenção!

DIA 278

Você vai observar que, ao ler uma linha impressa com a qual não está familiarizado e nunca viu antes e então fechar os olhos, você consegue ver a linha tão claramente como se você estivesse olhando para ela na página impressa. Na realidade, você está "olhando para ela", não na página impressa, mas na chapa de sua mente. Se tentar esse experimento e ele não funcionar na primeira vez é porque você não concentrou a atenção o suficiente! Repita algumas vezes e finalmente será bem-sucedido.

Se deseja memorizar poesia, por exemplo, pode fazê-lo muito rapidamente treinando para fixar a atenção nas linhas com tanto cuidado que possa fechar os olhos e vê-las em sua mente tão claramente quanto na página impressa.

O controle da atenção é um tema tão importante que me sinto induzido a enfatizá-lo de tal forma que você não passe por ele de forma leviana. Reservei a referência a esse importante assunto como um clímax para esta lição porque considero de longe a parte mais importante.

Os resultados espantosos experimentados por aqueles que usam uma "bola de cristal" devem-se inteiramente à capacidade de fixar a atenção sobre um determinado assunto por um período ininterrupto muito além do comum.

Olhar na bola de cristal nada mais é do que atenção concentrada!

Já insinuei o que vou agora afirmar como minha crença, ou seja: com a ajuda de atenção concentrada, é possível sintonizar a mente na vibração do éter de forma que todos os segredos do mundo dos fenômenos mentais insondáveis e desconhecidos podem se tornar livros abertos que podem ser lidos a qualquer momento.

Que pensamento para se refletir a respeito!

Sou da opinião, e não sem evidência substancial de apoio, de que é possível desenvolver a capacidade de fixar a atenção tão intensamente que se pode "sintonizar" e entender o que está na mente de qualquer pessoa. Mas isso não é tudo, nem é a parte mais importante de uma hipótese a que cheguei depois de muitos anos de pesquisa cuidadosa: estou convencido de que se pode facilmente ir um passo adiante e "sintonizar" na mente universal que armazena todo o conhecimento, que pode ser acessado por todos que dominam a arte de ir em busca dele.

Para uma mente altamente ortodoxa, essas declarações podem parecer muito irracionais; mas, para o aluno que estuda o assunto com algum grau apreciável de entendimento (e até agora existem apenas poucas pessoas no mundo que sejam mais do que meros alunos de ensino fundamental nesse assunto), essas hipóteses parecem não apenas possíveis, como absolutamente prováveis.

Mas teste a hipótese você mesmo!

Você não pode selecionar assunto melhor para o experimento do que aquilo que escolheu como objetivo principal definido de vida.

Memorize seu objetivo principal definido de modo que possa repetir sem olhar no papel; a seguir, faça a prática de fixar a atenção nele pelo menos duas vezes ao dia, procedendo da seguinte forma:

*Peixes não mordem a isca apenas porque se quer. Continue lançando! Mude a isca e continue pescando. Continue lançando! A sorte não está presa em lugar nenhum. Homens que você inveja provavelmente invejam você, seu trabalho e muita coisa! Continue lançando!*

Vá para algum lugar calmo onde não seja perturbado, sente-se e relaxe completamente a mente e o corpo, em seguida, feche os olhos e coloque os dedos nos ouvidos, excluindo assim as ondas sonoras comuns e todas as ondas de luz. Nessa posição, repita seu objetivo principal definido de vida e, enquanto faz isso, imagine-se de plena posse do objetivo. Se uma parte do objetivo é a acumulação de dinheiro, como sem dúvida é, veja-se de posse do dinheiro. Se uma parte do objetivo definido é a propriedade de uma casa, veja uma imagem dessa casa, exatamente como espera vê-la na realidade. Se uma parte do objetivo definido é se tornar um poderoso e influente orador público, veja-se diante de uma plateia enorme e sinta-se tocando as emoções da audiência como um grande violinista toca as cordas do violino.

Ao se aproximar do final desta lição, existem duas coisas que você pode fazer:

PRIMEIRO: pode começar a cultivar agora a habilidade de fixar a atenção, por vontade própria, em um dado assunto, com a sensação de que essa habilidade, quando totalmente desenvolvida, trará o objetivo principal definido de vida.

SEGUNDO: pode empinar o nariz e, com um sorriso cínico, dizer para si mesmo "bobagem" e fazer papel de bobo!

Faça sua escolha!

Esta lição não foi escrita como um argumento, nem como assunto de debate. É seu privilégio aceitá-la no todo ou em parte, ou rejeitá-la, como queira.

Mas, neste momento, desejo afirmar que esta não é uma era de cinismo ou dúvida. Uma era que conquistou o ar acima de nós e o mar abaixo de nós, que nos permitiu subordinar o ar e transformá-lo em mensageiro a carregar o som de nossa voz por meio mundo na fração de um segundo com certeza não é uma era que encoraje os desconfiados e descrentes.

A família humana passou pela Idade da Pedra, do Ferro, do Aço e, a menos que eu tenha interpretado muitíssimo mal a tendência dos tempos, está entrando na Idade do Poder da Mente, que ofuscará, em termos de realização estupenda, todas as outras eras combinadas.

Aprenda a fixar a atenção em um dado assunto, por vontade própria, por qualquer período de tempo que queira, e você terá aprendido a passagem secreta para o poder e a abundância!

Isso é concentração!

Você vai entender, a partir desta lição, que o objetivo de formar uma aliança entre duas ou mais pessoas e assim criar um "MasterMind" é aplicar a concentração de forma mais eficaz do que se poderia pelos esforços de apenas uma pessoa.

O princípio referido como "MasterMind" não é nada mais, nada menos, do que a concentração do poder mental de grupo para a realização de um objetivo ou fim definido. Um poder maior decorre da concentração mental de grupo por causa da "intensificação" do processo, produzida pela reação de uma mente sobre outra.

## PERSUASÃO *VERSUS* FORÇA



Sucesso, como já foi dito de dezenas de diferentes maneiras ao longo deste curso, é em grande parte uma questão de negociação diplomática e harmoniosa com outras pessoas. De modo geral, o homem que sabe como "fazer as pessoas fazerem coisas" que ele quer que sejam feitas pode ter sucesso em qualquer profissão.

Como um clímax apropriado para esta lição sobre concentração, vou descrever como os homens são influenciados, como a cooperação é adquirida, como o antagonismo é eliminado e a simpatia é desenvolvida.

A força algumas vezes consegue o que parecem resultados satisfatórios, mas força sozinha nunca construiu e nunca conseguirá construir sucesso duradouro.

A Primeira Guerra Mundial fez mais do que qualquer coisa já ocorrida na história do mundo para mostrar a futilidade da força como meio de influenciar a mente humana. Sem entrar em detalhes ou recontar casos que poderiam ser citados, todos nós sabemos que a força foi o alicerce sobre o qual a filosofia alemã foi construída nos quarenta anos antes da guerra. A doutrina de que força é direito foi testada no mundo inteiro e falhou.

O corpo humano pode ser aprisionado ou controlado pela força física, mas isso não acontece com a mente humana. Nenhum homem neste mundo pode controlar a mente de uma pessoa normal e saudável se esta escolhe exercer o direito dado por Deus de controlar a própria mente. A maioria das pessoas não exercitam esse direito. Passam pelo mundo, graças ao nosso sistema educacional defeituoso, sem descobrir forças que permanecem dormentes em sua mente. De vez em quando acontece algo, mais de natureza acidental do que qualquer outra coisa, que acorda a pessoa e faz com que descubra onde está sua força real e como usá-la no desenvolvimento de uma atividade ou profissão. Resultado: nasce um gênio!

Existe um determinado ponto onde a mente humana para de ascender ou de explorar a menos que algo fora da rotina aconteça e a empurre por cima do obstáculo. Em algumas mentes esse ponto é muito baixo, em outras é muito alto. Em outras ainda varia entre altos e baixos. O indivíduo que descobre um jeito artificial de estimular a mente e incitá-la e fazer com que frequentemente vá além desse ponto médio de parada por certo será recompensado com fama e fortuna caso seus esforços sejam de natureza construtiva.

O educador que descobrir um jeito de estimular qualquer mente e fazê-la ascender acima do ponto médio de parada sem quaisquer reações nocivas irá conferir uma bênção inigualável à raça humana na história do mundo. Claro que não estamos nos referindo a estimulantes físicos ou narcóticos. Estes sempre estimulam a mente por um tempo, mas no fim a arruínam por completo. Nos referimos a um estimulante puramente mental, como o decorrente de interesse, desejo, entusiasmo e amor intensos, fatores que podem ser desenvolvidos pelo "MasterMind".

A pessoa que fizer tal descoberta fará muito pela solução do problema da criminalidade. Você pode fazer quase qualquer coisa com uma pessoa quando aprende a influenciar sua mente. A mente pode ser comparada a um grande terreno. É um terreno muito fértil, que sempre produz colheitas conforme o tipo de semente plantado. O problema então é aprender a selecionar o tipo certo de semente e plantá-la para que se enraíze e cresça rapidamente. Estamos semeando nossa mente diariamente, a cada hora, ou melhor, a cada segundo, mas fazendo isso de modo promíscuo e quase que inconsciente. Temos que aprender a fazê-lo segundo um plano cuidadosamente elaborado, de acordo com um projeto bem definido! Sementes plantadas a esmo na mente humana produzem uma colheita aleatória! Não há como escapar desse resultado.

A história está cheia de casos notáveis de homens que, de cidadãos cumpridores da lei, pacíficos e construtivos, transformaram-se em criminosos cruéis. Também temos milhares de casos de homens perversos e inferiores, do chamado tipo criminoso, que se transformaram em cidadãos construtores, cumpridores da lei. Em cada um desses casos, a transformação aconteceu na mente. O indivíduo criou em sua mente, por um motivo ou outro, uma imagem do que desejava e, em seguida, tratou de transformar essa imagem em realidade. Na verdade, se a imagem de qualquer ambiente, condição ou coisa é retratada na mente humana e, se a mente permanece focada ou concentrada na imagem por tempo suficiente e de modo persistente o bastante, respaldada por um forte desejo pela coisa imaginada, é apenas um pequeno passo da imagem mental para a realização em forma física ou mental.

A Primeira Guerra Mundial revelou muitas tendências alarmantes da mente humana que corroboram o trabalho de pesquisa dos psicólogos sobre o funcionamento mental. O seguinte relato sobre um jovem montanhês rude, grosseiro, ignorante e indisciplinado é um excelente exemplo do tema em questão:

DIA 281

## LUTOU POR SUA RELIGIÃO E AGORA É UM GRANDE HERÓI DE GUERRA

### ROTARIANOS PLANEJAM PRESENTEAR ALVIN YORK, CAÇADOR ANALFABETO DE ESQUILOS DO TENNESSEE, COM UMA FAZENDA

POR GEORGE W. DIXON

A história de Alvin Cullum York, um caçador analfabeto de esquilos do Tennessee, que se tornou o principal herói da força expedicionária norte-americana na França, constitui um capítulo romântico da guerra mundial.

York é um nativo de Fentress County. Nasceu e foi criado entre os rijos montanheses das florestas do Tennessee. Não há nem mesmo uma estrada de ferro em Fentress County. Na juventude, York tinha uma reputação terrível. Era o que se chamava de pistoleiro. Tinha pontaria certeira com o revólver, e sua destreza com o rifle era largamente conhecida entre o povo simples das montanhas do Tennessee.

Um dia, uma organização religiosa armou sua tenda na comunidade em que York e seus pais viviam. Era uma seita estranha que foi para as montanhas à procura de adeptos, mas os métodos dos evangelizadores do novo culto eram repletos de fogo e emoção. Denunciavam o pecador, o caráter vil e o homem que se aproveitava do vizinho. Apontavam a religião do Mestre como um exemplo que todos deveriam seguir.

## ALVIN ADERE À RELIGIÃO

Alvin Cullum York surpreendeu seus vizinhos certa noite, arremessando-se ao banco dos penitentes. Os idosos agitaram-se em seus assentos, e as mulheres esticaram o pescoço, enquanto York lutava com seus pecados à sombra das montanhas do Tennessee.

York tornou-se um apóstolo ardente da nova religião. Tornou-se um exortador, um líder da vida religiosa da comunidade e, embora sua pontaria continuasse letal como sempre, ninguém o temia, pois ele caminhava na trilha da justiça.

Quando a notícia da guerra chegou àquela região remota do Tennessee e os montanheses foram informados de que seriam "recrutados", York ficou taciturno e desagradável. Ele não acreditava em matar seres humanos, mesmo na guerra. Sua Bíblia ensinava: "Não matarás". Para ele, isso era literal e definitivo. Ele foi rotulado como "objetor de consciência".

Os oficiais do recrutamento previram problemas. Eles sabiam que York estava decidido e teriam que abordá-lo de alguma maneira que não com ameaças de punição.

## GUERRA POR UMA CAUSA SANTA

DIA 282

Os oficiais foram a York com uma Bíblia e mostraram que a guerra era uma causa santa — a causa da liberdade humana. Ressaltaram que homens como ele eram chamados pelos Poderes Superiores para libertar o mundo, proteger mulheres e crianças inocentes da violação, fazer a vida valer a pena para os pobres e oprimidos, superar a "besta" retratada nas escrituras e libertar o mundo para o desenvolvimento dos ideais cristãos e da humanidade cristã. Era uma briga entre as hostes da justiça e as hordas de Satã. O mal estava tentando conquistar o mundo por meio de seus agentes — o *kaiser* e seus generais.

Os olhos de York arderam com brilho feroz. Suas grandes mãos cerraram-se como um torno. As mandíbulas fortes contraíram-se. "O *kaiser*", sibilou ele entre os dentes, "a besta! O destruidor de mulheres e crianças! Vou mostrar o lugar dele caso um dia o tenha sob a minha mira!"

York acariciou o rifle, deu adeus à mãe e disse que iria vê-la novamente quando o *kaiser* estivesse varrido de cena.

Foi para o campo de treinamento e exercitou-se com cuidado escrupuloso e estrita obediência às ordens.

Sua habilidade no tiro ao alvo chamou atenção. Os companheiros ficaram perplexos com as marcas elevadas de York. Não imaginavam que um caçador de esquilos daria um belo atirador de elite nas trincheiras da linha de frente.

O papel de York na guerra virou história. O general Pershing designou-o como principal herói individual da guerra. Ele ganhou todas as condecorações, incluindo a Medalha do Congresso, a Cruz de Guerra e a Legião de Honra. Encarou os alemães sem medo da morte. Lutou para vingar sua religião, pela santidade do lar, pelo amor às mulheres e crianças, pela preservação dos ideais da cristandade e pela libertação dos pobres e oprimidos. O medo não fazia parte de seu código ou vocabulário. Sua fria ousadia eletrizou mais de um milhão de homens e deixou o mundo falando sobre esse estranho herói iletrado das colinas do Tennessee.

Temos aqui o caso de um jovem montanhês que, se tivesse sido abordado de maneira um pouco diferente, sem dúvida teria resistido ao alistamento e provavelmente teria ficado tão amargurado com seu país que teria se tornado um fora da lei, esperando pela primeira oportunidade para revidar.

Aqueles que o abordaram conheciam alguma coisa dos princípios do funcionamento da mente humana. Souberam como lidar com o jovem York, primeiro superando a resistência que ele havia colocado em sua mente. É nesse exato ponto que milhares de homens, devido à incompreensão desses princípios, são arbitrariamente classificados como criminosos e tratados como pessoas perigosas e cruéis. Por meio da sugestão, essas pessoas poderiam ser manejadas com tanta eficácia quanto o jovem York, transformando-se em seres humanos úteis e produtivos.

*Existem doze bons motivos para o fracasso. O primeiro é a intenção declarada de não fazer nada mais do que se é pago para fazer, e a pessoa que faz essa afirmação pode ver os outros onze postando-se na frente de um espelho.*

Em sua busca por maneiras de entender e manipular sua mente para poder persuadi-la a criar o que você deseja da vida, deixe-me lembrá-lo de que, sem uma única exceção, tudo que o irrita e incita raiva, ódio, desgosto ou cinismo é destrutivo e muito ruim para você.

Você jamais pode obter o máximo ou sequer uma média justa de ações construtivas de sua mente até aprender a controlá-la e impedi-la de ser estimulada por ódio ou medo!

Esses dois negativos, ódio e medo, são positivamente destrutivos à mente, e, enquanto permitir que eles permaneçam, pode ter certeza de que obterá resultados insatisfatórios e muito aquém do que você é capaz de produzir.

Em nossa discussão sobre ambiente e hábito, aprendemos que a mente individual é receptiva a sugestões do ambiente, que as mentes dos indivíduos de uma multidão, misturadas umas com as outras, concordam com a sugestão da influência predominante do líder ou da figura dominante. J. A. Fisk nos oferece um interessante relato da influência da sugestão mental no encontro revivalista, que confirma a afirmação de que a mente de uma multidão se funde em uma só.

## SUGESTÃO MENTAL NO REVIVALISMO



A psicologia moderna estabeleceu firmemente o fato de que a maior parte dos fenômenos do "revivalismo" religioso são de natureza física, não espiritual, e anormalmente psíquica. Autoridades de destaque reconhecem que o excitamento mental que acompanha os apelos emocionais dos "revivalistas" deve ser classificado junto aos fenômenos da sugestão hipnótica e não como verdadeira experiência religiosa. Aqueles que fizeram um estudo minucioso do assunto acreditam que, em vez de tal excitamento tender a elevar a mente e intensificar o espírito do indivíduo, serve para enfraquecer e degradar a mente e prostituir o espírito, arrastando-o para a lama do frenesi psíquico anormal e do excesso emocional. Na verdade, alguns observadores cuidadosos, familiarizados com tal fenômeno, classificam o encontro religioso "revivalista" como "entretenimento" hipnótico para o público e um exemplo típico de intoxicação psíquica e excesso histérico.

David Starr Jordan, reitor emérito da Universidade Leland Stanford, diz: "Uísque, cocaína e álcool produzem insanidade temporária, assim como o revivalismo religioso". O professor William James, da Universidade de Harvard, psicólogo eminente, disse: "O revivalismo religioso é mais perigoso para a vida em sociedade do que a embriaguez".

Seria desnecessário afirmar que nesta lição o termo "revivalismo" é utilizado no sentido mais estrito, indicando a excitação emocional religiosa típica conhecida pelo termo em questão e que não se aplica à experiência religiosa mais antiga e respeitada designada pelo mesmo termo, tão altamente reverenciada entre os puritanos, luteranos e outros no passado. Uma obra de referência fala do assunto geral do "revivalismo" da seguinte forma:

> O revivalismo ocorre em todas as religiões. Quando realizado, um grande número de pessoas que estavam relativamente mortas ou indiferentes a considerações espirituais, despertam simultaneamente ou em rápida sucessão para a importância do tema, alteram-se espiritual e moralmente e agem com zelo excessivo para converter outros à sua visão. Um revivalismo maometano toma forma de um retorno à doutrina rigorosa do Corão e de um desejo de propagá-la pela espada. Uma minoria cristã vivendo no lugar fica em perigo de ser massacrada pelos revivalistas. Uma efusão pentecostal do Espírito Santo produziu um revivalismo dentro da igreja imatura, seguido por numerosas conversões. Revivalismos, embora não chamados por esse nome, ocorreram a intervalos desde os tempos apostólicos até a Reforma, e os revivalistas foram por vezes tratados tão rudemente que deixaram a igreja e formaram seitas, enquanto que, em outros casos, nomeadamente no caso dos fundadores das ordens monásticas, foram mantidos e atuaram na igreja como um todo. O impulso espiritual que levou à Reforma e o antagonismo que produziu ou assistiu a ascensão da Sociedade de Jesus foram ambos revivalismos. Entretanto, o termo "revivalismo" fica confinado basicamente ao aumento súbito da atividade espiritual dentro das igrejas protestantes. A iniciativa dos irmãos John e Charles Wesley e de George Whitefield neste país e na Inglaterra, de 1738 em diante, foi completamente revivalista. Desde então, vários revivalismos ocorreram de tempos em tempos, e quase todas as denominações almejam produzi-los. Os meios adotados são preces para o Espírito Santo, encontros contínuos noite após noite, com frequência até altas horas, discursos incitantes, principalmente de revivalistas leigos, e reuniões posteriores para tratar dessas impressões. Em última análise, verificou-se que algumas das pessoas aparentemente

convertidas ficaram firmes, outras desistiram, enquanto o amortecimento proporcional à excitação anterior prevalece temporariamente. Às vezes, pessoas emotivas soltam gritos lancinantes ou mesmo caem prostradas em reuniões revivalistas.

Essas manifestações mórbidas são agora desencorajadas e por consequência tornaram-se mais raras.

DIA 284

Para entender o funcionamento da sugestão mental nos encontros revivalistas, devemos entender primeiro o que é conhecido como psicologia de massas. Os psicólogos estão cientes de que a psicologia de uma multidão, considerada como um todo, difere materialmente da psicologia dos indivíduos que compõem a multidão. Existe a multidão de indivíduos e a multidão composta, na qual a natureza emocional das unidades parece misturar-se e se fundir. A mudança da primeira multidão para a segunda decorre da influência da atenção firme, de apelos emocionais profundos ou do interesse comum. Quando essa mudança ocorre, a massa se torna um indivíduo composto com grau de inteligência e controle emocional apenas um pouco acima do nível de seu membro mais fraco. Esse fato, por mais surpreendente que possa parecer ao leitor comum, é bem conhecido e admitido pelos principais psicólogos de hoje; foram escritos muitos artigos e livros importantes sobre o tema. As características predominantes da "mentalidade composta" de uma multidão são: extrema sugestionabilidade, resposta a apelos emocionais, imaginação vívida e ação decorrente da imitação — todas essas características mentais universalmente manifestadas pelo homem primitivo. Em resumo, a massa manifesta atavismo, ou reversão para traços raciais primevos.

*Nada é tão contagiante quanto o entusiasmo. É a real alegoria do conto do Orfeu. Move rochas, encanta brutos. O entusiasmo é o gênio da sinceridade, e a verdade não obtém vitórias sem ele.*

— BULWER

Gideon Diall, em *The Psychology of the Aggregate Mind of an Audience* (Psicologia da mente agregada de uma audiência), afirma que a mente da plateia que ouve um orador poderoso passa por um processo curioso chamado de "fusão", pelo qual os indivíduos da audiência perdem seus traços pessoais naquele período, em maior ou menor grau, sendo reduzidos, por assim dizer, a um só indivíduo cujas características são as de um jovem impulsivo de vinte anos, geralmente imbuído de altos ideais, mas carecendo do poder de raciocínio e vontade. O psicólogo francês Gabriel Tarde defende opiniões semelhantes.

O professor Joseph Jastrow, em *Fact and Fables in Psychology* (Fatos e fábulas em psicologia), diz:

> Na produção desse estado mental, um fator ainda não mencionado desempenha papel de destaque: o poder do contágio mental. O erro, assim como a verdade, floresce nas multidões. No coração da simpatia, ambos encontram um lar. Nenhuma forma de contágio é tão insidiosa no início, tão difícil de deter em seu avanço, tão certa de deixar germes que podem revelar seu poder pernicioso a qualquer momento como o contágio mental — o contágio do medo, do pânico, do fanatismo, da ilegalidade, da superstição, do erro. (...) Em resumo, devemos adicionar aos muitos fatores que contribuem para o engano o reconhecido rebaixamento da capacidade crítica, do poder de observação precisa — de fato, da racionalidade — induzidos pelo simples fato de fazer parte de uma multidão. O ilusionista acha fácil apresentar-se para um grande público porque, entre outros motivos, é mais fácil despertar admiração e simpatia, mais fácil fazer cada indivíduo esquecer de si mesmo e entrar no espírito acrítico do país das maravilhas. Parece que, sob alguns aspectos, o tom crítico de uma assembleia, como a força de uma corrente, é a força de seu membro mais fraco.

O professor Gustave Le Bon, em *The Crowd* (A multidão), disse:

> Os sentimentos e ideias de todas as pessoas em uma reunião tomam uma mesma direção, e suas personalidades conscientes desaparecem. Forma-se uma mente coletiva, sem dúvida transitória, apresentando características claramente marcantes. A reunião torna-se o que, na ausência de expressão melhor, chamarei de multidão organizada, ou, se o termo for considerado preferível, multidão psicológica. Forma-se um único ser, sujeito à lei da unidade mental das multidões. (...) A peculiaridade mais impressionante da multidão psicológica é a seguinte: não importa que indivíduos a componham — semelhantes ou não no estilo de vida, ocupação, índole ou inteligência —, o fato de serem transformados em uma multidão coloca-os de posse de um tipo de mente coletiva, o que faz com que sintam, pensem e ajam de modo um pouco diferente do que cada indivíduo iria sentir, pensar ou agir se estivesse em estado de isolamento. Existem certas ideias e sentimentos que não vêm a existir ou não se transformam em atos, exceto quando os indivíduos formam uma multidão. (...) Nas multidões, a estupidez e não a inteligência é acumulada. Na mente coletiva, as aptidões intelectuais dos indivíduos e, em consequência, sua individualidade são enfraquecidas. (...) As observações mais cuidadosas parecem provar que um indivíduo imerso durante um tempo numa multidão em ação logo se encontra em um estado especial, semelhante ao estado de fascínio de um indivíduo hipnotizado. (...) A personalidade consciente desaparece por inteiro, vontade e discernimento são perdidos. Todos os sentimentos e pensamentos voltam-se na direção determinada pelo hipnotizador. (...) Sob a influência da sugestão, o indivíduo empreende certos atos com impetuosidade irresistível. A impetuosidade é mais irresistível no caso das multidões, pois, sendo igual para todos os indivíduos da multidão, a sugestão ganha força pela reciprocidade. Além disso, pelo simples fato de fazer parte de uma multidão organizada, um homem desce vários degraus na escada da civilização. Isolado, pode ser um indivíduo

> culto; na multidão, é um bárbaro — isto é, uma criatura agindo por instinto. Possui a espontaneidade, a violência, a ferocidade e também o entusiasmo e heroísmo de seres primitivos, aos quais ele tende a se assemelhar ainda mais pela facilidade com que permite ser induzido a cometer atos contrários a seus interesses mais óbvios e seus hábitos mais conhecidos. Um indivíduo em uma multidão é um grão de areia entre outros grãos de areia que o vento agita à vontade.

O professor Frederick Davenport, em *Primitive Traits in Religious Revivals* (Traços primitivos em revivalismos religiosos), diz:

> A mente da multidão é estranhamente parecida com a do homem primitivo. A maioria das pessoas que a integram podem estar longe de ser primitivas no que se refere a emoções, pensamentos e caráter; não obstante, o resultado tende a ser sempre o mesmo. O estímulo gera ação imediata. A razão é suspensa. O orador frio e racional tem pouca chance contra o orador hábil e emocional. A multidão pensa em imagens, e o discurso deve tomar essa forma para ser acessível. As imagens não são conectadas por nenhuma ligação natural, elas sucedem-se como *slides* de uma lanterna mágica. Disso decorre, é claro, que apelos à imaginação têm influência primordial. (...) A multidão é unida e governada mais pela emoção do que pela razão. Emoção é a ligação natural, pois os homens diferem muito menos nesse aspecto do que no intelecto. É verdade também que em uma multidão de mil homens a quantidade de emoção gerada e existente é bem maior que a simples soma das emoções dos indivíduos. A explicação disso é que a atenção da multidão é sempre direcionada pelas circunstâncias da ocasião ou pelo orador a certas ideias comuns — como a "salvação" em reuniões religiosas. (...) E todo indivíduo na reunião é atiçado pela emoção, não apenas por causa da ideia ou palavra que o atiça, mas também porque tem consciência de que todo indivíduo na reunião acredita na ideia ou na palavra, e isso o atiça igualmente. Isso aumenta enormemente o volume de sua emoção

e, consequentemente, o volume total de emoção da multidão. Como no caso da mente primitiva, a imaginação abre as comportas da emoção, que às vezes pode se tornar um entusiasmo selvagem ou frenesi demoníaco.



O estudante da sugestão verá que os membros emocionais de uma plateia de revivalismo ficam sujeitos não apenas ao efeito da "mentalidade composta" surgida da "psicologia das massas" e são enfraquecidos no poder resistivo, como também ficam sob a influência de duas outras formas muito potentes de sugestão mental. Somada à poderosa sugestão de autoridade dos revivalistas, exercida a pleno em linhas muito similares às do hipnotizador profissional, está a sugestão de imitação exercida sobre cada indivíduo pela força combinada do equilíbrio da multidão.

Como Émile Durkheim observou em suas investigações psicológicas, o indivíduo comum é "intimidado pela massa" ao seu redor ou diante dele e experimenta a influência psicológica peculiar exercida pela simples quantidade de pessoas contra seu eu individual. A pessoa sugestionável não apenas tem facilidade em responder às sugestões autoritárias do pregador e às exortações de seus ajudantes, como fica sob o fogo direto das sugestões imitativas daqueles que estão experimentando atividades emocionais e manifestando-as por todos os lados. Não é só a voz do pastor que incita o rebanho, o tilintar do sino do guia também, e a tendência imitativa faz com que uma ovelha pule porque a da frente pulou (e assim sucessivamente até a última ovelha ter pulado). É preciso a força do exemplo de um líder para colocar o rebanho inteiro em movimento. Isso não é exagero — seres humanos em tempos de pânico, pavor ou emoções profundas de qualquer tipo manifestam a tendência imitativa das ovelhas e a tendência do gado e dos cavalos de "debandar" por imitação.

*Alguns homens são bem-sucedidos desde que alguém esteja por trás apoiando e encorajando, e alguns são bem-sucedidos apesar do inferno! Faça a sua escolha.*

Para o estudante experiente no trabalho prático da psicologia laboratorial, existe uma analogia muito próxima nos fenômenos do revivalismo e da sugestão hipnótica. Em ambos os casos, a atenção e o interesse são atraídos pelo incomum: o elemento de mistério e admiração é induzido por palavras e ações calculadas para inspirá-los, os sentidos são cansados pela fala monótona em tom impressionante e autoritário, e as sugestões enfim são projetadas de forma mandatória e sugestiva, familiar a todos os estudantes da sugestão hipnótica. Os sujeitos em ambos os casos são preparados para as sugestões e comandos finais recebendo antes sugestões menores, tais como, "levante-se" ou "olhe para este lado" no caso da hipnose e, no caso dos revivalistas, "todos aqueles que pensam isso e isso, levantem-se" e "todos os que estão querendo se tornar melhores levantem-se". Dessa forma, os sujeitos impressionáveis são acostumados à obediência às sugestões em etapas fáceis. E por fim a sugestão dominante: "Vá em frente — em frente — por este caminho — em frente — vá, eu digo, vá, vá, vá!", que faz com que os que ficaram impressionados pulem em pé e avancem, é praticamente a mesma na hipnose e no revivalismo sensacionalista. Todo bom revivalista daria um bom hipnotizador, e todo bom hipnotizador daria um bom revivalista se sua mente estivesse focada nessa direção.

No revivalismo, a pessoa que faz a sugestão tem a vantagem de quebrar a resistência da audiência incitando seus sentimentos e emoções. Relatos descrevendo a influência da mãe, da casa e do céu, músicas como "Tell Mother I'll Be There" (Diga à mãe que estarei lá) e apelos pessoais às associações reverenciadas do passado e da infância tendem a reduzir a pessoa ao estado de resposta emocional, tornando-a mais suscetível a sugestões fortes repetidas ao longo da mesma linha. Os jovens e as mulheres histéricas são especialmente suscetíveis a essa forma de sugestão emocional. Seus sentimentos são atiçados, e a vontade é influenciada pelo pregador, pelas músicas e pelo apelo pessoal dos ajudantes do revivalismo.

As memórias sentimentais mais sagradas são momentaneamente despertadas, e antigos estados mentais são reinduzidos. "Where is My Wandering Boy Tonight?" (Onde está meu menino errante esta noite?) faz brotar lágrimas em muitos para quem a memória da mãe é sagrada, e a pregação de que a mãe está habitando em um estado de felicidade no céu, barrado ao filho não convertido, a menos que ele professe a fé, serve para levar muitos à ação. O elemento do medo também é invocado no revivalismo — não tanto quanto antigamente, é verdade, mas ainda em considerável medida e de modo mais sutil. O medo da morte súbita sem estar convertido paira sobre a audiência, e as perguntas "Por que não agora? Por que não hoje?", são acompanhadas pelo hino "Oh, Why Do You Wait, Dear Brother?" (Por que você espera, querido irmão?). Como diz Frederick Davenport:

> É bem sabido que o emprego de imagens simbólicas aumenta imensamente a emoção da audiência. O vocabulário dos revivalistas tem imagens em abundância — a cruz, a coroa, anjos, inferno, céu. Imaginação vívida, sentimento e crença intensos são estados mentais favoráveis à sugestão, bem como à ação impulsiva. É verdade também que a influência de uma multidão amplamente simpática às ideias sugeridas é absolutamente coerciva ou intimidante sobre o indivíduo pecador. Existe uma considerável quantidade de conversão resultante inicialmente dessa pressão social e que pode nunca ir muito além disso. Por fim, a inibição de todas as ideias estranhas ao ambiente é encorajada nos encontros revivalistas, tanto pelo pregador quanto pelo discurso. Existe, portanto, extrema sensibilidade à sugestão. Quando a essas condições de consciência negativa da audiência soma-se um pregador de elevado potencial hipnótico, como John Wesley ou Charles Finney, ou que possui apenas uma personalidade totalmente persuasiva e magnética, como George Whitefield, a influência que pode ser facilmente exercida sobre certos indivíduos de uma multidão se parece muito com algo anormal ou completamente hipnótico. Mesmo quando esse ponto não é alcançado, ainda existe uma dose de sugestionabilidade aguçadíssima, embora normal, a ser levada em conta.

As pessoas que mostram sinais de ser influenciadas são então "trabalhadas" pelos revivalistas ou seus ajudantes. São incitadas a se render à vontade deles e "deixar tudo para o Senhor". Dizem-lhes: "Entregue-se a Deus agora, neste exato minuto", "Apenas acredite agora e você pode ser salvo", "Você não vai se entregar a Deus?" etc. São exortadas, abraçadas, recebem orações, e toda arte de sugestão persuasiva emocional é usada para fazer o pecador "render-se".

Em *The Psychology of Religion* (A psicologia da religião), Edwin Diller Starbuck relata uma série de exemplos das experiências de pessoas convertidas em revivalismo. Uma pessoa escreveu o seguinte:

> Minha vontade parecia inteiramente à mercê de outros, particularmente do revivalista M. Não existia nenhum elemento intelectual. Era puro sentimento, seguido de um período de êxtase. Eu estava determinado a fazer o bem e era eloquente ao incitar outros. O estado de exaltação moral não continuou. Foi seguido de uma completa recaída fora da religião ortodoxa.

Davenport tem o seguinte a dizer em resposta à alegação de que os velhos métodos de influenciar convertidos no revivalismo desapareceram junto com a teologia tosca do passado:

> Dou especial ênfase ao assunto aqui porque, enquanto o emprego do medo irracional no revivalismo desapareceu em grande parte, o emprego do método hipnótico não desapareceu. Em vez disso, houve um recrudescimento e um reforço consciente deste, pois o velho suporte do terror se foi. E nunca é demais enfatizar que tal força não é de forma alguma "espiritual" em qualquer sentido elevado e puro, mas é deveras estranha, psíquica e obscura. E o método em si necessita ser muito refinado antes que possa ser de qualquer benefício espiritual. É absolutamente primitivo e pertence aos aspectos animais e mais instintivos de fascínio. Essa forma nua e crua de hipnotismo é empregada pelo felino sobre o pássaro indefeso e pelo curandeiro índio sobre o devoto da dança dos fantasmas. Quando usado, como tem sido com frequência, em criancinhas, por natureza altamente sugestionáveis, não tem justificativa e é mental e moralmente prejudicial no mais alto grau. Não vejo como torturas emocionais violentas e o uso da sugestão de forma bruta

possam ser úteis mesmo nos casos de pecadores empedernidos, e, com certeza, o emprego deste meio em amplas camadas da população não passa de má prática psicológica. Nós nos protegemos contra o charlatanismo em obstetrícia física com cuidado inteligente. Seria bom se um treinamento rigoroso e proibições coibissem o obstetra espiritual, cuja função é orientar o muito delicado processo do novo nascimento.

DIA 288

Alguns que aprovam os métodos do revivalismo, mas também reconhecem que a sugestão mental tem um papel muito importante no fenômeno, sustentam que as objeções similares àquelas aqui defendidas não são válidas contra os métodos do revivalismo, pois a sugestão mental, como é bem sabido, pode ser usada para o bem, assim como para o mal — para o benefício e inspiração, bem como na direção oposta. Admitindo isso, esses bons colegas argumentam que a sugestão mental no revivalismo é um método legítimo ou "uma arma de ataque à fortaleza do diabo". Mas esse argumento é considerado falho quando examinado nos efeitos e consequências. Em primeiro lugar, parece identificar os estados mentais emocionais, neuróticos e histéricos induzidos pelos métodos do revivalismo com a elevação espiritual e a regeneração moral que acompanham experiências religiosas verdadeiras. Procura colocar a falsificação em paridade com o genuíno — o brilho maligno dos raios da lua psíquica com os raios revigorantes e animadores do sol espiritual. Procura elevar a fase hipnótica à "mentalidade espiritual" do homem. Para aqueles familiarizados com as duas classes de fenômenos, existe uma diferença tão ampla quanto aquela entre os polos entre eles.

*Você não precisa ter medo da concorrência de alguém que diz: "Não sou pago para fazer isso e não farei". Ele nunca será um concorrente perigoso para seu trabalho. Mas preste atenção ao colega que permanece no trabalho até terminar a tarefa e executa um pouco mais do que é esperado dele, pois este pode desafiá-lo pelo cargo e ultrapassá-lo.*

Como uma palha mostrando como o vento do melhor pensamento religioso moderno está soprando, apresento o seguinte trecho de *Religion and Miracle* (Religião e milagre), de autoria do Rev. Dr. George A. Gordon, pastor emérito da Nova Igreja Antiga do Sul, de Boston:

> O revivalismo profissional, com seus organizadores, seus repórteres que fazem os dados atenderem às esperanças dos homens bons, o sistema de propaganda e a exclusão ou supressão de todos os comentários críticos sólidos, os apelos às emoções e o uso de meios que não têm conexão visível com a graça e que não podem levar sob nenhuma possibilidade à glória, é absolutamente inadequado. O mundo espera a visão, paixão, simplicidade e veracidade austera do profeta hebreu, aguarda a amplitude imperial e a energia moral do apóstolo cristão das nações, aguarda o professor que, como Cristo, deve apresentar sua doutrina junto com uma grande mente e um grande caráter.

Embora haja sem dúvida vários exemplos de pessoas originalmente atraídas pelo excitamento emocional do revivalismo que depois levaram vidas religiosas dignas e em conformidade com a natureza espiritual elevada, em muitos casos o revivalismo exerceu apenas um efeito temporário benéfico sobre as pessoas submissas ao excitamento e, passado o estresse, acabou criando indiferença e até mesmo aversão ao sentimento religioso verdadeiro. A reação com frequência é igual à ação original. As consequências do "rebote" são bem conhecidas em todas as igrejas depois de um reavivamento impetuoso. Em outras pessoas, o revivalismo desperta apenas suscetibilidade à excitação emocional, o que as faz passar por repetidos estágios de "conversão" a cada reavivamento e um subsequente "rebote" depois que a influência arrefece.

Além disso, os psicólogos sabem que pessoas que cedem ao excitamento emocional e aos excessos do revivalismo típico ficam depois muito mais sugestionáveis e abertas a "doutrinas", modismos e falsas religiões do que antes. As pessoas que se reúnem para apoiar aventureiros e impostores pseudorreligiosos são em geral as mesmas que antes foram as convertidas mais ardentes e excitáveis do revivalismo. As fileiras de "Messias", "Elias" e "Profetas do Amanhecer" que apareceram em grande número neste país e na Inglaterra nos últimos cinquenta anos recrutaram quase que exclusivamente aqueles que haviam "experimentado" previamente o fervor do revivalismo nas igrejas ortodoxas. Isso é a velha história do treinamento em hipnose. Essa forma de intoxicação emocional é especialmente prejudicial entre jovens e mulheres. Deve ser lembrado que o período da adolescência é aquele em que a natureza mental do indivíduo está passando por grandes mudanças. É um período bem conhecido pelo desenvolvimento peculiar da natureza emocional, da natureza sexual e da natureza religiosa. As condições existentes nesse período tornam o deboche psíquico do revivalismo, da sessão ou exibição hipnótica particularmente prejudiciais. O excitamento emocional excessivo, juntamente com o mistério, medo e temor nesse período da vida, frequentemente resultam em condições mórbidas e anormais mais adiante. Como Davenport bem disse: "Não é hora para o choque do medo ou a agonia do remorso. O único resultado de tal fervor religioso equivocado é um fortalecimento em muitos casos, especialmente nas mulheres, das tendências à morbidez e histeria, escuridão e dúvida".

*Até ter aprendido a ser tolerante com aqueles que nem sempre concordam com você, até ter cultivado o hábito de dizer alguma palavra gentil para quem você não admira, até ter formado o hábito de procurar o bem em vez do mal nos outros, você não será nem bem-sucedido, nem feliz.*

Existem outros fatores referentes à estreita relação entre excitamento religioso anormal e despertar indevido de natureza sexual bem conhecidos de todos os estudiosos do assunto, mas que não podem ser tratados aqui. Como dica, entretanto, um trecho de Davenport servirá para o objetivo:

> Na puberdade está em ação um processo orgânico que impele à atividade sexual e espiritual quase que ao mesmo tempo. Não existe prova, entretanto, da causação da última pela primeira. Mas parece ser verdade que nessa fase ambas estão estreitamente associadas em um processo físico no qual se ramificam em direções diferentes e que nesse período crítico qualquer excitação radical de uma tem influência sobre a outra.

Uma consideração cuidadosa dessa importante afirmação servirá para explicar muitas coisas que, dolorosamente, deixaram muita gente perplexa no passado em decorrência do excitamento do revivalismo em uma cidade, em encontros campais etc. Essa aparente influência do mal que tanto preocupou nossos antepassados é vista como simples operação das leis naturais da psicologia e da fisiologia. Entender isso é ter o remédio em mãos.

Mas o que as autoridades dizem do revivalismo do futuro — do novo revivalismo —, do revivalismo verdadeiro? Deixemos o professor Davenport falar para os críticos, ele é muito apto para a tarefa. Ele diz:

> Existirá, creio eu, muito menos uso do encontro revivalista como instrumento grosseiro coercivo para substituir a vontade e sobrepujar a razão do indivíduo. A influência dos encontros públicos religiosos será mais indireta, menos invasiva. Será reconhecido que o hipnotismo e as escolhas forçadas enfraquecem a alma, e não existirá tentativa de pressionar a decisão em uma questão tão grandiosa sob o fascínio da excitação, contágio e sugestão. (...) Os convertidos podem ser poucos. Podem ser muitos. Eles serão mensurados não pela capacidade do pregador em administrar o hipnotismo, mas pela capacidade de amizade desinteressada de toda a pessoa cristã. Mas de uma coisa, penso, podemos ter certeza: os dias de efervescência religiosa e incontinência passional estão acabando. Os dias de piedade inteligente e abnegação estão começando. Agir com justiça, amar a misericórdia, caminhar humildemente com Deus — esses permanecem os testes primordiais do divino no homem. (...) A experiência religiosa é uma evolução. Avançamos do rudimentar e primitivo para o

racional e espiritual. E, acredita Paulo, a fruta madura do espírito não é a irrupção subliminar, o lapso da inibição, mas o amor racional, alegria, paz, resignação, gentileza, bondade, fidelidade, mansidão — autocontrole.

✦

A concentração é um dos principais elementos a serem entendidos e aplicados com inteligência por todos que experimentem com sucesso o princípio descrito neste curso como "MasterMind".

Os comentários anteriores, de autoridades de destaque mundial, darão um melhor entendimento da concentração conforme utilizada por aqueles que desejam "misturar" ou "fundir" as mentes de uma multidão para que funcionem como uma única mente.

*Se você hesita ou dá a volta quando está sob fogo, você não é um lutador — é um "desistente". Até o Diabo detesta a pessoa que não tem fibra. Ela cheira mal.*

Agora você está pronto para a lição sobre cooperação, que o levará adiante nos métodos de aplicar as leis psicológicas da Lei do Sucesso.

Você fracassou muitas vezes? Que afortunado! A essa altura você deve saber algumas coisas que não deve fazer.

LIÇÃO 13

# COOPERAÇÃO

DIA 290

*"Você pode fazer se acreditar que pode!"*

COOPERAÇÃO É O início de todo esforço organizado. Como foi afirmado na Lição 2, Andrew Carnegie acumulou uma fortuna gigantesca graças ao esforço cooperativo de um pequeno grupo de homens. Você também pode aprender a usar esse princípio.

Existem duas formas de cooperação para as quais sua atenção será direcionada nesta lição:

PRIMEIRO, a cooperação entre pessoas que se agrupam ou formam alianças com o objetivo de atingir uma determinada finalidade sob os princípios conhecidos como Lei do MasterMind.

SEGUNDO, a cooperação entre a mente consciente e subconsciente, que compõe uma hipótese razoável da capacidade do homem de contatar, comunicar-se com a Inteligência Infinita e a ela recorrer.

Para alguém que não tenha se dedicado a pensar no assunto, a hipótese anterior pode parecer irracional, mas siga a evidência de sua solidez, estude os fatos sobre os quais é baseada e tire então suas conclusões.

Comecemos com uma breve revisão da constituição física do corpo:

Sabemos que o corpo é percorrido por uma rede de nervos que servem de canais de comunicação entre o ego espiritual residente, que chamamos de mente, e as funções do organismo externo.

Este sistema nervoso é duplo. Um sistema, conhecido como simpático, é o canal para todas as atividades que não são conscientemente dirigidas por nossa vontade, tais como o funcionamento dos órgãos digestivos, o reparo do desgaste diário dos tecidos e similares.

O outro sistema, conhecido como voluntário ou sistema cérebro-espinhal, é o canal através do qual recebemos percepções conscientes dos sentidos físicos e exercemos controle sobre os movimentos do corpo. Este sistema tem seu centro no cérebro, enquanto o outro tem seu centro na massa ganglionar por trás do estômago conhecido como plexo solar, algumas vezes chamado de cérebro abdominal. O sistema cérebro-espinhal é o canal da nossa vontade ou ação mental consciente, e o sistema simpático é o canal da ação mental que inconscientemente sustenta as funções vitais do corpo.

Sendo assim, o sistema cérebro-espinhal é o órgão da mente consciente e o simpático é o da mente subconsciente.

Mas a interação das mentes consciente e subconsciente requer uma interação similar entre os sistemas nervosos correspondentes e uma conexão notável fornecida pelo nervo vago. Este nervo passa pela região cerebral como parte do sistema voluntário, e com ele controlamos os órgãos vocais; segue adiante pelo tórax, enviando ramificações para o coração e pulmões; passando pelo diafragma, ele perde o revestimento externo que distingue os nervos do sistema voluntário e começa a identificar-se com os do sistema simpático, formando, então, um elo entre os dois e tornando o homem uma entidade única em termos físicos.

De forma semelhante, diferentes áreas do cérebro conectam-se às atividades objetivas e subjetivas da mente. De modo geral, podemos atribuir à parte frontal do cérebro as atividades objetivas e à parte posterior as subjetivas, enquanto a porção intermediária liga-se a ambas.

A faculdade intuitiva tem correspondência com a área superior do cérebro, situada entre as partes frontal e posterior e, fisiologicamente falando, é por ali que as ideias intuitivas entram. Essas, a princípio, são de caráter mais ou menos disforme e genérico; não obstante, são percebidas pela mente consciente; caso contrário, não teríamos ciência delas. Assim, o esforço da natureza é trazer essas ideias para uma forma mais definida e útil, para que a mente consciente se apodere delas e induza uma corrente vibratória correspondente no sistema voluntário de nervos, de forma a levar a ideia para a mente subjetiva. A corrente vibratória, que primeiro desce do ápice do cérebro para a parte frontal e do sistema voluntário para o plexo solar, é revertida e ascende do plexo solar através do sistema simpático para a parte posterior do cérebro. Esta corrente de retorno indica a ação da mente subjetiva.

Se removêssemos parte da superfície do ápice do cérebro, encontraríamos imediatamente abaixo dela o cinturão brilhante de substância cerebral chamada de corpo caloso. Este é o ponto de união entre subjetivo e objetivo, e, quando a corrente retorna do plexo solar para esse ponto, é reenviada para a parte objetiva do cérebro em uma nova forma adquirida por meio da silenciosa alquimia da mente subjetiva. Assim, a concepção que de início foi apenas vagamente reconhecida é reenviada para a mente objetiva em uma forma definida e útil. Então, a mente objetiva, agindo pelo cérebro frontal — área de comparação e análise —, passa a trabalhar sobre a ideia claramente percebida, trazendo à tona as potencialidades latentes nela.[4]

O termo "mente subjetiva" é o mesmo que "mente subconsciente", e o termo "mente objetiva" é o mesmo que "mente consciente".

Por favor, entenda esses diferentes termos.

Estudando o sistema duplo pelo qual o corpo transmite energia, descobrimos os pontos exatos nos quais os dois sistemas conectam-se e como podemos transmitir um pensamento da mente consciente para a subconsciente.

[4] Juiz Thomas Troward, *The Edinburgh Lectures on Mental Science* (Conferências de Edimburgo sobre ciência mental).

Este sistema nervoso duplo é a forma mais importante de cooperação conhecida pelo homem; é por ele que a evolução executa o desenvolvimento do pensamento preciso, como descrito na Lição 11.

Quando grava qualquer ideia no subconsciente pela autossugestão, você o faz com a ajuda do sistema nervoso duplo; quando a mente subconsciente trabalha em um plano definido de qualquer desejo que você grava nela, o plano é enviado de volta à mente consciente pelo mesmo sistema nervoso duplo.

Este sistema cooperativo de nervos constitui literalmente uma linha direta de comunicação entre sua mente consciente comum e a Inteligência Infinita.

*Você não pode assustar um homem que está em paz com Deus, com seus companheiros e consigo mesmo. Não existe espaço para o medo no coração de tal homem. Onde o medo encontra acolhida existe algo que necessita despertar.*

Sabendo por minha experiência prévia como iniciante no estudo desse tema o quanto é difícil aceitar a hipótese aqui descrita, ilustrarei sua solidez de uma maneira simples, para que você possa entender e comprovar por si.

Antes de ir dormir à noite, grave em sua mente o desejo de levantar na manhã seguinte em determinada hora, digamos às 4 horas da manhã. Se sua impressão for acompanhada por uma determinação positiva de levantar a essa hora, o subconsciente irá registrar a impressão e acordá-lo precisamente nessa hora.

Agora se poderia perguntar:

Se posso imprimir em minha mente subconsciente o desejo de levantar em uma hora específica e acordar nessa hora, por que não crio o hábito de gravar outros desejos mais importantes?

Se você fizer tal pergunta e insistir na resposta, estará muito perto do — senão no — caminho que leva à porta secreta do conhecimento descrita na Lição 11.

✤

Vamos nos dedicar agora ao tema da cooperação entre homens que se unem ou agrupam com o objetivo de atingir um determinado fim. Na Lição 2 nos referimos a esta forma de cooperação como esforço organizado.

Este curso menciona alguns estágios de cooperação em praticamente todas as lições. É inevitável, pois o objetivo do curso é ajudar o aluno a desenvolver poder, e o poder é desenvolvido apenas com esforço organizado.

Vivemos na era do esforço cooperativo. Quase todos os empreendimentos de sucesso são conduzidos sob alguma forma de cooperação. Isso é válido no campo da indústria ou das finanças, bem como no campo profissional liberal e autônomo.

Médicos e advogados têm alianças de ajuda mútua e de proteção na forma de associações de categoria.

Banqueiros têm associações locais e nacionais para ajuda mútua e progresso.

Comerciantes varejistas têm associações com o mesmo objetivo.

Proprietários de automóveis se uniram em clubes e associações.

Gráficos têm associações, encanadores têm associações, negociantes de carvão têm as deles.

Cooperação é o objetivo de todas essas associações.

Os trabalhadores têm sindicatos, e aqueles que fornecem capital de giro e fiscalizam os esforços dos operários têm alianças sob vários nomes.

Nações têm alianças cooperativas, embora não pareçam ter descoberto até agora o significado completo de "cooperação". A tentativa do finado presidente Wilson de aperfeiçoar a Liga das Nações, seguida pelos esforços do finado presidente Harding em aprimorar a mesma ideia sob o nome de Corte Mundial, indica a tendência dos tempos na direção da cooperação.

Lentamente está ficando óbvio para o homem que aqueles que aplicam o esforço cooperativo com mais eficiência sobrevivem mais e que este princípio aplica-se desde a forma mais inferior da vida animal até a forma mais elevada de esforço humano.

Carnegie, Rockefeller e Ford ensinaram aos empresários o valor do esforço cooperativo, ensinaram a todos que quisessem observar o princípio pelo qual acumularam vastas fortunas.

Cooperação é a base de toda liderança bem-sucedida. O bem mais tangível de Henry Ford é a força-tarefa bem organizada que ele estabeleceu. Esta organização não somente lhe proporciona saída para todos os automóveis que possa produzir, mas, mais importante ainda, proporciona poder financeiro suficiente para enfrentar qualquer emergência que possa ocorrer — fato que ele já demonstrou em pelo menos uma ocasião.

Como resultado do entendimento do valor do princípio da cooperação, Ford saiu da posição habitual de dependência das instituições financeiras, ao mesmo tempo em que gerou para si um poder comercial maior do que provavelmente possa usar.

O sistema do Federal Reserve é outro exemplo de esforço cooperativo que praticamente garante os Estados Unidos contra um pânico monetário.

Os sistemas de cadeias de lojas constituem outra forma de cooperação comercial que proporciona vantagem na compra e distribuição.

As lojas de departamentos modernas, que equivalem a um grupo de pequenas lojas operando sob um mesmo teto, com gerência e despesa gerais, são outro exemplo da vantagem do esforço cooperativo no campo comercial.

Na Lição 15 você vai observar as possibilidades do esforço cooperativo em sua forma mais elevada e ao mesmo tempo verá o importante papel que ele desempenha no desenvolvimento do poder.

Como você já aprendeu, poder é esforço organizado. Os três fatores mais importantes no processo do esforço organizado são:

Concentração;
Cooperação;
Coordenação.

## COMO O PODER É DESENVOLVIDO PELA COOPERAÇÃO

Como já vimos, poder é esforço ou energia organizados. O poder pessoal é potencializado pelo desenvolvimento, organização e coordenação das faculdades mentais. Isso pode ser alcançado pelo domínio e aplicação dos quinze princípios mais importantes deste curso. O procedimento necessário para dominar esses princípios é completamente descrito na Lição 16.

O desenvolvimento do poder pessoal é apenas o primeiro passo no desenvolvimento do poder potencial disponível pelo esforço aliado, ou cooperação, que pode ser chamado de poder de grupo.

É bem sabido que todos os homens que acumularam grandes fortunas foram conhecidos como "organizadores" capazes. Isso significa que possuíam a habilidade de assegurar o esforço cooperativo de outros homens que forneciam talento e habilidade que eles não tinham.

O objetivo principal deste curso é desdobrar os princípios do esforço organizado e cooperativo ou aliado para que o aluno compreenda sua importância e o torne a base de sua filosofia.

Pegue como exemplo qualquer negócio ou profissão e você vai observar que ele é limitado apenas pela falta da aplicação do esforço organizado e cooperativo. Como ilustração, utilizaremos a advocacia.

Se um escritório de advocacia consiste de apenas um tipo de mente, será bastante prejudicado, mesmo que constituído de uma dúzia de homens talentosos daquele tipo específico. A complexidade do sistema legal exige uma variedade de talentos possivelmente maior do que a reunida por um só homem.

É evidente, portanto, que o mero esforço organizado não é suficiente para assegurar um sucesso marcante; a organização deve consistir de indivíduos que ofereçam algum talento especializado que os outros membros não possuam.

Um escritório de advocacia bem organizado incluiria talento especializado na preparação de casos, homens de visão e imaginação que entendem como harmonizar a lei e a evidência de um caso em um plano sólido. Homens com tal habilidade nem sempre possuem destreza para defender um caso no tribunal; portanto, deve haver à disposição pessoas competentes no tribunal. Continuando a análise, será visto que existem muitas classes diferentes de casos, que exigem homens de vários tipos de habilidades, especializados tanto na preparação quanto no julgamento dos processos. Um advogado que se preparou como especialista em direito corporativo pode estar despreparado para lidar com um processo criminal.

Na formação de uma sociedade de advocacia, o homem que entende o princípio do esforço organizado e cooperativo deve cercar-se de talentos especializados em cada ramo do direito e dos procedimentos legais que ele pretenda praticar. O homem que não faz ideia do poder potencial desses princípios provavelmente selecionaria seus associados pelo usual método do "chute", baseando a seleção mais na personalidade ou convivência do que na consideração do tipo particular de talento em advocacia que cada um possui.

O tema do esforço organizado foi tratado na lição anterior, mas é trazido de novo para indicar a necessidade de formar alianças ou organizações com indivíduos que forneçam todos os talentos que possam ser necessários para a realização do objetivo em mente.

Em quase todos os empreendimentos comerciais existe uma necessidade de pelo menos três classes de talento: compradores, vendedores e aqueles familiarizados com finanças. Será prontamente visto que, quando essas três classes de homens organizam e coordenam seus esforços, eles se beneficiam com poder que nenhum deles sozinho possui.

Muitos negócios fracassam porque todos os homens por trás deles são vendedores, financistas ou compradores. Por natureza, o vendedor mais capacitado é otimista, entusiástico e emocional; enquanto financistas via de regra são imperturbáveis, cautelosos e conservadores. Ambos são essenciais para o sucesso de um empreendimento comercial, mas nenhum irá se mostrar muito impactante em qualquer negócio sem a influência modificadora do outro.

James J. Hill geralmente é considerado o mais eficiente construtor de ferrovias que os Estados Unidos já produziram; mas é igualmente bem sabido que não era engenheiro civil, nem construtor de pontes, nem engenheiro de locomotivas, nem engenheiro mecânico, nem químico, embora essas classes de talento altamente especializado sejam essenciais na construção de ferrovias. Hill entendeu os princípios do esforço organizado e da cooperação, por isso cercou-se de homens que possuíam todas essas habilidades necessárias que lhe faltavam.

A loja de departamentos moderna é um exemplo esplêndido de esforço cooperativo e organizado.

Cada departamento comercial está sob a gerência de alguém que entende da compra e venda dos artigos daquele setor.

Por trás de todos os gerentes de departamento existe uma equipe geral constituída de especialistas em compras, vendas, finanças e gerência de unidades ou grupos de pessoas. Essa forma de esforço organizado coloca por trás de cada departamento um poder de compra e venda que aquela unidade não teria se fosse separada do grupo e tivesse que operar por si, em local isolado.

*Um bom estoque de autoconfiança e um terno novo irão ajudá-lo a ganhar uma posição sem um "empurrãozinho", mas lembre-se de que nada vai ajudá-lo tanto a segurar essa posição quanto dinamismo, entusiasmo e a determinação de fazer mais do que você é pago para fazer.*

Os Estados Unidos da América são uma das nações mais ricas e poderosas do mundo. Fazendo-se uma análise, vê-se que esse enorme poder surgiu do esforço cooperativo dos estados da União.

Foi com o objetivo de salvar esse poder que o imortal Lincoln decidiu apagar a linha Mason–Dixon. A salvação da União era uma preocupação muito maior para ele do que a libertação dos escravos do Sul. Se não fosse assim, a atual condição dos Estados Unidos como potência entre as nações do mundo seria muito diferente.

Woodrow Wilson tinha em mente esse mesmo princípio de esforço cooperativo quando criou o plano para a Liga das Nações. Ele previu a necessidade da liga para impedir a guerra entre nações, assim como Lincoln previu um meio de harmonizar os esforços do povo dos Estados Unidos para preservar a União.

Vê-se com isso que o princípio de esforço organizado e cooperativo com o qual o indivíduo pode desenvolver poder pessoal é o mesmo princípio que deve ser empregado no desenvolvimento do poder de grupo.

Andrew Carnegie dominou facilmente o setor siderúrgico durante sua ligação ativa com essa indústria porque aproveitou o princípio do esforço organizado e cooperativo, cercando-se dos homens mais altamente especializados em finanças, química, vendas, gerência, compra de matéria-prima, transportes e outros cujos serviços eram essenciais. Ele organizou seu grupo de "cooperadores" no que chamou de "MasterMind".

Qualquer grande universidade representa um excelente exemplo da necessidade de esforço organizado e cooperativo. O corpo docente é constituído de homens e mulheres de habilidades altamente especializadas, embora muito diferentes. Um departamento é presidido por especialistas em literatura, outro por especialistas em matemática, outro por especialistas em química, outro por especialistas em filosofia econômica, outro por especialistas em medicina, outro por especialistas em direito etc. A universidade como um todo é um grupo de faculdades, cada uma dirigida por um especialista do setor, cuja eficiência é grandemente aumentada pelo esforço aliado ou cooperativo direcionado por uma única cabeça.

Analise o poder, não importa onde ou em que forma ele seja encontrado, e você encontrará organização e cooperação como um dos fatores principais por trás dele. Você encontrará esses dois princípios em evidência tanto na forma mais inferior de vegetação quanto na mais sofisticada forma animal — o homem.

✦

Na costa da Noruega existe o redemoinho mais famoso e irresistível do mundo. Ao que se saiba, esse grande turbilhão incessante jamais soltou qualquer vítima envolvida em seu abraço circular de água espumante.

Não menos certas de destruição são as almas desafortunadas envoltas pelo grande turbilhão da vida, para onde seguem todas que não entendem o princípio do esforço organizado e cooperativo. Vivemos em um mundo onde a lei da sobrevivência do mais apto está em evidência por toda parte. Os "aptos" são os que têm poder, e poder é esforço organizado.

Desafortunado aquele que por ignorância ou egoísmo imagina que possa navegar pelo mar da vida na casca frágil da independência. Tal pessoa vai descobrir que existem turbilhões mais perigosos que qualquer turbilhão de águas hostis. Todas as leis naturais e todos os planos são baseados em esforço cooperativo harmonioso, como todos que atingiram altas posições no mundo descobriram.

Onde quer que as pessoas estejam engajadas em combate hostil, não importa de qual natureza ou a causa, pode-se observar um desses turbilhões nas proximidades, à espera os combatentes.

O sucesso na vida não pode ser alcançado exceto por esforço pacífico, harmonioso e cooperativo. O sucesso tampouco pode ser alcançado de forma solitária ou individual. Ainda que um homem viva como eremita na natureza, longe de todos os sinais de civilização, ele depende de forças externas para existir. Quanto mais ele se torna parte da civilização, mais dependente do esforço cooperativo fica.

Quer um homem se sustente com trabalho diário ou com os juros da fortuna que acumulou, ele irá sustentar-se com menos oposição mediante a cooperação amigável com outros. Além disso, o homem cuja filosofia é baseada em cooperação ao invés de competição não apenas irá adquirir os bens de necessidade e os luxos da vida com menos esforço, como irá aproveitar uma recompensa extra de felicidade que outros nunca irão experimentar.

Fortunas adquiridas pelo esforço coorporativo não infligem cicatrizes nos corações de seus donos, coisa que não se pode dizer de fortunas adquiridas por métodos conflitantes e competitivos que beiram a extorsão.

A acumulação de riqueza material, seja de artigos de necessidade ou luxos, consome a maior parte do tempo em nossa luta terrena. Se não podemos mudar essa tendência materialista da natureza humana, podemos pelo menos mudar o método de busca, adotando a cooperação.

A cooperação oferece uma recompensa dupla, provendo os itens básicos e os luxos da vida e a paz mental que os avarentos nunca terão. O avarento e ganancioso pode adquirir uma grande fortuna em riqueza material, isso não há como negar, mas terá vendido a alma por um prato de lentilhas.

Vamos manter em mente que todo sucesso é baseado em poder, e o poder vem do conhecimento organizado e expresso em termos de ação.

O mundo paga por um tipo de conhecimento, e é o tipo expresso em termos de serviço construtivo. Ao discursar para uma turma de formandos de uma faculdade de administração, um dos banqueiros mais conhecidos dos Estados Unidos disse:

> Vocês devem sentir orgulho do diploma, porque é a prova de que estão se preparando para a ação no grande campo dos negócios.
>
> Uma das vantagens do estudo na faculdade de administração é que prepara para a ação! Sem desmerecer outros métodos de educação, ao exaltar o método da faculdade de administração moderna, lembro de dizer que existem algumas faculdades nas quais a maioria dos alunos são preparados para praticamente tudo, com exceção da ação.
>
> Vocês chegaram à faculdade de administração com um único objetivo em vista: aprender a prestar um serviço e ganhar a vida. A última moda em roupas é de pouco interesse para vocês, porque estão se preparando para um trabalho no qual as roupas da última moda não terão importância. Vocês não chegaram aqui para aprender como servir chá em uma festa à tarde ou se tornar mestres em fingir afabilidade enquanto

no íntimo sentem inveja daqueles que vestem roupas chiques e dirigem carros caros — vocês vieram aqui para aprender a trabalhar!

Na turma de formandos para a qual esse homem falava havia treze rapazes tão pobres que mal tinham dinheiro suficiente para pagar os estudos. Alguns pagavam a faculdade trabalhando antes e depois das aulas.



Isso foi há 25 anos. No último verão, encontrei o presidente da faculdade de administração que esses rapazes frequentavam, e ele me contou a história de cada um desde a época da formatura até aquele momento. Um é presidente de um dos maiores atacados farmacêuticos e um homem rico, um é um advogado bem-sucedido, dois são proprietários de grandes faculdades de administração, um é professor no departamento de economia de uma das maiores universidades do país, um é presidente de uma das maiores fábricas de automóveis que existe, dois são presidentes de bancos e homens ricos, um é proprietário de uma grande loja de departamentos, um é vice-presidente de um dos grandes sistemas ferroviários do país, um é um bem estabelecido contador público certificado, um está morto, e o 13º está compilando este livro sobre as Leis do Sucesso.

*"Picuinhas" sobre o salário "inicial" fizeram muitos homens desperdiçarem a grande oportunidade de sua vida. Se a posição que você procura é aquela onde sabe que pode colocar todo seu coração, pegue-a, mesmo que tenha que trabalhar por nada até apresentar uma boa amostra dos seus "dotes". Depois disso, você receberá pagamento proporcional à quantidade e qualidade do trabalho que realiza.*

Onze sucessos de uma turma de treze rapazes não é um mau registro, obtido graças ao espírito de ação desenvolvido na faculdade de administração.

Não é a escolaridade que você tem que conta, é a extensão em que expressa o que aprendeu na escola por meio de ação bem organizada e direcionada com inteligência.

De maneira nenhuma eu desprezaria a educação superior, mas ofereceria esperança e encorajamento àqueles que não tiveram tal educação, contanto que expressem o que sabem, por pouco que seja, em ação intensa, ao longo de linhas construtivas.

Um dos maiores presidentes que já ocupou a Casa Branca teve pouca escolaridade, mas fez um trabalho tão bom expressando os conhecimentos adquiridos com aquela pouca formação em ação corretamente direcionada que seu nome ficou inseparavelmente entrelaçado à história dos Estados Unidos.

Toda cidade, aldeia e lugarejo tem em sua população aqueles personagens bem conhecidos chamados "vagabundos", e, se analisar esses desafortunados, vai observar que uma das suas características mais salientes é a procrastinação. A falta de ação faz com que escorreguem até cair num barranco onde permanecerão a menos que, por acidente, sejam forçados para o campo aberto da luta, onde será necessária uma ação incomum.

Não se deixe cair em tal situação.

Todo escritório, toda loja, todo banco e todo e qualquer outro local de emprego têm suas vítimas marcantes da procrastinação, que caminham a passos largos pela estrada poeirenta do fracasso, pois ainda não desenvolveram o hábito de se expressar com ação.

Você pode identificar esses desafortunados se começar a analisar aqueles com quem entra em contato todos os dias. Se falar com eles, vai observar que construíram uma falsa filosofia, algo da seguinte natureza:

"Estou fazendo tudo que sou pago para fazer, e estou me virando".

Sim, estão "se virando" — mas isso é tudo que estão fazendo.

Alguns anos atrás, numa época em que a mão de obra era escassa e os salários extraordinariamente altos, observei dúzias de homens capacitados descansando nos parques de Chicago, sem fazer nada. Fiquei curioso para saber que tipo de álibi eles poderiam oferecer para sua conduta, então certa tarde entrevistei sete deles.

Com a ajuda de um suprimento generoso de cigarros e charutos, comprei a confiança daqueles que entrevistei e assim obtive uma visão íntima de sua filosofia. Todos deram a mesmíssima razão para estarem ali, sem emprego: "O mundo não me dá uma chance!!!".

Os pontos de exclamação são meus.

Pense nisso — o mundo não "dá uma chance".

É claro que o mundo não daria uma chance.

O mundo nunca dá chance a ninguém. O homem que quer uma chance deve criá-la com ação, mas, se esperar que alguém a entregue em uma bandeja de prata, ficará desapontado.

Temo que essa desculpa de que o mundo não dá uma chance seja bastante prevalente e suspeito fortemente que seja uma das causas mais comuns da pobreza e do fracasso.

O sétimo homem que entrevistei, naquela tarde proveitosa, era um tipo incomum em termos da boa aparência física. Estava deitado na grama, adormecido, com um jornal sobre o rosto. Quando levantei o jornal de seu rosto, ele estendeu o braço, tirou o jornal das minhas mãos, colocou de volta no rosto e voltou a dormir.

Então usei uma pequena estratégia, removendo o jornal e o colocando atrás de mim, onde ele não podia pegar. Aí o homem sentou-se no chão e o entrevistei. Aquele camarada era formado em duas das grandes universidades do Leste, com mestrado em uma e doutorado em outra.

Sua história era patética.

Ele tivera um emprego atrás do outro, mas o empregador ou algum colega sempre "pegava no pé" . Ele não havia conseguido fazê-los ver o valor de seus cursos na faculdade. Não lhe davam uma chance.

Ali estava um homem que poderia estar na gerência de uma grande empresa, ou ser uma figura importante em alguma profissão se não tivesse construído sua casa sobre as areias da procrastinação e se agarrado à falsa crença de que o mundo deveria pagá-lo pelo que ele sabia!

Por sorte a maioria dos formados nas faculdades não constrói fundações tão inconsistentes, pois nenhuma faculdade da Terra pode coroar com sucesso o homem que tenta cobrar pelo que sabe ao invés de por aquilo que pode fazer com o que sabe.

O homem a quem me referi era de uma das famílias mais conhecidas da Virgínia. Seus ancestrais haviam desembarcado do *Mayflower*. Ele arqueou os ombros para trás, bateu no peito com o punho e disse: "Pense nisso, senhor! Sou filho de uma das primeiras famílias da Virgínia!".

Minhas observações me levaram a acreditar que ser filho de uma "primeira família" nem sempre é uma sorte para o filho ou para a família. Com demasiada frequência esses filhos das "primeiras famílias" tentam se dar bem com base no sobrenome. Pode ser apenas uma ideia estranha minha, mas tenho observado que os homens e mulheres que trabalham para valer têm pouco tempo, e ainda menos inclinação, para se gabar dos ancestrais.

Não faz muito tempo, viajei para o sudeste da Virgínia, onde nasci. Foi a primeira vez que voltei lá em mais de vinte anos. Foi uma tristeza comparar os filhos de alguns que há vinte anos eram conhecidos como descendentes das "primeiras famílias" com os filhos de homens simples que trataram de se expressar com ação intensa.

A comparação não refletiu nenhum crédito sobre os rapazes das "primeiras famílias"! É sem sentimento de exaltação que expresso minha gratidão por não ter vindo ao mundo tendo pais de "primeira família". Isto, é claro, não foi uma questão de escolha, e, caso tivesse sido, talvez eu selecionasse pais de "primeira família".

Não faz muito tempo, fui convidado para dar uma palestra em Boston, Massachusetts. Após terminar meu trabalho, um comitê de recepção se voluntariou para me mostrar os pontos turísticos da cidade, incluindo uma viagem a Cambridge, onde visitamos a Universidade de Harvard. Lá observei muitos filhos de "primeiras famílias" — alguns equipados com Packards. Vinte anos antes eu teria sentido orgulho de ser aluno de Harvard com um Packard, mas o efeito esclarecedor da maturidade me levou à conclusão de que, se eu tivesse o privilégio de ter ido para Harvard, teria me saído igualmente bem sem a ajuda de um Packard.

Reparei em alguns rapazes de Harvard que não tinham Packards. Estavam trabalhando como garçons em um restaurante que fui e, pelo que pude ver, não estavam perdendo nada de valor por não possuir um Packard, nem pareciam sofrer pela comparação com aqueles que podiam ostentar as posses dos pais de "primeira família".

Nada disso é uma reflexão sobre Harvard — uma das melhores universidades do mundo — nem sobre as "primeiras famílias" que mandaram os filhos para lá. Ao contrário, pretende ser um encorajamento para os desafortunados que, como eu, têm pouco e sabem pouco, mas expressam o pouco que sabem em termos construtivos e ação útil.

A psicologia da inação é um dos principais motivos para algumas cidades estarem morrendo.



Pegue a cidade X, por exemplo. Você vai reconhecer a cidade pela descrição, se está familiarizado com esta parte do país. As leis azuis (de cunho religioso) fecharam todos os restaurantes no domingo. Os trens devem diminuir a velocidade quando passam pela cidade. Sinais chamativos de "não pise na grama" estão afixados no parque. Regulamentos municipais desfavoráveis de uma forma ou outra enxotaram as melhores indústrias para outras cidades. As evidências de repressão estão por toda parte. Nas ruas, as pessoas mostram sinais de repressão no rosto, no comportamento e no caminhar.

A psicologia de massa da cidade é negativa.

No momento em que se desce na estação de trem, essa atmosfera negativa se torna depressivamente óbvia e faz com que se queira pegar o próximo trem e partir. O lugar lembra um cemitério, e as pessoas parecem fantasmas ambulantes.

Elas não registram sinais de ação!

Os balanços das instituições bancárias refletem o estado mental negativo de inatividade. As lojas refletem o mesmo nas vitrines e rosto dos vendedores. Entrei em uma dessas lojas para comprar um par de meias. Uma moça com rolinhos no cabelo que poderia ter sido uma "melindrosa", se não fosse tão preguiçosa, jogou uma caixa de meias no balcão. Quando peguei a caixa, olhei a meia e exibi um ar de desaprovação no rosto, ela bocejou languidamente.

"São as melhores que você vai conseguir nesse lixo!"

"Lixo!" Ela deveria ser vidente, pois "lixo" era a palavra que estava na minha mente antes de ela falar. A loja me lembrou um depósito de lixo; a cidade me lembrou o mesmo. Senti aquela coisa entrando no meu sangue. A psicologia negativa das pessoas estava realmente me atingindo e me pegando.

O Maine não é o único estado assolado com cidades como esta que descrevi. Eu poderia citar outros, mas posso querer entrar para a política algum dia; portanto, deixarei que você faça sua análise e comparação entre cidades que estão vivas e ativas e aquelas que estão morrendo vagarosamente por inatividade.

Sei de algumas empresas que estão no mesmo estado de inatividade, mas omitirei nomes. Você provavelmente também conhece algumas.

Há muitos anos, Frank A. Vanderlip, um dos mais conhecidos e capacitados banqueiros dos Estados Unidos, foi trabalhar para o National City Bank de Nova York.

Seu salário ficou acima da média desde o início porque ele era competente e tinha um histórico de realizações que faziam dele um homem valioso.

Vanderlip foi instalado em um escritório particular mobiliado com uma fina mesa de mogno e uma grande cadeira. Em cima da mesa havia um botão elétrico conectado à mesa da secretária na antessala.

O primeiro dia se passou sem que chegasse trabalho à sua mesa. O segundo, o terceiro e o quarto dia se passaram sem trabalho. Ninguém o procurou ou falou nada para ele.

No final da semana, ele começou a ficar inquieto. (Homens de ação sempre se inquietam quando não há trabalho em vista.)

Na semana seguinte, Vanderlip foi até o gabinete do presidente e disse: "Olhe aqui, você está me pagando um grande salário, não está me dando nada para fazer, e isso está me dando nos nervos!".

O presidente ergueu o olhar com um brilho animado nos olhos argutos. "Estive pensando", prosseguiu Vanderlip, "sentado aqui sem nada para fazer, em um plano para aumentar os negócios desse banco".

O presidente assegurou que "pensamento" e "planos" eram valiosos e pediu que Vanderlip falasse.

"Pensei em um plano que dará ao banco o benefício de minha experiência com títulos. Proponho criar um departamento de títulos e anunciá-lo como uma característica do nosso banco", disse Vanderlip.

"O quê? Esse banco fazer propaganda?", indagou o presidente. "Por quê? Nunca anunciamos desde que começamos nossos negócios. Conseguimos nos dar bem sem isso."

"Bem, agora você começará a fazer propaganda", disse Vanderlip, "e a primeira coisa que anunciará é o novo departamento de títulos que planejei".

Vanderlip venceu! Homens de ação geralmente vencem — essa é uma das suas características distintas. O National City Bank também ganhou, porque aquela reunião deu início a uma das campanhas publicitárias contínuas mais lucrativas já feitas por um banco, tendo como resultado o National City Bank tornar-se uma das instituições financeiras mais poderosas dos Estados Unidos.

*Eis aqui uma boa brincadeira para fazer com seu patrão. Vá para o trabalho um pouco mais cedo e saia um pouco mais tarde do que deveria. Lide com o material de trabalho como se fosse seu. Tome a iniciativa de falar bem dele para os seus colegas. Quando houver um trabalho extra a ser feito, voluntarie-se. Não se surpreenda quando ele "reparar em você" e lhe oferecer a chefia do departamento ou uma parceria nos negócios, pois essa é a melhor parte da "brincadeira".*

Houve outros resultados também dignos de se comentar. Entre eles, o resultado de que Vanderlip cresceu com o banco, como homens de ação geralmente crescem em qualquer coisa que ajudem a construir, até que por fim tornou-se o presidente da grande casa bancária.

DIA 299

Na lição sobre imaginação você aprendeu como recombinar velhas ideias em novos planos, mas, não importa o quanto seus planos sejam práticos, serão inúteis se não forem expressos com ação. Sonhar e ter visões da pessoa que você deseja ser ou da condição da vida que deseja obter é admirável desde que você transforme os sonhos e visões em realidade mediante ação intensiva.

Existem homens que sonham, mas não fazem mais do que isso. Existem outros que pegam a visão dos sonhadores e a traduzem em pedra, mármore, música, bons livros, ferrovias e barcos a vapor. Existem outros ainda que sonham e transformam esses sonhos em realidade. Eles são do tipo que sonha e faz.

Existe uma razão psicológica e também econômica para você cultivar o hábito da ação intensiva. Seu corpo é constituído de bilhões de pequenas células altamente sensíveis e dóceis à influência de sua mente. Se sua mente é do tipo letárgica, inativa, as células de seu corpo tornam-se preguiçosas e inativas também. Assim como a água de uma lagoa parada fica impura e insalubre, as células de um corpo inativo ficam doentes.

Preguiça nada mais é do que a influência de uma mente inativa nas células do corpo. Se duvida disso, da próxima vez que sentir preguiça faça uma sauna e esfregue o corpo, estimulando assim as células por meios artificiais, e veja como a preguiça desaparecerá rapidamente. Ou melhor ainda: direcione a mente para algum jogo de que goste e veja com que rapidez as células do corpo irão reagir ao entusiasmo e a preguiça desaparecerá.

As células do corpo respondem ao estado mental da mesma forma que as pessoas de uma cidade respondem à psicologia de massa que domina o local. Se um grupo de líderes engaja-se em ação suficiente para dar à cidade a reputação de "dinâmica", essa ação influencia todos que vivem nela. O mesmo princípio aplica-se ao relacionamento entre a mente e o corpo. Uma mente ativa e dinâmica mantém as células do corpo em constante estado de atividade.

As condições artificiais em que a maioria dos habitantes das nossas cidades vive levam a uma condição física conhecida como autointoxicação, que significa autoenvenenamento pelo estado inativo dos intestinos. A maioria das dores de cabeça pode ser curada em uma hora, simplesmente limpando o intestino grosso com um enema.

Oito copos de água por dia e uma quantidade razoável de atividade física, popularmente conhecida como "exercícios", substituem o enema. Experimente por uma semana e então não precisará mais ser instigado a prosseguir, pois você se sentirá uma nova pessoa, a não ser que a natureza de seu trabalho seja tal que você faça muita atividade física e beba muita água no curso normal de suas atividades.

*Caso mantenha os olhos e ouvidos abertos e queira aprender, cada fracasso ensinará uma lição que você precisa aprender. Toda adversidade em geral é uma bênção disfarçada. Sem reveses e sem derrota temporária, você nunca saberia de que tipo de metal você é feito.*

Em duas páginas deste livro, poderiam ser registrados conselhos sólidos suficientes para manter a pessoa média saudável e pronta para a ação durante 16 das 24 horas do dia, mas seriam tão simples que a maioria não os seguiria.

A quantidade de trabalho que executo todos os dias e o fato de ainda me manter em boa condição física é motivo de espanto e mistério para quem me conhece intimamente. Contudo, não existe mistério, e o sistema que sigo não custa nada.

Aqui está a seu dispor, caso deseje:

PRIMEIRO: bebo um copo de água quente quando me levanto pela manhã, antes de tomar café.

SEGUNDO: meu desjejum contém pães de trigo integral e farelo, cereais matinais, frutas, ovos fervidos de vez em quando e café. No almoço, como vegetais (de qualquer tipo), pão de trigo integral e um copo de leite. No jantar, um bife bem cozido uma ou duas vezes na semana, vegetais, especialmente alface, e café.

TERCEIRO: caminho em média dezesseis quilômetros por dia, oito para ir e oito para voltar, usando esse período para meditação e pensamento.

Talvez o hábito de pensar seja tão valioso como construtor da saúde quanto a caminhada.

QUARTO: deito atravessado em uma cadeira de assento plano, com as costas retas e a maior parte do peso descansando sobre a lombar, a cabeça e os braços completamente relaxados, até que quase toquem o chão. Isto dá à energia nervosa do meu corpo uma oportunidade de se equilibrar e distribuir adequadamente; dez minutos nessa posição aliviam por completo os sinais de fadiga, não importa o quanto eu esteja cansado.

QUINTO: faço um enema pelo menos uma vez a cada dez dias e com mais frequência caso sinta necessidade, usando água um pouco abaixo da temperatura corporal com uma colher de sopa de sal, apoiado sobre o peito e os joelhos.

SEXTO: tomo uma ducha quente, seguida imediatamente de ducha fria, todos os dias, em geral pela manhã, ao levantar.



Faço essas coisas simples por mim. A mãe natureza cuida de todo o resto necessário para minha saúde.

Nunca é demais enfatizar a importância de manter os intestinos limpos, pois é bem sabido que os habitantes das cidades hoje em dia estão literalmente se envenenando quase à morte por negligenciar a limpeza dos intestinos com água. Você não deve esperar até ficar constipado para fazer um enema. Quando chega ao estágio de constipação, você está praticamente doente, e o alívio imediato é absolutamente essencial, mas, se prestar atenção em si regularmente, assim como faz com a limpeza externa do corpo, você nunca será incomodado pelos muitos problemas trazidos pela constipação.

Por mais de quinze anos, não houve uma semana em que eu não tivesse dor de cabeça. Geralmente eu tomava uma dose de aspirina e obtinha alívio temporário. Eu estava sofrendo de autointoxicação, mas não sabia, uma vez que não estava constipado.

Quando descobri qual era meu problema, fiz duas coisas, e recomendo ambas a você: larguei a aspirina e diminuí o consumo diário de comida quase que pela metade.

Só tenho uma coisa a dizer sobre a aspirina — uma coisa que aqueles que lucram com sua venda não irão gostar: ela não oferece cura permanente para a dor de cabeça. Tudo que ela faz pode ser comparado a cortar o fio do telégrafo quando o operador está usando a linha para solicitar ajuda aos bombeiros para salvar o prédio em chamas onde ele está. A aspirina corta ou "amortece" a comunicação nervosa do estômago ou da região do intestino onde a autointoxicação está derramando veneno no sangue para o cérebro, que é onde o efeito desse veneno registra o chamado na forma de dor intensa.

Cortar a linha do telégrafo pela qual é feito o chamado para os bombeiros não apaga o fogo; também não se remove a causa da dor de cabeça amortecendo com uma dose de aspirina a linha nervosa que registra o pedido de ajuda por meio da dor.

Você não pode ser uma pessoa de ação caso negligencie a saúde física até a autointoxicação tomar conta de seu cérebro e sová-lo em uma massa inoperante assemelhada a uma bola de betume. Tampouco pode ser uma pessoa de ação se come a habitual mistura desvitalizada chamada "pão branco" (que tem todo o valor alimentício removido) e duas vezes mais carne do que seu sistema pode digerir e descartar de forma apropriada.

Você não pode ser uma pessoa de ação se corre para o frasco de comprimidos toda vez que tem ou imagina ter uma dor, ou se engole um comprimido de aspirina toda vez que seu intestino apela a seu cérebro por um pouco de água e uma colher de sopa de sal para fins de limpeza.

Você não pode ser uma pessoa de ação se come demais e se exercita de menos.

Você não pode ser uma pessoa de ação se lê bulas de remédios e começa a se imaginar doente, com os sintomas descritos pelo esperto redator publicitário que emprega o poder da sugestão.

Não toco em remédios há mais de cinco anos e não estive doente ou indisposto nesse tempo, apesar de todos os dias trabalhar mais do que a maioria dos homens da minha profissão. Tenho entusiasmo, resistência e poder de ação porque me alimento com comida simples que contém os elementos construtores do corpo de que preciso e cuido dos processos de eliminação com tanto cuidado quanto tomo banho.

Se essas recomendações simples e francas parecem baseadas em bom senso, faça um teste, e, se servirem a você tão bem como servem a mim, ambos teremos lucrado pela coragem que tive de listá-las como parte dessa lição.

Geralmente, quando alguém que não é médico oferece sugestões sobre cuidados com o corpo, imediatamente é tachado de "esquisitão", e admito que a análise com frequência está correta. Nesse caso, não faço recomendações mais enfáticas do que a seguinte:

Experimente um enema da próxima vez que tiver dor de cabeça e, se alguma das outras sugestões lhe agradarem, teste até concluir se funciona ou não.

Antes de mudar de assunto, talvez eu deva explicar que deve se usar água morna no enema porque ela faz com que os músculos do intestino se contraiam, o que, por sua vez, força a saída do material venenoso pelos poros do revestimento mucoso. Isso exercita os músculos, desenvolvendo-os de tal forma que por fim eles fazem seu trabalho de forma natural, sem a ajuda do enema. Um enema com água quente é muito prejudicial porque relaxa os músculos intestinais, fazendo com que parem de funcionar de vez com o tempo, produzindo o que é comumente chamado de "hábito do enema".

Com as devidas desculpas a meus amigos médicos, osteopatas, quiropráticos e outros agentes de saúde, irei agora convidá-lo a voltar ao tema dessa lição sobre o qual não pode haver conflito de opinião quanto à solidez do meu conselho.

✦

DIA 301

Existe outro inimigo que você deve conquistar antes de que possa se tornar uma pessoa de ação: o hábito de se preocupar.

Preocupação, inveja, ciúmes, ódio, dúvida e medo são todos estados mentais fatais à ação.

Cada um desses estados mentais irá interferir no processo pelo qual a comida é assimilada e preparada para a distribuição pelo corpo — em alguns casos, podem destruir o processo por completo. Essa interferência é puramente física, mas o dano não para por aí, porque os estados mentais negativos destroem o fator mais essencial na conquista do sucesso, ou seja, o desejo de realizar.

Na Lição 2 você aprendeu que o objetivo principal definido de vida deve ser apoiado pelo desejo ardente de sua realização. Você não pode ter um desejo ardente de realização quando está em um estado mental negativo, não importa qual seja a causa.

Para me manter em um estado mental positivo, descobri um eficaz "caçador de tristezas". Pode não ser um jeito muito digno de expressar o que quero dizer, mas, visto que o assunto desta lição é ação e não dignidade, vai servir. O "caçador de tristezas" a que me refiro é uma gargalhada. Quando me sinto irritado ou inclinado a brigar com alguém por algo que não vale a pena, sei que preciso do meu "caçador de tristezas"; vou para algum lugar onde não irei perturbar ninguém e dou uma boa gargalhada. Se não consigo achar nada muito engraçado para rir, simplesmente forço uma gargalhada. O efeito é o mesmo.

*Um infortúnio é uma coisa boa. Lembra-nos de que ninguém tem independência absoluta.*

Cinco minutos desse tipo de exercício mental e físico — pois é ambos — estimula a ação livre de tendências negativas.

Não aceite minha palavra — experimente!

Não faz muito tempo, ouvi um registro de fonógrafo chamado, se bem me lembro, *The Laughing Fool* (O tolo risonho), que deveria ficar à disposição de todos cuja dignidade proíbe soltar uma gargalhada para o bem da saúde. O registro era tudo que o nome sugere. Foi feito por um homem e uma mulher; o homem tenta tocar uma corneta, e a mulher ri dele. Ela ri tão eficazmente que consegue fazer ele rir também, e a sugestão é tão marcante que todos que ouvem caem numa boa gargalhada, querendo ou não.

"Porque, como ele pensa consigo mesmo, assim é."

Você não pode pensar em medo e agir com coragem. Não pode pensar em ódio e agir de maneira gentil com aqueles a quem se associa. Os pensamentos dominantes na mente — entendendo-se com isso os pensamentos mais profundos, fortes e frequentes — influenciam a ação do corpo.

Todo pensamento colocado em ação pelo cérebro alcança e influencia cada célula do corpo. Quando pensa em medo, sua mente telegrafa esse pensamento para as células que formam os músculos das pernas, diz para aqueles músculos entrarem em ação e o levarem embora tão rapidamente quanto puderem. Um homem com medo corre porque suas pernas o carregam, e elas o carregam porque os pensamentos do medo na mente instruíram-nas a fazer isso, mesmo que tais instruções tenham sido dadas de modo inconsciente.

Na Lição 1, você aprendeu como o pensamento viaja de uma mente para outra pela telepatia. Nesta lição, você deve dar um passo além e aprender que seus pensamentos não apenas registram-se na mente de outras pessoas pela telepatia, mas, o que é um milhão de vezes mais importante entender, registram-se nas células do seu corpo e afetam-nas de maneira a se harmonizar com a natureza dos pensamentos.

Entender esse princípio é entender a solidez da afirmação: "Porque, como ele pensa consigo mesmo, assim é".



Ação, no sentido em que o termo é usado nesta lição, tem duas formas. Uma é física, outra é mental. Você pode ser muito ativo com sua mente enquanto seu corpo está inteiramente inativo, exceto pelas ações involuntárias dos órgãos vitais. Ou pode ser muito ativo com o corpo e a mente.

Ao se falar em homens de ação, pode-se fazer referência a ambos os tipos. Um é o tipo "administrador", o outro é o tipo promotor ou vendedor. Ambos são essenciais nos negócios, indústria ou finanças modernas. Um é conhecido como "dínamo", enquanto o outro é muitas vezes chamado de "fiel da balança".

Muito raramente você encontrará um homem que seja tanto um dínamo quanto um "fiel da balança", pois personalidades tão equilibradas são raras.

As principais organizações empresariais bem-sucedidas de grande porte são constituídas de homens de ambos os tipos.

O "fiel da balança" que não faz nada além de compilar fatos, imagens e estatísticas é um homem de ação tanto quanto o que sobe ao palanque e vende uma ideia para mil pessoas pelo simples poder da personalidade ativa. Para determinar se um homem é de ação ou não, é necessário analisar seus hábitos mentais e físicos.

Na primeira parte desta lição, eu disse que "o mundo paga pelo que você faz e não pelo que você sabe". Essa afirmação pode ser facilmente mal interpretada. Na realidade, o mundo paga pelo que você faz ou consegue que os outros façam.

Um homem que consegue induzir outros a cooperar e fazer efetivamente um trabalho em equipe ou inspirar para que se tornem mais ativos não é menos homem de ação do que o que presta serviço de maneira mais direta.

No campo da indústria e dos negócios existem homens com a habilidade de inspirar e direcionar o esforço de outros, de modo que todos sob sua direção realizam mais do que poderiam sem sua influência direta. É bem sabido que Andrew Carnegie direcionou os esforços de sua equipe pessoal com tamanha habilidade que tornou muitos daqueles homens ricos, coisa que jamais seriam sem a orientação genial do cérebro dele. O mesmo pode ser dito de praticamente todos os grandes líderes no campo da indústria ou dos negócios — o ganho não é só dos líderes. Aqueles sob sua direção com frequência lucram mais em virtude daquela liderança.

É prática comum de certo tipo de homem culpar o empregador por causa de suas situações financeiras opostas. Em geral, a verdade é que tais homens estariam em situação infinitamente pior sem os empregadores do que com eles.

Na Lição 1, o valor do esforço aliado foi particularmente enfatizado porque alguns homens têm a visão de planejar, enquanto outros têm a habilidade de executar planos, embora não possuam imaginação ou visão para criar os planos que executam.

Foi o entendimento desse princípio de esforço aliado que permitiu a Andrew Carnegie cercar-se de um grupo de homens formado por planejadores e executores. Carnegie tinha como assistentes alguns dos vendedores mais eficientes do mundo, mas, se toda a sua equipe fosse composta de homens que não soubessem fazer nada além de vender, ele nunca poderia ter acumulado a fortuna que acumulou. Caso sua equipe inteira fosse de vendedores, ele teria apenas ação em abundância, mas a ação, no sentido usado nessa lição, deve ser guiada de modo inteligente.

DIA 303

Um dos melhores escritórios de advocacia dos Estados Unidos é formado por dois advogados. Um deles nunca aparece no tribunal, pois ele prepara os casos da firma para julgamento; o outro vai ao tribunal e os defende. Ambos são homens de muita ação, mas expressam isso de forma diferente.

Existe tanta ação na preparação quanto na execução da maioria das atividades.

Ao encontrar seu lugar no mundo, você deve se analisar e descobrir se é um “dínamo” ou um “fiel da balança” e selecionar um objetivo principal definido que se harmonize com sua habilidade inata. Se está em um negócio com outros, deve analisá-los, assim como a si mesmo, e empenhar-se para garantir que cada pessoa assuma o papel que mais combine com seu temperamento e aptidão inata.

Colocando de outra forma, as pessoas podem ser classificadas sob dois títulos: promotoras e administradoras. O tipo promotor é um vendedor capaz e um organizador. O tipo administrador é um excelente conservador de ativos depois que estes foram acumulados.

Coloque o tipo administrador a cargo de um conjunto de livros e ele ficará feliz, mas coloque-o nas vendas externas e ele ficará infeliz e será um fracasso no emprego. Coloque o promotor a cargo de um conjunto de livros e ele ficará infeliz. Sua natureza demanda ação mais intensa. Ação do tipo passivo não irá satisfazer suas ambições, e, se for mantido em um trabalho que não proporcione a ação que sua natureza exige, ele será um fracassado. Muito frequentemente acontece que homens que desviam fundos em seus empregos são do tipo promotor e não teriam se rendido à tentação se seus esforços ficassem restritos ao trabalho no qual melhor se encaixam.

Dê a um homem o tipo de trabalho que se harmonize com sua natureza, e aquilo que de melhor existe nesse homem vai se manifestar. Uma das tragédias mais impressionantes do mundo é que muita gente jamais se engaja no trabalho em que se encaixa melhor.

Muito frequentemente o erro é cometido na escolha da profissão, abraçando-se um trabalho que parece mais lucrativo do ponto de vista monetário, sem considerar a aptidão inata.

*Milhares de pessoas caminharam por cima da mina de cobre de Calumet sem descobri-la. Apenas um homem pegou uma picareta e a encontrou. Você pode estar parado em cima da sua "mina Calumet" neste momento, sem saber, seja qual for a posição que ocupe. Cave fundo e veja o que existe por baixo da superfície de sua situação.*

Se apenas dinheiro trouxesse sucesso, esse procedimento estaria correto, mas sucesso na forma mais elevada e mais nobre requer a paz de espírito, a satisfação e a felicidade experimentadas somente por quem encontrou o trabalho de que mais gosta.

O objetivo principal deste curso é ajudá-lo a se analisar e determinar qual sua melhor aptidão inata é a mais adequada. Você deve fazer essa análise estudando cuidadosamente o gráfico que acompanha a Lição 1 antes de selecionar o objetivo principal definido.

Chegamos agora à discussão do princípio pelo qual a ação pode ser desenvolvida. Entender como se tornar ativo exige entender como não procrastinar.

Estas sugestões darão as instruções necessárias:

PRIMEIRO: adquira o hábito de fazer todo dia as tarefas mais desagradáveis primeiro. Esse procedimento será difícil no começo, mas depois você sentirá orgulho de se lançar primeiro nas partes mais duras e indesejáveis do trabalho.

SEGUNDO: coloque um cartaz no seu local trabalho e no seu quarto com a seguinte frase: "Não diga o que você pode fazer, mostre!".

TERCEIRO: repita as seguintes palavras, em voz alta, 12 vezes toda noite antes de dormir: "Amanhã farei tudo o que deve ser feito, quando deve ser feito e como deve ser feito. Executarei as tarefas mais difíceis primeiro, porque isso destruirá o hábito da procrastinação e desenvolverá o hábito da ação".

QUARTO: siga essas instruções com fé em sua solidez e com a crença de que irão desenvolver ação de corpo e mente suficientes para permitir que você realize seu objetivo principal definido.

A característica marcante deste curso é a simplicidade de estilo em que foi escrito. Todas as grandes verdades fundamentais em última análise são simples, e não importa se alguém está dando uma palestra ou escrevendo um curso, o objetivo deve ser transmitir impressões e afirmar fatos da maneira mais clara e mais concisa possível.

DIA 304

Antes de fechar esta lição, permita-me voltar ao que foi dito sobre o valor da gargalhada como estímulo saudável para a ação e acrescentar a afirmação de que cantar produz o mesmo efeito e em alguns casos é preferível a gargalhar.

Billy Sunday é um dos pregadores mais dinâmicos e ativos do mundo; ainda assim, dizem que seus sermões perderiam muito da efetividade não fosse o efeito psicológico das canções nos serviços.

É bem sabido que o exército da Alemanha foi vencedor no início e muito depois do início da Primeira Guerra Mundial; e dizem que isso deve-se em muito ao fato de que era um exército cantante. Aí vieram os soldados americanos da infantaria, e eles também cantavam. Por trás da cantoria havia uma fé inabalável na causa pela qual lutavam. Logo os alemães começaram a desistir de cantar, e a maré da guerra começou a virar contra eles.

Se frequentar a igreja não fosse recomendável por nenhuma outra coisa exceto o efeito psicológico das canções, isso já seria suficiente, pois ninguém pode participar do canto de um belo hino sem se sentir melhor.

Por muitos anos observei que eu conseguia escrever com mais eficiência após participar de um serviço religioso com canções. Comprove minha afirmação indo à igreja no próximo domingo de manhã e participando dos cantos com todo entusiasmo possível.

Durante a Primeira Guerra Mundial, ajudei a planejar meios de acelerar a produção em fábricas envolvidas na produção de suprimentos de guerra. Num teste realizado em uma fábrica com três mil operários, a produção aumentou 45% em menos de 30 dias após organizarmos os trabalhadores em grupos de cantores e instalarmos orquestras e bandas que a intervalos de dez minutos tocavam canções empolgantes como "Over There", "Dixie" e "There'll Be a Hot Time in the Old Town Tonight". Os trabalhadores pegavam o ritmo da música e aceleravam o trabalho na mesma cadência.

Música adequadamente selecionada estimularia qualquer tipo de trabalhador para mais ação, fato que parece não ser entendido por todos que dirigem os esforços de um grande número de pessoas.

Em uma das minhas viagens, descobri uma empresa cujos gerentes usam a música para estimular os trabalhadores. É a loja de departamentos Filene, em Boston, Massachusetts. Nos meses de verão, a loja tem uma orquestra tocando as mais recentes músicas dançantes por trinta minutos de manhã, antes de abrir. Os vendedores usam os corredores da loja para dançar e, na hora que as portas se abrem, eles estão em um estado mental e físico ativo que conservam o dia inteiro.

Casualmente, nunca vi vendedores mais atenciosos ou eficientes do que os da loja Filene. Um dos gerentes de departamento me disse que todo pessoal do seu setor executava mais serviço com menos esforço como resultado do programa de música matinal.

Um exército cantante é um exército vencedor, não importa se no campo de batalha, na guerra, ou atrás dos balcões de uma loja de departamentos. Existe um livro intitulado *Singing through Life with God* (Cantando vida afora com Deus), de George Wharton James, que recomendo a todos os interessados na psicologia da música.

Se eu fosse gerente de uma fábrica em que o trabalho fosse pesado e monótono, implantaria algum tipo de programa que proporcionasse música a todos os trabalhadores. Na Broadway, em Nova York, um grego engenhoso descobriu como entreter seus clientes e, ao mesmo tempo, acelerar o trabalho dos funcionários usando um fonógrafo. Todo engraxate do local acompanha o ritmo da música enquanto passa a flanela nos calçados e parece ter considerável diversão no trabalho. Para acelerar o trabalho, o proprietário só tem que acelerar o fonógrafo.

✦

DIA 305

Qualquer forma de esforço em grupo, onde duas ou mais pessoas formam uma aliança cooperativa para realizar um objetivo definido, torna-se mais poderosa do que o simples esforço individual.

Um time de futebol ganha, consistente e constantemente, por meio do trabalho de equipe bem coordenado, ainda que os membros do time possam ser hostis e não ter harmonia sob muitos aspectos fora do campo.

Um grupo de homens que compõem um conselho administrativo podem discordar uns dos outros; podem ser hostis e não ter simpatia alguma uns pelos outros e ainda assim tocar um negócio que pareça muito bem-sucedido.

Um homem e sua esposa podem viver juntos, acumular uma grande fortuna, criar e educar uma família sem o vínculo de harmonia essencial para o desenvolvimento do MasterMind.

Mas todas essas alianças poderiam ser mais poderosas e eficazes se baseadas em perfeita harmonia, permitindo assim o desenvolvimento do poder suplementar conhecido como MasterMind.

O simples esforço cooperativo produz poder, disso não há dúvidas; mas o esforço cooperativo baseado em completa harmonia de objetivo desenvolve um superpoder.

Deixe cada membro de qualquer grupo cooperativo colocar seu coração na realização do mesmo fim definido em espírito de perfeita harmonia e o caminho para o desenvolvimento do MasterMind estará pavimentado, desde que todos de bom grado subordinem seus interesses pessoais para a realização do objetivo do grupo.

Os Estados Unidos se tornaram uma das nações mais poderosas da Terra em grande parte por causa do esforço cooperativo altamente organizado entre os estados. Seria útil lembrar que os Estados Unidos nasceram como resultado de um dos MasterMinds mais poderosos já criados. Os membros desse MasterMind foram os homens que assinaram a Declaração da Independência.

Os signatários daquele documento, consciente ou inconscientemente, colocaram em operação o poder conhecido como "MasterMind", e esse poder foi suficiente para permitir que derrotassem todos os soldados enviados a campo contra eles. Os homens que lutaram para que a Declaração da Independência vigorasse não lutaram apenas por dinheiro; lutaram por um princípio — o princípio da liberdade, a mais elevada força motivadora que se conhece.

Um grande líder, seja nos negócios, finanças, indústria ou vendas, é alguém que entende como criar um objetivo motivador que será aceito com entusiasmo por todos os membros do seu grupo de seguidores.

Em política, um "assunto candente" é tudo!

"Assunto candente" significa algum objetivo popular cuja realização pode aglutinar a maioria dos eleitores. Esses "assuntos" geralmente são difundidos em forma de *slogans* concisos, tais como: "Fique frio com Coolidge", que sugeriu à mente dos eleitores que manter Calvin Coolidge na Presidência dos Estados Unidos era equivalente a manter a prosperidade. Funcionou!

> *Não sei ao certo, mas suspeito fortemente que quem realiza um serviço em maior quantidade e de melhor qualidade do que é pago para fazer, no final, é pago por mais do que realiza.*

Durante a campanha de eleição de Lincoln o clamor era: "Apoie Lincoln e preserve a União". Funcionou.

Os gerentes da segunda campanha de Woodrow Wilson criaram o *slogan*: "Ele nos manteve fora da guerra", e funcionou.

O grau de poder criado pelo esforço cooperativo de qualquer grupo de pessoas é medido sempre pela natureza do motivo que trabalham para atingir. É bom que isso esteja na mente de todos que organizam um esforço de grupo para qualquer objetivo. Encontre um motivo que induza os homens a se juntarem em espírito altamente emocional e entusiasmado de perfeita harmonia e você terá encontrado o ponto de partida para a criação do MasterMind.

É bem sabido que os homens irão trabalhar mais arduamente para a realização de um ideal do que apenas por dinheiro. Na procura de um "motivo" de base para desenvolver esforço cooperativo de grupo, será bom ter esse fato em mente.

No momento em que esta lição é escrita, verifica-se muita agitação adversa e críticas generalizadas às ferrovias do país. Quem está por trás da agitação este autor não sabe, mas ele sabe que o simples fato dessa agitação existir poderia e deveria ser a força motivadora com que os dirigentes das ferrovias poderiam reunir centenas de milhares de empregados, criando assim um poder que eliminaria efetivamente a crítica adversa.

As ferrovias são a espinha dorsal do país. Tranque todo o serviço ferroviário, e os habitantes das grandes cidades morreriam de fome antes que a comida pudesse chegar a eles. Nesse fato tem-se o motivo que poderia levar a maioria do público a se reunir em apoio a qualquer plano de autoproteção que os dirigentes das ferrovias desejassem executar.

O poder representado por todos os ferroviários e pela maioria do público que utiliza as ferrovias é suficiente para protegê-las contra todo tipo de legislação adversa e outras tentativas de depreciar seu patrimônio, mas o poder é apenas potencial até ser organizado e colocado definitivamente no respaldo de um motivo específico.

✦

DIA 306

O homem é um bicho esquisito. Dê um motivo suficientemente vitalizado, e o homem de aptidão apenas mediana, sob circunstâncias normais, de repente desenvolverá um superpoder.

O que o homem pode fazer e faz para agradar a mulher de sua escolha (desde que a mulher saiba como estimulá-lo à ação) sempre foi uma fonte de admiração para os estudiosos da mente humana.

Existem três forças motivacionais principais a que o homem reage em praticamente todos os esforços. São elas:

1. O motivo da autopreservação
2. O motivo do contato sexual
3. O motivo do poder financeiro e social

Em termos mais concisos, os principais motivos que impelem os homens à ação são dinheiro, sexo e autopreservação. Líderes em busca de uma força motivadora para assegurar a ação dos seguidores podem encontrá-la sob uma ou mais dessas três classificações.

*Sua posição nada mais é do que a oportunidade de mostrar que tipo de aptidão você possui. Você vai tirar dela exatamente o que colocar —nem mais, nem menos. Uma "grande" posição é apenas a soma de numerosas "pequenas" posições bem preenchidas.*

Como você observou, esta lição está intimamente relacionada às lições 1 e 2, que abordam o MasterMind. É possível grupos funcionarem de modo cooperativo sem criar o MasterMind, como, por exemplo, quando as pessoas cooperam apenas por necessidade, sem ter o espírito de harmonia como base dos esforços. Esse tipo de cooperação pode produzir poder considerável, mas não é nada comparado ao que é possível quando cada pessoa subordina seu interesse individual e coordena seus esforços com todos os membros da aliança em perfeita harmonia.

O grau em que as pessoas podem ser induzidas a cooperar em harmonia depende da força motivadora que impele à ação. A perfeita harmonia essencial para a criação de um MasterMind só pode ser obtida quando a força motivadora de um grupo é suficiente para fazer com que cada membro esqueça completamente de seus interesses pessoais e trabalhe para o bem do grupo ou para atingir algum objetivo idealista, beneficente ou filantrópico.

As três principais forças motivadoras da humanidade foram apresentadas aqui para servir de guia ao líder que deseje criar planos para assegurar a cooperação dos seguidores, que se lançarão à execução dos planos com espírito altruísta e em perfeita harmonia.

Os homens não se reunirão para apoiar um líder em espírito de harmonia a menos que o motivo que os impulsione seja algo que os induza a deixar de lado todos os pensamentos pessoais.

Nós fazemos bem o que amamos fazer, e afortunado é o líder que tem um bom discernimento para manter esse fato em mente e, assim, traçar seus planos de modo que todos os seguidores recebam papéis que se harmonizem com essa lei.

O líder que obtém tudo que pode ser obtido de seus seguidores faz isso porque estabelece um motivo suficientemente forte na mente de cada um e faz com que subordinem os interesses próprios e trabalhem em espírito de perfeita harmonia com todos os outros.

Não importa quem você seja ou qual seja seu objetivo principal definido, se planeja alcançar sua meta mediante o esforço cooperativo de outros, deve estabelecer na mente daqueles cuja cooperação você busca um motivo forte o suficiente para assegurar a cooperação completa, indivisa e altruísta, pois assim estará respaldando seus planos com o poder do MasterMind.

✦

Você agora está pronto para se dedicar à Lição 14, que ensinará a gerar capital de giro a partir de enganos, erros e fracassos que você experimentou e também a lucrar com os erros e fracassos dos outros.

Após ler a Lição 14, o presidente de um dos maiores sistemas ferroviários dos Estados Unidos disse que ela “traz uma sugestão que, entendida, permitirá a qualquer um tornar-se mestre no campo de trabalho escolhido”.

Por razões que ficarão claras para você após a leitura, a próxima lição é a favorita do autor do curso.

# SEU EXÉRCITO PERMANENTE

## UMA VISITA AO AUTOR DEPOIS DA LIÇÃO

*Estes quinze soldados chamam-se: Objetivo Principal Definido, Autoconfiança, Hábito de Economizar, Imaginação, Iniciativa e Liderança, Entusiasmo, Autocontrole, Fazer Mais do que Você é Pago para Fazer, Personalidade Agradável, Pensamento Preciso, Concentração, Cooperação, Fracasso, Tolerância e Regra de Ouro.*

O poder vem do esforço organizado. Você vê na figura acima as forças que atuam em todo esforço organizado. Domine essas quinze forças e você pode ter o que quiser da vida. Outras serão inúteis para defender seus planos. Possua essas quinze forças e você será um pensador preciso.

Na imagem acima você vê o exército mais *poderoso* da Terra! Observe a ênfase na palavra poderoso.

Esse exército está em posição de sentido, pronto para a ordem de qualquer pessoa que o comandar. Esse exército é seu se você assumir o comando.

Esse exército dará poder suficiente para liquidar toda oposição com que você depare. Estude a figura com cuidado; a seguir, faça um inventário e descubra de quantos desses soldados você precisa.

✣

Se você é uma pessoa normal, você cobiça sucesso material.

Sucesso e poder sempre são encontrados juntos. Você não pode ter certeza do sucesso a menos que tenha poder. Você não pode ter poder a menos que o desenvolva com as quinze qualidades essenciais.

Cada uma dessas quinze qualidades pode ser comparada ao comandante de um regimento de soldados. Desenvolva essas qualidades em sua mente e você terá poder.

O mais importante dos quinze comandantes desse exército é o objetivo definido.

Sem a ajuda de um objetivo definido, o restante do exército seria inútil. Descubra o mais cedo possível qual seu maior objetivo de vida. Enquanto não fizer isso, você não passa de um perdido, um sujeito a ser controlado por qualquer vento de circunstância que sopre em sua direção.

Milhões de pessoas passam pela vida sem saber o que querem.

Todas têm um objetivo, mas apenas duas em cada cem têm um objetivo definido. Antes de concluir se o seu objetivo é definido ou não, olhe o significado da palavra no dicionário.

Nada é impossível para a pessoa que sabe o que quer e decide adquiri-lo!

Colombo tinha um objetivo definido e aquilo se tornou realidade. O objetivo definido principal de Lincoln era libertar os escravos negros do Sul, e ele transformou esse objetivo em realidade. O objetivo principal de Roosevelt no primeiro mandato era construir o Canal do Panamá. Ele viveu para ver o objetivo realizado. O objetivo definido de Henry Ford era fabricar o automóvel popular de melhor preço do mundo. Esse objetivo, apoiado pela persistência, fez dele o homem mais poderoso da Terra. O objetivo definido de Luther Burbank era melhorar a vida das plantas. Tal objetivo possibilitou o cultivo de comida suficiente para alimentar o mundo inteiro em dez milhas quadradas de terra.

Há vinte anos, Edwin C. Barnes estabeleceu um objetivo definido em sua mente. Esse objetivo era se tornar sócio de negócios de Thomas A. Edison. Na época em que escolheu o objetivo, Barnes não tinha qualificações que dessem direito a uma parceria com o maior inventor do mundo. Apesar da desvantagem, ele tornou-se sócio do grande Edison. Há cinco anos, ele se aposentou com mais dinheiro do que precisa ou pode usar, riqueza acumulada em parceria com Edison.

Nada é impossível para o homem com um objetivo definido!

Oportunidade, capital, cooperação de outros homens e todas as demais coisas essenciais para o sucesso gravitam para o homem que sabe o que quer!

Vitalize sua mente com um objetivo definido, e ela imediatamente se torna um ímã que atrai tudo que se harmoniza com o objetivo.

James J. Hill, o grande construtor de ferrovias, era um operador de telégrafo mal pago. Além disso, havia chegado aos quarenta anos de idade e ainda dedilhava no telégrafo sem qualquer sinal de sucesso.

Então, algo importante aconteceu! Importante para Hill e para o povo dos Estados Unidos. Ele estabeleceu o objetivo definido de construir uma ferrovia cruzando o grande deserto do Oeste. Sem reputação, sem capital, sem encorajamento de outros, James J. Hill conseguiu o capital e construiu o maior de todos os sistemas ferroviários dos Estados Unidos.

Frank Woolworth era um caixa de loja mal pago. Em sua mente, viu uma cadeia inédita de lojas especializadas em artigos de 5 e 10 centavos. Essa cadeia de lojas se tornou seu objetivo definido. Ele fez o objetivo se tornar realidade e, com isso, fez mais milhões do que poderia usar.

Cyrus H. K. Curtis selecionou como objetivo definido publicar a maior revista do mundo. Começando com nada além do nome *Saturday Evening Post* e a oposição de amigos e conselheiros que disseram que "não dava para fazer", ele transformou o objetivo em realidade.

Martin W. Littleton é o advogado mais bem pago do mundo. Dizem que não aceita honorários abaixo de US$ 50 mil. Até os 12 anos, ele nunca havia entrado em uma escola. Littleton foi ouvir um advogado defender um assassino. O discurso o impressionou tanto que ele agarrou a mão do pai e disse: "Algum dia eu serei o melhor advogado dos Estados Unidos e farei discursos como o desse homem".

"Bem provável um jovem montanhês ignorante se tornar um grande advogado", alguém poderia dizer, mas lembre-se de que nada é impossível para o homem que sabe o que quer e decide consegui-lo.

✦

Estude cada um dos quinze soldados mostrados no comando do exército na ilustração no começo deste trecho.

Lembre-se, enquanto olha para a figura, que nenhum desses soldados é poderoso o suficiente para assegurar o sucesso sozinho. Remova um único deles, e o exército inteiro é enfraquecido.

O homem poderoso é aquele que desenvolveu em sua mente todas as quinze qualidades representadas pelos quinze comandantes mostrados na figura. Antes de ter poder, você deve ter um objetivo definido, deve ter autoconfiança para respaldar o objetivo, deve ter iniciativa e liderança com as quais exercitar a autoconfiança, deve ter imaginação para criar o objetivo definido, criar os planos para transformar o objetivo em realidade e colocar os planos em ação. Você deve misturar entusiasmo em sua ação, ou ela será insípida e sem "ímpeto". Você deve exercitar o autocontrole. Você deve adquirir o hábito de fazer mais do que é pago para fazer. Você deve cultivar uma personalidade agradável. Você deve adquirir o hábito de economizar. Você deve se tornar um pensador preciso, lembrando, enquanto desenvolve tal qualidade, que pensamento preciso é baseado em fatos e não em boatos ou simples informação. Você deve adquirir o hábito da concentração, colocando atenção indivisa em uma tarefa de cada vez. Você deve adquirir o hábito da cooperação e praticá-lo em todos os seus planos. Você deve lucrar com o fracasso, seu e dos outros. Você deve cultivar o hábito da tolerância.

Por último, mas de maneira nenhuma menos importante, você deve fazer da Regra de Ouro a base de tudo que você faz e que afeta outras pessoas.

Mantenha essa imagem onde possa vê-la todos os dias, chame os quinze soldados um passo à frente e os estude. Certifique-se de que o equivalente de cada um seja desenvolvido em sua mente.

✣



Todos os exércitos eficientes são bem disciplinados!

O exército que você está construindo em sua mente também deve ser disciplinado. Ele deve obedecer a seu comando a cada passo.

Quando você chamar o 14º soldado — "Fracasso" — à frente, lembre-se de que nada funcionará tanto para o desenvolvimento da disciplina quanto o fracasso e a derrota temporários. Enquanto estiver se comparando a esse soldado, determine se você tem lucrado ou não com seus fracassos e derrotas temporários.

O fracasso chega a todos uma vez ou outra. Quando ele vier a seu encontro, certifique-se de aprender algo de valor com a visita. Fique certo também de que o fracasso não iria visitá-lo se não existisse espaço para ele em sua mentalidade.

Para fazer progresso neste mundo, primeiro você deve confiar unicamente nas forças dentro de sua mente. Depois desse começo, você pode solicitar a ajuda de outros, mas o primeiro passo deve ser dado sem ajuda externa.

Após dar a "partida", você irá se surpreender ao observar como encontrará gente de boa vontade oferecendo-se para ajudá-lo.

✣

O sucesso é feito de muitos fatos e fatores, principalmente das quinze qualidades representadas pelos quinze soldados. Para desfrutar de sucesso equilibrado e sem arestas, é preciso apropriar-se dessas quinze qualidades, em pouca ou grande quantidade, de acordo com o que falte nas aptidões inatas.

Você chegou neste mundo dotado de certos traços inatos, resultado de milhões de anos de mudanças evolutivas ao longo de milhares de gerações ancestrais.

Além desses traços inatos, você adquiriu muitas outras qualidades, de acordo com a natureza do ambiente e a educação recebida na infância. Você é a soma do que nasceu com você e do que você adquiriu a partir de suas experiências, do que pensou e do que aprendeu desde o nascimento.

Pela lei do acaso, uma em um milhão de pessoas obterá via hereditariedade inata e conhecimento adquirido após o nascimento todas as quinze qualidades nomeadas na figura anterior.

Todos que não tiveram a sorte de obter os fatores essenciais para o sucesso dessa maneira devem desenvolvê-los dentro de si.

O primeiro passo do processo de "desenvolvimento" é perceber as qualidades que faltam em seu equipamento obtido naturalmente. O segundo passo é o forte desejo de se desenvolver onde você é deficiente.

Rezar funciona algumas vezes, em outras não.

Sempre funciona quando a prece é feita com fé e sem ressalvas. Essa é uma verdade que ninguém negará; todavia, é uma verdade que ninguém sabe explicar. Tudo que sabemos é que a prece funciona quando acreditamos que vá funcionar. Prece sem fé não passa de um conjunto de palavras vazias.

Um objetivo definido pode ser transformado em realidade somente quando se acredita que pode. Talvez a mesma lei que transforma a prece com fé em realidade também transforme em realidade um objetivo definido baseado na crença de sua realização.

Não fará mal nenhum você tornar seu objetivo definido de vida o tema de suas preces diárias. E, enquanto rezar, lembre-se de que prece baseada em fé sempre funciona.

Desenvolva em sua mente todas as quinze qualidades, desde o objetivo definido até a Regra de Ouro, e você descobrirá que a aplicação da fé não é tão difícil.

Faça um autoinventário. Descubra quantas das quinze qualidades você possui agora. Adicione ao inventário as qualidades em falta até possuir todas as quinze em sua mente. Aí você estará pronto para medir seu sucesso em quaisquer termos que deseje.

As qualidades representadas pelos quinze soldados mostrados na figura são os tijolos, a argamassa e os materiais de construção com os quais você deve erguer seu Templo do Sucesso. Domine as quinze qualidades e você poderá tocar uma perfeita sinfonia de sucesso em qualquer atividade, assim como quem domina os fundamentos da música pode tocar qualquer peça.

Possua essas quinze qualidades e você será uma pessoa educada, pois terá o poder de conseguir o que deseja da vida sem violar os direitos dos outros.

Todos os mundos são do homem para conquistar e dominar.
Essa é a glória de sua vida.
Mas essa é sua lei férrea: primeiro ele deve se educar.
Aqui começa e termina toda a luta.

O ontem não passa de um sonho,
O amanhã é apenas uma visão.
Mas o hoje bem vivido torna
Todo ontem um sonho de felicidade
E todo amanhã uma visão de esperança.
Olhe bem, portanto, para o dia de hoje.

— Do Sânscrito

DIA 310

# LIÇÃO 14

## FRACASSO

*"Você pode fazer se acreditar que pode!"*

Sob circunstâncias comuns, "fracasso" é um termo negativo. Nesta lição, a palavra terá um novo significado, pois tem sido empregada de forma muito incorreta e, com isso, trazido dor e sofrimento desnecessários a milhões de pessoas.

De saída, vamos distinguir "fracasso" de "derrota temporária". Vamos ver se o que frequentemente é visto como "fracasso" não é na realidade nada mais que "derrota temporária". Além disso, vamos ver se essa derrota temporária não é normalmente uma bênção disfarçada, mas por nos trazer à tona com um solavanco e redirecionar nossa energia por linhas diferentes e mais desejáveis.

Na Lição 9, aprendemos que a força cresce da resistência e agora devemos aprender que caráter sólido geralmente é obra de reveses, contratempos e derrotas temporárias que a parte desinformada do mundo chama de "fracasso".

Nem derrota temporária, nem adversidade equivalem a fracasso na mente da pessoa que olha para elas como um professor que ensina alguma lição necessária. Na verdade, existe uma lição importante e duradoura em cada adversidade e em cada derrota; em geral, é uma lição que não poderia ser aprendida de nenhuma outra maneira senão com a derrota.

A derrota normalmente conversa conosco em uma "linguagem muda" que não entendemos. Se isso não fosse verdade, não cometeríamos os mesmos erros várias vezes sem lucrar com a lição que podem nos ensinar. Se isso não fosse verdade, observaríamos mais de perto os erros que outras pessoas cometem e lucraríamos com eles também.

O principal objetivo desta lição é ajudar o aluno a entender e lucrar com a "linguagem muda" com que a derrota conversa conosco.

Talvez eu possa ajudá-lo a interpretar melhor o significado de derrota conduzindo-o por algumas das minhas experiências cobrindo cerca de trinta anos. Nesse período, cheguei ao momento crítico que os desinformados chamam de "fracasso" em sete diferentes ocasiões. Em cada um desses sete momentos críticos, pensei ter sofrido um fracasso sombrio, mas agora sei que o que parecia um fracasso não passou de uma mão gentil e invisível que me deteve no trajeto que eu havia escolhido e com grande sabedoria me forçou a redirecionar os esforços por um caminho mais vantajoso.

Entretanto, só cheguei a essa conclusão depois de fazer uma retrospectiva de minhas experiências e analisá-las à luz de muitos anos de pensamento sóbrio e meditativo.

DIA 311

## PRIMEIRO MOMENTO CRÍTICO

Após terminar a faculdade de administração, consegui um cargo de estenógrafo e escriturário que mantive pelos cinco anos seguintes. Como resultado do hábito de executar mais e melhor trabalho do que era pago para fazer, conforme descrito na Lição 9, avancei rapidamente até assumir responsabilidades e receber um salário bem além da proporção para minha idade. Economizei meu dinheiro, e minha conta bancária ascendeu a muitos milhares de dólares. Minha reputação se espalhou rapidamente, e deparei com candidatos competindo por meus serviços.

Para enfrentar as ofertas dos concorrentes, meu patrão me promoveu a gerente-geral das minas onde eu trabalhava. Eu estava chegando no alto rapidamente e sabia disso!

Ah! Mas essa foi a parte triste de minha sina — eu sabia!

Então, a mão amável do destino me alcançou e deu uma cutucada gentil. Meu patrão perdeu sua fortuna, e eu perdi meu cargo. Foi minha primeira derrota verdadeira; e, embora tenha resultado de causas além do meu controle, eu deveria ter aprendido uma lição — que aprendi, claro, mas apenas muitos anos depois.

## SEGUNDO MOMENTO CRÍTICO

Meu próximo cargo foi de gerente de vendas de uma grande madeireira no Sul. Eu não entendia nada de madeira e sabia pouco sobre gerência de vendas, mas havia aprendido que era benéfico prestar mais serviço do que eu era pago para prestar e também havia aprendido que valia a pena tomar a iniciativa e descobrir o que deve ser feito sem alguém ter que me dizer. Uma conta bancária de bom tamanho mais o histórico de avanço firme no trabalho anterior deram-me toda a autoconfiança de que eu precisava, talvez com um pouco de sobra.

Meu avanço foi rápido, meu salário aumentou duas vezes no primeiro ano. Fui tão bem na gerência de vendas que meu patrão me colocou como sócio. Começamos a ganhar dinheiro, e comecei a me ver por cima novamente!

Estar "por cima" dá uma sensação maravilhosa; mas é um lugar muito perigoso de se ficar, a não ser que se fique bem firme, porque o tombo é muito grande e duro se você tropeça.

Eu avançava a passos largos para o sucesso!

Até aquele momento, nunca havia me ocorrido que o sucesso poderia ser medido em outros termos além de dinheiro e autoridade. Talvez devido ao fato de eu ter mais dinheiro do que necessitasse e mais autoridade do que pudesse gerenciar com segurança na minha idade.

Eu não só "tinha sucesso" do meu ponto de vista, como sabia que estava no único negócio adequado ao meu temperamento. Nada poderia ter me induzido a mudar para outra linha de trabalho. Isto é, nada exceto o que aconteceu, que me forçou a mudar.

A mão invisível do destino permitiu eu me pavonear sob a influência de minha vaidade e me achar importante. À luz dos meus anos mais sóbrios, indago agora se a mão invisível não permite propositalmente que nós, tolos seres humanos, desfilemos diante de nosso espelho da vaidade até vermos com que tamanha vulgaridade estamos agindo e ficarmos com vergonha de nós mesmos. De qualquer forma, eu parecia ter pista livre à minha frente, havia muito carvão na carvoeira, havia água no tanque, meu pé estava no acelerador — pisei fundo e acelerei em velocidade rápida.

Ai de mim! O destino me esperava ao dobrar a esquina com um porrete recheado — e não era de algodão. Claro que não vi a colisão iminente até ela acontecer. Foi uma história triste essa minha, mas não diferente daquela que muitos outros poderiam contar se fossem francos.

Como um raio riscando um céu claro, o pânico de 1907 abateu-se sobre mim e da noite para o dia prestou-me um serviço duradouro, destruindo meu negócio e levando cada dólar que eu possuía.

Essa foi minha primeira derrota grave! Na época eu a confundi com fracasso, mas não era e, antes de terminar esta lição, direi por que não.

DIA 312

## TERCEIRO MOMENTO CRÍTICO

Foram necessários o pânico de 1907 e a derrota que ele me trouxe para desviar e redirecionar meus esforços do negócio de madeira para o estudo do direito. Nada na Terra, exceto a derrota, poderia ter trazido tal resultado; assim, o terceiro momento crítico de minha vida apresentou-se nas asas do que a maioria chama de "fracasso", o que me lembra de afirmar de novo que cada derrota ensina uma lição necessária para aqueles que estão prontos e desejam aprender.

Quando entrei na faculdade de direito, foi com a firme convicção de que sairia duplamente preparado para chegar ao fim do arco-íris e reivindicar meu pote de ouro, pois eu ainda não tinha outra concepção de sucesso exceto dinheiro e poder.

Fiz a faculdade à noite, trabalhando de dia como vendedor de carros. Minha experiência em vendas no setor madeireiro revelou-se uma bela vantagem. Prosperei rapidamente, indo tão bem (ainda com o hábito de fazer mais e melhor serviço do que era pago para fazer) que surgiu a oportunidade de entrar no negócio de produção de automóveis. Vi a necessidade de mecânicos de automóveis especializados, por isso abri um departamento educacional na fábrica e comecei a treinar mecânicos comuns no serviço de montagem e conserto. A escola prosperou, rendendo-me mais de mil dólares por mês em lucro líquido.

De novo eu estava começando a me aproximar do final do arco-íris. De novo eu sabia que tinha enfim encontrado meu nicho de trabalho no mundo, que nada poderia me desviar do meu curso ou distrair minha atenção do negócio de automóveis.

*Um dos maiores líderes da humanidade declarou o segredo de sua liderança em seis palavras: "Gentileza é mais poderosa que coação."*

Meu banqueiro sabia que eu estava prosperando, portanto, emprestou dinheiro para eu me expandir. Um traço peculiar dos banqueiros — traço que pode ser mais ou menos desenvolvido no restante de nós — é que irão emprestar dinheiro sem qualquer hesitação quando somos prósperos!

Meu banqueiro me emprestou dinheiro até eu ficar irremediavelmente em dívida com ele, aí pegou meus negócios tão calmamente como se pertencessem a ele — e pertenciam mesmo!

Da condição de homem de negócios que desfrutava de uma renda de mais de mil dólares por mês, de repente fiquei reduzido à pobreza.

Agora, vinte anos mais tarde, agradeço à mão do destino por essa mudança forçada; mas naquele tempo olhei para a mudança como nada mais que fracasso.

O final do arco-íris havia desaparecido e com ele o pote de ouro que esperava encontrar lá. Muitos anos depois aprendi a verdade de que essa derrota temporária provavelmente foi a maior bênção que já apareceu em meu caminho, pois me forçou a sair de um negócio que não ajudava em nada a desenvolver conhecimento sobre mim e os outros e a direcionar meus esforços para um canal que trouxe uma rica experiência de que eu necessitava.

Pela primeira vez na vida comecei a me perguntar se não era possível encontrar algo de valor que não fosse dinheiro e poder no fim do arco-íris. Veja bem, essa atitude questionadora temporária não virou uma franca rebelião, nem fui longe o suficiente para obter a resposta. Foi apenas um pensamento fugaz, como tantos outros aos quais não damos atenção, e saiu de minha mente. Se naquela época eu soubesse tanto quanto sei hoje sobre a lei da compensação e se conseguisse interpretar experiências como consigo agora, teria reconhecido esse episódio como uma gentil cutucada da mão do destino.

Depois de travar a luta mais difícil de minha vida até aquele momento, aceitei a derrota temporária como um fracasso e com isso fui levado ao quarto momento crítico, que me deu a oportunidade de colocar em uso o conhecimento de direito que havia adquirido.

DIA 313

## QUARTO MOMENTO CRÍTICO

Como a família de minha esposa era influente, consegui o cargo de assistente do conselheiro-chefe de uma das maiores companhias de carvão do mundo. Meu salário era ainda mais fora de proporção quanto ao que eu valia, mas apadrinhamento é apadrinhamento, e fiquei lá assim mesmo. Acontece que o que me faltava em habilidade como advogado eu compensava com a aplicação do princípio de fazer mais serviço do que eu era pago para fazer, além de tomar a iniciativa e fazer o que tinha que ser feito sem alguém ter que mandar.

Consegui manter meu cargo sem dificuldades. Eu praticamente tinha garantida uma situação cômoda para o resto da vida se tivesse me interessado em mantê-la.

Sem consultar meus amigos e sem aviso, pedi demissão!

Foi o primeiro momento crítico de minha escolha. Não foi imposto a mim. Vi o velho destino chegar e bater na porta. Quando inquirido sobre o motivo de ter pedido demissão, dei o que para mim parecia uma razão bem sólida, mas tive problemas em convencer o círculo familiar de que havia agido com inteligência.

Larguei aquele emprego porque o trabalho era fácil demais e eu o executava com esforço de menos. Me vi escorregando para o hábito da inércia. Senti que estava me acostumando a levar uma vida fácil e sabia que o próximo passo seria o retrocesso. Eu tinha tantos amigos no tribunal que não havia nenhum motivo que me instigasse a seguir em movimento. Eu estava entre amigos e parentes, tinha um cargo que poderia manter enquanto quisesse, sem me esforçar. Recebia um salário que cobria todas as necessidades e alguns luxos, incluindo um carro e gasolina suficiente para mantê-lo rodando.

De que mais eu precisava?

"Nada", eu estava começando a dizer para mim mesmo.

Era para essa atitude que eu me sentia escorregar. Uma atitude que, por alguma razão ainda desconhecida por mim, me sobressaltou tão agudamente que fiz o que muitos acreditaram ser um gesto irracional ao pedir demissão. Por mais ignorante que eu pudesse ser em outros assuntos naquele tempo, sou grato por ter tido bom senso o bastante para perceber que força e crescimento provêm somente de esforço contínuo e de luta, que a falta de uso gera atrofia e decadência.

Esse gesto mostrou-se o momento crucial mais importante de minha vida, embora tenha sido seguido por dez anos de esforço que acarretaram quase todo o pesar que o coração humano pode experimentar. Larguei o emprego no campo da advocacia, onde estava me saindo bem, vivendo entre amigos e parentes, onde eu tinha o que acreditavam ser um futuro brilhante e promissor pela frente. Sou franco em admitir que para mim tem sido uma fonte de admiração sempre crescente o porquê e como reuni coragem para tomar a atitude que tomei. Tanto quanto sou capaz de interpretar o acontecimento, cheguei à decisão de que me demiti mais por "palpite" ou algum tipo de "incitamento" que na época não entendi do que por raciocínio lógico.

Escolhi Chicago como meu novo campo de atividade. Fiz isso por acreditar que Chicago fosse o local onde dava para descobrir se um indivíduo possuía as qualidades mais rijas essenciais para a sobrevivência em um mundo de forte concorrência. Havia concluído que, se conseguisse ganhar reconhecimento em qualquer tipo de trabalho honrado em Chicago, provaria possuir em mim elementos que poderiam ser desenvolvidos como aptidão verdadeira. Foi um processo de raciocínio esquisito; pelo menos, um processo incomum para me dedicar naquela época, o que me lembra de afirmar que nós, seres humanos, frequentemente assumimos créditos por inteligência a que não temos direito. Temo que com frequência assumimos créditos por sabedoria e resultados provenientes de causas sobre as quais não temos absolutamente nenhum controle.

Embora não queira dar a impressão de acreditar que todos os nossos atos sejam controlados por causas além de nosso poder, insisto enfaticamente em que você estude e interprete direito as causas que marcam a maioria dos momentos críticos essenciais de sua vida, momentos em que seus esforços são desviados de velhos para novos canais, a despeito de tudo que você possa fazer. Pelo menos, abstenha-se de aceitar qualquer derrota como fracasso até ter tido tempo de analisar o resultado final.

Meu primeiro trabalho em Chicago foi como gerente de publicidade de uma grande escola de cursos por correspondência. Eu sabia pouco sobre publicidade, mas minhas experiências prévias como vendedor, mais a vantagem adquirida por prestar mais serviço do que eu era pago para prestar me permitiram um desempenho incomum.

No primeiro ano ganhei US$ 5,2 mil.

Eu estava "dando a volta por cima" a passos largos. Gradualmente, o fim do arco-íris começou a me circundar, e vi mais uma vez o brilhante pote de ouro quase ao meu alcance. A história está repleta de evidências de que dia de muito é véspera de nada. Eu estava desfrutando das vacas gordas, mas não previ as vacas magras que viriam a seguir. Estava indo tão bem que me aprovava inteiramente.

Autoaprovação é um estado mental perigoso.

Essa é uma grande verdade que muita gente não aprende antes da mão amaciadora do tempo ter repousado sobre seus ombros durante a maior parte da vida. Alguns nunca aprendem, e aqueles que aprendem são os que enfim começam a entender a "linguagem muda" da derrota.

*Quando a maré estiver contra você, lembre-se de que, de todas as expressões que exibe no rosto, a luz da alegria é a que brilha mais longe mar afora.*

Estou convencido de que uma pessoa tem poucos inimigos mais perigosos para combater — se é que algum — do que a autoaprovação. Pessoalmente, temo a autoaprovação mais do que a derrota.

Isso leva a meu quinto momento crítico, que foi também de minha escolha.

## QUINTO MOMENTO CRÍTICO



Tive um desempenho tão bom como gerente publicitário na escola de cursos por correspondência que seu presidente induziu-me a pedir demissão e ir para o negócio de fabricação de doces com ele. Organizamos a Betsy Ross Candy Company, e me tornei seu primeiro presidente, começando assim o próximo momento crítico de minha vida.

Os negócios cresceram rapidamente, até termos uma cadeia de lojas em dezoito cidades. De novo vi o final do arco-íris quase ao meu alcance. Eu sabia que enfim havia encontrado o negócio no qual desejava permanecer pelo resto da vida. O setor de doces era lucrativo, e, como via o dinheiro como única evidência de sucesso, eu, naturalmente, acreditava que estava prestes a me tornar bem-sucedido.

Tudo correu bem até meu sócio e um terceiro homem que havíamos colocado na empresa terem a ideia de assumir o controle da minha parte nos negócios sem pagar.

O plano deles foi de certa forma bem-sucedido, mas fui mais renitente do que o previsto; portanto, à guisa de "persuasão gentil", me fizeram ser preso por uma acusação falsa e aí solicitaram, em troca da retirada das acusações, que eu entregasse minha parte nos negócios.

Comecei a aprender que havia muita crueldade, injustiça e desonestidade no coração dos homens.

Quando chegou a hora da audiência preliminar, as testemunhas de acusação não apareceram. Mas forcei-os a ir ao banco das testemunhas e contar suas histórias, e isso resultou em minha defesa e em um processo de perdas e danos contra os autores da injustiça.

O incidente provocou uma ruptura irreparável entre meus sócios e eu, o que custou minha parte nos negócios. Mas foi pouco comparado ao que custou a eles, pois ainda estão pagando e sem dúvida continuarão pagando até o fim de suas vidas.

Meu processo foi movido sob o que é conhecido como ação de responsabilidade civil, alegando perdas e danos por difamação. Em Illinois, onde a ação foi movida, o julgamento de ação de responsabilidade civil dá ao ganhador da causa o direito de manter o culpado na cadeia até a indenização ser paga.

No devido tempo, obtive um pesado julgamento contra meus antigos sócios. Poderia ter colocado ambos atrás das grades.

Pela primeira vez na vida fiquei cara a cara com a oportunidade de revidar meus inimigos de forma contundente. Estava de posse de uma arma "serrilhada" — uma arma trazida por eles.

O sentimento que tomou conta de mim foi bizarro!

Poderia colocar meus inimigos na cadeia ou tirar vantagem da oportunidade de oferecer misericórdia, provando a mim mesmo ser feito de um tipo de material diferente.

Naquele instante assentou-se em meu coração a base sobre a qual é construída a Lição 16 deste curso, pois decidi permitir que meus inimigos permanecessem livres — tão livres quanto pudessem, tendo eu oferecido misericórdia e perdão.

Mas, muito antes de minha decisão ser tomada, a mão do destino começou a tratar rispidamente esses camaradas desencaminhados que tentaram em vão me destruir. O tempo, o mestre trabalhador a quem todos nós devemos nos submeter cedo ou tarde, já estava agindo sobre meus antigos sócios. Um deles, mais tarde, foi condenado a um longo tempo na prisão por um crime cometido contra outrem, e o outro foi reduzido à miséria.

Podemos contornar as leis que os homens colocam nos códigos penais, mas a lei da compensação nunca!

O julgamento que obtive contra esses homens permanece nos arquivos da Suprema Corte de Chicago como evidência silenciosa em favor de meu caráter; mas me serve de forma mais importante que essa: é o lembrete de que consegui perdoar inimigos que tentaram me destruir e, por isso, ao invés de destruir meu caráter, suspeito que o incidente serviu para fortalecê-lo.

Na época, ser preso me pareceu uma desgraça terrível, embora a acusação fosse falsa. Não apreciei a experiência e não desejo passar por isso de novo, mas sou obrigado a admitir que valeu a pena todo o pesar que me custou, pois deu a oportunidade de descobrir que vingança não faz parte do meu caráter.

Aqui, quero dirigir sua atenção para uma análise detalhada dos eventos descritos nesta lição, pois, se observar com cuidado, você pode ver como todo o curso foi desenvolvido a partir dessas experiências. Toda derrota temporária deixou sua marca em meu coração e forneceu alguma parte do material do curso.

Deixaríamos de temer ou fugir de experiências difíceis se observássemos, a partir das biografias de grandes homens, que praticamente todos foram duramente testados e submetidos ao moinho impiedoso da experiência antes de "chegar lá". Isso me leva a imaginar se a mão do destino não testa "o metal do qual somos feitos" de várias formas antes de colocar grandes responsabilidades sobre nossos ombros.

Antes de passarmos ao próximo momento crítico de minha vida, não posso deixar de chamar atenção para o fato significativo de que cada momento crítico me levou para mais perto do final do meu arco-íris e trouxe algum conhecimento útil que mais tarde tornou-se parte permanente da minha filosofia de vida.

DIA 315

## SEXTO MOMENTO CRÍTICO

Chegamos agora ao momento crítico que provavelmente me levou para mais perto do final do arco-íris do que todos os outros, pois me colocou numa posição onde achei necessário fazer uso de todo o conhecimento adquirido até o momento sobre praticamente todos os assuntos com os quais eu estava familiarizado e me deu uma oportunidade de autoexpressão e desenvolvimento, que raramente surge para um homem tão cedo na vida. Esse momento crítico veio logo após meus sonhos de sucesso no negócio de doces serem aniquilados, quando voltei meus esforços para o ensino de publicidade e vendas em uma faculdade do Meio-oeste.

Algum filósofo inteligente disse que nunca aprendemos muito sobre um dado assunto até começarmos a ensiná-lo a outros. Minha primeira experiência como professor provou que isso é verdade. Minha escola prosperou desde o início. Eu tinha uma turma presencial e também uma escola por correspondência, ensinando alunos em quase todos os países de língua inglesa. Apesar dos estragos da guerra, a escola cresceu rapidamente, e eu de novo avistava o final do arco-íris.

Então veio o segundo alistamento militar, que praticamente destruiu minha escola, pois pegou a maioria dos alunos matriculados. Numa só tacada, perdi mais de US$ 75 mil em cancelamentos de mensalidade e ao mesmo tempo contribuí com meu serviço para o país.

Mais uma vez fiquei sem um tostão!

Desafortunado aquele que nunca teve a emoção de ficar sem um centavo vez ou outra, pois, como Edward Bok afirmou, é verdade que a pobreza é a experiência mais rica que pode sobrevir a um homem, experiência da qual, entretanto, ele aconselha sair-se o mais rápido possível.

De novo fui forçado a redirecionar meus esforços, mas, antes de descrever o próximo e último momento crítico importante, desejo chamar a atenção para o fato de que nenhum evento descrito até agora tem qualquer significado prático em si. Os seis momentos críticos que descrevi brevemente nada significaram para mim isoladamente e nada significariam para você se analisados isoladamente. Mas tome esses eventos em conjunto, e eles formam uma base significativa para o próximo momento crítico e constituem evidência confiável de que nós, seres humanos, passamos constantemente por mudanças evolutivas como resultado das experiências de vida que enfrentamos, mesmo que nenhuma experiência isolada possa parecer transmitir uma lição definida e útil.

*É muito melhor estar associado com poucos que são corretos do que com uma multidão que está errada, porque no final o correto é sempre o vencedor.*

Sinto-me impelido a me deter longamente neste ponto que estou tentando esclarecer aqui porque agora cheguei àquele momento de minha carreira em que os homens caem em derrota permanente ou se elevam com energias renovadas a alturas estupendas de realização, de acordo com a maneira como interpretam suas experiências passadas e usam tais experiências como base dos planos de trabalho. Se minha história parasse aqui, ela não seria de valor nenhum para você, mas existe outro capítulo mais significativo a ser escrito, cobrindo o sétimo e mais importante de todos os momentos críticos de minha vida.

Deve ter ficado óbvio, ao longo de toda a descrição dos seis momentos críticos já relatados, que eu ainda não havia realmente encontrado meu lugar no mundo. Deve ter ficado óbvio que a maioria de minhas derrotas temporárias — se não todas — deveram-se principalmente ao fato de eu ainda não ter descoberto o trabalho no qual poderia me lançar de coração e alma. Encontrar o trabalho no qual você melhor se encaixa e do qual mais gosta é muito parecido com encontrar a pessoa amada; não existe regra para a procura, mas, quando o nicho certo é contatado, imediatamente é reconhecido.



## SÉTIMO MOMENTO CRÍTICO

Antes de concluir, vou descrever o conjunto de lições que aprendi de cada um dos sete momentos críticos de minha vida, mas primeiro deixe-me descrever o sétimo e último. Para fazer isso, devo voltar ao dia memorável — 11 de novembro de 1918!

Foi o dia do armistício, do fim da Primeira Guerra Mundial. A guerra me deixou sem dinheiro, como já afirmei, mas fiquei feliz em saber que a chacina havia acabado e a razão estava prestes a regenerar a civilização mais uma vez.

Enquanto estava parado na janela do meu escritório, olhando a multidão ululante que celebrava o fim da guerra, minha mente voltou ao passado, especialmente ao dia memorável em que aquele senhor gentil colocou a mão no meu ombro e disse que, se adquirisse educação, eu poderia deixar minha marca no mundo. Eu estivera adquirindo tal educação sem saber. Por mais de vinte anos, havia frequentado a "Universidade dos Golpes Duros", como você deve ter observado pela descrição dos vários momentos críticos de minha vida. Enquanto eu estava parado na janela, meu passado inteiro, com sua amargura e doçura, seus altos e baixos, passou diante de meus olhos.

Era hora de outro momento crítico!

Sentei à máquina de escrever, e, para meu espanto, minhas mãos começaram a tocar uma melodia regular no teclado. Eu nunca havia escrito tão rápida ou facilmente antes. Não planejei nem pensei — apenas escrevi o que me veio à mente!

Inconscientemente, eu estava lançando a base do momento crítico mais importante de minha vida, pois, quando terminei, havia preparado um documento com o qual financiei uma revista nacional que me pôs em contato com pessoas de todo o mundo de língua inglesa. Esse documento influenciou tão profundamente minha carreira e a vida de dezenas de milhares de outras pessoas que acredito que será de interesse dos alunos deste curso; portanto, estou reproduzindo-o como apareceu na revista *Hill's Golden Rule*, onde foi publicado pela primeira vez:

## "UMA VISITA PESSOAL AO SEU EDITOR"

Estou escrevendo na segunda-feira, 11 de novembro de 1918. O dia de hoje entrará para a história como o maior dos feriados.

Na rua, do lado de fora da janela do meu escritório, multidões crescentes celebram a derrocada de uma influência que ameaçou a civilização pelos últimos quatro anos.

A guerra acabou!

Em breve nossos meninos vão voltar para casa, vindos dos campos de batalha da França.

O senhor e mestre da força bruta não passa de um fantasma do passado!

Há dois mil anos, o Filho do Homem era um pária sem lugar para morar. Agora a situação mudou, e o demônio não tem lugar para deitar sua cabeça.

Cada um de nós deve tomar para si a grande lição que essa guerra mundial ensinou, ou seja, apenas o que se baseia em justiça e misericórdia para todos — fracos e fortes, ricos e pobres, igualmente — pode sobreviver. Tudo o mais deve passar.

Dessa guerra virá um novo idealismo — um idealismo baseado na filosofia da Regra de Ouro, um idealismo que nos guiará não para ver o quanto podemos fazer com nossos semelhantes, mas o quanto podemos fazer para abrandar suas provações e fazê-los mais felizes enquanto tardam à margem da estrada da vida.

Emerson incorporou esse idealismo em seu grande ensaio sobre a lei da compensação. Outro grande filósofo incorporou-o nestas palavras: "Tudo o que o homem semear, também ceifará".

DIA 317

É chegada a hora de praticar a filosofia da Regra de Ouro. Nos negócios e também nos relacionamentos sociais, aquele que negligencia ou se recusa a usar essa filosofia como base das relações irá apenas acelerar o momento do seu fracasso.

E, embora eu esteja inebriado com a notícia gloriosa do fim da guerra, não é apropriado tentar fazer algo para ajudar a preservar para as gerações futuras uma das grandes lições a serem aprendidas do esforço de William Hohenzollern de dominar a Terra à força?

Posso fazer isso melhor recuando 22 anos, para o início da minha trajetória. Venha comigo, está bem?

Foi numa manhã de novembro sombria, provavelmente não longe do dia 11 do mês, que consegui meu primeiro emprego em uma mina de carvão na região da Virgínia, com salário de um dólar por dia.

Um dólar por dia era uma grande soma naqueles dias, especialmente para um rapaz da minha idade. Dela eu gastava 50 centavos diariamente em alojamento e refeição.

Pouco depois de eu começar a trabalhar, os mineiros ficaram insatisfeitos e começaram a falar em greve. Escutei avidamente tudo que foi dito. Fiquei especialmente interessado no coordenador que organizou a reunião. Ele era um dos oradores mais calmos que eu já tinha ouvido, e suas palavras me fascinaram. Ele disse uma coisa em particular que nunca esqueci e, se eu soubesse onde encontrá-lo, iria até ele para agradecer calorosamente por ter dito aquilo. A filosofia que adquiri de suas palavras teve uma influência profunda e duradoura sobre mim.

Talvez você vá dizer que a maioria dos agitadores trabalhistas não são filósofos muito sólidos, e tenho que concordar. Talvez este não fosse um filósofo sólido, mas com certeza a filosofia que ele expôs na ocasião foi sólida.

De pé sobre um caixote, no canto de uma velha loja onde presidiu a reunião, ele disse:

"Homens, estamos falando em greve. Antes de vocês votarem, desejo chamar a atenção para algo que irá beneficiá-los se acatarem o que eu disser. Vocês querem mais dinheiro por seu trabalho, e desejo garantir que consigam porque acredito que mereçam. Posso dizer como conseguir mais dinheiro e ainda manter a boa vontade do dono da mina? Podemos convocar a greve e provavelmente forçá-lo a pagar mais dinheiro, mas não podemos forçá-lo a fazer isso e gostar. Antes de convocarmos a greve, sejamos justos com o dono da mina e conosco: vamos até o dono perguntar se ele dividirá os lucros de mina conosco de forma justa. Se ele disser que sim, como provavelmente dirá, então vamos perguntar quanto ele ganhou no mês passado e se dividirá conosco uma proporção justa de qualquer lucro adicional que possa ganhar se todos nós o ajudarmos a ganhar mais dinheiro no próximo mês. Sendo ele humano como todos nós, sem dúvida dirá: 'Certamente, rapazes; façam isso, e dividirei com vocês'. É natural que ele diga isso, rapazes. Após ele concordar com o plano, como eu acredito que ele irá se nós o fizermos ver que somos sérios, quero que todos vocês venham ao trabalho com um sorriso no rosto pelos próximos 30 dias. Quero ouvir vocês assobiando uma melodia ao entrar na mina. Quero que venham ao trabalho com a sensação de que são sócios do negócio. Sem se machucar, vocês podem fazer quase o dobro do trabalho que estão fazendo e, se trabalharem mais, com certeza vão ajudar o dono da mina a ganhar mais dinheiro. E, se ele ganhar mais dinheiro, ficará feliz em

> *Ninguém vive direito,*
> *a não ser que viva de*
> *tal modo que quem quer*
> *que o encontre vá embora*
> *mais confiante e alegre*
> *em virtude do contato.*
>
> — Lilian Whiting

dividir uma parte com vocês. Ele fará isso por motivos sólidos de negócio, se não por um espírito de justiça. Ele vai retribuir, tão certo como existe um Deus sobre nós. Se ele não o fizer, serei pessoalmente responsável perante vocês e, se quiserem, ajudarei a explodir a mina em pedacinhos! É esse o plano que pensei, rapazes! Estão comigo nisso?".

Eles estavam!

Aquelas palavras entraram em meu coração como se gravadas com ferro em brasa.



No mês seguinte, todos os homens da mina receberam um bônus de 20% sobre os ganhos mensais. Dali em diante, todo mês cada homem recebeu um envelope vermelho berrante com sua parte de ganhos extras. Do lado de fora do envelope estavam impressas as seguintes palavras:

"Sua parte dos lucros pelo trabalho que fez e que não foi pago para fazer".

Passei por algumas experiências bastante duras desde aqueles dias, há mais de vinte anos, mas sempre saí por cima — um pouco mais esperto, um pouco mais feliz e um pouco mais bem preparado para servir a meus semelhantes aplicando o princípio de executar mais trabalho do que eu realmente era pago para executar.

Pode ser de seu interesse saber que o último cargo que tive no setor de carvão foi como assistente do conselheiro-chefe de uma das maiores companhias do mundo. É um salto considerável, de operário comum nas minas de carvão a assistente do conselheiro-chefe de uma das maiores empresas — um salto que eu jamais poderia ter dado sem a ajuda do princípio de fazer mais trabalho do que eu era pago para fazer.

Desejaria ter espaço para falar das dezenas de vezes em que essa ideia de executar mais trabalho do que eu era pago para executar me ajudou a passar por situações difíceis.

Foram muitas as ocasiões em que deixei um empregador tão profundamente em dívida comigo graças a esse princípio que consegui tudo o que pedi sem hesitação ou evasivas, sem reclamação ou dificuldades e, o que é mais importante, sem a sensação de estar levando uma vantagem injusta sobre meu empregador.

Acredito sinceramente que qualquer coisa que um homem adquire de outro sem pleno consentimento no final irá queimar um buraco em seu bolso ou fazer bolhas nas palmas de suas mãos, isso sem falar sobre perturbar sua consciência até seu coração doer de remorso.

Como disse no início, estou escrevendo na manhã de 11 de novembro, enquanto as multidões celebram a grande vitória do certo sobre o errado!

Portanto, é natural que eu me volte para o silêncio de meu coração em busca de um pensamento para transmitir ao mundo de hoje — pensamento que ajude a manter vivo na mente dos norte-americanos o espírito de idealismo pelo qual lutaram e com o qual entraram na guerra mundial.

Na minha opinião, nada mais apropriado do que a filosofia que relatei, pois acredito sinceramente que foi o desprezo arrogante por essa filosofia que levou a Alemanha — o *kaiser* e seu povo — à dor. Para fazer essa filosofia entrar no coração daqueles que precisam dela, publicarei uma revista chamada *Hill's Golden Rule*.

É preciso dinheiro para publicar uma revista nacional, e não disponho de muito neste momento; mas, antes de outro mês se passar, com a ajuda da filosofia que tentei enfatizar aqui, encontrarei alguém que fornecerá o dinheiro necessário e possibilitará que eu transmita ao mundo a filosofia simples que me ergueu da sujeira das minas de carvão e me deu um lugar onde posso servir à humanidade. A filosofia vai alçá-lo, meu caro leitor, não importa quem você seja e o que possa estar fazendo, a qualquer condição de vida que você se decida a conquistar.

Toda pessoa tem ou deve ter o desejo inerente de possuir algo de valor monetário. Pelo menos de maneira vaga, toda pessoa que trabalha para outrem (e isso inclui praticamente todos nós) aguarda ansiosamente o momento em que terá algum tipo de negócio ou profissão própria.

A melhor maneira de realizar essa ambição é executar mais trabalho do que se é pago para executar. Você pode se dar bem com pouca escolaridade, pode se dar bem com pouco capital, pode passar por cima de qualquer obstáculo com que depare se estiver honesta e seriamente querendo fazer o melhor trabalho de que é capaz, não importando a quantidade de dinheiro que receba por isso...

*(Nota: agora é 21 de novembro à tarde, apenas dez dias depois de eu ter escrito o editorial acima. Acabei de lê-lo para George B. Williams, de Chicago, um homem que subiu de baixo na vida com a ajuda da filosofia que escrevi, e ele tornou possível a publicação da* Hill's Golden Rule*).*

✦

DIA 319

Foi dessa forma um tanto dramática que um desejo que permaneceu adormecido em minha mente por quase vinte anos se tornou realidade. Durante todo esse tempo eu tivera vontade de me tornar editor de jornal. Há mais de trinta anos, quando era um meninote, costumava "acionar" a prensa para meu pai quando ele publicava um jornalzinho semanal e cresci amando o cheiro de tinta da prensa.

Talvez o desejo estivesse subconscientemente ganhando impulso em todos esses anos de preparação, enquanto eu passava pelas experiências apresentadas nos momentos críticos de minha vida, até finalmente irromper em termos de ação; ou pode ser que houvesse outro plano, sobre o qual eu não tinha controle, que me impulsionava em frente, não me dando descanso em nenhuma outra linha de trabalho até eu começar a publicação de minha primeira revista. Esse ponto pode ser deixado de lado no momento. O ponto importante para o qual quero dirigir sua atenção é que encontrei meu nicho de trabalho adequado e fiquei muito feliz com isso.

Por estranho que pareça, entrei nesse trabalho sem jamais pensar em procurar o final do arco-íris ou o pote de ouro que supostamente lá se encontra. Pela primeira vez eu parecia perceber sem sombra de dúvida que existia outra coisa mais valiosa que ouro a buscar na vida; portanto, lancei-me ao trabalho editorial com apenas um pensamento principal em mente — e faço uma pausa enquanto você pondera sobre tal pensamento:

O pensamento de prestar ao mundo o melhor serviço de que eu fosse capaz, não importando se meus esforços trouxessem um centavo em retorno ou não!

A publicação da revista *Hill's Golden Rule* colocou-me em contato com as mentes pensantes de todo o país. Deu-me uma grande chance de ser ouvido. A mensagem de otimismo e boa vontade entre os homens que ela transmitia tornou-se tão popular que fui convidado a sair em uma turnê de palestras país afora no começo de 1920, quando tive o privilégio de encontrar e conversar com alguns dos pensadores mais progressistas daquela geração. O contato com tais pessoas contribuiu muito para me dar coragem de seguir fazendo o bom trabalho que eu havia começado. Essa turnê foi uma educação liberal em si, pois me pôs em contato extremamente próximo com pessoas de praticamente todas as condições de vida e me deu a chance de ver que os Estados Unidos da América são um país bastante grande.

Vem agora a descrição do auge do sétimo momento crítico de minha vida.

Durante minha turnê de palestras, estava sentado em um restaurante de Dallas, no Texas, observando a maior chuvarada que já tinha visto. A água derramava-se sobre a vidraça em duas grandes torrentes, e, brincando de um lado para o outro dessas torrentes, havia outras menores, formando o que parecia uma grande escada de água.

Enquanto olhava a cena incomum, "lampejou em minha mente" o pensamento de que eu teria uma esplêndida palestra se organizasse tudo que havia aprendido a partir dos sete momentos críticos de minha vida, mais tudo que havia aprendido ao estudar as vidas de homens bem-sucedidos e oferecesse sob o título de "Escada mágica para o sucesso".

Nas costas de um envelope, esbocei os quinze pontos de base da palestra e mais tarde transformei esses tópicos em uma palestra construída literalmente a partir das derrotas temporárias descritas nos sete momentos críticos de minha vida.

Tudo de valor que acredito saber é representado por esses quinze pontos, e o material de onde esse conhecimento foi coletado é nada mais, nada menos que o conhecimento imposto a mim por experiências que são sem dúvida classificadas por alguns como fracassos!

O curso do qual esta lição faz parte é a soma do que adquiri por meio desses "fracassos". Se este curso provar-se de valor para você, como espero que aconteça, pode dar o crédito aos "fracassos" descritos nesta lição.

Talvez você deseje saber quais benefícios materiais e monetários obtive desses momentos críticos, pois provavelmente percebe que vivemos em uma era na qual a vida é uma luta cansativa pela sobrevivência e não muito agradável para aqueles amaldiçoados com a pobreza.

*Dar prazer a um único coração por um único ato bondoso é melhor do que mil inclinações de cabeça em oração.*

— SAADI

Muito bem! Serei franco.

Para começar, a renda estimada da venda deste curso é tudo de que preciso, apesar de eu ter insistido com meus editores para que aplicassem a filosofia de Ford e vendessem o curso a um preço popular, ao alcance de todos que o queiram.

Somando-se à receita da venda deste curso (que, por favor, tenha em mente que é apenas a venda do conhecimento que adquiri por meio do "fracasso"), estou agora escrevendo uma série de editoriais ilustrados para serem distribuídos e publicados nos jornais do país. Tais editoriais baseiam-se nos mesmos quinze pontos descritos neste curso.

O lucro líquido estimado da venda dos editoriais é mais do que suficiente para prover minhas necessidades.

Somando-se a isso, estou engajado na colaboração com um grupo de cientistas, psicólogos e homens de negócios, escrevendo um curso de pós-graduação que em breve estará disponível a todos os alunos que dominarem este curso mais elementar, cobrindo não somente as quinze leis aqui descritas de um ponto de vista mais avançado, mas incluindo outras apenas recentemente descobertas.

Mencionei esses fatos apenas porque sei que é comum a todos nós medirmos o sucesso em termos de dólares e rejeitar como não sólidas todas as filosofias que não rendam uma boa conta bancária.

Fui pobre em praticamente todos os anos passados de minha vida — excessivamente pobre — no que tange a extratos bancários. Essa situação foi em larga medida uma questão de escolha minha, pois investi a maior parte do meu tempo no árduo trabalho de descartar minha ignorância e adquirir alguns conhecimentos de vida de que sentia necessidade.

Das experiências descritas nesses sete momentos críticos de minha vida, adquiri alguns fios de ouro de conhecimento que jamais poderia adquirir de outra maneira a não ser pela derrota!

Minhas experiências me levaram a acreditar que a "linguagem muda" da derrota é a linguagem mais clara e eficaz do mundo a partir do momento em que a pessoa começa a entendê-la. Fico quase tentado a dizer que acredito que seja a linguagem universal com que a natureza grita para nós quando não ouvimos nenhuma outra língua.

Sou feliz por ter experimentado tantas derrotas!

Isso teve o efeito de me preparar com coragem para realizar tarefas que eu nunca teria começado se estivesse cercado de influências protetoras.

A derrota é uma força destrutiva apenas quando aceita como fracasso! Quando aceita como ensinamento de alguma lição necessária, é sempre uma bênção.

Eu costumava odiar meus inimigos!

Isso foi antes de aprender o quanto eles estavam me servindo, mantendo-me sempre em alerta quanto a alguma fraqueza de meu caráter que poderia fornecer uma brecha por onde poderiam me prejudicar.

Em vista do que aprendi sobre o valor dos inimigos, se eu não tivesse nenhum, sentiria necessidade de criar alguns. Eles iriam descobrir meus defeitos e apontá-los para mim, ao passo que meus amigos, se vissem minhas fraquezas, não me falariam nada.

De todos os poemas de Joaquin Miller, nenhum expressa um pensamento tão nobre quanto este:

DIA 321

### PARA OS QUE FRACASSAM

"Toda honra para ele que há de conquistar o prêmio",
O mundo brada há mil anos;
Mas àquele que tenta, fracassa e morre
Eu concedo grande honra, glória e lágrimas.

Concedo glória, honra e lágrimas piedosas
A todos que fracassam em seus feitos sublimes;
Seus fantasmas são muitos na vanguarda dos anos,
Eles nasceram com o tempo, antes do tempo.

Oh, grande é o herói que conquista um nome,
Mas muitas, muitas vezes maior,
Algum camarada de rosto pálido que morre em vergonha
E deixa Deus terminar o pensamento sublime.

E grande é o homem com uma espada desembainhada,
E bom é o homem que se abstém do vinho;
Mas o homem que fracassa e ainda assim segue lutando,
Ah, ele é meu irmão gêmeo.*

Não existe fracasso para o homem que "segue lutando". Um homem nunca fracassa até aceitar a derrota temporária como fracasso. Existe uma ampla diferença entre derrota temporária e fracasso, diferença que tentei enfatizar ao longo desta lição.

---

* *The Complete Poetical Works of Joaquin Miller* (Obras poéticas completas de Joaquin Miller, The Whitaker & Ray Company, 1902).

No poema intitulado "When Nature Wants a Man" (Quando a natureza quer um homem), Angela Morgan expressou uma grande verdade que apoia a teoria apresentada nesta lição, de que adversidade e derrota são geralmente bênçãos disfarçadas.



## QUANDO A NATUREZA QUER UM HOMEM

Quando a Natureza quer treinar um homem,
E entusiasmar um homem
E adestrar um homem.
Quando a Natureza quer moldar um homem
Para que desempenhe o papel mais nobre,
Quando ela anseia de todo coração
Criar um homem tão grande e tão ousado
Que todo o mundo o louve —
Observe o método dela, observe seus meios!
Como aperfeiçoa implacavelmente
Quem ela regiamente elegeu;
Como ataca e fere
E com golpes potentes converte-o
Em moldes de ensaio que só a Natureza entende —
Enquanto o coração torturado dele chora,
E ele ergue mãos suplicantes!
Como ela o dobra, mas nunca o quebra,
Quando se encarrega do bem dele...
Como ela usa a quem escolhe
E o funde com todo propósito,
Por todas as artes o induz
A exibir o esplendor.
A Natureza sabe o que faz!

Quando a Natureza quer pegar um homem
E sacudir um homem
E despertar um homem;
Quando a Natureza quer fazer um homem
Para que ele faça a vontade do Futuro;
Quando ela tenta com toda a sua habilidade
E anseia com toda a sua alma
Criá-lo vasto e inteiro...
Com que astúcia ela o prepara!
Como o atormenta e jamais poupa,
Como o exaspera e aflige,
E o gera na pobreza...
Com que frequência ela decepciona
Aquele que unge sagradamente,
Com que sabedoria ela o oculta,
Sem se importar com o que aconteça a ele,
Embora o gênio dele soluce em desprezo e seu orgulho não possa esquecer!
Manda-o lutar mais arduamente ainda.
Deixa-o solitário,
De modo que apenas
As mensagens elevadas de Deus cheguem a ele,
De modo que ela possa com certeza ensinar-lhe
O que a Hierarquia planejou.
Embora ele possa não entender,
Dá-lhe paixões para dominar.
Como ela o esporeia sem remorso,
Com que ardor tremendo o incita
Quando o prefere pungentemente!

Quando a Natureza quer dar nome a um homem
E afamar um homem,

E domar um homem;
Quando a Natureza quer envergonhar um homem
Para que ele faça o seu melhor celestial...
Quando ela aplica o teste supremo
Que calcula poder fazer —
Quando quer um deus ou um rei!
Como ela o controla e restringe,
De modo que o corpo dele mal o contém
Enquanto ela o inflama
E o inspira!
Mantém-no ansiando,
Sempre ardendo por uma meta tantalizante —
Seduz e lacera a alma dele.
Lança um desafio ao espírito dele,
Ergue-o quando ele se aproxima —
Faz uma selva que ele desbrava;
Faz um deserto que ele teme
E subjuga se puder —
Assim a Natureza faz um homem.
Então, para testar a ira do espírito dele,
Arremessa uma montanha no caminho —
Coloca uma escolha amarga diante dele
E implacavelmente paira sobre ele.
"Escala ou perece", diz ela...
Observe o propósito dela, seus meios!

O plano da Natureza é maravilhosamente bondoso,
Pudéssemos nós entender sua mente...
Tolos são os que a chamam de cega!
Quando os pés dele estão destroçados e sangrando,
Todavia seu espírito eleva-se alheio a isso,

Todos os seus poderes superiores acelerando-se,
Abrindo novos e ótimos caminhos;
Quando a força que é divina
Salta para desafiar cada fracasso, e seu ardor ainda é amável,
E o amor e a esperança ardem na presença da derrota...
Ah! A crise! Ah! O brado!
Que deve clamar por um líder.
Quando o povo precisa de salvação,
Ele vem para liderar a nação...
Então a Natureza mostra seu plano
Quando encontra — um homem!*

DIA 323

Estou convencido de que o fracasso é o plano de saltos com barreira da natureza para preparar os homens predestinados a fazerem seu trabalho. O fracasso é o grande cadinho da natureza, onde ela queima as impurezas do coração humano e então purifica o metal do homem que consegue resistir ao teste do uso pesado.

> *Se pudéssemos ler a história secreta de nossos inimigos, encontraríamos na vida de cada homem tristeza e sofrimento suficientes para desarmar toda hostilidade.*
>
> — LONGFELLOW

Encontrei evidências para apoiar essa teoria no estudo do histórico de dúzias de grandes homens, desde os tempos de Sócrates e Cristo até os célebres realizadores dos nossos tempos modernos. O sucesso de cada homem parece corresponder quase que à exata extensão dos obstáculos e dificuldades que ele teve que superar.

Nenhum homem jamais se ergueu do nocaute da derrota sem ficar mais forte e mais sábio com a experiência. A derrota fala conosco na língua dela, uma língua que devemos ouvir, gostando ou não.

É claro que se deve ter coragem considerável para olhar para a derrota como uma bênção disfarçada, mas a conquista de qualquer condição de

* De "Forward, March!" (Em frente, marchem!, The John lane Company).

vida que valha a pena requer um bocado de "areia", o que traz à mente um poema que se harmoniza com a filosofia desta lição.

### AREIA

Um dia observei uma locomotiva no pátio da ferrovia,
Ela esperava na casa de máquinas, onde as locomotivas ficam;
Estava ofegante para a viagem, abastecida com carvão e plenamente tripulada,
E tinha uma caixa que o foguista estava enchendo de areia.

Parece que as locomotivas nem sempre conseguem ficar firmes
Em seu esguio pavimento de ferro, porque as rodas tendem a escorregar;
E, ao chegar a um ponto escorregadio, recorre-se a táticas
E, para garantir aderência, joga-se areia sobre o trilho.

É mais ou menos assim a jornada ao longo da pista escorregadia da vida,
Se a carga é muito pesada, você está sempre deslizando para trás;
Então, se entender bem a locomotiva comum,
Providenciará para si uma boa quantidade de areia antes de partir.

Se a sua trilha é íngreme e montanhosa e tem um declive acentuado,
Se aqueles que passaram antes de você fizeram trilhos muito escorregadios,
Se um dia chegar no planalto,
Você descobrirá que terá que fazê-lo com um farto uso de areia.

Se você topar com um inverno gélido e descobrir
Que está sujeito a deslizar em cima de um manto pesado de geada,
Em seguida, uma ação decidida será exigida,
E você escorregará até o fim se não tiver areia.

Você pode chegar a qualquer estação avistada no trajeto de sua vida
Se houver fogo na caldeira da locomotiva possante da ambição,

E chegará a um lugar chamado "Afluência" em grande velocidade
Se para todos os lugares escorregadios você tiver um bom suprimento de areia.

Não fará mal algum você memorizar os poemas citados nesta lição e assimilar a filosofia em que se baseiam.

Ao me aproximar do final da lição sobre fracasso, vem-me à mente um fragmento de filosofia tirada dos livros do grande Shakespeare que desejo desafiar porque acredito que seja infundado. É afirmado na seguinte citação:

Existe uma maré nos assuntos dos homens
Que, tomada na cheia, leva à fortuna;
Negligenciada, toda a viagem de suas vidas
Fica sujeita a baixios e misérias.
Em mar tão cheio agora flutuamos;
E devemos tomar a corrente quando ela serve,
Ou perder nossas aventuras.

Medo e admissão do fracasso são as amarras que deixam "sujeito a baixios e misérias". Podemos romper essas amarras e jogá-las fora. Ou melhor, podemos tirar vantagem e fazê-las servir como cabo de reboque para nos puxar para a costa se observarmos e lucrarmos com as lições que ensinam.

Quem nunca sofreu, viveu pela metade,
Quem nunca fracassou, nunca se empenhou ou se esforçou,
Quem nunca chorou é estranho ao riso,
E quem nunca duvidou, nunca pensou.

DIA 324

Ao me aproximar do final desta que é a minha lição favorita do curso, fecho os olhos por um momento e vejo diante de mim um grande exército de homens e mulheres cujas faces mostram as marcas da preocupação e do desespero.

Alguns estão em farrapos, tendo alcançado o último estágio daquele longo, longo trajeto que os homens chamam de fracasso!

Outros estão em melhores condições, mas o medo da fome se mostra claramente em suas faces, o sorriso da coragem deixou seus lábios, e eles também parecem ter desistido da batalha.

A cena muda!

Olho de novo e sou transportado ao passado da história da luta do homem por um lugar ao sol e lá também vejo "fracassos" — fracassos que significaram mais para a raça humana do que todos os chamados sucessos registrados na história do mundo.

Vejo o semblante rústico de Sócrates ao final da trilha chamada fracasso, esperando, com os olhos voltados para o alto, durante momentos que devem ter parecido uma eternidade, antes de beber o copo de cicuta imposto por seus algozes.

Vejo também Cristóvão Colombo, prisioneiro acorrentado, o tributo pago a ele pelo sacrifício de ter navegado por um mar desconhecido e inexplorado para descobrir um continente desconhecido.

Vejo também o rosto de Thomas Paine, homem que os ingleses procuraram capturar e levar à morte como verdadeiro incitador da revolução americana. Vejo-o deitado em uma prisão imunda da França, enquanto aguarda calmamente, à sombra da guilhotina, a morte a que foi sentenciado por seu papel em nome da humanidade.

E vejo também o rosto do homem da Galileia enquanto sofre na cruz do Calvário — a recompensa recebida pelos esforços em nome da humanidade sofredora.

"Fracassos", todos!

*O que conta neste mundo*
*é o toque humano,*
*O toque das suas mãos e*
*das minhas,*
*Que significa muito mais*
*para o coração combalido*
*Do que abrigo,*
*pão e vinho,*
*Pois o abrigo se vai*
*quando a noite acaba,*
*E o pão dura*
*apenas um dia,*
*Mas o toque da mão*
*e o som da voz*
*Cantam na alma*
*para sempre.*

– SPENCER M. FREE.

Ó, ser um fracassado assim. Ó, passar para história como esses homens, como alguém bravo o bastante para colocar a humanidade acima do individual e os princípios acima dos ganhos pecuniários.

Sobre tais "fracassos" repousam as esperanças do mundo.

Ó homens rotulados como "fracassos" — em pé, levantem-se de novo e ajam!
Em algum lugar do mundo da ação há espaço, há espaço para vocês.
Nenhum fracasso jamais foi registrado nos anais dos homens verdadeiros,
Exceto o do covarde que fracassa e nem tenta de novo.
A glória está no fazer e não no troféu conquistado;
Os muros que pairam na escuridão podem rir ao beijo do sol.
Ó cansado, desgastado e arrasado, ó filho dos vendavais cruéis do destino!
Eu canto — talvez isso possa animá-lo —, eu canto para o homem que fracassa.

DIA 325

Seja grato pela derrota que os homens chamam de fracasso porque, se você consegue sobreviver e seguir tentando, isso dá chance de provar sua capacidade de se erguer às máximas realizações no campo de atividade escolhido.

Ninguém tem o direito de rotulá-lo como fracasso, exceto você mesmo.

Se, em um momento de desespero, você ficar inclinado a se rotular de fracassado, apenas lembre-se das palavras do rico filósofo Creso, conselheiro de Ciro, rei da Pérsia:

> Lembro-me, ó rei, e guarde esta lição no coração: existe uma roda na qual os assuntos dos homens revolvem-se, e seu mecanismo é tal que impede qualquer homem de ser sempre afortunado.

Que lição maravilhosa nestas palavras — uma lição de esperança, coragem e promessa.

Quem de nós não teve dias "não", quando tudo parece dar errado? São os dias em que vemos apenas o lado de baixo da grande roda da vida.

Vamos lembrar que a roda está sempre girando. Se hoje traz tristeza, amanhã trará alegria. A vida é um ciclo de acontecimentos variáveis — venturas e desventuras.

Não podemos impedir a roda do destino de girar, mas podemos modificar as desventuras que ela traz, lembrando que a boa sorte virá a seguir, tão certo quanto a noite segue o dia, se mantivermos a fé em nós mesmos e fizermos nosso melhor com seriedade e honestidade.

Nas suas grandes horas de provação, o imortal Lincoln frequentemente dizia: "Isso também passará logo".

Se você está sofrendo os efeitos lancinantes de alguma derrota temporária que acha difícil de esquecer, deixe-me recomendar este pequeno poema estimulante de Walter Malone.

**OPORTUNIDADE**

Ofendem-me os que dizem que não voltarei
Porque bati à sua porta uma vez porta e não o encontrei;
Pois todas as noites permaneço à sua porta
E ordeno que acorde e se levante para lutar e vencer.
Não lamente pelas preciosas chances passadas;
Não chore pela idade de ouro em declínio;
Toda noite eu queimo o registro do dia;
Ao amanhecer todas as almas nascem de novo.
Ria como um menino para os esplendores que passaram rápido,
Fique cego, surdo e mudo às alegrias que já se foram;
Meus julgamentos selam o passado morto com seus mortos,
Mas jamais prendem um momento ainda por vir.

Embora afundado na lama, não torça as mãos, nem chore,
Estendo meu braço a todos que dizem: "Eu posso!"
Nenhum pária envergonhado jamais afundou tanto
Que não pudesse erguer-se e ser um homem outra vez.

Você contempla horrorizado a mocidade perdida?
Hesita em desferir um golpe de revide merecido?
Afaste-se então dos arquivos apagados do passado
E descubra as páginas do futuro brancas como a neve.
Você está de luto? Desperte-se do feitiço;
Você é um pecador? O pecado pode ser perdoado;
Cada manhã lhe dá asas para voar do inferno,
Cada noite, uma estrela para guiá-lo aos céus.

*Não se esforce para banir a dor e a dúvida*
*No ruído barulhento do prazer;*
*A paz que você procura fora*
*Só é encontrada dentro.*

— Cary

Existem almas neste mundo que têm o dom de encontrar alegria por toda parte e deixá-la aonde quer que vão.

— *Faber*

## LIÇÃO 15

# TOLERÂNCIA

DIA 326

*"Você pode fazer se acreditar que pode!"*

EXISTEM DUAS CARACTERÍSTICAS significativas da intolerância, e sua atenção será dirigida a elas no começo desta lição. Essas características são:

PRIMEIRA: a intolerância é uma forma de ignorância que deve ser dominada antes que qualquer forma duradoura de sucesso possa ser atingida. É a causa principal de todas as guerras. Faz inimigos nos negócios e nas profissões. Desintegra forças organizadas da sociedade de milhares de maneiras e posta-se como um gigante poderoso, como uma barreira à abolição da guerra. Destrona a razão e a substitui pela psicologia de massas.

SEGUNDA: a intolerância é a principal força desintegradora nas religiões organizadas do mundo, onde causa desgraças com o maior poder do bem que existe nesta Terra, despedaçando esse poder em pequenas seitas e denominações que fazem tanto esforço opondo-se umas às outras quanto fazem para destruir os males do mundo.

Mas essa acusação à intolerância é genérica. Vamos ver como ela afeta você, o indivíduo. É óbvio que qualquer coisa que impede o progresso da civilização representa também uma barreira para cada indivíduo; em sentido contrário, qualquer coisa que obscureça a mente do ser e retarde seu desenvolvimento mental, moral e espiritual retarda também o progresso da civilização.

Tudo isso são afirmações abstratas de uma grande verdade; visto que afirmações abstratas não são nem interessantes, nem altamente informativas, vamos adiante para ilustrar mais concretamente os efeitos danosos da intolerância.

Começarei descrevendo um episódio que mencionei bastante em praticamente todas as palestras que fiz nos últimos cinco anos; porém, como a fria página impressa tem um efeito modificador que torna possível uma interpretação errada do fato descrito, acredito ser necessário alertá-lo para não ler por trás dessas linhas um significado que não tenho a intenção de colocar. Você fará uma injustiça consigo se negligenciar ou intencionalmente recusar-se a estudar esse exemplo nas exatas palavras e com o exato significado que desejo que estas palavras transmitam — um significado tão claro quanto consigo fazer a linguagem transmitir.

Enquanto lê sobre o episódio, coloque-se em meu lugar e veja se também não teve experiência parecida e, se teve, que lição ela ensinou.

Um dia fui apresentado a um rapaz de excepcional boa aparência. Os olhos claros, o aperto de mão caloroso, o tom da voz e o esplêndido bom gosto com que estava arrumado indicavam um rapaz do mais elevado nível intelectual. Era um típico jovem universitário norte-americano, e, enquanto passava os olhos sobre ele, estudando rapidamente sua personalidade, como alguém naturalmente faria sob tais circunstâncias, vi um broche dos Cavaleiros de Colombo em seu colete.

Imediatamente soltei sua mão como se fosse um pedaço de gelo!

DIA 327

Foi um gesto tão súbito que surpreendeu a mim e a ele. Enquanto me desculpava e me afastava, olhei para o broche maçônico em meu colete, dei outra olhada no broche de Cavaleiro de Colombo e me perguntei como bugigangas como essas poderiam provocar tamanho abismo entre homens que não sabem nada uns dos outros.

Continuei pensando no incidente o resto do dia porque aquilo me incomodou. Sempre tive considerável orgulho do pensamento de que eu era tolerante com todos os homens, mas ali estava uma explosão espontânea de intolerância para provar que, no fundo de meu subconsciente, existia um complexo que estava me influenciando no rumo de uma mente estreita.

A descoberta me chocou tanto que comecei um processo sistemático de psicanálise para procurar nas profundezas de minha alma a causa de minha grosseria.

Perguntei a mim mesmo repetidamente:

"Por que soltei a mão daquele jovem e me afastei dele tão abruptamente, se não sabia nada sobre ele?".

Claro que a resposta me levou sempre de volta ao broche dos Cavaleiros de Colombo que ele usava. Mas isso não era uma resposta de verdade e, portanto, não me satisfez.

Então comecei a fazer alguns trabalhos de pesquisa no campo da religião. Comecei a estudar o catolicismo e o protestantismo até rastrear os primórdios de ambos, uma linha de procedimento que, devo confessar, me trouxe mais entendimento dos problemas da vida do que eu havia adquirido de outras fontes. Primeiro, revelou-se o fato de que catolicismo e protestantismo diferem mais na forma do que no efeito; ambos baseiam-se exatamente na mesma causa — o cristianismo.

Mas isso não foi tudo, tampouco a coisa mais importante de minha descoberta, pois minha pesquisa levou por necessidade a muitas direções e me forçou ao campo da biologia, onde aprendi muito do que precisava saber sobre a vida em geral e o ser humano em particular. Minha pesquisa levou também ao estudo da teoria da evolução de Darwin, como descrito em *A origem das espécies*, e isso por sua vez levou a uma análise muito mais ampla da psicologia do que eu fizera anteriormente.

À medida que avancei nessa direção, os conhecimentos levaram minha mente a se desdobrar e ampliar com rapidez tão alarmante que achei necessário limpar a lousa do que acreditava ser meu conhecimento previamente adquirido e desaprender muito do que eu antes acreditava ser verdade.

Compreenda o significado do que acabo de afirmar!



Imagine descobrir de repente que a maior parte de sua filosofia de vida foi construída sobre preconceito, fazendo necessário reconhecer que, longe de ter terminado a faculdade, você mal estava qualificado para se tornar um aluno inteligente!

*Corações, assim como portas, podem ser facilmente abertos com chavezinhas minúsculas. E não esqueça que elas são as seguintes: "Obrigado, senhor" e "por favor".*

Foi essa a exata posição em que me encontrei a respeito do que acreditava serem bases fundamentais da vida; mas, de todas as descobertas a que esta pesquisa levou, nenhuma foi mais importante do que a relativa importância da hereditariedade física e social, pois foi isso que se revelou como causa da minha ação quando me afastei de um homem que não conhecia no episódio descrito.

Foi essa descoberta que me revelou como e onde adquiri minhas visões sobre religião, política, economia e muitas outras igualmente importantes, e me arrependo e me alegro ao afirmar ter verificado que a maioria das minhas visões sobre esses assuntos não tinha o apoio de sequer uma hipótese razoável, muito menos de fatos ou motivos sólidos.

Recordei então de uma conversa com o falecido senador Robert L. Taylor na qual discutimos política. Foi uma discussão amigável, pois éramos da mesma corrente política, mas o senador fez uma pergunta pela qual nunca o perdoei até ter começado a pesquisa a que me refiro.

"Vejo que você é um democrata ferrenho", disse ele, "e me pergunto se sabe por quê".

Pensei sobre a pergunta por alguns segundos, então soltei a seguinte resposta:

"Sou democrata porque meu pai era, é claro!".

Com um largo sorriso no rosto, o senador me acertou com esta réplica: "Bem como imaginei! Agora, você não estaria em maus lençóis se seu pai tivesse sido um ladrão de cavalos?".

Muitos anos mais tarde, depois de ter começado o trabalho de pesquisa aqui descrito, entendi o real significado da brincadeira do senador Taylor. Muito frequentemente mantemos opiniões que não são fundamentadas em nada, exceto no fato de que outra pessoa acredita naquilo.

✦

Para que você tenha uma ilustração detalhada dos efeitos de longo alcance de um dos importantes princípios descobertos pelo incidente ao qual me referi, para que aprenda como e onde adquiriu sua filosofia de vida em geral, para que rastreie seus preconceitos e tendências até a fonte original e para que descubra, como eu descobri, o quanto em grande parte você é resultado da educação que recebeu antes de chegar aos 15 anos, vou transcrever na íntegra o texto de um plano que enviei para o comitê de Edward Bok — "O prêmio da paz americana", para a abolição da guerra. Esse plano cobre não só o mais importante dos princípios a que me refiro, mas, como você vai observar, mostra como o esforço organizado, descrito na Lição 2 deste curso, pode ser aplicado para um dos maiores problemas do mundo e, ao mesmo tempo, oferece uma ideia mais abrangente de como aplicar tal princípio para alcançar seu objetivo principal definido.

## COMO ABOLIR A GUERRA

DIA 329

### O PLANO DE FUNDO

Antes de oferecer este plano de prevenção da guerra, parece necessário esboçar brevemente um plano de fundo que descreverá com clareza o princípio que constitui sua trama.

As causas da guerra podem ser omitidas porque têm pouca relação, se é que alguma, com o princípio pelo qual as guerras podem ser evitadas.

O começo desse esboço lida com dois fatores importantes que constituem as principais forças controladoras da civilização. Um é a hereditariedade física, o outro é a hereditariedade social.

O tamanho e formato do corpo, cor da pele e dos olhos e o funcionamento dos órgãos vitais são resultados da hereditariedade física; são estáticos, fixos e não podem ser modificados, pois resultam de milhões de anos de evolução; mas, de longe, a parte mais importante do que somos resulta da hereditariedade social e chega até nós pelos efeitos de nosso ambiente e educação inicial.

Nossa concepção de religião, política, economia, filosofia e outros assuntos de natureza similar resulta inteiramente das forças dominantes de nosso ambiente e educação.

O católico é católico por causa da educação inicial, e o protestante é protestante pelo mesmo motivo, mas isso dificilmente declara a verdade com ênfase suficiente, pois poderia ser adequado dizer que o católico é católico e o protestante é protestante porque não podem evitar! Com poucas exceções, o credo do adulto é resultado da educação religiosa entre os 4 e 14 anos de idade, quando a religião é imposta pelos pais ou por aqueles que têm controle sobre a educação da criança.

Um pastor proeminente indicou o quanto entendia bem o princípio da hereditariedade social quando disse: "Dê-me o controle de uma criança até os 12 anos, e depois disso você pode ensinar qualquer religião que deseje, pois terei plantado minha religião tão profundamente que nenhum poder na Terra poderá desfazer tal trabalho".

As crenças mais proeminentes e marcantes dos homens são aquelas impostas ou absorvidas por vontade própria sob condições altamente emocionais, quando a mente está receptiva. Sob tais condições, o evangelista pode plantar a ideia da religião mais profunda e permanentemente em uma hora de serviço revivalista do que conseguiria em anos de ensino sob condições normais, quando a mente não está emocionada.



O povo dos Estados Unidos imortalizou Washington e Lincoln porque eles foram os líderes da nação em tempos nos quais as mentes estavam altamente emotivas em função de calamidades que abalavam a base do país e afetavam vitalmente os interesses de todos. Pela hereditariedade social em ação nas escolas (com aulas de história americana) e outras formas de ensino marcante, a imortalidade de Washington e Lincoln é plantada na mente dos jovens e assim permanece viva.

As três grandes forças organizadas pelas quais a hereditariedade social atua são: escolas, igrejas e imprensa.

Qualquer ideal que tenha a ação cooperativa dessas três forças pode, no curto período de uma geração, ser incutido com tanta eficiência na mente dos jovens que não há como resistir.

Em 1914, o mundo acordou em chamas certa manhã com uma guerra em escala inédita, e a importante e impressionante característica da calamidade mundial era o exército alemão altamente organizado. Por mais de três anos esse exército ganhou terreno com tamanha rapidez que a dominação do mundo pela Alemanha parecia certa. A máquina militar alemã atuava com eficiência nunca antes demonstrada em guerra. Tendo a *kultur* como ideal declarado, a Alemanha moderna varreu os exércitos oponentes como se estes estivessem sem liderança, não obstante as forças aliadas terem superioridade numérica em todas as frentes.

A capacidade de sacrifício dos soldados alemães no apoio à ideia da *kultur* foi a surpresa marcante da guerra; essa capacidade era resultado principalmente do trabalho de dois homens. Por meio do sistema de educação alemã, que eles controlavam, a psicologia que levou o mundo à guerra em 1914 foi criada na forma definida da *kultur*. Esses homens eram Adalbert Falk, ministro prussiano da educação até 1879, e o imperador alemão Guilherme II.

O agente com o qual eles produziram tal resultado foi a hereditariedade social: a imposição de um ideal na mente dos jovens sob condições altamente emocionais.

A *kultur* como ideal nacional foi fixada na mente dos jovens na Alemanha a partir da escola elementar, estendendo-se ao ensino médio e à universidade. Os professores eram forçados a implantar o ideal da *kultur* na mente dos alunos, e do ensinamento surgiu em uma única geração a capacidade de sacrifício do indivíduo pelo interesse da nação, o que surpreendeu o mundo moderno.

Como Benjamim Kidd tão bem declarou: "O objetivo do Estado da Alemanha estava por toda parte para orientar a opinião pública por intermédio de líderes espirituais e temporais, burocratas, oficiais do exército, do controle estatal da imprensa e, por último, do controle estatal de toda a indústria da nação, levando assim o idealismo do povo a uma concepção da política nacional da Alemanha moderna e a seu apoio".

*Leva apenas um segundo para se aplicar uma repreensão, mas pode levar uma vida para que a pessoa repreendida a esqueça.*

O Estado alemão controlava a imprensa, o clero e as escolas; portanto, seria de espantar que em uma geração cultivasse um exército de soldados que representava para o homem o ideal de *kultur*? Seria de surpreender que os soldados alemães enfrentassem a morte certa com destemor impune quando se considera que foram ensinados desde a infância que tal sacrifício era um raro privilégio?

DIA 331

Passemos, agora, dessa breve descrição do modo como a Alemanha preparou sua população para a guerra, para outro estranho fenômeno, o Japão. Nenhuma nação ocidental, com exceção da Alemanha, manifestou com tanta clareza o entendimento da influência de longo prazo da hereditariedade social como o Japão. Em uma única geração, o Japão avançou da posição de nação de quarta categoria para a fileira das nações reconhecidas como potências do mundo civilizado. Estude o Japão e você vai verificar que ele incute na mente dos jovens, exatamente pelos mesmos agentes que a Alemanha, o ideal de subordinação dos direitos individuais ao bem da acumulação de poder da nação.

Em toda a controvérsia entre Japão e China, observadores competentes viram que, por trás das causas aparentes, havia a tentativa dissimulada dos japoneses de controlar a mente dos jovens chineses controlando as escolas. Se o Japão conseguisse controlar a mente dos jovens chineses, poderia dominar a nação gigante em uma geração.

Se quiser estudar os efeitos da hereditariedade social usada para o desenvolvimento de um ideal nacional por outra nação do Ocidente, observe o que é feito na Rússia desde a implantação do governo soviético, que agora está padronizando a mente dos jovens para adequá-las a um ideal nacional cuja natureza não requer um mestre em análise para ser interpretada. Esse ideal, quando completamente desenvolvido na maturidade da atual geração, representará exatamente o que o governo soviético deseja que represente.

De toda a enxurrada de propaganda a respeito do governo soviético da Rússia que se espalhou pelos Estados Unidos através de dezenas de milhares de colunas nos jornais devotadas a isso desde o fim da guerra, o seguinte comunicado é de longe o mais significativo:

**RUSSOS VERMELHOS ENCOMENDAM LIVROS**

Fechados contratos com a Alemanha para 20 milhões de volumes.
Propaganda educacional é dirigida principalmente às crianças.

(George Witts)

Cabograma especial para a coluna internacional
do *Chicago Daily News*.
Berlim, Alemanha, 9 de novembro de 1920.

Contratos para imprimir 20 milhões de livros na língua russa, principalmente para crianças, estão sendo fechados na Alemanha em nome do governo soviético por Grschebin, um conhecido editor de

> Petrogrado e amigo de Maxim Gorky. Grschebin esteve primeiro na Inglaterra, mas foi recebido com indiferença quando abordou o assunto junto ao governo britânico. Os alemães, porém, não só o acolheram ansiosamente, como propuseram preços tão baixos que provavelmente não poderiam ser suplantados por nenhum outro país. A Ullstein, editora de jornais e livros de Berlim, concordou em imprimir diversos milhões de livros a custo baixíssimo.

Isso mostra o que está acontecendo por lá.

DIA 332

Longe de ficarem chocados com esse comunicado, a maioria dos jornais norte-americanos não o publicou, e aqueles que o fizeram deram espaço em uma parte obscura do jornal, em letras miúdas. A verdadeira importância ficará mais aparente daqui a uns vinte anos, quando a Rússia tiver formado um exército de soldados que apoiará qualquer que seja o ideal de nação que o governo soviético estabeleça.

A possibilidade de guerra existe hoje como uma grave realidade unicamente porque o princípio de hereditariedade social tem sido usado não só como uma força de sanção à guerra, mas na verdade como um agente principal na preparação deliberada da mente dos homens para a guerra. Como evidência a apoiar essa afirmação, examine qualquer história nacional ou mundial e observe o tato e a eficiência com que a guerra é glorificada e descrita de modo que não apenas não choca a mente do aluno, como de fato estabelece uma justificativa plausível para ela.

Vá às praças públicas de nossas cidades e observe os monumentos erguidos aos líderes da guerra. Observe a postura dessas estátuas que permanecem como símbolos vivos a glorificar homens que nada fizeram além de liderar exércitos em escapadas ou destruição. Note como essas estátuas de guerreiros montados sobre corcéis em marcha servem bem para estimular a mente dos jovens e prepará-los para aceitar a guerra não só como um ato perdoável, mas como uma fonte distinta e desejável de glória, fama e honra. No momento em que escrevo isto, algumas senhoras bem-intencionadas estão esculpindo imagens gigantes dos soldados confederados em granito imortal na face da Stone Mountain, na Geórgia, procurando perpetuar assim a memória de uma "causa" perdida que nunca foi uma "causa" e que, portanto, quanto antes esquecida, melhor.

Se as referências aos longínquos Rússia, Japão e Alemanha parecem inexpressivas e abstratas, vamos estudar então o princípio da hereditariedade social como funciona hoje em escala altamente desenvolvida aqui nos Estados Unidos; pois pode se esperar demais da média de nossa raça supor que se interesse pelo que está acontecendo fora da terra delimitada ao norte com o Canadá, a leste com o Atlântico, a oeste com o Pacífico e ao sul com o México.

Nós também estamos colocando um ideal nacional na mente de nossos jovens, e esse ideal está sendo tão eficazmente desenvolvido pela hereditariedade social que já se tornou o ideal dominante da nação.

Esse ideal é o desejo de riqueza!

*Infeliz do homem que fica tão acostumado com o mal que este não lhe parece mais horrível.*

A primeira pergunta que fazemos a um novo conhecido não é: "Quem é você?", mas: "O que você tem?". E a pergunta seguinte é: "Como podemos conseguir o que você tem?".

Nosso ideal não é medido em termos de guerra, mas em termos de finanças, indústrias e negócios. Nossos Patrick Henry, George Washington e Abraham Lincoln de algumas gerações passadas são agora representados pelos líderes competentes que gerenciam nossas siderúrgicas, minas, recursos madeireiros, instituições bancárias e ferrovias.

Podemos negar essa acusação se quisermos, mas os fatos não apoiam a negação.

O notável problema da população americana atual é o espírito de agitação de parte das massas que acham que a luta pela existência está se tornando cada vez mais dura porque os cérebros mais competentes do país estão engajados na tentativa altamente competitiva de acumular riqueza e controlar o maquinário que produz a riqueza da nação.

Não é necessário alongar a descrição de nosso ideal dominante ou oferecer evidência de apoio, pois sua existência é óbvia e bem entendida pelos mais ignorantes e igualmente por aqueles que fingem pensar de modo preciso.

O desejo louco por dinheiro está tão profundamente arraigado que ficamos plenamente à vontade com o fato de outras nações do mundo se despedaçarem em guerra desde que não interfiram em nossa luta por riqueza. E esta nem é a parte mais triste da acusação que podemos tomar contra nós: não só ficamos à vontade com o fato de que outras nações entrem em guerra, como existe considerável motivo para acreditar que aqueles de nós que lucram com a venda de artigos bélicos na verdade encorajam a guerra entre outras nações.

DIA 333

## O PLANO

A guerra nasce do desejo do indivíduo de levar vantagem às custas de seus semelhantes, e as brasas fumegantes desse desejo transformam-se em chamas com o agrupamento desses indivíduos que colocam os interesses de seu grupo acima dos outros grupos.

A guerra não pode ser parada de repente!

Ela pode ser eliminada apenas pela educação, com a ajuda do princípio da subordinação dos interesses do indivíduo aos interesses da raça humana como um todo.

As tendências e atividades do homem, como já afirmamos, derivam-se de duas grandes forças. Uma é a hereditariedade física, a outra é a hereditariedade social. Pela hereditariedade física, o homem herda tendências primevas de destruir seus semelhantes para a autoproteção. Essa prática é um resquício da pré-história, quando a luta pela sobrevivência era tão grande que só os fisicamente fortes conseguiam sobreviver.

Gradualmente, o homem começou a aprender que o indivíduo poderia sobreviver sob circunstâncias mais favoráveis aliando-se com outros, e dessa descoberta surgiu a sociedade moderna, em que grupos de pessoas formaram estados, e estes, por sua vez, formaram nações. Existe pouca tendência à guerra entre indivíduos de um grupo específico ou nação, pois eles aprenderam por hereditariedade social que podem sobreviver melhor pela subordinação dos interesses individuais aos do grupo.

Agora, o problema é estender esse princípio de grupos às nações do mundo para que subordinem seus interesses individuais aos da raça humana como um todo.

Isso pode ocorrer apenas por hereditariedade social. Inculcando na mente dos jovens de todas as raças que a guerra é horrível e não serve nem aos interesses dos indivíduos engajados nela, nem ao grupo a que o indivíduo pertence.

Surge então a pergunta: "Como isso pode ser feito?". Antes de respondermos, vamos definir de novo o termo "hereditariedade social" e descobrir quais suas possibilidades.

Hereditariedade social é o princípio pelo qual o jovem de uma raça absorve do ambiente — e em particular da educação inicial dos pais, professores e líderes religiosos — as crenças e tendências dos adultos que o dominam.

Para ter sucesso, qualquer plano para abolir a guerra depende de esforço coordenado bem-sucedido entre todas as igrejas e escolas do mundo com o objetivo declarado de fertilizar a mente dos jovens com a ideia de abolir a guerra de tal modo que a própria palavra "guerra" traga terror a seus corações.

Não existe outra maneira de abolir a guerra!

A próxima pergunta que surge é: "Como podem as igrejas e escolas do mundo serem organizadas tendo esse alto ideal como objetivo?". A resposta é que não elas não podem ser induzidas a entrar na aliança todas juntas, de uma vez só; mas um número suficiente das mais influentes pode ser induzido e isso, com o tempo, levará ou forçará o restante à aliança tão logo a opinião pública comece a exigi-lo.

Aí vem a pergunta: "Quem tem influência suficiente para convocar uma conferência das religiões e líderes educacionais mais poderosos?".

A resposta é:

O presidente e o Congresso dos Estados Unidos.

Tal empreendimento exigiria o apoio da imprensa em escala até então inédita, e por essa fonte a propaganda começaria a alcançar e fertilizar a mente das pessoas em cada país civilizado do mundo, preparando para a adoção do plano pelas igrejas e escolas de todo o planeta.

O plano para abolir a guerra pode ser comparado a uma grande peça dramática, com os seguintes elementos principais:

PALCO: Capitólio dos Estados Unidos.

ATORES PRINCIPAIS: presidente dos Estados Unidos e membros do Congresso.

ATORES COADJUVANTES: líderes de todas as denominações do clero e lideranças da educação, todos convidados e com despesas pagas pelo governo dos Estados Unidos da América.

SALA DE IMPRENSA: representantes das agências de notícia do mundo.

EQUIPAMENTO DE PALCO: uma estação de rádio que transmitiria o evento para todo o mundo.

TÍTULO DA PEÇA: "Não matarás!".

OBJETIVO DA PEÇA: criação de uma corte mundial com representantes de todas as raças, cujas obrigações seriam ouvir depoimentos e arbitrar casos de discórdia entre nações.

DIA 334

Outros fatores de menor importância entrariam nesse grande drama mundial. Os principais problemas e os fatores mais essenciais estão aqui enumerados.

Resta uma pergunta: "Quem dará início à ação do governo dos Estados Unidos para convocar essa conferência?". A resposta é:

A opinião pública, com auxílio de um organizador e líder hábil, que irá organizar e direcionar os esforços da Sociedade da Regra de Ouro com o objetivo de colocar o presidente e o Congresso em ação.

Nenhuma Liga das Nações e nenhum mero acordo entre nações podem abolir a guerra enquanto existir o mais leve indício de aprovação da guerra no coração das pessoas. A paz universal entre as nações brotará de um movimento iniciado e levado adiante primeiro por um número comparativamente pequeno de pensadores. O número crescerá gradualmente até incluir lideranças em educação, sacerdotes e assessores de imprensa do mundo inteiro, que, por sua vez, vão estabelecer a paz como ideal mundial tão profundo e permanente que ela se tornará realidade.

Esse final desejável pode ser alcançado em uma única geração sob o tipo certo de liderança, mas é mais provável que não ocorra por muitas gerações porque os que têm capacidade para assumir a liderança estão ocupados demais com a busca de riqueza para fazer o sacrifício necessário pelo bem de gerações ainda não nascidas.

A guerra pode ser eliminada não pelo apelo à razão, mas pelo apelo ao lado emocional da humanidade. Esse apelo deve ser feito mediante a organização e a intensa mobilização emocional dos povos de diferentes nações no apoio a um plano universal pela paz, e esse plano deve enfocar a mente das gerações futuras com o mesmo cuidado diligente que hoje inculcamos os ideais de nossas respectivas religiões na mente de nossos jovens.

Não é uma declaração forte demais dizer que as igrejas do mundo poderiam estabelecer a paz universal como ideal internacional no espaço de uma geração se simplesmente direcionassem para esse fim a metade do esforço que empregam na oposição entre si.

Estaríamos ainda dentro dos limites do conservadorismo se declarássemos que as igrejas cristãs sozinhas têm influência suficiente para estabelecer a paz universal como ideal mundial dentro de três gerações se as várias seitas combinarem suas forças em prol do objetivo.

O que as principais igrejas de todas as religiões, escolas e imprensa mundial poderiam realizar inculcando o ideal universal da paz na mente de adultos e crianças do planeta dentro de uma única geração atordoa a imaginação.

Se as religiões mundiais como existem agora não subordinarem seus interesses e objetivos individuais ao estabelecimento da paz universal, o remédio será estabelecer uma igreja mundial que trabalhe com todas as raças e cuja crença baseie-se inteiramente no objetivo único de incutir a paz na mente dos jovens do planeta.

Tal igreja gradualmente atrairia seguidores de todas as outras igrejas.

E, se as instituições educacionais do mundo não cooperarem para fomentar o ideal da paz universal, o remédio será criar um sistema educacional inteiramente novo, que inculque o ideal da paz universal na mente dos jovens.

E, se a imprensa mundial não cooperar no estabelecimento do ideal da paz universal, o remédio será criar uma imprensa independente, que utilize as páginas impressas e as forças do ar com o objetivo de criar um apoio de massa a esse ideal elevado.

DIA 335

*Comece grande!*
*O crime não é falhar,*
*mas mirar*
*demasiado baixo.*

Em resumo, se as atuais forças organizadas mundiais não derem apoio ao estabelecimento da paz universal como um ideal internacional, novas organizações deverão ser criadas para fazer isso.

A maioria das pessoas do planeta quer paz, pois é na paz que se encontra a possibilidade de realização!

Em um primeiro momento, parece muito esperar que as igrejas organizadas do mundo possam ser induzidas a juntar seus poderes e subordinar interesses individuais aos da civilização como um todo.

Mas esse obstáculo aparentemente insuperável não é de fato um obstáculo, pois, qualquer que seja o apoio que esse plano peça das igrejas, retribuirá mil vezes com o aumento do poder dessas instituições.

Vamos ver quais vantagens a igreja obtém participando do plano para estabelecer a paz universal como um ideal mundial. Primeiro, é óbvio que nenhuma igreja individual perde nenhuma de suas vantagens aliando-se a outras denominações para estabelecer esse ideal mundial. A aliança de nenhum modo altera ou interfere na crença de qualquer igreja. Toda igreja que entrar na aliança sairá dela com todo o poder e vantagens que possuía antes, mais a vantagem adicional da maior influência de que as igrejas como um todo desfrutarão por estar servindo como fator de destaque para inculcar na civilização o maior benefício desfrutado na história do mundo.

Se a igreja não obtivesse nenhuma outra vantagem com a aliança, essa única seria suficiente para compensar. Mas a grande vantagem que a igreja teria com a aliança seria verificar que possui poder suficiente para incutir seus ideais no mundo quando coloca seu apoio conjunto por trás do empreendimento.

Com essa aliança, a igreja terá dominado o significado do longo alcance do princípio do esforço organizado, com o qual poderia facilmente ter dominado o mundo e imposto seus ideais à civilização.

A igreja é de longe o maior poder potencial no mundo hoje, mas seu poder é meramente potencial e assim permanecerá até que faça uso do esforço aliado ou organizado, ou seja, até que todas as denominações formulem um acordo de trabalho sob o qual a força combinada da religião organizada seja usada como meio de incutir um ideal elevado na mente dos jovens.

A igreja é o maior poder potencial no mundo porque seu poder advém da emoção do homem. As emoções dominam o mundo, e a igreja é a única organização que se assenta apenas sobre o poder da emoção. A igreja é o único elemento organizado da sociedade que tem poder para controlar e direcionar as forças emocionais da civilização, pois as emoções são controladas pela fé e não pela razão! E a igreja é o único grande corpo organizado no qual centra-se a fé do mundo!

A igreja, hoje, apresenta muitas unidades de poder desconectadas, e não é exagero dizer que, quando essas unidades forem conectadas pelo esforço aliado, o poder combinado dessa aliança regulará o mundo, e não existe poder de oposição na Terra que possa derrotá-lo!

Não é em espírito desencorajador que esta afirmação é seguida de outra que pode parecer ainda mais radical:

A tarefa de fazer a aliança das igrejas no apoio do ideal de paz universal deve recair sobre seus membros femininos, pois a abolição da guerra promete vantagens que podem prolongar-se para o futuro e que podem favorecer apenas gerações ainda não nascidas.

Na amarga acusação de Schopenhauer às mulheres — de que para elas a raça sempre significa mais do que o indivíduo —, ele inconscientemente afirmou uma verdade na qual repousa a esperança da civilização. Em termos intransigentes, Schopenhauer acusa a mulher de inimiga natural do homem por causa do traço inato de colocar os interesses da raça acima dos interesses do indivíduo.

Parece uma profecia razoável sugerir que, a partir da guerra mundial, a civilização entrou numa nova era na qual a mulher está destinada a tomar em mãos a elevação dos padrões éticos do mundo. Esse é um sinal de esperança, porque é da natureza da mulher subordinar seus interesses do presente aos do futuro. É da natureza da mulher colocar na mente dos jovens ideais que irão reverter em benefício de gerações ainda não nascidas, enquanto o homem é geralmente motivado pela expectativa do presente.

No ataque perverso de Schopenhauer às mulheres, ele afirmou uma grande verdade em relação à natureza feminina, uma verdade que poderia muito bem ser utilizada por todos que se empenham no valioso trabalho de estabelecer a paz universal como ideal mundial.

Os clubes de mulheres do mundo estão destinados a desempenhar um papel nos temas mundiais, além de garantir o direito do voto para as mulheres.

Que a civilização lembre-se disso!

Os que não querem a paz mundial são os que lucram com a guerra. Em números, essa classe constitui apenas um fragmento do poder do mundo e poderia ser varrida como se não existisse, caso a multidão que não quer a guerra se organizasse tendo por objetivo o elevado ideal da paz universal.

Para concluir, parece apropriado me desculpar pelo estado incompleto deste ensaio, mas pode ser perdoável sugerir que os tijolos, a argamassa, a pedra fundamental e todo os outros materiais necessários para a construção de um templo de paz universal foram aqui agregados e podem ser rearranjados e transformados nesse alto ideal como uma realidade mundial.

✦

Vamos proceder agora à aplicação do princípio da hereditariedade social aos assuntos econômicos e verificar se pode ser ou não de benefício prático para a obtenção de riqueza material.

Se eu fosse banqueiro, organizaria uma lista de todos os nascimentos nas famílias de uma dada distância do local do meu estabelecimento, e cada criança receberia uma carta parabenizando-a pela chegada ao mundo em época tão oportuna, em comunidade tão favorável; e, daquele dia em diante, ela receberia do meu banco uma lembrança de aniversário. Quando chegasse à idade dos livros de história, ela receberia um volume muito interessante no qual a vantagem de economizar seria contada em forma de história. Se fosse menina, receberia de presente de aniversário livros de bonecas para recortar, com o nome do meu banco nas costas de cada uma delas. Se fosse menino, receberia bastões de beisebol. Um dos mais importantes andares do meu banco (ou até mesmo um prédio inteiro nas proximidades) seria uma sala de recreação para crianças, equipada com carrossel, escorregadores, gangorras, jogos e caixas de areia, com uma supervisora competente no comando para proporcionar às crianças momentos divertidos. Eu deixaria esse espaço de recreação se tornar um hábito popular entre as crianças da comunidade, um local onde as mães poderiam deixar os filhos em segurança enquanto fizessem compras ou visitas.

Eu entreteria aqueles jovens tão regiamente que, quando crescessem e se tornassem correntistas bancários com contas que valeria a pena ter, eles teriam uma ligação indelével com meu banco; enquanto isso, eu não estaria de maneira alguma diminuindo minhas chances de tornar os pais e mães daquelas crianças meus clientes.

Se eu fosse proprietário de uma escola de administração, começaria a cultivar os meninos e meninas de minha comunidade a partir da quinta série até o ensino médio para que, quando concluíssem os estudos e estivessem prontos para escolher uma vocação, eu tivesse o nome de minha escola de administração bem afixada na mente deles.

Se eu fosse um comerciante de alimentos, ou dono de uma loja de departamentos, ou farmacêutico, iria me dedicar às crianças, atraindo-as, juntamente com os pais, para o meu local de negócios, pois é bem sabido que não existe caminho mais curto para o coração de um pai do que aquele através do interesse pelos filhos. Se eu fosse proprietário de uma loja de departamentos e usasse páginas inteiras de espaço nos jornais, como a maioria delas faz, colocaria uma tirinha de quadrinhos no final de cada página, ilustrando-a com cenas da minha sala de recreação, induzindo assim as crianças a lerem meus anúncios.

Se eu fosse um pastor, equiparia o porão de minha igreja com uma sala de recreação que atrairia as crianças da comunidade todos os dias da semana; se meu estúdio ficasse perto, eu iria ali para desfrutar da alegria com os pequenos, obtendo assim inspiração para pregar melhores sermões, enquanto, ao mesmo tempo, estaria criando paroquianos para o futuro. Não consigo pensar em método mais eficaz do que esse para prestar um serviço em harmonia com o cristianismo e que também faria de minha igreja um local popular entre os jovens.

Se eu fosse um publicitário nacional ou proprietário de uma empresa de vendas por correspondência, encontraria meios apropriados de estabelecer um ponto de contato com as crianças do país, pois, deixe-me repetir, não existe melhor maneira de influenciar os pais do que "capturando" os filhos.

Se eu fosse um barbeiro, teria uma sala montada exclusivamente para crianças, pois isso atrairia a clientela das crianças e seus pais.

Na periferia de toda cidade existe uma oportunidade de negócio próspero para alguém que administre um restaurante e sirva refeições com "comida caseira" da melhor qualidade e atenda famílias que desejem levar as crianças para jantar fora ocasionalmente. Eu teria o local equipado com lagos de pesca bem abastecidos, pôneis e todos os tipos de animais e pássaros pelos quais as crianças se interessam e induziria a garotada a vir regularmente para passar o dia inteiro. Por que falar em minas de ouro se oportunidades como esta são abundantes?

Esses são alguns poucos casos em que a hereditariedade social pode ser usada com vantagem nos negócios.

Atraia as crianças e você atrairá os pais.

Se as nações podem produzir soldados por encomenda voltando a mente dos jovens para a guerra, homens de negócios podem produzir clientes pelo mesmo princípio.

✦



Chegamos agora a outro tema importante desta lição, no qual podemos ver por outro ângulo como o poder pode ser acumulado mediante o esforço cooperativo e organizado.

No plano para a abolição da guerra, você observou como a coordenação do esforço entre três dos grandes poderes organizados do mundo (escolas, igrejas e imprensa) pode servir para forçar a paz universal.

Aprendemos muitas lições valiosas com a guerra mundial — por mais ultrajante e destrutiva que tenha sido —, mas nenhuma mais importante do que o efeito do esforço organizado. Você vai lembrar que a maré da guerra começou a virar em favor dos exércitos aliados logo após todas as forças serem colocadas sob a direção do general Foch, o que propiciou a coordenação total do esforço nas fileiras aliadas.

Nunca antes na história do mundo houve tanto poder concentrado em um grupo de homens como nesse criado pelo esforço organizado dos exércitos aliados. Chegamos agora a um dos fatos mais impressionantes e significativos verificado na análise dos exércitos aliados, isto é, o fato que eram compostos pelo grupo de soldados mais cosmopolita já reunido neste mundo.

Católicos e protestantes, judeus e gentios, negros e brancos, amarelos, morenos e cada raça da Terra estavam representados nesses exércitos. Se tivessem alguma diferença por conta de raça ou crença, deixavam de lado e se subordinavam à causa pela qual estavam lutando. Sob o estresse da guerra, aquela grande massa da humanidade foi reduzida a um nível comum, onde lutou ombro a ombro, lado a lado, sem questionar tendências raciais ou crenças religiosas.

Se puderam deixar de lado a intolerância por tempo suficiente para lutar pela vida lá, por que não podemos fazer o mesmo enquanto lutamos por um padrão de ética mais elevado nos negócios, finanças e indústria aqui?

Apenas quando lutam por sua vida as pessoas civilizadas têm a visão de deixar de lado a intolerância e cooperar no fomento de uma finalidade em comum?

Se foi vantajoso para as forças aliadas pensar e agir como um corpo totalmente coordenado, seria menos vantajoso para as pessoas de uma cidade, comunidade ou indústria fazerem isso?

Se todas as igrejas, escolas, jornais, clubes e organizações civis de sua cidade se aliassem para a promoção de uma causa comum, você não vê como tal aliança criaria poder suficiente para assegurar o sucesso da causa?

Traga o exemplo para ainda mais perto de seus interesses individuais, com uma aliança imaginária entre todos os empregados e empregadores de sua cidade tendo por objetivo reduzir conflitos e desentendimentos, permitindo assim a prestação de um serviço melhor a um custo mais baixo para o público e um grande lucro para eles mesmos.

Com a guerra mundial, aprendemos que não podemos destruir uma parte sem enfraquecer o todo; que, quando uma nação ou grupo de pessoas é reduzido à pobreza e à necessidade, o restante do mundo também sofre. Afirmado inversamente, aprendemos com a guerra mundial que cooperação e tolerância são a base do sucesso duradouro.

Com certeza as pessoas mais ponderadas e observadoras não deixarão de lucrar (como indivíduos) com as grandes lições que aprenderam com a guerra mundial.

Não ignoro o fato de que você provavelmente esteja estudando este curso com o objetivo de lucrar de todas as maneiras possíveis, de um ponto de vista puramente profissional, com os princípios sobre os quais ele é baseado.

Por isso, tenho me esforçado para delinear a aplicação desses princípios em uma grande abrangência de temas.



Nesta lição, você teve a oportunidade de observar a aplicação dos princípios subjacentes aos temas de esforço organizado, tolerância e hereditariedade social numa extensão que deve ter lhe dado muito o que pensar e oferecido à sua imaginação muito mais espaço para exercício lucrativo.

Tenho procurado mostrar como esses princípios podem ser empregados na promoção de seus interesses pessoais em qualquer atividade em que você esteja engajado e para o benefício da civilização como um todo.

Não importa se sua vocação é pregar sermões, vender bens ou serviços, advogar, dirigir os esforços de outros ou trabalhar como operário, não parece demais esperar que você encontre nesta lição um estímulo ao pensamento que pode levar a conquistas maiores. Se for um redator de anúncios, você certamente encontrará nesta lição ideias suficientes para acrescentar mais poder à sua caneta. Se vende serviços, não é irracional esperar que esta lição sugira meios de vender tais serviços com maior vantagem.

Ao revelar a fonte de onde a intolerância em geral se desenvolve, esta lição levou também ao estudo de outros assuntos que instigam o pensamento e podem facilmente marcar o momento crítico mais lucrativo de sua vida. Livros e lições por si só são de pouco valor; o verdadeiro valor não está nas páginas impressas, mas na possível ação que podem suscitar no leitor.

Por exemplo, quando minha revisora terminou de ler o manuscrito desta lição, informou que ela e o marido haviam se impressionado tanto que pretendiam começar um negócio de publicidade e fornecer aos bancos um serviço de anúncios para alcançar os pais por meio dos filhos. Ela acredita que o plano renda US$ 10 mil por ano.

Honestamente, o plano dela me agradou tanto que eu estimaria o valor em no mínimo três vezes mais do que o mencionado, e não duvido que pudesse valer cinco vezes aquele montante se corretamente organizado e negociado por um vendedor capaz.

Não foi só isso que esta lição realizou antes de passar do estágio de manuscrito. O proprietário de uma importante faculdade de administração a quem mostrei o manuscrito já colocou em prática a sugestão do uso da hereditariedade social como meio de "cultivar" alunos; ele é otimista o suficiente para acreditar que um plano parecido com o que ele pretende usar possa ser vendido para a maioria das 1,5 mil faculdades de administração nos Estados Unidos e Canadá numa base em que renderia ao promotor do plano honorários maiores do que o salário do presidente dos Estados Unidos.

*Se um homem construiu um caráter sólido, pouco importa o que as pessoas falem dele, pois no final ele vencerá.*

— NAPOLEON HILL

E, enquanto esta lição é concluída, recebo uma carta do Dr. Charles F. Crouch, de Atlanta, Geórgia, informando que um grupo de empresários proeminentes da cidade organizou o Clube da Regra de Ouro, cujo principal objetivo é colocar em operação, em escala nacional, o plano de abolição da guerra conforme descrito nesta lição (uma cópia da parte desta lição que menciona o assunto da abolição da guerra foi enviada ao Dr. Crouch muitas semanas antes de sua conclusão).

Esses três fatos, acontecidos um após o outro no período de poucas semanas, fortaleceram minha crença de que esta é a lição mais importante de todas, mas o valor para você dependerá inteiramente da extensão em que ela o estimule a pensar e a agir de uma forma que você não pensaria e agiria sem sua influência.

O objetivo principal deste curso e particularmente desta lição é educar, mais do que informar — entendendo-se pela palavra "educar" inferir, extrair, desenvolver de dentro; fazê-lo usar o poder que está dormente dentro de você, esperando pela mão que o acorde com algum estímulo apropriado para colocá-lo em ação.

Concluindo, deixo-lhe meus sentimentos pessoais sobre tolerância no texto a seguir, que escrevi durante minha experiência mais penosa, quando um inimigo tentou arruinar minha reputação e destruir os resultados de uma vida inteira de esforços honestos em fazer algo de bom para o mundo.



## TOLERÂNCIA!

Quando a aurora da inteligência tiver aberto suas asas sobre o horizonte oriental do progresso e a ignorância e a superstição tiverem deixado suas últimas pegadas nas areias do tempo, será registrado no livro dos crimes e erros do homem que seu pecado mais grave foi o da intolerância.

A intolerância mais amarga brota das diferenças de opinião racial e religiosa, como resultado da criação na infância. Quanto tempo, ó mestre dos desejos humanos, até nós, mortais, entendermos a loucura de tentar destruir uns aos outros por causa de dogmas, crenças e outros assuntos superficiais sobre os quais não concordamos?

Nosso tempo nesta terra é apenas um momento fugaz, no máximo! Como uma vela, somos acesos, brilhamos por um momento e nos extinguimos! Por que não podemos apenas viver durante essa curta jornada de uma maneira que, quando a grande caravana chamada morte chegar e anunciar sua visita, estejamos prontos para fechar nossas tendas e, como os árabes do deserto, silenciosamente seguir a caravana pela escuridão do desconhecido sem medo e desconfiança?

Não espero encontrar judeus ou gentios, católicos ou protestantes, alemães ou ingleses, franceses ou russos, negros ou brancos, vermelhos ou amarelos quando tiver cruzado a barreira para o outro lado.

Espero encontrar apenas almas humanas, irmãos e irmãs sem raça, crença ou cor, pois espero ter acabado com a intolerância, para que possa deitar e repousar intocado pelo conflito, pela ignorância, superstição e pelos desentendimentos que marcam esta existência terrena com caos e aflição.

É provável que nenhum homem possa ler a filosofia da Lei do Sucesso, mesmo que apenas uma vez, sem com isso ficar melhor preparado para ter êxito em qualquer vocação.

— Elbert H. Gary

LIÇÃO 16

# A REGRA DE OURO

DIA 341

*"Você pode fazer se acreditar que pode!"*

Com esta lição nos aproximamos do ápice da pirâmide do curso sobre A Lei do Sucesso. Esta lição é a estrela guia que permitirá usar de modo lucrativo e construtivo o conhecimento reunido nas lições precedentes. As lições anteriores deste curso contêm mais poder do que a maioria dos homens poderia dispor com segurança; por isso, esta lição é um regulador que, se observado e aplicado, lhe permitirá conduzir seu navio de conhecimento em meio aos rochedos e recifes do fracasso que geralmente assolam o caminho de todos que chegam ao poder de forma súbita.

Por mais de vinte anos observei como os homens se comportam quando detêm poder e fui forçado à conclusão de que quem o conquista de qualquer outra maneira que não seja vagarosa, passo a passo, corre risco constante de destruir a si e a todos que influencia.

Deve ter ficado óbvio para você há tempos que este curso inteiro leva à conquista de poder em proporções que podem produzir o aparentemente "impossível". Felizmente, fica evidente que esse poder só pode ser atingido pela observância de muitos princípios fundamentais; princípios que convergem todos nesta lição, baseada na lei que iguala e transcende em importância todas as demais descritas nas lições precedentes.

Do mesmo modo, fica evidente para o aluno atento que esse poder só pode durar mediante a fiel observância da lei em que esta lição se baseia. Nela situa-se a "válvula de segurança" que protege o aluno descuidado dos perigos de sua insensatez e protege também aqueles que ele poderia colocar em perigo caso tentasse driblar a determinação prevista nesta lição.

"Brincar" com o poder que pode ser alcançado a partir do conhecimento contido nas lições precedentes deste curso sem um total entendimento e a estrita observação da lei exposta nesta lição equivale a "brincar" com um poder que pode destruir, bem como criar.

Agora, estou falando não do que eu suspeito ser verdade, mas do que sei que é verdade! A verdade sobre a qual este curso inteiro e esta lição em particular baseiam-se não é invenção minha. Minha única reivindicação é ter observado sua aplicação invariável pelos caminhos diários da vida por um período de mais de 25 anos de luta e tê-la adotado e utilizado tanto quanto podia à luz de minhas fragilidades e fraquezas humanas.

Se você exige prova positiva da solidez das leis em que este curso em geral e esta lição em particular se baseiam, devo declarar incapacidade de oferecê-la, exceto por uma testemunha: você mesmo.

Você pode ter prova positiva somente testando e aplicando por si.

Se você exige evidência mais substancial e abalizada do que a minha, é meu privilégio encaminhá-lo aos ensinamentos e à filosofia de Cristo, Platão, Sócrates, Epicteto, Confúcio, Emerson e dois dos mais modernos filósofos, William James e Hugo Munsterberg, de cujas obras peguei tudo que constitui os mais importantes fundamentos desta lição, com exceção do que adquiri a partir de minha limitada experiência.

DIA 342

Por mais de quatro mil anos, os homens têm pregado a Regra de Ouro como uma norma de conduta adequada, mas infelizmente o mundo aceitou as palavras e esqueceu totalmente o espírito desta injunção universal.

Aceitamos a Regra de Ouro apenas como uma regra sólida de conduta ética, mas fracassamos em entender a lei que a embasa.

Ouvi a Regra de Ouro ser citada muitas vezes, mas não lembro de ter ouvido uma explicação da lei que a embasa, e faz poucos anos que eu a entendi, por isso sou levado a crer que aqueles que a citaram não a entendiam.

A Regra de Ouro significa substancialmente fazer aos outros o que você desejaria que fizessem para você se as posições fossem contrárias.

Mas por quê? Qual o verdadeiro motivo para uma consideração bondosa pelos outros?

O verdadeiro motivo é o seguinte:

Existe uma lei eterna por cuja operação nós colhemos o que semeamos. Ao selecionar a regra de conduta pela qual se guiar nas transações com outros, você muito provavelmente será justo e equitativo se souber que com essa escolha está colocando em movimento um poder que seguirá seu curso para o bem ou para o mal na vida dos outros e que, por fim, retornará para ajudá-lo ou prejudicá-lo, de acordo com sua natureza.

"O que um homem semear também colherá!"

É sua prerrogativa tratar os outros de forma injusta, mas, se entende a lei sobre a qual baseia-se a Regra de Ouro, você deve saber que seu tratamento injusto "volta para de onde saiu".

Se entendeu plenamente os princípios descritos na Lição 11, sobre pensamento preciso, será muito fácil entender a lei sobre a qual baseia-se a Regra de Ouro. Você não pode corromper ou mudar o curso dessa lei, mas pode adaptar-se à sua natureza e, assim, usá-la como um poder irresistível que irá levá-lo a muitas conquistas que não poderiam ser atingidas sem tal ajuda.

Essa lei não se limita a apenas arremessar de volta seus atos de injustiça e indelicadeza em relação aos outros; vai além disso — muito além — e devolve os resultados de todo pensamento que você emite.

Assim, não apenas é aconselhável "fazer aos outros aquilo que deseja que eles façam a você", mas, para aproveitar plenamente os benefícios dessa grande lei universal, "pensar dos outros o que deseja que eles pensem de você".

A lei sobre a qual a Regra de Ouro é baseada começa a afetá-lo, para o bem ou para o mal, no momento em que você emite um pensamento. Quase chegou-se a uma tragédia mundial porque as pessoas em geral não entenderam essa lei. Apesar da simplicidade, ela é praticamente tudo de valor duradouro que deve ser aprendido, pois é o meio pelo qual nos tornamos mestres do nosso destino.

Entenda essa lei e você entenderá tudo o que a Bíblia tem a revelar, pois a Bíblia apresenta uma cadeia ininterrupta de evidências de apoio ao fato de que o homem é o autor de seu destino e que seus pensamentos e ações são as ferramentas com as quais ele o produz.

Em tempos de menos esclarecimento e tolerância do que o presente, alguns dos maiores pensadores que o mundo já produziu pagaram com a vida por ousar desvendar essa lei universal, de modo que pudesse ser entendida por todos. À luz da história, é uma evidência encorajadora do fato de que os homens estão gradualmente lançando fora o véu de ignorância e intolerância observar que não corro risco de danos corporais ao escrever algo que me custaria a vida há alguns séculos.

✦

DIA 343

Embora este curso lide com as leis mais elevadas do universo que o homem é capaz de interpretar, o objetivo foi mostrar como elas podem ser usadas nos assuntos práticos da vida. Tendo em mente o objetivo da aplicação prática, vamos agora analisar o efeito da Regra de Ouro com o episódio que segue.

## O PODER DA PRECE

"Não", disse o advogado, "não vou representar sua queixa contra esse homem; você pode conseguir outro para pegar o caso ou pode desistir; como queira".

"Acha que não vai dar dinheiro?"

"Provavelmente daria algum dinheiro, mas viria da venda da casinha que aquele homem ocupa e chama de lar! De qualquer modo, não quero me meter nisso."

"Ficou assustado, é?"

"Nem um pouco."

"Suponho que o sujeitinho provavelmente implorou bastante para ser perdoado?"

"Bem, sim."

"E você cedeu?"

"Sim."

"Céus, o que você fez?"

"Creio que derramei algumas lágrimas."

"E o velho implorou muito, você diz?"

"Não, eu não disse isso; ele não trocou uma palavra comigo."

"Bem, posso respeitosamente perguntar a quem ele se dirigiu em sua presença?"

"A Deus Todo-Poderoso."

"Ah, ele começou a rezar, é?"

"Não para o meu benefício. Veja, encontrei a casinha facilmente e bati à porta, que estava entreaberta; ninguém me ouviu, então entrei no pequeno *hall* e vi pela fresta de uma porta uma aconchegante sala de estar, e lá na cama, com a cabeça prateada recostada em travesseiros, uma velha senhora que parecia igual à minha mãe na última vez que a vi neste mundo. Bem, eu estava prestes a bater quando ela disse: 'Venha, pai, comece, estou pronta'. E ao lado dela, de joelhos, estava um homem idoso de cabelos brancos, mais velho que a esposa, imagino, e juro que então não consegui bater. Bem, ele começou. Primeiro, lembrou a Deus que ainda eram seus filhos submissos, a mãe e ele, e não importava o que Deus lhes impusesse, não se rebelariam contra a sua vontade. É claro que seria muito difícil para eles ficarem sem casa na velhice, especialmente com a pobre mãe tão doente e desamparada, e, ó, como poderia ter sido diferente se pelo menos um dos rapazes tivesse sido poupado. Então, a voz dele falhou, e uma mão alva saiu de debaixo da coberta e afagou gentilmente os cabelos brancos do homem. Ele prosseguiu, repetindo que nada poderia ser tão atroz como a perda dos três filhos — a não ser que ele e a mãe tivessem que se separar. Mas pelo menos ele se confortava com o fato de que o Senhor sabia que não era por culpa dele que a mãe e ele estavam ameaçados de perder sua querida casinha, o que significaria a mendicância e o asilo — um lugar que rezavam para não ter que ir, caso isso estivesse de acordo com a vontade de Deus. E então ele citou uma infinidade de promessas sobre a segurança daqueles que depositam a confiança em Deus. Na verdade, foi o apelo mais emocionante que já ouvi. Por último, ele rezou pela bênção de Deus para aqueles que estavam prestes a exigir justiça."

O advogado continuou, mais humildemente do que nunca: "E eu — acredite —, eu prefiro ir para um asilo de mendicidade esta noite do que manchar meu coração e minhas mãos com o sangue com uma acusação dessas".

*Todo homem cuida para que seu vizinho não o engane. Mas chega um dia em que ele começa a cuidar para não enganar o vizinho. Então tudo fica bem. Ele transformou seu carrinho de mercador em uma carruagem do Sol.*

"Está com medo de derrotar a oração do velho, é?"

"Pelo amor de Deus, homem, não se poderia derrotá-la!", falou o advogado. "Como eu disse, ele deixou tudo para a vontade de Deus, mas afirmou que somos instruídos a tornar nossos desejos conhecidos por Deus; essa súplica supera todas as que já ouvi. Veja, aprendi esse tipo de coisa na infância. De qualquer modo, por que fui enviado para ouvir aquela oração? Com certeza não sei, mas estou deixando o caso."

"Eu preferiria", disse o cliente, contorcendo-se inquieto, "que você não tivesse me contado sobre a prece do velho."

"Por quê?"

"Bem, porque eu quero o dinheiro que o lugar renderia; mas aprendi o bastante sobre a Bíblia quando era novo e odiaria ir de encontro ao que você diz. Gostaria que você não tivesse ouvido uma palavra daquilo, e, em outros tempos, não ouviria pedidos que não se destinassem a meus ouvidos."

O advogado sorriu.

"Meu caro", ele disse, "você está errado de novo. Era para os meus ouvidos e para os seus também; e Deus Todo-Poderoso teve essa intenção. Minha velha mãe costumava cantar sobre Deus agindo de forma misteriosa, pelo que lembro".

"Bem, minha mãe costumava cantar isso também", disse o requerente, enquanto dobrava os papéis da ação. "Você pode ir lá pela manhã, se quiser, e dizer a 'mãe' e a 'ele' que o pedido foi atendido."

"De forma misteriosa", acrescentou o advogado, sorrindo.

✦



Nem esta lição, nem este curso baseiam-se em apelo a sentimentos piegas, mas não há como escapar da verdade de que o sucesso em sua forma mais nobre e superior faz com que finalmente se veja todas as relações humanas com um sentimento de emoção profunda, tal como a que o advogado sentiu ao ouvir a oração do velho.

Pode ser uma ideia antiquada, mas de alguma maneira não consigo abandonar a crença de que homem algum pode atingir o sucesso em sua forma mais elevada sem a ajuda de uma prece sincera.

A oração é a chave com que se pode abrir a porta secreta mencionada na Lição 11. Nesta era de atividades mundanas, em que o pensamento predominante da maioria das pessoas está centrado na acumulação de riqueza ou na luta pela mera sobrevivência, é fácil e natural ignorarmos o poder da prece sincera.

Não estou dizendo que você deva recorrer à oração como forma de solucionar problemas cotidianos que exigem atenção imediata; não, não vou tão longe em um curso com instruções que serão largamente estudadas por quem busca a estrada do sucesso que é medida em dólares; mas posso modestamente sugerir que você pelo menos dê uma chance à prece depois de tudo o mais ter falhado em trazer sucesso satisfatório?

Trinta homens desgrenhados e com olhos vermelhos alinharam-se diante do juiz do tribunal de polícia de San Francisco. Era a turma matinal de bêbados e desordeiros de sempre. Alguns eram velhos e empedernidos, outros baixavam a cabeça com vergonha. Assim que o tumulto momentâneo provocado pela entrada dos prisioneiros amainou, uma coisa estranha aconteceu. Uma voz clara e forte, vinda de baixo, começou a cantar.

A noite passada adormeci,
Veio um sonho muito lindo.

"A noite passada!" Para todos eles havia sido um pesadelo ou um estupor de bebedeira. A canção era tão contrastante com o fato horrível que ninguém pôde deixar de sentir um choque repentino.

Eu estava na velha Jerusalém,
Ao lado do Templo.

A canção prosseguiu. O juiz fez uma pausa e indagou discretamente. Um antigo membro de uma famosa companhia de ópera conhecida em todo o país aguardava julgamento por falsificação. Era ele que cantava na cela.

Enquanto isso, a canção continuou, e todos os homens enfileirados manifestaram emoção. Um ou dois caíram de joelhos; um garoto no final da fila, após um desesperado esforço de autocontrole, apoiou-se contra a parede, colocou o rosto sobre os braços dobrados e soluçou: "Ó mãe, mãe".

Os soluços de cortar o coração dos homens e a canção que ainda chegava à sala do tribunal misturaram-se no burburinho. Por fim um homem protestou. "Juiz", ele disse, "temos que nos submeter a isso? Estamos aqui para receber nossa punição, mas isso...". Ele também começou a soluçar.

Foi impossível proceder com os trâmites na corte; ainda assim, não foi dada ordem para a música cessar. O sargento de polícia, após um esforço para manter os homens em fila, afastou-se e esperou com os demais. A música chegou ao clímax:

Jerusalém, Jerusalém!
Canto, pois a noite acabou!

Hosana nas alturas!
Hosana para sempre!

As últimas palavras ressoaram num êxtase de melodia, e então fez-se silêncio. O juiz olhou para os rostos diante de si. Não havia um único homem que não estivesse comovido pela canção; nenhum em quem um impulso melhor não tivesse se manifestado. O juiz não chamou os casos individualmente — proferiu uma palavra bondosa de conselho e dispensou a todos. Nenhum homem foi multado ou sentenciado à prisão naquela manhã. A canção havia feito mais bem do que a punição possivelmente poderia.

Você leu a história de um advogado da Regra de Ouro e de um juiz da Regra de Ouro. Nesses dois incidentes da vida cotidiana, você observou como a Regra de Ouro trabalha quando aplicada.

*Uma bondade insignificante aqui e ali não passa de uma coisinha simples. Todavia, se em sua vida você semeou à vontade, ampla há de ser a sua feliz colheita.*



Uma atitude passiva no que tange à Regra de Ouro não trará resultados; não basta apenas acreditar na filosofia, enquanto você fracassa em aplicá-la no relacionamento com os outros. Se deseja resultados, você deve ter uma atitude ativa em relação à Regra de Ouro. Uma atitude meramente passiva, representada pela crença em sua solidez, não adiantará nada.

Também não adiantará nada proclamar ao mundo a crença na Regra de Ouro enquanto suas ações não estiverem em harmonia com a proclamação. Em outras palavras, não adiantará de coisa alguma parecer que pratica a Regra de Ouro, enquanto no coração você tem disposição e avidez para usar essa lei universal de conduta correta como um manto para encobrir uma natureza ambiciosa e egoísta. Mesmo a pessoa mais ignorante "sentirá" o que você é.

O caráter humano sempre se exibe. Não fica oculto. Odeia a escuridão — corre para a luz... Ouvi um advogado experiente dizer que nunca teme o efeito sobre o júri de um defensor que não acredita de coração que seu cliente mereça um veredito. Se ele não acredita, sua descrença vai transparecer para o júri apesar de todos os seus protestos e se tornará a descrença deste. É a lei pela qual uma obra de arte de qualquer tipo nos coloca no mesmo estado mental do artista quando a fez. O que não acreditamos não podemos dizer adequadamente, embora possamos repetir as palavras com frequência. Foi essa convicção que Emanuel Swedenborg expressou quando descreveu um grupo de pessoas no mundo espiritual esforçando-se em vão para articular uma proposta em que não acreditavam; não conseguiam, embora retorcessem os lábios em indignação.

> Um homem passa por aquilo que ele vale. O que ele é fica gravado em seu rosto, seu aspecto, seu destino, em letras luminosas que todos os homens podem ler, menos ele... Se você não quer ser conhecido por fazer determinada coisa, jamais a faça. Um homem pode bancar o bobo nos desvios de um deserto, mas vai parecer que cada grão de areia vê.
>
> — EMERSON

Na citação, Emerson refere-se à lei que embasa a filosofia da Regra de Ouro. É a mesma lei que ele teve em mente quando escreveu o seguinte:

> Toda violação da verdade não é apenas uma espécie de suicídio do mentiroso, mas uma punhalada na saúde da sociedade humana. Sobre a mais lucrativa mentira, o curso dos acontecimentos em breve lança um imposto destrutivo; por outro lado, a franqueza prova-se a melhor tática, pois convida à franqueza, coloca as partes em situação conveniente e faz do negócio uma amizade. Confie nos homens, e eles serão leais; trate-os com grandeza, e eles se mostrarão grandes, embora façam em seu favor uma exceção a todas as suas regras de negócios.

✦



A filosofia da Regra de Ouro é baseada numa lei que homem algum pode lograr. Essa lei é a mesma descrita na Lição 11, sobre pensamento preciso, cuja operação transforma o pensamento em realidade que corresponde exatamente à natureza do pensamento.

Uma vez concedido poder criativo a nossos pensamentos, chega ao fim a luta por nosso próprio caminho e por obtê-lo às custas de outrem, pois, visto que em termos de hipótese podemos criar o que queremos e a maneira mais simples de conseguir o que queremos não é arrancando de outrem, mas fazendo por nós, e, visto que não há limite para o pensamento, não pode haver necessidade de esforço excessivo, e para todos que fazem seu caminho dessa maneira há de ser banida toda a contenda, escassez, doença e tristeza da Terra.

Agora, é precisamente sobre o pressuposto do poder criativo de nosso pensamento a que a Bíblia inteira se refere. Se não, qual o significado de ser salvo pela fé? A fé é essencialmente pensamento; portanto, todo chamado para ter fé em Deus é um apelo para confiar no poder de nosso próprio pensamento sobre Deus. "Seja-vos feito segundo a vossa fé", diz o Antigo Testamento. O livro inteiro nada mais é do que uma afirmação contínua do poder criativo do pensamento.

A lei da individualidade do homem é, portanto, a lei da liberdade e igualmente o evangelho da paz, pois, quando realmente entendemos a lei de nossa individualidade, percebemos que a mesma lei encontra expressão em todos os demais e, por conseguinte, vamos reverenciar a lei nos outros na exata proporção em que a valorizamos em nós. Fazer isso é seguir a Regra de Ouro de fazer aos outros o que gostaríamos que fizessem conosco; e, como sabemos que a lei da liberdade para nós deve incluir o livre uso de nosso poder criativo, não há mais qualquer incentivo para infringir os direitos dos outros, pois podemos satisfazer todos os nossos desejos pelo exercício de nosso conhecimento da lei.

> Quando isso for entendido, a cooperação tomará o lugar da competição, tendo por resultado a remoção de todo fundamento para a inimizade, seja entre indivíduos, classes ou nações...*

Se você deseja saber o que acontece quando alguém ignora totalmente a lei que embasa a filosofia da Regra de Ouro, pegue qualquer homem de sua comunidade que você saiba que vive com o objetivo dominante único de acumular riqueza e que não tem escrúpulos judiciosos sobre como acumular tal riqueza. Estude esse homem e você observará que não há cordialidade em sua alma, não há bondade em suas palavras, não há acolhimento em seu rosto. Ele se tornou escravo do desejo de riqueza, está ocupado demais para desfrutar da vida e é egoísta demais para desejar que os outros desfrutem-na. Ele caminha, fala, respira, mas não passa de um autômato humano. Ainda assim, existem aqueles que invejam tal homem e desejam ocupar sua posição, tolamente acreditando que ele é bem-sucedido.

Jamais pode haver sucesso sem felicidade, e nenhum homem pode ser feliz sem distribuir felicidade aos outros. Entretanto, a distribuição deve ser voluntária e sem nenhum outro objetivo em vista do que espalhar a luz do sol no coração daqueles cujo peito está sobrecarregado.

George D. Herron tinha em mente a lei sobre a qual baseia-se a filosofia da Regra de Ouro quando disse:

> Falamos muito da fraternidade por vir, mas fraternidade sempre foi o fato de nossa vida, muito antes de se tornar um sentimento moderno e inspirado. Só que fomos irmãos em escravidão e tormento, irmãos na ignorância e em sua perdição, irmãos na doença, na guerra e na escassez, irmãos na prostituição e hipocrisia. O que acontece com um de nós mais cedo ou mais tarde acontece a todos, sempre estivemos inescapavelmente envolvidos em um destino comum. O mundo tende

* A citação é de *Bible Mystery and Bible Meaning* (Mistério da Bíblia e significado da Bíblia), do falecido juiz Thomas Troward, publicado por Robert Mcbride & Company, Nova York. O juiz Troward foi o autor de vários volumes interessantes, entre eles *The Edinburgh Lectures* (As palestras de Edimburgo), recomendado a todos os alunos deste curso.

> constantemente ao nível do homem mais baixo, e esse homem mais baixo é o verdadeiro governante do mundo, abraçando-o junto ao peito, arrastando-o para a sua morte. Você não pensa assim, mas é verdade e tem que ser verdade. Pois, se houvesse alguma maneira de alguns de nós conseguirmos a liberdade sem os outros, se houvesse alguma maneira de alguns de nós podermos ter o céu enquanto outros tivessem o inferno, se houvesse alguma maneira de parte do mundo poder escapar de pragas, dos perigos e da miséria do trabalho que não prospera, então na verdade nosso mundo estaria perdido e condenado; porém, visto que os homens nunca foram capazes de se separar dos males e erros uns dos outros, visto que a história é bastante afetada pela lição de que não podemos escapar da fraternidade, visto que tudo na vida nos ensina que a cada minuto escolhemos entre a fraternidade no sofrimento e a fraternidade na bondade, resta-nos escolher a fraternidade de um mundo cooperativo, com todos os seus frutos — os frutos do amor e da liberdade.

DIA 347

A guerra mundial conduziu-nos a uma era de esforço cooperativo na qual a lei do "viva e deixe viver" destaca-se como uma estrela brilhante a nos guiar no relacionamento uns com os outros. Esse grande chamado universal em prol do esforço cooperativo assume muitas formas, tais como os clubes Rotary, Kiwanis, Lions e muitos outros que unem os homens em espírito de convívio amigável, pois marcam o início de uma era de cordialidade competitiva nos negócios. O próximo passo será uma aliança mais próxima de todos os clubes em espírito de cooperação amigável.

A tentativa de Woodrow Wilson e seus contemporâneos de estabelecer a Liga das Nações, seguida dos esforços de Warren G. Harding para dar apoio à mesma causa sob o nome de Corte Mundial, marcou a primeira tentativa na história do mundo de tornar a Regra de Ouro efetiva como uma base comum para as nações do mundo.

Não há escapatória do fato de que o mundo acordou para a verdade da afirmação de George D. Herron de que "a cada minuto escolhemos entre a fraternidade no sofrimento e a fraternidade na bondade". A guerra mundial nos ensinou — ou melhor, impôs — a verdade de que uma parte do mundo não pode sofrer sem danos ao mundo inteiro. Esses fatos são trazidos à sua atenção não como pregação de moral, mas com o objetivo de direcionar sua atenção para a lei subjacente que ocasiona essas mudanças. Por mais de quatro mil anos, o mundo pensou sobre a filosofia da Regra de Ouro, e esse pensamento está agora transformando-se na percepção dos benefícios advindos para aqueles que a aplicam.

*Nenhuma pessoa ociosa jamais está segura, seja rica ou pobre, branca ou negra, educada ou analfabeta.*

— BOOKER T. WASHINGTON

Ainda consciente do fato de que o aluno deste curso está interessado em sucesso material que pode ser medido pelo extrato bancário, parece apropriado sugerir aqui que todos podem lucrar moldando sua filosofia de negócios de acordo com a mudança rumo à cooperação que está tomando conta do mundo.

Se conseguir captar a importância da enorme mudança ocorrida no mundo desde o término da guerra mundial e conseguir interpretar o significado de todos os clubes e associações que agregam homens e mulheres em espírito de cooperação amigável, com certeza sua imaginação irá sugerir o fato de que este é um momento oportuno de lucrar adotando o espírito de cooperação amigável como base de sua filosofia profissional ou de negócios.

Em outras palavras, deve ser óbvio para todos que pretendem pensar de modo preciso que é chegado o tempo em que o fracasso em adotar a Regra de Ouro como base da filosofia profissional ou de negócios equivale a um suicídio econômico.

✦

DIA 348

Talvez você tenha indagado por que a honestidade não foi mencionada neste curso como pré-requisito para o sucesso, e, caso tenha, a resposta será encontrada nesta lição. A Regra de Ouro, quando corretamente entendida e aplicada, torna a desonestidade impossível. Faz mais do que isso — impossibilita todas as outras qualidades destrutivas, tais como egoísmo, ganância, inveja, intolerância, ódio e malícia.

Quando aplica a Regra de Ouro, você se torna ao mesmo tempo juiz e julgado — acusado e acusador. Isso coloca o indivíduo na posição em que a honestidade começa em seu coração, em relação a si mesmo, e estende-se a todos os outros com igual efeito. Honestidade baseada na Regra de Ouro não é o tipo de honestidade que reconhece apenas as questões de conveniência.

Não há nenhum crédito em ser honesto quando a honestidade é obviamente a política mais lucrativa para não se perder um bom cliente ou um freguês valioso, ou para não ser mandado para a cadeia por fraude. Porém, quando a honestidade significa uma perda material temporária ou permanente, torna-se uma honra do mais alto nível para todos que a praticam. Tal honestidade tem sua recompensa apropriada no poder de caráter e reputação acumulado e desfrutado por todos que a merecem.

Aqueles que entendem e aplicam a Regra de Ouro são sempre estritamente honestos, não apenas pelo desejo de serem justos com os outros, mas pelo desejo de serem justos consigo. Entendem a lei eterna que embasa a Regra de Ouro e sabem que, pela operação dessa lei, todo pensamento que liberam e todo ato que praticam têm contrapartida em fatos ou circunstâncias com os quais serão confrontados mais adiante.

Os filósofos da Regra de Ouro são honestos porque entendem a verdade de que a honestidade adiciona ao caráter aquele "algo vital" que dá vida e poder. Aqueles que entendem a lei da Regra de Ouro envenenariam sua própria água com a mesma rapidez com que se entregariam a atos de injustiça a outrem, pois sabem que tal injustiça dá início a uma cadeia de acontecimentos que não apenas trará sofrimento físico, como destruirá o caráter, manchará a reputação e impossibilitará o alcance de sucesso duradouro.

A lei pela qual a filosofia da Regra de Ouro opera é a mesma pela qual opera o princípio da autossugestão. Esta afirmação oferece uma sugestão a partir da qual você deve ter condições de fazer uma dedução de grande alcance e valor inestimável.

Teste seu progresso no domínio deste curso analisando a afirmação anterior e determine, antes de seguir a leitura, qual sugestão ela oferece.

Qual possível benefício você poderia ter ao saber que, quando faz para outros o que faria para si, que é a soma e substância da Regra de Ouro, está colocando em ação uma cadeia de acontecimentos com o auxílio de uma lei que afeta os outros de acordo com a natureza do seu ato e, ao mesmo tempo, planta em seu caráter, via mente subconsciente, os efeitos daquele ato?

Esta pergunta sugere sua própria resposta, mas estou decidido a fazê-lo pensar sobre este assunto vital, por isso colocarei a questão ainda de outra forma, ou seja:

Se todos os seus atos em relação aos outros e até mesmo seus pensamentos sobre os outros ficam registrados no subconsciente pela autossugestão, construindo assim seu caráter na exata cópia de seus pensamentos e atos, você consegue ver o quanto é importante vigiar esses atos e pensamentos?

Estamos agora no cerne do verdadeiro motivo para fazer aos outros o que gostaríamos que fizessem para nós, pois é óbvio que qualquer coisa que fazemos para os outros estamos fazendo a nós mesmos.

Em outras palavras, todo ato e todo pensamento que você libera modifica seu caráter exatamente conforme a natureza do ato ou pensamento, e seu caráter é uma espécie de polo magnético que atrai as pessoas e condições que se harmonizam com ele.

Você não pode agir em relação a outrem sem primeiro ter criado a natureza desse ato em seu pensamento e não pode liberar um pensamento sem plantar a soma, substância e natureza dele em sua mente subconsciente, para lá se tornar uma parte de seu caráter.

Compreenda esse princípio simples e entenderá por que você não pode se dar ao luxo de odiar ou invejar outra pessoa. Entenderá também por que não pode se dar ao luxo de revidar de alguma forma a quem lhe faz uma injustiça. Igualmente entenderá a injunção: “Pague o mal com o bem”.

Entenda a lei sobre a qual baseia-se a injunção da Regra de Ouro e você entenderá também a lei que liga eternamente toda a humanidade em um único laço de companheirismo e impossibilita que você prejudique outra pessoa em pensamento ou ação sem se prejudicar, e que igualmente adiciona a seu caráter os resultados de todo pensamento e ação bondosos que você manifesta.

Entenda essa lei e você saberá, sem a menor sombra de dúvida, que está constantemente se punindo por todo erro que comete e se recompensando por todo ato de conduta construtiva que pratica.

Parece quase um ato de providência que o maior mal e a maior injustiça já cometidos contra mim tenham ocorrido quando comecei esta lição (alguns alunos do curso saberão a que estou me referindo).

*Não existe derrota exceto a que vem de dentro. Não existe barreira intransponível senão a fraqueza de propósito inerente.*

— EMERSON

Essa injustiça me causou provação temporária, mas de pequena consequência comparada à vantagem que me deu, proporcionando uma ocasião oportuna para eu testar a solidez da premissa sobre a qual baseia-se esta lição.

A injustiça a que me refiro deixou dois cursos de ação em aberto. Eu poderia ter reivindicado alívio "revidando" meu antagonista com ação na corte civil e processo criminal por difamação, ou poderia ficar no meu direito de perdoá-lo. Um curso de ação proporcionaria uma soma substancial de dinheiro, além da alegria e satisfação que possa haver na derrota e punição de um inimigo. O outro curso de ação proporcionaria o autorrespeito desfrutado por aqueles que enfrentam o teste com sucesso e descobrem ter evoluído a ponto de recitar o pai-nosso e fazer jus às palavras!

Escolhi a segunda opção. Escolhi não obstante as recomendações de amigos pessoais íntimos para "revidar" e a oferta de um grande advogado de fazer o "revide" de graça.

Mas o advogado ofereceu o impossível, pois nenhum homem pode "revidar" de graça. Nem sempre o custo é de natureza monetária, pois existem outras maneiras com as quais se pode pagar e que são mais caras que o dinheiro.

Seria tão inútil tentar fazer qualquer alguém que não esteja familiarizado com a Regra de Ouro entender por que me recusei a revidar esse inimigo quanto tentar descrever a lei da gravidade para um macaco. Se você entende essa lei, também entende por que escolhi perdoar o inimigo.

No pai-nosso somos admoestados a perdoar nossos inimigos, mas a admoestação cai em ouvidos moucos a menos que o ouvinte entenda a lei que a embasa. Essa lei não é diferente daquela que embasa a Regra de Ouro. É a lei que embasa esta lição inteira e pela qual inevitavelmente devemos colher o que semeamos. Não há escapatória dessa lei, nem qualquer causa para tentar evitar suas consequências se nos abstemos de colocar em movimento pensamentos e ações destrutivos.

Para que possamos descrever mais concretamente a lei que embasa esta lição, vamos a seguir colocá-la em um código de ética que pode ser adotado por aquele que deseje seguir literalmente a injunção da Regra de Ouro.

DIA 350

## MEU CÓDIGO DE ÉTICA

1. Acredito na Regra de Ouro como base de toda a conduta humana; assim, nunca farei a outra pessoa o que não gostaria que ela fizesse a mim se nossas posições fossem contrárias.
2. Serei honesto nos mínimos detalhes, em todas as minhas transações com os outros, não apenas pelo desejo de ser justo com eles, mas pelo desejo de gravar a ideia da honestidade em meu subconsciente, entretecendo assim essa qualidade essencial em meu caráter.

3. Perdoarei aqueles que são injustos comigo sem pensar se merecem ou não, pois entendo a lei pela qual perdoar os outros fortalece meu caráter e remove de meu subconsciente os efeitos de minhas transgressões.
4. Serei sempre justo, generoso e leal com os outros, mesmo que saiba que esses atos passarão despercebidos e sem recompensas conforme o significado comum de recompensa, pois entendo e pretendo aplicar a lei pela qual o caráter é apenas a soma total dos atos do indivíduo.
5. Qualquer tempo de que eu possa dispor para me dedicar a descobrir e expor fraquezas e faltas de outros dedicarei mais proveitosamente à descoberta e correção das minhas.
6. Não difamarei ninguém, não importa o quanto eu acredite que a pessoa mereça, pois não desejo plantar sugestões destrutivas em meu subconsciente.
7. Reconheço o poder do pensamento como um acesso do meu cérebro ao oceano universal da vida; portanto, não lançarei pensamentos destrutivos a flutuar naquele oceano para que não poluam a mente dos outros.
8. Dominarei a tendência humana para o ódio, inveja, egoísmo, ciúme, malícia, pessimismo, dúvida e medo, pois acredito que seja a semente de onde o mundo colhe a maioria de seus problemas.
9. Quando minha mente não estiver ocupada com pensamentos direcionados à realização de meu objetivo principal definido de vida, irei voluntariamente mantê-la cheia de pensamentos de coragem, autoconfiança, boa vontade em relação aos outros, fé, bondade, lealdade, amor pela verdade e justiça, pois acredito que essas são as sementes das quais o mundo colhe o crescimento progressivo.
10. Entendo que uma mera crença passiva na solidez na filosofia da Regra de Ouro não é de nenhum valor para mim ou para os outros; assim,

irei ativamente colocar essa regra universal do bem em operação em todas as minhas transações com os outros.

11. Entendo a lei pela qual meu caráter é desenvolvido por meus atos e pensamentos; assim, vigiarei com cuidado tudo que participa de seu desenvolvimento.
12. Percebendo que a felicidade duradoura provém apenas de ajudar os outros a encontrá-la, que nenhum ato de bondade fica sem recompensa, mesmo que jamais seja retribuído diretamente, farei o meu melhor para ajudar os outros quando e onde aparecer a oportunidade.

Você notou a frequente referência a Emerson durante todo o curso. Cada aluno deve ter uma cópia dos *Ensaios* de Emerson, e o ensaio sobre a compensação deve ser lido e estudado pelo menos a cada três meses. Observe, enquanto lê o ensaio, que ele trata da lei que embasa a Regra de Ouro.

✦

DIA 351

Existem pessoas que acreditam que a filosofia da Regra de Ouro não passa de teoria e que não está de maneira nenhuma conectada a uma lei imutável. Elas chegaram a essa conclusão por causa de experiências pessoais em que prestaram serviço a outros sem desfrutar dos benefícios da reciprocidade direta.

Quanta gente prestou serviço a outros que não foi retribuído nem apreciado? Tenho certeza de que tive tal experiência não uma, mas muitas vezes e estou igualmente certo de que terei experiências semelhantes no futuro e de que não deixarei de prestar serviço aos outros apenas porque eles não retribuem nem apreciam meus esforços.

E aqui está o motivo:

Quando presto serviço a outrem ou pratico um ato de bondade, armazeno no subconsciente o efeito de meus esforços, o que pode ser comparado ao "carregamento" de uma bateria elétrica. Aos poucos, se praticar uma quantidade suficiente de tais atos, terei desenvolvido um caráter positivo e dinâmico que atrairá pessoas que se harmonizam com meu caráter ou se assemelham a ele.

Aqueles que atraio retribuirão os atos de bondade e o serviço que presto aos outros; assim, a lei da compensação terá equilibrado a balança da justiça para mim, trazendo de volta, de uma fonte inteiramente diferente, os resultados dos serviços que prestei.

Você já ouviu dizer várias vezes que a primeira transação de um vendedor deve ser para si mesmo, o que significa que, a menos que ele primeiro se convença dos méritos de suas mercadorias, não conseguirá convencer os outros. Aqui, de novo, entra a lei da atração, pois é bem sabido que o entusiasmo é contagiante, e, quando um vendedor mostra grande entusiasmo por sua mercadoria, suscita interesse correspondente na mente dos outros.

Você pode compreender essa lei muito facilmente comparando-se a uma espécie de ímã humano que atrai aqueles cujas características se harmonizam com as suas. Ao se comparar a um ímã que atrai todos que se harmonizam com suas características dominantes e repele todos que não se harmonizam, você deve ter em mente também o fato de que você é o construtor do ímã; além disso, pode mudar sua natureza para que corresponda a qualquer ideal que possa desejar estabelecer e seguir.

*Você não completou todos os deveres a menos que tenha cumprido o dever de ser agradável.*

— CHARLES BUXTON

E, o mais importante de tudo, você deve ter em mente o fato de que todo esse processo de mudança ocorre pelo pensamento!

Seu caráter é simplesmente a soma total de seus pensamentos e ações! Essa verdade foi afirmada de muitas maneiras diferentes ao longo de todo este curso.

Por causa dessa grande verdade, é impossível prestar qualquer serviço útil ou praticar qualquer ato de bondade para os outros sem ser beneficiado. Além disso, é igualmente impossível condescender em qualquer ato ou pensamento destrutivo sem pagar a penalidade da perda de quantidade correspondente de seu próprio poder.

✦

DIA 352

O pensamento positivo desenvolve uma personalidade dinâmica. O pensamento negativo desenvolve uma personalidade de natureza oposta. Em muitas das lições precedentes deste curso e nesta, são dadas instruções definidas quanto ao método exato para o desenvolvimento da personalidade por meio do pensamento positivo. Essas instruções são particularmente detalhadas na Lição 3, sobre autoconfiança. Ali há uma fórmula bem definida a ser seguida. Todas as fórmulas fornecidas neste curso têm por objetivo ajudar a direcionar o poder do pensamento de forma consciente para o desenvolvimento de uma personalidade que atraia aqueles que ajudarão na conquista do objetivo principal definido.

Você não precisa de provas de que atos hostis e grosseiros trazem como efeito a retaliação dos outros. Além disso, tal retaliação é geralmente definida e imediata. Do mesmo modo, não precisa de prova de que pode realizar mais lidando com os outros de tal maneira que eles queiram cooperar com você. Se dominar a Lição 8, sobre autocontrole, você entenderá como induzir os outros a agirem em relação a você como deseja que ajam — por meio de sua atitude em relação a eles.

A lei do "olho por olho e dente por dente" baseia-se na mesma lei sobre a qual a Regra de Ouro opera. Não é nada mais do que a lei da retaliação com a qual todos nós estamos familiarizados. Até mesmo a pessoa mais egoísta reagirá a essa lei, pois não consegue evitar! Se eu falar mal de você, mesmo que eu fale a verdade, você não pensará bem de mim. Além disso, provavelmente retaliará do mesmo modo. Mas, se eu falar de suas virtudes, você pensará bem de mim e, quando aparecer a oportunidade, retribuirá na maioria das ocasiões.

Pela operação da lei da atração, os desinformados estão constantemente atraindo problemas, tristeza, ódio e oposição dos outros devido a suas palavras maldosas e atos destrutivos.

Faça aos outros aquilo que gostaria que fizessem a você!

Ouvimos essa injunção milhares de vezes, ainda assim, quantos de nós entendem a lei em que se baseia? Para deixar essa injunção mais clara talvez fosse bom afirmá-la em mais detalhes, como segue:

Faça aos outros o que gostaria que fizessem para você, tendo em mente que a natureza humana tem a tendência de retaliar na mesma moeda.

Confúcio deve ter tido em mente a lei da retaliação quando afirmou a filosofia da Regra de Ouro da seguinte maneira:

Não faça aos outros o que não gostaria que fizessem a você.

E ele poderia muito bem ter acrescentado a explicação de que sua injunção baseava-se na tendência humana comum de retaliar.

Aqueles que não entendem a lei que embasa a Regra de Ouro ficam inclinados a argumentar que ela não funcionará porque os homens tendem ao princípio de exigir "olho por olho e dente por dente", o que nada mais é do que a lei da retaliação. Se fossem um passo além no raciocínio, entenderiam que estão olhando os efeitos negativos da lei e que essa mesma lei também é capaz de produzir efeitos positivos.

Em outras palavras, caso você não fosse gostar de ter seu olho arrancado, assegure-se contra esse infortúnio evitando arrancar o olho de outrem. Vá um passo além e preste ao outro um serviço bondoso e útil, e, pela operação da mesma lei de retaliação, ele prestará serviço semelhante a você.

E se ele deixar de retribuir sua bondade — e daí?

Você não obstante terá lucrado pelo efeito de seu ato em seu subconsciente.

Assim, praticando atos de bondade e aplicando sempre a filosofia da Regra de Ouro, você assegura o benefício de uma fonte e, ao mesmo tempo, tem uma chance bastante boa de lucrar de outra fonte.

Pode acontecer de você basear todos seus atos em relação aos outros na Regra de Ouro sem desfrutar de qualquer retribuição direta por um longo período de tempo, e pode acontecer de aqueles para quem você presta atos de bondade nunca lhe retribuírem. Mas, enquanto isso, você terá acrescentado vitalidade a seu caráter e, cedo ou tarde, esse caráter positivo que você criou começará a se impor, e você descobrirá que recebeu juros compostos daqueles atos bondosos que pareceram desperdiçados com quem não apreciou nem retribuiu.



Lembre-se de que sua reputação é feita pelos outros, mas seu caráter é feito por você!

Você quer que sua reputação seja favorável, mas não pode ter certeza de que será porque é algo fora de seu controle, que existe na mente dos outros. É o que outros acreditam que você seja. Com o seu caráter é diferente. Seu caráter é o que você é como resultado de seus pensamentos e ações. Você controla isso. Você pode fazê-lo fraco, bom ou ruim. Quando estiver satisfeito e souber com certeza que seu caráter é irrepreensível, você não precisará se preocupar com sua reputação, pois é tão impossível seu caráter ser destruído ou danificado por qualquer um exceto você mesmo quanto a matéria ou energia serem destruídas.

Era essa a verdade que Emerson tinha em mente quando disse:

> Uma vitória política, um aumento da renda, a cura de uma doença, o retorno de um amigo distante ou qualquer outro acontecimento externo eleva o espírito e você pensa que seus dias são preparados para você. Não acredite nisso. Nunca pode ser assim. Nada pode trazer-lhe paz a não ser você mesmo. Nada pode trazer-lhe paz a não ser o triunfo dos princípios.

Um motivo para ser justo com os outros é que tal ação pode causar retribuição do mesmo tipo, mas um motivo melhor é que bondade e justiça para com os outros desenvolvem um caráter positivo em todos que praticam esses atos.

Você pode negar a recompensa a que tenho direito por lhe prestar um serviço útil, mas ninguém pode me privar do benefício que obterei prestando esse serviço no que se refere ao que ele acrescenta em meu caráter.

✦

Vivemos em uma grande era industrial. Por toda parte vemos as forças evolutivas trabalhando em grandes mudanças nos métodos e na maneira de viver, rearranjando o relacionamento entre os homens na busca comum da vida, liberdade e sustento.

Esta é uma era de esforço organizado. A todo momento vemos evidências de que a organização é a base de todo sucesso financeiro, e, embora outros fatores também entrem na conquista do sucesso, este é ainda o de maior importância.

Esta era industrial criou dois termos relativamente novos. Um é "capital", o outro é "trabalho". Capital e trabalho constituem as principais engrenagens do maquinário do esforço organizado. Essas duas grandes forças desfrutam de sucesso na exata medida em que entendem e aplicam a filosofia da Regra de Ouro. Apesar disso, a harmonia entre as duas forças nem sempre prevalece, graças aos destruidores da confiança que ganham a vida plantando a semente da divergência e incitando conflitos entre empregados e empregadores.

Nos últimos quinze anos, dediquei tempo considerável ao estudo das causas de discordância entre empregados e empregadores. Também coletei muita informação sobre o assunto com outros homens que igualmente estudaram o problema.

Existe apenas uma solução que, se entendida por todos interessados, trará harmonia ao caos e estabelecerá uma perfeita relação entre capital e trabalho. O remédio não é invenção minha. Baseia-se numa grande lei universal da natureza. Esse remédio foi bem apresentado por um dos grandes homens dessa geração nas seguintes palavras:

> A questão que propomos considerar está instigando profundo interesse atualmente, mas não mais do que sua importância exige. É um dos sinais esperançosos desta época o fato de que tais assuntos de vital interesse para a felicidade humana estejam constantemente vindo à tona, atraindo a atenção dos homens mais sábios e agitando a mente de pessoas de todas as

classes. A grande prevalência desse movimento mostra que uma nova vida está pulsando no coração da humanidade, operando em suas faculdades como a brisa quente de primavera sobre o chão congelado e os germes dormentes da vegetação. Isso causará grande agitação, quebrará muitas formas congeladas e mortas e produzirá grandes mudanças, em alguns casos destrutivas, mas anuncia o florescimento de novas esperanças e a chegada de novas colheitas para o suprimento das necessidades humanas e meios de maior felicidade. Há uma grande necessidade de sabedoria para orientar as novas forças que entram em ação. Cada homem tem a mais solene obrigação de fazer sua parte na formação de uma opinião pública correta e dar direção sábia à vontade popular.

DIA 354

A solução para os problemas do trabalho, da escassez, da abundância, do sofrimento e da tristeza só pode ser encontrada considerando-os de um ponto de vista moral e espiritual. Esses problemas devem ser vistos e analisados sob uma luz que não seja a deles. As verdadeiras relações de trabalho e capital jamais poderão ser descobertas pelo egoísmo humano. Devem ser vistas a partir de um objetivo maior do que salários ou acumulação de riqueza. Devem ser consideradas a partir de sua influência sobre os fins para os quais o homem foi criado. É desse ponto de vista que proponho considerar o tema diante de nós.

Capital e trabalho são essenciais um para o outro. Seus interesses estão tão unidos que não podem ser separados. Em comunidades civilizadas e esclarecidas, são mutuamente dependentes. Se existe alguma diferença, é que o capital é mais dependente do trabalho que o trabalho do capital. A vida pode ser sustentada sem capital. Animais, com poucas exceções, não têm nenhuma propriedade e não pensam ansiosos sobre o dia seguinte, e nosso Senhor recomendou que reparássemos neles como exemplos dignos de imitação. "Olhai para as aves do céu", diz ele, "que não semeiam, não colhem, nem se ajuntam em celeiros; contudo, o pai celestial as alimenta". Os selvagens vivem sem capital. Na verdade, a grande massa de seres humanos vive do trabalho do dia a dia. Mas nenhum homem pode viver de sua riqueza. Não pode comer seu ouro e prata, não pode vestir-se com títulos e certificados de ações. O capital não pode fazer nada sem o trabalho, e seu valor consiste unicamente do poder de comprar trabalho ou seus resultados. É ele próprio o produto do trabalho. Não tem qualquer chance, por conseguinte, de assumir uma importância que não lhe pertence. Entretanto, por mais dependente que seja do trabalho para seu valor, o capital é um fator essencial para o progresso humano.

No momento em que o homem começa a elevar-se de uma condição selvagem e relativamente independente para uma condição civilizada e dependente, o capital torna-se necessário. Homens travam relações mais próximas uns com os outros. Em vez de cada um fazer tudo, os homens começam a se dedicar a empregos específicos e a depender de outros para fornecer muitas coisas para eles, enquanto envolvem-se em alguma ocupação especializada. Dessa forma o trabalho torna-se diversificado. Um homem trabalha com ferro, outro com madeira, um fabrica roupas, outro cultiva alimentos para nutrir aqueles que constroem casas e fabricam instrumentos agrícolas. Isso necessita de um sistema de trocas, e para facilitar as trocas é preciso construir estradas, e homens devem ser empregados para fazê-las. À medida que a população cresce e as necessidades se multiplicam, a atividade de troca amplia-se até termos fábricas imensas, ferrovias circundando a terra com cintas de ferro, navios a vapor sulcando todos os mares e uma multidão de homens que não sabem fazer pão ou roupas, ou qualquer coisa para suprir suas necessidades diretamente.

Assim podemos ver como nos tornamos mais dependentes dos outros à medida que nossas necessidades multiplicam-se e a civilização avança. Cada um atua em seu serviço específico, faz um trabalho melhor porque pode dedicar todo pensamento e tempo a uma forma de atividade em que se encaixa perfeitamente e contribui mais amplamente para o bem geral. Enquanto um trabalha para os outros, todos os outros trabalham para ele. Cada membro da comunidade está trabalhando para o conjunto, e o conjunto para cada membro. Essa é a lei da vida perfeita, lei que rege tudo no mundo material. Todo o homem que está engajado em qualquer emprego útil para o corpo e a mente é um filantropo, um benfeitor público, não importa se cultiva milho na pradaria, algodão no Texas ou na Índia, minera carvão nas cavernas da terra ou alimenta o motor de navios a vapor. Se o egoísmo não pervertesse e arrebentasse os motivos humanos, todos os homens e mulheres estariam cumprindo a lei da caridade engajados em seus empregos diários.

DIA 355

Levar a cabo esse vasto sistema de trocas, colocar a floresta e a fazenda, a fábrica e a mina lado a lado e entregar produtos de todos os tipos em todas as portas exige um capital imenso. Um homem não pode trabalhar em sua fazenda ou fábrica e construir uma ferrovia e uma frota de navios a vapor. Assim como gotas de chuva agindo isoladamente não podem acionar um moinho ou fornecer vapor para um motor, mas, coletadas em um vasto reservatório tornam-se a força irresistível do Niágara ou a força que aciona a locomotiva e o navio a vapor como poderosos bólidos da montanha ao litoral e de costa a costa, uns poucos dólares em uma miríade de bolsos são impotentes para fornecer os meios para essas vastas operações, mas, combinados, movem o mundo.

O capital é amigo do trabalho e essencial para seu exercício econômico e justa recompensa. Pode ser, e frequentemente é, um inimigo terrível, quando empregado apenas para objetivos egoístas, mas a grande massa dele é mais amigável à felicidade humana do que geralmente se supõe. O capital não pode ser utilizado sem, de alguma maneira, direta ou indiretamente, ajudar o trabalhador. Pensamos nos males que sofremos, mas permitimos que o bem de que desfrutamos passe despercebido. Pensamos nos males, mas não olhamos para as bênçãos de que desfrutamos e que seriam impossíveis sem a grande acumulação de capital. Faz parte da sabedoria formar uma justa estimativa do bem que recebemos tanto quanto do mal que sofremos.

É um ditado comum hoje em dia que os ricos estão ficando mais ricos e os pobres mais pobres, mas, quando todas as posses do homem são contabilizadas, existem bons motivos para se duvidar da afirmação. É verdade que os ricos estão ficando mais ricos. É verdade também que as condições da mão de obra estão melhorando constantemente. O operário comum tem conveniências e confortos de que príncipes não poderiam dispor há um século. Ele está mais bem vestido, tem maior variedade e abundância de comida, vive em uma casa mais confortável e tem muito mais equipamentos para as tarefas domésticas e a execução do trabalho do que o dinheiro poderia comprar há poucos anos. Um imperador não poderia viajar com a facilidade, conforto e rapidez que o operário comum pode hoje. Ele pode pensar que está sozinho, sem ninguém para ajudar. Mas na verdade dispõe de um séquito imenso de servos constantemente à espera, prontos e ansiosos para atenderem suas ordens. É preciso um vasto exército de homens e um imenso dispêndio de capital para fornecer um jantar comum, tal como todo homem e mulher, com poucas exceções, desfrutam hoje.

Pense na vasta combinação de meios, homens e forças necessários para fornecer uma refeição frugal. Os chineses fazem o chá; os brasileiros, o café; os indianos, os temperos; os cubanos, o açúcar; o agricultor nas padrarias ocidentais faz o pão e possivelmente o bife; o lavrador, os vegetais; o leiteiro, o leite e a manteiga; o mineiro cavou das minas o carvão com o qual a comida é cozida e a casa é aquecida; o marceneiro fornece as cadeiras e mesas; o cuteleiro, as facas e garfos; o ceramista, os pratos; o irlandês, a toalha de mesa; o açougueiro, a carne; o moleiro, a farinha.

Mas esses vários itens alimentícios e os meios para prepará-los e servi-los foram produzidos a imensas distâncias de você e uns dos outros. É preciso atravessar oceanos, aplainar morros, aterrar vales, fazer túneis em montanhas, construir navios e ferrovias e instruir e empregar um vasto exército de homens em cada arte mecânica antes que os elementos de seu jantar possam ser preparados e servidos. Deve haver também homens para coletar esses itens, comprá-los, vendê-los e distribuí-los. Cada um fica em seu local, faz seu trabalho e recebe seu salário. Ainda assim, está trabalhando para você e lhe servindo de forma tão fiel e eficaz quanto faria se estivesse a seu serviço pessoal e recebesse o salário de suas mãos. À luz desses fatos, que todos devem conhecer, podemos ter condições de ver com mais clareza a verdade: cada homem e mulher que desempenha um trabalho útil é um benfeitor público, e esse pensamento e propósito enobrece o trabalho e o trabalhador. Estamos todos ligados por laços comuns. Ricos e pobres, cultos e ignorantes, fortes e fracos se entrelaçam em uma rede social e cívica. Ferir um é ferir a todos; ajudar um é ajudar a todos.

DIA 356

Você vê que é necessário um vasto exército de homens para fornecer seu jantar. Você não vê que isso exige uma quantidade correspondente de capital para fornecer e manter esse complicado maquinário em movimento? E você não vê que todo homem, mulher e criança está desfrutando do benefício disso? Como poderíamos conseguir nosso carvão, nossa carne, nossa farinha, nosso chá e café, açúcar e arroz? O trabalhador não pode construir navios, navegá-los e se sustentar enquanto faz isso. O fazendeiro não pode deixar sua fazenda e levar seu produto ao mercado. O mineiro não pode minerar e transportar o carvão. O fazendeiro do Kansas teria que queimar milho para cozinhar sua comida e aquecer sua moradia, e o mineiro teria fome do pão que o milho poderia fornecer, pois eles não podem mudar o fruto de seus trabalhos. Todo acre de terra, toda floresta e mina foram valorizados pelas ferrovias e navios a vapor, e os confortos da vida e os meios de cultura social e intelectual são levados aos lugares mais inacessíveis.

Mas os benefícios do capital não se limitam a prover necessidades e confortos atuais. O capital abre novas oportunidades de trabalho. Diversifica e oferece um campo mais amplo para todos fazerem o tipo de trabalho no qual melhor se encaixam por gosto e temperamento. O número de empregos criados pelas ferrovias, navios a vapor, telégrafo e fábricas de máquinas dificilmente pode ser estimado. O capital também é amplamente investido para fornecer cultura intelectual e espiritual.

Os livros multiplicam-se a preços cada vez mais baixos, e o melhor pensamento do mundo torna-se acessível ao trabalhador mais humilde por intermédio de nossas grandes editoras. Não há melhor exemplo dos benefícios que o operário comum obtém do capital do que o jornal diário. Por dois ou três centavos a história do mundo nas últimas 24 horas é entregue em todas as portas. O operário indo para trabalho ou voltando em um transporte confortável pode visitar todas as partes do mundo e ter uma ideia mais verdadeira dos eventos do dia do que se estivesse presente no local. Uma batalha na China ou na África, um terremoto na Espanha, uma explosão de dinamite em Londres, um debate no Congresso, as atitudes dos homens na vida pública e privada para a repressão do vício e o esclarecimento dos ignorantes, para ajudar os necessitados e melhorar as pessoas em geral são dispostos diante deles em um pequeno espaço e o põem em contato e igualdade, no que diz respeito à história do mundo, com reis e rainhas, santos e sábios e gente de todas as condições de vida. Você já pensou, enquanto lê o jornal pela manhã, quantos homens estiveram a seu serviço, coletando informação para você de todas as partes da Terra e colocando-a em formato conveniente para seu uso? É necessário o investimento de milhões e o emprego de milhares para produzir aquele jornal e deixá-lo na sua porta. E o que todo esse serviço lhe custou? Alguns poucos centavos.

Estes são exemplos dos benefícios que todos obtêm do capital, benefícios que não podem ser obtidos sem grandes gastos; benefícios que vêm a nós sem termos que nos preocupar e que depositam suas bênçãos aos nossos pés. O capital não pode ser investido em qualquer produção útil sem abençoar uma multidão de pessoas. Ele coloca a máquina da vida em movimento, multiplica empregos, coloca produtos de todos os lugares em cada porta, junta as pessoas de todas as nações, coloca mentes em contato e dá a cada homem e mulher uma grande e valiosa parte do produto. Seria bom que esses fatos fossem considerados por todos, por mais pobres que sejam.

Se o capital é tamanha bênção para o trabalho, se pode ser colocado em uso apenas pelo trabalho e se extrai todo seu valor do trabalho, como pode haver conflito entre eles? Não poderia existir nenhum se ambos, capitalistas e trabalhadores, agissem sob princípios humanos e cristãos. Mas não fazem isso. São governados por princípios desumanos e anticristãos. Cada parte procura conseguir maiores retornos pelo menor serviço. O capital deseja maiores lucros; os trabalhadores, maiores salários. Os interesses do capitalista e do trabalhador entram em colisão direta. Nesse conflito, o capital tem grande vantagem e está pronto a levá-la. Exige e toma a parte do leão nos lucros. Despreza o servo que o enriqueceu. Considera o trabalhador um subalterno, um escravo, cujos direitos e felicidade não é obrigado a respeitar. Influencia legisladores para promulgar leis em seu favor, subsidia governos e exerce seu poder em sua vantagem. O capital tem sido um senhor, e o trabalho, um servo. Enquanto o servo permaneceu dócil e obediente, contente com a compensação que seu senhor escolhia dar, não houve conflito. Mas o trabalho está se erguendo de uma condição servil, submissa e sem esperanças. Ganhou força e inteligência, adquiriu a ideia de que tem direitos que devem ser respeitados e começa a se afirmar e se unir no apoio a seus direitos.

DIA 357

Cada parte nessa guerra considera o assunto a partir de seus interesses egoístas. O capitalista supõe que o ganho do trabalho é perda para ele e que deve olhar para seu próprio interesse primeiro; que, quanto mais barato o trabalho, maiores os seus ganhos. Consequentemente, é de seu interesse manter o preço o mais baixo possível. Já o trabalhador, pelo contrário, pensa que perde o que o capitalista ganha, e, portanto, é de seu interesse conseguir o salário mais alto possível. Desses pontos de vista opostos os interesses parecem diretamente hostis. O que uma parte ganha, a outra perde; daí o conflito. Ambas estão agindo por motivos egoístas e, consequentemente, só podem estar erradas. Ambas as partes veem apenas metade da verdade e, confundindo isso com o todo, caem em um erro destruidor para ambas. Cada uma defende sua posição e considera o assunto somente de seu ponto de vista e à luz enganosa de seu egoísmo. A paixão inflama a mente e cega o entendimento; e, quando a paixão é despertada, os homens sacrificam seus próprios interesses para prejudicar os outros, e ambos sofrem a perda. Travam guerra contínua um contra o outro, recorrem a todos os expedientes e tiram vantagem de qualquer coisa para alcançar a vitória. O capital tenta submeter o trabalhador pela fome, como uma cidade sitiada; e fome e necessidade são armas das mais poderosas. O trabalho resiste obstinadamente e tenta destruir o valor do capital tornando-o improdutivo. Se a necessidade ou interesse obrigam a uma trégua, ela é azeda e mantida com o objetivo de renovar as hostilidades logo que haja qualquer perspectiva de sucesso. Assim, trabalhadores e capitalistas confrontam-se como duas hostes armadas, prontas para renovar o conflito a qualquer momento. E ele será renovado, sem dúvida, e continuará sendo, com sucesso variável, até que ambas as partes descubram que estão erradas, que seus interesses são mútuos e só podem ser assegurados plenamente pela cooperação e dando-se a cada uma a recompensa que merece. O capitalista e o trabalhador devem dar as mãos por cima do abismo sem fundo onde tanta riqueza e trabalho foram lançados.

Como se deve efetuar a reconciliação é uma questão que está ocupando a mente de muitos homens inteligentes e bons em ambos os lados. A legislação sábia e imparcial será sem dúvida um importante agente para coibir a paixão cega e proteger todas as classes da ganância insaciável; e é dever de todo homem empenhar-se ao máximo para garantir tal legislação, tanto em governos estaduais quanto nacionais. As organizações de trabalhadores para proteger direitos e assegurar uma melhor recompensa pelo trabalho terão grande influência. Essa influência continuará a aumentar à medida que seu temperamento se torne normal e firme e suas exigências sejam baseadas em justiça e humanidade. Violência e ameaça não trarão nada de bom. Dinamite, seja em forma de explosivos ou da força mais destrutiva da paixão feroz e imprudente, não vai curar feridas nem acalmar sentimentos hostis. A mediação é, sem dúvida, o meio mais sábio e mais praticável disponível no momento para gerar relações amigáveis entre as partes hostis e assegurar justiça a ambas. Dar ao trabalhador uma parte no lucro dos negócios funcionou bem em alguns casos, mas isso é executado com grandes dificuldades práticas que exigem mais sabedoria, autocontrole e respeito genuíno pelo interesse comum de ambas as partes do que frequentemente se pode encontrar. Muitas medidas têm efeito parcial e temporário. Mas nenhum progresso permanente na resolução desse conflito pode ser feito sem se coibir e por fim remover sua causa.

A verdadeira causa central é um amor desordenado por si mesmo e pelo mundo, e essa causa continuará a operar enquanto existir. Ela pode ser coibida e moderada, mas irá se impor quando houver ocasião. Todo homem sábio, portanto, procura remover a causa e controlar seus efeitos tanto quanto possível. Purifique a fonte e você deixa todo o curso d'água puro e são.

DIA 358 Existe um princípio de influência universal que deve constituir a base e guiar todo esforço bem-sucedido para trazer harmonia a esses dois grandes fatores do bem humano que agora confrontam-se com objetivo hostil. Não é uma invenção ou descoberta minha. Consiste de uma sabedoria superior à humana. Não é difícil de entender ou aplicar. Uma criança consegue compreender e agir de acordo com esse princípio. Ele é universal em sua aplicação e totalmente útil em seus efeitos. Vai aliviar o fardo do trabalho e aumentar as recompensas. Dará segurança para o capital e o tornará mais produtivo. É simplesmente a Regra de Ouro, contida nas seguintes palavras: "Portanto, tudo o que vós quereis que os homens vos façam, fazei vós também a eles, porque essa é a lei e os profetas".

Antes de tratar da aplicação desse princípio para o caso em questão, deixe-me chamar sua atenção especial para ele. É uma lei muito notável da vida humana que parece geralmente ignorada pelos estadistas, filósofos e professores religiosos. Essa regra incorpora toda religião, abrange todos os preceitos, mandamentos e meios para os triunfos futuros do bem sobre o mal, da verdade sobre o erro e da paz e felicidade dos homens previstos nas visões gloriosas dos profetas. Grave essas palavras. Não somente se diz que é uma regra sábia, de acordo com o princípio da ordem divina revelada pela lei e pelos profetas. Ela incorpora tudo isso, "é a lei e os profetas". Abrange o amor a Deus. Diz que devemos considerá-lo como gostaríamos que ele nos considerasse, que devemos fazer para ele o que desejamos que ele faça para nós. Se desejamos que Deus nos ame com todo seu coração, com toda sua alma, com toda sua mente e com toda sua força, devemos amá-lo da mesma maneira. Se desejamos que o nosso próximo nos ame como ama a si mesmo, devemos amá-lo como amamos a nós mesmos. Aqui está então a lei divina e universal de serviço e companheirismo humano. Não é um preceito da sabedoria humana, tem sua origem na natureza divina e se corporifica na natureza humana. Agora, vamos aplicá-la ao conflito entre trabalho e capital.

Você é um capitalista. Seu dinheiro está investido em fábricas, terras, minas, mercadorias, ferrovias, navios, ou você pode emprestá-lo a outros com juros. Você emprega homens, direta ou indiretamente, para usar seu capital. Você não pode chegar a uma conclusão justa em relação a seus direitos, deveres e privilégios olhando inteiramente para seus ganhos. O brilho da prata e do ouro exercem um encanto tão potente sobre sua mente que o deixam cego para todo o resto. Você não consegue ver nenhum interesse além do seu. O trabalhador não é reconhecido ou considerado um homem que tenha qualquer interesse que você seja obrigado a levar em conta. Você o vê somente como seu escravo, sua ferramenta, seu meio de aumentar a riqueza. Sob esse ângulo, ele é um amigo desde que lhe sirva e um inimigo na medida em que não sirva. Mas mude seu ponto de vista. Coloque-se no lugar dele; coloque-o em seu lugar. Como você gostaria que ele o tratasse se estivesse no lugar dele? Talvez você já tenha estado lá. Com toda probabilidade esteve, pois o capitalista de hoje é o trabalhador de ontem, e o trabalhador de hoje é o empregador de amanhã. Você sabe, por vívida e dolorosa experiência, como gostaria de ser tratado. Você gostaria de ser considerado uma simples ferramenta? Um meio de enriquecer outrem? Gostaria de ter o salário reduzido às necessidades básicas da vida? Gostaria de ser tratado com indiferença e brutalidade? Gostaria de ter seu sangue, sua força, sua alma fundidos em dólares para o benefício de outros? Essas perguntas são fáceis de responder. Todos sabem que se alegrariam em ser tratados com bondade, em ter seus interesses considerados, seus direitos reconhecidos e protegidos. Todos sabem que tal consideração desperta uma resposta no coração. Bondade gera bondade, respeito desperta respeito. Coloque-se no lugar dele. Imagine que esteja lidando consigo mesmo e você não terá dificuldade em decidir se deveria arrochar mais para poder extrair mais um centavo dos músculos do trabalhador ou relaxar a pressão e, se possível, acrescentar algo ao salário e dar a ele respeito pelo serviço. Faça com ele o que você gostaria que ele fizesse com você em condições contrárias.

DIA 359

Você é um trabalhador. Você recebe certa soma por um dia de trabalho. Coloque-se no lugar do seu empregador. Como gostaria que os homens que você emprega trabalhassem? Você acharia certo que eles o considerassem um inimigo? Acharia honesto eles diminuírem o trabalho, fazendo o mínimo e ganhando o máximo possível? Se tivesse um grande contrato que precisasse ser concluído, caso contrário sofreria uma grande perda, gostaria de ver seus homens tirarem vantagem de sua necessidade para exigir um aumento nos salários? Acharia certo e sábio eles interferirem na gerência de seu negócio? Decretar quem você deveria empregar e em que termos deveria empregar? Você não preferiria que eles fizessem um trabalho honesto em espírito bondoso e gentil? Você não ficaria muito mais disposto a olhar os interesses deles, aliviar seu trabalho, aumentar os salários quando pudesse e cuidar do bem-estar de suas famílias se descobrisse que eles tinham consideração pela sua? Sei que seria assim. É verdade que os homens são egoístas e que alguns têm espírito tão mau e mesquinho que não conseguem ver nenhum interesse além do próprio, cujo coração não é feito de carne, mas de prata e ouro, tão duro que não é tocado por nenhum sentimento humano e não se importa com o quanto os outros sofram se puder ganhar um centavo com isso. Mas tais homens são exceções, não a regra. Somos influenciados pelo respeito e devoção dos outros por nossos interesses pessoais. O trabalhador que sabe que seu empregador é bondoso com ele deseja tratá-lo com justiça e, para compensar o bem, fará mais e melhor trabalho e estará disposto a olhar para os interesses do empregador assim como para os seus.

Estou bem ciente de que muitos vão pensar que essa lei humana e divina de fazer aos outros o que gostaríamos que fizessem para nós é impraticável nesta era egoísta e mundana. Se ambas as partes fossem governadas por essa lei, todos poderiam ver o quanto os resultados seriam felizes. Mas vão dizer que isso não acontecerá. O trabalhador não irá trabalhar a não ser compelido pela necessidade. Ele irá tirar vantagem de tudo. Assim que obtiver um pouco de independência de seu empregador, ficará orgulhoso, arrogante e hostil. O empregador vai apoderar-se de todos os meios para manter os trabalhadores dependentes e tirar o máximo possível deles. Cada palmo de terreno que o trabalho ceder, o capital vai ocupar e entrincheirar-se nele, e com a vantagem deixar o trabalhador mais dependente e mais submisso. Mas isso é um erro. A história do mundo testemunha que, quando a mente dos homens não está amargurada por hostilidade intensa e seus sentimentos não estão ultrajados por injustiças cruéis, eles ficam dispostos a ouvir conselhos calmos, desinteressados e sensatos. Um homem que emprega um grande número de trabalhadores em uma mina de carvão me disse que nunca houve um caso em que ele não tivesse obtido uma reação calma e sincera quando apelou a motivos honrados, de homem para homem, ambos dotados de uma humanidade comum. Existe um exemplo recente e notável nessa cidade do feliz efeito de conselho calmo, desinteressado e sensato para resolver dificuldades entre empregadores e trabalhadores que foram desastrosas para ambos.

Quando a mente é inflamada pela paixão, os homens não ouvem a razão. Ficam cegos pelos próprios interesses e não se importam com os interesses dos outros. As dificuldades nunca são resolvidas enquanto a paixão grassa. Nunca são resolvidas por conflito. Uma parte pode ser subjugada pelo poder, mas o sentimento de erro permanecerá, o fogo da paixão ficará latente, pronto para irromper de novo na primeira oportunidade. Mas deixe o trabalhador ou o capitalista sentir-se seguro de que a outra parte não deseja levar vantagem, de que existe desejo e determinação sinceros de ambos os lados de serem justos e pagarem o que é devido pelos interesses comuns, e todos os conflitos entre eles cessarão, assim como as ondas turbulentas do oceano acalmam-se quando os ventos param. O trabalhador e o capitalista têm um interesse mútuo e comum. Nenhum dos dois pode permanecer próspero sem a prosperidade do outro. Eles são partes de um corpo. Se o trabalho é o braço, o capital é o sangue. Desvitalize e desperdice o sangue, e o braço perde a força. Destrua o braço, e o sangue é inútil. Que um cuide do outro, e ambos serão beneficiados. Que cada um adote a Regra de Ouro como um guia, e toda a causa de hostilidade será removida, todo conflito cessará, e eles irão lado a lado fazer seu trabalho e colher sua justa recompensa.

✦

**DIA 360**

Se dominou os fundamentos desta lição, você entende por que nenhum orador público pode comover a plateia ou convencer os homens de seu argumento a menos que acredite no que está dizendo.

Também entende por que nenhum vendedor pode convencer o cliente potencial a menos que primeiro se convença dos méritos de sua mercadoria.

Ao longo de todo este curso, um princípio em particular tem sido enfatizado com o objetivo de ilustrar a verdade de que a personalidade é a soma dos pensamentos e atos do indivíduo — que nos assemelhamos à natureza de nossos pensamentos dominantes.

O pensamento é o único poder que pode sistematicamente organizar, acumular e reunir fatos e materiais de acordo com um plano definido. Um rio pode acumular detritos e construir terras, e uma tempestade pode juntar e reunir gravetos em uma massa disforme de entulho, mas nem as tempestades, nem os rios podem pensar; por isso, o material que reúnem não é organizado de forma definida.

Só o homem tem o poder de transformar seus pensamentos em realidade física; só o homem pode sonhar e fazer seus sonhos se tornarem realidade.

O homem tem o poder de criar ideais e se elevar às suas realizações.

Como aconteceu de o homem ser a única criatura na Terra que sabe usar o poder do pensamento? "Aconteceu" porque o homem é o ápice da pirâmide da evolução, o produto de milhões de anos de luta, durante os quais elevou-se sobre outras criaturas da Terra como resultado de seus pensamentos e dos efeitos destes sobre ele mesmo.

Exatamente quando, onde e como os primeiros raios de pensamento começaram a fluir no cérebro do homem ninguém sabe, mas todos sabemos que o pensamento é o poder que distingue o homem das outras criaturas; do mesmo modo, todos sabemos que o pensamento é o poder que permitiu ao homem elevar-se sobre as demais criaturas.

Ninguém conhece as limitações do poder do pensamento ou sabe se ele tem limitações. Tudo que o homem acredita que pode fazer ele acaba fazendo. Há poucas gerações, os escritores mais imaginativos atreveram-se a escrever sobre viajar no espaço, isso se tornou realidade, e agora é um evento comum. Pelo poder evolutivo do pensamento, as esperanças e ambições de uma geração se tornam realidade na próxima.

O poder do pensamento recebeu posição de destaque ao longo de todo este curso porque tal posição lhe cabe. A posição dominante do homem no mundo é resultado direto do pensamento, e é esse poder que você, como indivíduo, deverá usar na conquista do sucesso, não importa qual sua ideia de sucesso.

Você agora chegou ao ponto em que deve fazer um autoinventário com o objetivo de verificar quais qualidades precisa para ter uma personalidade equilibrada e consistente.

Quinze fatores principais entraram na elaboração deste curso. Analise-se com cuidado, com a assistência de uma ou mais pessoas se sentir necessidade, a fim de verificar em quais dos quinze fatores deste curso você é mais fraco e então concentre seus esforços nas lições específicas até desenvolver por completo os fatores que elas representam.

# INDECISÃO

## UMA VISITA AO AUTOR DEPOIS DA LIÇÃO

DIA 361

*Tempo!*

A procrastinação rouba a oportunidade. É significativo que nenhum grande líder seja conhecido por procrastinar. Você é afortunado se a ambição o leva à ação, jamais lhe permitindo hesitar ou voltar atrás uma vez tomada a decisão de ir em frente. Segundo a segundo, com o tique-taque do relógio ao longe, o tempo disputa uma corrida com você. Atraso significa derrota, pois o homem jamais consegue reverter um segundo de tempo perdido. O tempo é um trabalhador que cura as feridas do fracasso e da decepção, corrige os erros e transforma todos os equívocos em capital, mas favorece apenas aqueles que eliminam a procrastinação e permanecem em ação quando as decisões são tomadas.

A vida é um grande tabuleiro de damas. O jogador diante de você é o tempo.

Se hesitar, você será varrido do tabuleiro. Se continuar jogando, você pode ganhar. O único capital verdadeiro é o tempo, mas só é capital quando utilizado.

Você pode ficar chocado se mantiver um registro exato do tempo que desperdiça em um único dia. Dê uma olhada na figura anterior se deseja saber a sina de todos que jogam com o tempo de forma descuidada.

A imagem anterior conta a história de uma das principais causas do fracasso! Um dos jogadores é o tempo, o outro é o homem comum — vamos chamá-lo de *você*.

De jogada em jogada, o tempo vai liquidando o homem comum até ele finalmente ficar encurralado, e aí o tempo o pegará, não importa em que direção ele se desloque. A indecisão o deixou encurralado.

DIA 362

Pergunte a qualquer vendedor bem informado, e ele dirá que a indecisão é a fraqueza da maioria das pessoas. Todo vendedor está familiarizado com o manjado álibi do "vou pensar", a última linha de defesa dos que não têm coragem de dizer sim ou não. Como o jogador da figura anterior, não conseguem decidir qual jogada fazer. Enquanto isso, o tempo os força e encurrala onde não podem se mover.

Os grandes líderes do mundo foram pessoas de decisão rápida.

O general Grant tinha pouco para recomendá-lo como general capaz, exceto a qualidade de decisão firme, e isso foi suficiente para compensar todas as suas fraquezas. Toda a história de seu sucesso militar pode ser resumida na resposta aos críticos quando ele disse: "Lutaremos ao longo dessas linhas mesmo que leve todo o verão".

Quando Napoleão tomava a decisão de movimentar seus exércitos em dada direção, não permitia que nada lhe fizesse mudar de decisão. Se a linha de marcha levasse os soldados a uma vala cavada pelos oponentes para detê-los, dava ordem de fechar a vala, enchendo-a de homens e cavalos mortos suficientes para transpô-la.

O suspense da indecisão leva milhões de pessoas ao fracasso. Um homem condenado uma vez disse que o pensamento da proximidade da execução não era tão aterrorizante, uma vez que ele havia decidido aceitar o inevitável.

Falta de decisão é o principal obstáculo para todos que trabalham em reuniões revivalistas. O trabalho deles é fazer as pessoas decidirem aceitar uma determinada doutrina religiosa. Billy Sunday disse: "Indecisão é a ferramenta preferida do diabo".

✦



Andrew Carnegie visualizou uma grande indústria de aço, mas essa indústria não seria o que é hoje se ele não tivesse decidido transformar sua visão em realidade.

James J. Hill viu em sua mente um grande sistema ferroviário transcontinental, mas tal ferrovia nunca teria se tornado realidade se ele não tivesse tomado a decisão de começar o projeto.

Imaginação sozinha não basta para assegurar sucesso.

Milhões de pessoas têm imaginação e constroem planos que facilmente trariam fortuna e fama, mas tais planos nunca chegam ao estágio da decisão.

Walt Disney era um artista comercial de Chicago que estava claramente na estrada do sucesso, no campo escolhido por ele, quando teve uma visão — e tomou uma decisão. Foi para o Oeste e deixou sua imaginação à solta — combinada com a firme decisão de criar uma nova forma de entretenimento. O resto é história, e milhões de visitantes da Disneyland e do Disneyworld vão concordar.

Demóstenes era um grego pobre com um desejo intenso de ser orador público. Nada de incomum, outros tinham "desejado" aptidão semelhante, mas não viveram para ver o desejo realizado. Contudo, Demóstenes acrescentou decisão ao desejo e, apesar de ser gago, tornou-se um dos maiores oradores do mundo.

Martin W. Littleton era um rapaz pobre que não havia entrado numa escola até os doze anos de idade. Seu pai o levou para ouvir um grande advogado defender um assassino numa cidade do Sul. O discurso impressionou tanto a mente do rapaz que ele agarrou a mão do pai e disse: "Pai, um dia serei o advogado mais talentoso do país".

Foi uma decisão definitiva!

Hoje Martin W. Littleton não aceita honorários abaixo de US$ 50 mil, e dizem que se mantém ocupado o tempo todo. Ele se tornou um advogado talentoso porque tomou a decisão de fazê-lo.

Edwin C. Barnes decidiu tornar-se sócio de Thomas A. Edison. Prejudicado pela falta de escolaridade, sem dinheiro para pagar a passagem de trem e sem amigos influentes para apresentá-lo a Edison, o jovem Barnes fez o caminho para East Orange (Nova Jersey) em um vagão de carga e se apresentou a Edison de tal forma que conseguiu a oportunidade que o levou à sociedade. Hoje, apenas vinte anos desde que a decisão foi tomada, Barnes vive em Bradenton, Flórida, aposentado, com todo o dinheiro de que necessita.

Homens de decisão geralmente conseguem tudo aquilo que buscam!

✦

DIA 364

Este autor tem bem guardado na memória um grupinho de homens reunidos em Westerville, Ohio, que organizaram o que chamaram de Liga Antibares. Os donos de bares trataram o grupo como piada. As pessoas em geral acharam graça. Mas aqueles homens haviam tomado uma decisão.

A decisão foi tão firme que por fim encurralou os poderosos donos de bares e resultou na Lei Seca.

William Wrigley Jr. tomou a decisão de dedicar toda a carreira de negócios à fabricação e venda de pacotes de goma de mascar por cinco centavos. A decisão trouxe um retorno financeiro de milhões.

Henry Ford tomou a decisão de fabricar e vender automóveis a preços populares, acessíveis a todos que desejassem ter um. A decisão fez de Ford um dos homens mais poderosos da Terra e proporcionou a oportunidade de viagens para milhões.

Todos esses homens tinham duas qualidades marcantes: um objetivo definido e uma firme decisão de transformar o objetivo em realidade.

✦

O homem de decisão consegue o que busca, não importa quanto tempo leve ou o quanto seja difícil. Um vendedor talentoso queria conhecer um banqueiro de Cleveland. O banqueiro não queria vê-lo. Certa manhã, o vendedor esperou perto da casa do banqueiro até vê-lo pegar o carro e partir para o centro. Avistando a oportunidade, o vendedor colidiu seu carro com o do banqueiro, causando um pequeno dano ao automóvel. Ao descer do carro, entregou seu cartão para o banqueiro, expressou arrependimento pelo dano causado, mas prometeu um novo carro exatamente igual ao que havia danificado. Naquela tarde um novo carro foi entregue ao banqueiro, e daquela transação surgiu uma amizade que enfim virou uma sociedade de negócios que existe até hoje.

O homem de decisão não pode ser parado!

O homem indeciso não consegue começar! Faça a sua escolha.

> Atrás dele ficou a cinza Açores,
> Atrás os Portões de Hércules;
> Diante dele, não o espectro da costa,
> Diante dele apenas mares sem litoral.
> O suboficial disse: "Agora devemos orar,
> Pois eis que até as estrelas se foram.
> Bravo almirante, fale: o que devo dizer?".
> "Ora, diga: naveguem em frente!".

Quando Colombo começou sua famosa viagem, tomou uma das decisões de mais longo alcance da história da humanidade. Se não tivesse permanecido firme na decisão, a liberdade norte-americana, como a conhecemos hoje, nunca seria conhecida.

Repare naqueles ao redor e observe o fato significativo de que os homens e mulheres de sucesso são os que tomam decisões rapidamente e permanecem firmes nessas decisões após tomadas.

Se você é daqueles que toma uma decisão hoje e muda amanhã, está fadado ao fracasso. Se não tem certeza de qual jogada fazer, é melhor fechar os olhos e jogar no escuro do que permanecer parado e não fazer jogada alguma.

O mundo vai perdoar se você cometer erros, mas jamais perdoará se você não tomar decisões, pois nunca ouvirão falar de você fora da comunidade onde vive.

Não importa quem você é ou qual seu trabalho de vida, você está jogando damas com o tempo! Sempre é sua vez de jogar. Faça sua jogada com decisão rápida, e o tempo irá favorecê-lo. Fique parado, e o tempo varrerá você do tabuleiro.

Você não pode fazer a jogada certa sempre, mas, se fizer jogadas suficientes, pode tirar vantagem da lei das médias e acumular uma pontuação digna antes do grande jogo da vida terminar.

"O que quer que a mente possa conceber
e acreditar, a mente pode realizar".

– Napoleon Hill